Proceedings in Operations Research 5

Herausgegeben
von
J. Kohlas, O. Seifert, P. Stähly, H.-J. Zimmermann

Vorträge der Jahrestagung 1975

DGOR / SVOR

Papers of the Annual Meeting 1975

Tagungsorganisation: J. Wettstein

Physica-Verlag · Würzburg - Wien
1976
ISBN 3 7908 0165 8

ISBN-13:978-3-7908-0165-1 e-ISBN-13: 978-3-642-99748-8
DOI: 10.1007/978-3-642-99748-8

Vorwort

Es ist für uns eine besondere Freude und Ehre, daß wir unsere diesjährige Jahresversammlung zusammen mit der DGOR durchführen konnten. Der sehr gute Besuch von insgesamt 296 Teilnehmern aus Deutschland, Österreich und der Schweiz beweist, daß das Operations Research auch heute noch eine recht große Anziehungskraft besitzt. Dabei stehen die theoretischen Arbeiten zur Zeit eher im Vordergrund des Interesses. Die Anwendung des OR auf die realen Probleme der Praxis stößt dagegen leider nach wie vor auf gewisse Schwierigkeiten. Es ist nicht zu verkennen, daß gegenüber der Euphorie in den 60er-Jahren eine gewisse Ernüchterung eingetreten ist. Dabei ist auch zu bedenken, daß heute manches unter OR segelt, das früher zu den klassischen Disziplinen der allgemeinen Betriebswirtschaftslehre gehörte. Hinzu kommen die Schwierigkeiten der gegenwärtigen weltweiten Rezession. Sie wären zwar mit ihrem Zwang zur generellen Kosteneinsparung ein guter Naturboden für eine umfassende Optimierung auf allen Gebieten. Demgegenüber steht der Investitionsstop, der sich u.a. auch auf die Inangriffnahme grösserer Projekte, wie sie in der Regel OR-Anwendungen darstellen, auswirkt.

Es war deshalb das große Verdienst dieser gemeinsamen Tagung, daß einmal mehr versucht wurde, diese Brücke zwischen Theorie und Praxis zu schlagen und auch zu zeigen, daß sowohl in der industriellen Fertigung, wie auch in den Dienstleistungsbetrieben und in den öffentlichen Verwaltungen nach wie vor ein dankbares Feld für die Anwendung von OR-Methoden vorhanden ist.

Ich danke der DGOR im Namen der Schweizerischen OR-Vereinigung sehr herzlich, daß sie bereit war, mit uns zusammen ihre Jahrestagung durchzuführen. Ohne ihre Mitwirkung wäre es uns nie vergönnt gewesen, so viele prominente Referenten nach Interlaken zu bringen.

Der Präsident der SVOR

Prof. Dr. E. Soom

Inhaltsverzeichnis

Programmierung

Vektorielle Programmierung

Spieltheorie

Graphentheorie

Statistik und Stochastik

Cluster Analyse

Netzwerke und Netzpläne

Simulation

Betriebswirtschaftliche Anwendungen

Produktion und Lagerhaltung

Transport und Standortmodelle

Öffentliche Dienste und Regionalplanung

Volkswirtschaftliche Anwendungen

Militär

OR und EDV

Programmierung

Ein Algorithmus für nichtlineare Optimierungsprobleme

H. Czap, Göttingen

1. Einführung

Vor 20 Jahren nahm die Entwicklung nichtlinearer Optimierungsmethoden mit einer Arbeit von K.R. Frisch: "The logarithmic potential method of convex programming" ihren Anfang. Danach war eine Pause, bis dann in den Jahren 1959 bis 1961 die meisten heute noch gebräuchlichen Verfahren entwickelt wurden. Vergleichsweise spät, nämlich erst 1967, wurde von Zangwill (7) erstmals die Verwendung einer exakten Penalty-Funktion vorgeschlagen. 1973 veröffentlichte dann Conn (2) einen Algorithmus, der im wesentlichen die von Zangwill vorgeschlagene Penalty-Funktion verwendet. In dem hier vorgestellten Verfahren wird ebenfalls eine exakte Penalty-Funktion benutzt, die wie die von Zangwill aus einer Norm (siehe z.B. Czap (3)) hergeleitet werden kann.

Unseren Betrachtungen liegt die folgende Problemformulierung zugrunde:

1.1) (P): Minimiere $f_o(x)$

$$x \in \mathbb{R}^n: \quad f_i(x) \leq 0 \text{ für } 1 \leq i \leq p$$

$$f_j(x) = 0 \text{ für } p+1 \leq j \leq m.$$

Die verwendeten Funktionen f_l, $l=0,..,m$ seien reellwertig und stetig differenzierbar.

Unter den Ungleichungs-Nebenbedingungen sind die von Bedeutung, die in einem Punkt x aktiv sind oder nicht erfüllt sind. Wir fassen sie durch die Indexmenge I(x) zusammen:

1.2) $I(x) := \{i \,|\, 1 \leq i \leq p, f_i(x) \geq 0\}$.

Ist x ein zulässiger Punkt, sind also alle Nebenbedingungen erfüllt, dann besteht I(x) gerade aus den Indizes der Nebenbedingungen, die an dieser Stelle aktiv sind.

1.3) Als <u>lineare Approximation</u> (LA)(x) von (P) im Punkt x bezeichnen wir das lineare Optimierungsproblem

$$(LA)(x): \quad \min Df_o(x)(\xi)$$
$$\xi \in \mathbb{R}^n: f_i(x)+Df_i(x)(\xi) \le 0 \text{ für } i \in I(x)$$
$$f_j(x)+Df_j(x)(\xi)=0 \text{ für } j=p+1,\dots,m.$$

Es werden also die Ungleichungen, die in einem aktuellen Punkt x strikt erfüllt sind, nicht berücksichtigt.
Neben der linearen Approximation verwenden wir in unserem Algorithmus die Penalty-Funktion

1.4) $$G(x,M) := f_o(x) + M\left[\sum_{i=1}^{p} \{\max(f_i(x),0)\}^2 + \sum_{j=p+1}^{m} \{f_j(x)\}^2\right]^{1/2}$$

Wie immer bei Funktionen dieser Art ist $G(x,M) \equiv f_o(x)$ für die zulässigen Punkte x. Ein Abweichen vom zulässigen Bereich wird durch den Gewichtungsfaktor M bei der Minimierung von G(x,M) bezüglich x bestraft.

1.5) <u>Definition</u>
Die Penalty-Funktion G(x,M) heißt in x_o lokal exakt, falls x_o zulässig ist und es eine Konstante $\bar{M}$ gibt, so daß $G(.,\bar{M})$ im Punkt x_o ein lokales Minimum (bezüglich x) hat.

Ist G(x,M) in x_o lokal exakt, dann hat offensichtlich G(.,M) ein lokales Minimum in x_o für jedes $M \ge \bar{M}$; weiter ist x_o dann lokal optimal für (P), wie sich leicht zeigen läßt (siehe z.B. Czap (4)).

1.6) <u>Satz</u>
Ist x_o lokal optimal für (P) und sind die Gradienten $Df_i(x_o)$ für $i \in I(x_o) \cup \{p+1,p+2,..,m\}$ linear unabhängig, dann ist G(x,M) in x_o lokal exakt.

Diesen Satz hat Pietrzykowski (5) für eine äquivalente Penalty-Funktion $P(x,M) := f(x) + M\left[\sum_{i=1}^{p} \max(f_i(x),\emptyset) + \sum_{j=p+1}^{m} |f_j(x)|\right]$ bewiesen. Eine Verallgemeinerung auf eine ganze Klasse von Penalty-Funktionen sowie auf allgemeine Banachräume stammt vom Autor (3).

Um für ein numerisches Verfahren eine Optimallösung von (P) zu bestimmen würde es also genügen, falls G(x,M) exakt ist, die Penalty-Funktion für ein hinreichend großes M zu minimieren. Zwei Schwierigkeiten ergeben sich jedoch schon auf den ersten Blick:

1.) Man weiß von vornherein nicht, wie groß M zu wählen ist. Zu großes M bedeutet numerisch, daß der Einfluß von $f_o(x)$ auf die Funktion G(x,M) verschwindend gering ist gegenüber dem Einfluß des Penalty-Terms und somit der Nebenbedingungen. Man erhält dann zwar recht schnell irgendeinen zulässigen Punkt, jedoch keineswegs einen optimalen. Die Auswahl des Penalty-Faktors wird im Abschnitt (4.) behandelt.

2.) Die gängigen Methoden zur Minimierung einer reellwertigen Funktion auf dem R^n setzen sich aus zwei Teiloperationen zusammen, der Bestimmung einer Richtung und der Minimierung längs dieser Richtung. Zumindest bei der Richtungsbestimmung wird Differenzierbarkeit der zu minimierenden Funktion vorausgesetzt. Diese Eigenschaft besitzt jedoch G(.,M),M>0, nicht

Eine Möglichkeit für die Richtungswahl besteht nun in der linearen Approximation $(LA)(x_k)$ in einem Iterationspunkt x_k. Dabei werden anstelle der gegebenen Funktionen deren Taylorpolynome ersten Grades betrachtet. Eine optimale Lösung des linearen Optimierungsproblems $(LA)(x_k)$ läßt lokal eine "recht günstige" Suchrichtung erwarten, da man ja die Projektion des Gradienten der Zielfunktion $Df_o(x_k)$ auf den Durchschnitt der Tangentialhalbräume und Tangentialhyperebenen der aktiven und der verletzten Nebenbedingungen bildet.

Der hier formulierte Ansatz ist prinzipiell nicht neu. Die bekannte Projektionsmethode von Rosen (siehe z.B. Jacoby u.a. (5)) ist diesem Vorgehen sehr ähnlich. Zum Unterschied von uns versucht Rosen immer im zulässigen Bereich längs aktiver Nebenbedingungen sich fortzubewegen.

Sehr ähnlich ist auch die Methode der approximativen Programmierung (MAP), die von Griffith und Stewart (siehe z.B. Jacoby u.a. (5)) stammt. Bei ihr werden sämtliche Nebenbedingungen linearisiert und zusätzliche obere und untere Schranken für die

Problemvariablen bestimmt. Das so in jedem Iterationspunkt erhaltene lineare Programm wird gelöst. Numerisch problematisch ist hierbei die Wahl der Schranken der Problemvariablen.
Die lineare Approximation zur Bestimmung der Suchrichtung, längs der G(.,M) minimiert werden soll, wurde jedoch hauptsächlich deswegen gewählt, weil sie ein sowohl theoretisch als auch praktisch befriedigendes Abbruchkriterium liefert.

2. Notwendige Bedingung für Optimalität

2.1) Satz

Ist x_o eine lokal optimale Lösung von (P) und ist G(x,M) in x_o lokal exakt, dann hat die lineare Approximation $(LA)(x_o)$ von (P) in x_o eine Optimallösung $\bar{\xi}$ mit $Df_o(x_o)(\bar{\xi}) = 0$.

Beweis:
In ((4), Satz 3.2.5(i); siehe auch ((3), Satz 3.3)) hat der Autor entsprechend der hier betrachteten speziellen Situation gezeigt:

2.2) $\left[G(x,M) \text{ lokal exakt in } x_o \text{ und } Df_o(x_o)(\xi) < 0\right]$
hat zur Folge, daß

$$Df_i(x_o)(\xi) > 0 \text{ für ein } i \in I(x_o) \text{ oder}$$

$$Df_j(x_o)(\xi) \neq 0 \text{ für ein } j \in \{p+1,..,m\}.$$

Für zulässige Punkte x_o reduziert sich $(LA)(x_o)$ auf

2.3) $$\min Df_o(x_o)(\xi)$$

$$Df_i(x_o)(\xi) \leq 0 \qquad \text{für } i \in I(x_o)$$

$$Df_j(x_o)(\xi) = 0 \text{ für } j = p+1,p+2,..,m.$$

$\xi = 0$ ist eine zulässige Lösung und wegen (2.2) auch optimal.

Beachte: Formuliert man das duale Problem von (2.3) dann erhält man die übliche Aussage des Satzes von Kuhn-Tucker.

3. Der Algorithmus

3.1) Gegeben Startwert x_1, K:=1.

3.2) Erstelle das Tableau für $(LA)(x_k)$:

$$\min Df_o(x_k)(\xi)$$

$$Df_i(x_k)(\xi) \leq -f_i(x_k), \text{ für } i\varepsilon I(x_k)$$

$$Df_j(x_k)(\xi) = -f_j(x_k), \text{ für } j=p+1,..,m.$$

a) Falls $I(x_k) \cup \{p+1,...,m\} = \emptyset$, dann

$\xi_k := -Df_o(x_k)$, Goto (3.3)

b) Falls $(LA)(x_k)$ keine zulässige Lösung besitzt, dann bestimme M_k etwa nach (4.2) und setze

$$\xi_k := -Df_o(x_k) - M_k \Big(\sum_{i\varepsilon I(x_k)} Df_i(x_k) + \sum_{j=p+1}^{m} \operatorname{sgn}(f_j(x_k)) Df_j(x_k) \Big)$$

Goto (3.3)

c) Falls $(LA)(x_k)$ eine Optimallösung $\bar{\xi}$ besitzt, dann

c1) Ist x_k zulässig (bis auf vorgegebenes ε) und ist $|Df_o(x_k)(\bar{\xi})| \leqq \varepsilon$, dann genügt x_k den Optimalitätsbedingungen; stop.

c2) Andernfalls setze $\xi_k := \bar{\xi}$, Goto (3.3)

d) Ansonsten:

d1) Ermittle ausgehend von einer Basislösung Ξ_k eine maximale Anzahl linear unabhängiger zulässiger Richtungen $\hat{\xi}_1, \hat{\xi}_2,..,\hat{\xi}_l$, mit $\lim_{\tau\to\infty} \tau Df_o(x_k)(\hat{\xi}_i) = -\infty$, i=1,2,..l.

d2) Bestimme $\bar{\xi}$ als die Projektion von $-Df_o(x_k)$ auf den durch $[\hat{\xi}_1,...,\hat{\xi}_l]$ aufgespannten Teilraum.

d3) Wähle M_k nach (4.2)

d4) Ξ_k sei die Basislösung von $(LA)(x_k)$. Dann bestimme $\hat{x}$ als Minimalstelle von $G(x_k + \Xi_k + \tau\bar{\xi}, M_k)$ für alle reellen τ. $\xi_k := \hat{x} - x_k$. Goto (3.3).

3.3) Ermittle M_k nach (4.2) und bestimme x_{k+1} als Minimalstelle von $G(x_k + \tau\xi_k, M_k)$ für alle reellen τ.

3.4) Abbruch, falls $||x_{k+1} - x_k|| \leqq \varepsilon_2$, ε_2 vorgegeben. Ansonsten setze K:= K+1, goto (3.2).

4. Wahl des Penalty-Faktors

Da es hier um die Untersuchung lokalen Verhaltens geht, ist zu erwarten, daß die Mindestgröße $\bar{M}$ des Penalty-Faktors von den Ableitungen an der Optimalstelle x_o abhängt.

4.1) Lemma: Ist $G(x,M)$ in x_o lokal exakt, dann muß $\bar{M}$ so groß sein, daß für jede Richtung ξ gilt

$$0 \le Df_o(x_o)(\xi) + \bar{M}\left[\sum_{i\varepsilon I(x_o)} [\max(0, Df_i(x_o)(\xi))]^2 + \sum_{j=p+1}^{m} |Df_j(x_o)(\xi)|^2\right]^{1/2}$$

Beweis: Zu gegebenem ξ mit $||\xi||_2 = 1$ gibt es eine Folge (x_n),

$$x_n \to x_o \text{ mit } \frac{x_n - x_o}{||x_n - x_o||} \to \xi\ , \text{ für } n \to \infty .$$

$G(x,M)$ lokal exakt in x_o hat zur Folge, daß

$$0 \le f_o(x_n) - f_o(x_o) + \bar{M}\left[\sum_{i\varepsilon I(x_o)} [\max(0, f_i(x_n))]^2 + \sum_{j=p+1}^{m} [f_j(x_n)]^2\right]^{1/2}$$

Wegen $f_1(x_o) = 0$, $1 \varepsilon I(x_o) \cup \{p+1,..,m\}$ erhält man

$$0 \le \frac{f_o(x_n) - f_o(x_o)}{||x_n - x_o||} + \bar{M}\left[\sum_{i\varepsilon I(x_o)} [\max(0, \frac{f_i(x_n) - f_i(x_o)}{||x_n - x_o||})]^2 + \sum_{j=p+1}^{m} [\frac{f_j(x_n) - f_j(x_o)}{||x_n - x_o||}]^2\right]^{1/2}$$

Aus dem Grenzübergang $n \to \infty$ folgt jetzt die Behauptung.

Die Abschätzung in Lemma (4.1) muß richtig sein für jede Richtung ξ, so auch für die Richtung $\bar{\xi}$, bei der $Df_o(x_o)(\xi)$ minimal wird, d.h. für $\bar{\xi} = -Df_o(x_o)$.
Ersetzt man jetzt noch x_o durch x_k um einen praktisch verwertbaren Ausdruck zu erhalten und behandelt die Ungleichung als Gleichung, dann folgt

$$\bar{M}_k = \frac{||Df_o(x_k)||^2}{y}\ , \tag{4.2}$$

$$y = \left[\sum_{i\varepsilon I(x_k)} [\max(0, -Df_i(x_k)^T Df_o(x_k))]^2 + \sum_{j=p+1} [Df_i(x_k)^T Df_o(x_k)]^2\right]^{1/2} .$$

Im Algorithmus erwies sich $M_k = 2\bar{M}_k$ als praktikabler Penaltyfaktor.

5. Skalierung

Um bei unserem Optimierungsproblem gleiche Gewichtung der einzelnen Funktionen zu erhalten, wurden normalisierte Funktionen $\bar{f}_l(x) = w_l f_l(x)$, $l=0,1,..,m$, betrachtet, wobei die Normalisierungsgrößen w_l analog zu Betts(1) wie folgt gewählt wurden:

$$w_o = \frac{1}{|f_o(x_k)|}, \quad \sum_{i=1}^{m} \{w_i f_i(x_k)\}^2 = 1 \quad \text{und}$$

$$w_i ||Df_i(x_k)||_2 = w_m ||Df_m(x_k)||_2 \quad \text{für } i=1,2,..,m.$$

Damit sind die Normalisierungsgrößen eindeutig bestimmt und lassen sich rekursiv angeben.

6. Rechenerfahrung

Eine Reihe von einfacheren Problemen wurde bislang mit Erfolg gelöst. Schwierigkeiten ergaben sich bei nichtkonvexen Problemen aus der Wahl des Penalty-Faktors und der Genauigkeit der Richtungsminimierung. Abbruch erfolgte, falls das Optimalitätskriterium bis auf $\varepsilon = 10^{-4}$ erfüllt war. Gerechnet wurde auf einer Univac 1108 mit einfacher Genauigkeit von 8 signifikanten Ziffern. Eine Funktionsauswertung beinhaltet die Auswertung der Zielfunktion und der Nebenbedingungen.

Beispiele:

6.1) minimiere $\sqrt{|x_1 + x_2|}$

so daß $\cos(x_1 + x_2) \leq 0$

$$(x_1 - \tfrac{\pi}{2})^2 + x_2^2 - \tfrac{\pi^2}{8} = 0$$

Hier haben wir eine nichtkonvexe Zielfunktion. Die beiden Optimallösungen befinden sich bei $(\frac{\pi}{4}, \frac{\pi}{4})$ bzw. $(3\frac{\pi}{4}, -\frac{\pi}{4})$.
Vom Startwert $(x_1,x_2) = (4,7)$ wurde mittels 43 Funktionsauswertungen der Wert $(3\frac{\pi}{4}, -\frac{\pi}{4})$ mit einem Fehler $< 10^{-6}$ bestimmt; Execution Time: 0.277 Sekunden.
Wegen der Nichtkonvexität reagierte dieses Testbeispiel sehr empfindlich auf Parameteränderungen (Häufigkeit der Skalierung, Wahl des Penalty-Faktors, Genauigkeit der Richtungsminimierung).

6.2) Rosenbrock's post office parcel problem

$$\max \quad x_1 x_2 x_3$$
$$x_1 + 2x_2 + 2x_3 \le 72$$
$$0 \le x_1 \le 42$$
$$0 \le x_2 \le 42$$
$$0 \le x_3 \le 42$$

Die Optimallösung (24,12,12) wurde aus dem zulässigen Bereich mit Startwert (10,10,10) approximiert. Auf Grund des Abbruchkriteriums ergab sich (23.9997, 12.0002, 12) bei 81 Funktionsauswertungen. Der nicht zulässige Startwert (-10,10,10) ergab nach 96 Funktionsauswertungen die Lösung (24.0259, 11.9935, 11.9935). Execution Time für beide Berechnungen zusammen: 1.217 sec.

6.3) Colville's Testproblem I

$$\min \quad f_o(x) = \sum_{j=1}^{5} e_j x_j + \sum_{j=1}^{5} \sum_{i=1}^{5} c_{i,j} x_i x_j + \sum_{j=1}^{5} d_j x_j^3$$

$$\sum_{j=1}^{5} a_{i,j} x_j \ge b_i \qquad i=1,2,...10$$

$$x_i \ge 0 \qquad i=1,2,..5 .$$

Die Koeffizienten wurden von Conn(2) übernommen. Startpunkt war (0,0,0,0,1); als Lösung ergab sich $f_o(x) = - 32.34868$ am Punkt (0.3, 0.333467, 0.4, 0.428309, 0.223966), der das Optimalitätskriterium erfüllt. Benötigt wurden hier 79 Funktionsauswertungen; Execution Time 1.093 Sekunden.

6.4) Klingmann und Himmelblau, Testproblem II

$$\min \quad f_o(x) = (x_2 - x_1)^4 + x_1 - 1$$
$$0.2 \le x_1 \le 2$$
$$0.2 \le x_2 \le 2$$
$$x_1^2 + x_2^2 \le 1$$

Die Optimallösung (0.2, 0.2) wird nach 10 Funktionsauswertungen erreicht; Execution Time 0.089 Sekunden. Dieses Testbeispiel soll bei anderen Algorithmen Schwierigkeiten machen, da in der Nähe der Optimallösung Df_o und Df_2 fast parallel sind

6.5) Das Rosen - Suzuki - Problem

$$\min f_o(x) = x_1^2 + x_2^2 + 2x_3^2 + x_4^2 - 5x_1 - 5x_2 - 21x_3 + 7x_4$$

$$-2x_1^2 - x_2^2 - x_3^2 - 2x_1 + x_2 + x_4 + 5 \geq 0$$

$$-x_1^2 - x_2^2 - x_3^2 - x_4^2 - x_1 + x_2 - x_3 + x_4 + 8 \geq 0$$

$$-x_1^2 - 2x_2^2 - x_3^2 - 2x_4^2 + x_1 + x_4 + 10 \geq 0 \quad .$$

Die Optimallösung ist (0,1,2,-1) mit $f_o(x) = -44$.
Ausgehend vom Startwert (0,0,0,0) brach der Algorithmus nach 95 Funktionsauswertungen am Punkt
(0.000047, 0.999945, 1.999982, -1.000032) ab; Execution Time 1.26 Sekunden.

Literatur

(1) Betts,J.T. An improved Penalty Function Method for Solving Constrained Parameter Optimization Problems. Journal of Optimization Theorie a. Appl.,Vol 16, 1975,p 1-24.

(2) Conn,A.R. Constrained Optimization Using a Nondifferentiable Penalty Function. SIAM J.Num.Anal.,Vol 10,No.4,1973.

(3) Czap,H. Geometrische Charakterisierung exakter Penalty-Funktionen. Proceedings in Operations Research 4(1974),S.217 - 226.

(4) Czap,H. Exact Penalty Functions in Infinite Optimization. Erscheint in "Lecture Notes in Mathematics": Optimization Theorie and Optimal Control. Tagungsbericht Oberwolfach, 17.11. bis 23.11.1974. Springer Verlag, 1975.

(5) Jacoby,S.L.S; Kowalik,J.S; Pizzo,J.T. Iterative Methods for Nonlinear Optimization Problems. Prentice Hall, New Jersey, 1972.

(6) Pietrzykowski,T. An Exact Potential Method for Constrained Maxima. Siam J. Numer. Anal. 6 (1969) p. 559-578.

(7) Zangwill,W.I. Nonlinear Programming via Penalty Functions, Management Science,13 (1967) p. 344-358.

Algorithmen zur Lösung des parametrischen nichtlinearen Komplementaritätsproblems

M. Rössler, Zürich

Einführung in das Komplementaritätsproblem und die Algorithmen zu dessen Lösung

Das nichtlineare Komplementaritätsproblem besteht darin, einen Vektor $\underline{x} \in R^n$ so zu finden, dass die Bedingungen

$$\underline{x} \geqslant 0, \quad \underline{f}(\underline{x}) \geqslant 0, \quad \underline{x}^T \cdot \underline{f}(\underline{x}) = \sum_{i=1}^{n} x_i f_i(\underline{x}) = 0, \text{ (d.h. } x_i=0 \text{ oder } f_i(\underline{x})=0, \forall i) \quad (1)$$

erfüllt sind; dabei ist $\underline{f}$ eine gegebene Vektorfunktion, welche jedem $\underline{x} \geqslant 0$ ein $\underline{y}=\underline{f}(\underline{x}) \in R^n$ zuordnet. Falls $\underline{f}$ linear ist, lässt sich (1) in der Form

$$\underline{x} \geqslant 0, \quad M\underline{x} + \underline{q} \geqslant 0, \quad \underline{x}^T \cdot (M\underline{x} + \underline{q}) = 0 \quad (2)$$

schreiben, wo M eine gegebene Matrix $\in R^{n \times n}$ und $\underline{q}$ einen gegebenen Vektor $\in R^n$ bezeichnen; (2) wird lineares Komplementaritätsproblem genannt.

Das Komplementaritätsproblem hat in den letzten Jahren grosses Interesse gefunden, da es von sehr allgemeiner Bedeutung ist, und es gibt eine rasch wachsende Literatur darüber, in welcher einerseits die Existenz von Lösungen in Abhängigkeit von der Art von M und $\underline{q}$, bzw. $\underline{f}$ untersucht und anderseits Algorithmen zu deren expliziter Berechnung entwickelt worden sind. Wichtige Modelle im Operations Research und in der mathematischen Oekonomie kann man als Spezialfälle des Komplementaritätsproblems auffassen; so lassen sich die lineare Programmierung, die quadratische Programmierung und das nichtkooperative Zweipersonenspiel auf lineare, die nichtlineare Optimierung, die Marktgleichgewichtsbedingungen in n-Güter-Märkten und die Bedingungen für Nash-Gleichgewichtspunkte im Mehrpersonenspiel auf nichtlineare Komplementaritätsprobleme zurückführen.

Alle Lösungsalgorithmen basieren auf der Konstruktion einer Kette von sogenannten fast-komplementären Lösungen, d.h. Lösungen $\underline{x}$, welche den Bedingungen (1) "fast", beispielsweise bis auf ein einziges Paar $x_i > 0$, $f_i(\underline{x}) > 0$, genügen. Unter bestimmten Voraussetzungen endet eine solche Kette in einer komplementären Lösung, d.h. einer Lösung, welche (1) erfüllt. Im Fall des linearen Komplementaritätsproblems (2) ist die Kette von fast-komplementären Lösungen eine Folge von bestimmten durch Jordan-Austausche erzeugten Basislösungen; für eine gewisse Klasse von Matrizen M gelangt man nach endlich vielen Austauschschritten zu einer komplementären Lösung. Die Algorithmen für das nichtlineare Problem setzen eine Triangulation des Lösungsraums, d.h. dessen Aufteilung in kleine Simplexe, voraus; durch eine geeignete Markierung der Eckpunkte dieser Simplexe wird eine Kette von fast-komplementären Simplexen erzeugt, die in endlich vielen Schritten zu einem komplementären Simplex führt, d.h. einem Simplex, welches einen komplementären Lösungspunkt enthält oder sich in seiner unmittelbaren Nachbarschaft befindet. Mittels Verfeinerung der Triangulation kann auf diese Weise eine komplementäre Lösung beliebig genau approximiert werden.

Parametrisches lineares Komplementaritätsproblem

Die Sensitivitätsanalyse bzgl. der gegebenen Grössen in einem Modell und damit ihre Parametrierung ist z.B. für Stabilitätsuntersuchungen, für die Analyse von Fällen, bei denen einige Grössen im Moment der Planung noch nicht festgelegt sind, ferner für die Abschätzung von Risiken bei unsicheren oder nur ungenau bekannten Grössen von Bedeutung.

Durch Parametrierung von $\underline{q}$ in (2) mit einem skalaren Parameter λ erhält man die Aufgabe

$$\underline{x} \geq 0, \ M\underline{x} + \underline{q} + \lambda\underline{p} \geq 0, \ \underline{x}^T \cdot (M\underline{x} + \underline{q} + \lambda\underline{p}) = 0 \ ; \qquad (3)$$

dabei ist $\underline{p} \in R^n$ gegeben. Das Problem (3), also die Bestimmung komplementärer Lösungen $\underline{x}$ in Abhängigkeit von λ, wurde u.a. von Cottle [1] untersucht; insbesondere befasste er sich mit der Frage, unter welchen Bedingungen die Komponenten von $\underline{x}$ monoton zunehmende Funktionen von λ sind. Ohne auf Einzelheiten einzugehen sei hier die naheliegendste Methode zur Lösung von (3) beschrieben. Unter der Annahme, dass eine komplementäre Lösung für $\lambda=0$ existiert, bestimmt man diese, z.B. nach Lemke [2]. Definiert man $\underline{x}^N=\underline{x}$ (= Ausgangs-Nichtbasisvariable) und $\underline{x}^B=M\underline{x}^N+\underline{q}+\lambda\underline{p}$ (= Ausgangs-Basisvariable), und tauscht man Basis- gegen Nichtbasisvariable aus, so entstehen transformierte Formen von (3)

$$\underline{\tilde{x}}^B \geq 0, \ \underline{\tilde{x}}^N \geq 0, \ \underline{\tilde{x}}^B = \tilde{M}\underline{\tilde{x}}^N + \underline{\tilde{q}} + \lambda\underline{\tilde{p}}, \quad \sum \tilde{x}_i^B \cdot \tilde{x}_i^N = 0 \qquad (4)$$

mit der jeweiligen Basislösung $\underline{\tilde{x}}^N=0$, $\underline{\tilde{x}}^B=\underline{\tilde{q}}+\lambda\underline{\tilde{p}}$. Eine komplementäre Lösung für $\lambda = 0$ ist eine Basislösung zu einer Form (4) mit $\underline{\tilde{q}} \geq 0$, also gegeben durch $\underline{\tilde{x}}^B = \underline{\tilde{q}} \geq 0$, $\underline{\tilde{x}}^N=0$. Lässt man nun λ von 0 an wachsen, so ist $\underline{\tilde{x}}^B=\underline{\tilde{q}}+\lambda\underline{\tilde{p}}$. Ist $\underline{\tilde{p}} \geq 0$, so bleibt die Basislösung $\underline{\tilde{x}}^B=\underline{\tilde{q}}+\lambda\underline{\tilde{p}}$, $\underline{\tilde{x}}^N=0$ komplementär für alle $0 \leq \lambda < \infty$. Andernfalls bestimmt man den kritischen Wert

$$-\tilde{q}_i/\tilde{p}_i = \underset{k \text{ mit } \tilde{p}_k<0}{\text{Min}} \ (-\tilde{q}_k/\tilde{p}_k) \ ; \qquad (5)$$

die Basislösung ist dann komplementär im Intervall $0 \leq \lambda \leq -\tilde{q}_i/\tilde{p}_i$. Sei $\tilde{x}_j^N$ die zu $\tilde{x}_i^B$ gehörige Komplementvariable; ist $\tilde{m}_{ij} > 0$, so tauscht man $\tilde{x}_i^B$ gegen $\tilde{x}_j^N$ aus, und die neue Basislösung ist komplementär im anschliessenden Intervall bis zu einem neuen kritischen Wert, der wiederum durch (5) bestimmt ist. Für $\tilde{m}_{ij} \leq 0$ ist zu unterscheiden zwischen $\tilde{m}_{ik} \leq 0$, $(k=1,\dots,n)$, wo für $\lambda > -\tilde{q}_i/\tilde{p}_i$ keine zulässige Basislösung und daher erst recht keine komplementäre Lösung existieren, und $\tilde{m}_{ih} = \underset{k}{\text{Max}} \ \tilde{m}_{ik} > 0$, wo $\tilde{x}_i^B$ gegen $\tilde{x}_h^N$ ausgetauscht wird, was eine fast-komplementäre Lösung ergibt; im zweiten Fall wird so lange gemäss Lemke [2] iteriert, bis man eine neue komplementäre Lösung für das anschliessende Intervall findet. Auf diese Art erhält man allerdings im allgemeinen keine vollständige Uebersicht über die komplementären Lösungen von (3), da bei beliebigem M weder der λ-Bereich mit existierenden komplementären Lösungen zusammenhängend zu sein noch alle komplementären Lösungen als Endpunkte der im Verlauf des Algorithmus' erzeugten fast-komplementären Ketten aufzutreten brauchen. Nur wenn M bestimmte Eigenschaften hat, ergibt sich bei geeigneter Ausgestaltung des Algorithmus' eine vollständige Lösung.

Das vorstehend beschriebene Verfahren lässt sich auf das Problem mit mehreren Parametern in $\underline{q}$

$$\underline{x} \geq 0, \ M\underline{x} + \underline{q} + P \cdot \underline{\lambda} \geq 0, \ \underline{x}^T \cdot (M\underline{x} + \underline{q} + P \cdot \underline{\lambda}) = 0 \qquad (6)$$

verallgemeinern. Treten Parameter in M auf, so wird dagegen das Problem sehr schwierig, da bei den Austauschen die Linearität in λ verloren geht.

Methode von Lüthi zur Lösung des nichtlinearen Komplementaritätsproblems

Für das nichtlineare Komplementaritätsproblem (1) hat u.a. H.-J. Lüthi [3,4] ein Verfahren angegeben, mit welchem dank der Möglichkeit der stufenweisen Verfeinerung der Triangulation eine beliebig genaue Approximation einer komplementären Lösung konstruiert werden kann, falls eine solche existiert.

Der Variablenvektor $\underline{x}$ in (1) sei um eine Komponente x_{n+1} erweitert, wobei der neue Vektor der Dimension n+1 wiederum mit $\underline{x}$ bezeichnet werde. Ferner seien $f_{n+1}(\underline{x})=0$, $m(\underline{x})=\operatorname{Min}_{j=1,..,n+1} f_j(\underline{x})$ und $\underline{\tilde{f}}(\underline{x})=(f_1(\underline{x})-m(\underline{x}),\dots,f_{n+1}(\underline{x})-m(\underline{x}))^T$ definiert. Es kann gezeigt werden, dass (1) äquivalent ist zur folgenden Aufgabe mit um 1 erhöhter Dimension

$$\underline{x} \geq 0, \quad \sum_{i=1}^{n+1} x_i = k, \quad \underline{x}^T \cdot \underline{\tilde{f}}(\underline{x}) = 0, \tag{7}$$

wobei $k > 0$ eine genügend grosse beliebige Konstante ist. Lüthi benützt nun die durch die ganzzahligen Gitterpunkte $\underline{y} \in R^{n+1}$ mit $\underline{y}=t\underline{x} \geq 0$, $\sum y_i = t \cdot \sum x_i = tk$ erzeugte Triangulation; je grösser t gewählt wird, umso feiner wird die dadurch induzierte Triangulation in $\underline{x} \geq 0, \sum x_i = k$. Die Markierung eines Punkts $\underline{x}$ der Triangulation ist definiert als der Index der kleinsten Komponente von $\underline{\tilde{f}}(\underline{x})$. Für die Definition der Komplementarität und Fast-Komplementarität eines Simplex der Triangulation wie auch für die Beschreibung des Algorithmus' muss auf [3] verwiesen werden. Ist ein komplementäres Simplex gefunden, so kann die Triangulation durch Vergrösserung von t verfeinert werden; als Ausgangssimplex dient ein geeignet markiertes fast-komplementäres Simplex mit einem zusätzlichen Eckpunkt auf der Ebene $\sum y_i = tk+1$ (also gegenüber vorher um eine Dimension erhöht), in der Nähe des eben gefundenen komplementären Simplex.

Für eine gewünschte Genauigkeit 1/t der Approximation einer komplementären Lösung ist die totale Anzahl Schritte grössenordnungsmässig proportional zu $n^2 \log(t)/\log(n)$ (bei Verfeinerungsfaktor n); für den Aufwand ist diese Zahl mit n^2 zu multiplizieren.

Parametrisches nichtlineares Komplementaritätsproblem

Zunächst soll der Fall untersucht werden, wo ein skalarer Parameter λ linear auftritt; das Problem erhält dann die Form

$$\underline{x} \geq 0, \quad \underline{f}(\underline{x}) + \lambda \underline{g}(\underline{x}) \geq 0, \quad \underline{x}^T(\underline{f}(\underline{x}) + \lambda \underline{g}(\underline{x})) = 0. \tag{8}$$

Man berechnet zuerst eine komplementäre Lösung z.B. für $\lambda = 0$ (unter der Annahme der Existenz komplementärer Lösungen für dieses λ) nach [3]. Für das weitere kann man sich vom Vorgehen im linearen Fall (3) leiten lassen; man verändert jeweils λ so weit, bis die komplementäre Lösung fast-komplementär wird, und sucht dann durch Iteration in der betreffenden fast-komplementären Kette eine komplementäre Lösung für das geänderte λ.

Seien $\underline{\tilde{f}}^{(1)},\dots,\underline{\tilde{f}}^{(m)}$ die Werte von $\underline{\tilde{f}}(\underline{x})$ in den $m(\leq n+1)$ Eckpunkten des komplementären Simplex für $\lambda=0$; jede der m Komponenten von $\underline{\tilde{f}}(\underline{x})$, bei denen die zugehörige Variable nicht im ganzen komplementären Simplex 0 ist, tritt also in genau einem der m Eckpunkte als kleinste auf. Die Indexe dieser kleinsten Komponenten ergeben die Markierungen k(i), (i=1,....,m). Ferner seien $\underline{\tilde{g}}(\underline{x})$ =

$= (g_1(\underline{x}),\ldots,g_n(\underline{x}),0)^T$ und $\underline{\tilde{g}}^{(1)},\ldots,\underline{\tilde{g}}^{(m)}$ analog zu $\underline{\tilde{f}}^{(1)},\ldots,\underline{\tilde{f}}^{(m)}$ definiert.

Lässt man nun λ von 0 an wachsen, so gibt es kritische Werte (vgl. Abb.)

$$\lambda^{(i)} = \operatorname*{Min}_{\substack{j=1,.,n+1 \\ j\neq k(i) \\ \tilde{g}_j^{(i)} < \tilde{g}_{k(i)}^{(i)}}} \left\{ -\frac{\tilde{f}_j^{(i)} - \tilde{f}_{k(i)}^{(i)}}{\tilde{g}_j^{(i)} - \tilde{g}_{k(i)}^{(i)}} \right\} \qquad (9)$$

bei denen in den Eckpunkten i die Markierungen sich ändern , da andere Komponenten am kleinsten werden.

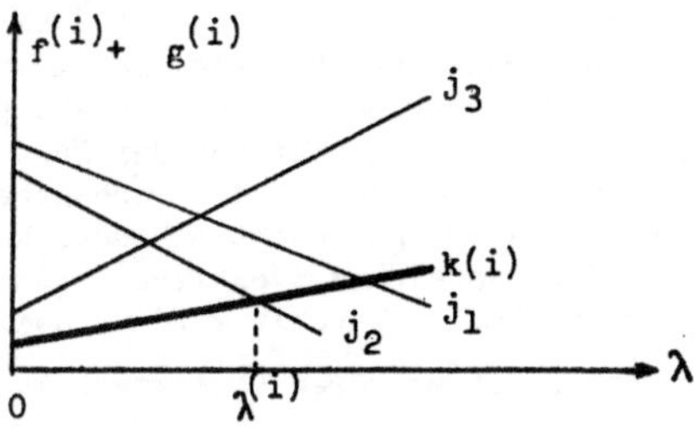

minimierende Komponente: j_2

Definiert man $\lambda^{(i)} = \infty$ für den Fall, wo in (9) über eine leere Menge minimiert wird, so ändert sich an der Stelle $\lambda = \operatorname*{Min}_{i=1,..,m} \lambda^{(i)}$ die Markierung des ersten Eckpunkts; das Simplex wird fast-komplementär. Die neue Markierung des kritischen Eckpunkts sei mit h bezeichnet. Man erzeugt nun eine Kette von fast-komplementären Simplexen (siehe Beschreibung in [3]), beginnend mit "Streichen" des Eckpunkts mit derselben Markierung h wie der kritische Eckpunkt, bzw. Hinzunahme eines Eckpunkts mit $x_h > 0$, falls $x_h = 0$ im ganzen Simplex ist. Nach endlich vielen (im allgemeinen, d.h. solange die komplementäre Lösung $\underline{x}(\lambda)$ stetig ist in λ, nur wenigen) Schritten findet man ein komplementäres Simplex für ein anschliessendes λ-Intervall bis zu einem nächsten kritischen Wert. Auf diese Weise wird der ganze Bereich $\lambda \geqslant 0$ und analog $\lambda \leqslant 0$ durchgegangen. Die Anwendung dieser Methode in vielen numerischen Beispielen hat gezeigt, dass für genügend feine Triangulationen von den beiden zur Auswahl stehenden Richtungen, in denen jeweils die fast-komplementäre Kette zur Auffindung des nächsten komplementären Simplex verfolgt werden kann, die oben angegebene (also Start mit "Stehenlassen" des kritischen Eckpunkts) immer die richtige ist; ein Beweis dafür ist aber noch nicht gegeben.

Mit der beschriebenen Methode wird eine komplementäre Lösung $\underline{x}(\lambda)$ als Funktion von λ in der gewählten Feinheit der Triangulation direkt konstruiert. Dies bedeutet, dass bei gewünschter hoher Genauigkeit der Approximation und entsprechend feiner Triangulation der Rechenaufwand nur dann in vernünftigen Grenzen bleibt, wenn der zu untersuchende λ-Bereich relativ klein ist (z.B. bei einer Sensitivitätsanlyse der Lösung bzgl. kleinen Abweichungen eines Parameters von einem Normalwert). Ist der λ-Bereich dagegen gross und soll die Approximation trotzdem sehr gut sein, so kann man grundsätzlich ebenfalls die obige Methode, aber auf einer groben Triangulation, anwenden; hat man jeweils ein komplementäres Simplex gefunden, so verfeinert man (d.h. vergrössert t) so weit, bis man nach der beschriebenen Verfeinerungsmethode eine genügend genaue Approximation der komplementären Lösung für das jeweilige λ erreicht, und kehrt anschliessend auf die grobe Ausgangstriangulation zurück. Auf diese Weise erhält man allerdings nicht den vollständigen Verlauf der Funktion $\underline{x}(\lambda)$, sondern nur die Werte an bestimmten Stützstellen (den kritischen Werten von λ).

Tritt der Parameter λ nicht linear, sondern in allgemeinerer Form auf, hat also das Problem die Form

$$\underline{x} \geqslant 0, \quad \underline{f}(\underline{x},\lambda) \geqslant 0, \quad \underline{x}^T \cdot \underline{f}(\underline{x},\lambda) = 0, \qquad (10)$$

so lässt sich Formel (9) nicht anwenden. In diesem Fall kann das folgende Verfahren gewählt werden. Man gibt eine Folge von Stützstellen λ_1 (z.B.=0), λ_2,... (z.B. äquidistant) vor, an welchen eine komplementäre Lösung $\underline{x}(\lambda)$ zu berechnen ist. $\underline{x}(\lambda_1)$ wird wie bisher nach [3] berechnet; nachher arbeitet man immer mit der Verfeinerungsmethode, also in um 1 erhöhter Dimension. Man startet jeweils mit einem geeignet markierten fast-komplementären Simplex in einer groben Triangulation mit 1 Eckpunkt auf der Ebene $\sum_i y_i = tk+1$ (t klein) in der Nähe der komplementären Lösung für die vorangehende benachbarte Stützstelle und verfeinert dann bis zur gewünschten Genauigkeit der Approximation. Je weiter die Stützstellen voneinander entfernt sind, umso gröber sollte die jeweilige Ausgangstriangulation gewählt werden, damit der Rechenaufwand klein bleibt.

Das Problem mit mehreren Parametern kann analog zu (8) bzw. (10) gelöst werden.

Anwendungsbeispiel

Eine der möglichen Anwendungen des Modells (1) ist das Gleichgewicht in einer Marktwirtschaft mit n Gütern, unterteilt in s Input-Güter (j=1,..,s) und n-s Output-Güter (j=s+1,..,n), und Geld j=n+1. Die Marktteilnehmer seien zusammengesetzt aus Konsumenten h mit Anfangsausstattungen an Input-Gütern $q_{h1}(0),\ldots,q_{hs}(0)$ und an Geld $q_{h,n+1}(0)$, und mit Nutzenfunktionen $u_h(q_{h1},\ldots,q_{h,n+1})$, einerseits, und aus Unternehmungen i mit Produktionsfunktionen $q_{ij}=f_{ij}(q_{i1},\ldots,q_{is})$,(j=s+1,..,n) anderseits. Die Konsumenten h sollen überdies Anteile d_{ih} an den Gewinnen der Unternehmungen i erhalten. Für die aggregierten Käufe abzgl. Verkäufe der Güter in Abhängigkeit von ihren Preisen $p_1,\ldots,p_n$ ergeben sich aus der individuellen Maximierung der Nutzen und Gewinne Funktionen $e_j(p_1,\ldots,p_n)$, (j=1,..,n), die die Gleichgewichtsbedingungen

$$p_j \geqslant 0, \quad -e_j(p_1,\ldots,p_n) \geqslant 0, \quad (j=1,..,n), \quad \sum_{j=1}^{n} p_j e_j(p_1,..,p_n)=0 \qquad (11)$$

erfüllen müssen; (11) ist ein nichtlineares Komplementaritätsproblem.

Eine Parametrierung wäre in diesem Modell möglich und interessant bzgl.

- Anfangsausstattungen der Konsumenten $q_{h1}(0),..,q_{hs}(0),q_{h,n+1}(0)$ (Einkommens- und Vermögensumverteilung)
- Nutzenfunktionen u_h (Aenderung der Bedürfnisse und Wünsche der Konsumenten)
- Produktionsfunktionen f_{ij} (Aenderungen in Technologie und Kapitalausstattung)
- Anteile d_{ih} an den Unternehmungsgewinnen (Aenderungen in den Eigentumsverhältnissen).

Die $q_{hj}(0)$ treten additiv in den e_j auf und führen daher, als Parameter betrachtet, direkt auf ein Problem der Form (8). Ferner lässt sich zeigen, dass bei quadratischen Nutzenfunktionen

$$u_h(q_{h1},\ldots,q_{h,n+1}) = \sum_{j_1,j_2} a_{hj_1j_2} q_{hj_1} q_{hj_2} \qquad (12)$$

additive Parameter in den Produktionsfunktionen $f_{ij}(q_{i1},..,q_{is}) = f_{ij}^{(0)}(q_{i1},..,q_{is}) + \lambda_{ij}$ (d.h. Veränderung des Outputs um einen konstanten Betrag unabhängig vom Input), oder die Anteile an den Unternehmungsgewinnen als Parameter ebenfalls auf Probleme der Form (8) führen. Sonst erhält man im allgemeinen das Modell (10).

Als Beispiel sei ein Markt mit 3 Gütern (j=1: Rohstoff, j=2: Arbeit, j=3: Industrieprodukt), 3 Konsumenten (h=1: Rohstoffbesitzer, h=2: Fabrikant, h=3: Arbeiter) und 1 Fabrik betrachtet, welche das Industrieprodukt aus dem Rohstoff und Arbeit gemäss der Produktionsfunktion $q_3 = \log(6\cdot\mathrm{Max}(1/2,q_1)\cdot\mathrm{Max}(1/2,q_2))$ herstellt. Die Nutzenfunktionen seien

$$u_h = -(q_{h1}-2)^2-2(q_{h2}-2)^2-2(q_{h3}-2)^2-(q_{h4}-2)^2, \quad (h=1,2,3), \tag{13}$$

und die Anfangsbestände an Gütern und Geld $q_{11}(0)=q_{14}(0)=q_{24}(0)=q_{34}(0)=1$, $q_{32}(0)=\lambda$, übrige $q_{hj}(0)=0$; λ ist als Parameter zu betrachten. Daraus ergibt sich

$$e_1= 5-3p_1+\mathrm{Max}(1/2,p_2/p_1), \quad e_2= -3/2\cdot p_2-\log(\mathrm{Max}(1/2,p_2/p_1)\cdot\mathrm{Max}(1/2,p_2/p_3)),$$
$$e_3= 6-3/2\cdot p_3+\mathrm{Max}(1/2,p_2/p_3)- \lambda, \tag{14}$$

also ein einfaches parametrisches nichtlineares Komplementaritätsproblem der Form (8). Die erste der beschriebenen Lösungsmethoden führte bei k=20 und t=1, 10,100 (3 Verfeinerungsstufen, Verfeinerungsfaktor 10) nach 188 Schritten zur Ausgangslösung für $\lambda=0$; bei der sukzessiven Erhöhung von λ ergaben sich bis zu $\lambda=10$ 420 kritische λ-Werte auf der höchsten Verfeinerungsstufe, und es waren jeweils zwischen 3 und 8 Schritte notwendig zur Auffindung des nächsten komplementären Simplex, woraus total 1810 Schritte resultierten. Bei Anwendung der für die Lösung von (10) vorgeschlagenen Methode waren bei Wahl von (äquidistanten) $\lambda=0$, 0.05, 0.10, 0.15,...,9.95, 10.0 bei Rechnen immer auf der höchsten Verfeinerungsstufe (t=100) im Vergleich zwischen 3 und 24 Schritte notwendig, was total 2354 Schritte ergab.

Literatur

[1] R.W.Cottle: Monotone solutions of the parametric linear complementarity problem, Mathematical Programming 3 (1972), S.210 ff.

[2] C.E.Lemke: On complementary pivot theory, in: Mathematics of the decision sciences, (hsg. G.B.Dantzig, A.F.Veinott), Amer. Math. Soc., 1967

[3] H.-J.Lüthi: Ein Algorithmus zur Approximation von Lösungen des nichtlinearen Komplementaritätsproblems, Diss. ETH Zürich Nr.5183, 1973

[4] H.-J.Lüthi: A simplicial approximation of a solution for the nonlinear complementarity problem, Mathematical Programming 9 (1975)

Ein Algorithmus zur Lösung einer speziellen Klasse ganzzahliger Optimierungsmodelle

U. Suhl, Berlin

1. Eine Klasse von (0-1)-Programmen

Gegeben seien: eine Indexmenge $I=\{1,..,p\}$ und eine Partition einer Menge $\{1,..,n\}$ $(n \geq p)$ in p disjunkte nichtleere Teilmengen $(J_i)_{i \in I}$, ein reeller n-Vektor c, ein reeller m-Vektor b und eine reelle m x n Matrix A. Es wird in dieser Arbeit vorausgesetzt, daß c, b, A keine negativen Matrixelemente aufweisen. Betrachtet wird folgendes ganzzahliges lineares Programm (GLP):

$$\begin{aligned} &\text{Minimiere } c'y \\ &\sum_{j \in J_i} y_j = 1 \ , \ i \in I \qquad\qquad 1.1 \\ &A\,y \leq b \\ &y \in \{0,1\}^n \end{aligned}$$

Die ersten p Restriktionen werden Konvexitätsrestriktionen genannt.
Ein Spezialfall von 1.1 ist das verallgemeinerte Zuordnungsproblem ([11]):

$$\begin{aligned} K = \{1,...,r\} \ , \ I = \{1,...p\}, \quad &\text{Min} \sum_{k \in K} \sum_{i \in I} c_{ki}\, y_{ki} \\ &\sum_{k \in K} y_{ki} = 1, \ i \in I \qquad\qquad 1.2 \\ &\sum_{i \in I} a_{ki}\, y_{ki} \leq b_k \ , \ k \in K \\ &y_{ki} \in \{0,1\} \ , \ i \in I \ , \ k \in K \end{aligned}$$

Alle Koeffizienten c_{ki}, a_{ki}, b_k mit $k \in K$, $i \in I$ sind positiv.

Für die Klasse der durch 1.1 bzw. 1.2 definierten (0-1)-Programme gibt es eine Reihe von Anwendungsmöglichkeiten (vgl. [1], [2], [3], [10], [11]). In [12] wird der Fall betrachtet, in dem die Nebenbedingungen $Ay \leq b$ von 1.1 eine allgemeine Struktur aufweisen.

2. Die Lösung der (0-1)-Programme

Für (0-1)-Programme vom Typ 1.2 wurde von ROSS/SOLAND [11] ein äußerst effizienter impliziter Enumerationsalgorithmus entwickelt, mit dem sich jedoch nicht allgemeine Programme vom Typ 1.1 lösen lassen.

Auch die Branch and Bound Algorithmen vom Typ DAKIN ([6]), die zur Lösung allgemeiner GLP's und gemischt-ganzzahliger linearer Programme im Rahmen von kommerzieller Software (z.B. MPSX-MIP (IBM), APEX II (CDC), UMPIRE (UNIVAC), LP 6000 (HONEYWELL-BULL)) eingesetzt werden, sind zur Lösung von 1.1 schlecht geeignet. Versuche mit APEX II auf einer CYBER 72 mit einer Reihe von Testproblemen mit nur 400 (0-1)-Variablen verliefen unbefriedigend (vgl. Abschnitt 7.).

Da (0-1)-Programme vom Typ 1.1, die aus praktischen Problemen resultieren, u.U. mehrere tausend (0-1)-Variablen aufweisen, ist es notwendig, einen speziellen Algorithmus für diesen Problemtyp zu entwickeln.

Der entwickelte Algorithmus ist ein primaler, impliziter Enumerationsalgorithmus, der gegenüber allgemeinen Algorithmen dieses Typs (vgl. [5], [4], [6]) die Struktur von 1.1 ausnutzt. Wesentliche Merkmale des Algorithmus sind:

- eine implizite Berücksichtigung der Konvexitätsrestriktionen
- die Auswahl der Kandidatenprobleme nach der LIFO-Strategie ([6])
- ein effizientes Enumerationsschema zur Entwicklung des Baumes
- die Berechnung einer "Surrogate Constraint" ([7]) ohne den Einsatz von Linearer Programmierung
- eine Speichertechnik für die Matrix A, bei der nur die Nichtnullelemente gespeichert werden müssen und die eine effiziente Ausführung der "Tests" im Algorithmus zuläßt.

3. Implizite Enumeration

Unter impliziter Enumeration wird ein spezielles Branch and Bound Verfahren für reine nicht notwendig lineare (0-1)-Programme verstanden. Eine kurze Übersicht über diese Methode soll die Darstellung des in Abschnitt 5. beschriebenen Algorithmus zur Lösung von 1.1 erleichtern. Eine detaillierte Darstellung und Begründung dieser Methode findet man in [5].

Betrachtet wird ein allgemeines lineares (0-1)-Programm:

$$\begin{aligned} \text{Min } & c'y \\ & A\,y \leqslant b \\ & y \in \{0,1\}^n \end{aligned} \qquad 3.1$$

Hierbei ist c o.B.d.A ein nicht negativer reeller n-Vektor, b ein reeler m-Vektor und A eine reelle m x n Matrix. Mit A_j wird der j-te Spaltenvektor von A bezeichnet. Der Begriff der partiellen Lösung spielt in impliziten Enumerationsalgorithmen eine zentrale Rolle. Eine partielle Lösung ist definiert als eine Festlegung eines Teiles der (0-1)-Variablen von 3.1 auf die Werte 0 oder 1. Nicht festgelegte (0-1)-Variablen heißen frei. Eine Vervollständigung einer partiellen Lösung ergibt sich aus einer Festlegung der noch freien (0-1)-Variablen einer partiellen Lösung. Eine partielle Lösung heißt untersucht (engl.fathomed), wenn genau einer der folgenden Fälle eintritt:

- es wurde eine für 3.1 zulässige Vervollständigung gefunden, die unter allen Vervollständigungen der partiellen Lösung einen minimalen Zielfunktionswert aufweist
- es kann bewiesen werden, daß die partielle Lösung keine für 3.1 zulässige Vervollständigung besitzt, deren Zielfunktionswert kleiner als der einer bereits gefundenen zulässigen Lösung für 3.1 ist.

Eine partielle Lösung soll im folgenden nach der Terminologie in [5] durch einen Zeilenvektor S repräsentiert werden. Die Komponenten von S sind die positiven bzw. negativen Indizes der festgelegten (0-1)-Variablen, wobei positive bzw. negative Indizes eine Festlegung der entsprechenden (0-1)-Variablen auf 1 bzw. 0 kennzeichnen. Die Variablen werden entsprechend der Reihenfolge ihrer Festlegung in S geführt. Darüberhinaus werden in genau zwei Fällen weitere Informationen in S aufgezeichnet:

- eine partielle Lösung wurde untersucht
- es wird durch "Tests" ([4]) festgestellt, daß eine freie (0-1)-Variable auf die Werte 0 oder 1 festgelegt werden muß, damit die partielle Lösung überhaupt zulässige Vervollständigung besitzt.

Im ersten Fall wird eine (0-1)-Variable mit dem Index j in S durch ihr unterstrichenes Komplement (d.h. aus j wird $-\underline{j}$ bzw. aus $-j$ wird $\underline{j}$) ersetzt und alle rechts davon in S geführten (0-1)-Variablen werden freie Variablen. Im zweiten Fall wird j mit einem unterstrichenem Index in S aufgenommen und die Enumeration fortgesetzt. (0-1)-Variablen, deren Indizes in S unterstrichen sind, werden als fixiert bezeichnet, während (0-1)-Variablen, deren Indizes in S nicht unterstrichen sind, als gesetzt bezeichnet werden.

Zur Erzeugung einer nicht redundanten Folge von partiellen Lösungen werden in einem impliziten Enumerationsalgorithmus zwei fundamentale Prozeduren ausgeführt:

- In der FTRAN (Forward-Transformation) Prozedur wird genau eine freie (0-1)-Variable festgelegt (gesetzt oder fixiert), d.h. in S aufgenommen.
- In der BTRAN (Backward-Transformation)Prozedur mit LIFO-Strategien wird in S

genau die letzte gesetzte Variable durch ihr unterstrichenes Komplement ersetzt. Alle sich rechts davon in S befindlichen Elemente werden frei gesetzt.

4. GLP's mit Konvexitätsrestriktionen

Ein Programm 1.1 läßt sich durch 3.1 formulieren, indem die p Konvexitätsrestriktionen in p+1 Ungleichungen überführt werden:

$$\sum_{j\in J_i} y_j \leq 1,\ i\in I \text{ und } -\sum_{i\in I}\ \sum_{j\in J_i} y_j \leq -p$$

Da in jeder Konvexitätsrestriktion genau eine (0-1)-Variable 1 sein muß, können die p+1 Restriktionen "logisch" behandelt werden, d.h. ist $y_j=1$ mit $j\in J_i$, so muß für jedes $k\in J_i\setminus\{j\}$ $y_k=0$ gelten, d.h. im Rahmen der FTRAN-Prozedur auf 0 fixiert werden. Es muß also nur die p+1-te Restriktion gespeichert werden.

In dieser Arbeit wird zur Berücksichtigung der Konvexitätsrestriktionen ein anderer Weg beschritten. Es wird ein Indikatorvektor $IQ(S)\in\{0,1\}^p$ für eine partielle Lösung S definiert mit IQ(S)(i)=1, falls ein $j\in J_i$ mit positivem Index in S ist, und IQ(S)(i)=0 sonst. Bezeichnet F(S) die Indexmenge der in S geführten Variablen, so lautet die Indexmenge der freien (0-1)-Variablen FK(S) für ein GLP mit Konvexitätsrestriktionen: $FK(S)=\{j \mid j\in F(S) \text{ und } j\in J_i \Rightarrow IQ(S)(i)=0\}$.

Der Einsatz des Indikatorvektors IQ(S) bringt gegenüber der oben beschriebenen Methode folgende Vorteile:

- Wird ein y_j mit $j\in J_i$ 1 gesetzt, so wird j in S gespeichert, und es muß lediglich IQ(S)(i) von 0 in 1 verändert werden. Die andere Methode verlangt für alle $k\in J_i\setminus\{j\}$ ein Update von S. Für Konvexitätsrestriktionen, bei denen J_i viele Elemente enthält, was für die geplanten Anwendungen der Normalfall ist, erfordert dieser Update eine Menge Operationen. Genau das gleiche läßt sich sinngemäß bei der BTRAN-Prozedur anführen.
- Für die Speicherung aller Konvexitätsrestriktionen incl. rechter Seite werden nur p Speicherplätze benötigt. Bei der anderen Methode werden n Speicherplätze benötigt. Es gilt $p\leq n$, in der Regel sogar $p\ll n$.

Es sei $y(S)\in\{0,1\}^n$ definiert: y(S)(j)=1, falls j mit positivem Index in S ist, und y(S)(j)=0 sonst. Der Schlupfvektor $t(S)\in\mathbb{R}^m$ wird definiert durch t(S)=b-Ay(S) und muß sowohl in der FTRAN- als auch in der BTRAN-Prozedur fortgeschrieben werden. Mit z(S)=c'y(S) wird der Zielfunktionswert des Vektors y(S) bezeichnet.

Für ein GLP mit Konvexitätsrestriktionen sehen die modifizierten FTRAN- und

BTRAN-Prozeduren folgendermaßen aus, wobei q die Anzahl der Elemente in S bezeichnet:

FTRAN

Sei $j \in FK(S)$

0. Setze $q=q+1$ und $S(q)$ $\{j,-j,\underline{j},-\underline{j}\}$ je nach Ergebnis von Tests bzw. Auswahlregeln.
1. Ist $S(q) \in \{j,\underline{j}\}$, gehe nach 2.; andernfalls gehe nach 3.
2. Setze $t(S)=t(S)-A_j$, $z(S)=z(S)+c_j$. Ist $j \in J_i$, setze $IQ(S)(i)=1$.
3. Ende der FTRAN-Prozedur.

BTRAN (LIFO)

0. Sind alle Elemente von S unterstrichen, gehe zum ENDE des Enumerationsalgorithmus; andernfalls gehe nach 1.
1. Ist das letzte Element k in der Position q von S unterstrichen, gehe nach 2.; andernfalls gehe nach 3.
2. Setze die fixierte Variable k in der Position q von S frei, $q=q-1$. Hat k ein negatives Vorzeichen, gehe nach 1.; andernfalls setze $t(S)=t(S)+A_k$, $z(S)=z(S)-c_k$. Ist $k \in J_i$, setze $IQ(S)(i)=0$. Gehe nach 1.
3. Hat k ein negatives Vorzeichen, gehe nach 5.; andernfalls gehe nach 4.
4. Setze $j=k$, $t(S)=t(S)+A_j$, $z(S)=z(S)-c_j$. Ist $j \in J_i$, setze $IQ(S)(i)=0$ und gehe nach 6.
5. Setze $j=-k$, $t(S)=t(S)-A_j$, $z(S)=z(S)+c_j$. Ist $j \in J_i$, setze $IQ(S)(i)=1$.
6. Ersetze k durch sein unterstrichenes Komplement.
7. Ende der BTRAN-Prozedur.

Zur Effizienzsteigerung des Enumerationsverfahrens werden die (0-1)-Variablen y_j jeder Menge J_i mit $i \in I$ nach ihren Zielfunktionskoeffizienten aufsteigend sortiert. J_i wird im folgenden als Vektor betrachtet und als Liste J_i bezeichnet. Die Reihenfolge, mit der die Indizes in J_i geführt werden, wird durch folgende Relation definiert:

Der Index j_1 wird genau dann in J_i vor j_2 geführt, wenn $c_{j_1}<c_{j_2}$ oder $c_{j_1}=c_{j_2}$ und $j_1<j_2$.

Ist nur noch eine Liste frei, d.h. existiert eine partielle Lösung S mit der Eigenschaft $IQ(S)(i)=0$ für genau ein $i \in I$, so kann der Vektor J_i beginnend mit der ersten Komponente sequentiell nach einer freien (0-1)-Variablen y_j durchsucht werden, die zulässig ist, d.h. $t(S)-A_j \geq 0$ gilt. Bei dieser Suche können genau zwei Fälle eintreten:

- Das Ende von J_i wird erreicht. Dann wird die BTRAN-Prozedur ausgeführt, da S keine zulässige Vervollständigung aufweist.
- Es wird ein j aus J_i gefunden, das zulässig für 1.1 ist. Im Gegensatz zum allgemeinen Enumerationsverfahren kann die BTRAN-Prozedur nun eine Stufe tiefer ausgeführt werden. Das wird erreicht, indem j mit einem unterstrichenem Index in S aufgenommen wird und anschließend die BTRAN-Prozedur ausgeführt wird.

Durch die spezielle Form der allgemeinen Nebenbedingungen $Ay\leq b$, wobei beide Matrizen keine negativen Matrixelemente aufweisen, sind mit den beiden folgenden bekannten Tests gute Resultate zu erzielen. Es sei $R(S)=\{r|r\in\{1,..,m\}$ und $t(S)(r)=0\}$.

Test 1: Ist $j\in FK(S)$ und $t(S)-A_j\not\geq 0$, so kann y_j auf 0 fixiert werden.

Test 2: Ist $R(S)\neq\emptyset$, so können alle y_j mit $j\in FK(S)$, die nicht Null-Koeffizienten in Restriktionen aus R(S) aufweisen, auf 0 fixiert werden.

Zu bemerken ist, daß zur effizienten Ausführung dieser Tests eine entsprechende Datenorganisation der Matrix A notwendig ist. Details werden in Abschnitt 6. genannt.

Test 3: Aus jeder unbesetzten Liste (d.h. IQ(S)(i)=0) wird der Index der nach der Sortierreihenfolge ersten freien(0-1)-Variablen ausgewählt und die zugehörigen Zielfunktionswerte aufsummiert. Dieser Wert wird als w(S)bezeichnet. Es sei $u(S)=z(S)+w(S)$. Gilt dann $u(S)\geq\bar{z}$, wobei $\bar{z}$ der Zielfunktionswert der bisher besten gefundenen zulässigen Lösung ist, so kann die BTRAN-Prozedur ausgeführt werden. Da für eine zulässige Vervollständigung von S $u(S)<\bar{z}$ gelten muß und diese Restriktion durch Aggregation von Restriktionen des Programms 1.1 entstanden ist, liegt hier der Fall einer einfach zu berechnenden "Surrogate Constraint" ([7]) vor.

Für den im nächsten Abschnitt beschriebenen Algorithmus sind noch einige Definitionen erforderlich:

$I(S)=\{i|i\in I$ und $IQ(S)(i)=0\}$ ist die Indexmenge der unbesetzten Listen

NOS: Indikator, ob bereits eine zulässige Lösung vorliegt; in diesem Fall wird NOS=1 gesetzt.

5. Der Algorithmus

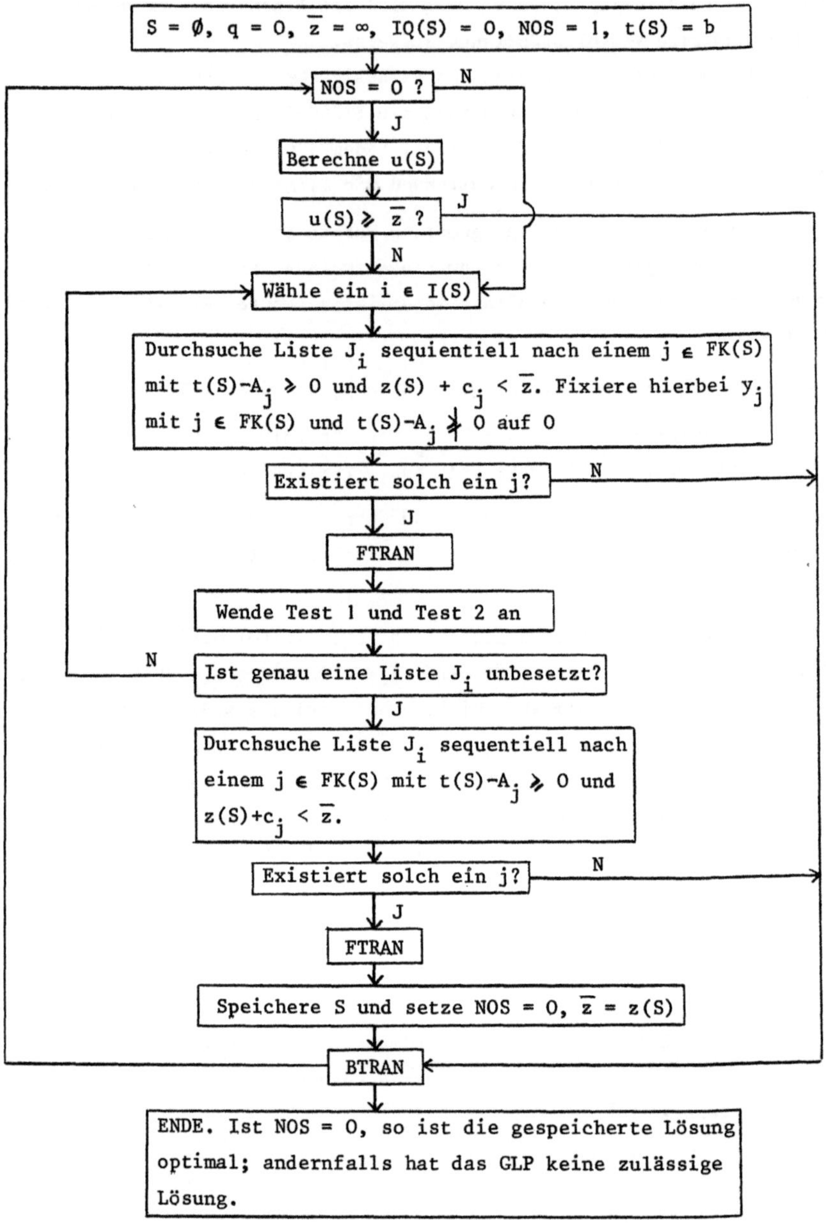

Es wurden im 5. Block von oben eine Reihe von Auswahlkriterien getestet. Implementiert wurde schließlich folgendes Kriterium: Wähle das kleinste $i \in I(S)$, bei dem die erste freie (0-1)-Variable aus allen Listen J_i mit $i \in I(S)$ den kleinsten Zielfunktionswert besitzt.

6. Implementation

Als Datenorganisation für die Matrix A wurde eine Variante der "Four Row Representation" gewählt ([9]). Bei dieser Speichertechnik werden die Nichtnullelemente der Matrix A zusammen mit den Zeilen- und Spaltenindizes zeilenweise in drei eindimensionalen Arrays abgespeichert, wobei die Informationen Matrixelement,Zeilenindex, Spaltenindex an der gleichen Position der Arrays zu finden sind. Ein vierter Array dient der Spaltenverkettung. Zwei weitere Arrays der Dimension m+1 bzw. n geben die Position der ersten Matrixelemente ungleich null in einer Zeile bzw. Spalte an, falls solche existieren. Hat die Matrix d Elemente ungleich null, so werden bei dieser Technik n+m+1+4d Speicherplätze benötigt, wobei vorausgesetzt wird, daß der Speicherplatzbedarf für die Adresswerte gleich groß wie der für Matrixdaten ist. Für den Algrithmus wurde eine Variante der "Four Row Representation" gewählt: In jeder Zeile der Matrix A werden die Matrixelemente der Größe nach absteigend sortiert. Diese Sortierung läßt sich bei der Ausführung von Test 1 sinnvoll anwenden: Gilt z.B. $t(S)(r)-a_{rj_1}<0$, dann muß y_{j_1} auf 0 fixiert werden. Es kann nun auf das nächste kleinere Matrixelement a_{rj_2} zugegriffen werden (falls ein solches existiert) und der Test solange wiederholt werden, bis $t(S)(r)-a_{rj_k} \geq 0$. Darüberhinaus brauchen Test 1 und Test 2 im Rahmen einer FTRAN-Prozedur $t(s)-A_j$ nur auf solche Restriktionen angewandt zu werden, bei denen der Vektor A_j Nichtnullelemente aufweist. Diese Informationen werden aber gerade durch die Datenorganisation zur Verfügung gestellt.

Durch den geringen Platzbedarf für die Matrix A bei dieser Speichertechnik wurde der Algorithmus als In-Core Code konzipiert. Alle Computerprogramme wurden in einem Subset von FORTRAN IV geschrieben und sowohl auf einer IBM 1130 als auch einer CDC CYBER 72 implementiert, wobei Maschinenunabhängigkeit der Programme angestrebt wurde. Bezeichnet d die Anzahl der Nichtnullelemente der Matrix A, so werden 4d+5n+2m+3p Speicherplätze zur Abspeicherung aller Problemdaten benötigt. Ist z.B. n=2000, m=400, p=50, d=8000, so werden ca. 43.000 Zellen benötigt. Sind die Matrixdaten ganze Zahlen $\leq$ 32767, so kann dieses Problem auf einer IBM 360/370 in einer 90 KB Partition gelöst werden.

7. Numerische Ergebnisse

Eine Reihe von Testproblemen mit 400-1000 (0-1)-Variablen wurden random erzeugt, wobei alle Problemdaten ganzzahlig sind. Die Kostenkoeffizienten sind im Intervall [1,101], die Matrixkoeffizienten im Intervall [1,a+1] mit $a \in \{50,80\}$ gleich verteilt. Bei jedem Problem sind die Koeffizienten der rechten Seite jeweils gleich. Die Werte liegen zwischen 62 und 120. Zu beachten ist, daß die Probleme nicht trivial strukturiert sind: Durch die stark variierenden Matrixkoeffizienten und relativ große rechte Seite ergeben sich relativ viele Integer Lösungen. Die Ergebnisse der Optimierungen zeigt die Tabelle 7.1 . Hierin bedeutet:

n	Anzahl der (0-1)-Variablen
m	Totalzahl der Restriktionen incl. Konvexitätsrestriktionen
p	Anzahl der Konvexitätsrestriktionen
d	Dichte der Matrix A in %
k	Anzahl der gefundenen ganzzahligen Lösungen
itr. 1	Gesamtzahl der Iterationen, nach der das Problem gelöst wurde
itr. 2	Anzahl der Iterationen, nach der eine optimale Lösung gefunden wurde
t	Gesamte CP-Zeit in Sekunden zur Lösung des Problems incl. Matrixgenerierung und aller Vorprogramme, jedoch ohne Input/Output-Zeiten

Tabelle 7.1

Nr.	n	p	m	d	k	itr.1	itr.2	t Sec
1	20	5	9	22	2	12	4	0.2
2	400	20	40	5.0	4	1237	43	3.4
3	400	20	40	5.0	4	2122	50	5.6
4	400	20	40	5.0	9	7180	1351	19.7
5	1000	25	65	3.1	2	141	22	1.6
6	1000	40	65	3.1	4	1075	712	5.1
7	1000	40	65	3.1	9	6256	2058	31.1
8	1000	50	70	2.9	3	22688	16179	90.4

Problem 1 ist vom Typ 1.1 und [3] entnommen. Die Probleme 2, 3 und 4 wurden auch mit Softwaresystem APEX II zu lösen versucht. Hierbei wurden die Konvexitätsrestriktionen in Special Ordered Sets vom Typ I gruppiert. Nach 4500 Sekunden CP-Zeit wurden zulässige, aber keine optimalen Lösungen mit Hilfe der Standard-Strategie erzeugt, wobei teilweise die ganzzahligen Lösungen weit von der Optimalität entfernt waren.

Mit dem entwickelten Algorithmus werden sehr gute Lösungen bereits nach kurzer

Zeit erreicht. Wie bei jedem primalen Branch and Bound Algorithmus zeigt sich jedoch, daß die Beweisphase (d.h. der Zeitabschnitt, nach dem eine optimale Lösung gefunden wurde, dies aber erst bewiesen werden muß) relativ lang ist. Zum Vergleich von CP-Zeiten auf der CDC CYBER 72 gegenüber anderen Hochleistungscomputern läßt sich folgendes feststellen, obwohl solch ein Vergleich immer sehr problematisch ist: In [8] wurden Vergleichsrechnungen auf einer CDC 6600,UNIVAC 1108 und IBM 360/65 vorgenommen. Die Codes in [8] sind vom gleichen Typ wie der entwickelte (0-1)-Code (List Processing und Integer Arithmetic in FORTRAN IV). Das Ergebnis aus [8] ist, daß die CDC 6600 nur 12 % schneller als die IBM 360/65 und 10 % schneller als die UNIVAC 1108 ist. Zu berücksichtigen ist hierbei jedoch, daß ihre Programme auf der CDC mit dem RUN-Compiler compiliert wurden,der nicht so effiziente Object-Codes wie der hier verwendete FTN-Compiler erzeugt. Wie groß dieser Einfluß ist, läßt sich nicht so ohne weiteres abschätzen, da hierbei auch die Qualität der Programmierung eine Rolle spielt. Andererseits ist die CDC 6600 etwa 5 mal schneller als die CYBER 72. Als grobe Schätzung könnte man vertreten, daß die IBM 360/65 und UNIVAC 1108 für diesen Anwendungstyp etwa doppelt so schnell wie die CYBER 72 sind.

8. Literaturverzeichnis

[1] BROWN, A.R. (1969) Selling television time: an Optimization Problem, Computer J. Vol. 12, No. 3, 201-207

[2] BROWN, A.R. (1971) Optimum Packing and Depletion, Mc Donald-London

[3] DE MAIO, A. and ROVEDA, C. (1971) An All Zero-One Algorithm for a Certain Class of Transportation Problems, Opns. Res. 19, 1406-1418

[4] GARFINKEL, R.S. and NEMHAUSER, G.L. (1972) Integer Programming, John Wiley & Sons

[5] GEOFFRION, A.M. (1967) Integer Programming by Implicit Enumeration and BALAS' Method, SIAM Rev. 7, 178-190

[6] GEOFFRION, A.M. and MARSTEN, R.E. (1971) Integer Programming Algorithms: A Framework and State-of-the-Art-Survey in GEOFFRION,A.M.ed. Perspectives of Optimization: A Collection of Expository Articles, Addison-Wesley

[7] GLOVER, F. (1968) Surrogate Constraints, Opn. Res. 16, 741-749

[8] GLOVER, F., KARNEY, D., KLINGMAN, D., and NAPIER, A. (1974) A Computation Study on Start Procedures, Basis Change Criteria, and Solution Algorithms for Transportation Problems,Man.Sci.20,793-813

[9] KNUTH, D.E. (1969)The Art of Computer Programming,Vol.1,Addison-Wesley

[10] LAWRIE, N.L. (1969) An integer linear programming model of a school timetabling problem, Computer J. Vol. 12, No. 4, 307-316

[11] ROSS, G.T. and SOLAND, R.M. (1975) A branch and bound algorithm for the generalized assignment problem,Mathem.Program.Vol.8,No.1,91-103

[12] SUHL, U. (1975) Entwicklung von Algorithmen für ganzzahlige Optimierungsmodelle, Dissertation Freie Universität Berlin

Ein kontrolltheoretischer Ansatz zur Casing-Optimierung

A. Stepan, Graz

Problemformulierung

Mit zunehmender Bedeutung übertiefer Bohrungen für die Erdgas-Erdölförderung, hat auch die Casing-Optimierung an Aktualität gewonnen. Als Casing sei im Folgenden nur der innerste und damit längste Rohrstrang der Auskleidung einer Tiefbohrung verstanden. Dieser Rohrstrang ist aus Rohren von Handelslänge zusammengesetzt und hat - vereinfachend - folgenden Beanspruchungen standzuhalten:
Betriebsinnendruck (p_I), Außendruck allein (p_A, wirksam bei Leerförderung) und Zugbeanspruchung infolge Eigengewicht (x_i, wird bei der Montage wirksam.)

Da das Eigengewicht sehr stark mit der zur Verwendung gelangenden Materialqualität (σ_j) variiert und zwar so, daß teureres Material eine leichtere Bauweise gestattet als billigeres, ergibt sich folgendes (Optimierungs-)Problem: Welches Material soll an welcher Stelle verwendet werden? Entscheidet man sich im unteren Teil für schwere aber billige Rohre so wachsen die Materialkosten im oberen Teil stärker an, als bei Verwendung leichter aber teurerer Rohre im unteren Teil.

Die optimale Abfolge von Werkstoffqualitäten entlang des Rohrstranges kann nun mittels eines kontrolltheoretischen Ansatzes gefunden werden [2].

Ansatz

Zur Lösung unterteilen wir die Rohrkolonne in i-Stufen (i=0, 1,..., N-1,N), welche getrennt dimensioniert werden (Abb. 1). Die Länge einer Stufe ist durch die Handelslänge der Rohre determiniert, bzw. durch ein Vielfaches der Handelslänge, wenn man mehrere Rohre zu einer Stufe zusammenzufassen wünscht.
Zur Berechnung des notwendigen Querschnittes (F_i) eines Rohres bedienen wir uns des nachfolgenden und hier nicht näher diskutierten Formelapparates:

Für den erforderlichen Querschnitt bei Belastung auf Zug

$$F_i = \frac{x_i . S_Z}{\sigma_j - kS_Z}$$

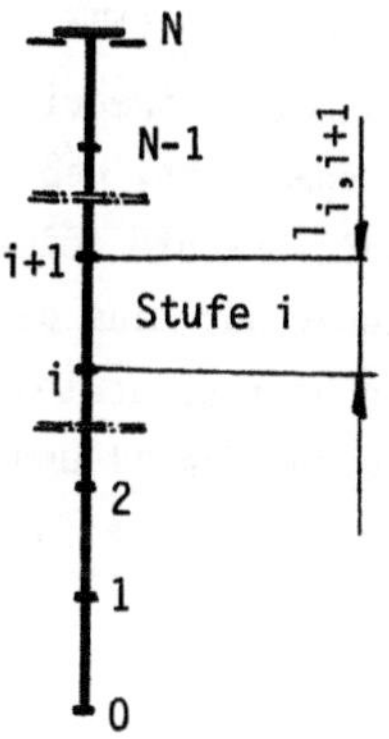

bei Belastung auf Betriebsinnendruck

$$F_i = \frac{2p_I k' S_I}{\sigma_j}$$

und bei Belastung auf Außendruck

$$F_i = \frac{2p_A k' S_A}{\sigma_j}$$

Darin bedeuten: x_i, Gewicht des Rohrstranges bis zur Stelle i; k, Gewicht eines Rohres von 1 cm^2 Querschnitt und mit einer Länge $l_{i,i+1}$; k', eine Konstante.

Abb. 1: Geometrische Bezeichnungen

Die Zielfunktion und die Restriktionen haben dann folgendes Aussehen, wobei das Stufengewicht, multipliziert mit dem Materialpreis ($h(\sigma_j)$) und summiert über alle Stufen, die Zielfunktion bildet:

(1) Minimiere: $C = \sum_{i=0}^{N-1} h(\sigma_j) k (\mathrm{Max} \left\{ \frac{x_i S_Z}{\sigma_j - kS_Z} ; \frac{2p_I k' S_I}{\sigma_j} ; \frac{2p_A k' S_A}{\sigma_j} \right\})$

unter Berücksichtigung der Prozessgleichung

(2) $x_{i+1} - x_i = k \, (\mathrm{Max} \left\{ \frac{x_i S_Z}{\sigma_j - kS_Z} ; \frac{2p_I k' S_I}{\sigma_j} ; \frac{2p_A k' S_A}{\sigma_j} \right\})$,

der Werkstoffrestriktion

(3) $\sigma_j \in \Sigma$

wobei Σ die Menge aller zur Verfügung stehender σ_j ist

und der Anfangsbedingung

(4) $x_0 = 0$

Lösungsvorgang

Da dieser Ansatz, infolge der Hyperbelgestalt von Gleichung (2), nicht richtungskonvex ist, scheint er sich einer Behandlung mit dem diskreten Maximum-Prinzip zu entziehen [1] . Durch eine geeignete Linearisierung von Gleichung (2) wird diese Schwierigkeit überwunden. Allerdings stellt sich nun die Frage, wie groß der Fehler durch die Linearisierung ist, bzw. ob dieser Fehler nicht größer ist als jener, der durch eine Mißachtung der Forderung nach Richtungskonvexität entstünde. Für ein ausgewähltes Beispiel wurde einmal der Ansatz mit Linearisierung und einmal ohne Linearisierung gerechnet [2] . Dabei ergab sich, daß das ohne Linearisierung gerechnete Beispiel das bessere Ergebnis brachte. Dies wohl deshalb, weil durch die Hyperbelgestalt der Prozessgleichung nur eine geringe Verletzung der Richtungskonvexität gegeben ist. Nach den hier gemachten Erfahrungen kann man - ganz allgemein - folgende Vorgangsweise zur Ermittlung optimaler Lösungen von Systemen, die die Forderung nach Konvexität bzw. Richtungskonvexität nur schwach verletzen, empfehlen: [2]

1. Ermittlung der Lösung des so linearisierten Problems, daß die Forderung nach Richtungskonvexität erfüllt wird.
2. Ermittlung der Lösung unter Verletzung der Forderung nach Richtungskonvexität.
3. Vergleich der Lösungen. Ergibt sich vollständige Übereinstimmung, so ist die optimale Lösung gefunden.
4. Stimmen die Lösungen nicht überein, so ist jene Lösung, die aus Punkt zwei erhalten wurde, zu überprüfen. Dies geschieht dadurch, daß man, ausgehend von jener Stufe, auf welcher die knappste Entscheidung für eine Alternative gefallen ist, eine Neuberechnung vornimmt. Diese Neuberechnung berücksichtigt dabei die knapp unterlegene Alternative.
5. Von den aus 1. 2. und 4. erhaltenen Lösungen ist die dem Optimierungskriterium entsprechende auszuwählen.

Literatur:

1 Holtzmann, Jack M.; Halkin, Hubert, Directional Convexity and the Maximum-Principle for Discret Systems, in: J. SIAM Control, Vol. 4,No.2,1966, S. 263-275.

2 Stepan, Adolf, Die Anwendung des Pontrjagin'schen Maximum-Prinzips auf betriebswirtschaftliche Problemstellungen, Dissertation Technische Hochschule Graz, 1974.

Ein lexikographisches Suchverfahren zur Lösung des bivalenten Knapsack-Problems

H. Kästing, Darmstadt

Ein wirkungsvolles Lösungsverfahren für das bivalente Knapsack-Problem wird dargestellt und hinsichtlich zahlreicher Rechenergebnisse mit einem bekannten Verfahren verglichen.

1. Das Lösungsverfahren

Das Lösungsverfahren für das bivalente Knapsack-Problem

$$\text{Maximiere } \sum_{j\varepsilon N} c_j\, x_j \quad \text{u.d.B.} \quad \sum_{j\varepsilon N} a_j\, x_j \leq b\ , \quad x_j \varepsilon \{0,1\} \quad \forall j\varepsilon N=\{1,\ldots,n\}$$

baut auf der Lösung des kontinuierlichen Knapsack-Problems mit den Bedingungen $0 \leq x_j \leq 1$ ($\forall j\varepsilon N$) auf und besteht darin, daß die ganzzahligen Lösungen in der Reihenfolge ihrer lexikographischen Anordnung geprüft werden. Durch geeignete Sortierung der Variablen kann die Optimallösung schnell gefunden und nachgewiesen werden.

In der Optimallösung des kontinuierlichen Problems hat bekanntlich höchstens eine Variable einen gebrochenen Wert, während die übrigen n-1 Variablen ganzzahlige Werte annehmen. Waren zu Beginn des Lösungsprozesses die Variablen x_j entsprechend der absteigenden Folge $c_1/a_1 \geq \ldots \geq c_n/a_n$ angeordnet, so heißt die Lösung: $x_k = (b - \sum_{j\varepsilon N_1} a_j)/a_k$; $x_j = 1$, $\forall j\varepsilon N_1 = \{1,\ldots,k-1\}$;

$$x_j = 0\ , \quad \forall j\varepsilon N_o = \{k+1,\ldots,n\}$$

Im Simplex-Tableau der Optimallösung ist x_k eine Basisvariable und die x_j ($\forall j\varepsilon N_o$) sowie die $x_j' = 1 - x_j$ ($\forall j\varepsilon N_1$) sind Nichtbasisvariablen, die einheitlich mit $\bar{x}_j$ ($\forall j\varepsilon \bar{N}=N_1 \cup N_o$) bezeichnet seien. Setzt man eine der Nichtbasisvariablen $\bar{x}_j$ auf Eins, so erhält man eine kontinuierliche Lösung, die um den zugehörigen Dualwert $\bar{c}_j$ schlechter ist als die Optimallösung. Ist dieser Dualwert größer oder gleich der Differenz aus den Zielfunktionswerten der kontinuierlichen Optimallösung z_{LP} und der besten bereits bekannten ganzzahligen Lösung $\hat{z}$: $\bar{c}_j \geq \Delta z = z_{LP} - \hat{z}$, so kann durch die Änderung dieser Variablen $\bar{x}_j$ von Null auf Eins keine Lösungsverbesserung gegenüber $\hat{z}$ erzielt werden. Die Obergrenze für den Zielfunktionswert der ganzzahligen Lösung ist in dem Fall kleiner als (bzw. gleich) $\hat{z}$. Entsprechendes gilt, wenn gleichzeitig mehrere Variablen $\bar{x}_j$ auf Eins gesetzt werden und die Summe ihrer Dualwerte größer bzw. gleich Δz ist.

Die Variablen $\bar{x}_j$, die nur die Werte Null und Eins annehmen dürfen, werden zunächst entsprechend der Folge $\bar{c}_1 \geq \ldots \geq \bar{c}_{n-1}$ sortiert. In der Reihenfolge ihrer lexikographischen Anordnung werden anhand der (n-1)-dimensionalen Vektoren $\bar{X} = (\bar{x}_1,\ldots,\bar{x}_{n-1})$ die Summen der Dualwerte $S = \sum_{j\varepsilon\bar{N}} \bar{c}_j\, \bar{x}_j$ gebildet und mit Δz verglichen.
Falls $S<\Delta z$, wird aus der kontinuierlichen Lösung - wenn sie zulässig ist - durch "Runden" des Wertes der Variablen x_k eine ganzzahlige Lösung gebildet. Nach dem Vergleich des Zielfunktionswertes dieser Lösung mit $\hat{z}$ wird der Suchprozeß fortgesetzt, d.h. der im Sinne der lexikographischen Anordnung nächste Vektor $\bar{X}$ gesucht. Bei einer Lösungsverbesserung wird $\bar{X}$ festgehalten und $\hat{z}$ auf den neuen Wert gesetzt.

Falls jedoch $S \geq \Delta z$, werden alle in der lexikographischen Anordnung folgenden Vektoren übersprungen, die erkennbar ebenfalls wegen $S \geq \Delta z$ nicht aussichtsreich für weitere Lösungsverbesserungen sind.
Der Lösungsprozeß endet, wenn alle 2^{n-1} Vektoren $\bar{X}$ entweder geprüft oder übersprungen worden sind. Die beste gefundene ganzzahlige Lösung ist die Optimallösung. Alle Nichtbasisvariablen $\bar{x}_j$, deren Dualwerte $\bar{c}_j$ nicht kleiner sind als Δz, können aus dem Lösungsprozeß ausgeschlossen werden, so daß die Problemgröße um die Anzahl dieser Variablen reduziert wird.

2. Numerische Ergebnisse

Mit dem hier vorgestellten lexikographischen Suchverfahren (LS) sind 120 Beispiele auf der Rechenanlage IBM 370/168 der Technischen Hochschule Darmstadt gerechnet worden, je 20 Beispiele aus einer Größenklasse. Sämtliche Koeffizienten sind gleichverteilte Zufallszahlen. Zum Vergleich wurden diese Beispiele mit dem effizienten Branch-Search-Verfahren (BS) von Greenberg und Hegerich (1970) gerechnet, dem das Reduktionsverfahren von Ingargiola und Korsh (1973) vorgeschaltet wurde.

Die Ergebnisse hinsichtlich der durchschnittlichen Anzahl der explizit geprüften Lösungen (d), der durchschnittlichen Anzahl der Variablen des reduzierten Problems (n_{Red}) und der durchschnittlichen Rechenzeit (t) für den ganzzahligen Lösungsteil sind in der folgenden Tabelle zusammengestellt.

Zahl der Variablen n	d		n_{Red}		t(sec)	
	LS	BS	LS	BS	LS	BS
500	354,7	3.042,2	17,0	68,6	0,04	0.22
1000	816,5	9.877,4	17,9	144,7	0,09	1,20
2000	2.461,6	28.181,2	25,3	245,3	0,16	2,97
3000	2.147,6	45.076,0	22,9	439,7	0,24	6,23
5000	4.502,6	56.999,0	31,2	747,4	0,48	13,90[1]
7000	3.308,0	-	27,7	-	0,57	- [2]

Tabelle der Rechenergebnisse aus 120 Beispielen. Wertebereich der Koeffizienten: $100 \leq c_j \leq 2600$, $10 \leq a_j \leq 1000$, $b = \lambda \sum_{j \in N} a_j$ mit $0{,}30 \leq \lambda \leq 0{,}70$

[1] Die Ergebnisse des BS-Verfahrens für die Probleme mit 5000 Variablen beruhen auf 11 gerechneten Beispielen.

[2] Die Probleme mit 7000 Variablen konnten wegen begrenzter Rechenzeit nicht mehr gerechnet werden.

Greenberg, H.; Hegerich, R.L.:
A Branch-Search Algorithm for the Knapsack-Problem
Management Science, Vol. 16 (1970), S. 327-332

Ingargiola, G.P.; Korsh, J.F.:
Reduction Algorithm for Zero-One Single Knapsack Problems
Management Science, Vol. 20 (1973), S. 460-463

Ein Algorithmus zur Modulo-Optimierung strukturierter Matrizen

A. Bachem, Bonn

Sind G und S Teilmengen des Z^n und ϕ, ψ und f Abbildungen von G, S, S in G, G bzw. $\mathbb{R}$, so bezeichnet man das Problem

$$(1.1) \qquad \begin{array}{c} \min f(x) \\ \psi(x) \in \text{Kern}\ \phi \\ x \in S \end{array}$$

als Modulo-Optimierungsaufgabe. Modulo-Probleme finden häufig Anwendungen in der Coding Theory (1), als Subproblem in gruppentheoretischen Algorithmen und ganz allgemein in der ganzzahligen Programmierung, insbesondere läßt sich jedes ganzzahlige Programm als Modulo-Optimierungsaufgabe aufschreiben. Hier betrachten wir nur lineare Modulo-Probleme, d.h. wir setzen nun voraus, daß f linear ψ affin und ϕ ein Homomorphismus ist. Mit Hilfe von Satz 1 können wir uns für die Anwendung sogar auf eine spezielle Klasse von Homomorphismen beschränken.

Sei B eine m x n ganzzahlige Matrix mit $\text{rg}B \in \{m,n\}$, dann sei

$$\phi_B(x) := x - B[B^+x],$$

wobei B^+ die Moore-Penrose Inverse von B bedeutet und "$[x]$" den ganzzahligen Teil von x angibt.

Satz 1:

Ist G eine Untergruppe von $(Z^n, +)$, so ist $\phi_B : G \to \phi_B(G)$ ein Gruppenhomomorphismus mit Kern $\phi_B = \{x \mid x = B\lambda,\ \lambda \in Z^n\}$

Ist N eine (mxr)-Matrix, $b \in Z^m$ mit $\psi(x) = Nx - b$, so sei $G(B) := \phi_B(G)$, $G(N|B) := \{\phi_B(x) \mid x = N\lambda,\ \lambda \in Z^n\}$ und $LG(N,b|B) := \{x \in \mathbb{N}^n \mid Nx - b \in \text{Kern}\ \phi_B\}$

Ist $N = \left(N_1 \,\middle|\, \begin{matrix} N_2 & & 0 \\ & \ddots & \\ 0 & & N_r \end{matrix} \right)$ in dekomponierbarer Gestalt gegeben und ist

$b_i(x) := \phi_B(b-N_1x)_{I_i}$ wobei I_i die Zeilenindizes von N_i enthält $(i=2,\dots,r)$, so sei

$$z(b_i(y)) := \begin{cases} \infty & \text{falls } b_i(y) \notin G(N_i | B) \\ \min\limits_{x \in LG(N_i, b_i(y)/B)} c'_i x \end{cases}$$

Satz 2

Die Programme

$$(2.1) \qquad \min_{x \in LG(N,b/B)} c'x$$

und

$$(2.2) \qquad \min_{y \in \mathbb{N}} c_1 y + \sum_{i=2}^{r} z(b_i(y))$$

sind äquivalent.

Ist $N = \begin{pmatrix} A_1, \dots, A_r \\ N_1 \ddots \quad 0 \\ 0 \quad \ddots \quad N_r \end{pmatrix}$, $b = \begin{pmatrix} b_o \\ b_r \end{pmatrix}$ und

$$z_1(x_2,\dots,x_n) := \min_{x_1 \in LG\left(\begin{smallmatrix} A_1 \\ N_1 \end{smallmatrix}, \left(\begin{smallmatrix} b_o - \sum_{i=2}^{r} A_i x_i \\ b_1 \end{smallmatrix}\right) / B\right)} c_1 x_1$$

$$z_i(x_i,\dots,x_n) := \min_{x_i \in LG(N_i, b_i/B)} c_i x_i + z_{i-1}(x_{i-1},\dots,x_n) \qquad i = 2,\dots,r$$

so gilt:

Satz 3:

Die Programme

$$(3.1) \qquad \min_{x \in LG(N,b/B)} c'x$$

und

$$(3.2) \qquad \min_{x_r \in LG(N_r, b_r/B)} c_r x_r + z_{r-1}(x_{r-1}, x_r)$$

sind äquivalent.

Die Sätze 2 und 3 führen in kanonischer Weise zu einem Algorithmus zur Lösung strukturierter Modulo-Programme. Eine genaue Darstellung mit Beweisen findet man in (2).

Literatur

(1) E.R. Berlekamp, Algebraic Coding Theory, McGraw Hill, New York, 1970

(2) A. Bachem, Algorithmen zur Modulo-Optimierung strukturierter Matrizen, Report 7539-OR, Institut für Ökonometrie und Operations Research, Universität Bonn, 1975

Heuristische Verfahren zur Lösung linearer Optimierungsprobleme mit ganzzahligen Variablen (Ein systematischer methodologischer Überblick)

G. Gallus, Darmstadt

Mit den verschiedenen Verfahren der Ganzzahligen Linearen Optimierung lassen sich trotz der in den letzten Jahren gemachten beachtlichen theoretischen und algorithmischen Fortschritte sowie der großen Leistungssteigerung moderner EDV-Anlagen mit Ausnahme besonders strukturierter Probleme nur solche von geringer Größenordnung mit ökonomisch vertretbarem Rechen- und Speicheraufwand exakt lösen. Als Ausweg bieten sich heuristische Verfahren an, deren Konzeption darin besteht, unter Verzicht auf eine Lösungsgarantie und unter direkter Ausnutzung bestimmter Problemstrukturen innerhalb vertretbarer Rechenzeit eine Lösung zu bestimmen, die dem Optimum möglichst nahe kommt oder sogar mit diesem identisch ist.

Unter den in der Literatur vorgeschlagenen heuristischen Verfahren zur Lösung allgemeiner Ganzzahliger Linearer Optimierungsprobleme stellen die <u>direkten Suchverfahren</u> die effizienteste Gruppe dar. Das Grundprinzip der direkten Suchverfahren besteht in der vorwärts-orientierten sequentiellen Überprüfung von versuchsweise gebildeten Lösungen (Lösungskandidaten). Die Realisierung dieses Prinzips geschieht in der Weise, daß eine Folge von sogenannten Bezugslösungen gebildet und innerhalb der Umgebung oder Nachbarschaft dieser Bezugslösungen nach verbesserten Lösungen gesucht wird. Diese Suche wird so lange fortgesetzt, bis eine Bezugslösung gefunden ist, in deren Nachbarschaft keine bessere als die Bezugslösung enthalten ist (lokales Optimum).

Allgemein setzt ein direktes Suchverfahren somit eine <u>heuristische Strategie</u> voraus, die geeignet ist,

(1) eine erste Bezugslösung zur Verfügung zu stellen,
(2) den Übergang von einer Bezugslösung zur nächsten zu beschreiben,
(3) auf der Basis einer Bezugslösung die in der Umgebung oder Nachbarschaft liegenden Lösungskandidaten zu entwickeln,
(4) für die Auswahl bzw. Beurteilung der Lösungskandidaten entsprechende Kriterien bereitzustellen und schließlich
(5) die Endlichkeit des gesamten Suchprozesses zu garantieren.

Um die wesentlichen Ansätze der in den verschiedenen direkten Suchverfahren verfolgten heuristischen Strategien miteinander systematisch vergleichen zu können, werden zunächst das Grundprinzip des direkten Suchens in formal-algorithmischer Weise beschrieben und die charakteristischen Elemente herausgearbeitet. Dabei ist zu unterscheiden, ob der direkte Suchprozeß auf die Bestimmung einer ersten zulässigen Lösung oder auf die Verbesserung einer bereits vorhandenen zulässigen Lösung ausgerichtet ist.

Die Analyse der Vergleichsergebnisse zeigt, daß praktisch alle direkten Suchverfahren eine mehrphasige Strategie verfolgen und Unterschiede vielfach nur in der algorithmischen Durchführung der in den einzelnen Phasen verfolgten Basisstrategien sowie in der Ausführungsreihenfolge gegeben sind. Sie deckt weiter auf, daß die Forschung bisher im wesentlichen auf die Entwicklung von Einzelverfahren ausgerichtet war und keine vergleichenden Untersuchungen der verschiedenen Strategien vorliegen. Die Einbeziehung morphologischer Gesichtspunkte in die Betrachtung zeigt schließlich, daß sich zahlreiche bisher unberücksichtigte heuristische Ansätze zur Erforschung anbieten.

Eine ausführliche Fassung dieses Vortrages wird in der Zeitschrift für Operations Research, Band 20, 1976, Heft 1 erscheinen.

Literatur:

Biondi, E., and R. Schmid (1969): An Approximate Algorithm for Discrete Linear Programming,
in: IEEE Transactions and Systems Science and Cybernetics, Vol. SSC-5, No. 1, pp. 65-70

Echols, R.E., and L. Cooper (1968): Solution of Integer Linear Programming Problems by Direct Search,
in: Journal of the Association for Computing Machinery, Vol. 15, No. 1, pp. 75-84

Garfinkel, R.S., and G.L. Nemhauser (1972): Integer Programming, Wiley, New York, London, pp. 324-338

Hillier, F.S. (1969): Efficient Heuristic Procedures for Integer Linear Programming with an Interior,
in: Operations Research, Vol. 17, No. 4, pp. 600-637

Hooke, R., and T.A. Jeeves (1961): "Direct Search" Solution of Numerical and Statistical Problems,
in: Journal of the Association for Computing Machinery, Vol. 8, No. 2, pp. 212-229

Ibaraki, T., T. Ohashi and H. Mine (1974): A Heuristic Algorithm for Mixed-Integer Programming Problems,
in: Mathematical Programming Study 2, Approaches to Integer Programming (ed. M.L. Balinski), North-Holland, Amsterdam, pp. 115-136

Kreuzberger, H. (1968): Ein Näherungsverfahren zur Bestimmung ganzzahliger Lösungen bei linearen Optimierungsproblemen,
in: Ablauf- und Planungsforschung, Vol. 9, H. 3, pp. 137-152

Kreuzberger, H. (1969): Verfahren zur Lösung ganzzahliger linearer Optimierungsprobleme (Dissertation), Darmstadt

Müller-Merbach, H. (1969): Das Verfahren der "vorsichtigen Annäherung" - Eine heuristische Methode zur Lösung gewisser Probleme der ganzzahligen Planungsrechnung,
in: elektronische Datenverarbeitung, Vol. 11, H. 12, pp. 462-466

Reiter, S., and D.B. Rice (1966): Discrete Optimization Solution Procedures for Linear and Nonlinear Integer Programming Problems,
in: Management Science, Vol. 12, No. 11, pp. 829-850

Reiter, S., and G. Sherman (1965): Discrete Optimizing,
in: Journal of the Society for Industrial and Applied Mathematics (SIAM), Vol. 13, No. 3, pp. 864-889

Die Lösung eines gemischt-ganzzahligen Modells zur optimalen Baufinanzierung

P. Godefroid, Berlin

Ein privater Interessent (potentieller Bauherr) möchte ein Objekt (Einfamilienhaus oder Eigentumswohnung) kaufen oder bauen. Der Kauf kann zu verschiedenen Terminen $t = 1,...,T$ realisiert werden. Für jeden Termin kann ein unterschiedlicher Preis gelten. Er verfügt über Eigenmittel, die zur Bezahlung des Kaufpreises jedoch nicht ausreichen. Es soll nun bestimmt werden, welche Finanzierungsentscheidungen außerdem getroffen werden müssen, um das Objekt "optimal" erwerben zu können. Dabei sollen insbesondere die langfristigen Finanzierungsvorgänge betrachtet werden. Modellmäßig wird daher von der Zahlung des gesamten Kaufpreises in einer Summe ausgegangen. Diese Zahlung ist langfristig zu finanzieren. Der Bauherr muß angeben können, welchen Betrag seines Einkommens er in jeder Periode zur Finanzierung beitragen kann, insbesondere zur Tilgung und Verzinsung der Darlehn.

Es läßt sich daher ein dynamisches Modell formulieren, daß nicht nur die Finanzierungsvorgänge, sondern auch den Zeitpunkt (innerhalb der vorgegebenen Grenzen) optimiert.

In diesem Modell werden die vier üblichen Finanzierungsmöglichkeiten berücksichtigt, die allgemein und ohne Einschränkungen zur Verfügung stehen:

1) (erststellige) Hypotheken
2) Bauspardarlehn
3) Zwischenkredite
4) Eigenmittel

Das Problem des Grundmodells soll zunächst verbal formuliert werden:

Bestimme
1. einen Kauftermin innerhalb des zulässigen Bereichs
2. Art und Umfang der zu wählenden Finanzierungsalternativen,

so daß
1. Liquiditätsrestriktionen eingehalten und
2. die Beleihungsgrenzen nicht überschritten werden und
3. eine Zielfunktion optimiert wird.

Als Zielfunktion bietet sich hierbei die Maximierung des Gesamtwertes am Ende des Planungszeitraumes (horizon value) an, wobei bei der Bewertung der verschiedenen Aktiva und Passiva unterschiedliche Möglichkeiten existieren.

Das Grundmodell ist für beliebig viele Perioden konzipiert. Es liegt ein Matrix-Generator-Programm vor, das die entsprechenden Matrix-Elemente für eine vorgegebene Periodenanzahl und -länge erzeugt. Es ist dabei auch möglich, Perioden unterschiedlicher Länge zu generieren. Für jede Periode werden beim Grundmodell 29 Variable (davon 9 binär) und 31 Restriktionen benötigt. Hinzu kommen noch, unabhängig von der Problemgröße, ca. 20 Konvexitäts- und Reihenfolgebeziehungen sowie die Zielfunktion(en) und ca. 10 Variable, die nicht von der Periode abhängen (z.B. die Höhe der Bausparsumme).

Aufgrund einiger Untersuchungen konnte die Zahl der Binärvariablen im Grundmodell auf $2 \cdot t + 3$ reduziert werden, so daß im Grundmodell nur noch mit 23 echten Binärvariablen gerechnet werden mußte. Es ergab sich für 10 Perioden (jeweils 1 Jahr) folgende Modellgröße:

300 Variable (davon 23 Binärvariable)

330 Restriktionen, Dichte: 1,5 %

Das Modell wurde mit verschiedenen Datenkonstellationen und Zielfunktionen gelöst. Es wurde das System APEX-II auf der CDC Cyber 72 der FU Berlin mit nur 65000_8 Worten Kernspeicher (ca. 27 K) benutzt. Die Rechenzeit für die vollständige Lösung eines Problems schwankte stark (wie bei fast allen gemischt-ganzzahligen Problemen), und zwar zwischen 3 und 10 Minuten. Dabei ist zu beachten, daß das zugehörige LP, bezogen auf seine Dimension, bereits schwer zu lösen war (ca. 1 min.). Es wurde in allen Fällen die Optimalität bewiesen; sehr gute zulässige Lösungen wurden meist innerhalb der ersten Minute nach dem kontinuierlichen Optimum gefunden.

In umfangreichen Testrechnungen wird z.Z. versucht, die Zusammenhänge zwischen den Umweltbedingungen (Inflation, Zinsniveau) und den jeweils optimalen Finanzierungspolitiken zu formulieren. Über die Ergebnisse wird an anderer Stelle berichtet werden.

La presque-dualite en nombres entiers

R.M. Box, Fribourg

Soit le programme de transport :

$$\text{Minimiser} \quad z = \sum \sum c_{ij} \; x_{ij}$$

sous les contraintes

$$\sum_j x_{ij} \leq b_i \qquad i = 1, \ldots, m \; (1)$$

$$\sum_i x_{ij} = d_j \qquad j = 1, \ldots, n \; (2)$$

avec les x_{ij} variables entières ($x_{ij} = 0$ ou $x_{ij} = d_j$)

On définit l'idée de presque-dualité comme base d'un algorithme d'énumération implicite. La recherche de nouvelles solutions (à partir d'une solution de départ) se fait dans un domaine dans lequel il y a, soit violation d'une des contraintes de capacité (1) (variable d'écart correspondante négative), soit une détérioration de la fonction objectif z (variables d'écart de (1) positives) tandis que les contraintes (2) et l'intégrité des variables sont toujours respectées.

Ce domaine est représenté par un arbre. Au noeud $t = 0$ nous avons la solution de départ, et une valeur z^*. Chaque noeud ($t > 0$) diffère du précédent par un échange de deux variables (appartenant à la même contrainte du type (2)). Tous les couples de variables entre lesquelles un échange est possible ont été préalablement ordonnés d'après la différence de coûts unitaires c_{ij}. A chaque noeud existe une valeur presque-duale, définie par $(z^*-z)/R$ (z étant la valeur au noeud t, et R l'excès ou manque de capacité à l'origine i).

La signification de cette valeur est combien on peut payer par unité pour que la variable d'écart de i devienne positive, ou combien on peut gagner en profitant de la capacité existante (variable d'écart déjà positive).

La valeur presque-duale de chaque noeud permet de décider si l'on doit encore descendre dans l'arbre (chercher un nouvel échange), ou éliminer le noeud et revenir au noeud précédent.
L'algorithme n'est pas toujours optimal, mais donne d'excellents résultats dans la pratique. Des problèmes avec plus de 400 variables entières ont été résolus en moins d'une demie heure avec un ordinateur de taille moyenne.

Vektorielle Programmierung

Ein Algorithmus zur Lösung linearer Vektormaximumprobleme

H. Isermann, Saarbrücken

This paper presents an algorithm by which all efficient solutions for a linear vector maximum problem are determined. The procedure comprises three steps. In the first step an initial efficient basic solution for the considered linear vector maximum problem is determined unless the set of efficient solutions is empty. The set of all efficient basic solutions and all efficient extreme rays is established in a second step. Finally, the set of all efficient solutions is constructed as a union of a finite number of sets of efficient solutions.

In diesem Beitrag wird ein Verfahren zur Ermittlung aller effizienten Lösungen eines linearen Vektormaximumproblems (LVMPs) dargestellt, mit dem

1. festgestellt werden kann, ob ein gegebenes LVMP eine effiziente Lösung besitzt;
2. sich alle effizienten Basislösungen und alle Erzeugenden effizienter extremaler Richtungsvektoren bestimmen lassen;
3. endlich viele Teilmengen effizienter Lösungen gebildet werden, deren Vereinigungsmenge die Menge aller effizienten Lösungen ist.

Es bezeichne $\mathbb{R}$ die Menge der reellen Zahlen, $\mathbb{R}_0$ die Menge der nichtnegativen und $\mathbb{R}_+$ die Menge der positiven reellen Zahlen. $\mathbb{R}^n$ bezeichne die Menge der n-Tupel reeller Zahlen. Vektorfunktionen und Spaltenvektoren werden mit kleinen, Matrizen mit großen unterstrichenen Buchstaben bezeichnet. Ein hochgestelltes T wird als Transpositionszeichen gewählt. Zur Schreibweise von Ungleichungen zwischen zwei Vektoren $\underline{a},\underline{b} \in \mathbb{R}^n$ gilt folgende Vereinbarung: $\underline{a} \geqq \underline{b}$, falls $a_i \geqq b_i$ $(i = 1,\dots,n)$; $\underline{a} \geq \underline{b}$, falls $\underline{a} \geqq \underline{b}$ und $\underline{a} \neq \underline{b}$; $\underline{a} > \underline{b}$, falls $a_i > b_i$ $(i = 1,\dots,n)$.

1. Aufgabenstellung eines linearen Vektormaximumproblems

Gegeben seien eine Funktion $\underline{z} : \mathbb{R}^n \to \mathbb{R}^k$ $(k > 1)$ und eine Menge $X \subset \mathbb{R}^n$. In diesem Zusammenhang interessieren die bezüglich $\underline{z}$ und X effizienten Punkte, d.h. jene Punkte $\underline{x}^o \in X$, deren Bildpunkte $\underline{z}^o = \underline{z}(\underline{x}^o)$ maximal in $\underline{z}(X)$ sind. $\underline{z}^o \in \underline{z}(X)$ heißt genau dann maximal in $\underline{z}(X)$, wenn es kein $\underline{z}' \in \underline{z}(X)$ gibt, das der Ungleichung $\underline{z}' \geq \underline{z}^o$ genügt. Die Aufgabe, festzustellen, ob mindestens ein bezüglich X und $\underline{z}$ effizienter Punkt $\underline{x}^o$ existiert, und wenn ja, alle bezüglich X und $\underline{z}$ effiziente Punkte $\underline{x}^o$ und $\underline{z}(\underline{x}^o)$ zu berechnen, wird in der Kurzform

$$\text{"max"}\ \{\underline{z}(\underline{x}) \mid \underline{x} \in X\} \tag{1}$$

dargestellt. KUHN-TUCKER haben das Problem (1) unter der Bezeichnung Vektormaximumproblem erstmals diskutiert ([6], S. 488-491).

Im weiteren seien $X := \{\underline{x} \in \mathbb{R}^n_o \mid \underline{\underline{A}}\underline{x} = \underline{b}\}$ und $\underline{z}(\underline{x}) := \underline{\underline{C}}\underline{x}$, wobei $\underline{\underline{A}}$ eine $(m \times n)$ Matrix mit Rang $(\underline{\underline{A}}) = m$, $\underline{\underline{C}}$ eine $(k \times n)$ Matrix und $\underline{b} \in \mathbb{R}^m$, so daß (1) die spezielle Form eines LVMPs in der Standardform,

$$\text{"max"}\ \{\underline{z}(\underline{x}) = \underline{\underline{C}}\underline{x} \mid \underline{\underline{A}}\underline{x} = \underline{b},\ \underline{x} \geqq \underline{0}\} \tag{2}$$

erhält. Jeder bezüglich $\underline{z}$ und X effiziente Punkt sei im weiteren als effiziente Lösung des LVMPs (2) bezeichnet. X^o bezeichne die Menge aller effizienten Lösungen, die auch die vollständige Lösung von (2) genannt wird. Bezüglich der Existenz einer effizienten Lösung gilt (vgl. [4], S. 64)

Satz 1: *Folgende Aussagen sind äquivalent:*

(i) *Das LVMP* (2) *besitzt eine effiziente Lösung;*

(ii) $X \neq \emptyset$ *und das System* $\underline{\underline{A}}\underline{x} = \underline{0}$, $\underline{x} \geq \underline{0}$, $\underline{\underline{C}}\underline{x} \geq \underline{0}$ *hat keine Lösung.*

2. Lösung des linearen Vektormaximumproblems mit Hilfe der parametrischen Programmierung

Das Effizienztheorem für LVMPe eröffnet die Möglichkeit, das LVMP (2) mit Hilfe eines linearen parametrischen Programms (LPPs) zu lösen (vgl. z.B. [1], S. 368; [3], S. 190):

Satz 2: $\underline{x}^o$ *ist genau dann eine effiziente Lösung des LVMPs* (2), *wenn ein Vektor* $\underline{v}^o \in \mathbb{R}^k_+$ *existiert, so daß* $\underline{x}^o$ *optimale Lösung des LPPs*

$$\max\ \{\underline{z}(\underline{x};\underline{v}) = \underline{v}^T\underline{\underline{C}}\underline{x} \mid \underline{\underline{A}}\underline{x} = \underline{b},\ \underline{x} \geqq \underline{0}\} \text{ für alle } \underline{v} \in \mathbb{R}^k_+ \tag{3}$$

ist.

In Verbindung mit dem Simplextheorem der linearen Programmierung folgt aus Satz 2 unmittelbar

Satz 3: *Hat das LVMP* (2) *eine effiziente Lösung, dann hat es stets mindestens eine effiziente Basislösung.*

Im Hinblick auf die mit einem LVMP verbundene Aufgabenstellung bleibt zunächst zu prüfen, ob die Bedingung (ii) in Satz 1 erfüllt ist, da andernfalls sowohl das LVMP (2) als auch das LPP (3) keine effiziente bzw. optimale Lösung besitzen. Diese Prüfung läßt sich mit Hilfe eines linearen Programms (LPs) vornehmen, denn es gilt ([4], S. 98)

Satz 4: *Folgende Aussagen sind äquivalent:*

(i) *Das LVMP* (2) *besitzt eine effiziente Lösung;*

(ii) *das LPP* (3) *besitzt eine optimale Lösung;*

(iii) *das LP*

$$\min \{g(\underline{u}) = \underline{u}^T\underline{b} \mid \underline{u}^T\underline{A} - \underline{v}^T\underline{\underline{C}} \geq \underline{0}^T,\ \underline{v} \geqq \underline{1}\} \qquad (4)$$

besitzt eine optimale Lösung.

Sofern das LP (4) keine optimale Lösung besitzt, ist aufgrund von Satz 4 X^o leer. Hat jedoch (4) eine optimale Lösung $(\underline{u}^o, \underline{v}^o)$, so besitzt (3) für $\underline{v} = \underline{v}^o$ eine optimale Basislösung $\underline{x}^o$, die aufgrund von Satz 2 bezüglich (2) effizient ist. Nachdem für das LPP (3) eine optimale Basislösung bestimmt worden ist, sind mit Hilfe eines Verfahrens der parametrischen Programmierung (vgl. z.B. [2]) alle kritischen Bereiche von (3) sowie zu jedem kritischen Bereich die Menge aller optimalen Lösungen zu bestimmen (vgl. z.B. [7], S. 79-98; [2] und [8]). Aufgrund von Satz 2 stimmt die Menge aller optimalen Lösungen des LPPs (3) mit der Menge aller effizienten Lösungen des LVMPs (2) überein. Somit erweist sich die parametrische Programmierung als durchaus geeignet, ein LVMP zu lösen. Jedoch erscheint der mit der parametrischen Programmierung verbundene numerische Aufwand nicht zuletzt in Verbindung mit der Identifizierung und Darstellung der kritischen Bereiche als relativ groß. Im folgenden wird ein Verfahren beschrieben, mit dem auf der Grundlage eines verallgemeinerten Simplexverfahrens die Lösung eines LVMPs (2) in drei Schritten erfolgt.

3. Lösung linearer Vektormaximumprobleme auf der Grundlage eines verallgemeinerten Simplexverfahrens

Im ersten Schritt, der Initialphase, wird mit Hilfe des LPs (4) festgestellt, ob das gegebene LVMP eine effiziente Lösung besitzt. Hat das LP (4) eine optimale Lösung $(\underline{u}^o, \underline{v}^o)$, so wird mit Hilfe des LPs (3) für $\underline{v} = \underline{v}^o$ eine erste effiziente Basislösung bestimmt. Unter Umständen kann auf eine Lösung des LPs (4) verzichtet werden.

Satz 5: *Ist* $X \neq \emptyset$ *und beschränkt, dann ist mindestens eine zulässige Basislösung des LVMPs* (2) *effizient.*

Beweis: Da die nichtleere Menge X beschränkt ist, hat das System

$$\underline{\underline{A}}\underline{x} = \underline{0},\ \underline{x} \geq \underline{0} \qquad (5)$$

keine Lösung, so daß (ii) in Satz 1 erfüllt ist. Die Behauptung folgt aus Satz 1 in Verbindung mit Satz 3.

Damit erübrigt sich beispielsweise beim klassischen Transportproblem, jedoch ebenso bei den meisten anwendungsbezogenen LVMPen die Lösung des LPs (4), da eine erste effiziente Basislösung mit Hilfe des LPs (3) für ein beliebiges $\underline{v}^o \in \mathbb{R}^k_+$ bestimmt werden kann.

Im zweiten Schritt, der Iterationsphase, werden alle effizienten Basislösungen und alle fundamentalen Lösungen (vgl. [5], S. 50) des Systems (5), die Erzeugende effizienter extremaler Richtungsvektoren sind, systematisch ermittelt. Hierzu sind folgende Definitionen notwendig:

Definition 1: Zwei bezüglich (2) effiziente Basislösungen $\underline{x}^i$ und $\underline{x}^j$ heißen genau dann zueinander benachbart, wenn $\underline{x}^i$ und $\underline{x}^j$ genau m-1 Basisvariablen gemeinsam haben und jede Lösung $\underline{x}^o = \alpha_i \underline{x}^i + \alpha_j \underline{x}^j$ ($\alpha_i + \alpha_j = 1$; $\alpha_i, \alpha_j \geqq 0$) bezüglich (2) effizient ist.

Definition 2: Eine bezüglich (2) effiziente Basislösung $\underline{x}^i$ und eine fundamentale Lösung $\underline{x}^j$ des homogenen Systems (5) heißen genau dann zueinander benachbart, wenn gilt: $\underline{x}^j$ ist eine fundamentale Lösung des zu (5) äquivalenten homogenen Systems $\underline{B}^{-1}\underline{A}\underline{x} = \underline{0}$, $\underline{x} \geq \underline{0}$, wobei $\underline{B}$ die zu $\underline{x}^i$ gehörige Basismatrix ist, und jede Lösung $\underline{x}^o = \underline{x}^j + \beta_j \underline{x}^j$ ($\beta_j \in \mathbb{R}_o$) ist bezüglich (2) effizient.

Es sei I_b die Indexmenge aller effizienten Basislösungen und I_f die Indexmenge aller zu effizienten Basislösungen benachbarte fundamentale Lösungen von (5), wobei einer fundamentalen Lösung von (5) für jede Nachbarschaftsbeziehung im Sinne der Definition 2 ein besonderer Index $i \in I_f$ zugeordnet wird. Ferner sei $I := I_b \cup I_f$. Alle Lösungen $\underline{x}^i$ ($i \in I$) und die zwischen ihnen bestehenden Nachbarschaftsbeziehungen lassen sich in Form eines ungerichteten Graphen darstellen.

Definition 3: Es sei $E := \{\underline{x}^i \mid i \in I\}$ und $L := \{(\underline{x}^i \,\&\, \underline{x}^j) \in E \,\&\, E \mid \underline{x}^i$ und x^j sind benachbart$\}$. Der ungerichtete Graph $G = (E,L)$ heißt der dem LVMP (2) zugeordnete Lösungsgraph.

Zu Beginn der Iterationsphase liegt eine effiziente Basislösung $\underline{x}^i$ ($i \in I_b$) vor mit dem zugehörigen Simplextableau

$$\begin{array}{cccc|c}
x^i_{\nu_1}, \ldots, & x^i_{\nu_m}, & x^i_{\mu_1}, \ldots, & x^i_{\mu_{n-m}} & \\
\hline
1 & & a^i_{1\mu_1}, \ldots, & a^i_{1\mu_{n-m}} & b^i_1 \\
 & \ddots & \vdots & \vdots & \vdots \\
 & 1 & a^i_{m\mu_1}, \ldots, & a^i_{m\mu_{n-m}} & b^i_m \\
\hline
 & & c^i_{1\mu_1}, \ldots, & c^i_{1\mu_{n-m}} & z^i_1 \\
 & & \vdots & \vdots & \vdots \\
 & & c^i_{k\mu_1}, \ldots, & c^i_{k\mu_{n-m}} & z^i_k
\end{array} \qquad (6)$$

$x^i_{\nu_1},\ldots,x^i_{\nu_m}$ sind die Basisvariablen und $x^i_{\mu_1},\ldots,x^i_{\mu_{n-m}}$ sind die Nichtbasis-

variablen der effizienten Basislösung $\underline{x}^i$. Zur Identifizierung einer effizienten Basislösung $\underline{x}^i$ wird das (m+1)-Tupel $\underline{e}^i := (\nu_1^i,\dots,\nu_m^i,0)^T$ definiert, wobei $\nu_1^i,\dots,\nu_m^i$ die Indizes der Basisvariablen sind. Ist $\underline{x}^j$ ($j \in I_f$) eine zu $\underline{x}^i$ benachbarte fundamentale Lösung von (5), so wird $\underline{x}^j$ das (m+1)-Tupel $\underline{e}^j := (\nu_1^i,\dots,\nu_m^i,\mu_q^i)^T$ zugeordnet, wobei μ_q^i der Index jener Spalte in (6) ist, aus der die fundamentale Lösung $\underline{x}^j$ abgelesen werden kann. Zur Straffung der weiteren Ausführungen werden noch folgende Bezeichnungen eingeführt:
$\underline{a}^i_{:\mu_q} := (a^i_{1\mu_q},\dots,a^i_{m\mu_q})^T$ und $\underline{c}^i_{:\mu_q} := (c^i_{1\mu_q},\dots,c^i_{k\mu_q})^T$ für $q = 1,\dots,n-m$,
$\underline{C}^i := (\underline{c}^i_{:\mu_1},\dots,\underline{c}^i_{:\mu_{n-m}})$. $N^i := \{\mu_q^i \mid \underline{c}^i_{:\mu_q} \not\geq \underline{0}$ $(q \in \{1,\dots,n-m\}\}$ ist die Indexmenge der potentiellen Pivotspalten in (6). Will man nun von der effizienten Basislösung $\underline{x}^i$ zu einer weiteren effizienten Lösung gelangen, so scheiden - im Nichtdegenerationsfall - von vornherein alle Spalten $\mu_q^i \notin N^i$ als Pivotspalten aus, da eine Pivotisierung in diesen Spalten jeweils zu einer nichteffizienten Basislösung führen würde. Lassen sich aus Spalten $\mu_q^i \notin N^i$ fundamentale Lösungen von (5) ablesen, so sind die zugehörigen extremalen Richtungsvektoren ebenfalls nichteffizient. Ist N^i leer, so ist $\underline{x}^i$ die einzige effiziente Lösung des LVMPs (2). Im Falle $N^i \neq \emptyset$ ist festzustellen, welche Spalten $r \in N^i$ die Ermittlung zu $\underline{x}^i$ ($i \in I_b$) benachbarter effizienter Basislösungen bzw. fundamentaler Lösungen gestatten. In diesem Zusammenhang gestattet die folgende Definition eine nützliche Charakterisierung effizienter Basislösungen des LVMPs (2).
<u>Definition 4</u>: Eine effiziente Basislösung $\underline{x}^i$ des LVMPs (2) heißt dualzulässig, wenn das System

$$\underline{v}^T\underline{C}^i \geqq \underline{0}^T,\ \underline{v} \in R^k_+ \tag{7}$$

eine Lösung besitzt.

Die in Definition 4 gewählte Bezeichnung "dualzulässig" erweist sich als sinnvoll, da das System (7) genau dann eine Lösung besitzt, wenn die der effizienten Basislösung $\underline{x}^i$ des primalen LVMPs (2) zugeordnete Basislösung eines zu (2) dualen LVMPs zulässig ist (vgl. [4], S. 70-76). Die Dualzulässigkeit ist eine hinreichende Bedingung für die Effizienz einer zulässigen Basislösung des LVMPs (2). Sie ist zugleich notwendig für die Effizienz einer nichtdegenerierten zulässigen Basislösung. Eine degenerierte effiziente Basislösung jedoch muß nicht notwendig dualzulässig sein. Aus Satz 2 folgt jedoch, daß aus der Menge aller degenerierten effizienten Basislösungen, die sich einem Eckpunkt von X zuordnen lassen, mindestens eine dualzulässig ist.

Eine erste Aussage im Hinblick auf eine Identifizierung der zu $\underline{x}^i$ benachbarten effizienten Basislösungen bzw. fundamentalen Lösungen enthält (vgl. [4], S. 108)

Satz 6: *Es sei* $\underline{x}^i$ *eine dualzulässige effiziente Basislösung des LVMPs* (2) *und* P^i *eine nichtleere Teilmenge von* N^i. *Hat das LP*

$$\max \left\{ \sum_{\ell=1}^{k} \bar{w}_\ell \;\middle|\; \begin{array}{ll} \sum_{r \in N^i} w_r c^i_{\ell r} + \bar{w}_\ell = 1, \; \bar{w}_\ell \geqq 0 & (\ell = 1,\ldots,k) \\ w_r \geqq 0 \text{ für alle } r \in N^i \setminus P^i & \end{array} \right\} \tag{8}$$

eine optimale Lösung, so läßt sich jedem $r \in P^i$ *im Falle* $a^i_{pr} > 0$ *für mindestens ein* $p \in \{1,\ldots,m\}$ *mindestens eine zu* $\underline{x}^i$ *benachbarte dualzulässige effiziente Basislösung und im Falle* $\underline{a}^i_{:r} \leq \underline{0}$ *eine zu* $\underline{x}^i$ *benachbarte fundamentale Lösung zuordnen.*

Daß alle zu einer dualzulässigen effizienten Basislösung $\underline{x}^i$ benachbarten dualzulässigen effizienten Basislösungen und fundamentalen Lösungen des homogenen Systems (5) mit Hilfe des LPs (8) identifiziert werden können, folgt aus ([4], S. 107)

Satz 7: *Es sei* $\underline{x}^i$ *eine dualzulässige effiziente Basislösung des LVMPs* (2) *und entweder*

(i) $\underline{x}^j$ *eine zu* $\underline{x}^i$ *benachbarte dualzulässige effiziente Basislösung des LVMPs* (2) *oder*

(ii) $\underline{x}^j$ *eine zu* $\underline{x}^i$ *benachbarte fundamentale Lösung des homogenen Systems* (5).

Dann existiert ein $r \in N^i$, *so daß das LP* (8) *mit* $P^i = \{r\}$ *eine optimale Lösung besitzt.*

Sofern man sich bei der Ermittlung aller zu einer degenerierten effizienten Basislösung $\underline{x}^i$ benachbarten effizienten Basislösungen nicht auf die dualzulässigen effizienten Basislösungen beschränken will, bietet sich folgende Vorgehensweise an: Man bestimme die Mengen $M^i := \{p \in \{1,\ldots,m\} \mid b^i_p = 0\}$ und $N^{i,p} := \{\mu^i_q \mid a^i_{p\mu_q} \neq 0, \; q \in \{1,\ldots,n-m\}\}$ für alle $p \in M^i$. Durch die Auswahl des Koeffizienten a^i_{pr} für alle $r \in N^{i,p}$ und alle $p \in M^i$ als Pivotelement und einen entsprechenden Austauschschritt im Tableau (6) erhält man die Menge aller zur degenerierten effizienten Basislösung $\underline{x}^i$ benachbarten degenerierten effizienten Basislösungen, die dem gleichen Eckpunkt in X zugeordnet werden können wie $\underline{x}^i$. Da umgekehrt aus der Existenz einer zur degenerierten effizienten Basislösung $\underline{x}^i$ benachbarten degenerierten effizienten Basislösung $\underline{x}^j$ mit $\underline{x}^i = \underline{x}^j$ die Existenz eines Pivotelements a^i_{pr} ($p \in M^i$, $r \in N^{i,p}$) in (6) folgt, gilt

Satz 8: *Es sei* $\underline{x}^i$ *eine degenerierte effiziente Basislösung des LVMPs* (2). *Damit eine zulässige degenerierte Basislösung* $\underline{x}^j$ *mit* $\underline{x}^j = \underline{x}^i$ *zu* $\underline{x}^i$ *benachbart ist, ist notwendig und hinreichend, daß das zu* $\underline{x}^j$ *gehörige Tableau der Form* (6) *durch einen Austauschschritt mit einem Pivotelement* a^i_{pr} ($p \in M^i$, $r \in N^{i,p}$) *aus dem Tableau* (6) *hervorgeht.*

Für eine effiziente Basislösung $\underline{x}^i$ sei die Indexmenge N^i der potentiellen Pivotspalten bekannt. Hat das LP (8) für $P^i = \{r\}$ $(r \in N^i)$ eine optimale Basislösung, so bleibt diese optimal, wenn P^i die Indizes aller Basisvariablen w_t $(t \in N^i)$ enthält. Nachdem die Indexmenge P^i entsprechend erweitert worden ist, bleibt zu prüfen, ob weitere $t \in N^i$ in P^i aufgenommen werden können. Dies ist offensichtlich nicht der Fall, wenn $P^i = N^i$. Enthält $P^i \neq N^i$ weniger als $y = \min\{k, |N^i|\}$ Elemente, so bleibt sukzessive zu prüfen, ob durch die Aufhebung der Nichtnegativitätsbedingung bezüglich einer Nichtbasisvariablen w_t $(t \in N^i)$ diese im Austausch gegen eine Basisvariable $\bar{w}_\ell$ Basisvariable einer optimalen Basislösung werden kann und damit der zugehörige Index t in P^i aufgenommen werden kann. Enthält $P^i \neq N^i$ bereits k Elemente, so sind in P^i die Indizes jener Nichtbasisvariablen w_t $(t \in N^i)$ aufzunehmen, deren zugehöriger Koeffizient in der Zielfunktionszeile des Simplextableaus gleich Null ist. Die auf diese Weise gebildete Indexmenge P^i läßt sich nicht mehr um ein weiteres Element $t \in N^i$ erweitern, sie wird deshalb im folgenden auch als eine bezüglich r maximale Indexmenge bezeichnet. Für jeden in P^i enthaltenen Index $t \in N^i$ erübrigt sich eine gesonderte Lösung des LPs (8), da jedem $t \in P^i$ aufgrund von Satz 6 eine zu $\underline{x}^i$ benachbarte effiziente Basislösung bzw. fundamentale Lösung zugeordnet werden kann.

Satz 6, 7 und 8 bilden die theoretischen Grundlagen für eine Identifizierung aller zu einer effizienten Basislösung $\underline{x}^i$ benachbarten effizienten Basislösungen und fundamentalen Lösungen des Systems (5). Darüber hinaus begründen sie in Verbindung mit einer wesentlichen Eigenschaft des Lösungsgraphen G die Gültigkeit des darzustellenden Algorithmus zur Bestimmung aller effizienten Basislösungen und aller zu effizienten Basislösungen benachbarten fundamentalen Lösungen des homogenen Systems (5). Es gilt ([4], S. 56)

Satz 9: *Der Graph G ist endlich und zusammenhängend.*

Im folgenden soll nunmehr der algorithmische Ablauf der Initialphase und Iterationsphase des Lösungsverfahrens skizziert werden. Hierbei wird auf eine Ermittlung der degenerierten effizienten Basislösungen, die nicht dualzulässig sind, verzichtet (vgl. jedoch [4], S. 118-121), da ihnen praktisch keine Bedeutung zukommt.

Initialphase

1 Löse das LP (4). Hat (4) eine optimale Lösung $(\underline{u}^o, \underline{v}^o)$, gehe nach 3.

2 X^o ist leer. Ende.

3 Löse für $\underline{v} = \underline{v}^o$ das LP (3). Speichere die effiziente Basislösung $\underline{x}^1$,

$\underline{z}^1 = \underline{z}(\underline{x}^1)$ sowie $\underline{e}^1$.

Iterationsphase

4 $i := 1$, $s := 1$, $p := 0$, $W^o := \{\underline{e}^1\}$, $V^o := \emptyset$.

5

i.1 Wähle $\underline{e}^i \in W^{i-1}$ und bilde aus dem zu $\underline{e}^i$ gehörigen Tableau (6) die Indexmenge N^i. $V^i := V^{i-1} \cup \{\underline{e}^i\}$, $N := N^i$, $W^i := W^{i-1} \setminus \{\underline{e}^i\}$.

i.2 Ist N leer, gehe nach i.18.

i.3 Wähle ein beliebiges $r \in N$ und löse das LP (8) mit $P_r^i := \{r\}$.

i.4 Hat (8) keine optimale Lösung, dann $N := N \setminus P_r^i$. Gehe nach i.2.

i.5 Bestimme eine bezüglich r maximale Menge P_r^i, für die (8) weiterhin eine optimale Basislösung besitzt. $N_r^i := N \cap P_r^i$, $N := N \setminus N_r^i$. Speichere P_r^i.

i.6 Ist N_r^i leer, gehe nach i.2.

i.7 Existiert kein $t \in N_r^i$ mit $\underline{a}_{:t}^i \leq \underline{0}$, so gehe nach i.10.

i.8 Wähle ein $t \in N_r^i$ mit $\underline{\bar{a}}_{:t}^i \leq \underline{0}$. $p := p+1$. Bilde und speichere die zu $\underline{x}^i$ benachbarte fundamentale Lösung $\underline{x}^{i,p}$, $\underline{z}^{i,p} = \underline{z}(\underline{x}^{i,p})$ und $\underline{e}^{i,p}$.

i.9 $V^i := V^i \cup \{\underline{e}^{i,p}\}$, $N_r^i := N_r^i \setminus \{t\}$. Gehe nach i.6.

i.10 Wähle ein $t \in N_r^i$. Bestimme alle $\bar{h}$ zu zulässigen Basislösungen zugehörige (m+1)-Tupel $\underline{e}^h$ $(h = 1,\ldots,\bar{h})$, die durch die Einführung des Vektors $\underline{a}_{:t}^i$ in die Basis gebildet werden können. $h := 0$.

i.11 $h := h+1$.

i.12 Ist $\underline{e}^h$ in W^i oder V^i enthalten, gehe nach i.15.

i.13 $s := s+1$, $\underline{e}^s := \underline{e}^h$. Bestimme das zu $\underline{e}^s$ gehörige Tableau (6) und speichere es sowie $\underline{e}^s$, $\underline{x}^s$ und $\underline{z}^s = \underline{z}(\underline{x}^s)$.

i.14 $W^i := W^i \cup \{\underline{e}^s\}$.

i.15 Ist $h = \bar{h}$? Wenn nein, gehe nach i.11.

i.16 $N_r^i := N_r^i \setminus \{t\}$.

i.17 Ist N_r^i leer, gehe nach i.2. Andernfalls gehe nach i.10.

i.18 Ist $i = s$? Wenn ja, gehe nach i.20.

i.19 $i := i+1$. Gehe nach i.1.

i.20 Ist $p > 0$? Wenn ja, ersetze bei $\underline{x}^{i,q}$, $\underline{z}^{i,q}$, $\underline{e}^{i,q}$ $(q = 1,\ldots,p)$ das Indextupel i,q durch den Index s+q.

i.21 Bilde die Indexmengen $I_b := \{1,\ldots,s\}$, $I_f := \{s+1,\ldots,s+p\}$.

i.22 Erstelle eine Tabelle der (m+1)-Tupel $\underline{e}^j$ sowie $\underline{x}^j$ und $\underline{z}^j$ für alle $j \in I_b$ und alle $j \in I_f$ sowie der gespeicherten Indexmengen P_r^j $(j \in I_b,\ r \in N^j)$. Ende.

Die Gültigkeit der beiden ersten Phasen dieses Lösungsverfahrens begründet (vgl. [4], S. 121)

Satz 10: *Es sei* $\underline{x}^j$ *eine dualzulässige effiziente Basislösung oder eine fundamentale Lösung des homogenen Systems* (5), *die Erzeugende eines effizienten extremalen Richtungsvektors ist. Dann wird* $\underline{x}^j$ *durch den vorstehend beschriebenen Algorithmus ermittelt.*

Sind am Ende der Iterationsphase alle dualzulässigen effizienten Basislösungen und alle fundamentalen Lösungen des Systems (5), die Erzeugende effizienter extremaler Richtungsvektoren sind, bekannt, dann können in einem dritten Schritt, der Konstruktionsphase, endlich viele Teilmengen effizienter Lösungen gebildet werden, deren Vereinigungsmenge die vollständige Lösung des LVMPs darstellt. Aus den (m+1)-Tupeln $\underline{e}^i$ $(i \in I)$ läßt sich ein ungerichteter Graph $G^* = (E^*, L^*)$ mit $E^* := \{\underline{e}^i \mid i \in I\}$ und $L^* := \{(\underline{e}^i \,\&\, \underline{e}^j) \in E^* \,\&\, E^* \mid \underline{e}^i$ und $\underline{e}^j$ haben m Komponenten gemeinsam$\}$ konstruieren. Jede der in der Iterationsphase gebildeten Indexmengen P_r^i $(i \in I_b,\ r \in N^i)$ erlaubt die Markierung einer Kante, eines durch G^* beschriebenen Gebietes (vgl. [4], S. 59-60) oder gar mehrerer durch G^* beschriebene Gebiete und damit gleichzeitig die Identifizierung einer konvexen Teilmenge effizienter Lösungen des LVMPs (2): Enthält P_r^i ein Element, so ist aus den zu $\underline{e}^i$ $(i \in I_b)$ benachbarten Knoten jener Knoten $\underline{e}^j$ zu identifizieren, der den Index $r \in P_r^i$ als Komponente enthält. Sodann kann die Kante $(\underline{e}^i \,\&\, \underline{e}^j) \in L^*$ markiert werden. Die der markierten Kante zugeordnete Teilmenge effizienter Lösungen lautet im Falle $j \in I_b$ $X^\lambda = \{\underline{x}^o \mid \underline{x}^o = \alpha_i\underline{x}^i + \alpha_j\underline{x}^j$ $(\alpha_i, \alpha_j \geqq 0,\ \alpha_i + \alpha_j = 1)\}$ und im Falle $j \in I_f$ $X^\lambda = \{\underline{x}^o \mid \underline{x}^o = \underline{x}^i + \beta_j\underline{x}^j$ $(\beta_j \geqq 0)\}$. Enthält P_r^i zwei oder mehr Elemente, so werden durch P_r^i jene von G^* beschriebenen Gebiete markiert, die vom Knoten $\underline{e}^i$ sowie von den durch P_r^i markierten Kanten $(\underline{e}^i \,\&\, \underline{e}^j) \in L^*$ berandet werden. Ist ein von G^* beschriebenes Gebiet markiert worden, so sind damit auch alle dieses Gebiet berandenden Kanten $(\underline{e}^{i'} \,\&\, \underline{e}^{i''}) \in L^*$ markiert worden. Es sei I_b^λ die Indexmenge der effizienten Basislösungen zugeordneten Knoten $\underline{e}^{i'}$ und I_f^λ die Indexmenge der fundamentalen Lösungen von (5) zugeordneten Knoten $\underline{e}^{i''}$ der durch P_r^i markierten Gebiete. Dann lautet die zugehörige Teilmenge effizienter Lösungen

$$X^\lambda = \{\underline{x}^o \mid x^o = \sum_{i \in I_b^\lambda} \alpha_i \underline{x}^i + \sum_{j \in I_f^\lambda} \beta_j \underline{x}^j \; (\sum_{i \in I_b^\lambda} \alpha_i = 1,\ \alpha_i \geqq 0 \text{ für alle } i \in I_b^\lambda, \; \beta_j \geqq 0 \text{ für alle } j \in I_f^\lambda)$$

Werden durch eine Indexmenge P_r^i zwei oder mehr Gebiete markiert und ist mindestens ein Gebiet unter den durch P_r^i markierten Gebieten bereits zusammen mit anderen durch P_r^i nicht markierten Gebieten durch eine Indexmenge P_r^j markiert worden, so ist den durch P_r^i und P_r^j markierten Gebieten eine Menge X^λ zuzuordnen.

Die Gültigkeit des vorstehend beschriebenen Markierungsverfahrens folgt aus (vgl. [4], S. 116 und S. 127):

<u>Satz 11</u>: *Die Menge* X^λ ($\lambda \in \{1,\dots,\bar\lambda\}$) *ist eine Teilmenge der vollständigen Lösung* X^o *des LVMPs* (2).

<u>Satz 12</u>: *Es sei* $\underline{x}^o$ *eine effiziente Lösung des LVMPs* (2). *Dann existiert ein* $\lambda \in \{1,\dots,\bar\lambda\}$, *so daß gilt* $\underline{x}^o \in X^\lambda$.

Das vorstehend beschriebene Lösungsverfahren soll nunmehr an einem Beispiel illustriert werden:

Gegeben sei ein LVMP (2) mit

$$\underline{C} := \begin{pmatrix} -1 & 2 & 0 & 0 \\ 3 & 1 & 0 & 0 \\ 0 & -1 & 0 & 0 \end{pmatrix}, \quad \underline{A} := \begin{pmatrix} -1 & 1 & 1 & 0 \\ -3 & 6 & 0 & 1 \end{pmatrix}, \quad \underline{b} := \begin{pmatrix} 0 \\ 30 \end{pmatrix}.$$

Um festzustellen, ob X^o leer ist, wird das zugehörige LP (4) gelöst. Man erhält die optimale Lösung $\hat{\underline{u}} = \underline{0}$, $\hat{\underline{v}} = (3,1,7)^T$, so daß X^o nicht leer ist. Wird (3) für $\underline{v} = \hat{\underline{v}}$ gelöst, erhält man als erste effiziente Basislösung $\underline{x}^1 = (0,0,0,30)^T$ sowie $\underline{z}^1 = \underline{0}$ und $\underline{e}^1 = (3,4,0)^T$. Man beachte, daß (3) nicht für alle $\underline{v} \in \mathbb{R}^3_+$ eine optimale Lösung besitzt. Beispielsweise besitzt (3) für $\underline{v} = (1,1,3)^T$ keine optimale Lösung.

In der ersten Stufe der Iterationsphase werden alle zu $\underline{x}^1$ benachbarten dualzulässigen effizienten Basislösungen sowie fundamentalen Lösungen von (5) ermittelt. Hierzu wird das zu $\underline{x}^1$ gehörige Tableau (6) herangezogen:

x_3^1	x_4^1	x_1^1	x_2^1	
1	0	-1	1	0
0	1	-3	6	30
0	0	1	-2	0
0	0	-3	-1	0
0	0	0	1	0.

Man erhält die Indexmenge $N^1 = \{1,2\}$. Um alle zu $\underline{x}^1$ benachbarten Lösungen $\underline{x}^i$ ($i \in I$) zu bestimmen, wird zunächst für $P_1^1 = \{1\}$ das LP (8) gelöst. Die optimale Lösung kann dem folgenden Simplextableau entnommen werden:

w_1	w_2	$\bar w_1$	$\bar w_2$	$\bar w_3$	
1	0	1	0	2	3
0	0	3	1	7	11
0	1	0	0	1	1
0	0	2	0	6	11.

Da w_1 und w_2 Basisvariablen der im Tableau angeführten optimalen Basislösung sind, folgt $P_1^1 = \{1,2\} = N^1$. Dem Index r = 1 wird die zu $\underline{x}^1$ benachbarte fundamentale Lösung $\underline{x}^{1,1} = (1,0,1,3)^T$ mit $\underline{z}^{1,1} = (-1,3,0)^T$ und $\underline{e}^{1,1} = (3,4,1)^T$ und r = 2 die zu $\underline{x}^1$ benachbarte effiziente Basislösung $\underline{x}^2 = (0,0,0,30)^T$ mit $\underline{z}^2 = \underline{0}$ und $\underline{e}^2 = (2,4,0)^T$ zugeordnet, so daß am Ende der ersten Iterationsstufe $W^1 = \{\underline{e}^2\}$, $V^1 = \{\underline{e}^1, \underline{e}^{1,1}\}$. Die übrigen Iterationsstufen laufen analog ab. Am Ende der

Iterationsphase erhält man: $I_b = \{1,2,3,4\}$ und $I_f = \{5,6,7\}$ sowie

$\underline{x}^1 = (0,0,0,30)^T$	$\underline{z}^1 = \underline{0}$	$\underline{e}^1 = (3,4,0)^T$	$P_1^1 = \{1,2\}$
$\underline{x}^2 = (0,0,0,30)^T$	$\underline{z}^2 = \underline{0}$	$\underline{e}^2 = (2,4,0)^T$	$P_1^2 = \{1,3\}$
$\underline{x}^3 = (0,0,0,30)^T$	$\underline{z}^3 = \underline{0}$	$\underline{e}^3 = (1,4,0)^T$	$P_2^3 = \{2,3\}$
$\underline{x}^4 = (10,10,0,0)^T$	$\underline{z}^4 = (10,40,-10)^T$	$\underline{e}^4 = (1,2,0)^T$	$P_3^4 = \{3,4\}$
$\underline{x}^5 = (1,0,1,3)^T$	$\underline{z}^5 = (-1,3,0)^T$	$\underline{e}^5 = (3,4,1)^T$	-
$\underline{x}^6 = (1,0,1,3)^T$	$\underline{z}^6 = (-1,3,0)^T$	$\underline{e}^6 = (1,4,3)^T$	-
$\underline{x}^7 = (2,1,1,0)^T$	$\underline{z}^7 = (0,7,-1)^T$	$\underline{e}^7 = (1,2,3)^T$	-.

Mit Hilfe der (m+1)-Tupel $\underline{e}^i$ ($i = 1,\ldots,7$) läßt sich Graph G* darstellen mit den Gebieten $g_1,\ldots,g_5$:

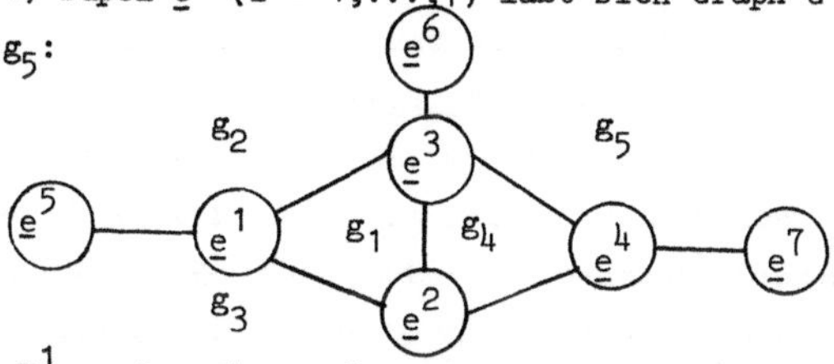

Durch die Indexmenge P_1^1 werden die Gebiete g_1, g_2 und g_3 markiert. Die Indexmenge P_1^2 erlaubt eine Markierung der Gebiete g_1 und g_4. Da g_1 bereits durch P_1^1 markiert worden ist, werden P_1^1 und P_1^2 die markierten Gebiete g_1, g_2, g_3 und g_4 zugeordnet. Mit Hilfe der Indexmenge P_2^3 werden die Gebiete g_1, g_2, g_4 und g_5 markiert. Da die Gebiete g_1, g_2 und g_4 bereits durch P_1^1 und P_1^2 markiert wurden, lassen sich den Indexmengen P_1^1, P_1^2 und P_2^3 alle durch G* beschriebenen Gebiete zuordnen. Somit lautet die Menge aller effizienten Lösungen

$$X^o = \{\underline{x}^o \mid \underline{x}^o = \sum_{i=1}^{4} \alpha_i \underline{x}^i + \sum_{j=5}^{7} \beta_j \underline{x}^j \ (\sum_{i=1}^{4} \alpha_i = 1,\ \alpha_i \geqq 0 \text{ für } i = 1,2,3,4;\ \beta_j \geqq 0 \text{ für } j = 5,6,7).$$

4. Literaturverzeichnis

1. FOCKE, J.: Vektormaximumproblem und parametrische Programmierung. Mathematische Operationsforschung und Statistik 4, S. 365-369 (1973).
2. GAL, T.: Homogene mehrparametrische lineare Programmierung. Zeitschrift für Operations Research 16, S. 115-136 (1972).
3. ISERMANN, H.: Proper Efficiency and the Linear Vector Maximum Problem. Operations Research 22, S. 189-191 (1974).
4. ISERMANN, H.: Lineare Vektoroptimierung. Regensburg: Dissertation 1974.
5. JÄGER, A. und K. WENKE: Lineare Wirtschaftsalgebra. Stuttgart: Teubner 1969.
6. KUHN, H.W. and A.W. TUCKER: Nonlinear Programming. In: J. NEYMAN (ed.), Proceedings of the Second Berkeley Symposium on Mathematical Statistics and Probability, S. 481-492. Berkeley, California: University of California Press 1951.
7. SCHÖNFELD, K.P.: Effizienz und Dualität in der Aktivitätsanalyse. Berlin: Dissertation 1964.
8. ZELENY, M.: Linear Multiobjective Programming. Berlin: Springer 1974.

Vektormaximierungsprobleme und Kennzahlen

G. Hacker, Karlsruhe

Zusammenfassung

Die in der Betriebswirtschaftslehre häufig auftretenden Vektormaximumprobleme werden im Gegensatz zu den bekannten Ersatzproblemen der mathematischen Optimierung, die oft ökonomische Forderungen außer acht lassen, hier auf eine Weise gelöst, in der dieser Nachteil nicht auftritt. Zentraler Begriff einer solchen Behandlungsweise der Entscheidungsfindung bei mehrfacher Zielsetzung ist der der Kennfunktion, die als Aggregationsfunktion die Subziele zusammenfaßt und damit die Beurteilung eines vorliegenden ökonomischen Objekts bzw. Sachverhalts durch Skalare erlaubt. Eine Kennzahl ist als Funktionswert einer Kennfunktion

$$\Phi : (z_1,\ldots,z_K) \in \mathbb{R}^K \rightarrow \Phi(\underline{z}) \in \mathbb{R}$$

zu verstehen, die den K wirtschaftlich relevanten Größen $z_1,\ldots,z_K$ *eine reelle Zahl zuordnet. Zur Bestimmung der expliziten Gestalt von Kennfunktionen werden Tests formuliert, die die ökonomischen Forderungen eines Entscheidungsträgers berücksichtigen und deren mathematisches Äquivalent Funktionalgleichungen sind. Lösungen der Funktionalgleichungssysteme sind dann die gesuchten Kennfunktionen. Zwei Beispiele veranschaulichen diesen Problemzugang.*

Planungsmodelle und Entscheidungsprobleme der BWL führen häufig auf Vektormaximumprobleme. Um eine Bewertung ökonomischer Sachverhalte bzw. Objekte zu erhalten, ist man gezwungen, Ersatzprobleme zu formulieren, wobei die vorliegenden Ziele zumeist durch eine im mathematischen Sinn gerechtfertigte Aggregationsfunktion zu einer übergeordneten Zielsetzung vereinigt werden. Auf W. DINKELBACH |1971| geht der Vorschlag zurück, für das Vektormaximumproblem

(VMP) $\quad$ $\text{"max"} \{\underline{z} \mid \underline{z} \in Z \subset \mathbb{R}^K\}$

oder speziell $\quad$ $\text{"max"} \{\underline{z}(x) \mid x \in X,\ \underline{z}(x) \in \mathbb{R}^K\}$

mit Hilfe einer Aggregationsfunktion (Präferenzfunktion) Φ ,

$$\Phi : (z_1,\dots,z_K) \in \mathbb{R}^K \rightarrow \Phi(\underline{z}) \in \mathbb{R} ,$$

das Ersatzproblem

(EP) $\max \{\Phi(\underline{z}) \mid \underline{z} \in Z\}$

bzw. $\min \{\Phi(\underline{z}) \mid \underline{z} \in Z\}$

zu lösen. Er schlägt vor, mittels der Vektornorm einen "Abstand"

$$\Phi_{\underline{z}^*}(\underline{z}) = D_p(\underline{z}^*,\underline{z}) = ||\underline{z}^* - \underline{z}||_p = (\sum_{k=1}^{K} |z_k^* - z_k|^p)^{1/p} \qquad (p \in \mathbb{N}, p \geq 1)$$

zu einem vorgegebenen, unerreichbaren $\underline{z}^*$ zu minimieren. $\underline{z}^*$ wird häufig als der Vektor der Maxima der $z_k(x)$ gewählt. Je nach Wahl von p erhält man nun unterschiedliche Ersatzprobleme: mit $p = 1$ resultiert das GOAL PROGRAMMING, für $p \rightarrow \infty$ die TSCHEBYSCHEFF-Approximation an das unerreichbare $\underline{z}^*$.

An der Wahl der Vektornorm $||\ \ ||$ für Ersatzprobleme kann die folgende Kritik geübt werden:

1. Mit $\min \{D_\infty(\underline{z}^*,\underline{z}) \mid \underline{z} \in Z\}$ erhält man nicht notwendig effiziente Punkte von $\{\underline{z} \mid \underline{z} \in Z \subset \mathbb{R}^K\}$.
   Beispiel: $(1,\frac{1}{2}) \leq (1,1)$, aber $||(1,\frac{1}{2})||_\infty = ||(1,1)||_\infty = 1$.
2. Je nach Wahl von $\underline{z}^*$ ergibt sich bei gegebener Norm eine andere Lösung des des Problems.
3. Je nach Wahl der Norm ergibt sich bei gegebenem $\underline{z}^*$ eine andere Lösung des Problems.
4. Die Wahl von Aggregationsfunktionen, die den Normeigenschaften genügen, bedeutet eine Einschränkung. Sinnvoll und zweckmäßig können auch Funktionen sein, die diesen Eigenschaften nicht genügen.
5. Ökonomische Nutzenvorstellungen eines Entscheidungsträgers können höchstens indirekt (über die Angabe von $\underline{z}^*$ und der speziellen Abstandsfunktion) berücksichtigt werden.

Aus diesen Gründen wird man nach Ersatzproblemen bzw. Aggregationsfunktionen suchen, die diese Nachteile nicht besitzen.
Zentraler Begriff einer Behandlungsweise des Vektormaximumproblems, bei der verbal umschriebene ökonomische Forderungen als Tests formuliert werden, ist der Begriff der Kennfunktion bzw. als deren Funktionswert der Begriff der Kenn-

zahl. Eine Kennfunktion ist eine Funktion

$$\Phi : (z_1,\dots,z_K) \in \mathbb{R}^K \to \Phi(\underline{z}) \in \mathbb{R},$$

die den K wirtschaftlich relevanten Größen $z_1,\dots,z_K$ eine reelle Zahl zuordnet und den durch den Vektor $\underline{z}$ dargestellten wirtschaftlichen Sachverhalt zu beurteilen erlaubt. Wie oben kann man mit Φ für das vorliegende Vektormaximumproblem ein Ersatzproblem zu lösen versuchen, wobei Φ im Gegensatz zu oben (siehe die Abstandsfunktion $D_p(\underline{z}^*,\underline{z})$) durch einen von den jeweiligen ökonomischen Forderungen abhängigen Aggregationsmechanismus erhalten wird. Die Vorgehensweise zur Bestimmung der expliziten Gestalt von Φ und insbesonders die durch Funktionalgleichungssysteme repräsentierten Tests sollen nun an zwei Beispielen verdeutlicht werden.

Beispiel 1

Ein Produktionsverfahren $\underline{z} = (K,t,\underline{v},\underline{x})$ (wobei K das notwendige Kapital ist, um mit dem Inputvektor $\underline{v}$ im Zeitraum t den Outputvektor $\underline{x}$ zu produzieren) soll bezüglich seiner wirtschaftlichen Effektivität untersucht werden. Die Effektivität als Kennzahl zur Beurteilung eines jeden dem Betrieb möglichen $\underline{z}$ ist der Funktionswert einer Kennfunktion $\overset{1}{\Phi}$,

$$\overset{1}{\Phi} : (K,t,\underline{x}\underline{p}-\underline{v}\underline{q},\frac{\underline{x}\underline{p}}{\underline{v}\underline{q}}) \in \mathbb{R}^2_{++}\times\mathbb{R}\times\mathbb{R}_{++} \to \overset{1}{\Phi}(K,t,\underline{x}\underline{p}-\underline{v}\underline{q},\frac{\underline{x}\underline{p}}{\underline{v}\underline{q}}) \in \mathbb{R},$$

wobei $\underline{p} = (p_1,\dots,p_m) > \underline{O}$ der Preisvektor der produzierten Güter,
$\underline{q} = (q_1,\dots,q_n) > \underline{O}$ der Preisvektor der Inputfaktoren ist.

Diese Vektoren werden als konstant angenommen. $\overset{1}{\Phi}$ soll für alle $\underline{z}$ den folgenden Eigenschaften (Tests) genügen:

(1) $\overset{1}{\Phi}(K,t,\underline{x}\underline{p}-\underline{v}\underline{q},\frac{\underline{x}\underline{p}}{\underline{v}\underline{q}}) \gtreqless 0$, je nachdem, ob $\underline{x}\underline{p}-\underline{v}\underline{q} \gtreqless 0$ ist ;

(2) $\overset{1}{\Phi}(K,\lambda t,\lambda(\underline{x}\underline{p}-\underline{v}\underline{q}),\frac{\underline{x}\underline{p}}{\underline{v}\underline{q}}) = \overset{1}{\Phi}(K,t,\underline{x}\underline{p}-\underline{v}\underline{q},\frac{\underline{x}\underline{p}}{\underline{v}\underline{q}}) \qquad (\lambda > 0)$;

(3) $\overset{1}{\Phi}(\lambda K,t,\lambda(\underline{x}\underline{p}-\underline{v}\underline{q}),\frac{\underline{x}\underline{p}}{\underline{v}\underline{q}}) = \overset{1}{\Phi}(K,t,\underline{x}\underline{p}-\underline{v}\underline{q},\frac{\underline{x}\underline{p}}{\underline{v}\underline{q}}) \qquad (\lambda > 0)$;

(4) $\overset{1}{\Phi}(K,t,\lambda(\underline{x}\underline{p}-\underline{v}\underline{q}),\frac{\underline{x}\underline{p}}{\underline{v}\underline{q}}) = g(\lambda)\overset{1}{\Phi}(K,t,\underline{x}\underline{p}-\underline{v}\underline{q},\frac{\underline{x}\underline{p}}{\underline{v}\underline{q}}) \qquad (\lambda > 0)$,

$g(\lambda)$ streng wachsend;

(5) $\overset{1}{\Phi}(K,t,\underline{x}\underline{p}-\underline{v}\underline{q},\lambda\frac{\underline{x}\underline{p}}{\underline{v}\underline{q}}) = h(\lambda)\overset{1}{\Phi}(K,t,\underline{x}\underline{p}-\underline{v}\underline{q},\frac{\underline{x}\underline{p}}{\underline{v}\underline{q}}) \qquad (\lambda > 0)$,

$h(\lambda)$ streng wachsend.

Man kann nun zeigen (vgl. W. EICHHORN |1972|), daß jede Kennfunktion $\overset{1}{\Phi}$ mit den

Eigenschaften (1) - (5) die Gestalt

$$\Phi^1(K,t,\underline{xp}-\underline{vq},\frac{\underline{xp}}{\underline{vq}}) = \begin{cases} C\left(\frac{\underline{xp}-\underline{vq}}{Kt}\right)^{\alpha_1}\left(\frac{\underline{xp}}{\underline{vq}}\right)^{\alpha_2} & \text{für } \frac{\underline{xp}}{\underline{vq}} > 1 \\ C'\left(\frac{\underline{xp}-\underline{vq}}{Kt}\right)^{\beta_1}\left(\frac{\underline{xp}}{\underline{vq}}\right)^{\beta_2} & \text{für } \frac{\underline{xp}}{\underline{vq}} < 1 \end{cases}$$

hat mit positiven Konstanten C, C', $\alpha_1, \alpha_2, \beta_1, \beta_2$. Umgekehrt hat jede Kennfunktion Φ^1 dieser Form die Eigenschaften (1) - (5). Die auf diese Weise erhaltene Kennfunktion hat mehrere Vorteile:

1. sie aggregiert die bekannten Kennzahlen "Rentabilität" und "wertmäßige Produktivität" zu einer übergeordneten Kennzahl, aus der die obigen und einige andere leicht entnommen werden können, wobei es einem Entscheidungsträger überlassen wird, welches Gewicht er auf die Rentabilität bzw. Produktivität mittels α_1 und α_2 (bzw. β_1 und β_2) legt;
2. durch Φ^1 wird es einem Entscheidungsträger ermöglicht, einen Vergleich aller ihm zur Verfügung stehenden Produktionsverfahren durchzuführen, und er hat ein Ersatzproblem mit Φ^1 zu lösen;
3. sie ermöglicht ein Ersatzproblem für das in der BWL bekannte

$$\text{(VMP)} \qquad \text{"max"} \left\{\underline{z}(x) = \begin{pmatrix} \text{Gewinn} \\ \text{Umsatz} \\ \text{Rentabilität} \\ \text{Produktivität} \end{pmatrix} \middle|\, x \in X\right\}$$

4. ist ein Produktionsverfahren $(K',t',\underline{v}',\underline{x})$ effizient, d. h. gilt:

$$(-K,-t,-\underline{v},\underline{x}) \leq (-K',-t',-\underline{v}',\underline{x}) \text{ ,}$$

dann folgt auch $\Phi^1(K,t,\underline{xp}-\underline{vq},\frac{\underline{xp}}{\underline{vq}}) < \Phi^1(K',t',\underline{xp}-\underline{vq}',\frac{\underline{xp}}{\underline{vq}'})$.

Beispiel 2

Ein Investitionsobjekt wird gewöhnlich durch einen Vektor $\underline{z} = (\underline{a},\underline{e})$ von Einnahmen und Ausgaben beschrieben, wobei $a_o,\ldots,a_n$ die Ausgaben in den Jahren $t = 0,\ldots,n$ und $e_1,\ldots,e_{n+1}$ die Einnahmen in den Jahren $t = 1,\ldots,n+1$ sind. Häufig ist einem Betrieb das Problem gestellt, unter verschiedenen Investitionsobjekten auszuwählen. Für deren Bewertung ist demnach eine (dynamische) Wirtschaftlichkeitskennfunktion

$$\Phi^2 : (A(a_o,t_o),\ldots,A(a_n,t_n),A(e_1,t_1),\ldots,A(e_{n+1},t_{n+1})) \in \mathbb{R}_+^{n+1} \times \mathbb{R}_+^{n+1} \to \Phi^2(\cdot) \in \mathbb{R}$$

gesucht, wobei die Funktion A das zeitlich unterschiedliche Auftreten von Ausgaben und Einnahmen mit Hilfe der Parameter t_i und t_j berücksichtigt. Im folgenden seien mit $x_i := A(a_i,t_i)$ und $y_j := A(e_j,t_j)$ die Funktionswerte von A bezeichnet $(i=0,\ldots,n; j=1,\ldots,n+1)$. Wie in Beispiel 1 können an eine Wirtschaftlich-

keitskennfunktion für Investitionsobjekte Forderungen seitens eines Entscheidungsträgers gestellt werden:

(a) $\Phi^2(\lambda\underline{x},\lambda\underline{y}) = \lambda\Phi^2(\underline{x},\underline{y}) \qquad (\lambda > 0);$

(b) $\Phi^2(\underline{x}+\underline{x}',\underline{y}+\underline{y}') = \Phi^2(\underline{x},\underline{y}) + \Phi^2(\underline{x}',\underline{y}') \qquad (\underline{x}',\underline{y}' \in \mathbb{R}_+^{n+1})$.

Fordert man aus naheliegenden Gründen:

(c) $x_i \rightarrow \Phi^2(\underline{x},\underline{y})$ *monoton fallend;*

(d) $y_j \rightarrow \Phi^2(\underline{x},\underline{y})$ *monoton wachsend,*

dann kann man zeigen, daß die Funktionalgleichungen (a) und (b) mit den Forderungen (c) und (d) und den folgenden Eigenschaften der Diskontierungsfunktion A

(e) $A(a_i+c,t_i) = A(a_i,t_i) + A(c,t_i);\ A(e_j+c,t_j) = A(e_j,t_j) + A(c,t_j) \quad (c\in\mathbb{R}_+),$

(f) $A[A(a_i,t_i),t_{i+1}] = A(a_i,t_i+t_{i+1});\ A[A(e_j,t_j),t_{j+1}] = A(e_j,t_j+t_{j+1}),$

die Lösung haben:

(g) $$\Phi^2(\underline{x},\underline{y}) = \sum_{j=1}^{n+1} d_j e_j q^{t_o-t_j} - \sum_{i=0}^{n} b_i a_i q^{t_o-t_i} ,$$

wobei die $d_j \geq 0$ *(const) und die* $b_i \geq 0$ *(const) sind wegen Forderung (d) und (c). Die häufig verwendete Kennzahl "Kapitalwert" einer Investition* $\underline{z} = (\underline{a},\underline{e})$ *ist ein Spezialfall von (g), nämlich wenn* $\underline{d} = (1,1,\ldots,1)$ *und* $\underline{b} = (1,1,\ldots,1)$ *sowie* $q = 1+\gamma/100$ *(γ gegeb. Zinsfuß) ist.*

Die Kennfunktionen Φ^1 *und* Φ^2 *erlauben den Vergleich, aber auch die Bestimmung effizienter Verfahren. Als Lösungen von Funktionalgleichungen, durch die ökonomische Nutzenvorstellungen berücksichtigt werden, können sie eher als die obige Abstandsfunktion* $D_p(\underline{z}^*,\underline{z})$ *als Präferenzfunktion bezeichnet werden. Die durch Tests in Funktionalgleichungen umgesetzten Forderungen und die jeweils erhaltenen Klassen von Funktionen als Lösungen bzw. Ersatzprobleme für (VMP) bilden den Kern einer mathematischen Theorie der wirtschaftlichen Kennzahl.*

LITERATUR

ACZÉL,J.: *Lectures on Functional Equations and Their Applications Academic Press, New York and London, 1966.*

DINKELBACH,W.: *Über einen Lösungsansatz zum Vektormaximumproblem in: Lecture Notes in Operations Research and Mathematical Systems, Vol. 50, Berlin-Heidelberg-New York, 1971.*

EICHHORN,W.: *Effektivität von Produktionsverfahren in: Operations Research-Verfahren, XII, Meisenheim, 1972.*

Ein Verfahren zur Lösung von Zielkonflikten

R. Allgaier, Karlsruhe

Ökonomische Entscheidungsprobleme sind häufig gekennzeichnet durch eine Vielzahl zu berücksichtigender Zielsetzungen. Die bekannten Lösungsverfahren der mathematischen Optimierung sind jedoch gerade in diesen Fällen nicht ohne weiteres anwendbar, da sie nur ein einziges Zielkriterium zulassen. In diesem Beitrag wird ein Verfahren vorgestellt, das unter Berücksichtigung aller zugrunde liegenden Zielfunktionen zur Ermittlung eines speziellen Kompromißvektors mit Hilfe eines Ansatzes der linearen Programmierung herangezogen werden kann.

Mit den Annahmen

1. $X = \{\underline{x}: A\underline{x} \leq \underline{b},\ \underline{x} \geq \underline{0}\}$ konvex, kompakt, int $X \neq 0$
2. $c_k(\underline{x}) \in \mathbb{R}$ linear und stetig für alle $k = 1,\ldots,K$
3. $K > 1$

läßt sich folgendes Programm formulieren:

$$\max \Sigma\, w$$

$$\begin{aligned} -(C\underline{x} - \underline{f}_o) + (F^o - F_o)\underline{w} &\leq \underline{0} \\ A\underline{x} &\leq \underline{0} \\ \underline{w}, \underline{x} &\geq \underline{0} \end{aligned}$$

wobei
- C Matrix der Zielkoeffizienten
- $\underline{f}_o$ Vektor der skalaren Minima
- F_o quadr. Matrix, deren Spur die skalaren Minima enthält
- F^o quadr. Matrix, deren Spur die skalaren Maxima enthält

Wird dieses Programm gelöst, so ergibt sich
- $\underline{x}$ als Kompromißvektor
- $\underline{w}$ als Vektor der Zielerreichungsgrade

Unter Zielerreichungsgrad wird dabei der Quotient aus Wert der Zielfunktion beim Kompromiß und skalarem Optimum verstanden.

Die Effizienz dieser Lösung wird nachgewiesen.

In der Theorie wird die Äquivalenz zwischen Vektormaximumproblemen und K - parametrischen Programmierungsproblemen nachgewiesen.
Es ist demzufolge hier zu untersuchen, ob für den hier gewählten Lösungsansatz Gewichtungsfaktoren so ermittelt werden können, daß die übergeordnete Zielfunktion zu einer dem gewählten Ansatz iden - tischen Lösung führt.
Dazu wird folgendes Paar zueinander dualer Programme betrachtet:

$$\begin{array}{lll} \max \Sigma w & & \\ -(C\underline{x}-\underline{f}_o) + (F^o-F_o)\underline{w} & \leq & \underline{0} \\ A\underline{x} & \leq & \underline{b} \\ \underline{w},\underline{x} & \geq & \underline{0} \end{array} \qquad \begin{array}{lll} \min -\underline{z}^T\underline{f}_o + \underline{y}^T\underline{b} & & \\ -\underline{z}^T C + \underline{y}^T A & \geq & \underline{0} \\ \underline{z}^T(F^o-F_o) & \geq & e_K \\ \underline{y},\underline{z} & \geq & \underline{0} \end{array}$$

Wird das schwache Theorem des komplementären Schlupfs herangezogen, nach dem im Optimum für ein Paar dualer Programme gilt

$$\underline{y}^{*T}(\underline{b}-A\underline{x}^*) = \underline{0} \qquad \text{und} \qquad (\underline{c}-\underline{y}^{*T}A)\underline{x}^* = \underline{0}$$

und auf das hier betrachtete Paar dualer Programme übertragen, ergibt sich:

$$(\underline{z}^*,\underline{y}^*)^T \left(\begin{pmatrix} -\underline{f}_o \\ \underline{b} \end{pmatrix} - \begin{pmatrix} -C & F^o-F_o \\ A & 0 \end{pmatrix} \begin{pmatrix} \underline{x}^* \\ \underline{w}^* \end{pmatrix} \right) = \underline{0}$$

$$\left((\underline{0},\underline{e})^T - (\underline{z}^*,\underline{y}^*)^T \begin{pmatrix} -C & F^o-F_o \\ A & 0 \end{pmatrix} \right) \begin{pmatrix} \underline{x}^* \\ \underline{w}^* \end{pmatrix} = \underline{0}$$

Bei der Untersuchung der sich hieraus ergebenden Implikationen gelangt man schließlich zu der für den hier betrachteten Fall wesentlichen Beziehung

$$z_k = \frac{1}{f^{ok} - f_{ok}}$$

Damit erhält man ein System von Bewertungen $z_k = \lambda_k'$ mit $\lambda_k' > 0$ und λ_k' ist der Reziprokwert des um das Minimum f_{ok} korrigierten Skalaroptimums f^{ok} der k - ten Zielfunktion.
Wird als Optimalitätskriterium die Maximierung der Summe der Zielerreichungsgrade gewählt, so können also die Gewichtungsfaktoren für eine übergeordnete Zielfunktion sofort in der aufgezeigten Weise angegeben werden, ohne das aufwendigere Problem überhaupt zu lösen.

Entscheidungsfindung bei mehrfacher Zielsetzung mit Hilfe des Goal Programming

R. Trzebiner, Gießen

Akzeptiert man den Gedanken, daß in der Betriebswirtschaft Probleme mit mehrfacher Zielsetzung auftreten können, so entsteht die Frage nach sinnvollen Modellen dieser Probleme und nach Algorithmen zur Lösung dieser Entscheidungsmodelle.
Mit Hilfe des Effizienzbegriffes kann man ein solches Modell - das Vektormaximumproblem - formulieren. Der Effizienzbegriff beinhaltet eine sinnvolle Klärung der Frage, was der Entscheidungsträger als eine optimale Entscheidung zu betrachten hat. Entsprechend der linearen Optimierung nehmen Probleme, die durch lineare Beziehungen charakterisiert werden können, einen besonderen Rang ein. Man nennt sie lineare Vektormaximumprobleme.
Außer der Problematik mehrere Zielgrößen simultan zu maximieren, tritt oft das Problem auf, daß gewisse Zielniveaus befriedigt werden müssen. Man spricht dann auch von dem Problem des Satisfizierers. Um dieses Problem zu lösen, können Approximationsmodelle (Optimierungsmodelle, Zielprogrammierungsmodelle) verwendet werden. Hierbei wird der Abstand zwischen den vorgegebenen und den zulässigen Zielniveaus minimiert. Durch den Gebrauch spezieller Abstandsfunktionen - der gewichteten l_p-Metriken -, lassen sich entsprechend der Vorstellung des Entscheidungsträgers gewünschte Zielkomponenten stärker bzw. schwächer berücksichtigen. Wird für die Abstandsfunktion die l_1, l_∞ bzw. l_2Metrik genommen, so kann man auf das Instrumentarium der linearen bzw. konvexen Optimierung zurückgreifen.
Durch geeignete Wahl der Zielniveaus kann man die Approximationsmodelle als Ersatzprogramme für das Vektormaximumproblem auffassen: die Lösung eines Approximationsmodells liefert unter geeigneten Voraussetzungen eine Lösung des Vektormaximumproblems.
Besonderes Gewicht wird in dieser Arbeit auf das Goal Programming

Modell von Charnes, A., Cooper, W.W. und Ijiri, Y. gelegt. Dieses Modell entsteht aus dem l_1-Modell durch Einführung zusätzlicher Variablen. Es hat gegenüber anderen Approximationsmodellen den Vorzug der leichten Formulierbarkeit und es läßt eine asymmetrische Behandlung der Abweichungen zu. Ebenso ermöglicht es inkompatible Ziele zu berücksichtigen.
Einen Algorithmus zur Lösung des Goal Programming Modells stellt die Simplex Methode dar. Sind inkompatible Ziele vorhanden, so wird eine erweiterte "large M"-Methode angewandt. Ein Computer-Programm hierfür wurde von Sang M. Lee entwickelt und an der Professur für Betriebswirtschaftslehre V der Justus Liebig-Universität Gießen auf die CD 3300 adaptiert.

Literatur

Dinkelbach, W.: Sensitivitätsanalysen und parametrische Programmierung, (Berlin:Springer, 1969).
Fandel, G.: Optimale Entscheidung bei mehrfacher Zielsetzung, (Berlin: Springer, 1972).
Hax, H.: Entscheidungsmodelle in der Unternehmung/Einführung in Operations Research, (Reinbek bei Hamburg:Rowohlt, 1974).
Ijiri, Y.: Management Goals and Accounting for Control, (Amsterdam: North-Holland, 1965).
Lee, S.M.: Goal Programming for Decision Analysis, (Philadelphia: Auerbach, 1972).

Spieltheorie

Über lexikographische Spiele

J. Hartung, Bonn

Summary: A two-person zero-sum game with a vector valued payoff function is considered, where the players have lexicographic preferences. For this game a sequential solution method is given.

Seien X und Y nichtleere Mengen von Strategien zweier antagonistischer Spieler I und II. I erhalte von II nach Wahl der Strategien $x \in X$ und $y \in Y$ eine vektorwertige Auszahlung

$$A(x,y) = (a_0(x,y), a_1(x,y), \ldots, a_p(x,y)) \in \mathbb{R}^{p+1}, \quad p \in \mathbb{N} \cup \{0\}.$$

So ein Spiel sei bezeichnet mit

$$(X, Y, A).$$

Die Präferenzen auf den Strategienmengen seien durch die lexikographische Ordnung des $\mathbb{R}^{p+1}$ mit Hilfe der Auszahlung A induziert.

Definition 1:

$(x_1,y_1) \in X \times Y$ ist besser als $(x_2,y_2) \in X \times Y$ für den Spieler I (II) dann und nur dann, wenn $A(x_1,y_1)$ lexikographisch größer (kleiner) als $A(x_2,y_2)$ ist.

$(X,Y,A)_L$ bezeichne ein Spiel mit diesen Präferenzen.

Als optimale Strategien bzw. Lösungen eines Spiels werden die Sicherheitsstrategien angesehen, die berücksichtigen, daß den Spielern auch die Präferenz des Gegenspielers bekannt ist. Bei reellwertigen Spielen sind dies die gewöhnlichen max min - und min max - Strategien.

Sind X_0, Y_0 die Mengen der optimalen Strategien im reellwertigen Spiel $G_0 := (X,Y,a_0)$, so wird z.B. Spieler I auf jeden Fall eine Strategie aus X_0 wählen. Besteht X_0 nicht nur aus einem Element, so muß er entsprechend seiner Präferenz ein bestimmtes hieraus wählen. Da er die Präferenz seines Gegenspielers kennt, kann er davon ausgehen, daß dieser mit Strategien aus Y_0 spielt. Also löst er der eigenen Präferenz folgend als nächstes das Spiel $G_1 := (X_0, Y_0, a_1|_{X_0 \times Y_0})$, usw. Bezeichne für i=0,...,p $(X_i, Y_i) = OS(G_i)$ das Mengenpaar der optimalen Strategien im Spiel $G_i := (X_{i-1}, Y_{i-1}, a_i|_{X_{i-1} \times Y_{i-1}})$, wobei $X_{-1} := X$, $Y_{-1} := Y$. Natürlich gilt $X_p \subset X_{p-1} \subset \ldots \subset X_0 \subset X$, $Y_p \subset Y_{p-1} \subset \ldots \; Y_0 \subset Y$. Das Beste, was die Spieler in einem lexikographischen Spiel $(X,Y,A)_L$ tun können, ist nun, Strategien aus X_p und Y_p zu wählen.

Definition 2:

$(X_p, Y_p) = OS(G_p)$ ist die Lösungsmenge des lexikographischen Spiels $(X,Y,A)_L$.

Ein normales Verfahren zur Lösung dieses Spiels, indem man zunächst die ganzen Mengen X_0, Y_0 bestimmt, dann G_1 löst und X_1, Y_1 berechnet, usw. bis man einen Punkt aus $X_p \times Y_p$ findet, stößt schon in einfachen Fällen auf große numerische Schwierigkeiten. Deshalb geben wir hier eine Methode an, die das Spiel $(X,Y,A)_L$ löst, ohne die ganzen Mengen X_i, Y_i nacheinander durchzurechnen. Die Methode stellt eine Erweiterung der Regularisierungsmethode von Tychonoff dar und steht in enger Beziehung zur Courant'schen Penalty-Methode (für gewöhnliche Optimierungsaufgaben).

Zunächst jedoch zeigen wir, wie bestimmte Lösungsansätze für mehrwertige Spiele mit nicht-lexikographischer Präferenz auf lexikographische Spiele obiger Art führen.

Sei etwa das Spiel (X,Y,Φ) gegeben, mit $\Phi = (\phi_1, \phi_2) \in \mathbb{R}^2$, Spieler I will sich im Spiel (X,Y,ϕ_2) maximalen Gewinn garantieren, vorausgesetzt, er erhält im Spiel (X,Y,ϕ_1), das ja gleichzeitig mit derselben Strategie gespielt wird, mindestens den Betrag α. Spieler II möchte im Spiel (X,Y,ϕ_2) minimalen Verlust hinnehmen müssen, wobei er zugibt, im Spiel (X,Y,ϕ_1) bis zu einem Betrag von β zu verlieren. Dieses Spiel werde mit $(X,Y,(\phi_1^{(\alpha,\beta)}, \phi_2))$ notiert. Seien

$$X^\alpha := \{x \in X \mid \bigwedge_{y \in Y} \phi_1(x,y) \geqslant \alpha\} ,$$

$$Y^\beta := \{y \in Y \mid \bigwedge_{x \in X} \phi_1(x,y) \leqslant \beta\} ,$$

$$\psi_1(x) := \min \{\inf_{y\in Y} \phi_1(x,y)-\alpha,\ 0\} \quad ,$$

$$\psi_2(y) := \max \{\sup_{x\in X} \phi_1(x,y)-\beta,\ 0\} \quad .$$

Lemma:

Sind X^α und Y^β nicht leer, dann sind sie die Mengen der optimalen Strategien im Spiel $(X,\ Y,\ \psi_1+\psi_2)$.

Beweis:

Seien $p \in X$, $q \in Y$ optimale Strategien dieses Spiels. Dann gilt (oberer und unterer Spielwert sind hier gleich):
$\psi_1(x) + \psi_2(q) \leq \psi_1(p) + \psi_2(q) \leq \psi_1(p) + \psi_2(y)$. Daraus folgt:
$\psi_2(q) \leq \psi_2(y)$ für alle $y \in Y$. Da $Y^\beta \neq \emptyset$ existiert ein $y_1 \in Y$ mit $\psi_2(y_1) = 0$, und somit ist $\psi_2(q) \leq 0$, d.h.

$$\sup_{x\in X} \phi_1(x,q) - \beta \leq 0 \ , \quad \text{also } q \in Y^\beta \ .$$

Analog zeigt man $p \in X^\alpha$ unter der Annahme, daß $X^\alpha \neq \emptyset$.
Sei nun $(p,q) \in X^\alpha \times Y^\beta$. Dann gilt: $\psi_1(p) = \psi_2(q) = 0$, und mit $\psi_1(x) \leq 0$, $\psi_2(y) \geq 0$ für $x \in X$, $y \in Y$, folgt dann
$\psi_1(x) + \psi_2(q) \leq \psi_1(p) + \psi_2(q) \leq \psi_1(p) + \psi_2(y)$ für alle $x \in X$, $y \in Y$, d.h. (p,q) ist eine Lösung des Spiels $(X,Y,\psi_1+\psi_2)$.

Damit erhalten wir den

Satz 1:

Hat das Spiel (X,Y,ϕ_1) unteren und oberen Spielwert $\underline{v}$, $\overline{v}$ und gilt

$$\alpha < \underline{v} \ , \quad \overline{v} < \beta \ ,$$

dann ist das Spiel $(X,Y,(\phi_1{}^{(\alpha,\beta)},\phi_2))$ äquivalent zum lexikographischen Spiel $(X,Y,(\psi_1+\psi_2,\phi_2))_L$.

Nun kommen wir zu der bereits erwähnten Lösungsmethode.
Für $r = (r_1,\dots,r_p) \in \mathbb{R}^p$ mit $r_i > 0$ für $i=1,\dots,p$ definieren wir die reellwertigen Spiele

$$S(r) := (X,\ Y,\ a_0 + \sum_{k=1}^{p} \prod_{i=1}^{k} r_i\ a_k)$$

(wobei über X zu maximieren und über Y zu minimieren ist).

Mit Hilfe dieser parametrischen Spiele wird nun wie folgt das Spiel $(X,Y,A)_L$ gelöst:

Satz 2:

Seien X, Y konvexe und kompakte Teilmengen eines reellen topologischen linearen Raumes, $a_i: X\times Y \to \mathbb{R}$, $(i=0,\ldots,p)$, konkav-konvexe und stetige Funktionen und a_p streng konkav - streng konvex.

Dann gilt:

(i) Die Spiele S(r) haben eindeutige Lösungen x(r) und y(r).

(ii) $(X,Y,A)_L$ hat eindeutige Lösungen $\hat{x}$ und $\hat{y}$.

(iii) Es gilt: $\lim\limits_{r_p\to+0} \ldots \lim\limits_{r_2\to+0} \lim\limits_{r_1\to+0} x(r) = \hat{x}$,

$$\lim_{r_p\to+0} \ldots \lim_{r_2\to+0} \lim_{r_1\to+0} y(r) = \hat{y}.$$

Beweis:

$b_r(x,y) := a_0(x,y) + \sum\limits_{k=1}^{p} \sum\limits_{i=1}^{k} r_i\, a_k(x,y)$ ist streng konkav - -streng konvex, da a_p dies ist, und besitzt so nach bekannten Sattelpunkttheoremen einen eindeutigen Sattelpunkt $(x(r),y(r))$ auf $X\times Y$. $X_i\times Y_i$, $(i=0,\ldots,p)$, sind die Mengen der Sattelpunktstrategien in den Spielen G_i. Sie sind nichtleer und kompakt. Da a_p streng konkav - streng konvex ist, ist $X_p\times Y_p$ einelementig, d.h. nach Definition 2., $(X,Y,A)_L$ ist eindeutig lösbar.

Zu (iii) zeigen wir mittels Induktion über i :

(1) $x_i(r) := \lim\limits_{r_i\to+0} \ldots \lim\limits_{r_1\to+0} x(r)$ existiert,

$y_i(r) := \lim\limits_{r_i\to+0} \ldots \lim\limits_{r_1\to+0} y(r)$ existiert,

$x_i(r) \in X_{i-1}$, $y_i(r) \in Y_{i-1}$, und $(x_i(r),y_i(r))$ ist Sattelpunkt von $a_i + \sum\limits_{k=i+1}^{p} \sum\limits_{j=i+1}^{k} r_j a_k$ auf $X_{i-1}\times Y_{i-1}$, für $i = 1,\ldots,p$, wobei $\sum\limits_{p+1}^{p} \equiv 0$.

i = 1.

Seien $x_0 \in X_0$, $y_0 \in Y_0$, dann gilt auf Grund der Sattelpunktungleichungen

(2) $b_r(x_0,y(r)) - a_0(x_0,y(r)) \leq b_r(x(r),y(r)) - a_0(x_0,y_0)$

$$\leq b_r(x(r),y_0) - a_0(x(r),y_0)$$

bzw.

$$(3)\quad \sum_{k=1}^{p} \prod_{i=1}^{k} r_i a_k(x_0,y(r)) \leq \sum_{k=1}^{p} \prod_{i=1}^{k} r_i a_k(x(r),y_0) .$$

Mit $c_r := b_r - a_o$ folgt aus (2)

$$(4)\quad c_r(x_0,\tilde{y}(x_0)) := \min_{y \varepsilon Y} c_r(x_0,y) \leq c_r(x_0,y(r))$$
$$\leq b_r(x(r),y(r)) - a_0(x_0,y_0)$$
$$\leq c_r(x(r),y_0)$$
$$\leq \max_{x \varepsilon X} c_r(x,y_0) =: c_r(\tilde{x}(y_0),y_0),$$

woraus wegen $\lim_{r_1 \to +0} c_r(x,y) = 0$ folgt:

$$(5)\quad \lim_{r_1 \to +0} b_r(x(r),y(r)) = a_0(x_0,y_0) .$$

Da X, Y kompakt sind, haben $\{x(r)\}_{r_1 \to +0}$, $\{y(r)\}_{r_1 \to +0}$ Häufungspunkte $x_1(r) \varepsilon X$, $y_1(r) \varepsilon Y$ und es gibt Teilfolgen $\{x(r')\}_{r_1' \to +0} \subset \{x(r)\}_{r_1 \to +0}$, $\{y(r')\}_{r_1' \to +0} \subset \{y(r)\}_{r_1 \to +0}$, so daß:

$$\lim_{r_1' \to +0} x(r') = x_1(r) \quad , \quad \lim_{r' \to +0} y(r') = y_1(r) .$$

Wegen $a_0(x(r),y) + c_r(x(r),y) \geq b_r(x(r),y(r))$ für alle $y \varepsilon Y$, erhalten wir so mit (5):

$$(6)\quad a_0(x_1(r),y) = \lim_{r_1' \to +0} a_0(x(r'),y)$$
$$\geq \lim_{r_1' \to +0} (b_{r'}(x(r'),y(r')) - c_{r'}(x(r'),y))$$
$$\geq \lim_{r_1' \to +0} (b_{r'}(x(r'),y(r')) - c_{r'}(\tilde{x}(y),y))$$
$$\geq a_0(x_0,y_0) \quad ,$$

für alle $y \varepsilon Y$; d.h. $x_1(r) \varepsilon X_0$.

Analog zeigt man

(7) $a_0(x,y_1(r)) \leq a_0(x_0,y_0)$, für alle $x \varepsilon X$; d.h. $y_1(r) \varepsilon Y_0$.

Setzen wir

$$d_r(x,y) := a_1(x,y) + \sum_{k=2}^{p} \prod_{i=2}^{k} r_i a_k(x,y) ,$$

so ergibt (3)

$$(8) \qquad \sup_{x\in X_0} d_r(x,y(r)) \leq \inf_{y\in Y_0} d_r(x(r),y) .$$

Mit der Halbstetigkeit nach unten bzw. nach oben dieser Funktionen erhalten wir aus (8)

$$(9) \qquad \sup_{x\in X_0} d_r(x,y_1(r)) \leq \underline{\lim}_{r_1'\to+0} \sup_{x\in X_0} d_r(x,y(r'))$$

$$\leq \overline{\lim}_{r_1'\to+0} \inf_{y\in Y_0} d_r(x(r'),y)$$

$$\leq \inf_{y\in Y_0} d_r(x_1(r),y) .$$

Da $x_1(r) \in X_0$, $y_1(r) \in Y_0$ folgt hieraus

$$(10) \qquad d_r(x_1(r),y_1(r)) \leq \sup_{x\in X_0} d_r(x,y_1(r))$$

$$\leq \inf_{y\in Y_0} d_r(x_1(r),y) \leq d_r(x_1(r),y_1(r))$$

d.h. $(x_1(r),y_1(r))$ ist ein Sattelpunkt von d_r auf $X_0 \times Y_0$. d_r ist streng konkav - streng konvex, so daß $(x_1(r),y_1(r))$ eindeutig bestimmt ist. Also existieren $\lim_{r_1\to+0} x(r)$ und $\lim_{r_1\to+0} y(r)$ und sind gleich $x_1(r)$, bzw. $y_1(r)$.

Schluß von $i = m$ auf $i = m+1$, $m < p$.

Seien

$$\tilde{X} := X_{m-1} , \qquad \tilde{Y} := Y_{m-1} ,$$

$$\tilde{b}_r := a_m + \sum_{k=m+1}^{p} \prod_{j=m+1}^{k} r_j a_k$$

$$\tilde{S}(r) := (\tilde{X},\tilde{Y},\tilde{b}_r) \quad .$$

Nach Induktionsannahme ist $(x_m(r),y_m(r))$ eine Lösung von $\tilde{S}(r)$, so daß sich der Schluß von m auf m+1 analog zum Beweis für den Fall $i = 1$ durchführen läßt.

Insbesondere erhalten wir aus (1):
$x_p(r) = x_p$, $y_p(r) = y_p$ und (x_p, y_p) ist Sattelpunkt von a_p auf $X_{p-1} \times Y_{p-1}$.

Bewiesen haben wir eben noch folgendes

Korollar:

$$x_i(r) := \lim_{r_i \to +0} \dots \lim_{r_1 \to +0} x(r) \in X_{i-1}.$$

$x_i(r)$ ist Sattelpunktkomponente von $a_i + \sum_{k=i+1}^{p} \prod_{j=i+1}^{k} r_j a_k$ auf X_{i-1} , $i = 1,\dots,p$.

Die Kompaktheitsforderung an die Mengen X und Y kann abgeschwächt werden, indem wir etwa Beschränktheit der a_i, $(i=1,\dots,p-1)$, und Kompaktheit der Niveaumengen von a_p verlangen. Auf reflexiven Banachräumen können die Forderungen an a_p dahingehend abgeändert werden, daß wir a_p als gleichmäßig konkav - gleichmäßig konvex annehmen. a_p wird in den Anwendungen häufig die Funktion eines regularisierenden Funktionals haben, das Eindeutigkeit und Konvergenz der Methode erzwingt.

Literatur

[1] Courant, R., Variational Methods for the Solution of Problems of Equilibration and Vibration, Bull. AMS 49, 1943.

[2] Dugošija, Đ., Hartung, J., Zweistufige Antagonistische Spiele, Matematica Balkanica 4, Beograd, 1974.

[3] Fiacco, A.V., Mc Cormick, G.P., Nonlinear Programming: Sequential Unconstrained Minimization Techniques, Wiley, New York, 1968.

[4] Glashoff, K., Regularisierung und Penalty-Methoden, Dissertation, Hamburg, 1972

[5] Hartung, J., Penalty-Methoden für Kontrollprobleme und Open--Loop-Differential-Spiele, erscheint in: R. Bulirsch, W. Oettli, J. Stoer "Optimierungstheorie und Optimale Steuerungen", Lect. Not. Math., Springer, Berlin, Heidelberg, New York, 1975

[6] Podinovski, V.V., Lexicographic Games, Advances in Game Theory, Proceedings of the Second USSR Game Theory Conference (Vilnius 1971), Vilnius 1973.

[7] Tychonoff, A.N., Regularization Methods for Optimal Control Problems, Dokl. Akad. Nauk SSSR, 162, 4, 1965.

Randomisierungen unendlicher n-Personen-Spiele

D. Hausmann, Bonn

1. Einleitung

In der nicht-kooperativen Theorie der n-Personen-Nullsummenspiele interessiert man sich u.a. für die sichere Auszahlung u_i eines Spielers i, d.h. für die größte Auszahlung, die sich i aus eigenen Kräften sichern kann. Die negative Summe dieser u_i stellt dann die Indefinitheit des Spiels dar. Diese Indefinitheit kann durch den Übergang zu einer Randomisierung bzw. zu einer erweiterten Randomisierung evtl. verkleinert werden. Hier werden nun für zwei Klassen von Randomisierungen solche Randomisierungen charakterisiert, deren Indefinitheit sich auch durch beliebige Erweiterungen innerhalb der betreffenden Klasse nicht mehr verkleinern läßt. Eine ausführliche Darstellung findet man in [2].

2. σ-Körper-Randomisierungen

Sei $\Gamma = (X;a)$ ein nicht-kooperatives n-Personen-Nullsummen-Spiel mit der Spielermenge $N_n = \{1,\dots,n\}$, den Strategienmengen $X_1,\dots,X_n$ und den Auszahlungsfunktionen $a_1,\dots,a_n$. Unter einer Randomisierung (Rg.) von Γ versteht man dann ein neues Spiel $\Gamma' = (P;a)$, in dem jeder Spieler i außer allen reinen Strategien $x_i \in X_i \subseteq P_i$ auch gewisse gemischte Strategien $p_i \in P_i$, d.h. Wahrscheinlichkeitsmaße über X_i wählen kann. Die Auszahlungsfunktionen werden dabei definiert durch

$$a_i(p) := \int_{X_n} \dots \int_{X_1} a_i(x)\, dp_1 \dots dp_n .$$

Falls dieser Integralausdruck nicht von der Integrationsreihenfolge abhängt, heißt die Rg. symmetrisch. Eine σ-Körper-Rg. ist nun eine symmetrische Rg., bei der jede Strategienmenge P_i die Menge aller Wahrscheinlichkeitsmaße auf einem festen σ-Körper γ_i über X_i ist. Dann gilt:

Satz 1: Für jedes $i \in N_n$ sei der topologische Raum (X_i, T_i) (mit der "intrinsic topology" T_i, vgl. [3]) separabel. Dann definieren die Borelkörper γ_i eine σ-Körper-Rg. mit minimaler Indefinitheit.

3. Komponierbare Randomisierungen

Die von Bierlein in [1] für 2-Personen-Spiele definierten komponierbaren Randomisierungen lassen sich auch leicht auf n-Personen-Spiele verallgemeinern. Dazu verwenden wir für $X_{im} \subseteq X_{i,m+1}$, $m\varepsilon N$, und $\bigcup_m X_{im} = X_i$ die Abkürzung $X_{im} \nearrow_m X_i$ und setzen $P_{im} := \{p\varepsilon P_i | p(X_{im}) = 1\}$. Dann heißt eine symmetrische Rg. (P;a) komponierbar, wenn aus $X_{im} \nearrow_m X_i$ für einen festen Spieler i folgt, daß $u_i(P) = \lim_m u_i(P_1,\ldots,P_{im},\ldots,P_n)$ ist. Sei nun (P;a) eine komponierbare Rg. eines Spiels (X;a) und $1 \leq g \leq n-1$. Zu jeder Menge K von g Spielern sei eine reelle Zahl r_K gegeben, so daß $\sum_K r_K \geq 0$. Außerdem gebe es zu jedem $i\varepsilon N_n$ und jedem $\varepsilon>0$ eine Mengenfolge $X_{im}(\varepsilon) \nearrow_m X_i$. Sei jetzt $(P_{1m_1}(\varepsilon),\ldots,P_{nm_n}(\varepsilon);a)$ eine dadurch definierte Komponente, K die Menge der g Spieler mit den größten m_i's und $L = N_n \setminus K$. Falls für jede solche Komponente

$$\sum_{k\varepsilon K} u_k\,(P_{1m_1}(\varepsilon),\ldots,P_{nm_n}(\varepsilon)) \geq r_K - \varepsilon$$

gilt, so heißt (P;a) Überholspiel mit g Gewinnern und den Überholparametern r_K.

Satz 2: Sei (P;a) ein Überholspiel mit g Gewinnern und den Überholparametern r_K. Dann gilt für jede g-elementige Spielermenge K:

$$r_K \leq - \sum_{l\varepsilon L} u_l(P),\ L := N_n \setminus K.\ \text{Falls } r_K = - \sum_{l\varepsilon L} u_l(P) \text{ für alle K ist,}$$

so kann die Indefinitheit von (P;a) durch keine komponierbare Erweiterung verkleinert werden.

Literaturverzeichnis

[1] D. Bierlein: Minimal indefinite Randomisierungen von Spielen. Z. Wahrscheinlichkeitstheorie verw. Geb., Vol. 11 (1969) 193 - 207

[2] D. Hausmann: Randomisierungen unendlicher Spiele. Diplomarbeit, Universität Bonn

[3] A. Wald: Statistical Decision Functions, New York, 1949.

Graphentheorie

Graphentheoretische Probleme und Methoden- ein Überblick über neuere Entwicklungen (Übersichtsvortrag)

H. Noltemeier, Göttingen

1. Die Graphentheorie gilt gemeinhin als ein nützliches Instrument zur Beschreibung und Analyse von Systemen, zwischen deren Elementen gewisse Beziehungen bestehen, deren inhaltliche Ausgestaltung außerordentlich vielfältig sein kann. Um die in diesem Zusammenhang gegebenen Möglichkeiten der Graphentheorie realistisch einschätzen zu können, sei ein gewisser Orientierungsrahmen vorangestellt:

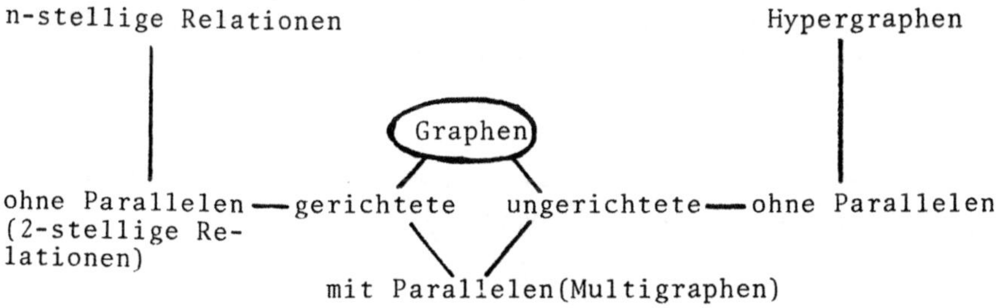

Figur 1

Graphen werden gewöhnlich unterschieden in gerichtete und ungerichtete Graphen, beide jeweils wieder in Graphen mit Parallelen (Multigraphen) und solche ohne Parallelen. Für den letztgenannten Fall sind n-stellige Relationen (d.h. Paare (V,R) mit $V\subset R^n$) im gerichteten Falle, Hypergraphen (d.h. Mengensysteme $H=(V,\mathfrak{E})$ mit $\mathfrak{E}\subset\mathfrak{P}(V)$ und $\bigcup_{E\in\mathfrak{E}} E = V$) im ungerichteten Fall entsprechende Verallgemeinerungen von Graphen ohne Parallelen. Dieser Sachverhalt legt sofort folgende Fragen nahe:

Wieso werden gerade Graphen so häufig zur Systembeschreibung benutzt?

Die Antwort ist ausgesprochen einfach:

1. Graphen sind leicht veranschaulichbar.
2. Graphen stellen - wie die obige Figur nahelegt - den einfachsten Strukturtyp dar, der häufig durch drastische Simplifizierung der realen Problemstellung erzwungen wird.

Diese letzte Bemerkung soll nun nicht eine Diskreditierung der Graphentheorie darstellen, sondern sie entspricht durchaus einem bewährten Grundsatz aller Wissenschaften: ist ein Problem zu schwer, so wird man zunächst versuchen, vereinfachende Annahmen zu treffen; sofern man dann in der Lage ist, die abgeleiteten simplifizierten Teilprobleme zu lösen,wird man daran gehen, die bislang vernachlässigten Problemaspekte sukzessiv wieder in die Betrachtung einzubeziehen. In diesem Sinne ist die Graphentheorie sicherlich eine außerordentlich fruchtbare Basis, von der Operations Research ausgehen kann und sollte.

Ein Übersichtsvortrag, der sowohl über neuere methodische Ansätze als auch über einige interessante Anwendungen Auskunft geben soll, kann angesichts der gegebenen zeitlichen Limitierung auf der einen Seite und der Flut neuerer Arbeiten, Ergebnisse und Anwendungen andererseits nicht Vollständigkeit anstreben, sondern hat sich vielmehr auf wesentliche Schwerpunkte zu konzentrieren. Selbst über diese kann hier nur knapp referiert oder gar nur einiges skizziert werden.
Bevor wir in diesem Sinne einen ausgewählten Katalog von Problemklassen durchstreifen werden, muß ich noch einige weitere Bemerkungen vorausschicken, die den methodischen Orientierungsrahmen vervollständigen, welchen wir bei der Diskussion von Problemklassen im Auge behalten wollen:

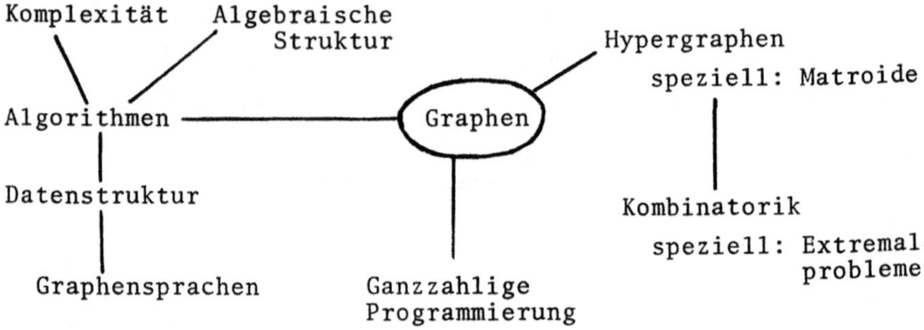

Figur 2

Um den im Zentrum stehenden Begriff Graphen sind einige nicht zu vernachlässigende Randaspekte oder übergeordnete Gesichtspunkte gelagert.

Hypergraphen:

Wie die erste Figur bereits gezeigt hat, handelt es sich um eine naheliegende Verallgemeinerung ungerichteter Graphen ohne Parallelen; in diesem Zusammenhang sei hier nur auf das Buch von C. Berge "Graphs and Hypergraphs" (9) verwiesen.

Matroide sind spezielle Hypergraphen, die für uns insbesondere daher von Interesse sind, weil die Matroidtheorie gute Einsicht bietet in die Struktur einer Reihe von graphentheoretischen Prob--lemen und in die Frage, warum einzelne Lösungsverfahren (z.B.der Greedy-Algorithmus, der in einer speziellen Gestalt, dem Kruskal-Algorithmus, wohlbekannt ist) so gut sind. In diesem Zusammenhang sei auf die grundlegenden Arbeiten von Whitney, Tutte und Edmonds verwiesen; eine neuere Zusammenstellung hat von Randow (36)publiziert.

Kombinatorik:

Die bislang erwähnten Stichworte lassen sich natürlich in den Rahmen der Kombinatorik einordnen; in diesem Zusammenhang interessieren vor allen Dingen Extremalprobleme bei Mengensystemen. Erdös und Kleitman (13) haben eine interessante Übersicht über kombinatorische Extremalprobleme veröffentlicht; besonders empfehlenswert ist darüberhinaus die MIT-Lecture Notes von Greene und Kleitman: "Methods of Extremal Finite Set Theory" (1974). Bei dem derzeitigen Forschungsschwerpunkt der ganzzahligen Programmierung kann man eine klare Trennung von ganzzahliger Programmierung und Graphentheorie nicht mehr aufrechterhalten. Die ganzzahlige Programmierung beschäftigt sich z.Z. vornehmlich mit speziell strukturierten Programmen, die unmittelbar graphentheoretisch interpretierbar sind oder aus der Graphentheorie durch analytische Problemformulierung direkt entstehen. Ein kleiner Blick in die Zeitschriften "Mathematical Programming" oder "Discrete Mathematics" enthebt den Leser aller Zweifel. Ein Unterschied ist bestenfalls in der Ausgangsproblemstellung und in den längerfristigen Zielvorstellungen gegeben.
Nach diesen einordnenden Aspekten soll einiges zu den Lösbarkeitsfragen der betrachteten Problemklassen kurz erwähnt werden:

Algorithmen:

Angesichts einer Flut von vorgeschlagenen Lösungsverfahren - insbesondere heuristische und enumerative Verfahren - wurde die Notwendigkeit einer vertiefenden Untersuchung von Algorithmen immer dringender. Die Algorithmentheorie hat nun u.a. den Zweck, eine hinreichend genaue Beschreibung, Analyse und insbesondere den Vergleich von Algorithmen zu gewährleisten. Dabei sind insbesondere Gütekriterien für Algorithmen sowie Aussagen über die Lösbarkeit von Problemklassen von besonderer Relevanz. Das führt zu dem Stichwort Komplexität, welche die Güte bezüglich Rechenaufwand und Speicheraufwand eines Verfahrens oder einer Problemklasse darstellt. In diesem Zusammenhang muß auf die grundlegende Arbeit von R. Karp "Reducibility among Combinatorial Problems" (20) besonders hingewiesen werden.

Algebraische Struktur:

Dieses Stichwort verweist auf einen Tatbestand, der den Multiplikatoreffekt guter Basisideen ausmacht: man löst ein spezielles Problem, versucht die Problemstruktur bis auf die notwendigsten, häufig algebraischen Eigenschaften zu entblößen und entdeckt von diesem Strukturkern ausgehend ganz neue Anwendungsmöglichkeiten. In diesem Zusammenhang sei auf die Arbeit von Kerr "The Effect of algebraic Structure on the Computational Complexity" (21) sowie auf eine Reihe interessanter deutschsprachiger Arbeiten von Burkard und Brucker verwiesen.

Graphensprachen:

Der Anwender möchte natürlich gerne Sprachen, in denen er Graphen so bequem wie etwa Felder in üblichen höheren Programmiersprachen handhaben kann, z.B. Graphen als Typ zu vereinbaren, bestimmte Grundoperationen (wie etwa die Vereinigung, die Durchschnittsbildung, die Gewinnung der transitiven Hülle, die Zerlegung in Faktoren oder ähnliches) vorzunehmen oder etwa als logische Operationen die Prüfung auf starken Zusammenhang oder Planarität eines Graphen zur Verfügung gestellt zu bekommen, ohne sich um die Implementierung dieser Operationen Gedanken machen zu müssen. Wir werden später einige kurze Bemerkungen zu interessanten Ansätzen und Implementierungen auf diesem Gebiete machen.

Nach diesen orientierenden und z.T. abgrenzenden Vorbetrachtungen nun zu dem angekündigten Streifzug durch einige wichtige Problemklassen:

Überdeckungsprobleme (set coverings)

Die Problemklasse soll an einem kleinen Beispiel erläutert werden. Zur Realisierung eines Projektes (Expedition; Wartung eines technischen Systems; Erstellen eines "integrierten" Gesamtplans) sind m Fähigkeiten $F_1,\dots,F_m$ unabdingbar. Es stehen n Bewerber $B_1,\dots,B_n$ zur Diskussion, von denen jeder eine Teilmenge $F(B_i)$ der Fähigkeitsmenge $F = \{F_1,\dots,F_m\}$ an erforderlichen Fähigkeiten besitzt. Gesucht ist dann zunächst eine Teilmenge $B_o \subset B = \{B_1,\dots B_n\}$ mit folgender Eigenschaft

$$(\ddot{U}) \qquad \bigcup_{B_i \in B_o} F(B_i) = F .$$

Zusätzliches Ziel wird darüberhinaus gewöhnlich die Minimierung der Gesamtzahl der beteiligten Bewerber bzw. die Minimierung der Personalkostensumme darstellen, sofern der einzelne Bewerber B_i Gehaltsforderungen in Höhe von g_i Geldeinheiten stellt. Eine Veranschaulichung der Situation ergibt die folgende Figur:

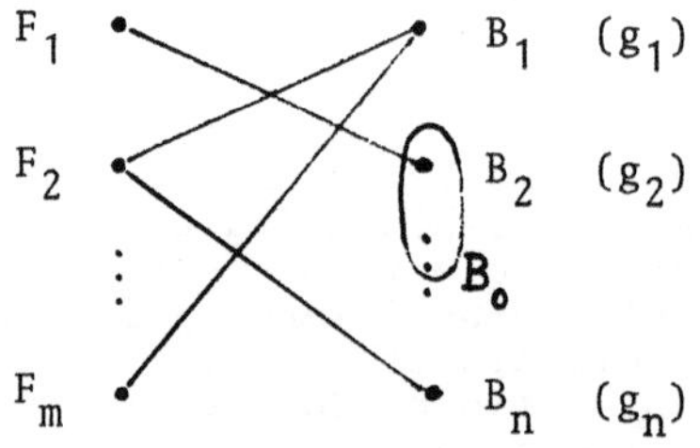

Figur 3

Die <u>analytische Fassung</u> des Problems ist wohlbekannt:

sei $A = (a_{ij})$ mit $a_{ij} = \begin{cases} 1, \text{falls } B_j\ F_i \text{ besitzt} \\ 0 \quad \text{sonst} \end{cases}$

die "Fähigkeitsmatrix" des Problems, dann lautet das Überdeckungsproblem:

(ÜP) : minimiere gx

$$Ax \geq \begin{pmatrix} 1 \\ \vdots \\ 1 \end{pmatrix} = \underline{1} \qquad (a_{ij} \in \{0,1\})$$

$$0 \leq x \leq \underline{1}, \text{ ganz.}$$

Bevor wir auf einige Ausprägungen der Matrix A eingehen, sei auf einige wichtige Anwendungsbereiche hingewiesen: Routenplanung, Bandabgleichung bei Fließfertigung, strategische Planung von Nachschubsystemen, Schaltkreisentwurf, Marktsegmentierung, information retrieval, Entwurf von Kommunikationsstrukturen, Standortwahl (plant location) u.a. (vgl. Bellmore und Ratliff (8), Nemhauser und Garfinkel (14), (15), Murty (27), Noltemeier (31)).

Ausprägungen der Matrix A:

In dem geschilderten Beispiel ist die Fähigkeitsmatrix A die verkürzte Adjazenzmatrix des bipartiten Graphen. Wählt man generell die Adjazenzmatrix eines Graphen, so ergibt sich das Problem einer kostenminimalen Überdeckung der Eckenmenge("extern stabile Eckenmenge"). Wählt man dagegen die Inzidenzmatrix bei gerichteten Graphen, so führt dies zu dem Problem einer kostenminimalen Überdeckung der Kanten- bzw. Pfeilmenge. Wendet man schließlich die geschilderten Möglichkeiten auf den komplementären Graphen an, so ergibt sich z.B. im Falle der Inzidenzmatrix das Problem der Bestimmung maximaler vollständiger Teilgraphen (Cliquen), das bei der Produktgestaltung (industrial design; (30),(31)) eine gewisse Rolle spielt. Bevor wir einige Ergebnisse skizzieren werden, sei auf ein weiteres Problem aufmerksam gemacht:

<u>Zerlegungsproblem</u> (set partitioning)

(PP) min gx

$$Ax = \underline{1}$$

$$0 \leq x \leq \underline{1}, \text{ ganz}$$

Für dieses Problem haben Lemke, Salkin und Spielberg 1971 (25) folgendes gezeigt: hat PP eine zulässige Lösung, dann läßt es sich auf ein Überdeckungsproblem der folgenden Gestalt zurückführen:

min $g^* x$

$$Ax \geq \underline{1}$$

$0 \leq x \leq \underline{1}$, ganz mit geeignetem Zielfunktionsvektor g^*

Ergebnisse:

Bellmore und Ratliff haben in ihrer Arbeit über involutorische Basen (8) die Struktur der Lösungsmenge näher untersucht und daraus ein tiefes Schnittebenenverfahren hergeleitet, welches zulässige Lösungen von (ÜP) wegschneidet, aber immer noch mindestens eine optimale Lösung in der Restmenge beläßt. Für dieses Verfahren liegen leidlich gute Rechenerfahrungen vor. Balas und Padberg haben in zwei Arbeiten (2,3) für das Zerlegungsproblem PP folgendes gezeigt:

1. Zu jeder ganzzahligen zulässigen Basislösung des kontinuierlichen Problems $(PP)_{kont.}$ (das durch die Vernachlässigung der Ganzzahligkeitsbedingungen aus dem ursprünglichen Problem hervorgeht) existieren n - m benachbarte ganzzahlige zulässige Basislösungen von $(PP)_{kont.}$ (n : Zahl der Variablen; m : Zahl der Gleichungen).
2. Es gibt eine Folge von nicht mehr als m solcher Basislösungen, die zu einer optimalen Lösung von PP führt.

Mittels "column generation techniques" und gewöhnlicher primaler Tableautransformationen läßt sich daher das Optimum nach endlich vielen Schritten gewinnen. Der Nachteil dieses Verfahrens liegt in der Ausweitung des Tableaus durch Zuwahl weiterer Spalten. Dennoch liegen einige ermutigende Rechenerfahrungen vor. Schnittebenenverfahren, Enumerationsverfahren u.ä. findet der interessierte Leser u.a. bei Nemhauser (14).
Generell muß allerdings folgendes bemerkt werden: man kennt bislang keinen polynomial beschränkten Algorithmus für die gesamte Klasse ÜP, die sich nach Karp als "complete" herausgestellt hat. Diese Charakterisierung erlaubt erhebliche Zweifel, ob ein polynomial beschränkter Algorithmus für diese Klasse überhaupt existiert. Im gleichen Sinne sind Untersuchungen von Perl (34) zu erwähnen, die zeigen, daß eine polynomial beschränkte Reduktion des Überdeckungsproblems auf Kürzeste-Wege-Probleme nicht möglich ist.

Speziell strukturierte Überdeckungsprobleme sind dagegen mit effizienten Algorithmen lösbar; es sei hier nur auf zwei Beispiele verwiesen: Bilde und Krarup haben 1975 einen Algorithmus skizziert, der eine Klasse von plant-location-Problemen mit einem Aufwand von $O(m \cdot n)$ Rechenoperationen löst, wobei m die Anzahl der Kunden und n die Anzahl der möglichen Standorte darstellt. Kantenüberdeckungsprobleme mit gewichteten Kanten und vorgegebener Mächtigkeit k der Lösungsmenge wurden von White und Gillenson (42) betrachtet und mit einem Algorithmus von der Ordnung $O(n \cdot m^2)$ (n: Eckenzahl, m: Kantenzahl) gelöst; dieser Algorithmus bedeutet eine leichte Verallgemeinerung des Edmond'schen Algorithmus, auf den wir noch bei der nächsten Problemklasse kurz zu sprechen kommen.

Anmerkung:

Fulkerson und insbesondere Weinberger haben seit 1970 die Theorie der "antiblocking polyhedra" entwickelt; sie erlaubt insbesondere Einsicht in den Zusammenhang zwischen Überdeckungen, Netzwerkflüssen und dem Vierfarbenproblem.

Zuordnungsprobleme (matchings)

Ausgehend von der Ungarischen Methode von H.W. Kuhn hat bekanntlich Edmonds eine Verallgemeinerung entwickelt, die auf der Grundlage des Satzes von Berge, Norman und Rabin über alternierende Ketten und Vervollständigbarkeit von matchings einen $O(n^4)$-Algorithmus darstellt. Die analytische Fassung lautet bekanntlich:

(ZP) $\max cx$

$Ax \leq \underline{1}$

$0 \leq x \leq \underline{1}$, ganz,

wobei A die Ecken-Kanten-Inzidenzmatrix eines ungerichteten Graphen darstellt.
Wählen wir statt A die Transponierte A^T, so haben wir das

Vertex Packing Problem (Anticliquenproblem)

(VP) $\max by$

$A^T y \leq \underline{1}$

$0 \leq y \leq \underline{1}$, ganz

Gesucht ist hier augenscheinlich eine Eckenmenge E mit der Eigenschaft, daß keine Kante mit mehr als einer Ecke aus E inzidiert (Anticlique, intern stabile Menge).
Einige wichtige Ergebnisse gehen auf Balinski, Edmonds, Chvatal, Padberg, Nemhauser und Trotter zurück. Es seien hier nur erwähnt:

1. Jede extremale Lösung des kontinuierlichen Problems $(VP)_{kont.}$ hat folgende Komponentenwerte: 0, 1/2, 1.

2. Ist x^* eine optimale Lösung von $(VP)_{kont.}$ und ist $E^* := \{\text{Ecken } v_j \mid x_j^* = 1\}$, dann existiert eine optimale Lösung E von (VP) mit $E^* \subset E$.

Daraus ergibt sich unmittelbar ein Algorithmus, der von Nemhauser und Trotter (28) implementiert und analysiert worden ist: durch Zuwahl weiterer Elemente zu E^* kann der Enumerationsaufwand erheblich verringert werden gegenüber sonstigen enumerativen Verfahren. Die bekannt gewordenen Rechenergebnisse sind erstaunlich gut. Generell muß allerdings wieder gesagt werden, daß nach Karp auch das Vertex Packing Problem (VP) "complete" ist und daher die Frage nach der Existenz eines polynomial beschränkten Algorithmus weiterhin offen bleibt.

Reihenfolgeprobleme

a) Färbungen:

Bei zahlreichen Planungsaufgaben (Stundenplänen, Prüfungsplänen, Arbeitsplänen) handelt es sich darum, eine Menge von Aktivitäten $A=\{A_1,\ldots,A_n\}$ auf eine Menge $Z=\{1,\ldots,T\}$ von Zeiteinheiten abzubilden, so daß gewisse "Kollisionen" vermieden werden, die etwa sein können: ein Werkstück kann nicht auf zwei Maschinen gleichzeitig bearbeitet werden, nicht zwei Lehrer sollen gleichzeitig die gleiche Klasse betreuen, Verkehrsströme auf einer Kreuzung sollen nicht kollidieren o.ä. In einfachsten Fällen können diese Kollisionen durch eine symmetrische Unverträglichkeitsrelation R auf A beschrieben werden und daher dargestellt werden durch einen ungerichteten Graphen etwa der folgenden Art:

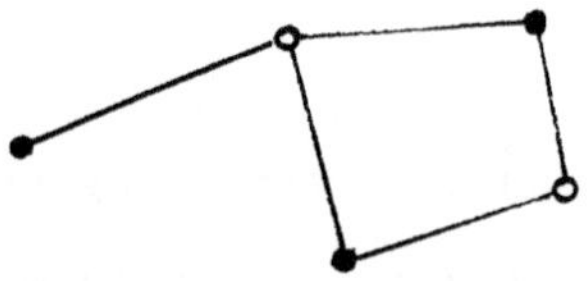

Figur 4

Da unverträgliche Aktivitäten durch eine Kante verbunden sind, können die verträglichen Aktivitäten durch "Färben" des Graphen entdeckt werden; eine Färbung ist dabei eine Abbildung der Eckenmenge in eine Menge von Farben in der Weise, daß zwei benachbarte Ecken nicht die gleiche Farbe aufweisen. Das Beispiel zeigt, daß zwei Farben zur Färbung des Graphen hinreichen, so daß unsere Planungsaufgaben in zwei Zeiteinheiten ausführbar sind. Betrachtet man die komplementäre Relation (Verträglichkeitsrelation) R' auf A, so erhält man den komplementären Graphen:

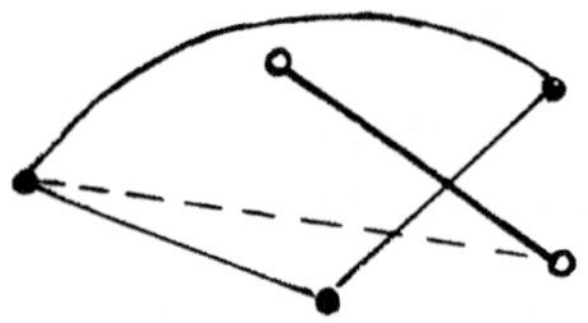

Figur 5

Den Farbklassen entsprechen hier vollständige Subgraphen (Cliquen), so daß ein Algorithmus für Eckenfärbungen geeignet ist zur Cliquenzerlegung eines Graphen sowie zur Zerlegung einer Partialordnung in Ketten (vgl. Nieminen (29)).

Ergebnisse zu Färbungsproblemen lieferten u.a. Christofides, Wells, de Werra, Krawczyk, Salazar und Oakford, Dürre; letzterer hat in seiner Arbeit "Effizienz von Färbungsalgorithmen" festgestellt, daß Färbungen mit einer Anzahl $p \geq \chi(G)$ (Chromatische Zahl des Graphen) Farben mit einem Aufwand von größenordnungsmäßig $O(n^2)$ Operationen möglich sind; der Nachweis der Optimalität ist allerdings erheblich aufwendiger.
Generell ist ein polynomial beschränkter Algorithmus nicht in Sicht.

Anmerkung:

Ein effizienter Basisalgorithmus zur Cliquenbestimmung ist von Tarjan (41) entwickelt worden; einige weitere Hinweise findet der Leser im Kapitel 3.

b) Traveling Salesman-Problem

Lange Zeit glaubte man, daß das traveling salesman-Problem so wenig strukturiert ist, daß es sich einer effizienten Lösung für alle Zeiten entziehen wird. Heute kann man diesen pessimistischen Standpunkt nicht mehr ganz teilen; inzwischen liegen auch sehr ermutigende Rechenerfahrungen vor.
Wichtigster Anstoß für diese erfreuliche Entwicklung war die Idee von Held und Karp, sogenannte 1-Bäume als Hilfsmittel in die Betrachtung mit einzubeziehen, wie sie die beiden folgenden Figuren darstellen.

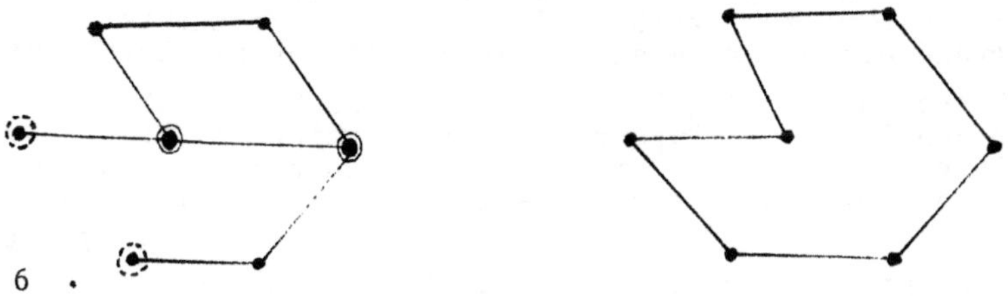

Figur 6 .

1-Bäume sind zusammenhängende Partialgraphen, die genau einen Kreis enthalten. Eliminiert man genau eine Kante dieses Kreises, so erhält man einen spannenden Baum. Es gilt offenbar:

1. Eine Rundtour ist ein 1-Baum.
2. Ein kostenminimaler 1-Baum, der zugleich eine Rundtour darstellt, ist auch eine optimale Rundtour.
3. Ändert man die Bewertung der Kanten in folgender Weise

   $C'_{ij} := C_{ij} + \pi_i + \pi_j$ (wobei π eine beliebige reelle Eckenbewertung darstellt),

   so bleibt die relative Reihenfolge der Rundtouren invariant, die der 1-Bäume im allgemeinen aber nicht. Diese Bemerkungen legen sofort einen generellen Verfahrensrahmen offen: man suche nach einem minimalen 1-Baum bei parametrisierter Bewertung $C(\pi)$ $(\pi \in R^n)$.
   Verfahrenstechnische Ausprägungen zur Lösung dieses Problems liegen vor in Form von Penalty-Methoden (out-of-kilter-Methoden, wobei die kilter-Zustände durch die Grade der Ecken im 1-Baum dargestellt werden), Anstiegsmethoden, Subgradientenmethoden, insbesondere iterative Methoden zur Lösung von Paaren dualer Programme (vgl. Oettli (32)), fiktives Spiel (wobei der eine Spieler als Strategien 1-Bäume verwendet, sein Gegenspieler dagegen reelle Eckenbewertungen).
   Ermutigende Rechenergebnisse sind bereits von Held und Karp (18) mitgeteilt worden; Helbig-Hansen und Krarup (17) haben einige Verbesserungen der Held- und Karp'schen Version aufgezeigt und bequem Probleme bis zur Größenordnung von 80 Städten gelöst. Smith und Thompson haben 1975 in ihrer Arbeit "A Lifo Implicit Enumeration Algorithm for the Symmetric Traveling Salesman Problem using Held and Karp's 1-Tree Relaxation" eine Strafkostenmethode geschildert, die zusätzlich folgende plausible Eliminationsregel einschließt:

man eliminiere in dem 1-Baum die längste Kante, die mit einer Ecke mit Grad größer gleich 3 inzidiert. Praktische Erfahrungen zeigen, daß bereits nach wenigen Iterationen die optimale Lösung erreicht wird, so daß sich die dargestellte Methode als ideales Eröffnungsverfahren erweist. Auch der Aufwand zur Bestätigung der Optimalität war beschränkt, so daß Tests bis zu 100 Städteproblemen erfolgreich durchgeführt wurden. Noch günstigere Resultate liegen im asymmetrischen Fall vor: hier haben Smith, Srinivasan und G.L. Thompson (38) mit dem klassischen Eastman-Ansatz (Zuordnungsrelaxation) und der Lawler-Branching-Technik bis zu 180 Städteproblemen in weniger als 500 sec. gelöst; der empirisch festgestellte Rechenaufwand bei einer relativ repräsentativen Stichprobe betrug größenordnungsmäßig $O(n^{3,2})$. Kube und Okino haben auf der diesjährigen TIMS-Tagung über erfolgreiche Tests bis zu 200 Städteproblemen berichtet. Schließlich haben Smith und Thompson das bottleneck-taveling-salesman-Problem ($\min_T \max_{(ij)\in T} C_{ij}$) in entsprechender Weise behandelt und dabei bis zu 200 Städteproblemen gelöst; der empirisch gefundene Rechenaufwand hatte die Größenordnung $O(n^{1,45})$.

Anmerkungen:

1. Die Oberflächenstruktur des traveling-salesman-Polytops (der konvexen Hülle der zulässigen Lösungen des traveling-salesman-Problems) ist von Padberg, Rao, Grötschel u.a. seit etwa 1973 näher untersucht worden, wobei einige interessante Resultate zutage traten. Im Gegensatz zu den wesentlich durchsichtiger strukturierten Überdeckungs- und Vertex-Packing-Polytopen ist allerdings aufgrund der wesentlich komplizierteren Struktur nicht unmittelbar mit verfahrenstechnischem Nutzen zu rechnen.
2. Krolak und Felts (23) haben für den Fall des symmetrischen traveling-salesman-Problems, in dem ferner die Dreiecksungleichung ($C_{ik} + C_{kj} \geqslant C_{ij}$ für alle Tripel (i, j, k)) gilt, eine interaktive Lösung versucht und aufgrund der visuellen Fähigkeiten des Menschen auch in vielen Fällen erfolgreich gefunden.

c) Maschinenbelegungsprobleme:

Bekanntlich ist diese Klasse wegen der Anzahl der zulässigen Lösungen im allgemeinen noch weitaus unangenehmer als das traveling-salesman-Problem. Dennoch gibt es für spezielle Problemklassen "gute" Algorithmen; es sei hier nur auf zwei Beispiele verwiesen.

1. Bei Multiprozessorbelegungen ohne Präzedenzbedingungen, wie sie etwa bei der Belegung von Rechnerverbundsystemen auftritt, läßt sich nach Bruno, Coffman, Sethi (10) eine Reduktion auf ein minimales Kostenflußproblem durchführen,

sofern die Minimierung der mittleren Verweilzeit ("turn-around"-Zeit) gewünscht wird. Damit läßt sich das Multiprozessorproblem mit $O(m \cdot n^2 + n^3)$ Operationen lösen, wobei n die Zahl der Aufgaben und m die Zahl der Prozessoren darstellt.

2. Für eine erweiterte Klasse von Strafkostenminimierungsproblemen bei 1-Maschinen-Problemen hat Lawler 1975 (24) einen $O(n^4 \cdot P)$-Algorithmus vorgeschlagen, wobei n die Zahl der Tätigkeiten und P die Summe aller Tätigkeitsdauern darstellt.

   Anmerkung:

   Bei den Problemen der Synchronisation von Prozessen und Betriebsmittelvergabe in Rechnersystemen ist eine Flut von Markierungsalgorithmen zur Vermeidung von "deadlock"-Situationen (Verklemmungen) des Rechnersystems erschienen; in diesem Zusammenhang sei nur auf die Stichworte Petri-Netze, Transitionsnetze, Synchronisationsgraphen u.ä. verwiesen. Einige grundlegende Arbeiten gehen auf Petri, Genrich, Lautenbach u.a. zurück. Ein intensiver Vergleich mit bekannten Markierungsalgorithmen des OR's steht allerdings noch aus; erste Ansätze in dieser Richtung zeigt die Arbeit von Bayer (7).

3. Neuere Entwicklungen von Basisalgorithmen

Ein entscheidender Durchbruch auf diesem Gebiete gelang durch die Verwendung einer speziellen Suchtechnik ("depth-first search") in Verbindung mit Kellertechniken, bei der die Ecken eines Graphen nach dem LIFO-Prinzip sukzessiv aufgesucht werden und dabei jeder Pfeil genau einmal durchlaufen wird. Diese Suchtechnik geht im wesentlichen auf Tarjan (40), darüberhinaus auch auf Hopcroft, Aho, Ullman zurück. Einige Ergebnisse, die auf dieser Basis erzielt worden sind, seien stichprobenhaft skizziert: mit linearem Aufwand O(n,m) (linear bezüglich der Zahl n der Ecken und Zahl m der Pfeile) sind die folgenden Probleme lösbar: Bestimmung der starken (schwachen) Zusammenhangskomponenten eines Graphen, Bestimmung von Brücken, Artikulationspunkten, die Prüfung auf Planarität. Die Isomorphie planarer Graphen kann mit $O(n \log n)$ Operationen festgestellt werden. In diesem Zusammenhang sei auch auf die Bücher von Aho, Hopcroft, Ullman (1) und Noltemeier (30) verwiesen.

4. Graphensprachen

Angesichts der vielfachen Möglichkeiten und breiten Anwendungsfähigkeiten der Graphentheorie besteht natürlich seitens des OR's der berechtigte Wunsch, eine Programmiersprache zu benutzen, die bequeme Manipulationen mit Graphen erlaubt. Der gleiche Wunsch resultiert auch aus vielen anderen Wissenschaften, insbesondere auch aus der Informatik selbst; es ist daher nicht verwunderlich, daß etliche Ansätze und Implementierungen auf diesem Gebiete zu verzeichnen sind. Crespi-Rheghizzi und Morpurgo haben mit GEA eine Spracherweiterung von Algol 60 vorgenommen, die die volle Blockstruktur erhält (11). King hat eine entsprechende Fortranerweiterung 1972 vorgeschlagen (22). Basili, Rheinboldt und Mesztenyi (6) haben die Sprache GRAAL als Erweiterung von

Algol 60 vorgeschlagen;darüberhinaus ist in den letzten Jahren an der Universität Maryland die Sprachfamilie SIMPL entwickelt und implementiert worden, die für die Manipulation von Mengen, Mengensystemen, Graphen u.ä. definiert und implementiert wurde (5). Auf Pratt und Friedman geht die Entwicklung von GRASPE zurück (35); Mühlbacher hat in diesem Jahr das Konzept von GRAMAS vorgestellt, das im wesentlichen die Idee einer virtuellen Maschine zur Strukturmanipulation unterstellt und dabei insbesondere das Problem der Synchronisation von parallelen Prozessoren zu behandeln hat (26).

5. Abschließend seien noch einige ganz kurze Anmerkungen zu neueren Ergebnissen auf bisher noch nicht erwähnten Gebieten gemacht.

   1. Im Rahmen Kürzester-Wege-Probleme sind einige Verbesserungen durch geeignete Wahl der Datenstruktur gelungen; es sei hier nur auf die Arbeiten von Tabourier (39), Pape (33) und Rosenthal (37) verwiesen.

   2. Bei Flüssen bzw. minimalen Kostenflüssen muß rückblickend nochmals auf die Arbeit von Edmonds und Karp (12) hingewiesen werden. Sie enthält u.a. folgende Resultate:

      a) Die FIFO-Regel ist beim Markierungsprozeß im Ford-Fulkerson-Algorithmus zur Bestimmung maximaler Flüsse in gewissem Sinne "optimal".

      b) Bei minimalen Kostenflußproblemen benötigt man statt der Bestimmung von Kreisen negativer Länge nur (wesentlich effizientere) Verfahren zur Bestimmung kürzester Wege in nichtnegativ bewerteten Graphen, sofern man eine geeignete Bewertungstransformation vornimmt.

      c) Allgemeine scharfe Rechenschrittabschätzungen.

   Schließlich haben Barr, Glover und Klingman in ihrer Arbeit "An improved version of the out-of-kilter method..." (4) die klassische Version von Fulkerson und darauf basierende Computercodes erheblich verbessert, Hässig hat in (16) die Methode einer breiteren Problemklasse zugänglich gemacht. Schließlich hat A.J. Hoffman in seiner Arbeit "A generalisation of max flow - min cut" (19) das Max flow - min cut-Theorem in Richtung von Aussagen über ganzzahlige Optimallösungen von Paaren dualer Programme verallgemeinert. Über das gleiche Problem liegen auch neuere Resultate von Lovacz, Fulkerson,Weinberger und Edmonds vor.

Literaturhinweise:

1 Aho,A.V., J.E. Hopcroft und J.D. Ullman: The design and analysis of computer algorithms, Addison-Wesley, Reading,Mass.,1974.

2 Balas,E. und M. Padberg: On the Set Covering Problem, Op. Research,20,1972.

3 Balas,E. und M. Padberg: On the Set Covering Problem II, Op. Research,23, 1975.

4 Barr,R.S., F. Glover und D.Klingman: An improved version of the out-of-kilter method and a comparative study of computer codes, Mathematical Programming,7,1974.

5 Basili,V.R.: The SIMPL Family of Programming Languages and Compilers, erscheint in: Ergebnisse der praktischen Informatik, Hanser-Verlag, 1976.

6 Basili,V.R., W.R. Rheinboldt und C.K. Mesztenyi: On a programming language for graph algorithms, BIT,12,1972.

7 Bayer,R.: On the Integrity of Data Bases and Resource Locking, erscheint in: IBM-Proceedings über Datenbanksysteme, 1976.

8 Bellmore,M. und H.D. Ratliff: Set covering and involutory bases, Management Science, 18, 3, 1971.

9 Berge,C.: Graphs and Hypergraphs, North-Holland,1973.

10 Bruno,J., E.G. Coffman und R. Sethi: Algorithms for Minimizing Mean Flow Time, in: Information Processing 74, North-Holland 1974.

11 Crespi-Reghizzi,S. und R. Morpurgo: A language for treating graphs, CACM 13, 5, 1970.

12 Edmonds,J. und R.M. Karp: Theoretical improvements in algorithmic efficiency for network flow problems, JACM,19,2,1972.

13 Erdös,P. und D.J. Kleitman: Extremal problems among subsets of a set, Discrete Mathematics,8,1974.

14 Garfinkel,R.S. und G.L. Nemhauser: Integer programming, John Wiley, New York, 1972.

15 Garfinkel,R.S. und G.L. Nemhauser: Optimal Set Covering: A Survay. In: Perspectives of Optimization, Ed. by Geoffrion, Addison-Wesley, Reading, Mass., 1972.

16 Hässig,K.: Ein Markierungsalgorithmus zur Lösung von allgemeinen Transportproblemen mit einem Bündel, ZOR,18, 1974.

17 Helbig-Hansen,K. und J. Krarup: Improvements of the Held-Karp algorithm for the symmetric traveling-salesman problem, Mathematical Programming, 7, 1974.

18 Held,M. und R.M. Karp: The traveling salesman problem and minimum spanning trees: II, Mathematical Programming, 1, 1971.

19 Hoffman,A.J.: A generalization of max flow - min cut, Mathematical Programming, 6, 1974.

20 Karp,R.M.: Reducibility among combinatorial problems, in: Complexity of computer computations, Plenum Press, New York, 1972.

21 Kerr,L.R.: The effect of algebraic structure on the computational complexity, Ph. D. Thesis, Cornell University,Ithaca, 1970.

22 King,C.A.: A graph theoretic programming language, in: Graph Theory and Computing (ed. Read), Academic Press, 1972.

23 Krolak,P. und W. Felts: A man-machine approach toward solving the traveling salesman problem, CACM, 14, 1971.

24 Lawler,E.: A "Quasi-Polynomial" algorithm for sequencing jobs to minimize total tardiness, erscheint in: Annals of Discrete Mathematics, 1, 1976.

25 Lemke,C.E., H.M. Salkin und K. Spielberg: Set covering by single branch enumeration with linear programming subproblems, Op. Research, 19, 1971.

26 Mühlbacher,J. und A. Zeyn: Konzept einer virtuellen Maschine zur Strukturmanipulation, erscheint in: Ergebnisse der praktischen Informatik, Hanser-Verlag, 1976.

27 Murty,K.: On the set representation and the set covering problem, in: Lecture Notes in Economics and Mathematical Systems, 86, Springer, 1973.

28 Nemhauser,G.L. und L.E. Trotter: Vertex packings; structural properties and algorithms, Mathematical Programming, 8, 1975.

29 Nieminen,J.: Minimum decomposition of partially ordered sets into chains, ZOR, 19, 1975.

30 Noltemeier,H.: Graphentheorie mit Algorithmen und Anwendungen, de Gruyter-Lehrbuch, Berlin, 1975.

31 Noltemeier,H.: Auswahlprobleme, Op. Research Verfahren, IX, 1971.

32 Oettli,W.: An iterative method, having linear rate of convergence, for solving a pair of dual linear programs, Mathematical Programming, 3, 1972.

33 Pape,U.: Implementation and efficiency of Moore-algorithms for the shortest route problem, Mathematical Programming, 7, 1974.

34 Perl,J.: Graphenalgorithmen und Überdeckungeprobleme, Computing, 13, 1974.

35 Pratt,T.W. und D.P. Friedman: A language extension for graph processing and its formal semantics, CACM, 14, 1971.

36 von Randow,R.: Introduction to the Theory of Matroids, Lecture Notes in Economics and Mathematical Systems, Springer, 1975.

37 Rosenthal,A.: On finding shortest paths in nonnegative networks, Discrete Mathematics, 10, 1974.

38 Smith,T.H.C., V. Srinivasan und G.L. Thompson: Computational Experience with Three Subtour Elimination Methods for the Asymmetric Traveling Salesman Problem, Technical Report, Carnegie-Mellon University, Pittsburgh, 1975.

39 Tabourier,Y.: All shortest distances in a graph. An improvement to Dantzig's inductive algorithm, Discrete Mathematics, 4, 1973.

40 Tarjan,R.E.: Depth-first search and linear graph algorithms, SIAM Journal of Computing, 1, 2, 1972.

41 Tarjan,R.E. und J.E. Hopcroft: Efficient algorithms for graph manipulation. CACM, 16, 1973.

42 White,L.J. und M.L. Gillenson: An efficient algorithm for minimum k-cover in weighted graphs, Mathematical Programming, 8, 1975.

Everything you always wanted to know about S. Ex

D. de Werra, Lausanne

1. <u>INTRODUCTION</u> : Different models have been proposed to tackle school timetabling problems [2]. In this paper we will concentrate on some types of constraints; our aim will be to show how these requirements may be handled in a graph theoretical model and more precisely in an edge coloring model. We will deal with some constraints of non-compactness which are usually important in the problems of S.Ex (i.e. scheduling of exams). Also several requirements of compactness will be taken into account.

2. <u>PRELIMINARY RESULTS</u> : The multigraphs we consider in this paper are essentially <u>bipartite</u>, i.e. their node set may be partitioned into 2 subsets X,Y such that each edge has an endpoint in X and an endpoint in Y. A <u>usual k-coloring</u> of (the edges of) a multigraph G is a partition of its edge set E into k subsets $U_1,\dots,U_k$ such that no two edges in the same U_i have a common endpoint. It is well known from König's theorem that the <u>chromatic index</u> $q(G)$ (i.e. the smallest k for which G has a usual k-coloring) of a bipartite multigraph G is equal to the maximum of the degrees $d(x)$ of the nodes x in G.

Furthermore let $u_i(x)$ be the number of edges of U_i which are adjacent to node x. A k-coloring of G is <u>equitable</u> if for each node x we have
$e(x) = \max_{i,j} (u_i(x) - u_j(x)) \leq 1$. As an extension of König's theorem it has been shown that a bipartite multigraph has an equitable k-coloring for each $k \geq 2$ [3].

Notice that when coloring the edges of a multigraph we may in fact assign numbers $(1,2,\dots,k)$ instead of colors to the edges. An equitable k-coloring of G will be <u>compact</u> for X^* (where X^* is a subset of nodes) if for each node $x \in X^*$ the set of colors appearing on edges adjacent to x is a set of consecutive integers. Generally a k-coloring will not be compact at some node x ; we say then that there is a <u>hole</u> at x if there is a pair of colors p,r with $u_p(x) > 0$, $u_r(x) > 0$, $r > p + 1$ such that for each q with $p < q < r$ $u_q(x) = 0$.

One can easily find bipartite multigraphs G which do not have any usual $q(G)$-coloring compact for all nodes. We will however state a sufficient condition for a bipartite multigraph to have a usual $q(G)$-coloring which is almost compact for all nodes.

THEOREM 1 : Let $G = (X \cup Y, E)$ be a bipartite multigraph with maximum degree d ; let p be defined as follows :

$$p = \sum_{\substack{x \in X \\ 2<d(x)<d-1}} [d - d(x)] + \sum_{\substack{y \in Y \\ 2<d(y)<d-1}} d(y)$$

i) If $p \leqslant d$, G has a usual d-coloring with at most one hole for each node.

ii) Otherwise G has a usual p-coloring with at most $\min(d(x) - 1, p - d + 1)$ holes for each node x .

Remark 1 : Notice that in a usual k-coloring of G the maximum number of holes at a node x with degree $d(x)$ is $\min(d(x) - 1, k - d(x))$. So in case ii) of theorem 1 we have $p - d + 1 < p - d(x) + 1$ for all nodes x with $d(x) < d$. Furthermore if $p < 2d - 2$ for all nodes x with $d > d(x) \geqslant p - d + 2$, the maximum number of holes at x is $p - d + 1$; this value is smaller than $p - d(x) + 1$ which could be obtained by taking any usual p-coloring.

PROOF OF THEOREM 1 : Consider first case i) where $p \leqslant d$; we introduce a fictitious node y^* and join it to each x (with $2 < d(x) < d - 1$) in X with $d - d(x)$ parallel edges; then to each node $y \in Y$ (with $2 < d(y) < d - 1$) we associate a node $x(y)$ and join it to y with $d - d(y)$ parallel edges. Next we join each $x(y)$ to node y^* with $d(y)$ parallel edges. In the resulting graph G^* which is still bipartite and of maximum degree d all nodes $x, x(y)$ and y have degree d, $d - 1$, 1 or 2 . So we may find a usual d-coloring of G^* and number the colors in such a way that in each family of parallel edges adjacent to y^* the set of colors is a set of consecutive integers. Clearly this will give a d-coloring of G with at most one hole for all nodes (obviously there will be no holes for nodes of degree d or 1). Now if $p > d$, we perform the same construction as before (in G^* node y^* has now degree p). We may now find a usual-p-coloring of G^* with consecutive colors appearing on each family of parallel edges adjacent to y^* . This coloring will induce a p-coloring of G where at any node x there will be at most $p - d + 1$ holes. (In fact all nodes of degree d in G will have at most $p - d$ holes). This ends the proof.

Remark 2 : One sees from the technique of proof that in case i) one could obtain a d-coloring having also the property that for at least one node x (with $2 \leqslant d(x) \leqslant d - 1$) there is no hole.

COROLLARY 1 : Let $G = (X \cup Y, E)$ be a bipartite multigraph with maximum degree d and let X^* be a subset of nodes $x \in X$ with $2 < d(x) < d - 1$ and Y^* a subset of nodes $y \in Y$ with $2 < d(y) < d - 1$. Then if $\sum_{x \in X^*} [d - d(x)] + \sum_{y \in Y^*} d(y) \leqslant d$ there exists a usual d-coloring of G with at most one hole for each node of $X^* \cup Y^*$.

COROLLARY 2 : Let $G = (X \cup Y, E)$ be a bipartite multigraph with maximum degree d ; let X^* be a subset of nodes $x \in X$ such that $2 < d(x) < d - 1$ and $\sum_{x \in X^*} d(x) \quad d(|X^*| - 1)$; then there exists a usual d-coloring of G with at most one hole for each node in X^*.

3. APPLICATIONS TO SCHEDULING OF EXAMS : We shall first discuss an exam scheduling problem. Usually we are given a set X of classes x (each class is in fact a group of students which are to take the same exams). Each exam is assigned to a given classroom y (so Y is the set of classrooms); we may then say an exam is characterized by a couple (x,y) where x is the class and y the classroom. It is reasonable to assume that all exams have the same duration, say at most one day. These data are generally represented by a bipartite multigraph $G = (X \cup Y, E)$ where E is the set of all exams of the form (x,y) $x \in X$, $y \in Y$. Any feasible schedule is obviously associated with a usual k-coloring of G. However in practice, there are some non-compactness constraints which cannot be left out of the model : we must absolutely avoid to schedule all exams of a given class on consecutive days. More precisely we may require that each class has at most 1 exam during the first r days and also at most 1 during the next r days and so on for a given r. So if $r \geqslant 2$, no class will have more than 2 consecutive exams. Classrooms however may be used for any number of consecutive days. Any feasible schedule will then be represented by an equitable k-coloring of G. In order to minimize the total length of the exam period, while taking the non-compactness constraints into account, the algorithm described in [3] may be used.

On the other hand, in some cases of timetabling problems, one may wish to get individual schedules which are as compact as possible [1]. This may be the case if classrooms have to be rent during the exam period and one tries to minimize the time interval during which a classroom is needed.

Also in the weekly timetable problem where Y may be a set of teachers and each edge (x,y) in the associated multigraph is a one-hour meeting of class x and teacher y . Teachers often wish that their own schedules are as compact as possible. If d is the maximum degree in the associated G , then one can show that there exists a schedule using d or d + 1 hours such that in each individual schedule the busy periods are concentrated in groups of at least 2 hours plus possibly a group consisting of one isolated hour [1] .

Different properties may now be derived from the results of section 2 . As mentioned previously, one does not know when a multigraph G has a usual q(G)-coloring which is compact for all nodes (except for some trivial cases). (An obvious necessary condition is that G has an equitable bicoloring.)

However, for the weekly timetable problem (X is a set of classes and Y a set of teachers), we know in case i) of theorem 1 that there exists a feasible schedule (using the minimum number d of hours) such that the individual schedules of each class and each teacher have at most one hole.

If $p > d$, one may then apply corollary 1 and construct a schedule S using d hours which will give individual schedules with at most 1 hole only for a subset $X^* \cup Y^*$ of classes and teachers. If compactness is desired for some classes only or for some teachers only, then corollary 2 should be applied.

REFERENCES

[1] D. BRELAZ, Y. NICOLIER, D. DE WERRA, Compactness and Balancing in Scheduling, EPFL, O.R. Report 13, March 1975

[2] W. JUNGINGER, Zurückführung des Studenplanproblems auf ein dreidimensionales Transportproblem, Z.O.R., vol. 16, 1972, p 11-25

[3] D. DE WERRA, Balanced Schedules, INFOR J., vol. 9, No. 3, 1971, p 230-237

Quelques expériences de confection automatique d'horaires

R. Ostermann, Lausanne

L'élaboration des horaires scolaires est une tâche à laquelle sont consacrées des dizaines d'heures, voire des centaines, au moins une fois par année dans tous les établissements secondaires ou supérieurs.

Le programme dont il est question ici a pour but de permettre une élaboration plus rapide et plus sûre des horaires scolaires des écoles secondaires (ou privées), dont les problèmes sont, en règle générale, analogues.

Les éléments de base pour établir un horaire scolaire sont

- la répartition de l'enseignement: le maître X doit donner Y heures de la branche Z dans la classe T (parfois pendant une partie de l'année seulement)

- la liste des salles spéciales (laboratoires, auditoires) à disposition

- les voeux des maîtres (de caractère pédagogique ou corporatif).

A ces éléments objectifs viennent s'ajouter d'autres éléments plus subjectifs, qui ne sont pas toujours fournis spontanément par les responsables et qui font que l'élaboration de l'horaire doit être confiée à une personne de l'établissement concerné.

Dans ces conditions, il importe que la préparation des données soit aussi peu rébarbative que possible pour des personnes dont ce sera le seul contact actif avec un ordinateur. De plus, le volume de travail doit être limité au maximum, et le coût évidemment raisonnable.

Pratiquement, les données du programme sont présentées ainsi:

1) caractéristiques de l'école (jours et heures où elle est tenue, heures que des leçons doubles ne doivent pas chevaucher);

2) liste des maîtres avec leurs contraintes d'indisponibilité (les heures de la semaine sont numérotées, et la disponibilité se traduit par un code binaire);

3) liste des branches dont les leçons se donnent dans des salles spéciales (laboratoire, salle de musique, de gymnastique, etc.), dont on donne la disponibilité;

4) liste des branches soumises à certaines restrictions (leçons de mathématiques uniquement le matin par exemple);

5) nom et disponibilité des classes avec, pour chacune, la liste de ses combinaisons. Une combinaison est constituée par un numéro caractéristique, le nom d'un maître, le nom de la branche qu'il enseigne dans la classe considérée, et le nombre d'heures (simples ou couplées) que comporte cet enseignement;

6) indisponibilité de certaines combinaisons;

7) liste des cours. Il s'agit de combinaisons qui doivent avoir lieu simultanément (regroupement ou partage de classes par exemple, leçons données en alternance tous les 15 jours (simultanéité apparente), etc.);

8) liste des anticours. Un anticours est un ensemble de combinaisons dont les leçons ne peuvent être placées le même jour que

celles d'une combinaison donnée (cela permet d'éviter qu'une classe ait le même jour du grec et du latin, ou des sports facultatifs et de la gymnastique obligatoire);

9) des placements à la main (ou préplacements) de certaines leçons à des heures imposées à l'avance.

En une première phase, le programme contrôle la cohérence des données (nom des maîtres qui apparaissent dans les combinaisons, existence des combinaisons figurant dans les cours, respect des contraintes de disponibilité, de non-ubiquité des maîtres, de non-répétition journalière des leçons d'une même combinaison lors des placements à la main, etc.). Des messages explicites signalent les erreurs commises; selon les cas, l'exécution est alors interrompue.

Puis, l'ordinateur élabore heure par heure l'horaire. Passant en revue les combinaisons, il place d'abord les cours, puis les combinaisons qui nécessitent une salle spéciale. Le placement des autres heures fait appel à un réseau dont les sommets sont les classes et les maîtres. Les combinaisons sont des arcs joignant des sommets-classes à des sommets-maîtres. Le coût des arcs est calculé heure par heure sur la base de certaines priorités. Les combinaisons placées sont celles qui correspondent à un flot maximal à coût minimal.

La dernière phase est l'impression de la liste des heures qui n'ont pu être placées, ainsi que de l'horaire établi, selon des options laissées au choix de l'utilisateur.

La version actuelle de ce programme, basé sur une méthode mise au point par D. de Werra (1), tient compte de l'expérience pratique que nous avons acquise en élaborant à une quinzaine de reprises l'horaire d'un établissement scolaire comportant entre 50 et 64 classes. Elle satisfait également certaines demandes présentées par des utilisateurs.

Une séance d'information, tenue cette année à l'intention des établissements secondaires et professionnels, a permis de toucher une cinquantaine d'entre eux. Une dizaine semblent s'être laissé rapidement convaincre et ont déjà tenté l'expérience.

Parmi les réfractaires, il faut distinguer ceux dont la vocation n'est pas de jouer les pionniers. Mais également ceux qui estiment que la préparation des données pourrait constituer un travail supplémentaire trop important. Ceux enfin qui craignent que le programme proposé ne tienne pas compte des particularités, réelles ou non, de leur propre établissement. En effet, la plupart des personnes chargées d'élaborer un horaire scolaire pensent, à tort selon nous, que leur travail échappe à toute norme générale, et que l'existence d'une solution est liée à leur génie propre ...

En fait, la préparation des cartes à partir d'une répartition de l'enseignement bien conçue prend environ 6 h pour 46 classes.

Malheureusement, toutes les heures ne seront pas placées, et cela pour diverses raisons.

La première est que la réalisation de conditions nécessaires (Hall) pour établir l'horaire n'est pas vérifiée par le programme, et que ces conditions ne sont peut-être pas satisfaites. La seconde, plus gênante, est que l'algorithme ne garantit pas un placement optimum de chaque leçon. Le déchet peut être nul si aucune contrainte d'indisponibilité n'est donnée pour les maîtres. Toutefois, en règle générale, on tente de construire pour les maîtres des emplois du temps qui ne contiennent pas trop de trous (en raison d'un manque de locaux de travail). Dès lors, l'horaire achevé doit être retouché pour atteindre le but fixé. Une autre possibilité consiste à bloquer des demi-journées dans l'horaire des maîtres (certaines sont d'ailleurs imposées pour ceux dont l'activité se partage entre plusieurs établissements). Ce choix, empiriquement fait, a pour conséquence un déchet plus important (de l'ordre de 7 % des heures à placer pour 46 classes, alors qu'il n'est que de 1,8 % avec des préplacements seulement, et de 4,7 % en ajoutant les indisponibilités réelles des maîtres). Le taux de ce déchet peut être plus élevé pour un néophyte qui a tendance à exiger de l'ordinateur plus qu'il n'exige de soi-même.

L'horaire doit alors être achevé à la main, en modifiant ou relachant certaines contraintes. Il peut ensuite être réintroduit dans l'ordinateur pour un contrôle d'une utilité incontestable et son impression pour affichage et distribution.

Les expériences diversifiées qui ont eu lieu ces derniers temps montrent que le programme proposé est applicable, et que ses performances peuvent dépendre de l'expérience de l'utilisateur. Toutefois, les cours à niveaux et les cours à option ont tendance à se généraliser. Les uns et les autres exigent que certains enseignements aient lieu simultanément dans plusieurs classes. Ce cas est prévu dans le programme; il y aurait néanmoins lieu d'affiner la stratégie de leur placement s'ils devaient prendre une importance plus grande.

Temps d'exécution obtenus sur une CDC 7326 :

Nombre			Temps en secondes			Leçons non placées
de classes	de maîtres	d'heures à placer	Contrôle des données	Elaboration	Impression	
3	4	92	0.322	0.474	1.322	1,1 %
9	15	319	0.623	3.017	1.724	2,8 %
35	59	796	3.329	17.730	8.192	10,8 %
46	90	1345	3.371	48.365	11.270	6,9 %
46	90	-	5.337 *	-	19.542 *	-

* pour l'horaire terminé à la main

[1] D. de Werra : Résolution de problèmes d'horaire par la théorie des graphes (thèse présentée à l'EPF de Lausanne).

Zur Berechnung gleichzeitiger Flüsse verschiedener Beschaffenheit

W. Gaul, Bonn

Zusammenfassung: Die Arbeit beschäftigt sich mit Problemstellungen, die bei der Behandlung gleichzeitiger Flüsse verschiedener Beschaffenheit unter Nebenbedingungen entstehen. Für den Spezialfall zweier gleichzeitiger Flüsse verschiedener Beschaffenheit wird ein neues Verfahren angegeben, das solche Flüsse durch eine zweimalige Anwendung des Ford/Fulkerson-Markierungsalgorithmus (zur Berechnung jeweils nur eines Flusses) in geeignet gewählten Netzwerken bestimmt. Das vorgeschlagene Verfahren wird mit bekannten Algorithmen verglichen und an einem Beispiel erläutert.

Einleitung

Die Behandlung von Problemstellungen, die sich mit gleichzeitigen Flüssen verschiedener Beschaffenheit in Netzwerken befassen, hat an Bedeutung gewonnen. Schon früh haben z.B. Ford/Fulkerson [1], [2,p.16] diesbezügliche Überlegungen veröffentlicht, jedoch hat die in [1] vorgeschlagene und in einer Reihe von Arbeiten erweiterte Methode (siehe [4]) mitunter ungünstige Konvergenzeigenschaften. Für spezielle Netzwerktypen haben z.B. Hu [6], Rothschild/Whinston [8], [9] und kürzlich Sakarovitch [10] Aussagen über die Existenz zweier gleichzeitiger Flüsse verschiedener Beschaffenheit und über Möglichkeiten ihrer Berechnung angegeben. In der vorliegenden Arbeit wird gezeigt, daß für diesen Fall durch Wahl geeignet strukturierter Netze eine einfache Berechnung zweier gleichzeitiger Flüsse über den Markierungsalgorithmus von Ford/Fulkerson [2] möglich ist.

Formulierung des Problems

Sei $P=\{1,..,n\}$ die Punktmenge und $K \subset P \times P \setminus \bigcup\{(i,i) \mid i \in P\}$ die Kantenmenge des endlichen, gerichteten, schlichten (ohne Schlingen und parallele Kanten) Graphen (P,K). Bezeichne (P,K,c) ein antisymmetrisches $((i,j) \in K \Rightarrow (j,i) \notin K)$ Kapazitätsnetz (Netzwerk = zusammenhängender, endlicher, gerichteter, schlichter Graph), in dem jeder Kante $(i,j) \in K$ vermittels $c \in \mathbb{R}_+^{*K}$ ein Kapazitätsintervall $[-c_{ij}, c_{ij}]$ zugeordnet ist. In (P,K,c) nennt man $(x^1,..,x^k)$ mit $x^d \in \mathbb{R}^{*K}$ und

$$I\,x^d = v^d \qquad d = 1,..,k \tag{1}$$

$$\sum_{d=1}^{k} |x^d| \leq c \tag{2}$$

$$[v^d]_j = \begin{cases} v(x^d) & j = n_d \\ 0 & j \neq n_d, \hat{n}_d \\ -v(x^d) & j = \hat{n}_d \end{cases} \qquad \begin{matrix} n_d, \hat{n}_d \in P \\ n_d \neq \hat{n}_d \quad (d=1,..,k) \end{matrix} \qquad (3)$$

k gleichzeitige Flüsse verschiedener Beschaffenheit. I ist die (Punkt-Kante-) Inzidenzmatrix von (P,K,c). $n_d, \hat{n}_d$ heißt Quelle, Senke, $v(x^d)$ Wert des d-ten Flusses. $v(x^1,..,x^k) := \sum_{d=1}^{k} v(x^d)$ ist der Wert von $(x^1,..,x^k)$. Für $b=(b^1,...,b^k)' \in \mathbb{R}^k_+$ (oder $\nabla \in \mathbb{R}_+$) heißt $(x^1,..,x^k)$ b-(oder ∇-) zulässig, wenn $v(x^d) \geq b^d$ für d=1,..,k (oder $v(x^1,..,x^k) \geq \nabla$) gilt. b^d, ∇ beschreibt durch die Flüsse zu befriedigenden Mindestbedarf. Bezeichne $F(P,K,c)_z^{n_1,..,n_k;\hat{n}_1,..,\hat{n}_k}$ (für z=b oder ∇) die Menge der k gleichzeitigen z-zulässigen Flüsse verschiedener Beschaffenheit in (P,K,c). Trennende Kantenmengen, die minimal sind mit der Eigenschaft, daß ihre Herausnahme aus dem Netz n_d von $\hat{n}_d$, $n_d \neq \hat{n}_d$ (d=1,...,k) trennen würde, seien mit $((n_1,..,n_k),(\hat{n}_1,..,\hat{n}_k)) \subset K$ bezeichnet und mit $S(P,K,c)^{n_1,..,n_k,\hat{n}_1,..,\hat{n}_k}$ die Familie dieser Kantenteilmengen. Jeder trennenden Kantenmenge ist als Wert

$$c((n_1,..,n_k),(\hat{n}_1,..,\hat{n}_k)) = \sum_{(i,j) \in ((n_1,..,n_k),(\hat{n}_1,..,\hat{n}_k))} c_{ij}$$

zugeordnet; von besonderem Interesse sind solche mit minimalem Wert, bezeichnet mit $\langle (n_1,..,n_k),(\hat{n}_1,..,\hat{n}_k) \rangle$. Als Problemstellungen ergeben sich (a) Existenzaussagen für z-zulässige gleichzeitige Flüsse (b) Angabe optimaler Flüsse (bzgl. vorgegebener Kosten) unter geeigneten Nebenbedingungen. Natürlich muß

$$\max v(x^1,..,x^k) \leq c \langle (n_1,..,n_k),(\hat{n}_1,..,\hat{n}_k) \rangle \qquad (4)$$

und/oder

$$\max v(x^d) \leq c \langle (n_d),(\hat{n}_d) \rangle \quad d=1,..,k \qquad (5)$$

gelten. Für den Spezialfall k=1 sind Lösungen der Probleme bekannt. Man braucht nicht zwischen b- oder ∇-zulässigen Lösungen zu unterscheiden, das bekannte Ford/Fulkerson [2]-Theorem weist nach, daß in (4) (oder (5)) sogar Gleichheit (für jeden Netzwerktyp) gilt. Man kann deshalb trennende Kantenmengen zur Bestimmung eines maximalen Flusses benutzen. Im allgemeinen Fall kann in (4) echte Ungleichheit auftreten (Ford/Fulkerson [2]). Lösungsansätze für die Probleme (a),(b) sind über "große" lineare Programme möglich, die Dekompositionsüberlegungen und in Unterprogrammen Verfahren zur Berechnung kürzester Wege (auch unter Nebenbedingungen, siehe [4]) benutzen.

Im Fall k=2 und unter Benutzung von Netzen vom hier beschriebenen Typ (P,K,c) existieren Aussagen, die es gestatten, in den nächsten Abschnitten den Nachweis der Existenz und die Berechnung von zwei gleichzeitigen z-zulässigen Flüssen verschiedener Beschaffenheit mit rein netzwerktheoretischen Überlegungen zu bewerkstelligen.

Ein Algorithmus zur Bestimmung z-zulässiger Doppelflüsse

Im Fall $k=2$ hat Hu [6] als erster Kriterien für die Existenz und ein Verfahren zur Berechnung von z-zulässigen Doppelflüssen (=zwei gleichzeitige z-zulässige Flüsse verschiedener Beschaffenheit) entwickelt, für das eine Verbesserungsmöglichkeit angegeben werden kann (siehe [5]). Verallgemeinernde Aussagen stammen von Rothschild/Whinston [8], [9] und Sakarovitch [10], der auch ein Verfahren zur Berechnung maximaler Doppelflüsse beschreibt, das auf Ford/Fulkerson-Markierungen in Netzen mit im Vergleich zum gegebenen Netzwerk etwa doppelt so umfangreicher Struktur basiert. Die jetzt vorgeschlagene Methode benutzt ebenfalls den Markierungsalgorithmus zur Berechnung z-zulässiger Doppelflüsse, benötigt aber nur Netze nahezu dergleichen Struktur wie das Ausgangsnetz. Dazu überlege man, daß im gegebenen Netz (P,K,c) die Bedingung $|x^1|+|x^2|\leq c$ äquivalent ist zu $-c\leq x^1 + x^2\leq c$, $-c\leq x^1 - x^2\leq c$, woraus mit

$$x_{ij}^1 = \frac{1}{2}(f_{ij}^1+f_{ij}^2),\quad x_{ij}^2 = \frac{1}{2}(f_{ij}^1-f_{ij}^2) \quad \text{für } (i,j)\varepsilon K \tag{6}$$

$$f_{ij}^1 := x_{ij}^1 + x_{ij}^2,\quad f_{ij}^2 := x_{ij}^1 - x_{ij}^2 \quad \text{für } (i,j)\varepsilon K \tag{7}$$

folgt, daß die Systeme

$$\begin{array}{ll} I\,f^1 = v^1 + v^2 & I\,f^2 = v^1 - v^2 \\ -c \leq f^1 \leq c & -c\leq f^2 \leq c \end{array} \tag{8}$$

äquivalent zu (1), (2), (3) sind (für $k=2$). Diese Systeme beschreiben aber jeweils ein Flußproblem mit Quellen n_1,n_2 (oder $n_1,\hat{n}_2$) und Senken $\hat{n}_1,\hat{n}_2$ (oder $\hat{n}_1,n_2$). Durch Einführung von Netzen (P^t,K^t,c_M^t) bzw. (P^t,K^t,c_b^t), $t=1,2$, mit $P^t=P\cup\{q,s\}$, $K^t=K\cup\bigcup_{d=1}^{2}K^{td}$ mit $K^{11}=K^{21}=\{(q,n_1),(\hat{n}_1,s)\}$, $K^{12}=\{(q,n_2),(\hat{n}_2,s)\}$, $K^{22}=\{(q,\hat{n}_2),(n_2,s)\}$ und

$$c_{Mij}^t = \begin{cases} c_{ij} & (i,j)\varepsilon K \\ M & (i,j)\varepsilon \bigcup_{d=1}^{2} K^{td} \end{cases} \quad \text{oder} \quad c_{bij}^t = \begin{cases} c_{ij} & (i,j)\varepsilon K \\ b^1+b^2 & (i,j)\varepsilon \bigcap_d K^{td} \\ b^d & (i,j)\varepsilon K^{td}\setminus\bigcap_d K^{td} \end{cases}$$

(M hinreichend groß gewählt), kann die Bestimmung z-zulässiger Doppelflüsse auf die Berechnung von maximalen bzw. ∇-zulässigen oder b^1+b^2-zulässigen Einzelflüssen f^t in den Netzen (P^t,K^t,c_M^t) oder (P^t,K^t,c_b^t), $t=1,2$, zurückgeführt werden. Dabei ist darauf zu achten, daß ∇-zulässige Flüsse f^t aus (P^t,K^t,c_M^t) nur dann vermittels (6) in ∇-zulässige Doppelflüsse (x^1,x^2) mit Quelle/Senke $n_d,\hat{n}_d$ für x^d $(d=1,2)$ überführt werden, wenn für die f^t

$$f_{ij}^t = \begin{cases} w^d & (i,j)\varepsilon K^{td} - \bigcap_d K^{td} \\ w^1+w^2 & (i,j)\varepsilon \bigcap_d K^{td} \end{cases} \tag{9}$$

mit $w^d\leq c\langle(n_d),(\hat{n}_d)\rangle$, $d=1,2$ und $\sum_d w^d = \nabla\leq c\langle(n_1,n_1),(\hat{n}_1,\hat{n}_2)\rangle$ gilt. Für b^1+b^2-zulässige Flüsse gilt (9) automatisch aufgrund der Konstruktion der Netze $(P^t,$

$K^t, c_b^t)$, t=1,2 (siehe auch den folgenden Abschnitt).

Algorithmus: Bestimmung (b^1,b^2)-zulässiger Doppelflüsse

Schritt 1: Anwendung des Markierungsalgorithmus auf (P^1,K^1,c_b^1) ergibt f^1 als maximalen Fluß. $v(f^1) < b^1+b^2 \Rightarrow F(P,K,c)^{n_1,n_2;\hat{n}_1,\hat{n}_2}_{(b^1,b^2)} = \emptyset$.

Schritt 2: Anwendung des Markierungsalgorithmus auf (P^2,K^2,c_b^2) ergibt f^2 als maximalen Fluß. $v(f^2) < b^1+b^2 \Rightarrow F(P,K,c)^{n_1,n_2;\hat{n}_1,\hat{n}_2}_{(b^1,b^2)} = \emptyset$.

Schritt 3: Sind die Schritte 1,2 erfolgreich, erhält man über (6) einen (b^1,b^2)-zulässigen Doppelfluß (x^1,x^2).

Bestimmung maximaler bzw. $\bar{v}$-zulässiger Doppelflüsse.

Schritt 1': Anwendung des Markierungsalgorithmus auf (P^1,K^1,c_M^1) ergibt f^1 als maximalen Fluß. $v(f^1) < \bar{v} \Rightarrow F(P,K,c)^{n_1,n_2;\hat{n}_1,\hat{n}_2}_{\bar{v}} = \emptyset$.

Schritt 2': Anwendung des Markierungsalgorithmus auf (P^2,K^2,c_M^2) ergibt f^2 als maximalen Fluß. $v(f^2) < \bar{v} \Rightarrow F(P,K,c)^{n_1,n_2;\hat{n}_1,\hat{n}_2}_{\bar{v}} = \emptyset$.

Schritt 3': $\tilde{v} = \min\{v(f^1),v(f^2)\}$ ist der maximale Wert für Doppelflüsse in (P,K,c). Erfüllen f^1,f^2 die Bedingungen (9), erhält man über (6) einen (maximalen) Doppelfluß (x^1,x^2) (der notfalls auf den gewünschten Wert $\bar{v}$ reduziert werden kann). Andernfalls hat man geeignete Werte $w^d \le c\langle(n_d),(\hat{n}_d)\rangle$ (d=1,2) mit $w^1+w^2 = \bar{v} \le c\langle(n_1,n_2),(\hat{n}_1,\hat{n}_2)\rangle$ zu wählen und die Schritte 1,2,3 mit $b^d := w^d$ zu wiederholen.

Beispiel

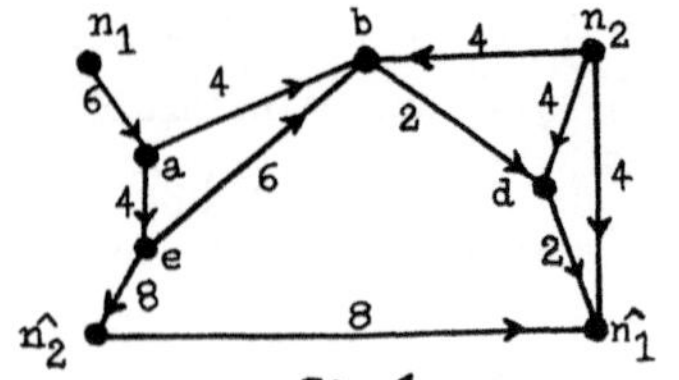

Fig.1

Für das in Fig.1 dargestellte Netzwerk überprüft man leicht, daß $c\langle(n_1),(\hat{n}_1)\rangle=6$, $c\langle(n_2),(\hat{n}_2)\rangle=12$ gilt. Einen (4,10)-zulässigen Doppelfluß z.B. erhält man durch Anwendung des Ford/Fulkerson-Algorithmus auf die Netze $(P^t,K^t,c^t_{(4,10)})$ (siehe Fig.2,3) und die durch die Tabelle beschriebene Transformation (6). Fig.4 zeigt die Endfiguration. Dieser Doppelfluß ist gleichzeitig maximal.

(i,j)	c_{ij}	f^1_{ij}	f^2_{ij}	x^1_{ij}	x^2_{ij}
(n_1,a)	6	4	4	4	0
(a,b)	4	0	4	2	-2
(a,e)	4	4	0	2	2
(e,b)	6	-4	2	-1	-3
$(e,\hat{n}_2)$	8	8	-2	3	5
$(\hat{n}_2,\hat{n}_1)$	8	-2	8	3	-5
(b,d)	2	0	2	1	-1
(n_2,b)	4	4	-4	0	4
(n_2,d)	4	2	-2	0	2
$(n_2,\hat{n}_1)$	4	4	-4	0	4
$(d,\hat{n}_1)$	2	2	0	1	1

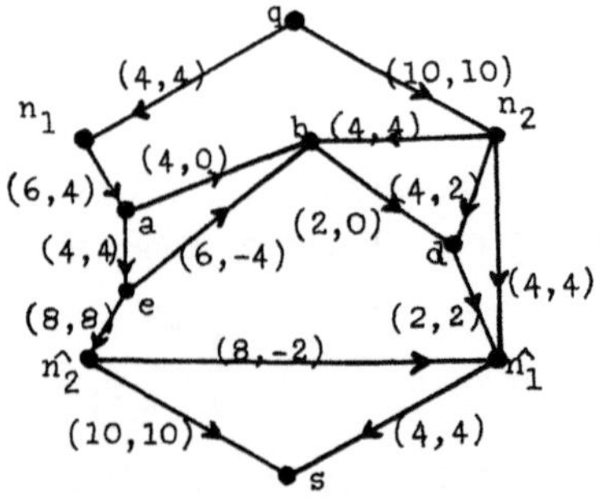

Fig.2

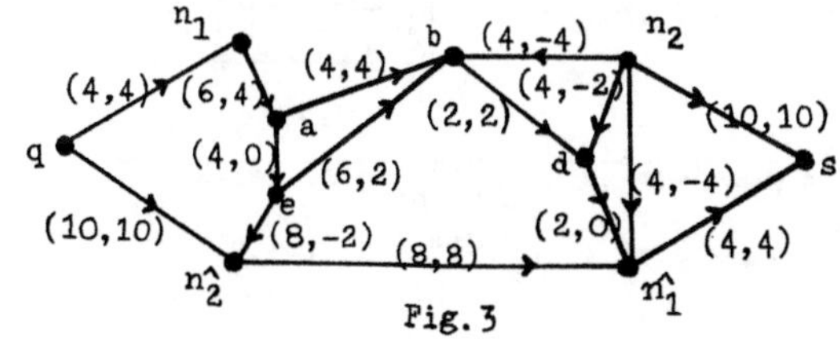

Fig.3

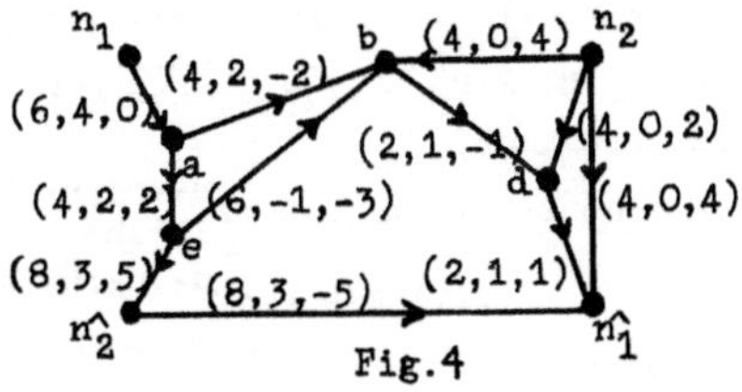

Fig.4

Beweise zum Verfahren

Wegen (4),(5) weiß man, für k=2 sind

$$b^d \le c\langle(n_d),(\hat{n}_d)\rangle,\ d=1,2 \text{ und } b^1+b^2 \le c\langle(n_1,n_2),(\hat{n}_1,\hat{n}_2)\rangle \qquad (10)$$

$$\bar{v} \le c\langle(n_1,n_2),(\hat{n}_1,\hat{n}_2)\rangle \qquad (11)$$

notwendig für die Existenz (b^1,b^2)-bzw. $\bar{v}$-zulässiger Doppelflüsse in (P,K,c). Zunächst wird gezeigt, daß diese Bedingungen hinreichend sind für die Existenz b^1+b^2- bzw. $\bar{v}$-zulässiger (Einzel-) Flüsse f^t in (P^t,K^t,c^t_b) bzw. (P^t,K^t,c^t_M).

Lemma 1: (i) Gilt (11), dann folgt $F(P^t,K^t,c^t_M)^{q;s}_{\bar{v}} \ne \emptyset$.

(ii) Gilt (10), dann folgt $F(P^t,K^t,c^t_b)^{q;s}_{b^1+b^2} \ne \emptyset$.

Beweis: Es wird t=1 gezeigt.

(i) Wegen $c^1_{Mij}=M$ für $(i,j)\,\varepsilon \bigcup_{d=1}^{2} K^{1d}$ (M hinreichend groß) wird eine minimale trennende Kantenmenge $\langle(q),(s)\rangle$ in (P^1,K^1,c^1_M) nie Kanten von $\bigcup_{d=1}^{2} K^{1d}$ enthalten. Bezeichnet $\tilde{S}(P^1,K^1,c^1_M)^{q;s}$ die Menge dieser minimal trennenden Kantenmengen, dann gilt $\tilde{S}(P^1,K^1,c^1_M)^{q;s} \subset S(P,K,c)^{n_1,n_2;\hat{n}_1,\hat{n}_2}$ und deshalb $c\langle(q),(s)\rangle \ \ge c\langle(n_1,n_2),(\hat{n}_1,\hat{n}_2)\rangle \ge \bar{v}$.

(ii) Der Beweis erfolgt leicht durch Überprüfen aller trennenden Kantenmengen von $S(P^1,K^1,c^1_b)^{q;s}$. Gehöre $M^* \subset \{n_1,n_2,\hat{n}_1,\hat{n}_2\}$ zur q enthaltenden Komponente von ((q),(s)), dann gilt: Fall 1: $\bigcap_{d=1}^{2} K^{1d} = \emptyset$.

1) $M^* = \{n_1\}$, $M^* = \{n_2\}$, $M^* = \{n_1,n_2,\hat{n}_1\}$, $M^* = \{n_1,n_2,\hat{n}_2\}$ $\Rightarrow$(Es wird nur $M^*=\{n_1\}$ gezeigt.) $((q),(s)) \cap K \varepsilon S(P,K,c)^{n_1,\hat{n}_1}$ und $c((q),(s)) \ge c\langle(n_1),(\hat{n}_1)\rangle + b^2 \ge b^1+b^2$

2) $M^* = \{n_1,n_2\} \Rightarrow ((q),(s))\,\varepsilon S(P,K,c)^{n_1,n_2;\hat{n}_1,\hat{n}_2}$ und $c((q),(s) \ge c\langle(n_1,n_2),(\hat{n}_1,\hat{n}_2)\rangle \ge \ b^1+b^2$

3) $M^* = \{n_1,\hat{n}_2\}$, $M^* = \{\hat{n}_1,n_2\} \Rightarrow$(Es wird nur $M^* = \{n_1,\hat{n}_2\}$ gezeigt.) $((q),(s)) \cap K\varepsilon \bigcap_{d=1}^{2} S(P,K,c)^{n_d;\hat{n}_d}$ und $c((q),(s)) \ge \max\{c\langle(n_d),(\hat{n}_d)\rangle\} + 2b^2 \ge b^1+b^2$

Für alle anderen Situationen $M^* \subset \{n_1,n_2,\hat{n}_1,\hat{n}_2\}$ gilt $c((q),(s)) \ge b^1+b^2$ nach Konstruktion von (P^1,K^1,c^1_b). Fall 2: $\bigcap_{d=1}^{2} K^{1d} \ne \emptyset$. Die Betrachtungsweise vereinfacht sich, da jetzt das Quadrupel $n_1,n_2,\hat{n}_1,\hat{n}_2$ aus weniger als vier verschiedenen Punkten (man beachte aber $n_d \ne \hat{n}_d$, d=1,2) besteht. Wieder gilt immer $c((q),(s)) \ \ge b^1 + b^2$.

Fig.5 zeigt, daß die Bedingungen (10),(11) für Lemma 1 nicht notwendig sind.

Man hat $c\langle(n_d),(\hat{n}_d)\rangle=3$, $d=1,2$, $c\langle(n_1,n_2),(\hat{n}_1,\hat{n}_2)\rangle=3$, aber z.B. $F(P^1,K^1,c^1_{(5,5)})^{q;s}_{5+5} \neq \emptyset$.

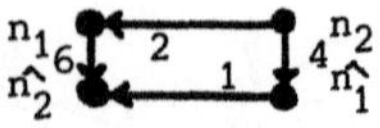

Fig.5

Es gilt aber

<u>Theorem 2:</u> (i) $F(P,K,c)^{n_1,n_2;\hat{n}_1,\hat{n}_2}_{(b^1,b^2)} \neq \emptyset \Longleftrightarrow F(P^t,K^t,c^t_b)^{q;s}_{b^1+b^2} \neq \emptyset$, $t=1,2$

(ii) $F(P,K,c)^{n_1,n_2;\hat{n}_1,\hat{n}_2}_{\nabla} \neq \emptyset \Longleftrightarrow F(P^t,K^t,c^t_M)^{q;s}_{\nabla} \neq \emptyset$, $t=1,2$

<u>Beweis:</u>

(i) Der Beweis folgt leicht mit Hilfe der Formeln (6),(7) durch entsprechendes Einsetzen und Umformen (siehe auch [3], wo auch ein anderer konstruktiver Beweis für (ii) gegeben wird).

(ii) Ist $F(P,K,c)^{n_1,n_2;\hat{n}_1,\hat{n}_2}_{\nabla} \neq \emptyset$, so gibt es auch einen $(v(x^1),v(x^2))$-zulässigen Doppelfluß (x^1,x^2) mit $v(x^1)+v(x^2) = \nabla$ und nach (i) folgt $F(P^t,K^t,c^t_M)^{q;s}_{\nabla} \neq \emptyset$, $t=1,2$, wenn man nur $M \geq \max\{v(x^d)\}$ wählt. Gilt umgekehrt $F(P^t,K^t,c^t_M)^{q;s}_{\nabla} \neq \emptyset$ für $t=1,2$, dann muß $\nabla \leq c\langle(n_1,n_2),(\hat{n}_1,\hat{n}_2)\rangle$ gelten wegen $S(P,K,c)^{n_1,n_2;\hat{n}_1,\hat{n}_2} \subset \bigcup_{t=1}^{2} S(P^t,K^t,c^t_M)^{q;s}$. Dann kann man aber Werte $w^d \leq c\langle(n_d),(\hat{n}_d)\rangle$, $d=1,2$ mit $w^1+w^2 = \nabla$ finden (es gilt ja immer $\sum_{d=1}^{2} c\langle(n_d),(\hat{n}_d)\rangle \geq c\langle(n_1,n_2),(\hat{n}_1,\hat{n}_2)\rangle$), nach Lemma 1 gilt $F(P^t,K^t,c^t_w)^{q;s}_{w^1+w^2} \neq \emptyset$, $t=1,2$ und nach (i) folgt $F(P,K,c)^{n_1,n_2;\hat{n}_1,\hat{n}_2}_{(w^1,w^2)} \neq \emptyset$, also die Existenz eines ∇-zulässigen Doppelflusses.

Es sei noch bemerkt, daß man, falls $F(P,K,z)^{n_1,n_2;\hat{n}_1,\hat{n}_2}_{z} = \emptyset$ gilt, in Spezialfällen (wie Fig.5 oder für $\bigcap_{d=1}^{2} K^{td} \neq \emptyset$) mittels der gemachten Überlegungen optimale Kapazitätsänderungen für z-zulässige Doppelflüsse leicht durch Anwendung bekannter Verfahren auf die Netze (P^t,K^t,c^t_M) (bzw. (P^t,K^t,c^t_b)) $t=1,2$ erhalten kann (siehe auch [3]).

<u>Literatur:</u>

[1] Ford,L.R. and D.R. Fulkerson: A Suggested Computation for Maximal Multi-Commodity Network Flows. ManagSc. 5 (1959) 97-101.

[2] Ford,L.R. und D.R. Fulkerson: Flows in Networks. Princeton University Press, Princeton, N.J. (1962).

[3] Gaul,W.: Increasing the Capacity of a Multi-Commodity Network. submitted (1975).

[4] Gaul,W.: Über Flußprobleme in Netzwerken. Erscheint in ZAMM (1975).

[5] Gaul,W.: Eine Bemerkung zum Hu'schen Algorithmus zur Berechnung gleichzeitiger Flüsse. working paper (1974).

[6] Hu,T.C.: Multi-Commodity Network Flows. J.ORSA 11 (1963) 344-360.

[7] Hu,T.C.: Integer Programming and Network Flows. Addison-Wesley, Reading Mass. (1969).

[8] Rothschild,B. and A. Whinston: On Two Commodity Network Flows. J.ORSA 14 (1966) 377-387.

[9] Rothschild,B. and A.Whinston: Feasibility of Two Commodity Network Flows. J.ORSA 14 (1969) 1121-1129.

[10] Sakarovitch,M.: Two Commodity Flows and Lin.Programming.Math.Prog.4(1973) 1-20.

Über Graphen mit Kreisen, die gegebene Wege enthalten

M. Grötschel, Bonn

Die im folgenden betrachteten Graphen $G=(V,E)$ sind ungerichtet, haben keine Mehrfachkanten und keine Schleifen. Der Grad eines Knoten $v\varepsilon V$ ist die Anzahl der Kanten $e\varepsilon E$, die v enthalten und wird mit d(v) bezeichnet. Eine monotone steigende Folge von ganzen Zahlen $d_1,\ldots,d_n$ heißt eine Gradsequenz, wenn es einen Graphen mit n Knoten gibt, so daß $d_i = d(v_i)$, $i=1,\ldots,n$ gilt. Eine Folge $P=(v_1,\ldots,v_p)$ von Knoten heißt ein Weg, falls $\{v_i,v_{i+1}\}\varepsilon E$ $i=1,\ldots,p-1$. Die Länge des Weges ist p-1 (Wege der Länge 0 enthalten weder Knoten noch Kanten). Ist darüber hinaus $\{v_1, v_p\}\varepsilon E$, so ist P ein Kreis der Länge p.

Ein interessantes und vielfach untersuchtes Problem der Graphentheorie ist es, notwendige oder hinreichende Bedingungen dafür zu finden, daß ein Graph Kreise gewisser Länge enthält. Ein umfassender Überblick über die bisher erzielten Ergebnisse findet sich in [4] und [1] .

Im folgenden soll ein Satz angegeben werden, der Aussagen darüber macht, wann in einem Graphen - gegeben irgendein Weg der Länge r - ein Kreis der Länge $m \geq r+3$ existiert, der diesen Weg enthält. Aus diesem Satz lassen sich einige der bekannten Resultate über Kreise in Graphen leicht ableiten. Die zum Teil recht umfangreichen Beweise der nachfolgenden Sätze finden sich in [3] .

Als wichtige Hilfsmittel für den Beweis von Theorem 2 erweisen sich Eigenschaften von h-fach zusammenhängenden Graphen.
Besonders nützlich ist dabei

Satz 1 [3]

Sei G ein (r+2)-fach zusammenhängender Graph und $P=(a_o,\ldots,a_p)$ ein Weg in G, $p \geq r$. Sei $Q=(a_s,\ldots,a_{r+s})$ ein Weg der Länge r, der in P enthalten ist. Dann existiert ein Paar P', P" von Wegen mit folgenden Eigenschaften:

a) Die Endknoten von P' und P" sind a_o und a_p.

b) P' und P" haben keine weiteren gemeinsamen Knoten.

c) Falls P' (oder P") Knoten von P enthält, dann erscheinen diese in P' (oder P") in derselben Ordnung wie in P.

d) P' enthält den Weg Q.

Das zentrale Resultat von [3] läßt sich nun wie folgt formulieren.

Theorem 2 [3]

Sei $d_1,\dots,d_n$ die Gradsequenz eines Graphen $G=(V,E)$.

Sei $n \geq 3$, $m \leq n$ und $0 \leq r \leq m-3$, und die folgende Bedingung sei erfüllt für alle k mit $0<k<\frac{1}{2}(m-r)$

$$(1) \quad d_k \leq k+r \Rightarrow d_{n-k-r} \geq n-k.$$

Sei darüberhinaus G (r+2)-fach zusammenhängend, wenn sowohl $\frac{1}{2}(m-r) \leq n-d_{n-r-1}-1$ als auch $d_k>k+r$ für alle $0<k<\frac{1}{2}(m-r)$ gilt.

Dann gibt es zu jedem Weg Q der Länge r in G einen Kreis, der mindestens die Länge m hat und Q enthält.

Korollar 3 [3]

Sei $d_1,\dots,d_n$ die Gradsequenz eines Graphen $G=(V,E)$.

Sei $n \geq 3$, $q \geq 2$, und die folgende Bedingung sei erfüllt.

$$(2) \quad d_k \leq k \leq q-1 \Rightarrow d_{n-k} \geq n-k.$$

Sei darüber hinaus G 2-fach zusammenhängend, wenn sowohl $q-1<n-d_{n-1}-1$ als auch $d_k>k$ für alle $1 \leq k \leq q-1$ gilt. Dann enthält G einen Kreis, der mindestens die Länge $\min\{n,2q\}$ hat.

Korollar 4 [3]

Sei $G=(V,W,E)$ ein bipartiter Graph mit Gradsequenzen, $d(v_1) \leq \dots \leq d(v_n)$ und $d(w_1) \leq \dots \leq d(w_m)$, $n \leq m$. Falls

(3) $d(w_k) \leq k \leq n-1 \Rightarrow d(v_{n-k}) \geq m-k+1$,

dann enthält G einen Kreis der Länge 2n.

In [3] wird weiterhin bewiesen, daß sich aus Theorem 2 der Satz von Pósa (siehe [4, S. 222]), der Satz von Chvátal (siehe [1, S. 209]) und eine schwache Form des Satzes von Berge [1, S. 204] ableiten lassen.
Anhand von Beispielen wird gezeigt, daß Theorem 2 in gewissem Sinne bestmöglich ist und daß Korollar 3 weder stärker noch schwächer ist als der Satz von Bondy [2] und die noch unbewiesene Vermutung von Woodall [5] .

Literatur

[1] Berge, C.: Graphs and Hypergraphs, North Holland Publishing Company, Amsterdam-London, 1973

[2] Bondy, J.A.: Large Cycles in Graphs, Discrete Mathematics, Vol. 1; No. 2 (1971) 121-132

[3] Grötschel, M.: Graphs with Cycles containing given Paths, Report No. 7537-OR, Institut für Ökonometrie und Operations Research, Universität Bonn, Juni 1975

[4] Walther, H.; Voss, H.-J.: Über Kreise in Graphen, VEB Deutscher Verlag der Wissenschaften, Berlin 1974

[5] Woodall, D.R.: Sufficient Conditions for Circuits in Graphs, Proc. London Math. Soc. (3) 24 (1972) 739-755

Statistik und Stochastik

Stand der Anwendung von mittel- und langfristigen Prognosesystemen in Europa (Übersichtsvortrag)

R. Lewandowski, Essen

I. Einleitung

Eine gute Produktionsplanung ohne verfügbare Absatzprognosen ist schwer vorstellbar. Für alle Aktivitäten eines Unternehmens gilt, daß eine sinnvolle Planung nur auf der Grundlage von Absatzprognosen möglich ist. Trotz der außerordentlich großen Bedeutung von Prognosen für das Management in Industrie, Wirtschaft und Politik wäre es verfehlt, an eine bedingungslose vorhersagbare Zukunft zu glauben, da zu viele Beispiele aus der Vergangenheit zu einem gedämpften Optimismus veranlassen. Obwohl wir uns der jüngsten Fortschritte, die in der Methodologie der Prognostik erreicht wurden, bewußt sind, halten wir es für unsere Aufgabe, diesem jungen Wissenschaftszweig damit zu dienen, indem wir deutlich auf seine Anwendungsgrenzen und -gefahren hinweisen. Spielen wir daher zunächst die Rolle des Anklägers, bevor wir die Verteidigung dieses Wissenschaftszweiges übernehmen.

Wie ist es möglich, daß trotz der enormen Bedeutung von Prognosen ihr aktueller Anwendungsstand in der Industrie dermaßen enttäuschend ist, während in der Produktionsplanung schon seit längerer Zeit die modernsten Methoden Anwendung finden, wie z. B. diejenigen des Operations Research, und hierbei alle Möglichkeiten moderner ADV-Anlagen benutzt werden, dagegen in fast 85 % der großen Industrieunternehmen Europas Absatzanalysen und -prognosen noch immer per Hand erstellt werden.

Dieser Kontrast ist dermaßen frappierend, daß man sich fragen muß:

warum trotz der Vielzahl verfügbarer Optimierungssysteme kurzfristige Prognosen noch immer mit solchen Methoden erstellt werden, die vor 50 Jahren entwickelt wurden;

warum Unternehmen im Zeitalter der Monderoberung, der praktischen Nutzung der Atomenergie und der 3. Computergeneration noch immer mit Prognosen arbeiten, die aus völlig veralteten und intuitiven Methoden resultieren;

wie es zu erklären ist, daß der Verkaufs- bzw. Marketingdirektor im Jahr 1975, der eine fundierte wissenschaftliche Ausbildung besitzt, sich nicht der Diskrepanz, die zwischen der Bedeutung von Prognosen und den angewandten Methoden besteht, bewußt ist.

Beenden wir hiermit die Rolle des Advocatus Diaboli und versuchen wir, eine Antwort auf diese Fragen zu geben.

Verantwortlich für den in der ersten Frage beschriebenen Zustand scheinen zwei Hauptfaktoren zu sein:

1. Während in der Produktion im allgemeinen deterministische und weitgehend formalisierbare Prozesse existieren, stellt der Absatz ein unsicheres, stark zufallsbedingtes Phänomen dar, das äußerst komplexen Gesetzmäßigkeiten folgt und starke zeitliche Variationen aufweist, was eine Analyse durch Prognosemethoden sehr erschwert.

2. Es wurde nicht oft genug auf die Anwendungsmöglichkeiten und Gefahren der Analyse- und Prognosemodelle und -methoden hingewiesen, die am Anfang ihrer Entwicklungen aufgrund ihres relativ geringen Integrations- und Komplexitätsgrades nur in ihrer Schnelligkeit mit dem menschlichen Gehirn konkurrieren konnten. Die allgemeine Enttäuschung, die der Anwendung der ersten Prognosemethoden folgte, hat in den meisten Untenehmen zu dem bestehenden Mißtrauen gegenüber modernen Prognosemethoden beigetragen.

Die zweite und dritte Frage kann nur bedingt beantwortet werden. Offensichtlich ermöglichen die jüngsten Entwicklungen in den mathematischen Methoden der Zeitreihenanalyse sowie der Kybernetik und der Informationstheorie die Erstellung von effizienten Prognosesystemen. Die Güte der praktischen Anwendungen solcher

Systeme hängt jedoch immer noch in erster Linie von der Qualifikation ihrer Benutzer ab.

II. Der aktuelle Anwendungsstand integrierter Prognosesysteme in Europa

Bevor wir auf die heutigen Anwendungsmöglichkeiten der Prognostik im Management eingehen, soll kurz der heutige tatsächliche Anwendungsstand von Prognosemethoden in europäischen Unternehmen skizziert werden. Eine wirklich repräsentative Analyse der aktuellen Anwendungen von Prognosesystemen in Europa konnte von uns aus den folgenden zwei Gründen nicht durchgeführt werden:

1. aufgrund der nicht eindeutigen Definition des Begriffs "integrierte Prognosesysteme";

2. aufgrund der relativ geringen Anzahl derjenigen Unternehmen, von denen betreffende Informationen vorliegen.

Die nachstehende Tabelle enthält Informationen zum heutigen Anwendungsstand integrierter Prognosesysteme in ca. 200 europäischen Unternehmen, die der Autor vor allem im Rahmen seiner Beratungstätigkeit sammeln konnte.

Diese Tabelle erlaubt, trotz ihrer unzureichenden statistischen Präsentativität folgende Schlußfolgerungen:

1. Die Anwendung von Prognosesystemen steigt steil mit der Größe des Unternehmens an.

2. Die Anwendung von Prognosesystemen beschleunigt sich sehr stark zwischen 1970 und 1975 (in den großen und sehr großen Unternehmen um mehr als das Doppelte).

3. Im Jahr 1975 jedoch verfügen selbst nur 20 % der als sehr groß bezeichneten Unternehmen über ein integriertes Prognosesystem.

Tabelle 1: Typologie der in Europa angewandten integrierten Prognosesysteme

Unternehmensstrategie (nach Umsatzgröße)	Anzahl der Unternehmen	1970 (2)	(3)	(4)	1975 (2)	(3)	(4)
sehr groß	30	2	12	16	6	24	0
groß	58	2	8	48	5	31	22
mittel	61	1	4	56	2	15	44
klein	39	0	0	39	1	4	34

2) vorhandene bzw. in Erstellung begriffene Prognosesysteme

3) vorgesehene bzw. geplante Prognosesysteme

4) es ist kein Prognosesystem vorgesehen

4. Die Zahl der Unternehmen, die die Anwendung bzw. Entwicklung eines integrierten Prognosesystems vorsehen, hat in den letzten Jahren deutlich zugenommen. Es ist daher zu erwarten, daß in den nächsten 10 Jahren eine generalisierte Anwendung von Prognosesystemen und -methoden für das Management stattfinden wird.

III. Ein integrierter Prognoseansatz: das System MARKET

Aufgrund der Notwendigkeit, zukünftige Marktentwicklungen immer besser vorherzusehen, läßt sich in verstärktem Maße ein zunehmendes Interesse an integrierten Prognosesystemen beobachten, was durch folgende Vorteile erklärt werden kann:

1. Kontinuität in der Entwicklung spezifischer Prognosesysteme des Unternehmens,

2. Homogenität aller langfristigen Prognosen des Unternehmens und deren logische Verknüpfung,

3. unentbehrliche Basis für andere Vorhersagesysteme (insbesondere für produktspezifische Prognosesysteme),

4. rasche Erstellung neuer Prognosen bei Auftreten wichtiger und unvorhergesehener Veränderungen der die ökonomische Aktivität bestimmenden Faktoren,

5. laufende dynamische Kontrolle der erstellten Prognosen, d. h.
   - Adaptation der Prognosen an die Marktdynamik,
   - Selbstkontrolle des Prognosesystems (z. B. durch Anwendung kybernetischer Verfahren).

Um die Struktur sowie die Möglichkeiten aktueller, integrierter Prognosesysteme zu verdeutlichen, wird im folgenden das vom Autor entwickelte mittel- und langfristige Prognose- und Informationssystem MARKET vorgestellt, das von verschiedenen europäischen Unternehmen angewandt wird.

III.1 Beschreibung des Systems

Die vorhergehenden Ausführungen lassen erkennen, daß rationelle und differenzierte Analysen und Prognosen in der Praxis nur durch ein computerorientiertes Analyse- und Prognosesystem erzielt werden können. Das mittel- und langfristige Analyse- und Prognosesystem MARKET beinhaltet neben allen relevanten langfristigen Vorhersagemethoden auch die Möglichkeit einer integrierten Behandlung mittelfristiger Prognosemethoden.

Eine große Anzahl langfristiger endogener Prognosemethoden ist in einer Methodenbank zusammengefaßt. Neben dieser Methodenbank, die jederzeit erweitert werden kann, besteht die Möglichkeit, einfache lineare sowie multidimensionale nicht-lineare Regressionsanalysen durchzuführen.

Die Datenbank des Systems beinhaltet alle wichtigen Daten, die für einen bestimmten Problemkreis bedeutsam sind.

Die allgemeine Struktur von MARKET weist die folgenden fünf Hauptcharakteristika auf:

- Analyse des Marktverhaltens und seiner langfristigen Entwicklung,
- Analyse der Konjunkturmechanismen sowie Untersuchung des mittelfristigen Marktverhaltens,
- integrierte Behandlung der multiplen ökonomischen Informationen,
- spezifische Benutzersprache,
- Berichtsystem und seine verschiedenen Möglichkeiten

III.2 Die langfristige Analyse und Prognose

Zur Erstellung möglichst detaillierter und genauer langfristiger Analysen und Prognosen wurde in MARKET eine Methodenbank entwickelt, die eine automatische Vergleichsanalyse zwischen einer Reihe endogener Funktionen (deren Anzahl praktisch unbeschränkt ist) erlaubt, sowie die Beschreibung jeglichen Markttyps mit Hilfe explikativer multidimensionaler Funktionen ermöglicht.

a) Bestimmung der endogenen Wachstumsfunktion zur Beschreibung von langfristigen Marktentwicklungen:

Die endogene Analyse der Marktentwicklung basiert auf einer Vergleichsanalyse zwischen den verschiedenen Wachstumsfunktionen.

Die Methodenbank enthält insbesondere die folgenden Funktionen:

- Exponentialfunktion,
- Funktion nach Pyatt,
- einfache logistische Funktion,
- Funktion nach Gompertz,
- von Boguslawski-Funktion
- Weblus-Funktion etc.
- Zwei Funktionsgeneratoren erlauben die Bestimmung unendlich vieler verschiedener Wachstumstypen endogener Natur. Die Suche nach der optimalen Wachstumsfunktion kann somit automatisch durchgeführt werden (siehe Tabelle 2).

b) Untersuchung der exogenen explikativen Funktion für das langfristige Wachstum:

Zur Konstruktion und Untersuchung exogener explikativer Prognosemodelle, die der ökonomischen Realität der verschiedenen Markttypen gerecht werden, ist es mit Hilfe von MARKET möglich, multidimensionale Prognoseansätze genereller Natur zu erstellen,

Tabelle 2: Systematische Übersicht über die langfristigen Prognosemodelle

Endogene Systeme	Logistischer Ansatz	Generalisierte Funktion 1. Ordnung	Logistisch-symmetrisch Exponentiell *v. Bertalanffy* ....
		Generalisierte Funktion 2. Ordnung	*Gompertz* *Johnson* Exponentiell ....
		Sonstige Logistische Ansätze	*Pyatt* *Weblus* ....
	Spezialansätze	Loginvers Burns Normalverteilung Lognormal Gammafunktion *v. Boguslawski*	
Exogene Systeme	Logistischer Ansatz	Generalisierte Funktion 3. Ordnung	*Siebke* ....
		Generalisierte Funktion 4. Ordnung	*Bonus* ....
		Sonstige logistische Ansätze	*Roos* u. *Szelinski* *Klaassen* u. *Koyck* *Jungemann* *Massy* ....
	Spezielle Markttypologische Ansätze	Cramer Pseudo-Linear *Lewandowski*	

was erlaubt,

- zunächst eine Filtrierung der zur Beschreibung des Phänomens relevanten Indikatoren durchzuführen;
- eine Analyse der Reaktionszeit zwischen den filtrierten Indikatoren und dem tatsächlichen Marktverhalten zu erstellen, sowie
- die funktionalen Beziehungen, die zwischen den verschiedenen Indikatoren und dem zu analysierenden Phänomen bestehen, aufzufinden. Die Untersuchung der funktionalen Marktbeziehungen kann als die Basis für eine genaue Kenntnis der inneren Gesetzmäßigkeiten der Marktmechanismen betrachtet werden. Sie bietet jedoch nur unter den folgenden Aspekten Aussicht auf Erfolg:

  a) Formalisierung der intuitiven Kenntnisse (Erfahrungen) bezüglich der komplexen Marktmechanismen,

  b) Erstellung mathematischer und statistischer Analysen der multiplen Interaktionen.

In MARKET wird für eine solche Untersuchung der funktionalen Beziehungen eine spezifische Benutzersprache angewandt.

Dieser erste Teil von MARKET stellt somit einen globalen Ansatz zur langfristigen Analyse und Prognose von Marktentwicklungen sowohl für eine endogene Marktbeschreibung als auch für eine formale Beschreibung von komplexen Wachstumsprozessen dar.

III.3 Die mittelfristige Vorhersage

Langfristige Analysen zeigen, daß der tatsächliche langfristige Trend des untersuchten Marktes keineswegs ideal verläuft, sondern durch Abweichungen vom optimalen langfristigen Trend gekennzeichnet ist. Durch die mittelfristige Analyse werden Erklärungen für die entstandenen Residuen gesucht. Zwei Vorhersagemethoden existieren für die konjunkturbedingten Abweichungen vom langfristigen Trend und die Abweichungen, die durch andere Einflußfaktoren hervorgerufen werden.

a) Das endogene Prognosesystem

Es handelt sich darum, die mittelfristigen Abweichungen durch eine endogene Oszillationsfunktion zu beschreiben. Diese Oszillationsfunktion soll den Konjunkturverlauf beschreiben, der den langfristigen Trend überlagert. Es gilt also, die marktspezifischen immanenten Konjunktureigenschaften durch einen dynamischen marktspezifischen Konjunkturzyklus zu beschreiben. Die charakteristischen Größen der erwähnten endogenen Analyse werden durch einen kybernetischen autoadaptativen Prozess automatisch ermittelt.

b) Das exogene Prognosesystem

Trotz der Anpassungsfähigkeit des ermittelten Konjunkturzyklus ist der endogene Ansatz nicht in der Lage, komplexe mittelfristige Marktprozesse zu beschreiben.Der exogene Prognoseteil erlaubt die Bestimmung der signifikanten Abweichungen von dem erwarteten langfristigen Trend und die Definition ihrer Gesetzmäßigkeit, d. h. die Erklärung durch zusätzliche Einflußfaktoren.

Der wesentliche Bestandteil eines solchen Prognosemodells liegt darin, verschiedene Hypothesen zur Erklärung der mittelfristigen Entwicklung zu erstellen.

Zur Untersuchung der funktionalen Beziehungen, die am besten den mittelfristigen Bereich beschreiben, wird dieser Modellteil in zwei Subsysteme unterteilt:

1. Beschreibung der mittelfristigen konjunkturellen Prozesse makroökonomischer Natur,

2. Quantifizierung des Einflusses der Marketingpolitik unter Berücksichtigung der verschiedenen Konkurrenzaktivitäten.

III.4 Das Berichtsystem

Um eine übersichtliche Gliederung des Berichtsystems zu erreichen, wurden in MARKET neun verschiedene Outputarten programmiert.

IV. Schlußfolgerung

Trotz verschiedener noch zu lösender Probleme ist es offensichtlich, daß in den letzten 5 Jahren eine rapide Entwicklung in der Anwendung integrierter Prognosesysteme stattgefunden hat.

Die Anwendung von Prognosesystemen für die Unternehmensführung trägt zur Lösung folgender wichtiger komplexer Probleme bei:

- Bestimmung der relevanten "zukunftsträchtigen" Indikatorenvariablen,

- Auswahl der für das spezifische, analysierte Phänomen adäquaten Prognosemethode,

- automatische Optimierung der Parameter,

- Integration normativer und intuitiver Daten in einem rationalen und systemhaften Rahmen,

- effiziente, zentrale Informationsverarbeitung verschiedener ökonomischer Informationen bzw. Marktdaten.

Abbildung 1: Die Behandlung der mittelfristigen Analyse und Prognose in MARKET

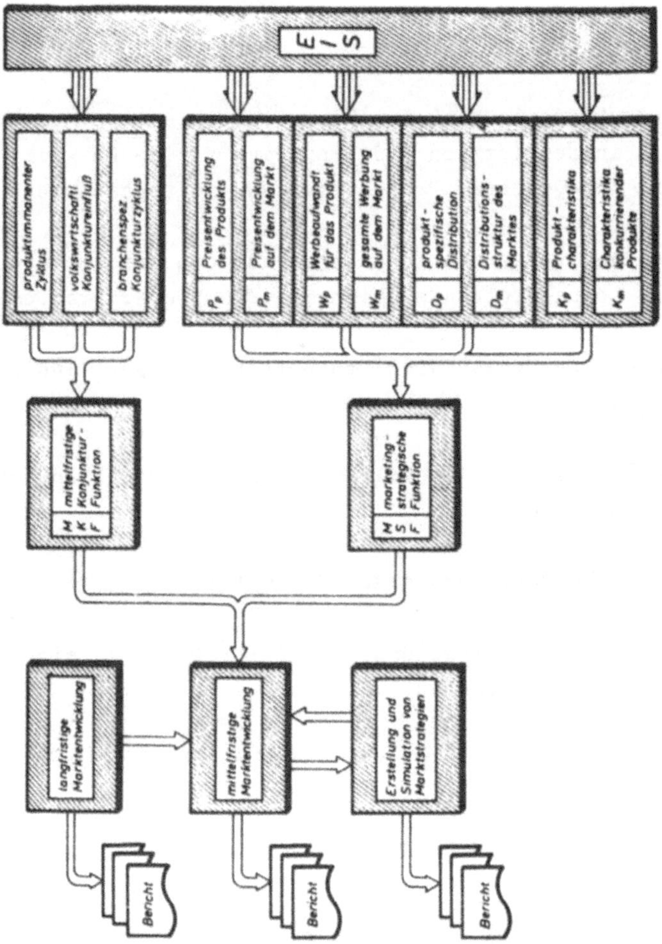

Approximation homogener Markoff-Ketten mit abzählbarem Zustandsraum durch solche mit endlichem Zustandsraum

D. Wolf, Karlsruhe

Zusammenfassung: Es sei p^o die Anfangsverteilung und $\mathbb{P}$ die Obergangsmatrix einer positiv rekurrenten Markoff-Kette mit dem Zustandsraum $\mathbb{N}_o:=\{0,1,2,...\}$. Die Anfangsverteilung und Obergangsmatrix eines solchen Prozesses mit dem Zustandsraum $\{0,1,2,...,m\}$ werde mit $p^{m,o}$ bzw. $\mathbb{P}^m$ bezeichnet. Durch $p^{n+1}=p^n\,\mathbb{P}$, p^o bzw. $p^{m,n+1}=p^{m,n}\,\mathbb{P}^m, p^{m,o}$ sind die Verteilungen dieser Markoff-Prozesse festgelegt. Zu jedem Paar $p^o,\mathbb{P}$ kann man zwei Folgen $\{p^{m,o}\}_{m\in\mathbb{N}}$ und $\{\mathbb{P}^m\}_{m\in\mathbb{N}}$ angeben, so daß für die dazugehörigen Verteilungen gilt

$$\lim_{m\to\infty}(\sup_{n\in\mathbb{N}}\{\|\frac{1}{n}\sum_{k=1}^{n}p^{m,k}-\frac{1}{n}\sum_{k=1}^{n}p^{k}\|\})=0.$$

Falls P aperiodisch ist, gilt sogar

$$\lim_{m\to\infty}(\sup_{n\in N}\{\|p^n-p^{m,n}\|\})=0.$$

Dabei ist $\|\ .\ \|$ die Summennorm. Die Matrizen $\mathbb{P}^m$ haben eine eindeutige stationäre Verteilung π^m, die mit $m\to\infty$ gegen die eindeutige stationäre Verteilung π von $\mathbb{P}$ konvergiert.

1.Einleitung: Im folgenden bezeichnet $X = \{X_n\}_{n\in N}$ eine homogene Markoff-Kette (h.M.K.) auf dem Wahrscheinlichkeitsraum $(\Omega,\mathcal{T},p)$ und mit dem Zustandsraum $\mathbb{N}_o = \{0,1,2,...\}$. Die Verteilungen $p^n=(p_j^n)_{j\in\mathbb{N}_o}$ von X_n sind durch die Obergangsmatrix (OM) $P=(p_{ij})_{i,j\in N_o}$ und die Anfangsverteilung (AV) p^o gemäß $p^{n+1}=p^n\,P$ gegeben; d.h. $p_j^{n+1}=\sum_{i=o}^{\infty}p_i^n\,p_{ij}$ $(j\in N_o)$. Dabei ist $p_j^n=p\{X_n(\omega)=j\}$[1] und $p_{ij}=p\{X_1(\omega)=j/\,X_o(\omega)=i\}=p\{X_{n+1}(\omega)=j/\,X_n(\omega)=i\}$.

Die Verteilungen p^n lassen sich im allgemeinen nicht exakt berechnen. Es soll nun untersucht werden, ob es h.M.Kn. mit dem Zustandsraum $\{0,1,2,...,m\}$ $(m\in N)$ gibt, deren Verteilungen die gesuchten Verteilungen p^n annähern. Dazu ist es notwendig einen Abstand auf der Menge V aller Verteilungen auf $\mathbb{N}_o$ festzulegen.

---

1) Die Elemente von Ω werden mit ω bezeichnet.

Da V Untermenge des Folgenraumes l^1 ist, soll hier die Norm von l^1 gewählt werden; d h. für zwei Verteilungen $p^1, p^2 \in V$ sei

$$||p^1 - p^2|| := \sum_{j=0}^{\infty} |p_j^1 - p_j^2| \quad .$$

Ist p^2 eine Verteilung auf $\{0,1,2,\ldots,m\}$,so kann man p^2 mit Nullen auffüllen ($p^2 = (p_0^2, p_1^2, \ldots, p_m^2, 0, 0, \ldots)$) und als Element von V ansehen. Es ist dann

$$|| p^1 - p^2|| = \sum_{j=0}^{m} |p_j^1 - p_j^2| + \sum_{j=m+1}^{\infty} p_j^1$$

Konvergenz in dieser Norm entspricht in V der komponentenweisen Konvergenz. Es gilt der folgende

<u>Hilfssatz</u> 1 : Es sei $\{p^k\}_{k \in \mathbb{N}} \subset V$ eine Folge von Verteilungen auf $\mathbb{N}_0$. Für eine Verteilung $p \in V$ gilt dann:

$$\lim_{k\to\infty} ||p^k - p|| = 0 \Longleftrightarrow \bigwedge_{j \in \mathbb{N}_0} \lim_{k\to\infty} p_j^k = p_j \;.^{1)}$$

<u>Beweis</u> $:\Longrightarrow$: Klar.

$\Longleftarrow$: Es sei $\varepsilon > 0$ beliebig und j_0 so groß, daß $\sum_{j=j_0+1}^{\infty} p_j \le \frac{\varepsilon}{2}$ ist.

Dann gilt:

$$\lim_{k\to\infty} \left(\sum_{j=j_0+1}^{\infty} p_j^k \right) = \lim_{k\to\infty} \left(1 - \sum_{j=0}^{j_0} p_j^k \right) = 1 - \sum_{j=0}^{j_0} p_j = \sum_{j=j_0+1}^{\infty} p_j \le \frac{\varepsilon}{2} \;.$$

Daraus folgt

$$\lim_{k\to\infty} ||p^k - p|| = \lim_{k\to\infty} \sum_{j=0}^{j_0} |p_j^k - p_j| + \lim_{k\to\infty} \sum_{j=j_0+1}^{\infty} |p_j^k - p_j|$$

$$\le 0 + \lim_{k\to\infty} \sum_{j=j_0+1}^{\infty} p_j^k + \sum_{j=j_0+1}^{\infty} p_j \le \varepsilon \quad .$$

Da $\varepsilon > 0$ beliebig war, folgt die Behauptung. □

Im folgenden sei $X^m = \{X_n^m\}_{n \in \mathbb{N}}$ eine h.M.K. mit dem Zustandsraum $\{0,1,2,\ldots,m\}$, der ÜM $\mathbb{P}^m$ und der AV $p^{m,0}$. Die Verteilung von X_n^m werde mit $p^{m,n}$ bezeichnet. Mit vollständiger Induktion über n und mithilfe von HS 1 zeigt man leicht

<u>Satz</u> 1 : Es seien p^o , $\mathbb{P}$ und $p^{m,o}$, $\mathbb{P}^m$ Anfangsverteilung und Übergangsmatrix der h.M.Kn. $X = \{X_n\}_{n \in \mathbb{N}}$ und $X^m = \{X_n^m\}_{n \in \mathbb{N}}$ $(m \in \mathbb{N})$. Dann folgt aus

$$\bigwedge_{j \in \mathbb{N}_0} \lim_{m\to\infty} p_j^{m,o} = p_j^o \quad \text{und} \quad \bigwedge_{i,j \in \mathbb{N}_0} \lim_{m\to\infty} p_{ij}^m = p_{ij}$$

---

1) $\bigvee$ ≘ es gibt ein, $\bigwedge$ ≘ für alle .

die Eigenschaft

(1.1) $$\bigwedge_{n \in \mathbb{N}_0} \lim_{m\to\infty} \| p^{m,n} - p^n \| = 0 .$$

(1.1) besagt, daß X^m das Anfangsverhalten von X annähert. Wünschenswert wäre jedoch die Aussage

(1.2) $$\lim_{m\to\infty} \left(\sup_{n \in \mathbb{N}_0} \| p^{m,n} - p^n \| \right) = 0 .$$

Dies würde bedeuten, daß das Verhalten von X zu allen "Zeiten" $n \in \mathbb{N}_0$ durch X^m gleichmäßig angenähert werden kann.
Für eine irreduzible transiente M.K. X gilt $\lim_{n\to\infty} p_j^n = 0$ für alle $j \in \mathbb{N}_0$. Die M.K. X^m mit dem Zustandsraum $\{0,1,2,\dots,m\}$ besitzt immer positiv rekurrente Zustände. Es folgt in diesem Fall $\sup_{n \in \mathbb{N}_0} \| p^{m,n} - p^n \| = 2$ mit der anfangs eingeführten Norm. Die gleiche Aussage ist für null rekurrente M.Kn. richtig. (1.2) kann also unter den irreduziblen M.Kn. höchstens bei positiv rekurrenten M.Kn. gelten. Dies soll im nächsten Abschnitt untersucht werden. Aussagen für reduzible M.Kn. erhält man indem man die Ergebnisse auf die einzelnen Rekurrenzklassen anwendet.

<u>2.Positiv rekurrente h. M.Kn.</u> : Im folgenden sei $X = \{X_n\}_{n \in \mathbb{N}_0}$ stets eine irreduzible pos. rek. M.K. mit der AV p^0 und der ÜM $\mathbb{P}$. X^m bezeichne wieder eine h. M.K. mit dem Zustandsraum $\{0,1,2,\dots,m\}$. Aus p^0 und $\mathbb{P}$ sollen nun Folgen $(p^{m,0})$ und $\{\mathbb{P}^m\}$ konstruiert werden, so daß die dazugehörigen M.Kn. X^m die Bedingung (1.2) erfüllen. Es reicht nicht aus diese Folgen so zu wählen, daß die Voraussetzungen von Satz 1 erfüllt sind. Man könnte versucht sein $\mathbb{P}^m$ z.B. auf folgende Weise festzulegen

$$p_{ij}^m = \begin{cases} p_{ij} & \text{für } 0 \le j < m \\ \sum_{k=m}^{\infty} p_{ik} & \text{für } j = m \end{cases} \qquad i = 0,1,\dots,m$$

Es läßt sich zeigen, daß $\mathbb{P}^m$ eine eindeutige stationäre Verteilung π^m besitzt (d.h. $\pi^m = \pi^m \mathbb{P}^m$). Man kann nun Beispiele angeben bei denen die Folge $\{\pi^m\}_{m \in \mathbb{N}}$ nicht gegen die stationäre Verteilung π von P konvergiert. Da π^m und π Grenzverteilungen sind, kann man nicht erwarten, daß (1.2) gilt. Die Voraussetzung von Satz 1 ist für diese Folge von Matrizen aber erfüllt.

Als erfolgreicher erweist sich eine ähnliche Konstruktion der Matrix $\mathbb{P}^m$ aus der gegebenen Matrix $\mathbb{P}$. Es sei

$$(1.3) \qquad p^m_{ij} = \begin{cases} p_{ij} & \text{für } 0 < j \le m \\ p_{io} + \sum_{k=m+1}^{\infty} p_{ik} & \text{für } j=0 \end{cases} \qquad i = 0,1,\dots,m$$

Die durch (1.3) festgelegte Matrix muß nicht irreduzibel sein. Es gilt aber

Satz 2 : Es sei $\mathbb{P}$ die ÜM einer irreduziblen pos. rek. h. M.K. X .Dann besitzt eine h. M.K. X^m mit der ÜM P^m nach (1.3) genau eine positiv rekurrente Klasse $C^m \subseteq \{0,1,\dots,m\}$,und es gilt $0 \in C^m$.

Beweis : Da X^m einen endlichen Zustandsraum hat, existiert mindestens eine pos. rek. Klasse $C^m \subseteq \{0,1,\dots,m\}$. Eine pos. rek. Klasse $\bar{C}^m$ von P^m mit $0 \notin \bar{C}^m$ kann es nicht geben. Andernfalls wäre $(p^m_{ij})_{i,j \in \bar{C}^m} = (p_{ij})_{i,j \in \bar{C}^m}$. Das würde bedeuten, daß $\bar{C}^m$ auch für P eine rek. Klasse ist, was bei irreduziblem P nicht möglich sein kann. Es gibt also genau eine solche Klasse und diese enthält das Element 0. □

Als Folge von Satz 2 hat $\mathbb{P}^m$ genau eine stationäre Verteilung π^m. Man erhält sie als Lösung des Gleichungssystems

$$(1.4) \qquad \begin{aligned} q_j &= \sum_{i=o}^{m} q_i p^m_{ij} \qquad j = 0,1,\dots,m \\ \sum_{i=o}^{m} q_j &= 1 \end{aligned}$$

und es gilt $\pi^m_o > 0$. Im Gegensatz zu der anfangs angeführten Matrix P^m gilt nun

Satz 3 : Es sei $\mathbb{P}$ die ÜM einer irreduziblen pos. rek. h. M.K. X. Für alle $m \in \mathbb{N}$ sei $\mathbb{P}^m$ die daraus gemäß (1.3) konstruierte ÜM. Dann gilt für die eindeutig bestimmten stationären Verteilungen π und π^m von P bzw. $\mathbb{P}^m$

$$\lim_{m\to\infty} \| \pi - \pi^m \| = 0.$$

Beweis : Es seien folgende Größen definiert

$${}_0p^n_{ij} := p\{X_n(\omega) = j,\ X_\nu(\omega) \neq 0 \quad 0 < \nu < n / X_0(\omega) = i\}, \quad {}_0p^1_{ij} := p_{ij} \quad \text{und}$$

$${}_0p^{m,n}_{ij} := p\{X^m_n(\omega) = j,\ X^m_\nu(\omega) \neq 0 \quad 0 < \nu < n / X^m_0(\omega) = i\},^{1.)} \quad {}_0p^{m,1}_{ij} := p^m_{ij}.$$

Dann gilt $\quad {}_0p^{n+1}_{ij} = \sum_{l=1}^{\infty} p_{il} \cdot {}_0p^n_{lj} \qquad (i,j \in \mathbb{N}_0, n \in \mathbb{N})$

und $\quad {}_0p^{m,n+1}_{ij} = \sum_{l=1}^{m} p^m_{il} \cdot {}_0p^{m,n}_{lj} \qquad (0 \le i,j \le m, n \in \mathbb{N})$

1) X^m ist wieder eine h. M.K. mit der ÜM $\mathbb{P}^m$

Mithilfe dieser Beziehungen und vollständiger Induktion über n erhält man für alle $m,n \in \mathbb{N}_0$

$$\bigwedge_{1\le j\le m} \bigwedge_{0\le i\le m} {}_0p_{ij}^{m,n} \le {}_0p_{ij}^{m+1,n} \le {}_0p_{ij}^{n}$$

Damit existiert $\lim_{m\to\infty} {}_0p_{ij}^{m,n}$ für alle $n \in \mathbb{N}, i \in \mathbb{N}_0$ und $j \in \mathbb{N}$. Mit dem Satz von der monotonen Konvergenz folgt für $j \ge 1$, $i \ge 0$

$$\lim_{m\to\infty} {}_0p_{ij}^{m,n+1} = \lim_{m\to\infty} \Big(\sum_{l=1}^{\infty} p_{il}^{m} \, {}_0p_{lj}^{m,n} \Big) = \sum_{l=1}^{\infty} \lim_{m\to\infty} \big(p_{il}^{m} \, {}_0p_{lj}^{m,n} \big)$$

$$= \sum_{l=1}^{\infty} p_{il} \, \big(\lim_{m\to\infty} {}_0p_{lj}^{m,n} \big)$$

Mit vollständiger Induktion ergibt sich daraus

$$\lim_{m\to\infty} {}_0p_{ij}^{m,n} = {}_0p_{ij}^{n} \quad \text{für alle } n \in \mathbb{N}, i \in \mathbb{N}_0, j \in \mathbb{N}.$$

Es sei nun

$$u_j := \begin{cases} 1 & \text{für } j = 0 \\ \sum_{n=1}^{\infty} {}_0p_{0j}^{n} & \text{für } j \ge 1 \end{cases}, \quad u_j^m := \begin{cases} 1 & \text{für } j = 0 \\ \sum_{n=1}^{\infty} {}_0p_{0j}^{m,n} & \text{für } j \ge 1 \end{cases} .$$

Dann gilt $u_j^m \le u_j^{m+1} \le u_j$ für alle $m \in \mathbb{N}, 0 \le j \le m$, und es folgt - wieder wegen des Satzes von der monotonen Konvergenz-

$$\bigwedge_{j\in\mathbb{N}_0} \lim_{m\to\infty} u_j^m = u_j$$

und

$$\lim_{m\to\infty} \sum_{j=0}^{m} u_j^m = \sum_{j=0}^{\infty} u_j .$$

Nun ist aber $u_j = \pi_j/\pi_0$ und $u_j^m = \pi_j^m/\pi_0^m$ (siehe [1]). Daraus folgt

$$\lim_{m\to\infty} \frac{1}{\pi_0^m} = \lim_{m\to\infty} \Big(\sum_{j=0}^{m} u_j^m \Big) = \sum_{j=0}^{\infty} u_j = \frac{1}{\pi_0}$$

und

$$\bigwedge_{j\in\mathbb{N}_0} \lim_{m\to\infty} \pi_j^m = \lim_{m\to\infty} \big(\pi_0^m u_j^m \big) = \pi_0 \, u_j = \pi_j .$$

Mit HS 1 ergibt sich die Behauptung. □

Damit läßt sich nun Satz 1 zumindest für eine aperiodische irreduzible pos. rek. h. M.K. in der gewünschten Weise verschärfen. Falls die M.K. X periodisch ist erhält man eine naheliegende Abschwächung.

Satz 4 : Es sei X eine irreduzible pos. rek. h. M.K. mit der OM $\mathbb{P}$ und der AV p^o. Für jedes $m \in \mathbb{N}$ sei X^m eine h. M.K. mit dem Zustandsraum $\{0,1,2,\dots,m\}$, der OM $\mathbb{P}^m$ nach (1.3) und einer AV $p^{m,o}$. Die Folge $\{p^{m,o}\}_{m\in\mathbb{N}}$ konvergiere gegen p^o. Dann gilt

1) wenn $\mathbb{P}$ aperiodisch ist

$$\lim_{m\to\infty} \left(\sup_{n\in\mathbb{N}_o}\{ \| p^{m,n} - p^n \| \}\right) = 0$$

2) wenn $\mathbb{P}$ periodisch ist

$$\lim_{m\to\infty} \left(\sup_{n\in\mathbb{N}}\{ \| \frac{1}{n}\sum_{k=1}^{n} p^{m,k} - \frac{1}{n}\sum_{k=1}^{n} p^k \| \}\right) = 0.$$

Beweis : 1) $\mathbb{P}$ habe die Periode d=1. d^m bezeichne die Periode der Zustände der Klasse C^m aus Satz 2. Dann gilt mit $\bar{\mathbb{N}} := \{n \in \mathbb{N} / p^n_{oo} > 0\}$ [1] und $\bar{\mathbb{N}}^m := \{n \in \mathbb{N} / p^{m,n}_{oo} > 0\}$ $d = g.g.T(\bar{\mathbb{N}})$ [2] und $d^m = g.g.T(\bar{\mathbb{N}}^m)$. Ein Satz aus der Zahlentheorie besagt, daß es eine endliche Untermenge $\mathbb{N}'$ von $\bar{\mathbb{N}}$ gibt, so daß $d = g.g.T(\mathbb{N}')$ ist. Aus Satz 1 folgt (mit $p^{m,o}_o = p^o_o = 1$) für alle $n \in \mathbb{N}$ $\lim_{m\to\infty} p^{m,n}_{oo} = p^n_{oo}$. Damit gibt es ein $m_o \in \mathbb{N}$, so daß für alle $m \ge m_o$ und alle $n \in \mathbb{N}'$ gilt $p^{m,n}_{oo} > 0$; d.h. es gilt $\mathbb{N}' \subseteq \bar{\mathbb{N}}^m$. Daraus folgt für $m \ge m_o$ $1 \le d^m = g.g.T(\bar{\mathbb{N}}^m) \le g.g.T(\mathbb{N}') = d = 1$. Damit ist $\mathbb{P}^m$ für alle $m \ge m_o$ aperiodisch und es gilt

$$\lim_{m\to\infty} p^{m,n}_j = \begin{cases} 0 = \pi^m_j & \text{für } j \notin C^m \\ \pi^m_j > 0 & \text{für } j \in C^m \end{cases} \qquad (C^m \text{ nach Satz 2 })$$

Dabei ist π^m die (eindeutige) stationäre Verteilung von $\mathbb{P}^m$. Mit HS 1 folgt $\lim_{n\to\infty} \| p^{m,n} - \pi^m \| = 0$ für fast alle $m \in \mathbb{N}$. Ebenso gilt für die (eindeutige) stationäre Verteilung π von $\mathbb{P}$ $\lim_{n\to\infty} \| p^n - \pi \| = 0$.

Es sei nun $\varepsilon > 0$ beliebig und n_o so groß, daß für alle $n \ge n_o$ $\| p^n - \pi \| \le \frac{\varepsilon}{2}$ ist. Mit Satz 1 und 3 folgt dann

$$\begin{aligned} \lim_{m\to\infty} \left(\sup_{n\in\mathbb{N}_o}\{ \| p^{m,n} - p^n \| \}\right) &= \lim_{m\to\infty} \left(\sup_{n\ge n_o}\{ \| p^{m,n} - p^n \| \}\right) \\ &\le \lim_{m\to\infty} \left(\sup_{n\ge n_o}\{ \| p^{m,n} - \pi^m \| + \| \pi^m - \pi \| + \| \pi - p^n \| \}\right) \\ &\le \frac{\varepsilon}{2} + 0 + \lim_{m\to\infty} \left(\sup_{n\ge n_o}\{ \| p^{m,n} - \pi^m \| \}\right) \end{aligned}$$

1) $p^n_{ij} := p\{X_n(\omega) = j \,/\, X_o(\omega) = i\}$; entsprechend ist $p^{m,n}_{ij}$ definiert.

2) g.g.T. = größter gemeinsamer Teiler.

Es gilt

$$\| p^{m,n+1} - \pi^m\| = \| p^{m,n}\,\mathbb{P}^m - \pi^m\,\mathbb{P}^m\| = \| (p^{m,n} - \pi^m)\,\mathbb{P}^m\| \le \| p^{m,n} - \pi^m\|$$

Damit erhält man

$$\lim_{m\to\infty} \left(\sup_{n\in\mathbb{N}_0} \{ \| p^{m,n} - p^n\| \}\right) \le \frac{\varepsilon}{2} + \lim_{m\to\infty} (\| p^{m,n_0} - \pi^m\|) = \frac{\varepsilon}{2} + \| p^{n_0} - \pi\| \le \varepsilon$$

Da $\varepsilon > 0$ beliebig war folgt die Behauptung.

2) $\mathbb{P}$ habe nun eine beliebige Periode $d \ge 1$. Zur Abkürzung sei gesetzt

$$q^n := \frac{1}{n}\sum_{k=1}^{n} p^n \quad \text{und} \quad q^{m,n} := \frac{1}{n}\sum_{k=1}^{n} p^{m,n}.$$

q^n und $q^{m,n}$ sind ebenfalls Verteilungen,und aus Satz 1 folgt für alle $n \in \mathbb{N}$ $\lim_{m\to\infty} \| q^{m,n} - q^n\| = 0$. Außerdem gilt für alle $m \in \mathbb{N}$ $\lim_{n\to\infty} \| q^{m,n} - \pi^m\| = \lim_{n\to\infty} \| q^n - \pi\| = 0$.

Es sei wieder $\varepsilon > 0$ beliebig und n_0 so groß, daß $\|q^n - \pi\| \le \frac{\varepsilon}{3}$ ist für alle $n \ge n_0$.
Wie unter 1) erhält man dann

$$\lim_{m\to\infty} \left(\sup_{n\in\mathbb{N}_0} \{ \| q^{m,n} - q^n\| \}\right) \le \frac{\varepsilon}{3} + \lim_{m\to\infty} \left(\sup_{n\ge n_0} \{ \| q^{m,n} - \pi^m\| \}\right).$$

Der letzte Term läßt sich nicht so leicht abschätzen wie der entsprechende in 1). Es muß nämlich nicht $\| q^{m,n+1} - \pi^m\| \le \| q^{m,n} - \pi^m\|$ gelten, wie das für $p^{m,n}$ der Fall ist. Für beliebige $r, s \in \mathbb{N}$ erhält man aber

$$\begin{aligned}
\| q^{m,r+s} - \pi^m\| &= \left\| \frac{1}{r+s} \left(\sum_{k=1}^{r} p^{m,k} + \sum_{k=r+1}^{r+s} p^{m,k} \right) - \pi^m \right\| \\
&= \left\| \frac{r}{r+s} \left(\frac{1}{r} \sum_{k=1}^{r} p^{m,k} - \pi^m \right) + \frac{s}{r+s} \left(\frac{1}{s} \sum_{k=1}^{s} p^{m,r+k} - \pi^m \right) \right\| \\
&\le \frac{r}{r+s} \| q^{m,r} - \pi^m\| + \frac{s}{r+s} \| (q^{m,s} - \pi^m)\mathbb{P}^{m,r}\| \\
&\le \frac{r}{r+s} \| q^{m,r} - \pi^m\| + \frac{s}{r+s} \| q^{m,s} - \pi^m\| .
\end{aligned}$$

Für beliebiges $l \in \mathbb{N}$ folgt daraus

$$\begin{aligned}
\| q^{m,(l+1)n_0} - \pi^m\| &= \| q^{m,ln_0 + n_0} - \pi^m\| \\
&\le \frac{ln_0}{(l+1)n_0} \| q^{m,ln_0} - \pi^m\| + \frac{n_0}{(l+1)n_0} \| q^{m,n_0} - \pi^m\| = \\
&= \frac{l}{l+1} \| q^{m,ln_0} - \pi^m\| + \frac{1}{l+1} \| q^{m,n_0} - \pi^m\| .
\end{aligned}$$

Mit vollständiger Induktion über $l \in \mathbb{N}$ erhält man

$$\| q^{m,ln_0} - \pi^m\| \le \| q^{m,n_0} - \pi^m\| .$$

Damit ergibt sich für alle $l \geq 2$ und $0 \leq r < n_o$:

$$\| q^{m,ln_o+r} - \pi^m \| = \| q^{m,(l-1)n_o+(n_o+r)} - \pi^m \|$$
$$\leq \frac{(l-1)n_o}{ln_o+r} \| q^{m,n_o} - \pi^m \| + \frac{n_o+r}{ln_o+r} \| q^{m,n_o+r} - \pi^m \|$$
$$\leq \| q^{m,n_o} - \pi^m \| + \| q^{m,n_o+r} - \pi^m \| .$$

Die letzte Ungleichung gilt natürlich auch für $l=1$. Daraus folgt

$$\lim_{m\to\infty} (\sup_{n \in \mathbb{N}} \{ \| q^{m,n} - q^n \| \}) \leq \frac{\varepsilon}{3} + \lim_{m\to\infty} (\| q^{m,n_o} - \pi^m \| +$$
$$+ \max_{o \leq r < n_o} \{ \| q^{m,n_o+r} - \pi^m \| \})$$
$$\leq \frac{\varepsilon}{3} + \| q^{n_o} - \pi \| + \max_{o \leq r < n_o} \{ \| q^{n_o+r} - \pi \| \}$$
$$\leq \frac{\varepsilon}{3} + \frac{\varepsilon}{3} + \frac{\varepsilon}{3} = \varepsilon .$$

Da ε beliebig war folgt die Behauptung. □

Bemerkung : 1. Wenn die Periode d von $\mathbb{P}$ größer als 1 ist, muß die Periode d^m der Klasse C^m (aus Satz 2) nicht mit d übereinstimmen. Es läßt sich nur zeigen, daß d^m für fast alle $m \in \mathbb{N}$ ein Teiler von d sein muß.

2. Wählt man in Satz 4 die Anfangsverteilungen $p^{m,o}$ und p^o so, daß gilt $p_i^{m,o} = p_i^o = 1$ $(i \in \mathbb{N}_o)$, dann folgt z.B. im Fall 1)

$$\lim_{m\to\infty} (\sup_{n \in \mathbb{N}_o} \sum_{j=o}^{m} | p_{ij}^{m,n} - p_{ij}^n | + \sum_{j=m+1}^{\infty} p_{ij}^n) = 0 .$$

Entsprechendes gilt im Fall 2).

Fehlerabschätzungen z.B. für den Ausdruck $\sup_{n \in \mathbb{N}_o} \| p^{m,n} - p^n \|$, die aus $p^{m,o}$ und $\mathbb{P}^m$ berechnet werden können, lassen sich im allgemeinen nicht angeben. Interessiert man sich nur für die stationäre Verteilung von $\mathbb{P}$ und möchte $\| \pi^m - \pi \|$ abschätzen, so genügt bereits eine Abschätzung von π_o nach unten. Es gilt nämlich

Satz 5 :Es sei $\mathbb{P}$ die OM einer irreduziblen pos. rek. h. M.K. und $\mathbb{P}^m$ die daraus gemäß (1.3) konstruierte OM. Dann gilt für die dazugehörigen stationären Verteilungen π und π^m

$$\| \pi - \pi^m \| \leq 2 (1 - \frac{\pi_o}{\pi_o^m}) .$$

Bemerkung : Nach dem Beweis von Satz 3 ist $\pi_0^m \geq \pi_0^{m+1} \geq \pi_0$ für alle $m \in \mathbb{N}$.

Beweis : Im Beweis von Satz 3 wurde gezeigt

$$\frac{1}{\pi_0^m}\,\pi^m \leq \frac{1}{\pi_0}\,\pi \qquad \text{(komponentenweise)}$$

Daraus folgt $\left\| \frac{1}{\pi_0}\pi - \frac{1}{\pi_0^m}\,\pi^m \right\| = \frac{1}{\pi_0}\|\pi\| - \frac{1}{\pi_0^m}\|\pi^m\| = \frac{1}{\pi_0} - \frac{1}{\pi_0^m}$.

Damit ergibt sich

$$\|\pi - \pi^m\| = \left\|\pi_0 \left(\frac{1}{\pi_0}\pi - \frac{1}{\pi_0^m}\pi^m \right) + (\pi_0 - \pi_0^m)\frac{1}{\pi_0^m}\pi^m\right\|$$

$$\leq \pi_0 \left(\frac{1}{\pi_0} - \frac{1}{\pi_0^m} \right) + (\pi_0^m - \pi_0)\frac{1}{\pi_0^m} = 2\left(1 - \frac{\pi_0}{\pi_0^m}\right). \quad \square$$

Man braucht also nur noch eine Folge von Werten die von unten gegen π_0 konvergiert anzugeben. Eine solche Folge läßt sich nur in Spezialfällen aus den Daten von X^m berechnen. Dazu zwei

Beispiele: 1) Es sei $\mathbb{P}$ eine irreduzible stochastische Matrix mit der Eigenschaft

$$q := \inf_{i \in \mathbb{N}_0} \{ p_{io} \} > 0 .$$

Damit ist $\mathbb{P}$ auch positiv rekurrent. Eine geeignete Abschätzung für π_0 erhält man folgendermaßen.

$$\pi_0 = \sum_{i=0}^{\infty} \pi_i p_{io} = q + \sum_{i=0}^{\infty} \pi_i (p_{io} - q) = q + \pi_0 \sum_{i=0}^{\infty} \frac{\pi_i}{\pi_0}(p_{io} - q)$$

Daraus folgt mit der oben benutzten Ungleichung

$$\pi_0 = q\left(1 - \sum_{i=0}^{\infty} \frac{\pi_i}{\pi_0}(p_{io} - q)\right)^{-1} \geq q\left(1 - \sum_{i=0}^{m} \frac{\pi_i^m}{\pi_0^m}(p_{io} - q)\right)^{-1}$$

oder

$$\frac{\pi_0}{\pi_0^m} \geq \left(\frac{\pi_0^m}{q} - \sum_{i=0}^{m} \frac{\pi_i^m}{q}(p_{io} - q)\right)^{-1} = \left(1 + \lambda_0^m - \sum_{i=0}^{m} \lambda_i^m p_{io}\right)^{-1}$$

mit $\lambda_i^m = \frac{\pi_i^m}{q}$ für $i=0,1,\ldots,m$. Der rechte Ausdruck geht mit $m \to \infty$ gegen 1. Mit Satz 5 erhält man die folgende Fehlerabschätzung

$$\|\pi^m - \pi\| \leq 2\left(1 - \frac{1}{1 + \lambda_0^m - \sum_{i=0}^{m} \lambda_i^m p_{io}}\right) .$$

2) Es sei $\{a_j\}_{j \in \mathbb{N}_0}$ eine Verteilung mit dem Erwartungswert $\mu = \sum_{j=0}^{\infty} j \cdot a_j < \infty$.

Aus der Theorie der Warteschlangen stammt die folgende Matrix

$$P = \begin{array}{r} (r+1)\text{ Zeilen}\left\{\begin{array}{c} \\ \\ \end{array}\right. \\ \\ \\ \end{array} \left(\begin{array}{cccccc} a_0 & a_1 & a_2 & \cdots & & \\ \vdots & \vdots & \vdots & & & \\ a_0 & a_1 & a_2 & \cdots & & \\ 0 & a_0 & a_1 & a_2 & \cdots & \\ 0 & 0 & a_0 & a_1 & a_2 & \cdots \\ \vdots & \vdots & & \ddots & \ddots & \ddots \end{array}\right) \qquad r \in \mathbb{N} .$$

Sie ist irreduzibel falls $a_0, \ldots, a_r > 0$ und $\sum_{j=0}^{r} a_j < 1$ ist. Eine pos. rek. Matrix erhält man im Fall $\mu < r$. Für die stationäre Verteilung π läßt sich dann die Beziehung

$$r - \mu = \sum_{j=0}^{r-1} \sum_{i=0}^{j} \pi_i = \sum_{j=0}^{r-1} (r-j)\pi_j$$

herleiten. Dies läßt sich für eine Abschätzung von π_0 ausnutzen. Aus $\pi = \pi \mathbb{P}$ folgt $\pi_0 = a_0 \sum_{j=0}^{r-1} \pi_j$ und man erhält

$$r - \mu = r \sum_{j=0}^{r-1} \pi_j - \sum_{j=0}^{r-1} j \cdot \pi_j = \frac{r}{a_0} \pi_0 - \sum_{j=0}^{r-1} j \pi_j \quad \text{oder}$$

$$\frac{1}{\pi_0} = \frac{1}{r - \mu} \left(\frac{r}{a_0} - \sum_{j=0}^{r-1} j \frac{\pi_j}{\pi_0} \right) \leq \frac{1}{r - \mu} \left(\frac{r}{a_0} - \sum_{j=0}^{r-1} j \cdot \frac{\pi_j^m}{\pi_0^m} \right) \qquad (m \geq r)$$

Damit ergibt sich die folgende Abschätzung

$$\| \pi^m - \pi \| \leq 2\left(1 - (r - \mu) \left(\pi_0^m \frac{r}{a_0} - \sum_{j=0}^{r-1} j \pi_j^m \right)^{-1} \right).$$

Auch hier konvergiert die rechte Seite mit $m \to \infty$ gegen Null.

Literatur : [1] S.Karlin " A first Course in Stochastic Processes", Academic Press New York and London 1969

[2] K. L. Chung, " Markov Chains with Stationary Transition Probabilities", Springer Verlag, Berlin 1960

Some Problems of Optimisation in Queueing Systems

J.C. Rochat, Lausanne

1. INTRODUCTION : Compared with the abundance of literature devoted to the study of queues, there is relatively little treating their optimisation. However if it is certain that the study of their properties (waiting time, state probabilities, busy periods, etc.) is important, in order to determine the characteristics of the systems in which they are incorporated, it is equally important to carefully estimate their costs. One often attempts to realise systems in which the waiting times are sufficiently short not to loose customers or simply in order to integrate the service point in a production line. On the other hand, if one wishes to ensure ever shorter waiting times for each customer, the associated costs will in general be ever increasing. Thus for each system, there is a balance to be struck between cost and advantages. The problems that one may encounter in this particular class of optimisation models are very varied. First of all, we will try to expose the crux of these models by giving a brief survey of the most widely known methods (2). There exists more substantial works, for example that of Crabill et al. [1]. We will then develop a constrained static optimisation model (3).

2. BRIEF SURVEY IN QUEUEING SYSTEMS OPTIMISATION : Among the works devoted to the study of the optimisation of queues, one may distinguish two major problems : first, problems of systems control which consist in acting on the system depending on its state, giving rise to dynamic models;secondly, problems of optimisation which, given stationary conditions, fix the operating conditions. These are the static models.

In the first category, most of the models have been developped in order to change the service rates in function either of the size of the system or the quantity of work to be done to serve the customers. One generally defines two types of policies :

- the N-policies : the server is turned on whenever the number of customers of the systems reaches a certain given value N. It will be turned off when the system is empty (Yadin & Naor [2])

the D-policies : the server is turned on when the cumulate service times of the customers reaches a given value D. It is then turned off when the system is empty (Balachandran [3]).

The N-policies have been generalised by Sobel [4], by introducing the notion of (N,n) policies, which do not turn on the service if the size of the system is less than or equal to n. Whenever it reaches N (>n), the service is turned on until the number of customers is again n. Another generalisation, due to Crabill [5], considers k possible service rates. Let $0<\mu_1<\mu_2<\ldots<\mu_k$ be the different service rates, we may then caracterise by k-1 numbers $\{n_i\}_{i=1,\ldots,k+1}$ with $0=n_1\leq n_2\leq\ldots\leq n_k\leq n_{k+1}=\infty$ the following policies : the rate μ_j is used if $n_j\leq i<n_{j+1}$ where i is the size of the system ($n_j=n_{j+1}$ implies that μ_j is unused in the policy). Given a cost function depending on the services (comprising for example costs proportional to the service rate, the waiting time, the changes of μ_j or the start up) these models try to determine values for $n,N,\{n_i\}$ or D which minimise it.

In the second category, one tries to optimise a cost function (constrained or not) starting from the stationary state. Let $Q=\{A/B/s;\ (K,\alpha)\}$ be the considered system where A is the arrival distribution, B the service-time distribution, s the number of servers, K the capacity of the waiting room and α the service discipline. Thus one defines Q by quantitative or qualitative parameters $\{x_i\}_{i=1,\ldots,n}$ which allows one to calculate the values of the functions $\{y_j\}_{j=1,\ldots,m}$ of all or some of the x_i, giving different measures of the efficiency of the system. For example, x_i may be the average number of arrivals per time unit, s, K, etc.; y_i may be the average length of the queue or waiting time, etc. Whenever one has a cost function $f(x_1,\ldots,x_n,y_1,\ldots,y_m)$ some x_i may be calculated in order to optimise f. There may be constraints g_ℓ on the x_i et y_j. Let $I\subseteq\{1,\ldots,n\}$ be the subset of the indices of the x_i one wishes to control, then the optimisation problem may be formally expressed as follows :

$$\begin{cases}\underset{x_i,\, i\in I}{\text{opt}}\quad f[x_1,\ldots,x_n,y_1(\ldots),\ldots,y_m(\ldots)]=F(x_1,\ldots,x_n)=\overline{F}(x_i,i\in I)\\ g_\ell[x_1,\ldots,x_n,y_1(\ldots),\ldots,y_m(\ldots)]=\overline{G}_\ell(x_i,\ i\in I)<\text{ or }\leq\text{ or }=0\ .\end{cases}$$

Example : (borrowed form Morse [6], pp 22-23) $Q=\{M/M/1;\ (\infty,\ \text{FIFO})\}$

$x_1=\mu$ (= average number of customers served per time unit); $x_2=\lambda$ (= average number of arrivals per time unit, given); $y_1(x_1,x_2)=W$ (= average waiting time).

$f[x_1,x_2,y_1(x_1,x_2)] = Dx_1 + Cy_1(x_1,x_2)$ where $y_1(x_1,x_2) = \frac{1}{x_1 - x_2}$

$F(x_1,x_2) = Dx_1 + C(x_1 - x_2)^{-1}$; $\overline{F}(x_1) = Dx_1 + C(x_1 - \lambda)^{-1}$.

$\overline{F}$ yields the average cost per customer (where D is the cost per customer of the service when $\mu = 1$ and C the cost of waiting per time unit). The existence of a stationary state implies : $g[x_1,x_2,y_1(x_1,x_2)] = x_2 - x_1 < 0$; $\overline{G}(x_1) = \lambda - x_1 < 0$. The optimisation problem takes the form : $\min\limits_{x_1} \overline{F}(x_1) = Dx_1 + C(x_1 - \lambda)^{-1}$; $x_1 > \lambda$. In this category one finds two kinds of problems according to wether the service discipline is a control variable or not. The models in which it is most often treat the attribution of priorities, with or without preemption, to different classes of customers in order to optimise the waiting costs for example. Jaiswal [7] contains some examples of these models. One finds relatively few works treating models in which the service discipline is not a control variable. However, several models have been developped by Morse to optimise the service rate μ(op.cit., pp 19-21, 24-28), or the number of servers s (op.cit., pp 32-34) in the case M/M/s;s . Other models have been developped by F.S. Hillier which may be found in [8]. He considers three types of model according to whether one optimises the number of servers s, μ and s, or λ and s .

3. <u>A CONSTRAINED OPTIMISATION PROBLEM</u> : Let W_q be the average queueing time, W the average waiting time (service time included), L_q the average length of the queue, L the average number of customers in the system, μ the service rate, λ the number of arrivals per time unit, s the number of servers. The model we develop here consists in optimising a cost function $\overline{F}$ of μ by imposing a critical upper limit W_{qo} on W_q. It takes the following form : (1) $\min\limits_{\mu} \overline{F}(\mu)$; $W_q \leq W_{qo}$. Since we wish to study the class of M/M/s systems with infinite waiting rooms we must further add the stationary constraint for the system. The model becomes :

(1') $\min\limits_{\mu} \overline{F}(\mu)$; $W_q \leq W_{qo}$; $\lambda < \mu s$. Note that this model also imposes a limit on L_q since we have from Little's formula : $L_q = \lambda W_q$. Thus the constraint $W_q \leq W_{qo}$ is equivalent to $L_q \leq L_{qo}$, with $L_{qo} = \lambda W_{qo}$. In M/M/s systems, we have

$$W_q = \frac{\left(\frac{\lambda}{\mu}\right)^s \mu}{(s-1)!(s\mu-\lambda)^2} \left[\sum_{n=0}^{s-1} \frac{1}{n!}\left(\frac{\lambda}{\mu}\right)^n + \frac{1}{s!}\left(\frac{\lambda}{\mu}\right)^s \frac{s\mu}{s\mu-\lambda}\right]^{-1} ; W_q \leq W_{qo} \text{ becomes :}$$

$0 \leq (s-1)!(s\mu - \lambda)^2 \frac{1}{\lambda} \sum\limits_{n=0}^{s-1} \frac{1}{n!} \left(\frac{\mu}{\lambda}\right)^{s-n-1} + s\mu - \left(\frac{1}{W_{qo}} + \lambda\right)$. Letting $K_s(\mu)$ be the right-hand side (i.e. as a function of μ) we may state the following property :

<u>*PROPERTY 1*</u> : <u>In M/M/s systems, the constraint $W_q \leq W_{qo}$ may be replaced by a li-</u>

near constraint (2) $\mu \geq \alpha_s$ (α_s with $K_s(\alpha_s) = 0$).

PROOF : For $\mu = \frac{\lambda}{s}$, we have $K_s\left(\frac{\lambda}{s}\right) = -\frac{1}{W_{qo}}$; $\lim_{\mu\to\infty} K_s(\mu) = +\infty$

$$K_s'(\mu) = s + 2s!\,\frac{s\,\mu-\lambda}{\lambda}\sum_{n=0}^{s-1}\frac{1}{n!}\left(\frac{\mu}{\lambda}\right)^{s-n-1} + (s-1)!\left(\frac{s\,\mu-\lambda}{\lambda}\right)^2\sum_{n=0}^{s-2}\frac{s-n-1}{n!}\,\mu^{s-n-2}\,.$$

For $s\,\mu > \lambda$, $K_s'(\mu) > 0$. Thus for $s\,\mu > \lambda$, $K_s(\mu)$ is strictly increasing and $K_s(\mu)=0$ has a unique solution α_s. Therefore the constraint $W_q \leq W_{qo}$ is equivalent to $\mu \geq \alpha_s$.

For $\mu = \frac{\lambda}{s}$, $K_s'\left(\frac{\lambda}{s}\right) = s$. Taking the intersection of the tangent to $K(\mu)$ for $\mu = \frac{\lambda}{s}$, with the 0u-axis, we find $\bar{\mu} = \frac{\lambda}{s} + \frac{1}{s\,W_{qo}}$. Moreover, $K_s(\bar{\mu}) > 0$. From this, we may deduce the relation (3) $\frac{\lambda}{s} < \alpha_s < \frac{\lambda}{s} + \frac{1}{s\,W_{qo}}$. The fact that $\alpha_s > \frac{\lambda}{s}$ shows that fixing an upper bound on W_q automatically satisfies the constraint that ensures the existence of the stationary state. Since $K_s(\mu)$ is a regular function, α_s may easily be determined by the bissection method or the rule of regula falsi by taking $\frac{\lambda}{s}$ and $\frac{\lambda}{s} + \frac{1}{s\,W_{qo}}$ as initial values. α_s naturally depends on s. Thus we have the following property :

PROPERTY 2 : We have (4) $\alpha_1 > \alpha_2 > \ldots > \alpha_s > \alpha_{s+1} > \ldots > 0$.

PROOF : Letting $K_{s+1}(\mu) = s![(s+1)\mu-\lambda]^2\,\frac{1}{\lambda}\sum_{n=0}^{s}\left(\frac{\mu}{\lambda}\right)^{s-n}\frac{1}{n!} + (s+1)\mu - \frac{1}{W_{qo}} - \lambda$.
We find $K_{s+1}(\mu) - K_s(\mu) > 0$ for $s\,\mu > \lambda$. Therefore, $K_{s+1}(\alpha_s) - K_s(\alpha_s) =$ $= K_{s+1}(\alpha_s) > 0$. As $K_s(\mu)$ is strictly increasing for all s, we have $\alpha_{s+1} < \alpha_s$.
Since $\alpha_s > \frac{\lambda}{s}$, (1') may now be stated (5) $\min_{\mu} \bar{F}(\mu); \mu \geq \alpha_s$ (with $K_s(\alpha_s) = 0$).
We may now state a result whenever $f(\mu)$ is convex, which stems directly from the property that any relative minimum of a convex function on a convex domain is an absolute minimum.

PROPERTY 3 : Let $f(\mu)$ be a convex function defined on $\mu > \frac{\lambda}{s}$ such that $\lim_{\mu\to\infty} f(\mu) = \infty$. So either there exists $\mu^* > \alpha_s$ such that f has a minimum for μ^* and then μ^* is the solution to (5) or α_s is the solution to (5).

PROOF : We first supposed that $\lim_{\mu\to\infty} f(\mu) = \infty$ in order to avoid on one hand the case where $f(\mu)$ is, for example, strictly convex and where there exists no minimum and on the other hand because it is realistic that the inherent costs of an ever faster service are ever increasing. The first alternative stems immediately from the property of convex functions recalled above, the second from the fact that $\lim_{\mu\to\infty} f(\mu) = +\infty$ and no other minimum exists.

We see that one is led either to calculate the minimum of an unconstrained function, or to find α_s by a numerical method. If $f(\mu)$ is constant in the neighbourhood of $\mu = \alpha_s$ then α_s is obviously not unique.

Example (s = 1) : $f(\mu) = C_1\,\mu + C_2\,L$ where C_1 is defined as above and C_2, the waiting cost per time unit and per customer. This model takes into account the cost of waiting (studied without constraint by F.S. Hillier). As $L = \frac{\lambda}{\mu - \lambda}$, $f(\mu)$ is convex for $\mu > \lambda$ and has a minimum for $\mu = \lambda + \sqrt{\lambda \frac{C_2}{C_1}}$. The solution is thus $\mu = \max\{\alpha_1, \lambda + \sqrt{\lambda \frac{C_2}{C_1}}\}$.

REFERENCES

[1] T.B. CRABILL, D. GROSS, M.J. MAGAZINE, A survey of Research on Optimal Design and Control of Queues, Tech. Paper T-280, Inst.Man.Sc. and Eng. The George Washington University, Washington, D.C.

[2] M. YADIN, P. NAOR, Queueing System with a removable Service Station, Operational Research Quarterly, vol.14, 1963, pp 393-504

[3] K.R. BALACHANDRAN, Control Policies for a Single Server System, Manag. Sc., vol. 19, no. 9, 1973, pp 1013-1018

[4] M.J. SOBEL, Optimal Average Cost Policy for a Queue with Start-Up and Shut-Down Costs, Oper. Res. 17, 1969, pp 145-162

[5] T.B. CRABILL, Optimal Control of a Service Facility with Variable Exponential Service Time and Constant Arrival Rates, Manag. Sc., vol. 18, no. 9, 1972, pp 560-566

[6] P.M. MORSE, Queues, Inventories and Maintenance, John Wiley and Sons, 1958

[7] N.K. JAISWAL, Priority Queues, Academic Press, N.Y., 1968

[8] F.S. HILLIER, G.J.LIEBERMANN, Introduction to Operations Research, Holden-Day Inc. 1973.

Zur Konstruktion von Eckpunkten des Risikobereichs bei unendlichstufigen Testproblemen mit endlich vielen Hypothesen

F. Baur, Augsburg

Ausgangspunkt unserer Betrachtungen ist das folgende <u>Modell sequentieller Tests</u> bei endlich vielen Hypothesen (zur Interpretation siehe [6] und [4]):

Gegeben seien

a) ein Meßraum $(\Omega, \mathcal{F})$ und Wahrscheinlichkeitsmaße (= Hypothesen) $\mu_1, \dots, \mu_n$ auf $\mathcal{F}$;

b) eine aufsteigende Folge von σ-Körpern über Ω:
$\mathcal{F}_1 \subset \mathcal{F}_2 \dots \subset \mathcal{F}_\infty \subset \mathcal{F}$;

c) nicht-leere Mengen (= Schadensbereiche) $S(\omega,t)$ mit $S(\omega,t) \subset \mathbb{R}^n$ für $\omega \in \Omega$, $t \in \mathbb{N}$, und $S(\omega,\infty) = \{\boldsymbol{\infty}\}$ für $\omega \in \Omega$ ($\boldsymbol{\infty}$ bedeute den Vektor, dessen sämtliche Komponenten gleich ∞ sind).

In dieser Situation bilden wir zunächst das Wahrscheinlichkeitsmaß $m := \frac{1}{n} \cdot \sum_{i=1}^{n} \mu_i$, bezüglich dessen alle μ_i totalstetig sind. Für die $\mathcal{F}_t$-meßbare Dichte von μ_i bezüglich m schreiben wir

$$f_i(\omega,t) \text{ , ferner } f(\omega,t) := \begin{pmatrix} f_1(\omega,t) \\ \vdots \\ f_n(\omega,t) \end{pmatrix} .$$

Nunmehr setzen wir fest, was wir unter einem Test, einem Risikovektor, dem Risikobereich, sowie einem A-optimalen Test verstehen wollen. (Zu den dabei auftretenden Begriffen und Bezeichnungen siehe die anschließenden Bemerkungen.)

<u>Definitionen:</u>

1) Ein (Sequenz-)Test ist ein Paar (T,s), bestehend aus

i) einer Stopzeit T der Familie $(\mathcal{F}_t)_{t\leq\infty}$ bezüglich m ;

ii) einer Schadensfunktion s , d.h. einer Abbildung $s : \Omega \to \mathbb{R}^n \cup \{\pm\infty\}$ derart, daß $s(\omega) \in S(\omega, T(\omega))$ für alle $\omega \in \Omega$ gilt und $\chi_{\{T=t\}} \cdot s$ für alle $t \in \mathbb{N}$ $\mathcal{F}_t$-meßbar ist.

2) Es sei $\mathcal{T}$ die Klasse aller Tests gemäß 1).

3) Wir nennen $r(T,s) := \int_\Omega s(\omega) \circ f(\omega, T(\omega))dm$ den Risikovektor des Tests (T,s) , sofern das Integral (eigentlich) existiert. Ferner heiße $\mathcal{R} := \{r(T,s) : (T,s) \in \mathcal{T}\} \cap \mathbb{R}^n$ der Risikobereich zu $\mathcal{T}$.

4) Sei $A > 0$ eine $r \times n$-Matrix, so heißt ein Test (T_0, s_0) A-optimal in $\mathcal{T}$, wenn $r(T_0, s_0)$ A-Ecke von $\mathcal{R}$ ist.

Bemerkungen:

Zu 1,i): Eine Stopzeit T der Familie $(\mathcal{F}_t)_{t\leq\infty}$ bezüglich m ist eine Abbildung $T : \Omega \to \mathbb{N} \cup \{\infty\}$ mit $\{T \leq t\} := \{\omega \in \Omega : T(\omega) \leq t\} \in \mathcal{F}_t$, $t \in \mathbb{N}$, und $m(\{T = \infty\}) = 0$.

Zu 1,ii): χ_X bedeute die Indikatorfunktion der Menge X .

Zu 3): "$\circ$" bedeute komponentenweise Multiplikation.

Zu 4): Für zwei Punkte $x, y \in \mathbb{R}^n$ schreiben wir $x \overset{E}{\leq} y$, falls x bezüglich der lexikographischen Ordnung kleiner oder gleich y ist. Zur Menge $M \subset \mathbb{R}^n$ heißt x_0 das E-Minimum von M , wenn $x_0 \in M$ und $x_0 \overset{E}{\leq} x$ für alle $x \in M$ gilt; wir schreiben $x_0 = E - \min(M)$.

Ist A eine $r \times n$-Matrix und $M \subset \mathbb{R}^n$, so heißt $x_0 \in M$ A-Ecke von M , wenn $A \cdot x_0 = E - \min(A \cdot M)$ ist.

$A > 0$ ist komponentenweise zu verstehen.

Ist in 4) $r = 1$, also $A = (a_1, \ldots, a_n)$ Zeilenmatrix, so liefert jede zugehörige A-Ecke von $\mathcal{R}$ eine Bayeslösung zur Vorbewertung $p = (p_1, \ldots, p_n)$ mit $p_i := \frac{a_i}{\sum_{j=1}^n a_j}$.

Ist in 4) Rang $A = n$, so ist die zugehörige (eindeutig bestimmte) A-Ecke von $\mathcal{R}$ ein (streng vorderer) Extremalpunkt von $\mathcal{R}$ bzw. von $\mathcal{R}^k$, der konvexen Hülle von $\mathcal{R}$. Umgekehrt gibt es zu jedem streng vorderen Extremalpunkt x_0 von $\mathcal{R}^k$ eine (orthogonale) Matrix $A > 0$, so daß x_0 A-Ecke von $\mathcal{R}^k$ ist (vgl. hierzu [4], (2.19) bis (2.22), bzw. [7], S. 212).

Unser Ziel ist es jetzt, A-optimale Tests zu konstruieren. Dazu gehen wir im folgenden aus von einer festen $r \times n$-Matrix $A > 0$. Dabei gelte die

Voraussetzung:

1) Sei $S(\omega,t) = c(t) + Q(\omega,t)$ für $\omega \in \Omega$ und $t \in \mathbb{N}$ mit dem von ω unabhängigen Kostenvektor $c(t)$, für den $0 \le c(1) \le c(2) \le \ldots$ und $c(t) \to \infty$ gelte.

2) Es gebe für jedes $\omega \in \Omega$ und $t \in \mathbb{N}$ ein $w(\omega,t) \in Q(\omega,t)$ so daß $w(\omega,t) \circ f(\omega,t)$ eine A-Ecke der Menge $Q(\omega,t) \circ f(\omega,t)$ sei; die Funktion $w(\cdot,t) \circ f(\cdot,t)$ sei $\mathcal{F}_t$-meßbar und m-integrierbar, $t \in \mathbb{N}$, und es existiere eine m-integrierbare Funktion $q:\Omega \to \mathbb{R}^n$ mit $w(\omega,t) \circ f(\omega,t) \ge \mathcal{E}(q|\mathcal{F}_t)(\omega)$. (Dabei sei mit $\mathcal{E}(\ldots|\mathcal{F}_t)$ stets eine fest gewählte Version des bedingten Erwartungswertes unter $\mathcal{F}_t$ bezeichnet.)

Die Existenz eines solchen q ist beispielsweise gesichert, wenn $\int_\Omega \inf_{t\in\mathbb{N}} w_i(\omega,t)d\,\mu_i > -\infty$ für jede Komponente $i = 1,\ldots,n$ gilt.

Bedingungen an $Q(\omega,t)$, unter denen für jedes $A > 0$ eine Funktion $w(\omega,t)$ gemäß 2) existiert, sind in [4], (5.1), angegeben.

Wir setzen nun für jedes $t \in \mathbb{N}$

$g(\omega,t) := A \cdot [(c(t) + w(\omega,t)) \circ f(\omega,t)]$,

dann ist $g(\cdot,t) : \Omega \to \mathbb{R}^r$ $\mathcal{F}_t$-meßbar und m-integrierbar, und es gilt $g(\omega,t) \ge h(\omega,t) := A\cdot[c(t) \circ f(\omega,t)] + A\cdot \mathcal{E}(q|\mathcal{F}_t)(\omega)$.

Mit $\mathcal{G}$ bezeichnen wir die Familie $(g(\cdot,t))_{t\in\mathbb{N}}$, und mit $\mathcal{H}$ die Familie $(h(\cdot,t))_{t\in\mathbb{N}}$.

Nehmen wir jetzt an, wir hätten eine <u>Familie $\mathcal{W} = (v(\cdot,t))_{t\in\mathbb{N}}$</u> von $\mathcal{F}_t$-meßbaren Funktionen $v(\cdot,t) : \Omega \to \mathbb{R}^r$ <u>mit folgenden Eigenschaften</u> (jeweils m-fast):

1) $v(\omega,t) \geq h(\omega,t)$, $\omega \in \Omega$, $t \in \mathbb{N}$.
2) $v(\omega,t) = E - \min(g(\omega,t), \mathcal{E}(v(\cdot,t+1) \mid \mathcal{F}_t)(\omega))$.
3) $v(\cdot,t) \overset{E}{\leq} \mathcal{E}(g(\cdot,T_t) \mid \mathcal{F}_t)$ für alle Stopzeiten T_t der Familie $(\mathcal{F}_j)_{j\geq t}$ bezüglich m, für die $\int_\Omega g(\omega,T_t(\omega))dm < \infty$ gilt.

Mit Hilfe eines derartigen (durch die Eigenschaften 1), 2) und 3) m-fast eindeutig bestimmten) $\mathcal{W}$ lassen sich sämtliche A-optimalen Tests in $\mathcal{T}$ charakterisieren. Dazu definieren wir die Mengen

$${}_tG := \{\omega \in \Omega : g(\omega,t) \overset{E}{\lneq} \mathcal{E}(v(\cdot,t+1) \mid \mathcal{F}_t)(\omega)\},$$

$$G_t := \bigcup_{l\leq t} {}_lG, \quad G_0 := \emptyset,$$

$${}_tH := \{\omega \in \Omega : g(\omega,t) \overset{E}{\leq} \mathcal{E}(v(\cdot,t+1) \mid \mathcal{F}_t)(\omega)\},$$

$$H_t := \bigcup_{l\leq t} {}_lH, \quad H_0 := \emptyset,$$

und damit

$$T^*(\omega) := t \quad \text{für} \quad \omega \in G_t \cap \bar{G}_{t-1}, \quad t \in \mathbb{N},$$

$$T_*(\omega) := t \quad \text{für} \quad \omega \in H_t \cap \bar{H}_{t-1}, \quad t \in \mathbb{N}.$$

(Der Querstrich bedeute dabei die Komplementbildung.)

Dann läßt sich folgende Aussage nachweisen, wobei der Beweis im wesentlichen wie in [4], Sätze (5.3,(2)) und (5.16), zu führen ist. (Vgl. auch [2], § 3.)

Satz:

Ein Test $(T,s) \in \mathcal{T}$ ist genau dann A-optimal, wenn m-fast gilt:

a) $A \cdot [s \circ f(\cdot,T)] = g(\cdot,T)$

b) $T_* \leq T \leq T^*$ und $v(\cdot,T) = g(\cdot,T)$.

Unser Problem reduziert sich damit auf die Konstruktion von $\mathcal{W}$. Dazu betrachten wir zunächst den Fall einer Zeilenmatrix A, d.h. den Fall $r = 1$. In diesem Fall sind $g(\cdot,t)$ und $h(\cdot,t)$ Abbildungen in $\mathbb{R}$.

Wir setzen nun für jede natürliche Zahl k und alle $t < k$

$v(\omega,k,k) := h(\omega,k)$,

$v(\omega,t,k) := \min(g(\omega,t), \mathcal{E}(v(\cdot,t+1,k) \mid \mathcal{F}_t)(\omega))$.

Dann gilt für alle $t \in \mathbb{N}$ m-fast

$$h(\omega,t) = v(\omega,t,t) \leq v(\omega,t,t+1) \leq v(\omega,t,t+2) \leq \ldots \leq g(\omega,t),$$

und somit existiert (m-fast) $\lim_{k\to\infty} v(\omega,t,k) =: v(\omega,t)$,

und diese Familie $\mathcal{W} := (v(\cdot,t))_{t\in\mathbb{N}}$ besitzt die gewünschten Eigenschaften 1), 2) und 3) von Seite 4. Dabei ist 1) klar, 2) ergibt sich mittels des Satzes von der monotonen Konvergenz, angewandt auf bedingte Erwartungswerte (vgl. [1], (54.13)), und 3) läßt sich für jedes $t \in \mathbb{N}$ induktiv beweisen, indem man ausnützt, daß für jede Stopzeit T_t der Familie $(\mathcal{F}_j)_{j\geq t}$ mit $\int_\Omega g(\omega,T_t(\omega))dm < \infty$ die Beziehung $h(\omega,t) \leq \mathcal{E}(g(\cdot,T_t) \mid \mathcal{F}_t)(\omega)$ m-fast richtig ist (vgl. [2], (2.15c) und (4.13e)).

Bemerkt sei hierbei noch, daß unter einer gewissen Zusatzvoraussetzung, nämlich

> die Familie $(w(\cdot,t) \circ f(\cdot,t))_{t\in\mathbb{N}}$ sei gleichgradig m-integrierbar (vgl. dazu [1], (20,1)) ,

auch eine andere (im allgemeinen einfachere) Bestimmungsmöglichkeit für $\mathcal{W}$ besteht. Dazu definieren wir für alle $k \in \mathbb{N}$ und alle $t < k$

$\tilde{v}(\omega,k,k) := g(\omega,k)$

$\tilde{v}(\omega,t,k) := \min(g(\omega,t), \mathcal{E}(\tilde{v}(\cdot,t+1,k)|\mathcal{F}_t)(\omega))$.

Es ergibt sich m-fast für jedes $t \in \mathbb{N}$

$$g(\omega,t) = \tilde{v}(\omega,t,t) \geq \tilde{v}(\omega,t,t+1) \geq \tilde{v}(\omega,t,t+2) \geq \ldots \geq h(\omega,t)$$

also existiert auch hier (m-fast) $\tilde{v}(\omega,t) := \lim_{k\to\infty} \tilde{v}(\omega,t,k)$, und unter unserer Zusatzvoraussetzung gilt $\tilde{v}(\omega,t) = v(\omega,t)$ m-fast. Zum Beweis beachte man, daß sich die Eigenschaft der gleichgradigen Integrierbarkeit von der Familie $(w(\cdot,t) \circ f(\cdot,t))_{t\in\mathbb{N}}$ auf $(w(\cdot,t) \circ f(\cdot,t) - \mathcal{E}(q|\mathcal{F}_t))_{t\in\mathbb{N}}$ und schließlich auf $(A \cdot [w(\cdot,t) \circ f(\cdot,t)] - A \cdot \mathcal{E}(q|\mathcal{F}_t))_{t\in\mathbb{N}} = (g(\cdot,t) - h(\cdot,t))_{t\in\mathbb{N}}$ überträgt, und damit läßt sich die Gleichheit $\tilde{v}(\omega,t) = v(\omega,t)$ unter Ausnutzung der Definitionen von $v(\omega,t,k)$ und $\tilde{v}(\omega,t,k)$ wie in [2], (4.20a), zeigen. Für den Fall $r = 1$ sei auch noch auf [3] sowie auf (5.20) von [4] verwiesen.

Im Fall $r > 1$, d.h. bei Zugrundelegung einer mehrzeiligen Matrix A , gestaltet sich die Konstruktion von $\mathcal{W}$ schwieriger als bei $r = 1$. Dies liegt an den ungünstigen Eigenschaften der lexikographischen Ordnung bezüglich der euklidischen Topologie des $\mathbb{R}^r$. So ist bei $r > 1$ für jedes $y \in \mathbb{R}^r$ die Menge $\{x \in \mathbb{R}^r : x \overset{E}{\leq} y\}$ nicht abgeschlossen.

Das Konstruktionsverfahren für $\mathcal{W}$, das hier angegeben wird, beruht auf zeilenweisem Vorgehen. Ausführliche Beweise hierzu finden sich in § 4 und § 5 von [2]. Zunächst führen wir folgende Schreibweise ein: Für eine beliebige Funktion $\varphi : \Omega \to \mathbb{R}^r$ sei für jedes $i \in \{1,\ldots,r\}$ mit $\varphi_i : \Omega \to \mathbb{R}$ die i-te Komponente von φ bezeichnet, und es sei

$\varphi^i := \begin{pmatrix} \varphi_1 \\ \vdots \\ \varphi_i \end{pmatrix}$, d.h. φ^i besteht aus den ersten i Komponenten von φ .

Nun konstruieren wir als erstes zur Familie $\mathcal{G}_1 := (g_1(\cdot,t))_{t\in\mathbb{N}}$ wie im Fall $r = 1$ die Familie $\mathcal{W}_1 := (v_1(\cdot,t))_{t\in\mathbb{N}}$, womit die erste Zeile von $\mathcal{W}$ bestimmt ist.

Nehmen wir jetzt an, die ersten i Komponenten von $\mathcal{W}$ seien bereits berechnet, d.h. $\mathcal{W}^i = (v^i(\cdot,t))_{t\in\mathbb{N}}$ sei gegeben, $i \in \{1,\dots,r-1\}$.

Mit $\mathcal{G}^i$ und $\mathcal{W}^i$ bilden wir dann die Mengen ${}_tG^i$ und ${}_tH^i$, $t \in \mathbb{N}$, analog zur Vorschrift auf Seite 4. Diese Mengen, durch die sich A^i-Ecken von $\mathcal{R}$ beschreiben lassen ($-A^i$ bestehe aus den ersten i Zeilen von A-), werden nun zur Konstruktion der (i+1)-ten Zeile von $\mathcal{W}$ verwendet. Wir setzen hierzu für alle $k \in \mathbb{N}$ und alle $t < k$

$$v_{i+1}(\omega,k,k) := \begin{cases} g_{i+1}(\omega,k) & \text{für } \omega \in {}_kG^i \\ h_{i+1}(\omega,k) & \text{für } \omega \in {}_k\bar{G}^i \end{cases}$$

$$v_{i+1}(\omega,t,k) := \begin{cases} g_{i+1}(\omega,t) & \text{für } \omega \in {}_tG^i \\ \min(g_{i+1}(\omega,t), \mathcal{E}[v_{i+1}(\cdot,t+1,k)\,|\,\mathcal{F}_t](\omega)) & \\ \qquad\qquad \text{für } \omega \in {}_tH^i \cap {}_t\bar{G}^i \\ \mathcal{E}[v_{i+1}(\cdot,t+1,k)\,|\,\mathcal{F}_t](\omega) & \text{für } \omega \in {}_t\bar{H}^i \end{cases}$$

Für jedes $t \in \mathbb{N}$ gilt m-fast

$$h_{i+1}(\omega,t) \le v_{i+1}(\omega,t,t) \le v_{i+1}(\omega,t,t+1) \le v_{i+1}(\omega,t,t+2) \le \dots$$

Ist ferner T_t eine Stopzeit der Familie $(\mathcal{F}_j)_{j\ge t}$ derart, daß $\{T_t = j\} \subset {}_jH^i$ und ${}_jG^i \subset \{T_t \le j\}$ m-fast für alle $j \ge t$ gilt, so ist für alle $k \ge t$ m-fast

$$v_{i+1}(\omega,t,k) \le \mathcal{E}(g_{i+1}(\cdot,T_t)\,|\,\mathcal{F}_t)(\omega) < \infty .$$

(Vgl. hierzu [2], (4.4),(4.6) und (4.7a). Dabei ergibt sich die Endlichkeit von $\int_\Omega g_{i+1}(\omega,T_t(\omega))dm$ wie folgt: Es ist $\int_\Omega g^i(\omega,T_t(\omega))dm$ und damit auch $\int_\Omega g_1(\omega,T_t(\omega))dm$ endlich aufgrund der speziellen Gestalt von T_t (siehe [2], § 3). Hieraus folgt, da alle Komponenten (der ersten Zeile) von A echt positiv sind, daß $\int_\Omega w_j(\omega,T_t(\omega)) \cdot f_j(\omega,T_t(\omega))dm < \infty$ für jedes $j \in \{1,\dots,n\}$ richtig ist, also gilt auch $\int_\Omega g_{i+1}(\omega,T_t(\omega))dm < \infty$.)

Insgesamt erhalten wir somit, daß

$\lim_{k\to\infty} v_{i+1}(\omega,t,k) =: v_{i+1}(\omega,t)$ m-fast existiert.

Wir setzen $\mathfrak{w}_{i+1} := (v_{i+1}(\cdot,t))_{t\in\mathbb{N}}, \mathfrak{w}^{i+1} := \begin{pmatrix} \mathfrak{w}^i \\ \mathfrak{w}_{i+1} \end{pmatrix}$,

und schließlich $\mathfrak{w} := \mathfrak{w}^r$.

Dieses $\mathfrak{w}$ erfüllt dann in der Tat die gewünschten Bedingungen 1), 2) und 3), wie sich aus der Konstruktion der einzelnen Zeilen ergibt (siehe (5.3) und (5.4) von [2]).

Zum Abschluß sei noch bemerkt, daß für Matrizen A vom Rang n die Konstruktion der in diesem Fall eindeutig bestimmten A-Ecke x_A von $\mathcal{R}$ auch dadurch möglich ist, daß man die Stützfunktionen an $\{x_A\}$ berechnet (vgl. hierzu [5], Seite 262 und [2],(7.4)).

Literatur:

[1] Bauer, H.: Wahrscheinlichkeitstheorie und Grundzüge der Maßtheorie
Walter de Gruyter, Berlin 1968

[2] Baur, F.: Die Konstruktion E-optimaler Stopzeiten
Dissertation München 1974

[3] Chow, Y.S., Robbins, H., Siegmund, D.: Great Expectations: The Theory of Optimal Stopping
Houghton Mifflin Company Boston 1971

[4] Mammitzsch, V.: Bayeslösungen bei mehrstufigen Tests
Z. Wahrscheinlichkeitstheorie verw.Geb.19, 123-166, 1971

[5] Mammitzsch, V., Fuchs, H.W.: Zur Konstruktion optimaler Sequenztests
Z. Wahrscheinlichkeitstheorie verw.Geb.27, 257-262, 1973

[6] Richter, H.: Endlichstufige Tests mit abhängigen Beobachtungen. Z. Wahrscheinlichkeitstheorie verw. Geb.2, 22-32, 1963

[7] Wegmann, R.: Der Wertebereich von Vektorintegralen
Z. Wahrscheinlichkeitstheorie verw.Geb.14, 203-238, 1969/70.

Über das Schätzen von a-priori Wahrscheinlichkeiten

K. Marti, Zürich

1. Einführung. Es werden statistische Entscheidungsprobleme $\mathcal{D}$ betrachtet, die sich wie folgt beschreiben lassen: Sei

$\Theta=\{\theta_1,\theta_2,\ldots,\theta_n\}$ die (endliche) Zustandsmenge,

A der (messbare) Aktionenraum von $\mathcal{D}$.

Liegt der unbekannte Zustand $\theta=\theta_k$ vor, und wählt man die Aktion a aus A, so ergebe sich der Verlust $L=L(\theta_k,a)$, L sei gleichmässig beschränkt nach unten und messbar in a.

Z sei der (messbare) Stichprobenraum und ζ eine beobachtbare Zufallsvariable mit Werten in Z und Verteilung P_k, falls das System im Zustand θ_k ist.

Eine Entscheidungsfunktion d ist eine messbare Abbildung $d:Z \to A$ (nach Beobachtung von $\zeta=z$ wird die Aktion $a=d(z)$ verwendet), so dass

$$r(d)_k = E^{\theta=\theta_k}L(\theta_k,d(\zeta)) = \int L(\theta_k,d(z))P_k(dz)$$

reellwertig ist für jedes $k=1,2,\ldots,n$; Sei D die Menge aller Entscheidungsfunktionen. Der n-Vektor

$$r(d) = (r(d)_1,r(d)_2,\ldots,r(d)_n)'$$

heisst Risikovektor von d. Die Risikomenge R bzw. die erweiterte Risikomenge $\tilde{R}$ von $\mathcal{D}$ sind die durch

$$R=\{r(d):\ d\in D\} \text{ bzw. } \tilde{R}=\{x\in \mathbb{R}^n:\ x\geq r(d) \text{ für ein } d\in D\}$$

definierten Teilmengen des n-dimensionalen Zahlenraums $\mathbb{R}^n$.

Sei $\lambda_k, k=1,2,\ldots,n$ die a priori Wahrscheinlichkeit, dass der Zustand λ_k vorliegt,

$$\lambda = (\lambda_1,\lambda_2,\ldots,\lambda_n)'$$

und

$$\bar{r}(\lambda,d) = \lambda'\mathbf{r}(d) = \sum_{k=1}^{n} \lambda_k r(d)_k$$

das Bayesrisiko von d zur a priori Verteilung λ. Gesucht werden Entscheidungsfunktionen $d\in D$ mit minimalem Bayesrisiko. Bei bekanntem

λ reduziert sich das Entscheidungsproblem damit auf das Optimierungsproblem

minimiere $\bar{r}(\lambda,d)$ bezüglich $d \in D$ (1a)

bzw.

minimiere $\lambda' x$ bezüglich $x \in R$(oder $\tilde{R}$), (1b)

wenn man d mit $r(d)$ und D mit R(oder $\tilde{R}$) identifiziert.

Wir betrachten nun hier den Fall der partiellen Ungewissheit, d.h. es sei nur bekannt, dass

$\lambda \in \Lambda$,

wobei Λ eine vorgegebene Teilmenge von

$$\mathbb{R}^n_{+,1} = \{\pi \in \mathbb{R}^n : \pi_k \geq 0, k=1,2,\dots,n, \sum_{k=1}^{n} \pi_k = 1\}$$

ist. In dieser Situation ersetzen nun viele Autoren (siehe z.B. [1, 2,9]) das Optimierungsproblem (1) durch das Optimierungsproblem

minimiere $\sup_{\lambda \in \Lambda} \bar{r}(\lambda,d)$ bezüglich $d \in D$; (2)

Eine Lösung von (2) nennen wir nach Bunke ([2]) Λ-optimal. Andere Autoren (siehe z.B. [10]) untersuchen in dieser Situation die Abhängigkeit des Optimierungsproblems (1) von λ.

Zur Definition "optimaler" Entscheidungsfunktionen betrachten wir in dieser Arbeit das folgende zweistufige Verfahren:

I) Finde eine optimale Schätzung $\hat{\lambda}=\beta^* \in \Lambda$ der unbekannten a priori Verteilung $\lambda \in \Lambda$;

II) Löse das Optimierungsproblem (1), wobei λ durch dessen Schätzung $\hat{\lambda}$ zu ersetzen ist; Eine Lösung dieses Problems nennen wir dann optimal.

Unter einer optimalen Schätzung $\hat{\lambda}$ von λ verstehen wir dabei ein $\beta^* \in \Lambda$, so dass

$$\inf_{\beta \in \Lambda} (\sup_{\lambda \in \Lambda} E(\lambda,\beta)) = \sup_{\lambda \in \Lambda} E(\lambda,\beta^*), \qquad (3)$$

wobei $E = E(\lambda,\beta)$ eine Fehlerfunktion auf $\Lambda \times \Lambda$ ist, die die Abweichung zwischen der unbekannten a priori Verteilung λ und einer Schätzung $\hat{\lambda}=\beta$ misst.

Beispiel. Falls $E(\lambda,\beta)= \|\lambda-\beta\|$, $\|\cdot\|$ sei eine Norm auf $\mathbb{R}^n$, so ist β^* ein Tschebyschew-Zentrum von Λ.

Ansätze zu der in (I,II) zusammen mit (3) beschriebenen Vorgehensweise findet man in [4] und [5].

Im folgenden Abschnitt wird gezeigt wie - ausgehend von der

Risikostruktur des Entscheidungsproblems $\mathcal{D}$ - auf natürliche Weise solche Fehlerfunktionen erzeugt werden können.

2. Von $\mathcal{D}$ erzeugte Fehlerfunktionen auf $\Lambda\times\Lambda$.

A) Verallgemeinerte Ungenauigkeitsfunktion. Für eine beliebige a priori Verteilung λ sei

$$\bar{r}(\lambda,D) = \inf\{\bar{r}(\lambda,d): d \in D\} = \inf\{\lambda'x: x \in R(\text{oder } \tilde{R})\}$$

das minimale Bayesrisiko bezüglich λ. Nach den Voraussetzungen in § 1 ist $\bar{r}(\lambda,D)$ reellwertig für jedes $\lambda \in \mathbb{R}^n_{+,1}$, es ist leicht zu sehen, dass $\lambda \to \bar{r}(\lambda,D)$ eine konkave Funktion auf $\mathbb{R}^n_{+,1}$ ist. Sei dann $D(\lambda)$ bzw. $R(\lambda)$ die Menge der Lösungen von (1a) bzw. (1b), d.h.

$$D(\lambda) = \{d^0 \in D: \bar{r}(\lambda,d^0) = \bar{r}(\lambda,D)\}$$

und ganz analog ist $R(\lambda)$ definiert. Mit $D_\varepsilon(\lambda)$ bzw. $R_\varepsilon(\lambda)$, $\varepsilon>0$ be-bezeichnen wir ferner die ε-Lösungen von (1a) bzw. (1b), d.h.

$$R_\varepsilon(\lambda) = \{x^0 \in R: \lambda'x^0 \leq \bar{r}(\lambda,D)+\varepsilon\}$$

und entsprechend wird $D_\varepsilon(\lambda)$ definiert. Da $\bar{r}(\lambda,D)$ reell ist, gilt

$$D_\varepsilon(\lambda) \neq \emptyset \text{ und } R_\varepsilon(\lambda) \neq \emptyset$$

für alle $\lambda \in \mathbb{R}^n_{+,1}$ und jedes $\varepsilon>0$.

Sei nun $\hat{\lambda}=\beta \in \Lambda$ irgend eine Schätzung der unbekannten a priori Verteilung λ. Wählen wir dann gemäss unserem zweistufigen Verfahren eine Entscheidungsfunktion $d \in D(\beta)$ (oder $x \in R(\beta)$), falls $D(\beta) \neq \emptyset$ bzw. $d \in D_\varepsilon(\beta)$ (oder $x \in R_\varepsilon(\beta)$), $\varepsilon>0$, falls $D(\beta)=\emptyset$, so ist der resultierende mittlere Verlust eine Zahl aus $\{\lambda'x: x \in R(\beta)\}$ bzw. $\{\lambda'x: x \in R_\varepsilon(\beta)\}$, also ist

$$\sup\{\lambda'x: x \in R(\beta) \quad \text{bzw.} \quad \sup\{\lambda'x: x \in R_\varepsilon(\beta)\}$$

der maximal mögliche mittlere Verlust, wenn man die Wahl von $d \in D(\beta)$ bzw. $d \in D_\varepsilon(\beta)$ gemäss (I,II) auf der Schätzung $\hat{\lambda}=\beta$ von λ basiert. Wir definieren nun

$$H^\varepsilon(\lambda,\beta) = \sup\{\lambda'x: x \in R_\varepsilon(\beta)\} = \sup\{\bar{r}(\lambda,d): d \in D_\varepsilon(\beta)\}, \varepsilon>0$$

und (4)

$$H(\lambda,\beta) = \inf_{\varepsilon>0} H^\varepsilon(\lambda,\beta).$$

Da $R_\varepsilon(\beta) \neq \emptyset$ für alle $\beta \in \mathbb{R}^n_{+,1}$ und jedes $\varepsilon>0$, so sind $H^\varepsilon(\lambda,\beta)$ und $H(\lambda,\beta)$ wohldefinierte Funktionen von $\Lambda\times\Lambda$ in $\mathbb{R}$. Es ist leicht einzusehen, dass $H^\varepsilon(\lambda,\beta)$ konvex in λ ist, hingegen braucht $H(\cdot,\beta)$ als Infimum einer Familie konvexer Funktionen nicht konvex in λ

zu sein. Ist jedoch $R(\beta) \neq 0$ und

$$H(\lambda,\beta) = H^{\varepsilon=0}(\lambda,\beta) = \sup\{\lambda' x: x \in R(\beta)\},$$

so ist auch $H(\lambda,\beta)$ konvex in λ; Ist überdies $R(\beta) = \{x_\beta\}$ eine einpunktige Menge, so ist

$$H(\lambda,\beta) = \lambda' x_\beta$$

sogar linear in λ. Weitere Eigenschaften von H^ε und H zeigen wir im folgenden

Satz 1. Seien λ,β beliebige Elemente von Λ. Dann gilt

i) Ist $\varepsilon > \eta > 0$, dann gilt $H^\varepsilon(\lambda,\beta) \geq H^\eta(\lambda,\beta)$,

ii) $H^\varepsilon(\lambda,\beta) \geq \bar{r}(\lambda,D)$ für alle $\varepsilon > 0$,

iii) $H(\lambda,\beta) = \lim_{\varepsilon \to 0} H^\varepsilon(\lambda,\beta) \geq \bar{r}(\lambda,D)$,

iv) $H(\lambda,\beta) \geq H(\lambda,\lambda) = \bar{r}(\lambda,D)$,

v) Ist R eine kompakte Teilmenge von $\mathbb{R}^n$ und $R(\beta) \neq \emptyset$, dann gilt $H(\lambda,\beta) = H^0(\lambda,\beta)$.

Beweis: Siehe [8].

Nach dem obigen Satz nimmt $\beta \to H(\lambda,\beta)$ den kleinsten Wert für $\beta = \lambda$ an, d.h. wenn die Schätzung $\hat{\lambda} = \beta$ die unbekannte Verteilung λ trifft. Somit kann $E = H(\lambda,\beta)$ - aber auch jede ihrer Näherungen H^ε, $\varepsilon > 0$ - als eine Fehlerfunktion im obigen Sinne betrachtet werden. Wir betonen, dass $E = H(\lambda,\beta)$, im Gegensatz zur Fehlerfunktion $E(\lambda,\beta) = \|\lambda - \beta\|$, durch die Risikostruktur des Entscheidungsproblems $\mathcal{D}$ bestimmt ist. Als eine andere Folgerung aus Satz 1 ergibt sich die Konkavität von $\lambda \to H(\lambda,\lambda)$.

Im folgenden wird gezeigt, dass $H(\lambda,\beta)$ mit der inaccuracy-Funktion von Kerridge (siehe [6]) verwandt ist: Wir betrachten dazu zunächst die Funktionenfamilie

$$f_b(t) = \begin{cases} \frac{1}{1-b}(1 - t^{1-b}), & \text{für } b > 0, b \neq 1 \\ -\log t & \text{, für } b = 1 \end{cases}, \quad 0 < t \leq 1.$$

Das Entscheidungsproblem $\mathcal{D}$ sei dann so geartet, dass für die erweiterte Risikomenge $\tilde{R}$ von $\mathcal{D}$ gilt

$$\tilde{R} = \tilde{R}^b = \{x \in \mathbb{R}^n: x_k \geq f_b(t_k),\ t_k > 0,\ \sum_{k=1}^n t_k = 1\}.$$

Damit ist

$$H_b(\lambda,\beta)=\begin{cases}\max\{1-\lambda'\tau:\ \beta'\tau=\max\limits_{1\leqslant k\leqslant n}\beta_k,\ \tau\in\mathbb{R}^n_{+,1}\}, & \text{für } b=0\\ \sum\limits_{k=1}^{n}\frac{\lambda_k}{1-b}\left(1-\left(\frac{\beta_k^{1/b}}{\sum_{k=1}^{n}\beta_k^{1/b}}\right)^{1-b}\right), & \text{für } b>0, b\neq 1\\ \sum\limits_{k=1}^{n}\lambda_k\log\frac{1}{\beta_k}, & \text{für } b=1.\end{cases}$$

Man bemerkt, dass $H_1(\lambda,\beta) = \sum_{k=1}^{n} \lambda_k \log\frac{1}{\beta_k}$ das von Kerridge ([6]) betrachtete Mass für die Ungenauigkeit (Inaccuracy) bei der Wahl von β als Schätzung $\hat{\lambda}$ von λ ist; Offensichtlich ist $H_1(\lambda,\beta)$ die Entropie von λ. Nach [8] gilt für $H_b(\lambda,\beta)$ das

Lemma 1. Sei $b>0$. Dann ist $H_b(\lambda,\beta)$ linear in λ und quasi-konvex bzw. konvex in β für $1/2\leqslant b<1$ bzw. $b=1$.

Obwohl diese Eigenschaften von H im allgemeinen nicht gelten, folgt aus Satz 1, dass $H(\lambda,\cdot)$ zumindest nicht strikt konkav in einer Umgebung von λ sein kann.

B) Verallgemeinerte Divergenz. Sei λ wieder die unbekannte a priori Verteilung und $\hat{\lambda}=\beta$ irgend eine Schätzung von λ. Eine mit der verallgemeinerten Ungenauigkeitsfunktion $H(\lambda,\beta)$ eng verwandte Fehlerfunktion ergibt sich, wenn wir verlangen, dass der aus einem $d\in D_\varepsilon(\beta)$ (oder $x\in R_\varepsilon(\beta)$), $\varepsilon>0$ resultierende mittlere Verlust $\bar{r}(\lambda,d)$ in der Nähe des minimalen mittleren Verlusts $\bar{r}(\lambda,D)$ bezüglich λ liegen soll. Zu bewerten ist daher die Differenz

$$\delta(\lambda,d) = \bar{r}(\lambda,d) - \bar{r}(\lambda,D) \text{ für } d\in D_\varepsilon(\beta).$$

Wählt man dazu

$$I = \inf_{\varepsilon>0}\,(\sup_{d\in D_\varepsilon(\beta)} |\delta(\lambda,d)|) = I(\lambda,\beta),$$

so ergibt sich gemäss (4) und wegen $\delta(\lambda,d)\geqslant 0$

$$I(\lambda,\beta) = H(\lambda,\beta) - \bar{r}(\lambda, D) = H(\lambda,\beta) - H(\lambda,\lambda).$$

Offensichtlich gilt

$$I(\lambda,\beta)\geqslant 0 \text{ für alle } \lambda,\beta\in\mathbb{R}^n_{+,1}$$

und

$$I(\lambda,\beta) = 0 \text{ für } \beta=\lambda.$$

Im Spezialfall $\tilde{R} = \tilde{R}^b$ mit $b=1$ ergibt sich

$$I(\lambda,\beta) = I_1(\lambda,\beta) = \sum_{k=1}^{n}\lambda_k\log\frac{\lambda_k}{\beta_k},$$

also die (gerichtete) Divergenz oder auch Kullback-Information (siehe [7]) zwischen λ und β. Obwohl $I(\lambda,\beta)$ im allgemeinen keine

Metrik auf $\mathbb{R}^n_{+,1}$ ist, bestehen doch gewisse Analogien zwischen der verallgemeinerten Divergenz $I(\lambda,\beta)$ und dem Quadrat des euklidschen Abstandes zwischen λ und β, siehe dazu [3,8]. Man beachte z.B., dass die "I-Umgebungen" $\{\beta: I(\lambda,\beta)\leq\rho\}, \rho>0$ von λ unter den Annahmen von Lemma 1 konvex sind, in jedem Fall enthalten sie aber λ. Wegen diesen Eigenschaften der Divergenz $I(\lambda,\beta)$ kann eine Lösung von (3) mit $E=I(\lambda,\beta)$ als (I-)Zentrum von λ betrachtet werden.

3. Eigenschaften der in (II) definierten Entscheidungsfunktionen. A) Wir betrachten zunächst den Fall $E=H(\lambda,\beta)$. Wir setzen voraus, dass $D(\beta)\neq\emptyset$ für alle $\beta\in\Lambda$ und

$$H(\lambda,\beta) = H^0(\lambda,\beta) = \sup\{\bar{r}(\lambda,d):\ d\in D(\beta)\}.$$

Wegen $H(\lambda,\beta)\geq\bar{r}(\lambda,d)$, $d\in D(\beta)$ ist auch $\sup_{\lambda\in\Lambda} H(\lambda,\beta)\geq\sup_{\lambda\in\Lambda}\bar{r}(\lambda,d)$, für alle $d\in D(\beta)$, also

$$\inf_{\beta\in\Lambda}(\sup_{\lambda\in\Lambda} H(\lambda,\beta)) \geq \inf_{d\in D}(\sup_{\lambda\in\Lambda}\bar{r}(\lambda,d)). \qquad (5)$$

Das folgende Beispiel zeigt, dass die strikte Ungleichung in (5) möglich ist: Sei $n=2$ und R die konvexe Hülle von $x_0=(1,0)'$, $x_1=(\sqrt{3},\sqrt{3})'$ und $x_2=(0,1)'$. Dafür gilt dann mit $\beta=(\beta_1,1-\beta_1)', \beta_1\geq 0$

$$R(\beta)=\begin{cases}\{x_0\}\\ \mathrm{conv}(\{x_0,x_1\})\\ \{x_1\}\\ \mathrm{conv}(\{x_1,x_2\})\\ \{x_2\}\end{cases} \quad\text{und}\quad H(\lambda,\beta)=\begin{cases}\lambda_1 & 0\leq\beta_1<\sqrt{3}\\ \max\{\lambda_1,\sqrt{3}\} & \beta_1=\sqrt{3}\\ \sqrt{3} & \text{für } 1/3<\beta_1<2/3\\ \max\{\sqrt{3},\lambda_2\} & \beta_1=2/3\\ \lambda_2 & 2/3<\beta\leq 1\end{cases}$$

Wählt man nun $\Lambda=\{(1,0)',(0,1)'\}$, also die Ecken von $\mathbb{R}^2_{+,1}$, so ist

$$\inf_{d\in D}(\sup_{\lambda\in\Lambda}\bar{r}(\lambda,d)) = \inf_{x\in R}(\sup_{\lambda\in\Lambda}\lambda' x) = \inf_{x\in R}(\max\{x_1,x_2\}) = \sqrt{3},$$

aber

$$\inf_{\beta\in\Lambda}(\sup_{\lambda\in\Lambda} H(\lambda,\beta)) = \min\{\sup_{\lambda\in\Lambda}\lambda_2,\sup_{\lambda\in\Lambda}\lambda_1\} = 1 > \sqrt{3}.$$

Sei nun d^* eine optimale Entscheidungsfunktion. Nach Definition von d^* gibt es dann eine optimale Schätzung $\hat{\lambda}=\beta^*$ von λ, so dass $d^*\in D(\beta^*)$. Daraus folgt wegen $H(\lambda,\beta^*)\geq\bar{r}(\lambda,d^*)$ auch $\sup_{\lambda\in\Lambda} H(\lambda,\beta^*)\geq \sup_{\lambda\in\Lambda}\bar{r}(\lambda,d^*)\geq\inf_{d\in D}(\sup_{\lambda\in\Lambda}\bar{r}(\lambda,d))$ und somit die folgende Erweiterung von (5):

$$\inf_{\beta\in\Lambda}(\sup_{\lambda\in\Lambda} H(\lambda,\beta)) \geq \sup_{\lambda\in\Lambda}\bar{r}(\lambda,d^*) \geq \inf_{d\in D}(\sup_{\lambda\in\Lambda}\bar{r}(\lambda,d)); \qquad (6)$$

Im obigen Beispiel hat (6) die Form $1 = 1 > \sqrt{3}$.

Satz 2. a) Gilt in (5) das Gleichheitszeichen, so ist ein optimales d^* auch Λ-optimal. b) Ist umgekehrt d^* Λ-optimal, und gibt es ein $\beta^* \in \Lambda$, so dass $D(\beta^*)=\{d^*\}$, dann gilt in (5) das Gleichheitszeichen und d^* ist auch optimal.

Beweis. Der erste Teil folgt sofort aus (6). Mit (5) und den Annahmen in (b) gilt andererseits

$$\inf_{\beta\in\Lambda}(\sup_{\lambda\in\Lambda} H(\lambda,\beta)) \geq \inf_{d\in D}(\sup_{\lambda\in\Lambda} \bar{r}(\lambda,d)) = \sup_{\lambda\in\Lambda} \bar{r}(\lambda,d^*)$$

$$= \sup_{\lambda\in\Lambda}(\sup_{d\in D(\beta^*)} \bar{r}(\lambda,d)) = \sup_{\lambda\in\Lambda} H(\lambda,\beta^*).$$

Somit gilt in (5) das Gleichheitszeichen, β^* ist eine optimale Schätzung von λ und d^* ist daher optimal.

Bemerkung. Zumindest teilweise erfüllt ist die Bedingung in Teil (b) des obigen Satzes, wenn $(\beta^*,r(d^*))$ ein Sattelpunkt von $(\lambda,x) \to \lambda'x$ bezüglich $\Lambda\times R$ ist. Dann gilt nämlich $d^* \in D(\beta^*)$.

Nützlich bei der Lösung des Schätzproblems (3) mit $E=H(\lambda,\beta)$ ist der folgende

Satz 3. Hat $H(\lambda,\beta)$ einen Sattelpunkt (λ^*,β^*) auf $\Lambda\times\Lambda$, d.h. gibt es ein Paar $(\lambda^*,\beta^*) \in \Lambda\times\Lambda$ mit $H(\lambda,\beta^*)\leq H(\lambda^*,\beta^*)\leq H(\lambda^*,\beta), \lambda,\beta \in \Lambda$, so gilt

i) $H(\lambda^*,\beta^*) = H(\lambda^*,\lambda^*) = \bar{r}(\lambda^*,D)$,

ii) λ^* maximiert $\lambda \to H(\lambda,\lambda)$ bezüglich $\lambda\in\Lambda$,

iii) β^* ist eine optimale Schätzung von λ, d.h. eine Lösung von (3) mit $E=H(\lambda,\beta)$.

Beweis. Die Behauptung folgt wegen der Eigenschaft $H(\lambda,\beta) \geq H(\lambda,\lambda)$ für alle $\beta \in \Lambda$.

Bemerkung. Hat $H(\lambda^*,\cdot)$ ein eindeutig bestimmtes Minimum λ^*, so ist $\lambda^*=\beta^*$ und die Lösung von (3) reduziert sich auf die Maximiemierungsaufgabe

maximiere $H(\lambda,\lambda)$ bezüglich $\lambda \in \Lambda$.

B) Wir untersuchen nun den Fall $E=I(\lambda,\beta)$. Eine ähnliche Rolle wie die Λ-optimalen Entscheidungen in (A) spielen hier die Lösungen von

$$\text{minimiere } \sup_{\lambda\in\Lambda} (\bar{r}(\lambda,d) - \bar{r}(\lambda,D)) \text{ bezüglich } d \in D. \tag{7}$$

Bezeichnet $\bar{r}(\cdot,\lambda)|_\Lambda$ die Restriktion von $\bar{r}(\cdot,d)$ auf Λ, so kann (7) als Ersatzproblem des Vektorminimierungsproblems

"minimiere $\bar{r}(\cdot,d)|_\Lambda$ bezüglich $d \in D$",

mit dem Idealwert $\bar{r}(\cdot,D)|_\Lambda$, betrachtet werden. Ist auch hier $D(\beta)$

$\neq \emptyset$ und $H(\lambda,\beta)=\sup\{\bar{r}(\lambda,d):\ d\in D(\beta)\}$, so ergeben sich analog wie für (5) und (6) die beiden Ungleichungen

$$\inf_{\beta\in\Lambda}(\sup_{\lambda\in\Lambda} I(\lambda,\beta)) \geq \inf_{d\in D}(\sup_{\lambda\in\Lambda}(\bar{r}(\lambda,d) - \bar{r}(\lambda,D))) \tag{8}$$

und

$$\inf_{\beta\in\Lambda}(\sup_{\lambda\in\Lambda} I(\lambda,\beta))\geq\sup_{\lambda\in\Lambda}(\bar{r}(\lambda,d^*)-\bar{r}(\lambda,D))\geq\inf_{d\in D}(\sup_{\lambda\in\Lambda}(\bar{r}(\lambda,d)-\bar{r}(\lambda,D))) \tag{9}$$

für jede - bezüglich der Fehlerfunktion $E=I(\lambda,\beta)$ - optimale Entscheidungsfunktion d^*. Wie Satz 2 gilt daher

Satz 4. a) Gilt in (8) das Gleichheitszeichen, so ist ein (I-) optimales d^* auch eine Lösung von (7). b) Ist umgekehrt d^* eine Lösung von (7) und gibt es ein $\beta^*\in\Lambda$, so dass $D(\beta^*)=\{d^*\}$, dann gilt das Gleichheitszeichen in (9) und d^* ist (I-)optimal.

4. Anwendungen. Die vorliegende Theorie, hier unter der Voraussetzung einer endlichen Zustandsmenge Θ dargestellt, lässt sich aber, unter Zuhilfenahme masstheoretischer Begriffe, auf allgemeinere Zustandsmengen übertragen, wir verweisen dazu auf [8]. Im folgenden machen wir Gebrauch von dieser Möglichkeit der Verallgemeinerung.

4.1. Schätzung eines Parameters. Sei $\Theta=A=Z=\mathbb{R}$ und $L(\theta,a)=(\theta-a)^2$; Zu schätzen ist also der unbekannte Zustand θ. Die Verteilung P_θ der Zufallsvariablen ζ sei normal mit Mittelwert θ und Varianz 1, und die a priori Verteilung λ des Zustands θ sei normal mit Mittelwert 0 und Varianz σ^2, wobei für σ^2 die Relation $\sigma^2\in S(\subset\mathbb{R}_+)$ gelte. Es ist also

$$\Lambda = \{\lambda_{\sigma^2}=N(0,\sigma^2):\ \sigma^2\in S\}.$$

Nun ist in diesem Fall die Bayes-Entscheidungsfunktion d_{σ^2} bezüglich λ_{σ^2} gegeben durch

$$d_{\sigma^2}(z) = \frac{\sigma}{1+\sigma^2}\ z,\quad z\in Z=\mathbb{R}.$$

Somit folgt mit $u=\sigma^2$ und $\bar{u}=\bar{\sigma}^2$

$$H(\lambda_u,\beta_{\bar{u}}) = \bar{r}(\lambda_u,d_{\bar{u}}) = \int(\int(\theta-d_{\bar{u}}(z))^2P_\theta(dz))\lambda_u(d\theta)=\frac{u+\bar{u}^2}{(1+\bar{u})^2},$$

$$H(\lambda_u,\lambda_u) = \frac{u}{1+u}$$

und

$$I(\lambda_u,\beta_{\bar{u}}) = H(\lambda_u,\beta_{\bar{u}}) - H(\lambda_u,\lambda_u) = \frac{(u-\bar{u})^2}{(1+u)(1+\bar{u})^2}.$$

Man bemerkt, dass $H(\lambda_u, \beta_{\bar{u}})$ und $H(\lambda_u, \lambda_u)$ konkav in u sind.

Wählt man nun $S=[0,1]$, also $0 \leq \sigma^2 \leq 1$, so ergibt sich für die optimale Schätzung β^* des unbekannten $\lambda \in \Lambda$

$$\beta^* = \lambda_{u^*} \text{ mit } u^* = \begin{cases} 1, & \text{für } E = H \\ \sqrt{2} - 1, & \text{für } E = I \end{cases}.$$

Man beachte, dass u^* im ersten Fall am Rand, im zweiten im Inneren von S liegt.

4.2. Ein lineares, stochastisches Kontrollproblem mit quadratischer Verlustfunktion. Sei $\Theta = \mathbb{R}^m$, $A = \mathbb{R}^n$, T eine feste (m,n)-Matrix und d habe die einfache Gestalt $d(z)=a$ für alle z und mit einem $a \in A$. Ferner sei $L(\theta,a) = \|\theta - Ta\|^2$. Für irgend eine a priori Verteilung λ (W-Mass auf $\mathbb{R}^m$) von θ ist dann

$$\bar{r}(\lambda,d) = \bar{r}(\lambda,a) = \|Ta\|^2 - 2a'T'\bar{\theta}^\lambda + \overline{\theta'\theta}^\lambda,$$

wobei $\overline{\cdot\cdot}^\lambda$ den Erwartungswert bezüglich λ bedeutet. Nun gilt offensichtlich

$$D(\lambda) = \{a_\lambda = (T'T)^{-1}T'\bar{\theta}^\lambda\}$$

unter der Voraussetzung, dass T'T invertierbar ist. Daher folgt für alle Verteilungen λ, β für die die vorkommenden Erwartungswerte existieren

$$H(\lambda,\beta) = \|Ta_\beta\|^2 - 2a_\beta'T'\bar{\theta}^\lambda + \overline{\theta'\theta}^\lambda,$$

$$H(\lambda,\lambda) = \overline{\theta'\theta}^\lambda - a_\lambda'T'\bar{\theta}^\lambda = \overline{\theta'\theta}^\lambda - \bar{\theta}^{\lambda\prime}T(T'T)^{-1}T'\bar{\theta}^\lambda$$

und

$$I(\lambda,\beta) = \|T(a_\lambda - a_\beta)\|^2 = \|T(T'T)^{-1}T'(\bar{\theta}^\lambda - \bar{\theta}^\beta)\|^2,$$

also ist $I^{1/2}(\lambda,\beta)$ hier der Abstand von $\bar{\theta}^\lambda$ und $\bar{\theta}^\beta$, gemessen mit der (Halb-)Norm $a \to \|T(T'T)^{-1}T'a\|$

Ist auch die Matrix T stochastisch, so ergeben sich ähnliche Resultate.

Literatur:

[1] Blum, J.R., Rosenblatt, J.: On partial a priori information in statistical inference. Ann.Math.Stat. Vol.38,1671-1678(1967).

[2] Bunke, O.: Stabilität statistischer Entscheidungsprobleme und Anwendungen in der Diskriminanzanalyse. Z.Wahrscheinlichkeitstheorie verw.Geb. Bd.7, 131-146(1967).

[3] Csiszar, I.: I-divergence geometry of probability distribu-

tions and minimization problems. Annals of Probability Vol.3, 146-158(1957).

[4] Jaynes, E.T.: Prior probabilities. IEEE Transactions on Systems Science and Cybernetics, Vol. SSC-4, 227-241(1968).

[5] Kashyap, R.L., Oberlin, T.L.: Bayes decision rules based on objective priors. IEEE Transactions on Systems, Man and Cybernetics, Vol. SMC-3, 359-364(1973).

[6] Kerridge, D.F.: Inaccuracy and Inference. Journal of the Royal Statistical Society, Series B, 23, 184-194(1961).

[7] Kullback, S.: Information and Statistics. New York:Wiley 1959.

[8] Marti, K.: Decision-making under partial uncertainty, to appear in Mathematics of Operations Research.

[9] Menges, G.: On the Bayesification of the Minimax principle. Unternehmensforschung Bd. 10, 81-91(1966a).

[10] Perez, A.: Information-theoretic risk estimates in statistical decisions. Kybernetika Vol.3, 1-21 (1967,Prag).

Ein mit der Formel von Bayes verbundener Markoff-Prozeß

J. Sommer, Augsburg

Sind $X_1, X_2, \ldots$ unabhängige, identisch verteilte Zufallsvariablen, jede gemäß $f(x|\vartheta)$ verteilt mit $\vartheta \in \Theta$, und ist φ eine Vorbewertung auf Θ, so schreibt die Formel von Bayes vor, nach Beobachtung von $X_1 = x_1, \ldots, X_n = x_n$ dieses φ in

$$a^n(\varphi, x_1, \ldots, x_n) = \frac{f(x_1, \ldots, x_n|\vartheta)}{f(x_1, \ldots, x_n|\varphi)} \circ \varphi$$

mit $f(x_1, \ldots, x_n|\varphi) = E_\varphi\, f(x_1, \ldots, x_n|\vartheta)$ abzuändern. Betrachten wir die Menge $\mathcal{M}$ der Wahrscheinlichkeitsmaße auf Θ als Zustandsraum und definieren wir eine Übergangsfunktion durch

$$P(\varphi, M) = \int_{\{x;\, a^1(\varphi, x) \in M\}} f(x|\varphi)\,dx$$

so erhalten wir unter recht allgemeinen Voraussetzungen einen homogenen Markoff-Prozeß mit Zustandsraum $\mathcal{M}$, welcher vom Statistiker kontrolliert und dazu benutzt werden kann, Bayeslösungen bei sequentiellen Entscheidungsproblemen zu finden. Dazu ist es notwendig, das Verhalten der n-Schritt-Übergangswahrscheinlichkeiten

$$P^n(\varphi, M) = \int_{\{x_1, \ldots, x_n, a^n(\varphi, x_1, \ldots, x_n) \in M\}} f(x_1, \ldots, x_n|\varphi)\,dx_1, \ldots, dx_n$$

im Limes zu kennen. Unter in der Praxis häufig anzutreffenden Voraussetzungen konvergieren diese (schwach) gegen ein Einpunktmaß $\mathcal{E}_{\varepsilon_{\hat{\vartheta}}}$ wobei $\hat{\vartheta}$ der "wahre" Parameterwert bedeutet.

$$\Delta s := (\Delta_1 s, .., \Delta_n s) \; .$$

Ist Φ die Minimaxregel, so ergibt sich

$$J(P,\Delta s,\Phi) \leq \frac{1}{2} \left[\min_p \max_i \sum_{j=1}^{m} |p(x_j) - p_i(x_j)|\right] \cdot \max_i \Delta_i s \; .$$

Der Ausdruck in eckigen Klammern ist die von Le Cam eingeführte "deficiency" [2] .

Falls J kleiner ist als die Stichprobenkosten, kann man die Informationsbeschaffung ohne Bestimmung von ΦWI ablehnen. Es ergibt sich also (neben dem Φ-Wert der vollständigen Information) eine zweite Möglichkeit, die Berechnung des ΦWI zu umgehen.

Für $|\Theta| = 2$ erhält man für die Bayesregel (a priori Verteilung $(\pi, 1-\pi)$) :

$$J(P,\Delta s,\Phi) = \frac{1}{2} \min\{\pi \; \Delta_1 s, (1-\pi) \; \Delta_2 s\} \sum_{j=1}^{m} |p_1(x_j) - p_2(x_j)|$$

und für die Minimaxregel $(\Delta_1 s + \Delta_2 s > 0)$:

$$J(P,\Delta s,\Phi) = \frac{1}{2} \frac{\Delta_1 s \;\; \Delta_2 s}{\Delta_1 s + \Delta_2 s} \sum_{j=1}^{m} |p_1(x_j) - p_2(x_j)| \; .$$

Literatur:

[1] Bamberg, G.: Wieviel dürfen Informationen kosten? in: Bamberg, G. und Opitz, O. (Hrsg.), Information und Prognose, S. 201-220, Meisenheim 1975.

[2] Le Cam, L.: Sufficiency and approximate sufficiency, in: Ann. Math. Statist. 35, S. 1419-1455, 1964.

Eine obere Schranke für den Φ-Wert der Information

V. Firchau, Augsburg

Ausgegangen wird von einer Entscheidungssituation, die durch eine Aktionenmenge $D = \{d_1, \ldots, d_n\}$, einen Zustandsraum $\Theta = \{\vartheta_1, \ldots, \vartheta_n\}$ und eine Schadensfunktion $s : \Theta \times D \to \mathbb{R}$ beschrieben sei. Durch Randomisierung geht man zu (Θ, D^*, S^*) über, wobei D^* die Menge der Wahrscheinlichkeitsmaße auf D und $s^*(\vartheta, q)$ der Schadenserwartungswert bzgl. $q \in D^*$ sind. Da keine Verwechslungen auftreten können, wird der "*" im folgenden weggelassen.

Weiterhin sei ein Informationssystem $P = (X, \{p_i, i=1,\ldots,n\})$ gegeben, wobei $X = \{x_1, \ldots, x_m\}$ eine endliche Menge und die p_i Wahrscheinlichkeitsmaße auf X sind. Der Schadens- und der Risikobereich sind kompakt und konvex.

Die Entscheidungsregel $\Phi : \mathbb{R}^n \to \mathbb{R}$ sei verträglich mit der natürlichen Halbordnung, stetig, additiv, wenn ein Summand ein Vektor mit konstanten Komponenten ist, und konstantenerhaltend. Dann gilt nach [1]

$$\Phi WI = \min_q \Phi(s(\vartheta,q)) - \min_\delta \Phi(r(\vartheta,\delta)) ,$$

falls man ΦWI als (eine) Lösung c der Gleichung

$$\min_\delta (r(\vartheta,\delta) + c) = \min_q (s(\vartheta,q))$$

definiert. Wenn Φ zusätzlich sublinear ist, gilt

$$\Phi WI \leq \frac{1}{2} \min\{\Phi(\Delta_i s \sum_{j=1}^{m} |p(x_j) - p_i(x_j)|) : p \text{ Wm auf } X\} ,$$

$$=: J(P, \Delta s, \Phi)$$

wobei $\Delta_i s := \max_{q \in D} s(\vartheta_i, q) - \min_{q \in D} s(\vartheta_i, q)$

$$\Delta s := (\Delta_1 s, \ldots, \Delta_n s) .$$

Ist Φ die Minimaxregel, so ergibt sich

$$J(P,\Delta s,\Phi) \leq \frac{1}{2} [\min_p \max_i \sum_{j=1}^{m} |p(x_j) - p_i(x_j)|] \cdot \max_i \Delta_i s .$$

Der Ausdruck in eckigen Klammern ist die von Le Cam eingeführte "deficiency" [2].

Falls J kleiner ist als die Stichprobenkosten, kann man die Informationsbeschaffung ohne Bestimmung von ΦWI ablehnen. Es ergibt sich also (neben dem Φ-Wert der vollständigen Information) eine zweite Möglichkeit, die Berechnung des ΦWI zu umgehen.

Für $|\Phi| = 2$ erhält man für die Bayesregel (a priori Verteilung $(\pi, 1-\pi)$) :

$$J(P,\Delta s,\Phi) = \frac{1}{2} \min\{\pi\ \Delta_1 s, (1-\pi)\ \Delta_2 s\} \sum_{j=1}^{m} |p_1(x_j) - p_2(x_j)|$$

und für die Minimaxregel $(\Delta_1 s + \Delta_2 s > 0)$:

$$J(P,\Delta s,\Phi) = \frac{1}{2} \frac{\Delta_1 s\ \ \Delta_2 s}{\Delta_1 s + \Delta_2 s} \sum_{j=1}^{m} |p_1(x_j) - p_2(x_j)| .$$

Literatur:

[1] Bamberg, G.: Wieviel dürfen Informationen kosten? in: Bamberg, G. und Opitz, O. (Hrsg.), Information und Progose, S. 201-220, Meisenheim 1975.

[2] Le Cam, L.: Sufficiency and approximate sufficiency, in: Ann. Math. Statist. 35, S. 1419-1455, 1964.

Ein a-priori Nichtoptimalitätstest bei Markovschen Entscheidungsprozessen

D. Bartmann, München

Betrachtet werden diskrete diskontierte Markovsche Entscheidungsprozesse mit unendlichem Planungshorizont und endlichen Zustands- und Entscheidungsmengen X und D. Geht der Prozeß bei Entscheidung d von x_i nach x_j mit Wahrscheinlichkeit p_{ij}^d über, so entsteht der Gewinn r_{ij}^d. Es ist q_i^d der Erwartungswert des Überganges mit Startpunkt x_i. $v_i^{(n)}$ ist der diskontierte akkumulierte Gewinn nach n Übergängen, falls man in x_i beginnt und N ist die Anzahl der Zustände des Systems. Die Optimierung mit Hilfe der Wertiteration geschieht nach der Formel

$$v_i^{(n+1)} = \max_d \left(q_i^d + \Sigma b_{ij}^d v_j^{(n)} \right); \quad i = 1(1)N$$

mit $b_{ij}^d = \beta p_{ij}^d$ im homogenen Markovketten-Modell. Durch die Verkleinerung des Entscheidungsraumes läßt sich der Rechenaufwand dieses Maximierungsschrittes verringern. Es wird in der Arbeit erstmals ein Kriterium angegeben, mit dem man a-priori, d.h. noch vor Beginn der Optimierung einige Entscheidungen als nichtoptimal erkennen kann. Hierbei heißt eine Entscheidung nichtoptimal in x_i, wenn mit ihr vom Startpunkt x_i aus nicht der größtmögliche Gewinn zu erzielen ist. Die Herleitung des Tests geschieht über geometrische Überlegungen. Es läßt sich zeigen, daß die Gebiete des R^N, in denen eine Entscheidung d_k über eine andere Entscheidung d_ℓ dominiert, durch eine Hyperebene $G_{k,}$

$$G_{k,\ell} \equiv (b_{i1}^{d_k} - b_{i1}^{d_\ell})v_1 + \ldots + (b_{iN}^{d_k} - b_{iN}^{d_\ell})v_N + (q_i^{d_k} - q_i^{d_\ell}) = 0$$

getrennt ist. Der Test ist nach folgendem Schema konstruiert: "Sei eine Einschließung Q des optimalen Gewinnvektors $v^* \in R^N$

bekannt. Existiert ein $G_{k,\ell}$, so daß Q vollständig in einem der beiden von G erzeugten Halbräume liegt, so ist die Entscheidung, die im anderen Halbraum dominiert, nichtoptimal."
Eine a-priori Einschließung von v^* ist der positive Orthant des R^N. Damit er vollständig in einem der beiden Halbräume liegt, darf G keinen positiven Achsenabschnitt besitzen. Diese Bedingung mündet in den Test

<u>Test</u>: Besitzen alle von null verschiedenen Koeffizienten $b_{ij}^{d_k} - b_{ij}^{d_\ell}$ $j = 1(1)N$ das gleiche Vorzeichen und sei dieses dasselbe wie bei $q_i^{d_k} - q_i^{d_\ell}$, falls $q_i^{d_k} - q_i^{d_\ell} \neq 0$. Ist dieses Vorzeichen negativ (positiv), so ist d_k (d_ℓ) nichtoptimal in x_i.

Dieser Test ist immer dann sinnvoll anwendbar, falls die Elemente b_{ij}^d der Iterationsmatrix B des sukzessiven Approximationsverfahrens (z.B. Wertiteration) nicht negativ sind und B keine konstanten Zeilensummen hat. Das ist bei der Wertiteration von Semi-Markovprozessen und regenerativen Prozessen erfüllt. Bei homogenen Markovketten erreicht man dies durch Übergang zur Iteration in durchdividierter Form:

$$v_i^{(n+1)} = \max_d \left\{ \frac{1}{1 - b_{ii}^d} \left(q_i^d + \sum_{\substack{j=1 \\ j \neq i}}^{N} b_{ij}^d v_j^{(n)} \right) \right\}$$

Bei Lagerhaltungsmodellen mit einer Nachfrageverteilung, die monoton und unabhängig vom jeweiligen Lagerbestand ist (hierzu gehören die negative Exponentialverteilung sowie die allgemeinere Gammaverteilung für $k \leq 1$ und auch die negative Binomialverteilung bei zahlreichen Parameterkombinationen), lassen sich noch zusätzliche notwendige Bedingungen dafür finden, daß der Test überhaupt erfolgreich sein kann. Diese Bedingungen schränken den Anwendungsspielraum des Tests in erheblichem Maße ein und steigern dadurch seine Effizienz.

Warteschlangentheorie zur Terminierung von Aufträgen in der Fertigung

J. Weckerle, München

Es sind mehrstufige und mehrteilige, mit Endterminen versehene Aufträge in einer Produktionsstätte zu fertigen. Die durch Auflösung und Losbildung entstandenen Betriebsaufträge sollen so terminiert werden, daß die Termineinhaltung gesichert ist, die Werkstatt nicht überlastet wird und keine zu hohen Bestände entstehen. Weiter sollen folgende Prämissen gelten:

- die Fertigung besitze viele Arbeitsplätze
- es gibt viele Betriebsaufträge
- die Arbeitsinhalte der Betriebsaufträge seien relativ klein
- der Materialfluß sei stark zusammenhängend und vernetzt

Es soll bestimmt werden, wann welcher Betriebsauftrag angestoßen werden soll.

Heute wird ein solches Terminierungsproblem in Werken,in denen ein DV-maschinelles Fertigungssteuerungssystem läuft, hauptsächlich mit Netzplanmethoden gelöst, bei denen vorausgestzt wird, daß alle Zeiten fest und bekannt sind. Die Wartezeiten vor und nach der Bearbeitung und vor dem Transport und die Sicherheitszeiten besitzen jedoch stochastischen Charakter und werden zudem von mehreren Faktorenbeeinflußt. Nach empirischen Untersuchungen nehmen diese Warte- und Sicherheitszeiten 6o%-9o% der Durchlaufzeit ein und entscheiden somit am stärksten über die Termine.

Die Arbeitsplätze werden als Knoten im Netz von Warteschlangensystemen aufgefaßt. Für die Auswahl des Typs der Warteschlange werden die Materialflüsse am betreffenden Arbeitsplatz analysiert. Wird dieser aus meheren Richtungen etwa gleichmäßig beliefert, so stellt der Ankunftsprozess mit genügender Genauigkeit einen Poissonprozess dar und man kann das M/G/1-System wählen. In anderen Fällen, in denen es im Sinne des Materialflusses nur einen Vorgänger gibt, muß man entweder nach Kingman abschätzen oder sonstige Korrekturen anbringen.

Die Durchlaufzeit jedes Betriebsauftrages wird durch Rücktransformation der gefalteten Laplacetransformierten der Wartezeitverteilung an jedem Arbeitsplatz ermittelt. Für die Rücktransformation eignen sich am besten die Methoden von Papoulis oder Bellmann.

Von großem Vorteil für eine schnelle Berechnung der Durchlaufzeit eines Betriebsauftrags (ca. o.5 cpu-sec. auf SIEMENS 4oo4/151) bei den erwähnten Methoden ist die Möglichkeit, die Laplacetransformierte der Wartezeit im Voraus für jeden Arbeitsplatz zu berechnen. Die Durchlaufzeitverteilungen werden für mehrere Prioritätsklassen bestimmt. Die Überwachung und Steuerung erfolgt durch den Vergleich der effektiven Zwischentermine mit den geplanten. Steuermaßnahmen wie Prioritätsänderung werden ergriffen, wenn die Abweichungen ein vorausbestimmtes Toleranzintervall überschreiten. Dabei muß gewährleistet sein, daß nicht zu viele Eilaufträge entstehen und daß nicht regelmäßig bei den meisten Aufträgen die Priorität gegen Ende steigt.

Auf diese Weise kann man folgendes erreichen. Die Fertigungskapazität wird bei der Terminierung berücksichtigt. Die Durchlaufzeiten und Sicherheitszeiten sind von der Belastung der Fertigung abhängig und der Belastung angepaßt. Die Sicherheitszeiten hängen tatsächlich von der Unsicherheit des Fertigungsdurchlaufes ab. Die Wartezeiten müssen nicht mehr geschätzt werden.

Es sei aber darauf hingewiesen, daß für Fertigungsstrukturen wie Reihen- oder Fließfertigung andere Terminierungsmethoden besser geeignet sind als eine Terminierung mit Durchlaufzeiten.

Literatur:

Bellmann, Kalaba, Lockett, Numerical Inversion of the Laplacetransform, American Elversier Publ. Comp. 1971

Conway, Maxwell, Miller, Theory of Scheduling, Addison-Wesley Publ. Comp. Mass. 1967

Jackson, Network of Waiting Lines, Oper. Res., Vol 5, No 4, 1957

Kingman, Some Inequalities for the Queue GI/G/1, Biometrika, Vol. 49, No 3, 1962

Papoulis, A New Method Of Inversion of the Laplace Transform, Quarterly Applied Mathematics, Vol 14, 1956

Statistische Theorien – Eine vergleichende Übersicht

H. Rinne, Gießen

Die Statistik ist eine wissenschaftliche Disziplin, deren Aufgabe darin besteht anzugeben, wie man quantifizierte Informationen verwenden kann, um einerseits stochastische Situationen zu beschreiben und andererseits bei der Auswahl von Aktionen zu helfen, die angesichts stochastischer Situationen zu ergreifen sind. Eine stochastische Situation ist dadurch charakterisiert, daß sie mindestens zwei verschiedene, nicht mit Sicherheit voraussagbare Ausgänge hat.

Die Beurteilung stochastischer Situationen stützt sich auf Informationen, die für diese relevant sind. Relevante Informationen können sein:

1) Stichprobendaten, d. h. gesammelte Beobachtungen von Ausgängen der zu untersuchenden stochastischen Situation;

2) A-priori-Informationen, d. h. akkumuliertes Wissen aus dem Umgang mit ähnlichen, eng verwandten Situationen und Vorkenntnisse über die betreffende Situation im weitesten Sinne;

3) Potentielle Konsequenzen, d. h. bewertete Folgen, die sich einstellen können, wenn man angesichts einer stochastischen Situation eine Aktion ergriffen hat.

Unter zeitlichem Aspekt sind die A-priori-Informationen Vergangenheitsinformationen, Stichprobendaten laufende Informationen der Gegenwart und potentielle Konsequenzen Zukunftsinformationen.

Ein statistischer Ansatz, der Informationen verwendet, um zu einer Beschreibung der stochastischen Situation mittels eines i. a. parametrischen Wahrscheinlichkeitsmodells zu gelangen, ist ein Inferenzverfahren. Ein statistischer Ansatz mit der etwas weiteren Zielsetzung, Aktionen vorzuschlagen, die angesichts einer stochastischen Situation zu ergreifen sind, heißt Verfahren der statistischen Entscheidungstheorie.

Die Unterscheidung zwischen Inferenz und Entscheidungsfindung kombiniert mit den verschiedenen Arten von relevanten Informationen erlaubt eine grobe Klassifikation der statistischen Theorien. Demnach kann man idealtypisch drei große Ansätze erkennen:

1) die klassische Inferenz,
2) die Bayes-Inferenz,
3) die statistische Entscheidungstheorie.

Es wird gezeigt, wie sich diese Ansätze voneinander unterscheiden. Zu diesem Zweck werden bezüglich eines jeden Ansatzes folgende Fragen gestellt:

1) Welches Wahrscheinlichkeitskonzept liegt dem Ansatz zugrunde?
2) Welches ist die im Ansatz verarbeitete relevante Information?
3) In welcher Form wird diese Information präsentiert und verarbeitet?
4) Welche Fragestellungen sollen beantwortet werden?
5) Welche Methoden werden zu diesem Zweck angeboten?
6) Welche Kriterien zur Beurteilung der Methoden sind vorhanden?
7) Gibt es bezüglich dieser Kriterien eine optimale Methode?

Außerdem wird jeder Ansatz kritisch gewürdigt.

Optimalitätseigenschaften mehrstufiger probabilistischer Informationsverarbeitungssysteme

F.D. Peschanel, München

1 Einführung

In der Natur, in vom Menschen geschaffenen Organisationen und in technischen Systemen finden sich in großer Zahl "mehrstufige probabilistische Informationsverarbeitungssysteme". Dazu einige Beispiele: das menschliche Sehzentrum ist aus 5 Schichten aufgebaut, das des Frosches aus 3. In Lesemaschinen findet man, von der primitiven und wenig leistungsfähigen einstufigen Entscheidungsmatrix [1,2] ausgehend, kompliziertere Formen, wie z.B. Lesemaschinen von IBM [3,4] und SIEMENS [5] mit 3 bzw. 4 Stufen. Als weitere Beispiele seien 2- und 3-stufige Realisierungen des Perzeptrons [6,7,8] genannt, das als Nachbildung von Nervensystemstrukturen entwickelt wurde. Schließlich sei auf die mehrstufige Aufbereitung von Informationen in Organisationen hingewiesen [9], auch hier ist eine Anzahl von etwa 3 bis 5 logischen Aufbereitungsstufen zu erkennen.

Es ist auffällig, daß für alle komplizierten Aufgaben der probabilistischen Informationsverarbeitung keine einstufigen Systeme benutzt werden, wie sie in der Literatur ausgiebig diskutiert werden. Vielmehr erscheinen diese einstufigen Verfahren als etwas wie 'Bausteine', aus denen die mehrstufigen im wesentlichen aufgebaut sind. Die aufgeworfenen Fragen werden am Beispiel der Zeichenerkennung diskutiert, obwohl die Aussagen für die probabilistische Informationsverarbeitung allgemein gültig sind.

2 Die ideale Verarbeitung/Induktive Logik

Bei Betrachtung der Verfahren der Zeichenerkennung entsteht leicht der Eindruck, daß aus der vorliegenden Information durch ein Verfahren der deduktiven Logik von Bildebene zur Ergebnisebene fortgeschritten wird. Die angewandten deduktiven Methoden verschleiern jedoch - aufgrund der hohen, häufig geschickt ausgenutzten Redundanz daß in Wirklichkeit eine Aufgabe der induktiven Logik vorliegt [10, 11,12,13]. Unter einer weiten Klasse von Bedingungen [10] stellt das Theorem von Bayes die logisch richtige Verknüpfung zwischen (multidimensionalen) Ereignissen $D = (d_1,\dots,d_N)$ und einem Satz von Hypothesen (d.h. möglichen Ergebnissen) $H = (H_1 \dots, H_L)$ dar.

$$(1) \qquad p(H_i/D) = \frac{P(D/H_i) * P(H_i)}{P(D)} \quad \text{(parallel)}$$

3 Anwendung der Informationstheorie

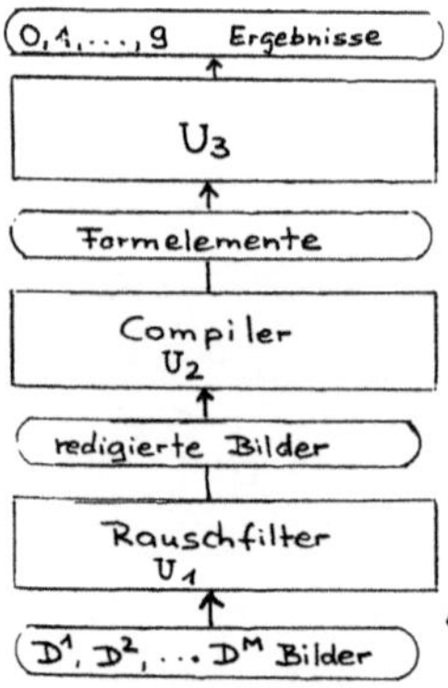

Abb. 1
Mehrstufiges "lineares" Vorgehen beim Zeichenlesen

Den verschiedenen Sprachebenen aus Abb. 1 können entsprechende Entropien zugewiesen werden [18] :

(2) $E_{Daten} = -\sum_D p(D) * ld\, p(D)$ als Entropie der Eingangsdaten

(3) $E_{semantisch\ a\ priori} = -\sum_i p(H_i) * ld\, p(H_i)$ als a priori Unsicherheit über das Ergebnis H_i ohne Kenntnis der Input-Daten

Daraus läßt sich ein Informationsreduktionsfaktor

$$(4) \quad \varepsilon = \frac{E_{Daten}}{E_{sem(a\ p.)}}$$

ableiten. D.h., bei jedem "logischen Schluß" - auch wenn er als deduktives Verfahren getarnt ist - muß eine mittlere Informationsreduktion von ε geleistet werden. - Bei mehreren Stufen erhält man, da die Ergebnisse einer Verarbeitungsstufe mit ihrer Entropie gerade die Inputs der nächsten Stufe sind, eine Produktrelation. Bei 3 Verarbeitungsstufen erhält man so

$$(5) \quad \varepsilon_{1,4} = \varepsilon_{1,2} * \varepsilon_{2,3} * \varepsilon_{3,4} = R$$

4 Ein Kostenmodell

Der Aufwand für die Entwicklung eines informationsreduzierenden Verfahrens schien, wie schon in 3 angesprochen, mit ε subpropotional zu steigen bei gleichzeitiger Erhöhung der Anzahl n der Stufen des Verfahrens. Daraus wurde für eine einzelne Verarbeitungsstufe mit dem Informationsreduktionsfaktor ε_{st} ein Kostenansatz abgeleitet. Für eine Anzahl von n Stufen ergibt sich

$$(6) \quad K = \alpha \cdot n \cdot (\varepsilon_{st} - 1 + K_o)$$

Dabei ist $\varepsilon_{st} = \sqrt[n]{R}$ zu setzen, wobei R der Gesamtreduktionsfaktor (bisher ε) ist, da offenbar für gleichgroße ε_{st} das Minimum angenommen wird. K_o ist der Basisaufwand für eine Stufe. Für den erfahrungsgemäß wichtigsten Bereich der Reduktionsfaktoren $10 \leq R \leq 10.000$ zeigen sich für $K_o > o$ Minima des Kostenverlaufes K(n), die im Bereich von n=2 bis n=6 liegen. Gegenüber der Kurvenschar für Strafen $K_o=1$ in Abb.2 sind die Minima für größeres K_o (z.B. $K_o=2$) geringfügig zu kleinerem n verschoben bei deutlicherer Ausprägung des Minimums. - Damit zeigt sich, daß schon ein lineares Kostenmodell eine befriedigende Erklärung für die beobachteten Fakten gibt.

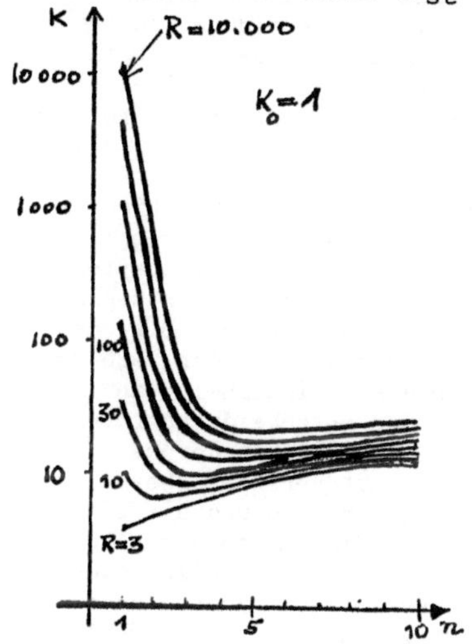

Abb.2: Lineares Kostenmodell

Literatur:

1 K.Steinbuch u.H.Kasmierczak:Grundlagen und Anwendung der automatischen Zeichenerkennung/Jahrbuch des elektr. Fernmeldewesens 1960/61. - 2 K.Steinbuch:Die Lernmartix/Kybernetik Bd.1 (1961) H 1, S. 26-45 - 3 Greaneas, Meager, Norman and Essinger: The Recognition of Handwritten Numerals by Contour Analysis/IBM-Journal,Januar 63 4 Sprick: Ein Verfahren der Zeichenerkennung/NFT 14,1959. - 5 P.Molzberger: Eine formale Beschreibung handgeschriebener Zeichen zum Zweck ihrer Erkennung mittels digitaler Schaltungen/Dissertation RWTH Aachen 1972. - 6 H.D.Block:The Perceptron as a Modell for Brain Functioning. I, Rev.Mod.Physics,Vol.34,No.1.Jan.1962. - 7 H.D.Block,B.W.Knight Jr. and F.Rosenblatt:Analysis of a Four-Layer Series-Coupled Perceptron/ Rev.Mod.Physics,Vol.34,No.1,Jan.1962. - 8 F.Rosenblatt:Perceptron Simulation Experiments/Proc.IRE,No.3,March 1960. - 9 J.L.Sanders:The Application of a Theory of Multilevel Systems to Optimization Problems Ph.D.Thesis,Cleveland: Case Inst. of Technology,1963.-10 R.Carnap u. W.Stegmüller:Induktive Logik und Wahrscheinlichkeit/Springer Verl.Wien 1958. - 11 Ian Hacking:Logic of Statistical Inference/Cambridge Univ. Press,1965. - 12 M.R.Novick: On Bayesian logical Probability/Research Bulletin 64-22,Princeton,N.J.,Educational Testing Service,1964. - 13 I.J.Hood:The Estimation of Probabilities:an Essay on Modern Bayesian Probabilities/Research Monograph,MIT Press,Cambridge,Mass.,1965

Der Wahrscheinlichkeitsbegriff des Managers —Konzeption einer empirischen Untersuchung über die Vertrautheit von Managern mit Wahrscheinlichkeiten und den darauf aufbauenden Planungsmethoden

H.-J. Golling, Darmstadt

Vorbemerkung: Seit 1974 ist bei der Deutschen Forschungsgemeinschaft (DFG) das Schwerpunktprogramm "Empirische Entscheidungstheorie" eingerichtet. Dieses Schwerpunktprogramm ist aus dem Bedürfnis entstanden, eine Brücke zwischen der quantitativen Entscheidungslogik und der empirischen Forschung zu schlagen. Die Existenz dieses Bedürfnisses kommt u.a. durch viele Arbeiten der Entscheidungslogik zum Ausdruck, in denen explizit oder (meist) implizit Annahmen über das Verhalten, das Wertesystem und die Kenntnisse von Entscheidungsträgern getroffen werden, die empirisch in keiner Weise untermauert werden. Im Rahmen des DFG-Schwerpunktprogramms wird von Herrn Golling der "Wahrscheinlichkeitsbegriff des Managers" untersucht; die Untersuchungskonzeption wird im folgenden dargestellt. (Heiner Müller-Merbach)

Einleitung: Alle Entscheidungen sind mit einem bestimmten oder unbestimmten Grad an Unsicherheit behaftet und damit für den Entscheidenden mit dem Risiko verbunden, einen Verlust zu erleiden bzw. eine Fehlentscheidung zu treffen. Dies gilt im ökonomischen Bereich insbesondere für langfristige, strategische Unternehmensentscheidungen, die wir in unserem Projekt betrachten. Die Unsicherheit läßt sich nicht beseitigen; es kann jedoch versucht werden, sie zu quantifizieren. Als Instrument zur Quantifizierung der Unsicherheit kann die Wahrscheinlichkeitstheorie herangezogen werden. In den Entscheidungsprozeß eingebaut, gibt sie dem Entscheidungsträger somit Informationen darüber, mit welchem Risiko seine Entscheidung verbunden ist. Die auf der Wahrscheinlichkeitstheorie aufbauenden OR-Verfahren, z.B. die Risikoanalyse und die Simulation, müssen wegen der Einmaligkeit langfristiger Entscheidungen vor allem auf subjektive Wahrscheinlichkeiten beschränkt werden. Ein Abschätzen dieser subjektiven Wahrscheinlichkeiten stellt aber gewisse Voraussetzungen an die am Entscheidungsprozeß Beteiligten. Im Rahmen der von uns z.Zt. durchgeführten empirischen Untersuchung interessiert daher zu erfahren:

(1) Findet bei langfristigen, strategischen Unternehmensentscheidungen überhaupt eine rationale Entscheidungsvorbereitung statt?
(2) Inwieweit sind Manager mit Wahrscheinlichkeiten vertraut und ziehen diese zur realistischen Beurteilung zukünftiger Entwicklungen heran?
(3) Welche quantitativen, auf der Wahrscheinlichkeitstheorie aufbauenden Planungsmethoden werden in diesen Entscheidungsprozessen eingesetzt und wie haben sie sich bewährt?

Die Untersuchung kann als Grundlage für die Entwicklung normativer Konzeptionen und Gestaltungsprinzipien von OR-Modellen angesehen werden. Als geeignet erscheinen dabei solche Modellentwürfe, die die am Entscheidungsprozeß Beteiligten bei der Lösung praktischer Probleme unterstützen und die Rationalität der Entscheidungsfindung verbessern helfen, ohne dabei die Entscheidungsfreiheit einzuengen. Insbesondere muß die Erfahrung der Planenden berücksichtigt werden, wie dies beispielsweise bei der Risikoanalyse geschieht. Weiterhin soll die Untersuchung Anhaltspunkte für Ausbildungs- und Weiterbildungspläne liefern.

<u>Konzeption der empirischen Untersuchung</u>: Als Instrument zur Datenermittlung wurde das strukturierte Interview gewählt. Dadurch ist einmal eine statistische Auswertung gewährleistet, da anhand eines Leitfragebogens eine bestimmte Menge von Fragen jedem Probanden gestellt wird. Dies ist insbesondere für die Fragen wichtig, die die zu testenden Hypothesen betreffen. Darüber hinaus läßt diese Form der Befragung dem Interviewer genug Flexibilität, ausführliche und fundierte Informationen zu interessierenden Detailfragen zu bekommen. Die durch den Bezugsrahmen langfristiger, strategischer Unternehmensentscheidungen und die durch Hypothesen gesteuerten Variablen - rationale Entscheidungsvorbereitung, Wahrscheinlichkeiten, OR-Methoden - mußten zunächst operationalisiert werden, um an der Realität überprüft werden zu können. Dabei dürfen nicht zu große Kenntnisse bei den Gesprächspartnern vorausgesetzt werden, weil sonst nicht alle tatsächlich vorhandenen Daten gewonnen werden können. So schied beispielsweise bei der Untersuchung über die Vertrautheit des Managers mit Wahrscheinlichkeiten eine einzige direkte Frage nach dem Begriff der Wahrscheinlichkeit aus. Es wurden vielmehr folgende generelle Merkmale der Wahrscheinlichkeit gewählt:

(1) Es existieren stochastische Vorgänge, deren Ergebnisse Zufallsereignisse sind.
(2) Die Menge der Zufallsereignisse ergibt den Wahrscheinlichkeitsraum.
(3) Der Anteil des Eintreffens eines Zufallsereignisses an der Gesamtheit der erreichbaren Zufallsereignisse wird mit Wahrscheinlichkeit bezeichnet.
(4) Die Bestimmung von Wahrscheinlichkeiten kann objektiv a priori oder a posteriori erfolgen sowie objektiv durch Schätzen vorgenommen werden.
(5) Die mathematischen Gesetze, denen Wahrscheinlichkeiten unterliegen, bauen auf Axiomen auf.

Diese Merkmale wurden anschließend in Testfragen übersetzt, die sich an der beruflichen Erlebniswelt der Befragten orientieren, um damit deren Interesse zu wecken. Dadurch können wir u.E. über die Hypothesenprüfung hinaus konkrete Hinweise für Forschung und Lehre gewinnen. Diese Hinweise können erstens die Verbesserung bestehender und die Schaffung neuer Methoden betreffen. Zweitens können die von den Gesprächspartnern geäußerten Kritikpunkte an quantitativen Planungsmethoden allgemein Anregungen für eine bessere Vermittlung des OR geben, damit die Bereitschaft zum Einsatz des OR im Rahmen echter Unternehmensentscheidungen geweckt wird. Drittens kann der Interviewer im Laufe des Gesprächs auf möglicherweise anwendbare OR-Verfahren hinweisen und so wichtige Frontarbeit leisten. Auch bei der Untersuchung über die Vertrautheit des Managers mit Wahrscheinlichkeiten wurde die fallorientierte Befragungsform gewählt, da eine Wissensprüfung durch Abfragen nicht opportun erschien. Im übrigen kommt es uns nicht darauf an, eine Definition oder formale Interpretation des Begriffes der Wahrscheinlichkeit zu entwickeln. Wichtiger ist, ob und in welcher Form an Wahrscheinlichkeiten gedacht wird und wie Wahrscheinlichkeiten bei der Entscheidungsfindung explizit verwendet werden. Die Testfragen wurden durch Kontrollfragen ergänzt. Dies sind einmal weiterführende, tiefer in den Problemkreis eindringende Fragen, zum anderen solche, die zu einem anderen Zeitpunkt und in einem anderen Zusammenhang während des Interviews in ähnlicher Form schon einmal gestellt wurden.

Die statistische Auswertung der zu erwartenden Ergebnisse wurde für die vorab konkret formulierten Hypothesen geplant und vorbereitet. Für den Teil, der die Exploration weiterführender Erkenntnisse betrifft, konnten die Datensätze nur in dem Maße angelegt werden, wie dies aufgrund von theoretischen Überlegungen und Testbefragungen möglich war. Inwieweit insbesondere multivariate Analysen angewendet werden können, kann z.Zt. noch nicht beurteilt werden. Nicht zuletzt wird dabei der angestrebte Stichprobenumfang eine Rolle spielen, der aufgrund der Erhebungsmethode und den damit verbundenen Zeit- und Kostenfaktoren beschränkt bleiben muß. Ein Anspruch auf statistische Repräsentanz kann somit allerdings nicht erhoben werden. Für den Zweck, die Theorie und auch deren Vermittlung durch Rückkopplung mit der Praxis zu verbessern, scheint die Informationsermittlung durch strukturierte Interviews jedoch eine geeignete Vorgehensweise zu sein.

Cluster Analyse

Entwicklung schneller Verfahren zur hierarchischen Clusteranalyse bei großen Datenmengen

P. Molzberger und F.D. Peschanel, München

1. Übersicht

Der Einsatz hierarchischer Clusterverfahren wird häufig - obwohl das oft der beste Weg zur Problemlösung wäre - durch sehr hohe Rechenzeiten unmöglich. Allgemeine Verfahren erreichen leicht Rechenzeiten von 100 Stunden auf einer modernen Anlage [1] für einen einzigen Durchlauf. Daher wurde, als sich diese Probleme bei einem Projekt der Sozialforschung [2] als einer der kritischen Flaschenhälse erwiesen, mit einer systematischen Untersuchung begonnen. Im folgenden werden 3 Algorithmen in Abhängigkeit von den datentechnischen Bedingungen diskutiert. Diese Verfahren - zusätzlich unterstützt durch eine hier nicht beschriebene programmtechnische Ausnützung von speziellen Hardware-Eigenschaften des Rechners und des niedrigen Füllgrades der Datenvektoren von 7 % - brachten Laufzeitreduzierungen des eigentlichen Clusterns auf etwa 1 bis 2% der Werte bekannter Verfahren 3 .

2. Problembeschreibung

Gegeben sei eine Anzahl von N zu klassifizierenden Objekten. Jedes dieser Objekte werde durch einen Merkmalsvektor (Datenvektor)

$$D_i = (d_1^{\,i}, \ldots\ldots, d_M^{\,i}), \; i = 1, \ldots, N$$

beschrieben. Die einzelnen Merkmale

$$d_m^{\,i} \text{ mit } m = 1, \ldots, M \text{ und für alle } i$$

seien reelle Größen, die innerhalb eines Intervalls $R_m^{\,i}$ definiert sind. Die Ähnlichkeit der Objekte i und k wird paarweise durch ein Ähnlichkeitsmaß

$$S_{ik} = S\,(G, D_i, D_k)$$

dargestellt. (Dabei steht G für eine gegebenenfalls vorliegende Gewichtung.) Als Beispiel wird ein inzwischen in der Fuzzy Set-Theorie abgesichertes Ähnlichkeitsmaß angegeben 4

$$S_{ik} = \sum_{m=1}^{M} \operatorname{Min}\,(d_m^{\,i}, d_m^{\,k})$$

wie es auch bei den Produktivläufen eingesetzt wurde.

2.1 Allgemeiner Verfahrensablauf

Die jeweils vorliegende Cluster-Aufgabe wird grob beschrieben durch

N : die Anzahl der Objekte (bzw.der "Datenvektoren)

M : die 'Dimension' der Merkmalsvektoren (= "Datenvektoren")

S : das Ähnlichkeitsmaß

Grob verläuft die hierarchische Clusteranalyse folgendermaßen:

(1) Man baue die "Ähnlichkeitsmatrix" (S_{ik}) auf.
Insgesamt sind die N (N-1) /2 Ähnlichkeiten einer Halbmatrix zu berechnen.

(2) Man suche in der Ähnlichkeitsmatrix das größte Element S_{ik}.

(3) Man fasse die beiden Objekte i und k durch eine Operation zusammen:

$$Z_{ik} = Z\ (g_i, D_i, g_k, D_k)$$

(g_i und g_k sind ggfls. Gewichte)

(4) Man streiche in der Halbmatrix alle von den beiden alten Datenvektoren stammenden Ähnlichkeiten: z.B. zu D_k die S_{jk} und S_{kl}. (Abb.1)

(5) Man ersetze den verbleibenden Datenvektor D_i durch den neuen Datenvektor

$$D_i = Z_{ik}$$

und berechne in der Dreiecksmatrix alle Ähnlichkeiten

$$S_{ji} = S\ (D_j, D_i^*)$$

$$S_{il}^* = S\ (D_i^*, D_l\ )$$

neu. Die neuen Ähnlichkeiten S überschreiben dabei die in der Matrix stehenden alten Ähnlichkeiten S. Der Rang der Matrix sinkt von n auf n-1.

(6) Man gehe wieder nach (2), es sei denn, es ist nur noch ein Datenvektor vorhanden. Dann ist das hierarchische Verfahren beendet.

3. Speicherplatzprobleme

Auf einer EDV-Anlage steht im allgemeinen ein gewisser maximaler Kernspeicherbereich K (z.B. 100 Kilobytes) zur Verfügung, außerdem peripherer Speicherplatz mit bedeutend höheren Zugriffszeiten. Damit ist für alle schnellen Rechen- und Speichervorgänge zunächst der verfügbare Kernspeicherplatz K die entscheidende rechnerseitige Variable.

Die Objektdaten sind wegen Schritt (5) des vorigen Abschnittes auch nach der Erstberechnung der Ähnlichkeitsmatrix (Schritt (1))erforderlich, müssen also verfügbar sein. Die N Objektvektoren mit je M Attributen benötigen $K' = N \cdot M$ Speicherplätze, um die Datenvektoren des Anfangsproblems aufzunehmen.

<u>Beispiel</u>: N = 5.000, M = 800:
Speicherplatzbedarf $K' = 4 \cdot 10^6$ Speicherplätze
(also viel mehr als im Kernspeicher verfügbar)

Die Ähnlichkeitsmatrix ist wegen Schritt (2) - Suche nach dem größten Element - ebenfalls während des gesamten Clusterns verfügbar zu halten. Am Anfang enthält diese Matrix $K'' = N(N-1)/2 = N^2/2$ Elemente.

Beispiel: $N = 5.000$, $K'' = 12{,}5 \cdot 10^6$,
also wieder viel größer als ein Kernspeicher.

4. Einteilung in verschiedene Problemfälle

Die Bildung der Problemfälle erfolgt anhand der möglichen bzw. notwendigen Aufteilung des Kernspeicherplatzes K auf die Objektdaten K' und die Ähnlichkeitsmatrix K". In Abb. 2 sind die Zusammenhänge für das Beispiel K = 100.000 dargestellt.

(a) Nur die Objektdaten sind im Kernspeicher:

$$N \cdot M = K \qquad \text{(Kurve 1)}$$

Alle Aufgaben mit $N \cdot M \geq K$ liegen im schräg schraffierten Bereich. Die Ähnlichkeitsmatrix müßte extern gespeichert werden. Für diesen Fall gilt das Verfahren 2.

(b) Die Objektdaten und Ähnlichkeitsmatrix sind im Kernspeicher

$$K = K' + K'' = NM + N^2/2$$

Damit erhält man für die Kurve 2:

$$N = -M \pm (M^2 + 2K)^{1/2}$$

Alle im senkrecht schraffierten Bereich gelegenen Aufgaben sind voll im Kernspeicher lösbar. Für diesen Fall gilt Verfahren I.

(c) Im übrigen Bereich (oberhalb der Geraden 1) finden weder Objektdaten noch Ähnlichkeitsmatrix im Kernspeicher Platz. Für diesen durchaus in der Praxis auftretende Fall wurde das Verfahren III entwickelt.

5. Datentechnische Lösungen

5.1 Verfahren I: Ähnlichkeitsmatrix und Datenvektoren im Kernspeicher

Bei jedem Reduktionsschritt werden die beiden Cluster miteinander verschmolzen, die die größte Ähnlichkeit besitzen. Man beschleunigt die Suche nach dem Maximum der Ähnlichkeitsmatrix beträchtlich, wenn man jeweils die Zeilenmaxima bzw. Spaltenmaximum besonders festhält, da man dann nicht jeweils $1/2\ N^2$ Matrixwerte, sondern lediglich n Zeilenmaxima absuchen muß.

Abb. 3 zeigt drei Randspalten, deren erste jeweils den Wert des Zeilenmaximums, die zweite die Position (Spalte i) ausweist, in der das Maximum auftritt. Die dritte Randspalte enthält - ebenso wie die Randzeile - Markierungen für gestrichene Zeilen bzw. Spalten.
Die Verwendung von Randspalten für die Ermittlung der maximalen Ähnlichkeit setzt voraus, daß diese stets auf dem neuesten Stand gehalten werden. Es sind drei Fälle zu unterscheiden:

a) Streichen bzw. Überschreiben einer Zeile.

b) Hinzufügen einer neuen Spalte:
Sobald ein Wert der neuen Spalte das bisherige Zeilenmaximum überschreitet, erhöht man den Wert der Randspalte.

c) Streichen einer Spalte:
Man erkennt zwar (anhand der Positionsspalte) leicht, ob in einer Zeile das bisherige Maximum zerstört wird, muß dann jedoch die Zeile voll durchsuchen, um das neue Maximum zu finden. (Man beachte, daß die Ähnlichkeitsmatrix ausschließlich zu diesem Zweck gespeichert werden muß!)

5.2 Verfahren II: Datenvektoren im Kernspeicher Ähnlichkeitsmatrix auf Platte.

Der Unterschied zu Verfahren I besteht darin, daß die Ähnlichkeitsmatrix auf einem Direktzugriffsspeicher steht. Nur Randspalten und Randzeilen behält man weiter im Kernspeicher. Hier besteht die Schwierigkeit, daß sich die Matrix entweder zeilen- oder spaltenweise speichern läßt. Im ersten Fall ist es äußerst aufwendig, auf eine Spalte, im zweiten auf eine Zeile zuzugreifen. Man erhält untragbare Ein/ Ausgabezeiten.

Die Lösung besteht darin, auf Spalten-Zugriffe ganz zu verzichten. Bei der Neuaufnahme von Clustern finden nicht freigewordene Spalten und Zeilen wieder Verwendung, sondern die Matrix am Kopf zu erweitern (Abb. 4), womit der Spaltenteil ganz wegfällt. Da hiermit statt einer Reduktion der Matrix eine physische Aufblähung verbunden ist, was mit der Zeit auch zur Erhöhung der internen Suchzeiten führt, wird man daher nur einen begrenzten Platz für k zusätzliche Zeilen und Spalten vorsehen. Vor Überschreiten des Platzes findet ein Reorganisationslauf statt, d.h. eine zeilenweise physische Beseitigung der als gestrichen markierten Zeilen und Spalten.

5.3 Verfahren III: Datenvektoren auf Platte

Im Unterschied zu Verfahren II stehen die Datenvektoren hier ebenfalls auf einem Direktzugriffsspeicher. Sie werden jeweils in sequentieller Folge benötigt, wenn eine neue Zeile k der Ähnlichkeitsmatrix aufzubauen ist. Dagegen sind die Einzelzugriffe zur Bildung eines neuen Clusters zeitlich vernachlässigbar. Zweckmäßigerweise wird man die Datenvektoren daher zwar mit Direktzugriff, aber sequentiell abrufbar, speichern - mit einer festen Zahl von Vektoren pro Plattenspur. Gestrichene Vektoren merkt man sich (bis zum nächsten Reorganisationslauf) im Kernspeicher. Neu hinzukommende Vektoren legt man am Ende ab, sodaß die sequentielle Ordnung erhalten bleibt.

6. Abschätzung der Laufzeiten

6.1 CPU - Zeiten

Im folgenden werden die Laufzeiten unter Zugrundelegung des in Abschnitt 2 erwähnten Ähnlichkeitsmaßes für die 3 Verfahren abgeschätzt. Die Diskussion sei auf Fälle beschränkt, in denen sowohl N als auch M eine Größenordnung von etwa 100 übersteigen.
Die wesentlichen CPU-Laufzeiten treten - unabhängig vom gewählten Verfahren - bei der Berechnung von Elementen der Ähnlichkeitsmatrix auf.

a) Erstmaliger Aufbau

Der erstmalige Aufbau ist nicht zu umgehen, da die Randspalten erstellt werden müssen. Notwendig sind 1/2 N^2 Ähnlichkeitsberechnungen.

b) Berechnen einer neuen Zeile (bzw. Teilzeile und Teilspalte). Unter Berücksichtigung des Schrumpfens der Matrix ergeben sich bei N Reduktionszyklen ebenfalls 1/2 N^2 Ähnlichkeitsberechnungen.

Berechnung eines Elements der Ähnlichkeitsmatrix

Bei dem zugrunde gelegten Ähnlichkeitsmaß besteht jede Ähnlichkeits-Berechnung aus M elementaren Vergleichen und Additionen,für die auf einer IBM/370 oder Siemens 4004 je 6 Maschinenbefehle notwendig sind. Damit ergibt sich eine CPU-Last von $6 \cdot N^2 \cdot M$ Befehlen.

Bei N = 2000 und M = 500 bedeutet das - eine größere Anlage mit einem Instruktionsfluß von 1 Million Befehlen pro Sekunde angenommen - eine CPU-Zeit von 200 Minuten.

6.2 Externe Zugriffszeiten

Verfahren I: Reines Kernspeicherprogramm, keine Externzeiten.

Verfahren II: Ähnlichkeitsmatrix auf Platte.
Pro Reduktionszyklus wird eine neue Zeile geschrieben. Zwei Zeilen werden im Mittel gelesen (aber nicht zurückgeschrieben!), da die Zeilenmaxima zerstört wurden. Das ergibt inklusive Erstaufbau der Ähnlichkeitsmatrix 4 N Direktzugriffe. Hinzu kommen weitere 2 N pro Reorganisationslauf. Nimmt man 4 derartige Läufe an und rechnet pro Zugriff 50 ms, so erhält man bei N = 2000 insgesamt circa 30 Minuten Externzeit, vorausgesetzt, daß eine Zeile der Ähnlichkeitsmatrix mit einem Zugriff einlesbar ist.

Verfahren III: Auch Objektdaten auf Platte
Bei N Reduktionszyklen sind jeweils n Datenvektoren mit je M Datenelementen zur Berechnung einer neuen Zeile sequentiell einzulesen. Im Zahlenbeispiel (N = 2000 , M = 500) ist bei einem Byte pro Vektorelement ein Datenvolumen von 1 Megabyte auf einer Platte unterzubringen. Rechnet man 12 Kilobytes pro Spur auf einer Platteneinheit IBM 3330, so erhält man etwa 100 Spuren. Bei 60 Umdrehungen pro Sekunde könnten diese in 2 Sekunden eingelesen sein. Demgegenüber beträgt die CPU-Rechenzeit für eine neue Zeile bei 1 Million Befehlen pro Sekunde etwa 6 Sekunden. (Hinzu kommt noch insgesamt einige Minuten für Positionsvorgänge).

7. Abschluß

Die Zeitabschätzungen zeigen, daß unter Zugrundelegung des gewählten Ähnlichkeitsmaßes und der Mindest-Größenordnung von N und M alle diskutierten Verfahren in etwa die gleiche CPU-Zeit benötigen, und die Externzeiten keine entscheidende Rolle spielen. Das gilt in noch stärkerem Maße für rechenzeitaufwendige Ähnlichkeitsmaße. D.h. man kann mit einer geschickten Plattenorganisation fast genau so schnell sein, wie mit einem reinen Kernspeicherprogramm. Bei dem diskutierten Ähnlichkeitsmaß handelt es sich - mit 6 Maschinenbefehlen pro Komponentenvergleich - um ein berechnungsfreundliches Verfahren. Es ist leicht erkennbar, daß kompliziertere Ähnlichkeitsmaße eine noch stärkere Ausprägung der CPU-Intensität bringen.

Literatur:

1 Noch unveröffentliche Felderhebungen im sozialwissenschaftlichen Bereich.
WEMA und Gesellschaft für Systementwicklung 1973 - 75

2 Die Personalstruktur der Streitkräfte.
Bericht der Personalstruktur - Kommission 1971 S.79

3 CLUSTAN IA User Manual
University of St.Andrews 1970

4 H.J.Zimmermann, W.Röder:
Analyse, Beschreibung und Optimierung von unscharf formulierten Problemen.
Arbeitsbericht 75/06 des Instituts für Wirtschaftswissenschaften der RWTH Aachen.

5 CODAP/ 360 User's Guide
Oats-Hills Consultants inc. Houston 1970.

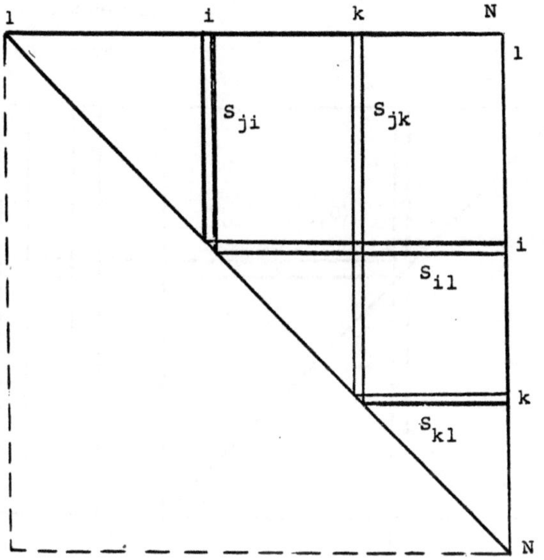

Abb.1: Streichen bzw. Ersetzen von Spalten und Zeilen der Ähnlichkeitsmatrix

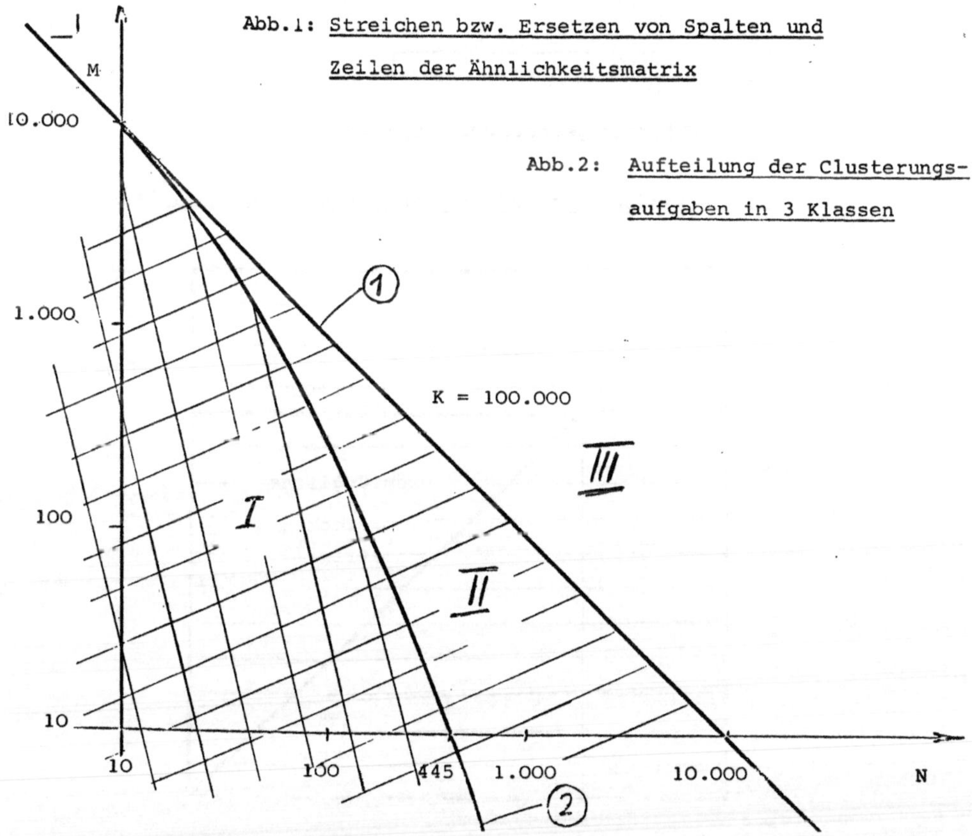

Abb.2: Aufteilung der Clusterungsaufgaben in 3 Klassen

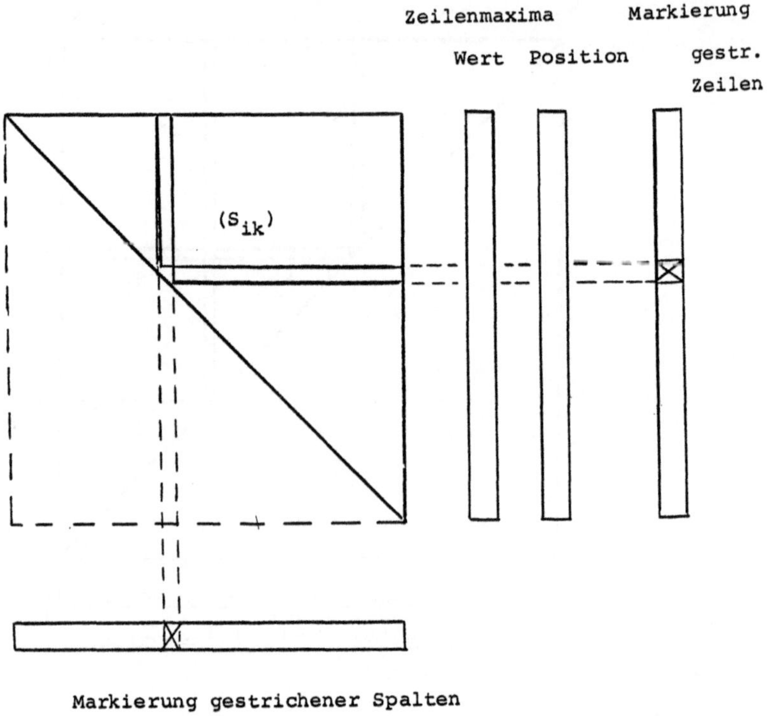

Abb.3: Randspalten und -Zeilen der Ähnlichkeitsmatrix

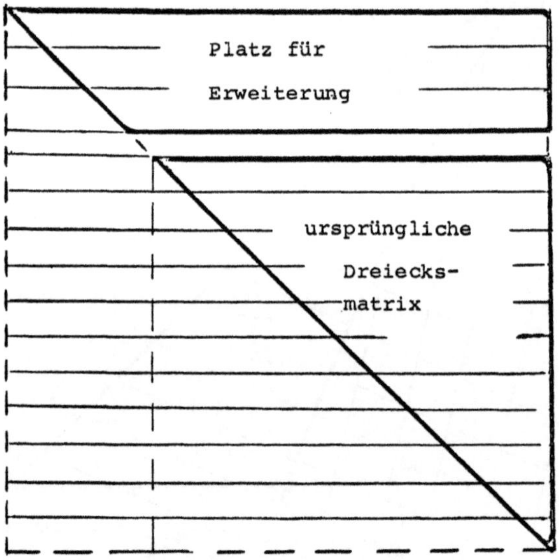

Abb. 4: Zeilenweise Organisation der Ähnlichkeitsmatrix

Zur Skalierungsproblematik in der multivarianten Klassifikation

M. Schader und W. Lauwerth, Karlsruhe

Verfahren der mehrdimensionalen Skalierung haben die Aufgabe, für eine Objektmenge $J = \{ 1,2,\ldots,n \}$, versehen mit einem (experimentell zu ermittelnden) Distanzindex $\delta: J \times J \longrightarrow \mathbb{R}_+$, eine Repräsentation $g: J \longrightarrow \mathbb{R}^m$ der Objekte als Punkte in $\mathbb{R}^m$ zu finden.
g ist dabei so zu bestimmen, daß $g \times g$ streng monoton bezüglich der von δ auf J^2 und der von der euklidischen Metrik auf $\mathbb{R}^{2m}$ induzierten Präordnungen ist.

Grundvoraussetzung für die Anwendung jeglicher Skalierungsverfahren ist die Quantifizierung der Verschiedenheit der Objekte durch Bestimmung eines Distanzindex.
Werden hierzu geeignete Merkmale $k \in K$ beobachtet, ergibt sich die Datenmatrix der Merkmalsbeobachtungen mit quantitativen, qualitativen oder gemischten Elementen.

Im gemischten und qualitativen Fall erscheint es sinnvoll, anstelle der üblichen Codierungsverfahren, die Mengen X_k möglicher Merkmalsbeobachtungen zu untersuchen.
Ist X_k mit einer Struktur $\mathcal{S}_k$ versehen, die einen Distanzindex δ_k auf X_k definiert, kann δ durch Kombination der verschiedenen δ_k (etwa $\delta = \sum_{k \in K} \alpha_k \delta_k$, $\alpha_k \in \mathbb{R}_+$) gewonnen werden.

Als Minimaleigenschaft kann die Existenz einer Äquivalenzrelation R auf X_k verlangt werden. Darüberhinaus definiert eine Reihe von Merkmalen k topologische, uniforme, hierarchische bzw. Ordnungsstrukturen auf X_k. Hierfür werden Beispiele sowie Voraussetzungen für die Quasimetrisierbarkeit der Strukturen gegeben.

Zur Einbeziehung statistischer Annahmen bei der Objektklassifikation

A. Ambrosi, Karlsruhe

Man geht von einer Grundgesamtheit G aus (z.B. Verbraucher, Produkte,...), die Elemente von G werden mit $O_1, O_2, \ldots$ bezeichnet und heißen Objekte oder Probanden. Weiter nimmt man an, daß jedes Objekt O_l durch einen p-dimensionalen, quantitativen Merkmalvektor x_l aus dem Merkmalraum $\mathbb{R}^p$ beschrieben werden kann.

Eine Stichprobe vom Umfang n kann dann entweder als Menge der Objekte $G' = \{O_1, \ldots, O_n\}$ oder als Menge der Merkmalvektoren $R' = \{x_1, \ldots, x_n\}$ dargestellt werden.

Eine Stichprobe R' heißt klassifiziert, wenn eine Partition $\mathcal{R}' = \{R_1', \ldots, R_m'\}$ von R' mit Gruppenanzahl $m \in \{2, \ldots, n\}$ gegeben ist, andernfalls unklassifiziert.

Für eine klassifizierte Stichprobe wird aufgrund der Partition $\mathcal{R}'$ eine Partition $\mathcal{R} = \{R_1, \ldots, R_m\}$ des Merkmalraumes konstruiert. Dabei wird angenommen, daß jede Gruppe $G_i = \{O_l : x_l \in R_i\}$ durch eine p-dimensionale Dichtefunktion $f_i(x)$ charakterisiert ist. Die n_i Merkmalvektoren $x_l \in R_i'$ werden als n_i Realisationen einer Zufallsvariablen X_i mit der Dichtefunktion $f_i(x)$ aufgefaßt.

Sind Fehlklassifikationskosten $c_{ij}(x)$ und a-priori-Wahrscheinlichkeiten q_i für die Gruppen bekannt, so wird die Partition $\mathcal{R}$ durch Minimierung des Schadenserwartungswertes bestimmt.

Bei einer unklassifizierten Stichprobe sucht man eine Zerlegung der Stichprobe und des Merkmalraumes in m Gruppen, die in sich möglichst homogen und untereinander möglichst heterogen sein sollen. Bei bekannter Gruppenanzahl m und Annahme einer bestimmten Verteilungsdichte $f_i(x; \Theta_i)$ in Abhängigkeit des Parametervektors Θ_i wird eine Maximum-Likelihood-Schätzung für Θ_i und q_i angegeben.

Soll kein bestimmter Verteilungstyp vorgegeben werden, so wird eine asymptotisch erwartungstreue Schätzung $f_n(x,h(n))$ der Dichtefunktion $f(x) = \sum_{i=1}^{m} q_i\ f_i(x)$ angegeben. Die n Merkmalvektoren werden als n Realisationen einer Zufallsvariablen X mit der Dichtefunktion f(x) aufgefaßt.

Die Funktion $f_n(x,h(n))$ hat in Abhängigkeit von h(n) m(h(n)) Modalstellen $z_1,...,z_{m(h(n))}$, diese werden als Zentren von m(h(n)) – Gruppen interpretiert. h(n) wird so gewählt, daß die Gruppenanzahl m(h(n)) möglichst "stabil" ist, d.h. sich bei einer Änderung von h(n) um $\pm \Delta$ h(n) nicht ändert. Die Merkmalvektoren x_k werden mit Hilfe eines Gradientenverfahren den Modalstellen zugeordnet. Durch eine asymptotisch erwartungstreue Schätzung $\hat{f}_i(x)$ und $\hat{q}_i$ für $f_i(x)$ und q_i wird analog zum Fall der klassifizierten Stichprobe eine Partition $\mathcal{R}$ des gesamten Merkmalraumes gewonnen. Ein neu zu klassifizierendes Objekt O_k wird somit eindeutig aufgrund seines Merkmalvektors x_k einer der m Gruppen zugeordnet.

Literatur

[1] Ambrosi, K. Diskriminanzanalyse als Instrument der Absatzforschung, Diskussionspapier 2, Institut für Entscheidungstheorie und Unternehmensforschung, Universität Karlsruhe, 1975

[2] Anderson, T.W. An Introduction to Multivariate Statistical Analysis, John Wiley, New York, 1958

[3] Bock, H.H. Automatische Klassifikation, Vandenhoeck & Ruprecht, Göttingen, 1974

[4] Parzen, E. On Estimation of a Probability Density Function and Mode, Ann. Math. Statist. 33, 1962

[5] Wolfe, J.H. Pattern Clustering by Multivariate Mixture Analysis, Multivariate Behavioral Research 5, 197o

Clusteranalyse von Verweildauerverteilungen stationärer Patienten in der Medizinischen Klinik

W. Schläger, Nürnberg

In Zusammenarbeit mit der Medizinischen Klinik der Universität Erlangen-Nürnberg wird am Lehrstuhl für Unternehmensforschung zur Zeit ein System zur Planung der Aufnahme stationärer Patienten in ein Krankenhaus entwickelt. Eine der wichtigsten Eingabegrößen in dieses Planungssystem ist die geschätzte Verweildauer der Patienten in der betreffenden Klinik.
Nach einer Erhebung von Patientendaten in der Medizinischen Klinik wurde ermittelt, wie häufig bestimmte Verweildauern in Abhängigkeit von bestimmten Krankheiten sind. Diese empirischen Verweildauerhäufigkeiten wurden mit Anpassungstests auf Exponential-, Normal-, logarithmische Normal-, Beta- und Erlangverteilungen getestet. Die Tests ergaben, daß fast keine der empirischen Verteilungen durch die entsprechenden Funktionen mit ausreichender statistischer Sicherheit angenähert werden kann. Das hat zur Folge, daß in dem Planungssystem die Verweildauern in Form von Vektoren abgespeichert werden müssen. Um den Speicheraufwand zu reduzieren, sollte mit Hilfe der Clusteranalyse untersucht werden, welche Krankheiten ähnliche Verweildauern aufweisen.
Das Ergebnis der Clusteranalyse war u. a. das Aufzeigen der Ähnlichkeitsstruktur der Verweildauerhäufigkeiten und die Tatsache, daß ungefähr 3 - 4 Grundtypen von Verweildauerverteilungen existieren.

Literatur:

Lades, R., Schläger, W.: CLAN, ein EDV-Programm zur Clusteranalyse für die Rechenanlage CD 3300, Arbeitspapiere des Betriebswirtschaftlichen Instituts der Friedrich-Alexander-Universität Erlangen-Nürnberg, Heft 26, Nürnberg, 1974.

Netzwerke und Netzpläne

Ergebnisse der Theorie der Netzpläne mit stochastisch verteilten Vorgangsdauern

R. Kaerkes, Aachen

Abstract

In this paper we give a survey of recent results of the theory of stochastic networks. The main results are: direct calculation by integration on a convex polyeder, calculation by reducing partially ordered sets and estimation of the distribution of the critical length and its parameters by changing the network-structure. Examples are given.

In der Projektplanung nehmen die Bezugsgrößen bestimmte Zahlenwerte sehr oft nur mit Wahrscheinlichkeit an. Es ist bekannt, daß die Vereinfachung des Problems der Berechnung der Zielgröße unter Verteilungsannahmen durch die Beschränkung auf Modal- oder Mittelwerte und deterministische Behandlung immer optimistische Werte liefert (vgl. [10], S. 642)[1]. K. Neumann hat (im Rahmen seiner Kritik an Pert [6]) am Beispiel des Maximums zweier normalverteilter Zufallsvariabler gezeigt, daß mit wachsender Varianz der Fehler beliebig groß werden kann. Der folgende Satz zeigt die Möglichkeit beliebig großer Fehler in Abhängigkeit von der Anzahl der Vorgänge auch bei beschränkter Varianz.

Sei $X_1,...,X_n$ eine Familie stochastisch unabhängiger nichtnegativer reeller Zufallsvariabler, seien c und $\eta(c)$ positive reelle Zahlen, $\eta(c) < 1$, sei F_{X_α} die Verteilungsfunktion von X_α. Dann gilt [2] für den Erwartungswert der Zufallsvariablen $\max(X_1,...,X_n)$: Ist $F_{X_\alpha}(c) \leqq 1 - \eta(c)$ für alle $\alpha=1,...,n$ und für alle n, so gilt

$$\lim_{n\to\infty} E \max(X_1,...,X_n) \geqq c \text{ für jedes } c.$$

1) Vgl. auch das später behandelte Beispiel (Fehler 5% bis 10%).

Nimmt man $X_1,\dots,X_n$ identisch verteilt mit einer Verteilungsfunktion $F_{X_\alpha}(u) < 1$ falls $u < \infty$ und einem Erwartungswert $E\,X_\alpha = a < \infty$, so überschreitet mit wachsender Vorgangszahl der Fehler $E\max(X_1,\dots,X_n) - \max(E\,X_1,\dots,E\,X_n)$ jeden endlichen Wert.
H.G. Spelde hat darüberhinaus gezeigt, daß bei einer Klasse exponentialverteiler Zufallsvariabler das Divergenzverhalten des Fehlers gleich ist dem der harmonischen Reihe (vgl. [9]).
Diese Aussagen machen erneut deutlich, daß zur Ermittlung realistischer Werte der Zielgrößen auf die Berücksichtigung der Wahrscheinlichkeitsverteilungen der Vorgangsdauern nicht verzichtet werden kann, da die deterministische Rechnung mit einem systematischen Fehler behaftet ist. Das gilt insbesondere auch für Pert. Die Fehler werden noch gravierender, wenn man einen Wert der Projektdauer auf diese Weise erhalten möchte, der mit vorgegebener Sicherheit eingehalten werden kann [3]. Der Unterschätzung beim Terminnetzplan entspricht eine Überschätzung bei der Untersuchung der Verteilung des Minimums der Wegdauern und des maximalen Flusses.
Ein Netzplan mit stochastisch verteilten Vorgangsbewertungen (im folgenden kurz stochastischer Netzplan genannt) wird beschrieben durch $((A,O),(\Omega,\mathfrak{A},Q),(X_\alpha)_{\alpha\in A})$, dabei bezeichnet A eine nichtleere endliche Menge, die Menge der Vorgänge (Aktivitäten), X_α eine reelle nichtnegative Zufallsvariable auf einem Wahrscheinlichkeitsraum $(\Omega,\mathfrak{A},Q)$, die Bewertung des Vorgangs $\alpha\in A$. O bezeichnet eine Ordnungsstruktur, definiert durch die Nachfolgerelation der Vorgänge (vgl. [4]). Unter den Voraussetzungen über A und X_α stellt sich der Netzplan im Bildraum der Zufallsvariablen X_α mit $A = \{1,\dots,n\}$ wie folgt dar: $((A,O),Q_{X_1\otimes\dots\otimes X_n})$ wobei $Q_{X_1\otimes\dots\otimes X_n}$ eine Verteilung auf $(\mathbb{R}^n_+,\mathfrak{B}^n_+)$ ist. Ein Weg W_j in (A,O) ist der Träger einer (bezüglich der Inklusion auf A) maximalen Kette (rela-

2) Man setze $P_{Z_n} := (1-\eta(c))^n\varepsilon_0 + (1-(1-\eta(c))^n)\varepsilon_c$, (ε_u Dirac-Verteilung in u). Dann ist $\max(X_1,\dots,X_n)$ stochastisch größer als Z_n ($P_{\max(X_1,\dots,X_n)}(]-\infty,c[) \leq P_{Z_n}(]-\infty,c[)$), daher gilt für die Erwartungswerte $E\max(X_1,\dots,X_n) \geq E\,Z_n$. Mit $E\,Z_n = c(1-(1-\eta(c))^n)$ und $\lim_{n\to\infty}(1-\eta(c))^n = 0$ folgt die Behauptung.
3) In dem hier behandelten Beispiel etwa tritt bei einer Sicherheit von 95% ein relativer Unterschätzungsfehler von fast 20% ein.Die Wahrscheinlichkeit dafür, daß die deterministisch errechnete Projektdauer nicht überschritten wird, liegt nur bei 2%.

tiv (A,O)). Bezeichnet $W_1,\dots,W_m$ die Menge aller Wege in (A,O), so sei $T_{(A,O)} := \max_{j=1,\dots,m} \sum_{\alpha\varepsilon W_j} pr_\alpha$ (pr_α die α-te Projektion von $\mathbb{R}^n$)

Dann bezeichnet $T_{(A,O)} \circ (X_1 \otimes \dots \otimes X_n)$ die Projektdauer.

Sei $P = Q_{X_1 \otimes \dots \otimes X_n}$. Die Verteilungsfunktion von $P_{T(A,O)}$ hat im Punkt $c \varepsilon \mathbb{R}^1$ den Wert $P(M_{c,(A,O)})$ mit $M_{c,(A,O)} = \{(x_1,\dots,x_n) \varepsilon \mathbb{R}^n : \sum_{\alpha\varepsilon W_1} x_\alpha < c, \dots, \sum_{\alpha\varepsilon W_j} x_\alpha < c\}$. Hat $Q_{X_1 \otimes \dots \otimes X_n}$ eine Dichte, so führt die Berechnung der Verteilungsfunktion der Projektdauer auf die Integration über ein konvexes Polyeder (vgl. [2]) im $\mathbb{R}^n_+$. Die exakte Berechnung der Verteilung der Projektdauer auf dem Rechner ausgehend von diesem Ansatz wurde von H.G. Spelde [9] angegeben. Die Tatsache, daß die numerische Integration im allgemeinen schon bei kleiner Dimensionszahl n durch die Dauer der erforderlichen Rechenzeit begrenzt wird (n=10, vgl. [6],[9]) wirft die Frage nach der Möglichkeit auf, das Problem auf eine Klasse "irreduzibler" Netzpläne zu beschränken. (Diese Frage bleibt aktuell, wenn von der Berechnung zur Simulation übergegangen wird, wenn auch ab einer höheren Vorgangsanzahl.) Aus der Theorie der Netzpläne bietet sich hier als Operator der Ordnungshomomorphismus an (vgl. [4]).

Seien (A,O), $(B,\mathcal{O})$ Ordnungen, h eine Abbildung von A auf B. h heißt schwacher (Ordnungs-)Homomorphismus, wenn für alle $(\alpha,\alpha')\varepsilon O$ folgt $(h(\alpha),h(\alpha'))\varepsilon \mathcal{O}$. h heißt Homomorphismus, wenn h schwacher Homomorphismus ist und der Bedingung genügt: aus $(h(\alpha),h(\alpha'))\varepsilon\mathcal{O}$ und $h(\alpha) \neq h(\alpha')$ folgt $(\alpha,\alpha')\varepsilon O$. $(B,\mathcal{O})$ heißt homomorphes Bild von (A,O). Das Urbild eines Elementes $\beta\varepsilon B$ bezüglich h, $K_\beta := \{\alpha\varepsilon A : h(\alpha)=\beta\}$ definiert einen Teilnetzplan $((K_\beta, O|K_\beta), Q_{\bigotimes_{\alpha\varepsilon H_\beta} X_\alpha})$ mit $O|K_\beta := O \cap K_\beta \times K_\beta$.

Es gilt:

Sei $((A,O), \bigotimes_{\alpha\varepsilon A} Q_{X_\alpha})$ ein stochastischer Netzplan, $(X_\alpha)_{\alpha\varepsilon A}$ stochastisch unabhängig, sei $(B,\mathcal{O})$ homomorphes Bild von (A,O). Ordnet man jedem $\beta\varepsilon B$ als Bewertung die Projektdauer $T_{(K_\beta,O|K_\beta)}$ des Teilnetzplanes $((K_\beta,O|K_\beta), Q_{\bigotimes_{\alpha\varepsilon K_\beta} X_\alpha})$ zu, so hat die Projektdauer des so auf $(B,\mathcal{O})$ entstehenden Netzplanes $((B,\mathcal{O}), \bigotimes_{\beta\varepsilon B} [(Q_{\bigotimes_{\alpha\varepsilon K_\beta} X_\alpha})_{T_{(K_\beta,O|K_\beta)}}])$

dieselbe Verteilung wie $T_{(A,O)}$.

(In dem später folgenden Beispiel ist eine Anwendung des Satzes demonstriert.) Eine Ordnung heißt Primordnung, wenn für jeden Homomorphismus von (A,O) die Urbildmengen entweder alle einelementig oder gleich A sind. Ist (A,O) keine Primordnung, so erlaubt der Satz eine stufenweise Berechnung der Projektdauer aus Netzplänen geringerer Vorgangsanzahl. Diese Aussage und die damit zusammenhängenden Probleme, insbesondere auch die Frage unter welchen Voraussetzungen die Homomorphismen die einzigen im Sinne des obigen Satzes "reduzierenden" Abbildungen sind, sind Gegenstand einer Untersuchung von F.J. Radermacher (vgl. [7]). Dort wird u.a. auch eine Verallgemeinerung des obigen Satzes angegeben. Hervorzuheben ist, daß die Bedeutung des Satzes nicht nur in der Möglichkeit der reduzierten Berechnung eines vorgegebenen Netzplans liegt, sondern auch darin, daß er erlaubt, exakt berechenbare Netzpläne großer Vorgangszahl und komplizierter Struktur zu konstruieren (das Prinzip wird im folgenden Beispiel demonstriert), die als Studien- und Testobjekte bei der Entwicklung von Algorithmen und Simulationsverfahren benötigt werden (vgl. [10]). Dies ist insbesondere wichtig für die empirische Überprüfung der Güte der Konvergenz, siehe die Untersuchungen in [9], vergleiche auch die Kritik an der Simulation bei [11], S. 266. Die Anwendung des Satzes wird beschränkt durch die Tatsache, daß für jede natürliche Zahl n auf der Menge $\{1,\ldots,n\}$ mindestens eine Primordnung existiert (vgl. [4],[8]). Die Anzahl der Primordnungen auf $\{1,\ldots,n\}$ ist bisher nur für kleine n bekannt $(n \leq 7)$ [4)].

Eine Möglichkeit, auch in diesen Fällen mit geringerem Rechenaufwand wenigstens eine Abschätzung zu gewinnen, bietet die Erweiterung der Struktur. Hier bietet sich als Operator der schwache Ordnungshomomorphismus an. Seien O und O' Ordnungsstrukturen auf A, h die identische Abbildung von A auf A. Dann ist h schwacher Homomorphismus genau dann, wenn $O \subset O'$. Es gilt folgende Aussage. Seien $((A,O_i),(\Omega,\mathfrak{A},P),(X_\alpha)_{\alpha\in A})$, $i = 1,2$ Netzpläne. Ist $O_1 \subset O_2$ so ist die Projektdauer $T_{(A,O_1)}$ stochastisch kleiner als die Pro-

4) Auch über das Grenzverhalten der Verhältnisse $p(n)/a(n)$ und $\sum_{i=1}^{n} p(i)/\sum_{i=1}^{n} a(i)$ der Anzahl p(n) aller nichtisomorphen Primordnungen zur Anzahl a(n) aller nichtisomorphen Ordnungen auf $\{1,\ldots,n\}$ für wachsendes n gibt es bis heute keine brauchbaren Aussagen.

jektdauer $T_{(A,O_2)}$.[5)]

Daraus folgt insbesondere für die Erwartungswerte:
$E\,T_{(A,O_1)} \leq E\,T_{(A,O_2)}$. Ändert man in einem gegebenen Netzplan die Ordnungsstruktur O_1 durch Weglassen von Abhängigkeiten, $O_o \subset O_1$, bzw. durch Hinzufügen von Abhängigkeiten, $O_1 \subset O_2$, so wird die Verteilungsfunktion des Netzplans stochastisch kleiner bzw. stochastisch größer. Geht man so vor, daß die entstehenden Netze reduzierbar sind, so ergeben sich unter Umständen gute, berechenbare Schranken für die Verteilung der Projektdauer. Zur Erläuterung dient ein einfaches Beispiel. Die Erwartungswerte sind hier 4,75 < 4,81 < 5,0. Bei deterministischer Berechnung ergibt sich die Projektdauer 4.

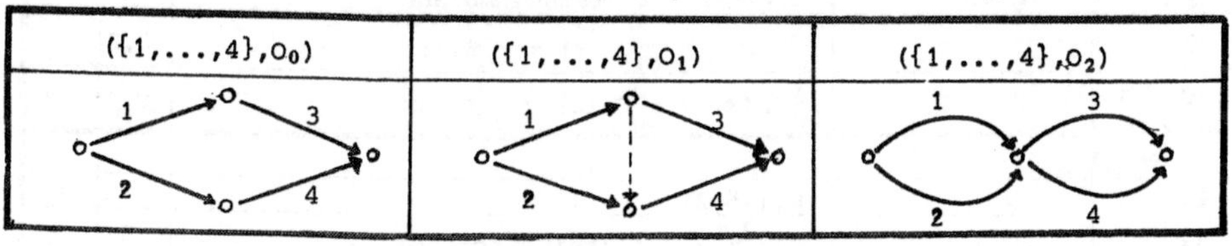

Alle Vorgangsdauern exponentialverteilt; Dichte für $x \geq 2$: e^{-x+2}

Es ist $O_o \subset O_1 \subset O_2$. Die Verteilungsfunktionen sehen wie folgt aus:

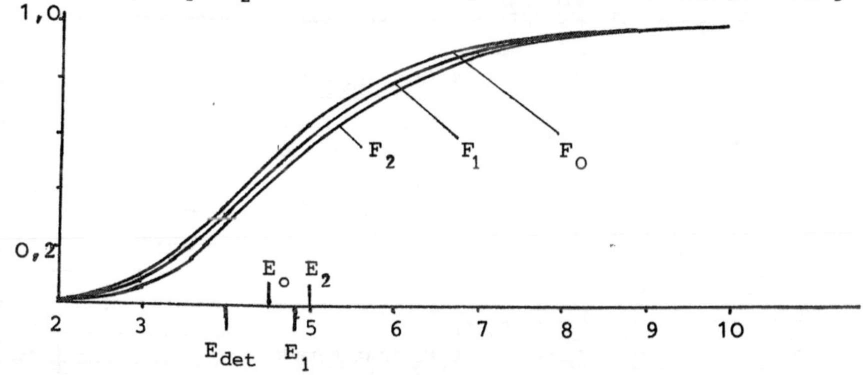

BEISPIEL:

Zur Erläuterung der zuvor behandelten Resultate dient das folgende Beispiel. (Der Netzplan ist eine idealisierte Version aus der Planung des Aufbaus einer Datenverarbeitungsanlage.)

5) Zur Begründung beachte man, daß aus $O \subset O'$ für jeden Weg $W \in \mathfrak{W}(A,O_1)$ die Existenz eines Weges $W' \in \mathfrak{W}(A,O_2)$ folgt derart, daß $W \subset W'$, $\mathfrak{W}$ = Menge aller Wege.

Nr.	Nr.	unmittelb. Vorl.	Verteilung der Q_i	V	E
	SN$\underline{\text{I}}$				
1	1	0	NV(5,1)	1	5
2	2	1	$\frac{2}{10}\varepsilon_4(x) + \frac{6}{10}\varepsilon_5(x) + \frac{2}{10}\varepsilon_6(x)$	0,4	5
3	3	1	$\frac{1}{10}\varepsilon_1(x) + \frac{8}{10}\varepsilon_2(x) + \frac{1}{10}\varepsilon_3(x)$	0,2	2
4	4	2	$\frac{3}{10}\varepsilon_4(x) + \frac{5}{10}\varepsilon_5(x) + \frac{1}{10}\varepsilon_6(x) + \frac{1}{10}\varepsilon_7(x)$	0,8	5
5	5	2,3	$(x-3)e^{-x+3}\ \chi_{[3,\infty)}$	2	5
	SN$\underline{\text{II}}$				
6	1	4,5	$\frac{1}{10}\varepsilon_3(x) + \frac{1}{10}\varepsilon_4(x) + \frac{6}{10}\varepsilon_5(x) + \frac{1}{10}\varepsilon_6(x) + \frac{1}{10}\varepsilon_7(x)$	1	5
7	2	4,5	NV(9,0.5)	0,5	9
8	3	6	$f(\chi^2-3)$ 2 Freiheitsgrade	4	5
9	4	6	$\frac{1}{10}\varepsilon_2(x) + \frac{8}{10}\varepsilon_3(x) + \frac{1}{10}\varepsilon_4(x)$	0,2	3
10	5	9	$\frac{1}{10}\varepsilon_1(x) + \frac{8}{10}\varepsilon_2(x) + \frac{1}{10}\varepsilon_3(x)$	0,2	2
	SN$\underline{\text{III}}$				
11	1	0	NV(15,2)	2	15
12	2	0	$f(\chi^2-1)$ 4 Freiheitsgrade	8	5
13	3	11	NV(10,2)	2	10
14	4	11,12	NV(10,2)	2	10
15	5	12	NV(20,2)	2	20
	SN$\underline{\text{IV}}$				
16	1	13,14,15	$\frac{3}{10}\varepsilon_3(x) + \frac{5}{10}\varepsilon_4(x) + \frac{1}{10}\varepsilon_5(x) + \frac{1}{10}\varepsilon_6(x)$	0,8	4
17	2	16	NV(10,0.5)	0,5	10
18	3	16	NV(10,2)	2	10
19	4	16	NV(7,2)	2	7
20	5	17,18,19	$f(\chi^2-2)$ 4 Freiheitsgrade	8	6
	SN$\underline{\text{V}}$				
21	1	7,8,10,13,14,15	NV(15,1)	1	15
22	2	7,8,10,13,14,15	NV(10,0.5)	0,5	10
23	3	7,8,10,13,14,15	$^1/_2\ \chi_{[9,11]}$	$^1/_3$	10
24	4	21	$f(\chi^2-4)$ 6 Freiheitsgrade	8	10
25	5	21,22	$f(x) = (x-18)e^{-(x-18)}\ \chi_{[18,\infty)}$	2	20
26	6	22,23	$\frac{1}{10}\varepsilon_{24}(x) + \frac{8}{10}\varepsilon_{25}(x) + \frac{1}{10}\varepsilon_{26}(x)$	0,2	25
	SN$\underline{\text{VI}}$				
27	1	4,5,20	NV(4,1)	1	4
28	2	27	NV(7,2)	2	7
29	3	28	NV(4,1)	1	4
30	4	4,5,20	NV(15,3)	3	15

Es bezeichnet:

NV(a,b): die Normalverteilung mit Erwartungswert a und Varianz b

$f(\chi^2\text{-}b)$, n die χ^2-Verteilung mit Parameter b und n Freiheitsgraden

$\chi_{[a,b]}$ die Gleichverteilung auf $[a,b]$

ε_x die Dirac Verteilung im Punkt $x \in R^1$

Vorhandene EDV-Programme, die am Lehrstuhl für Mathematik, Fachrichtung O.R., RWTH Aachen, entwickelt worden sind, erlauben es, von vorneherein bei Netzen bis zu 1000 Vorgängen (im Rahmen der bestehenden Reduktionsmöglichkeiten) eine Aufgliederung in Teilnetze sowie korrespondierende, aufsteigende Nummerierungen anzugeben. Das Vorgangspfeildiagramm für das gesamte Netz bzw. für alle Teilnetze kann aus der Vorliegertabelle vom Rechner automatisch mit Hilfe eines von R. Möhring und W. Schumacher entwickelten Programms (vgl. [5]) gezeichnet werden. Nachstehend ist das Vorgangspfeildiagramm zu der vorstehend aufgeführten Vorliegertabelle dargestellt:

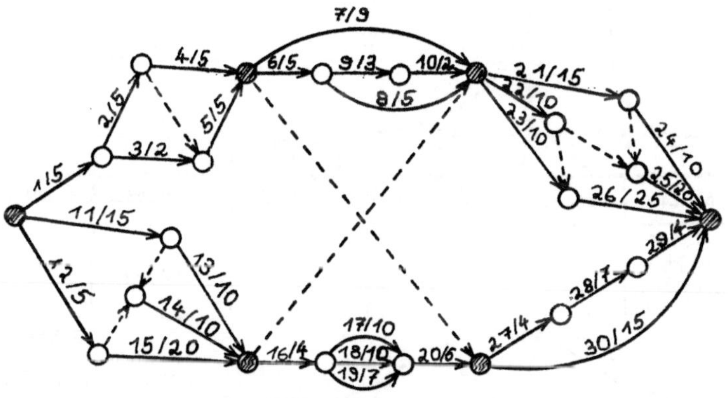

Nachfolgend werden zunächst alle sechs Subnetze einzeln ausgewertet, und zwar auf zwei Arten: Numerische Integration bzw. Simulation [6]. Angegeben ist jeweils die ermittelte Dichte der Verteilung des frühesten Projektendes, der zugehörige Erwartungswert und die Varianz, sowie zum Vergleich derjenige Wert, der sich bei deterministischer Behandlung ergibt.

6) Hierzu wurden Programme benutzt, die am Lehrstuhl für Mathematik, Fachrichtung O.R., RWTH Aachen, entwickelt wurden.

Graph. Repräsentation	Determ.	Num. Integration (N)		Simulation (S)	
		E	V	E	V
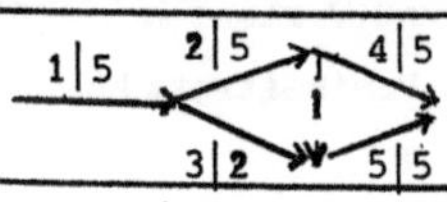	15	15,66	2,78	15,59	2,67

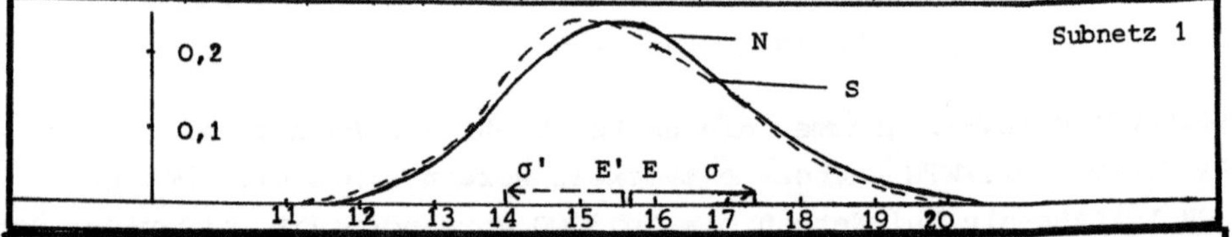

Graph. Repräsentation	Determ.	Num. Integration (N)		Simulation (S)	
		E	V	E	V
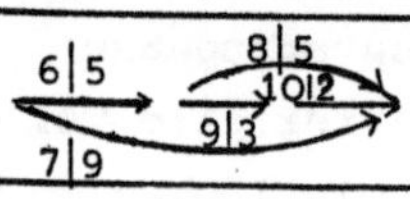	10	10,86	2,73	10,86	3,23

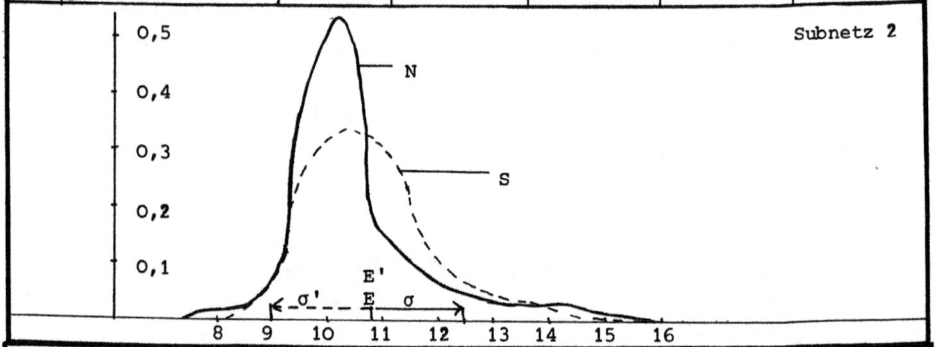

Graph. Repräsentation	Determ.	Num. Integration (N)		Simulation (S)	
		E	V	E	V
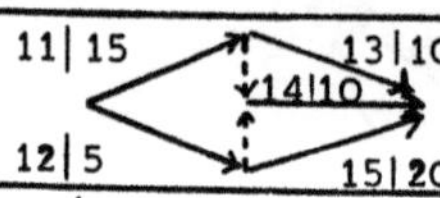	25	26,86	4,79	26,82	5,53

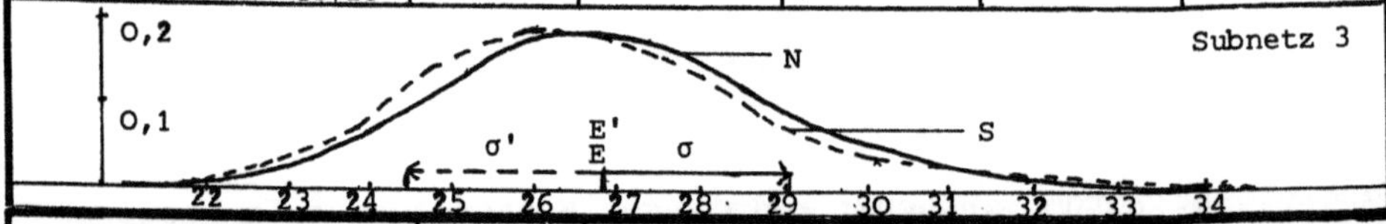

Graph. Repräsentation	Determ.	Num. Integration (N)		Simulation (S)	
		E	V	E	V
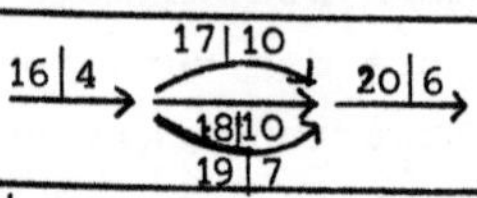	20	20,66	9,09	20,49	9,09

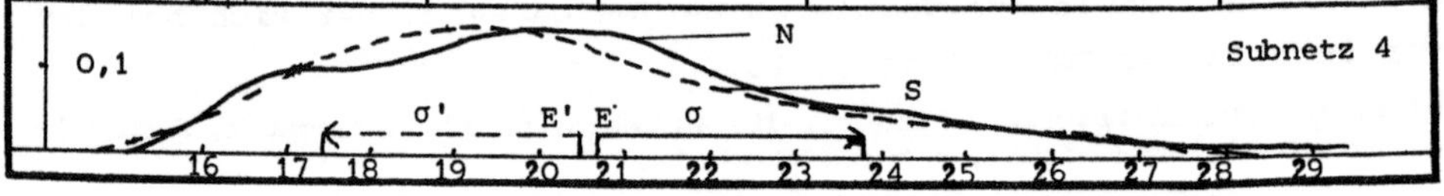

Graph. Repräsentation	Determ.	Num. Integration (N)		Simulation (S)	
		E	V	E	V
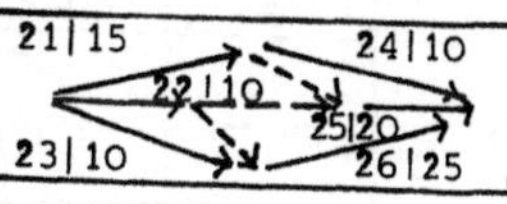	35	36,00	1,36	35,84	1,27

Subnetz 5

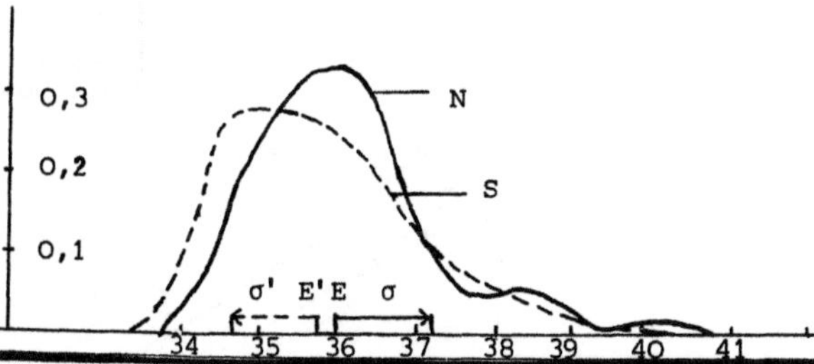

Graph. Repräsentation	Determ.	Num. Integration (N)		Simulation (S)	
		E	V	E	V
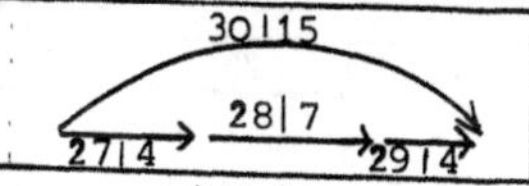	15	16,33	2,28	16,13	2,49

Subnetz 6

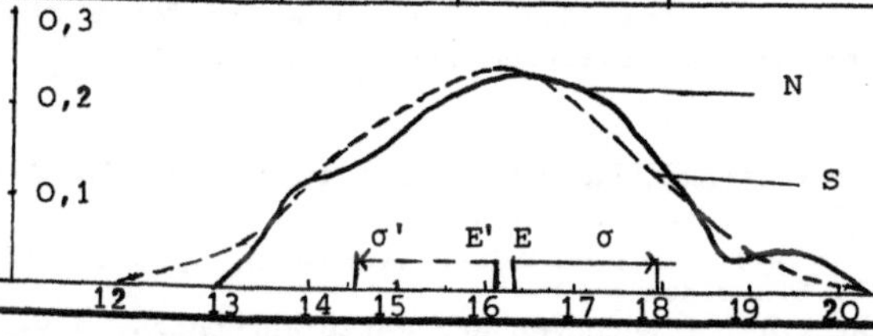

Im folgenden Bildnetzplan sind die Verteilungen der Vorgangsdauern die der Projektdauern der zugeordneten Teilnetzpläne, einmal aus der Simulation zum anderen aus der numerischen Integration gewonnen. Den damit ermittelten Projektdauer-Verteilungen (N) und (S) wird die im Gesamtnetzplan ohne Reduktion ermittelte (S') gegenübergestellt. Zusammenfassend kann festgestellt werden:

1) Die Abweichungen zwischen den beiden Auswertungsmethoden halten sich, insbesondere bei E und V, in Grenzen: Fehlerursachen: Schwankungen bei der Simulation (1000 Simulationsschritte) und Zerlegungsfeinheit bei der numerischen Integration.
2) Die Abweichungen zwischen den direkten und der reduzierten Auswertung mittels Simulation halten sich ebenfalls, insbesondere bei E und V, in Grenzen: Fehlerursachen: Schwankungen bei der Simulation und Approximation der im ersten Schritt gewonnenen Verteilung durch diskrete Verteilungen zur Wiederverwendung bei der Simulation im Bildnetz.
3) Die Abweichung zwischen der deterministischen Projektdauer und dem Erwartungswert bei stochastischer Auswertung liegt zwischen 5% - 10%.
4) Der früheste Zeitpunkt, der mit 95% Sicherheit nicht überschritten wird (N) ist 71,5. Der Unterschätzungsfehler gegenüber der deterministischen Projektdauer liegt bei etwa 20%.
5) Die Wahrscheinlichkeit, daß die deterministische Projektdauer nicht überschritten wird (N), liegt bei nur 2%.

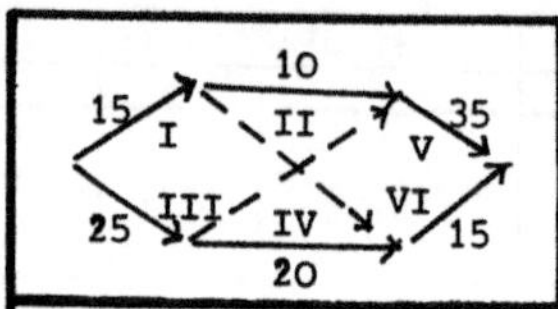

Deterministisch		Numerisch (N)		Simulat. 2st. (S)	
30 Werte	6 Werte	E	V	E	V
7) 60	8) 64,85	65,78	9,89	65,18	11,94

Simulat. 1st. (S')	
E	V
65,1	11,36

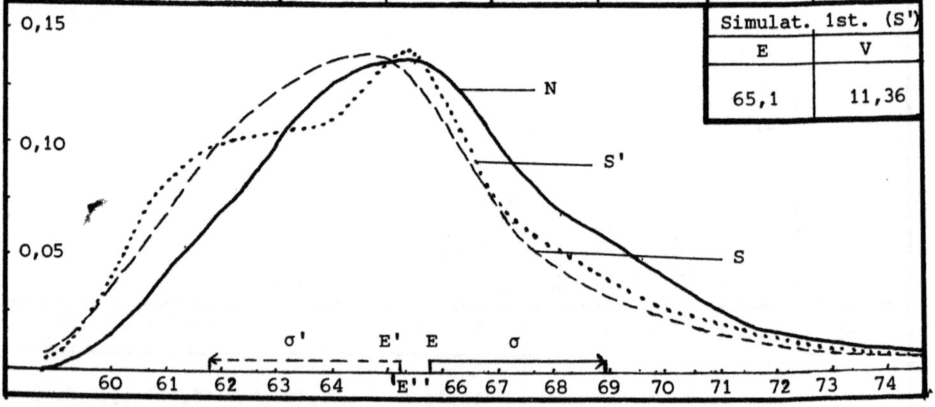

7) Projektdauer deterministisch im Gesamtnetz

8) Projektdauer deterministisch im Bildnetz, ausgehend von den 6 durch numerische Integration ermittelten Erwartungswerten der Subnetze.

<u>LITERATUR:</u>

[1] Bauer, H.: Wahrscheinlichkeitstheorie und Grundzüge der Maßtheorie, 2.Aufl. De Gruyter, Berlin 1974

[2] Collartz, L.- Wetterling, W.: Optimierungsaufgaben, Springer-Verlag Berlin 1971, 2.Auflage

[3] Golenko, D.I.: Statistische Methoden der Netzplantechnik, B.G. Teubner, Stuttgart 1972

[4] Kaerkes, R.: Netzplantheorie, Proceedings in O.R. 3/Physica-Verlag, Würzburg 1973

[5] Möhring, R. - Schumacher, W.: Ein Algorithmus zur automatisierten Darstellung von Vorgangspfeilnetzplänen, O.R. Verfahren, Bd. XXII (1976)

[6] Neumann, K.: Die Problematik der Verwendung der PERT-Methode in der Netzplantechnik, Operations Research Verfahren VII, Verlag Anton Hain, Meisenheim 1970

[7] Radermacher, F.J.: Invarianzaussagen für stochastische Netzpläne, O.R. Verfahren, Bd. XXII (1976)

[8] Radermacher, F.J. : Theorie der reduzierenden Ordnungshomomorphismen, Dissertation RWTH Aachen, 1974

[9] Seeling, R. - Spelde, H.G.: Verfahren zur direkten Berechnung von stochastischen Netzplänen, Proceedings in O.R. 5/Physica-Verlag, Würzburg 1975

[10] van Slyke, R.M.: Monte Carlo Methods and the PERT Problem, Operations Research 11, 1963

[11] Weinberg, F.: Grundlagen der Wahrscheinlichkeitsrechnung und Statistik sowie Anwendungen im Operations Research, Springer-Verlag Berlin, Heidelberg, New York 1968

Revidierte Netzwerk-Verfahren

D. Ohse, Darmstadt

Einführung

Vielfach wird die Meinung vertreten, daß die primal-duale 'out of kilter'-Methode den primalen Verfahren zur Lösung von Netzwerk-Problemen überlegen sei. Diese Aussage stützt sich jedoch i.a. auf numerische Erfahrungen, bei denen matrix-orientierte Versionen von primalen Verfahren - z.B. die 'stepping stone'-Methode zur Lösung des Transportproblems - mit der 'out of kilter'-(Markierungs)-Methode verglichen wurden. Im Gegensatz zu der letztgenannten Methode nutzten die bislang implementierten primalen Verfahren die topologische Struktur von Netzwerken zu wenig aus. Markierungstechniken wurden nur selten angewendet.

In jüngster Zeit hat man die primalen Netzwerk-Verfahren mit dem Ziel modifiziert, den Lösungsablauf auf graphentheoretische Grundlagen zurückzuführen, um auch hier Markierungstechniken einsetzen zu können. Bei den Modifikationen ergeben sich in vielen Details Parallelen zur Revision der Simplex-Methode, so daß die Verwendung desselben Begriffes 'revidiert' angebracht erscheint.

Die Revisionsziele sind im Falle von Netzwerk-Problemen die Speicherplatzeinsparung und die Rechenzeitverkürzung. Sie werden ähnlich wie bei der Simplex-Methode durch verbesserte Darstellungsformen für die Basis, die bei Netzwerken Baumstruktur besitzt, erreicht.

Eigenschaften von Netzwerk-Verfahren

Unter den Problemen, die sich mit Methoden der Mathematischen Planungsrechnung lösen lassen, nehmen Netzwerk-Probleme eine Sonderstellung ein. Diese Aussage kann man anhand der weiten Verbreitung von Netzwerk-Modellen und -Methoden in vielen Branchen und in den meisten Bereichen einer Unternehmung belegen. Erklären läßt sich dieses Phänomen u.a. durch die folgenden Beobachtungen:

+ Netzwerke sind realitätsnahe und anschauliche Modelle!
  Es existiert eine Vielzahl realer Probleme, die sich auf natürliche Weise in einem Netzwerk oder in einem netzwerkähnlichen Modell abbilden lassen. Routen, Vorgänge, Leitungen oder logische Präzedenzen führen fast zwangsläufig auf Netzstrukturen. Auch lassen sich die Lösungen von Netzwerk-Problemen i.a. unmittelbar und problemadäquat interpretieren. Sie werden daher bereitwillig akzeptiert und in der Praxis realisiert.

+ Netzwerke sind meist Sonderfälle allgemeinerer Klassen von Modellen!
  Als solche wurden sie bereits erforscht, lange bevor die universelleren Lösungsverfahren der Mathematischen Planungsrechnung entwickelt wurden. Zu erwähnen sind hier u.a. die Arbeiten von König (1916) und Hitchcock (1941).

+ Aus der Spezialisierung ergeben sich meist sehr effiziente Lösungsverfahren!
  Für diese Aussage können als Beispiele angeführt werden:

  1. Das Transportproblem ist ein Spezialfall eines LP-Problems. Es wurde die sog. 'stepping stone'-Methode entwickelt. (Dantzig, 1951).

2. Das Zuordnungsproblem ist ein Spezialfall des 'matching'-Problems. Diese Erkenntnis regte zur Entwicklung der 'Ungarischen Methode' an (Kuhn, 1955).
3. Das Verteilungs- oder Umladeproblem ist ein Spezialfall des allgemeinen Netzfluß-Problems, dessen Lösungsmethoden die Entwicklung der 'out of kilter'-Methode maßgeblich beeinflußten (Fulkerson, 1961).
4. Das Kürzeste-Wege-Problem ist ein Spezialfall eines Reihenfolgeproblems. Der sog. 'Dijkstra'-Algorithmus ist eine Spezialisierung des Bellman-Prinzips der Dynamischen Planungsrechnung (Dijkstra, 1959).

+ Netzwerk-Verfahren sind i.a. Markierungs-Verfahren!
Die oben angeführten Verfahren basieren meist auf Eigenschaften der topologischen Struktur eines Netzes. Standardaufgaben wie z.B. die Berechnung von Wegen, die Bestimmung von Schnitten, die Identifikation von Schleifen oder das Abschreiten von Bäumen lassen sich im Netz durch Markieren insofern zielstrebig und dadurch schnell lösen, als unter Ausnutzung der Struktur des Netzwerkes nur die unbedingt erforderlichen Rechenoperationen durchgeführt zu werden brauchen.

Anschaulichkeit und Effizienz sprechen für die Verwendung von Netzwerken und Markierungstechniken, wenn immer ihr Einsatz möglich ist. Jedoch müssen auch Nachteile in Kauf genommen werden:

- Netzwerke lassen sich nicht unmittelbar auf EDV-Speichermedien übertragen!
  Vor der Behandlung von Netzen auf EDV-Anlagen muß das Netzwerk in eine für die Speicherung geeignete Organisationsform übertragen werden. Denkbar - wenn auch nur in Ausnahmefällen geeignet - ist die Darstellung des Netzes in Form seiner Inzidenzmatrix. Netzwerke, denen reale Probleme zugrunde liegen, belegen jedoch wegen ihres i.a. geringen Vermaschungsgrades weniger Speicherplatz, wenn sie in Listenform dargestellt werden (vgl. Knuth, 1968, S. 228 ff.).
- Die für Netzstrukturen vorteilhaften Markierungstechniken lassen sich nicht ohne weiteres bei Listenorganisation anwenden!
  Durch die listenförmige Speicherung geht zunächst der zuvor erwähnte Vorteil verloren, nach dem Wege, Zyklen, Schnitte und Bäume strukturbedingt zielstrebig und mit geringem Aufwand identifiziert werden können. Häufiges Absuchen der Liste zum Zwecke der Identifizierung würde die Vorteile, die die Markierungstechnik bietet, schnell kompensieren. Bei der Organisation der Daten können die strukturellen Eigenschaften des Netzes jedoch in einem Umfang nachgebildet werden, der auf den Markierungsprozeß abgestimmt ist. Die Nachbildung geschieht durch geeignete Verkettung der Listenadressen.
- Die Adressverkettung bedeutet zusätzlichen Speicherplatzbedarf und Rechenaufwand!
  Die Verkettung der Adressen läßt sich nur über die Bereitstellung zusätzlicher Information für jeden Knoten vornehmen. Ferner muß die Verkettung bei jeder qualitativen Listenänderung reorganisiert werden - eine Prozedur, die i.a. mit relativ hohem Rechenaufwand verbunden ist.

Die Nachteile der vergleichsweise aufwendigen Netzdarstellung und -speicherung werden i.a. von den Vorteilen der Markierungstechniken überkompensiert. Das ist einer der Gründe, weshalb die 'out of kilter'-(Markierungs)-Methode der 'stepping stone'-Methode gegenüber lange Zeit als überlegen galt (vgl. Ford/Fulkerson, 1963, S. 109; Neumann, 1975, Bd.III, S. 149). Diese weit verbreitete Ansicht - Glover et al. bezeichnen sie als Folklore (vgl. Glover/Karney/Klingman/

Napier, 1974, S. 794) erklärt sich aus dem Umstand, daß die primalen Netzwerk-Verfahren bisher überwiegend als spezielle LP-Verfahren dargestellt und als solche auch matrix-orientiert organisiert wurden.

Von dieser Organisationsform ist man in jüngster Zeit abgewichen, indem man auch die primalen Netzwerk-Verfahren netzwerk-orientiert konzipierte und damit die Grundlage für die Anwendung von Markierungstechniken schuf. Die Ergebnisse dieser Überlegungen sollen hier als 'revidierte' primale Netzwerk-Verfahren bezeichnet werden. Zwar wird der Begriff 'revidiert' bereits in Verbindung mit der Simplex-Methode verwendet. Dieselben Überlegungen und Vorgehensweisen, die zur Revision der Simplex-Methode führten, bilden jedoch auch die Grundlage zur Modifikation der primalen Netzwerk-Verfahren.

Revisions-Möglichkeiten

Hoher Speicherplatzbedarf, lange Rechenzeiten sowie die starke Kumulierung von Rundungsfehlern führten zur Entwicklung der revidierten Simplex-Methode. Die Revision beruht dabei auf dem folgenden Prinzip: In jeder Iteration werden nicht mehr alle Daten des Problems aktualisiert, sondern nur noch die am Fortgang der Rechnung unmittelbar beteiligten. Alle übrigen Koeffizienten können in jedem beliebigen Zustand des Lösungsprozesses mit Hilfe der den Vektorraum aufspannenden Basisvektoren aus den (kompakt gespeicherten) Ausgangsdaten generiert werden. Voraussetzung hierfür ist, daß die Basis auf jeweils aktuellen Stand gebracht, d.h. bei jeder Lösungsänderung transformiert wurde.

Das Konzept und der Ablauf der revidierten Simplex-Methode bieten an zwei Stellen Wahlfreiheiten, die für die Erreichung des Revisionszieles entscheidend genutzt werden können:

- Die Auswahl der Pivotspalte läßt Spielraum für die Anwendung heuristischer Regeln, die zur Lösungsbeschleunigung beitragen.
- Die Darstellungsform der Basis kann modifiziert werden. Dadurch können die Speicherplatzausnutzung und die Rechengenauigkeit erhöht werden.

Für die Theorie und den algorithmischen Ablauf der revidierten Simplex-Methode sind die Pivotauswahlregeln primär von untergeordneter Bedeutung. Eine wesentliche Rolle spielen die Wahlmöglichkeiten jedoch bei der Festlegung der Pivotspalte im praktischen Einsatz. Erst in Verbindung mit den verschiedenen heuristischen Auswahlregeln wie 'multiple pricing', 'partial pricing' und 'suboptimisation' (vgl. Lasdon, 1970, S. 309 ff.) ergeben sich die überzeugenden numerischen Vorteile der revidierten gegenüber der klassischen Simplex-Methode.

Der Auswahl der Pivotspalte entspricht bei Netzwerk-Problemen die Entscheidung für eine Verbindung, die aufgrund ihrer relativ günstigeren Kosten in die aktuelle Lösung, d.h. in den Basisbaum, eingefügt werden soll. Diese Entscheidung wird im Rahmen derselben Freiheitsgrade getroffen wie die Auswahl des Vektors, der bei einem allgemeinen LP-Problem in die Basis aufgenommen werden soll, und dieselben heuristischen Auswahlregeln sind ohne Einschränkung auch bei der Lösung von Netzwerk-Problemen anwendbar. Es ergeben sich die gleichen algorithmischen Verbesserungen, z.B. verminderte Anzahl von I/O-Operationen, erhöhte Rechenintensität und kürzere Lösungszeiten (vgl. Müller-Merbach, 1966). Jedoch tragen diese mehr rechentechnischen Details zur Reorganisation des Lösungsablaufs primaler Netzwerk-Verfahren nach topologischen Gesichtspunkten und damit der Verwendung von Markierungstechniken nicht bei. Hier spielen Überlegungen eine Rolle, die mit der Basisdarstellung in engem Zusammenhang stehen.

Bedeutung der Basisdarstellung

Die Wahl einer 'guten' Basisdarstellung ist für das Erreichen des Revisionsanliegens von entscheidender Bedeutung. Die verschiedenen Varianten der revidierten Simplex-Methode unterscheiden sich primär in diesem Punkt. Die Unterschiede im algorithmischen Ablauf sind die Folge und nicht die Ursache für eine bestimmte Basisdarstellung.

Bei der revidierten Simplex-Methode wird zwischen den folgenden Basisformen unterschieden:

- Explizitform der Inversen
  Die Basisinverse wird in Matrixform gespeichert und in jeder Iteration vollständig aktualisiert. (Dantzig, 1951).
- Produktform der Inversen
  Die Basismatrix wird als Produkt von Elementarmatrizen (= Einheitsmatrix bis auf eine Spalte) dargestellt. Der jeweils zuletzt in die Basis übernommene Vektor wird aktualisiert. (Dantzig/Orchard-Hays, 1953).
- Symmetrische Produktform der Inversen
  Die Basismatrix wird in einer doppelten Produktform dargestellt, von denen die eine spalten- und die andere zeilenorientiert entwickelt ist. Die Pivotspalte und -zeile werden in jeder Iteration aktualisiert. Redundanz in den Daten wird durch entsprechendes Löschen von Zeilen und/oder Spalten vermieden. (Müller-Merbach, 1965).
- Eliminationsform der Inversen
  Die Basismatrix wird in eine untere und eine obere Dreiecksmatrix zerlegt (LU-Dekomposition), die ihrerseits als Produkte von (Dreiecks)-Elementarmatrizen dargestellt werden. Nach jeder Basistransformation werden nur noch ein Halbvektor vollständig und ein zweiter Halbvektor teilweise aktualisiert. Aus der Basis ausgeschiedene Vektoren können in der einen Produktdarstellung gelöscht werden. (Bartels/Golub, 1969; Forrest/Tomlin, 1972).

Die Reihenfolge, in der die verschiedenen Basisdarstellungen aufgeführt sind, stellt nicht nur eine chronologische Entwicklungsfolge dar, sondern sie enthält auch eine bestimmte hierarchische Ordnung. Es müssen nämlich immer weniger Daten der Basismatrix in jeder Iteration aktualisiert werden - allerdings werden die Transformationsregeln komplizierter - je weiter man in der Folge fortschreitet. Damit werden zwei wesentliche Revisionsziele bei der Simplex-Methode erreicht: die Rechnung wird beschleunigt, und die Ergebnisse sind weniger durch Rundungsfehler verfälscht.

Basisdarstellung bei Netzwerken

Im Gegensatz zur Simplex-Methode ist das Revisionsanliegen im Zusammenhang mit Netzwerk-Verfahren ausschließlich auf eine bessere Nutzung des Speicherplatzes und auf die Lösungsbeschleunigung hin ausgerichtet. Stabilitätsprobleme treten dagegen nicht oder nur in begrenztem Maße auf, da die typischen Netzwerk-Operationen sich auf Additionen und Subtraktionen beschränken.

Bei der Speicherung von Netzen kann man, wie eingangs bereits erwähnt, davon ausgehen, daß sie in jedem Fall in der sehr günstigen Listenform dargestellt sind. Es bleibt als hauptsächliches Revisionsanliegen die Verkürzung der Lösungszeit. Diese soll, der sequentiellen Struktur von Netzen folgend, durch Markierungstechniken erreicht werden. Dazu werden die Rechenschritte primaler Netzwerk-Verfahren - hier beispielhaft an der 'stepping stone'-Methode zur Lösung des Transportproblems - netzwerk-orientiert interpretiert:

Dem Transportproblem liegt die folgende Fragestellung zugrunde: Über die Verbindungen eines (Straßen-) Netzes soll ein homogenes Gut von den Angebotsorten i (Angebote a_i) auf die Bedarfsorte j (Bedarfsmengen b_j) verteilt werden, so daß die Gesamtkosten (Transportkosten auf der Verbindung von i nach j gleich c_{ij}) minimal werden. In der Abbildung 1 ist ein Transportnetz mit 5 Angebotsorten (i=A,W,C,D,E) und 6 Bedarfsorten (j=1,2,3,4,5,6) wiedergegeben. Es sind nur diejenigen Verbindungen eingezeichnet, auf denen ein Transport möglich ist. Diese relativ geringe Vermaschung des Digraphs (zweigeteilter Graph) entspricht den allgemeinen realen Gegebenheiten.

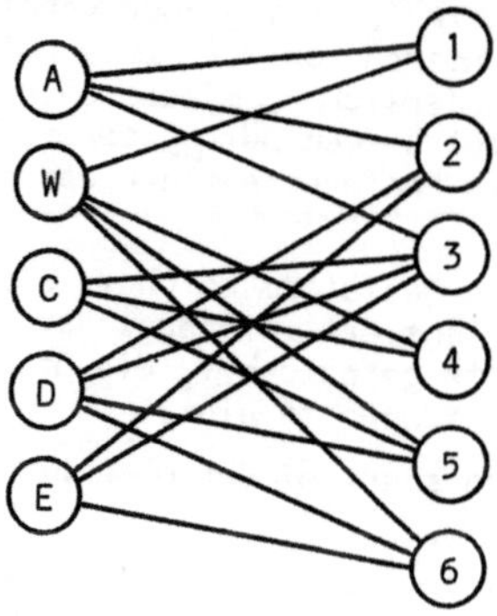

Abb. 1: Transport-Netzwerk

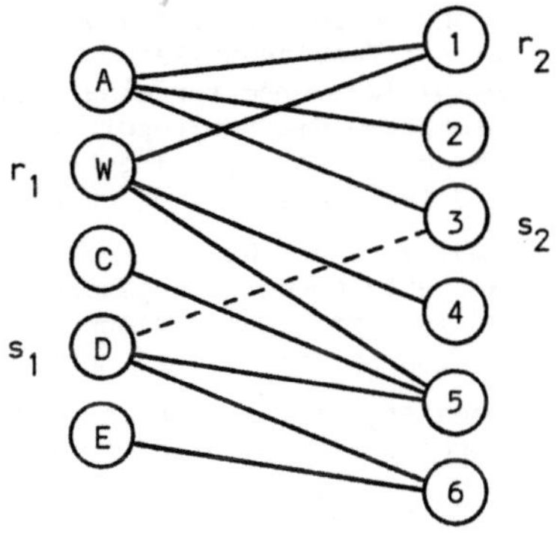

Abb. 2: Graph einer Basislösung

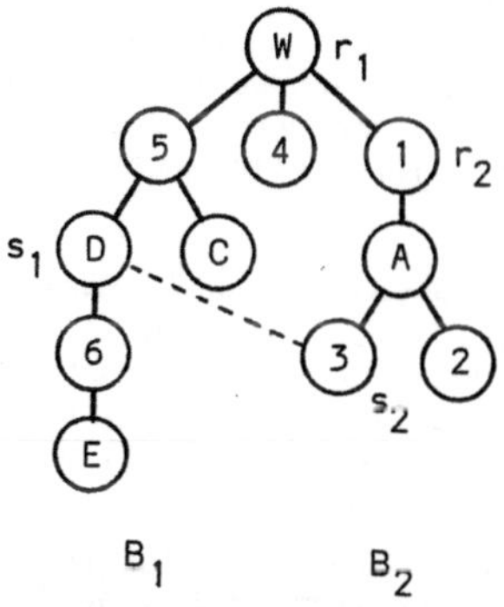

Abb. 3: Basisdarstellung als Baum B zur Wurzel W

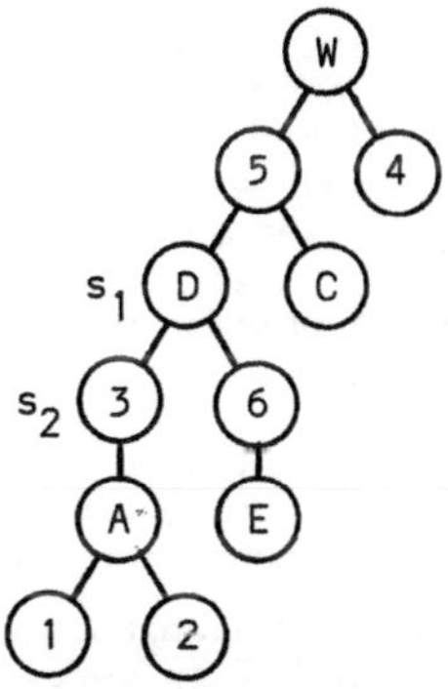

Abb. 4: Basisdarstellung nach Einführung der Kante (D,3) anstelle der Kante (W,1)

Eine zulässige Basislösung des Problems ist in der Abb. 2 dargestellt. Es handelt sich um einen Untergraphen des Gesamtnetzes, bestehend aus denjenigen Verbindungen, auf denen im nicht-degenerierten Fall etwas transportiert wird. Der Untergraph ist ein das Netz aufspannender Baum B, der in der Abb. 3 zur (frei wählbaren) Wurzel W dargestellt ist. (Die gestrichelte Verbindung (s_1,s_2) ist bei dieser Betrachtung ausgenommen.)

Im nicht-optimalen Fall wird eine neue Kante (Pivotspalte) in den Basisbaum B aufgenommen, z.B. die Kante $(s_1,s_2)=(D,3)$. Damit schließt sich ein eindeutiger Zyklus, der aus einer geraden Anzahl von Kanten besteht (im Beispiel der Zyklus $\{(D,5),(5,W),(W,1),(1,A),(A,3),(3,D)\}$), entlang dessen Kanten die maximal mögliche Transportmenge umverteilt wird. Es sei hier angenommen, daß die Kante $(r_1,r_2)=(W,1)$ den Engpaß (Pivotzeile) darstellt; sie wird aus der Basis eliminiert. Das Ergebnis des Kantentausches (= Basistransformation) ist ein neuer Baum zur selben Wurzel W, der in der Abbildung 4 dargestellt ist.

Durch die Entfernung der Kante (r_1,r_2) wird der ursprüngliche Baum in zwei Unterbäume B_1 und B_2 zerteilt, die durch die neue Kante (s_1,s_2) wieder vereinigt werden. Um auf der Verbindungskante die reduzierten Kosten von Null zu erreichen - dies ist definitionsgemäß für eine Basiskante erforderlich -, müssen an einem der beiden Unterbäume die Knotenpotentiale (Dualwerte) um den Betrag der reduzierten Kosten der Kante (s_1,s_2) geändert werden. Die Knotenpotentiale des jeweils anderen Unterbaumes bleiben ungeändert.

Damit ist sowohl eine der Netzwerk-Struktur angepaßte Basisform gefunden als auch das darauf aufbauende Lösungsschema netzwerk-orientiert interpretiert. Der Basisbaum wird in Form einer knoten-orientierten Liste gespeichert, die genauso viele Eintragungen enthält wie es Angebots- plus Nachfrageorte gibt.

Zwei im Zusammenhang mit Netzwerken typische Aufgaben sind bei der oben beschriebenen Vorgehensweise in jeder Iteration zu lösen:

1. Nachdem festgelegt ist, welche neue Kante (s_1,s_2) in den Baum aufgenommen werden soll, ist derjenige Pfad über die alten Kanten des Baumes zu identifizieren, der die beiden Knoten s_1 und s_2 verbindet. Zusammen mit der neuen Kante (s_1,s_2) bildet diese Verbindung den gesuchten Zyklus.
2. Ist die zu eliminierende Kante bestimmt, dann sind in einem der beiden entstehenden Unterbäume B_1 oder B_2 die Dualwerte (Knotenpotentiale) aller in ihm enthaltenen Knoten zu ändern. Es muß also von der Wurzel des Unterbaumes ausgehend jeder nachfolgende Knoten (nach Möglichkeit) genau einmal aufgesucht werden.

Beiden Aufgaben ist gemeinsam, daß eine definierte Menge von Knoten im Basisbaum B zu identifizieren ist. Bei unstrukturierter Speicherung des Baumes, z.B. in Form einer einfachen Liste, erfordern beide Suchprozesse i.a. mehrfache Durchgänge durch die entsprechende Datei. Sie stellen damit die eigentlich rechenaufwendigen Lösungsschritte dar. Gelingt es, sie zu beschleunigen, dann hat dies deutliche Verkürzungen der gesamten Lösungsdauer zur Folge.

Die Beschleunigung der Suchprozesse kann durch geeignete Markierung der Knoten erreicht werden. Die Marken werden im Sinne einer Adressverkettung bei der Listendarstellung des Basisbaumes gesetzt. Sie sollen derart auf die entsprechenden Suchprozesse abgestimmt sein, daß für die Bestimmung der Verbindung zweier Knoten oder das Abschreiten eines Unterbaumes nach Möglichkeit jeweils nur einmalige Listendurchgänge erforderlich sind.

Hierbei ist auf den Speicher- und Rechenmehraufwand zu achten, der für die Adressverkettung erbracht werden muß. Man darf den Verkettungsgrad nicht zu hoch wählen, indem man z.B. zu viele Einzelentscheidungen im Lösungsablauf durch Markieren vorbereitet. In diesem Fall müßten nicht nur zahlreiche Marken gespeichert werden, sondern es würde auch viel Rechenzeit für den Änderungsdienst bei jeder Basistransformation verbraucht werden. Man muß daher versuchen, zwischen dem Aufwand und der Wirkung der Adressverkettung ein optimales Verhältnis zu finden.

Adressverkettung in der Basisdarstellung

Unterscheiden sich die Varianten der revidierten Simplex-Methode primär in dem Aktualisierungsgrad der Basisdaten, so können die revidierten Netzwerk-Verfahren nach dem Verkettungsgrad ihres Basisbaumes klassifiziert werden.

1. Verkettung der Vorgängerknoten

Die ersten Markierungen wurden vorgenommen, um die Verbindung zweier beliebiger Knoten s_1 und s_2 über die Kanten des Baumes schnell und direkt zu ermitteln. Dabei bietet sich die folgende Vorgehensweise an: Sämtliche Knoten des Baumes sind per Definition miteinander und daher auch mit dem Wurzelknoten verbunden. Verfolgt man von beiden Ausgangsknoten s_1 und s_2 aus die (eindeutigen) Rückwärtspfade zum Wurzelknoten W, dann sind beide Pfade von einem bestimmten Knoten an identisch, spätestens im Wurzelknoten selbst. In dem ersten gemeinsamen Knoten schließen sich beide Rückwärtspfade zur gesuchten Verbindung.

Der Rückwärtspfad zur Wurzel kann zielstrebig, d.h. ohne Umwege identifiziert werden, wenn man jeden Knoten i mit der Adresse seines Vorgängerknotens v(i) markiert. In der Abbildung 5 wurde die Verkettung des Basisbaumes B durch die rückwärts orientierten Pfeile angedeutet. Die Tabelle 1 enthält die zu speichernde Markierungsliste.

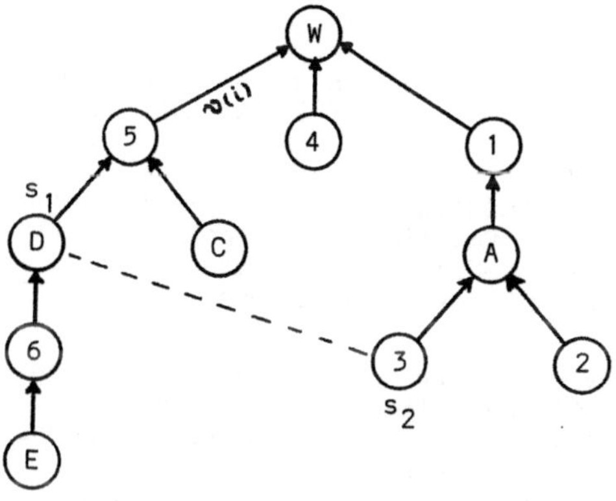

Abb. 5: Basisdarstellung mit Vorgängerpfeilen

Knoten i	Vorgänger v(i)
A	1
W	-
C	5
D	5
E	6
1	W
2	A
3	A
4	W
5	W
6	D

Tabelle 1: Knoten-orientierte Vorgänger-Index-Liste

Als erste haben Glicksman/Johnson/Eselson (1960) die Vorteile dieser Basisdarstellung genutzt. Müller-Merbach (1966) verwendete dieselben Indizes für eine spezielle Speicherung der zugeordneten Transportmengen. Schließlich schlugen Glover/Klingman (1970) die Verkettung in dem hier diskutierten Sinne vor.

2. Verkettung der Vorgänger- und der Nachfolgerknoten

Die Verkettung der Vorgängerknoten ist besonders einfach, weil bis auf die Wurzel jeder Knoten genau einen Vorgängerknoten besitzt. Diese Eindeutigkeit gilt nicht für die Markierung der Nachfolgerknoten, die beim Abschreiten der Unterbäume gesucht sind.

Johnson (1966) erreicht dennoch eine eindeutige Markierung, indem er zusätzlich zur vertikalen eine horizontale Gliederung einführt. Er kennzeichnet den am weitesten links nachgeordneten und von diesem aus den jeweils rechts gleichrangig angeordneten Knoten. Glover/Karney/Klingman (1972) greifen dieses Konzept auf und definieren den am weitesten links unmittelbar nachgeordneten Knoten als 'Nachfolger' (Sohn). Der rechts neben diesem angeordnete Knoten mit demselben Vorgänger wird als 'Bruder' des Nachfolgers bezeichnet.

In der Abbildung 6 ist der Basisbaum B mit Hilfe von drei Zeigern doppelt-verkettet dargestellt. Der durchgezogene Pfeil zeigt auf den Vorgänger (Vater), der gestrichelte Pfeil auf den Nachfolger (ältester Sohn) und der strichpunktierte Pfeil auf den Bruder (des Nachfolgers). In der Tabelle 2 ist die entsprechende Indexliste angegeben.

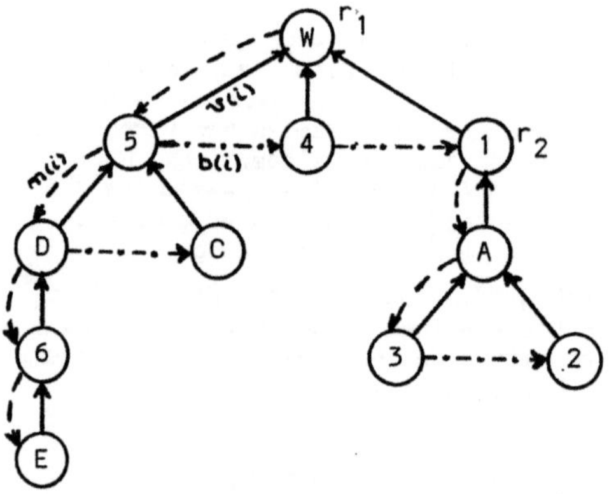

Abb. 6: Basisdarstellung mit Vorgänger-, Nachfolger- und Bruderpfeilen

Knoten i	Vorgä. v(i)	Nachfo. n(i)	Bruder b(i)
A	1	3	-
W	-	5	-
C	5	-	-
D	5	6	C
E	6	-	-
1	W	A	-
2	A	-	-
3	A	-	2
4	W	-	1
5	W	D	4
6	D	E	-

Tabelle 2: Knoten-orientierte Vorgänger-, Nachfolger- und Bruder-Index-Liste

Alle Nachfolger eines Knotens i sowie deren Nachfolger und Brüder bilden genau die Knotenmenge des in i verwurzelten Unterbaumes, die bei der Knotenpotentialänderung gesucht ist. Die Potentiale können in einem Durchgang durch die Basisliste umgerechnet werden. Der Rechenaufwand für diese Teilaufgabe steigt damit nur linear mit der Anzahl der Knoten.

Da prinzipiell jeder der beiden durch die Entfernung der Kante (r_1,r_2) aus dem Baum B entstehenden Unterbäume B_1 und B_2 für die Potentialänderung in Frage kommt, ist es ein natürliches Ziel, den jeweils kleineren der beiden Bäume auszuwählen. Srinivasan/Thompson (1972) definieren daher eine Distanzfunktion zu jedem Knoten i, die die Menge aller Nachfolger angibt, d.h. die Knotenmenge des Unterbaumes zur Wurzel i. Ob dieses vom Speicherplatz und von der Rechenzeit her aufwendige Verfahren Vorteile bietet, erscheint indes fraglich.

3. Gefädelte Nachfolger

Bei der Dreifach-Markierung der Knoten ist unbefriedigend, daß die Nachfolger- und Bruderlisten im Mittel nur zu 50% besetzt sind. Jeder Knoten ist nur entweder (ältester) Sohn oder Bruder, niemals jedoch beides! Knuth (1968, S. 319 f.) schlägt vor, in diesem Fall die beiden Listen durch eine einzige zu ersetzen und die Knoten an einem Faden aufzureihen. Dabei kann man im Prinzip nach jeder der drei Absuchordnungen ('preorder', 'postorder' oder 'endorder'; vgl. Knuth (1968, S. 316)) vorgehen. Für die Basisdarstellung von Netzwerken hat sich die 'preorder'-Auffädelung bewährt. Rekursiv definiert werden die Knoten in der Reihenfolge {Wurzel → linker Baum → rechter Baum} aufgefädelt. In der Abbildung 7 ist der Basisbaum B in gefädelter Form dargestellt. Der durchgezogene Pfeil zeigt wieder auf den Vorgänger, der punktierte Pfeil repräsentiert den Faden. Die Tabelle 3 enthält neben den Vorgänger-Indizes nur eine weitere Liste mit den Faden-Indizes.

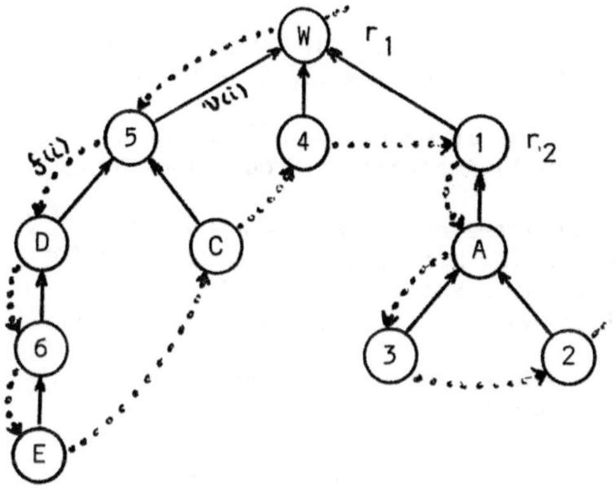

Abb. 7: Gefädelte Basisdarstellung mit Vorgängerpfeilen

Knoten i	Vorgänger v(i)	Faden f(i)
A	1	3
W	-	5
C	5	4
D	5	6
E	6	C
1	W	A
2	A	-
3	A	2
4	W	1
5	W	D
6	D	E

Tabelle 3: Knoten-orientierte Vorgänger- und Faden-Index-Liste

Alle gefädelten Nachfolger eines Knoten i gehören zur Knotenmenge des in i verwurzelten Unterbaumes, solange die Vorgänger auch dieser Knotenmenge angehören. Gegenüber der oben erwähnten Dreifachindizierung bedeutet das sequentielle Abarbeiten der Knoten entlang dem Faden eine weitere Lösungsbeschleunigung. Glover/Klingman/Stutz (1974) haben diese Basisdarstellung ebenfalls sehr erfolgreich zur Grundlage eines revidierten Netzwerk-Verfahrens gemacht. Ihren numerischen Erfahrungen zufolge konnte dadurch die Gesamtrechenzeit nochmals verkürzt werden.

Schlußbemerkungen

Es soll nicht übersehen werden, daß nicht die Basisdarstellungen die wesentlichen Forschungsergebnisse darstellen, sondern die Einbettung dieser Basisformen in die primalen Netzwerk-Verfahren. Dazu gehören insbesondere die Algorithmen zur Reorganisation der Basislisten, die z.B. im Fall der gefädelten Basisdarstellung bereits relativ aufwendig sind. Auf ihre Wiedergabe mußte im Rahmen dieser Übersicht verzichtet werden.

Daß die revidierten Netzwerk-Verfahren trotz des z.T. aufwendigen Änderungsdienstes erfolgreich implementiert wurden, bewiesen numerische Tests. Srinivasan/Thompson (1973) erzielten mit 10x340 bis 175x175 großen Beispielen sehr gute Ergebnisse. Umfangreiche numerische Erfahrungen sammelten auch Glover/Karney/Klingman/Napier (1974), die Transportprobleme der Größe 10x10 bis 1000x1000 lösten. Die mittlere Lösungszeit für die 1000x1000 großen Probleme betrug mit der sog. API-Methode 17 sec auf einer CDC-6600. Sie waren damit rund 9-mal schneller als mit dem 'out of kilter'-Code von Share (1967). Die gefädelte Basisdarstellung läßt nach ersten Testrechnungen noch weitere Lösungsbeschleunigungen erwarten. Bei der Lösung von Netzwerk-Problemen hat also offensichtlich eine Renaissance der primalen Verfahren eingesetzt.

Literatur

Bartels, R.H. und G.A. Golub (1969): The Simplex Method of Linear Programming Using LU Decomposition, in: Communication of the ACM 12, S. 266-268 und S. 275-278

Dantzig, G.B. (1951): Application of the Simplex Method to a Transportation Problem, in: T.C. Koopmans (ed.): Activity Analysis of Production and Allocation. New York, S. 359-373

Dantzig, G.B. und W. Orchard-Hays (1953): Notes on Linear Programming: Part V-Alternate Algorithm for the Revised Simplex Method Using Product Form for the Inverse, The RAND Corporation, Research Memorandum RM-1268

Dijkstra, E.W. (1959): A Note on two Problems in Connexion with Graphs, in: Numerische Mathematik 1, S. 269-271

Forrest, J.J.H. und J.A. Tomlin (1972): Updated Triangular Factors of the Basis to Maintain Sparsity in the Product Form Simplex Method, in: Mathematical Programming 2, S. 263-278

Ford, L.R. und D.R. Fulkerson (1963): Flows in Networks, Princeton, N.J.

Fulkerson, D.R. (1961): An Out-of-Kilter Method for Minimal-Cost Flow Problems, in: J. Soc. Industr. Appl. Math. 9, S. 18-27

Glickman, S., L. Johnson und L. Eselson (1960): Coding the Transportation Problem, in: Naval Res. Log. Quart. 7, S. 169-183

Glover, F. und D. Klingman (1970): Locating Stepping-Stone Paths in Distribution Problems Via the Predecessor Index Method, in: Transp. Sci. 4, S. 220-225

Glover F., D. Karney und D. Klingman (1972): The Augmented Predecessor Index Method for Locating Stepping-Stone Paths and Assigning Dual Prices in Distribution Problems, in: Transp. Sci. 6, S. 171-179

Glover, F., D. Klingman und J. Stutz (1974): Augmented Threaded Index Method for Network Optimization, in: INFOR 12, S. 293-298

Glover, F., D. Karney, D. Klingman und A. Napier (1974): A Computation Study on Start Procedures, Basis Change Criteria, and Solution Algorithms for Transportation Problems, in: Manag. Sci. 20, S. 793-813

Hitchcock, F.L. (1941): The Distribution of a Product from Several Sources to Numerous Localities, in: J. Math. Phys. 20, S. 224-230

Johnson, E.L. (1966): Networks and Basic Solutions, in: Opns.Res.14, S.619-623

Knuth, D.E. (1968): The Art of Computer Programming, Vol. 1 - Fundamental Algorithms, Reading, Mass.

König, D. (1916): Über Graphen und ihre Anwendung auf Determinantentheorie und Mengenlehre, in: Math. Annalen 77, S. 443-465

Kuhn, H.W. (1955): The Hungarian Method for the Assignment Problem, in: Naval Res. Log. Quart. 2, S. 83-98

Lasdon, L.S. (1970): Optimization Theory for Large Systems, New York

Müller-Merbach, H. (1965): Die symmetrische revidierte Simplex-Methode der linearen Planungsrechnung, in: elektronische datenverarbeitung 7, S.105-113

Müller-Merbach, H. (1966): Die Lösung des Transportproblems auf Rechenautomaten - Ein ALGOL-Programm, in: elektronische datenverarbeitung 8, S. 49-56

Müller-Merbach, H. (1973): Operations Research, 3. Aufl., München

Neumann, K. (1975): Operations Research Verfahren, Bde.I u.III, München

SHARE Distribution 3536 (1967): Out-of-Kilter Network Routine, New York

Srinivasan, V. und G.L. Thompson (1972): Accelerated Algorithms for Labeling and Relabeling of Trees, with Applications to Distribution Problems, in: J. of ACM 19, S. 712-726

Srinivasan, V. und G.L. Thompson (1973): Benefit-Cost Analysis of Coding Techniques for the Primal Transportation Algorithm, in: J.of ACM 20, S. 194-213

Verfahren zur direkten Berechnung stochastischer Netzpläne

R. Seeling und H.G. Spelde, Aachen

In the theory of STOCHASTIC NETWORKS it is very important to determine the distribution of the "critical length". In practice this is mostly done by simulations. But there does not exist an estimation of the error connected with this method. This paper shows an exact calculation of the distribution of the critical length by solving an integral over a convex polyeder. Two approaches can be used: a) Determination of an equivalent representation of the convex polyeder, b) Use of the n-dimensional substitution theorem.

In der Theorie STOCHASTISCHER NETZPLÄNE spielt die Bestimmung der Verteilung der kritischen Länge [1] eine entscheidende Rolle. Eine Einführung in diesen Problemkreis sowie eine genaue Problembeschreibung findet sich in [6], an diese lehnen wir uns im weiteren an.

STOCHASTISCHER TERMINNETZPLAN: $((A,O),(\Omega,\mathfrak{A},Q),(\phi_i)_{i\varepsilon\{1,...,n\}})$ heißt stochastischer (Termin-)Netzplan, wenn D = (A,O) eine Ordnung mit endlicher Trägermenge $A = \{z_1,...,z_n\}$ ist und $\phi_i:(\Omega,\mathfrak{A}) \to (R^1_+,\mathfrak{B}^1_+)$ die Zufallsvariable, die die Dauer von z_i beschreibt [2]. $P=Q_{\phi_1 \otimes ... \otimes \phi_n}$ ist die gemeinsame Verteilung der $(\phi_i)_{i\varepsilon\{1,...,n\}}$ und ein Wahrscheinlichkeitsmaß auf $(R^n_+,\mathfrak{B}^n_+)$.

VERTEILUNG DER KRITISCHEN LÄNGE: Ist die Menge aller maximalen Ketten [3] (Wege) von D gegeben durch $\{W_1,...,W_m\}$, so ist die Verteilung der Länge eines Weges W_j gerade die Verteilung der Zufallsvariablen $d_j: \sum_{z_i\varepsilon W_j} \phi_i$. Damit ergibt sich die Ver-

1) Im vorliegenden Artikel werden ausschließlich Terminnetzpläne untersucht.

2) Vgl. ([1], S. 137); die Annahme, daß sämtliche ϕ_i aus dem selben W-Raum $(\Omega,\mathfrak{A},Q)$ abbilden, bedeutet keine Einschränkung.

3) Statt auf das System aller Wege könnte man sich hier auch auf das "Obersystem" aller Ketten beziehen. Bei der Untersuchung der Verteilung kürzester Wege wäre dies nicht möglich.

teilung der kritischen Länge als die Verteilung der Zufallsvariablen [4] $\max_{j=1,\dots,m} d_j = T_D \circ (\phi_1 \otimes \dots \otimes \phi_n)$, wobei $T_D : R_+^n \to R_+^1$ diejenige Abbildung ist, die jedem Vektor $(x_1,\dots,x_n) \varepsilon R_+^n$ zuordnet $\max_{j=1,\dots,m} \sum_{z_i \varepsilon W_j} x_i$. Aufgrund des Transformationssatzes ist dann

$Q_{\max_{j=1,\dots,m} d_j} = (Q_{\phi_1 \otimes \dots \otimes \phi_m})_{T_D} = P_{T_D}$, und die Bestimmung von P_{T_D} die zu lösende Aufgabe [5]. Für zwei Lösungsansätze bzw. -methoden sei verwiesen auf [2],[7]. Hier wird schon deutlich,welche Schwierigkeiten eine exakte Auswertung bereitet[9]. Dies ist ein wesentlicher Grund,warum die Praxis sich bisher meist auf deterministische Verfahren beschränkt hat bzw. allenfalls die SIMULATION verwendet (vgl. [12]). Wenn diese Methode auch verhältnismäßig einfach einzusetzen ist, so hat sie doch den Nachteil, daß Fehlerabschätzungen fehlen [6]. Da außerdem bisher exakte Lösungsmethoden nur begrenzt vorhanden waren, fehlen auch Güteprüfungen an geeigneten Beispielen. Mit den hier angegebenen Methoden ist dies nun oftmals möglich, man vergleiche dazu das Beispiel weiter unten bzw. das Beispiel in [6].

Wir werden P_{T_D} über die zugehörige Verteilungsfunktion FP_{T_D} berechnen. Da T_D in den R_+^1 führt, ist hier

$$FP_{T_D}(c) := \begin{cases} 0 & c < 0 \\ P_{T_D}([0,c)) = P(T_D^{-1}[0,c)) & c \geqq 0 \end{cases}$$

Setzen wir für $c \geqq 0$ $M_{c,D} := T_D^{-1}([0,c))$, so ist $P(M_{c,D})$, also das Maß einer Teilmenge des R_+^1 zu ermitteln. $M_{c,D}$ läßt sich charakterisieren, es gilt:

$$M_{c,D} = \{(x_1,\dots,x_n) \varepsilon R_+^n \mid \sum_{z_i \varepsilon W_j} x_i < c \ ; \ j=1,\dots,m\}$$

Aus der Theorie linearer Ungleichungssysteme ist bekannt, daß diese Menge ein konvexes Polyeder mit endlich vielen Ecken bildet.

---

4) Die kritische Länge ist definitionsgemäß die Dauer eines längsten Weges.Nach einem Satz der Netzplantheorie ist sie auch gleich dem frühesten Projektende.

5) In der Praxis ist meist das Maß P gegeben, nicht aber die Zufallsvariablen ϕ_i, deren spezielle Gestalt ja auch wegen der angegebenen Gleichheit bedeutungslos ist. Dies ist vergleichbar der Situation in der math. Statistik ([15],S. 14).

6) Außerdem können auch rechentechnische Probleme bei der Erzeugung der Zufallszahlen entstehen, wenn die ϕ_i nicht unabhängig, also P nicht gleich dem Produkt $\bigotimes_{i=1}^{n} Q_{\phi_i}$ der Einzelverteilungen ist.

Wir konzentrieren uns bei der Auswertung zunächst auf die wichtigsten Spezialfälle:

I) P ist ein diskretes Wahrscheinlichkeitsmaß mit endlich vielen Punkten positiver Wahrscheinlichkeit, also $P = \sum_{l=1}^{r} \alpha_l \varepsilon_{t_l}$ mit $t_l \varepsilon R_+^n$, $\alpha_l > 0$ und $\sum_{l=1}^{r} \alpha_l = 1$. Dann ist

$P(M_{c,D}) = \sum_{t_l \varepsilon M_{c,D}} \alpha_l$ [7]. Bei der EDV-Auswertung geht man zweckmäßigerweise so vor, daß man zunächst $T_D(t_l)$ für $l=1,\ldots,r$ berechnet und dann ausnutzt, daß gilt: $t_l \varepsilon M_{c,D} \Leftrightarrow T_D(t_l) < c$. Dieses Verfahren ist leicht zu programmieren und von daher sind Intentionen zu verstehen, sich bei der Behandlung stochastischer Netzpläne ausschließlich auf diskrete Maße zu beschränken. Es muß aber erwähnt werden, daß im praktisch wichtigen Unabhängigkeitsfall (und sei es auch nur die Unabhängigkeit von Gruppen von Vorgängen gegenüber anderen) sehr schnell Kapazitätsgrenzen erreicht werden [8].

II) Sind die Zufallsvariablen $\phi_1,\ldots,\phi_n$ unabhängig, also $P = \bigotimes_{i=1}^{n} Q_{\phi_i}$ und $D_1 = (A,O)$ eine Kette, so ist $P_{T_{D_1}} = Q_{\phi_1+\ldots+\phi_n} = Q_{\phi_1} * \ldots * Q_{\phi_n}$, also die <u>Faltung</u> der Einzelverteilungen.

III) Sind die Zufallsvariablen $\phi_1,\ldots,\phi_n$ unabhängig, also $P = \bigotimes_{i=1}^{n} Q_{\phi_i}$ und $D_o = (A,O)$ die Ordnung aus n-Parallelen, so ist die Verteilungsfunktion $FP_{T_{D_o}} = \prod_{j=1}^{n} F_{Q_{\phi_j}}$ (vgl. [4]).

Ein interessantes Resultat (im Fall III) ergibt sich, wenn jede der Q_{ϕ_i} ERLANG-verteilt ist. Man kann dann allgemein P_{T_D}, $\mathbb{E}(T_D)$ und $\mathbb{V}(T_D)$ herleiten. Dies eröffnet interessante Möglichkeiten für die Güteprüfung von Simulationen. Der Einfachheit halber beschränken wir uns hier auf den Fall exponential verteilter Zufallsvariablen (mit gleichem Parameter):

---

7) Bekanntlich kann man mit Hilfe diskreter Wahrscheinlichkeitsmaße auf dem $(R^n, \mathfrak{B}^n)$ jedes andere Wahrscheinlichkeitsmaß auf $(R^n, \mathfrak{B}^n)$ approximieren.

8) Wenn sämtliche der n Aktivitäten (bzw. Gruppen) nur mindestens zwei Werte mit positiver Wahrscheinlichkeit annehmen, so sind schon für $n \geq 20$ mindestens $2^{20} > 1.000.000$ verschiedene Längenrealisationen zu betrachten.

$$Q_{\phi_i} := f\lambda^1 \quad \text{mit} \quad f(u) := \begin{cases} 0 & u < b \\ a\cdot e^{-a(u-b)} & u \geq b \end{cases} \qquad \begin{matrix} a\in R^1_+ \text{ beliebig} \\ b\in R^1_+ \text{ beliebig} \end{matrix}$$

$$\mathbb{E}(\phi_i) = b + \frac{1}{a} \qquad \mathbb{V}(\phi_i) = \frac{1}{a^2}$$

$$F_{Q_{\phi_i}} = \begin{cases} 0 & u < b \\ 1 - e^{-a(u-b)} & u \geq b \end{cases} \quad ; \quad FP_{T_D} = \begin{cases} 0 & u < b \\ (1 - e^{-a(u-b)})^n & u \geq b \end{cases}$$

$$\Rightarrow \quad P_{T_D} = g\lambda^1 \quad \text{mit} \quad g(u) := \begin{cases} 0 & u < b \\ n(1-e^{-a(u-b)})^{n-1} a\cdot e^{-a(u-b)} & u \geq b \end{cases}$$

$$E(T_D) = b + \frac{1}{a} \sum_{i=1}^{n} \frac{1}{i} \qquad V(T_D) = \frac{1}{a^2} \sum_{i=1}^{n} \frac{1}{i^2}$$

Der Erwartungswert divergiert mit n. Die Varianz konvergiert mit n gegen $\frac{1}{a^2} \frac{\pi^2}{6}$.

Dichten für a = 1; b = 1; n = 1,...,5 .

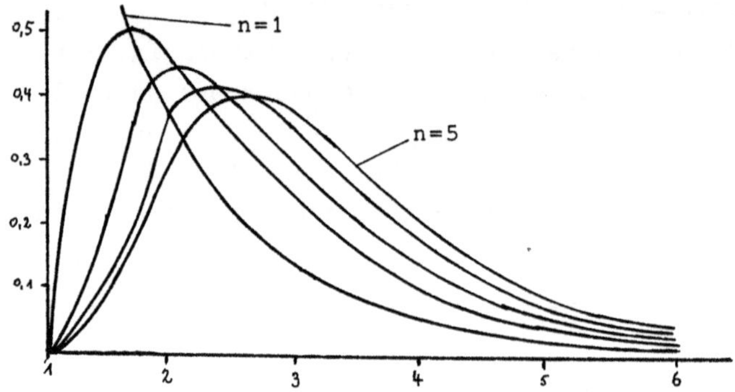

Wir zeigen die Aussage für den Erwartungswert; der Beweis erfolgt durch vollständige Induktion nach n, wir beschreiben den Schritt von n-1 auf n.

$$\int u\, g(u)\, d\lambda^1 = \int_b^\infty u\cdot n(1-e^{-a(u-b)})^{n-1} a\cdot e^{-a(u-b)} du \overset{(y=1-e^{-a(u-b)})}{=}$$

$$- \int_0^1 n(b - \frac{\ln(1-y)}{a}) y^{n-1}\, dy = (n-1) \int_0^1 n\, y^{n-1} (b - \frac{\ln(1-y)}{a})\, dy$$

$$+ n b + \frac{n}{a} \sum_{i=1}^{n-1} \frac{1}{i} + \frac{1}{a} \quad \Leftrightarrow \quad - \int_0^1 n(b - \frac{\ln(1-y)}{a}) y^{n-1}\, dy = b + \frac{1}{a} \sum_{i=1}^{n} \frac{1}{i}$$

Der Beweis für die Varianz folgt entsprechend!

In dem Fall, daß a=1;b=2;n=10 ist, ergibt sich $E(T_D)$= 4,929 und $V(T_D)$ = 1,55. Schaltet man zehn solcher Netze linear hintereinander, so genügt nach dem zentralen Grenzwertsatz (identische Verteilung + Reduktionssatz [10]) P_{T_D} angenähert einer Normalverteilung mit E = 49,29 , V = 15,5.

Jedes anwendungsreife Simulationsprogramm muß mit wachsender Anzahl der Schritte diese Werte liefern können. Bei dem am Lehrstuhl für Mathematik, Fachrichtung O.R. an der RWTH Aachen entwickelten Simulationsprogramm sah die Konvergenz gegen den Erwartungswert wie folgt aus [9]:

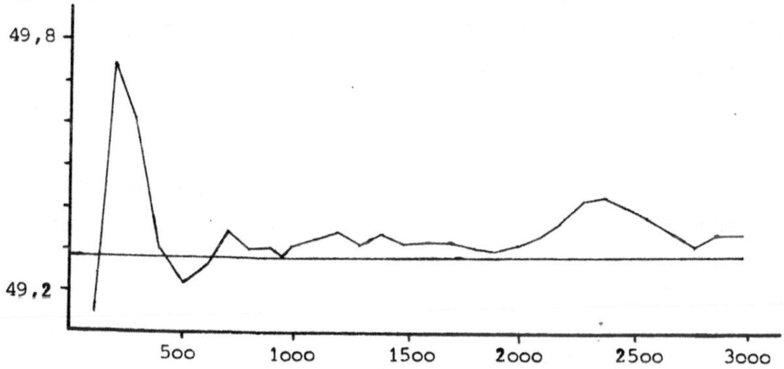

IV. P besitzt eine Dichte f bzgl. λ^n.

Hier gilt zunächst der SATZ: Sind die Q_{ϕ_i} unabhängig, also $P = \bigotimes_{i=1}^{n} Q_{\phi_i}$, so besitzt P_{T_D} eine Dichte bzgl. λ^1.

Beweis:

Zunächst besitzt aufgrund der Unabhängigkeit für i=1,...,n Q_{ϕ_i}

9) Man beachte, daß Reihenkorrelation vorliegt, da es sich um fortlaufende Simulation handelt.

eine Dichte f_i bzgl. λ^1 [10]. Dann besitzt aber auch jedes d_j eine Dichte g_j bzgl. λ^1 für j=1,...,m aufgrund der entsprechenden Sätze für die Faltung [11] und II). Wegen $\max(d_1,\dots,d_m)=\max(\max(d_1,\dots, d_{m-1}),d_m)$ genügt es zu zeigen, daß wenn X und Y (nicht notwendig unabhängig) je eine Dichte bzgl. λ^1 besitzen, so auch max(X,Y) bzgl. λ^1. Nach dem Satz von RADON-NIKODYM (vgl. [1], S.91) ist wegen der σ-Endlichkeit von λ^1 zu zeigen:

$$\lambda^1(A) = 0 \Rightarrow P_{\max(X,Y)}(A) = 0 \qquad A\in\mathfrak{B}^1$$

aber $\{\omega|\max(X(\omega),Y(\omega))\in A\}\subset\{\omega|X(\omega)\in A\}\cup\{\omega|Y(\omega)\in A\} \Rightarrow$

$$P_{\max(X,Y)}(A) = P(\{\omega|\max(X(\omega),Y(\omega))\in A\} \leqq P(\{\omega|X(\omega)\in A\}\cup\{\omega|Y(\omega)\in A\})\leqq$$

$P(\{\omega|X(\omega)\in A\}) + P(\{\omega|Y(\omega)\in A\}) = P_X(A) + P_Y(A) = 0$, da X und Y eine Dichte bzgl. λ^1 besitzen. $\Rightarrow$ Behauptung.

Nach dem Satz über Integration bzgl. Dichten ist im betrachteten Fall $P(M_{c,D}) = \int_{M_{c,D}} f\, d\lambda^n$ (keine Unabhängigkeitsforderung). Will man dieses Integral exakt auswerten, so bieten sich (unter Berücksichtigung des Zusammenhangs zwischen Lebesgue- und Rieman-Integral) die folgenden Möglichkeiten an:

1) Ausnutzung der n-dimensionalen Substitutionsregel (vgl. [14], S. 67).
   Hierzu wäre z.B. eine Funktion $g:(0,c)^n \to M_{c,D}\setminus R$ mit R=Rand von $M_{c,D}$ zu finden mit $P[g((0,c)^n)] = P(M_{c,D})$, g eineindeutig, stetig differenzierbar mit $\det g'(x) \neq 0$ für alle $x\in(0,c)^n$. Dann ist nämlich
   $$\int_{M_{c,D}} f\, d\lambda^n = \int_{g((0,c)^n)} f\, d\lambda^n = \int_{(0,c)^n} (f\circ g)\,|\det g'|\, d\lambda^n$$ und
   somit der komplizierte Integrationsbereich $M_{c,D}$ durch den Würfel ersetzt (allerdings in der Regel auf Kosten einer Verkomplizierung der zu integrierenden Funktionen).

---

10) Es gilt: alle ϕ_i unabhängig verteilt mit Dichte f_i bzgl. $\lambda^1 \Leftrightarrow P = \bigotimes_{i=1}^n \mathfrak{Q}\phi_i$ hat die Dichte $f(x_1,\dots,x_n) = \prod_{i=1}^n f_i(x_i)$ bzgl. λ^n.

11) Aufgrund dieser Sätze würde es ausreichen, daß nur ein Element jedes Weges (also nur die Elemente einer echt trennenden Menge) eine Dichte bzgl. λ^1 besitzt, damit P_{T_D} eine solche besitzt.

2) Man sucht eine geschickte Darstellung von $M_{c,D}$, die eine sukzessive Auflösung des Integrals gestattet.

Es sei erwähnt, daß in beiden Fällen eine allgemeine Lösung existiert (die aber unter Umständen sehr unhandlich ist). Für einige Primordnungen mit höchstens 6 Elementen listen wir die Lösungen auf, geben aber zunächst eine konkrete Ausrechnung[12].
Am Beispiel der vierelementigen Primordnung führen wir beide Methoden vor:

$D = (A,O)$:

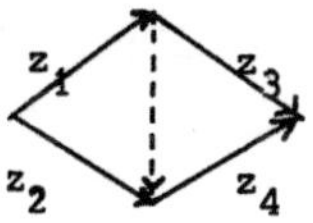

Es sei $Q_{\phi_i} = f\lambda^1$ mit $f(x) = \begin{cases} 1 & x < 1 \\ e^{-(x-1)} & x \geqq 1 \end{cases}$

sowie $P = \bigotimes_{i=1}^{4} Q_{\phi_i}$. Es ist $E(\phi_i) = 2$, $V(\phi_i) = 1$.

Im deterministischen Fall ergibt sich die kritische Länge $T_D(2,2,2,2)$ zu 4 mit $T_D(x_1,x_2,x_3,x_4) = \max(x_1+x_3, x_1+x_4, x_2+x_4)$.

Es ist $M_{c,D} = \{(x_1,x_2,x_3,x_4)\in\mathbb{R}_+^4 \mid x_1+x_3<c, x_1+x_4<c, x_2+x_4<c\}$

Zu berechnen: $\int_{M_{c,D}} e^{-(x_1-1)-(x_2-1)-(x_3-1)-(x_4-1)}\, d(x_1,x_2,x_3,x_4)$

1) Zunächst ist $g(x_1,x_2,x_3,x_4) = (x_1, x_2, \frac{c-x_1}{c}x_3, \min(\frac{c-x_1}{c}, \frac{c-x_2}{c})\cdot x_4)$ eine eindeutige Abbildung von $(0,c)^4 \to M_{c,D}\setminus R$, g ist stetig differenzierbar auf $(0,c)^4\setminus\{(x_1,\ldots,x_4) \mid x_1=x_2\}$ mit

$$g' = \begin{pmatrix} 1 & 0 & 0 & 0 \\ 0 & 1 & 0 & 0 \\ -x_3/c & 0 & \left(\frac{c-x_1}{c}\right) & 0 \\ -x_4/c & 0 & 0 & \left(\frac{c-x_1}{c}\right) \end{pmatrix} \quad \text{und} \quad g' = \begin{pmatrix} 1 & 0 & 0 & 0 \\ 0 & 1 & 0 & 0 \\ -x_3/c & 0 & \left(\frac{c-x_1}{c}\right) & 0 \\ -x_4/c & 0 & 0 & \left(\frac{c-x_2}{c}\right) \end{pmatrix}$$

für $x_1 > x_2$ $\qquad\qquad$ für $x_1 < x_2$

12) Vgl. [13]. Dort findet sich die Anzahl aller nichtisomorphen Ordnungen und Primordnungen mit n Elementen, n=1,...,7 sowie für n=1,...,6 die Angabe der Isomorphieklassen durch eine Kantenrepräsentation gemäß [8].

det g' = $(\frac{c-x_1}{c})\ \min((\frac{c-x_1}{c}),(\frac{c-x_2}{c}));x_1=x_2$. Also ist $P(M_{c,D})=$

$$\int_0^c\int_0^{x_1}\int_0^c\int_0^c e^{-(x_1-1)}e^{-(x_2-1)}e^{-(\frac{c-x_1}{c}x_3-1)}e^{-(\frac{c-x_1}{c}x_4-1)}\left(\frac{c-x_1}{c}\right)^2 dx_4dx_3dx_2dx_1 \quad +$$

$$\int_0^c\int_{x_1}^c\int_0^c\int_0^c e^{-(x_1-1)}e^{-(x_2-1)}e^{-(\frac{c-x_1}{c}x_3-1)}e^{-(\frac{c-x_2}{c}x_4-1)}\left(\frac{c-x_1}{c}\right)\left(\frac{c-x_2}{c}\right)dx_4dx_3dx_2dx_1$$

$$= \quad 1-2e^{-2(c-2)}+e^{-(c-2)}-3(c-2)e^{-(c-2)}+\frac{(c-2)^2}{2}\ e^{-2(c-2)}$$

2.) Es ist $M_{c,D}=\{(x_1,x_2,x_3,x_4)\in R_+^4\,|\,0\leq x_1<c, 0\leq x_2<c, 0\leq x_3<c-x_1,$
$0\leq x_4<\min(c-x_1,c-x_2)\}$ und somit

$$P(M_{c,D})=\int_0^c\int_0^c\int_0^{c-x_1}\int_0^{\min(c-x_1,c-x_2)} e^{-(x_1-1)-(x_2-1)-(x_3-1)-(x_4-1)}\ dx_4dx_3dx_2dx_1$$

$$=\int_0^c\int_0^{x_1}\int_0^{c-x_1}\int_0^{c-x_1} e^{-(x_1-1)-(x_2-1)-(x_3-1)-(x_4-1)}\ dx_4dx_3dx_2dx_1$$

$$+\int_0^c\int_{x_1}^c\int_0^{c-x_1}\int_0^{c-x_2} e^{-(x_1-1)-(x_2-1)-(x_3-1)-(x_4-1)}\ dx_4dx_3dx_2dx_1$$

$$= \quad 1-2e^{-2(c-2)}+e^{-(c-2)}-3(c-2)e^{-(c-2)}+\frac{(c-2)^2}{2}\ e^{-2(c-2)}$$

Die Dichte bzgl. λ^1 der Verteilung der kritischen Länge ist dann

$f(x) = e^{-2(x-2)}(4+(x-2)-(x-2)^2)+e^{-(x-2)}(3(x-2)-4) \quad x\geq 2$

$\quad 0 \quad$ sonst

$E(T_D) = 4{,}81 \quad , \quad V(T_D) = 2{,}20$

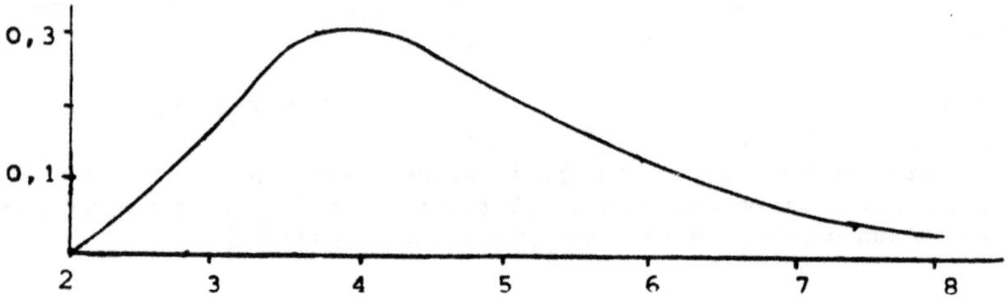

Abschließend geben wir für einige Primordnungen mit Kardinalzahl $\leqq 6$ die Abbildung g und die äquivalente Mengendarstellung an. Bei g ist jeweils $(y_1, \ldots, y_n) = g(x_1, \ldots, x_n)$. Zu beachten ist, daß g nur stetig differenzierbar ist auf $(0,c)^n \setminus A$, mit A λ^n-Nullmenge. In diesen Fällen muß das Integral über $(0,c)^n$ entsprechend aufgespalten werden. Bei der Mengendarstellung gilt immer: $x_i \geqq 0$ $i=1,\ldots,n$

	Mengendarstellung	Abbildung
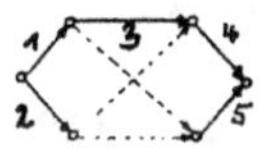	$x_1 < c$ $x_2 < c$ $x_3 < c - x_1$ $x_4 < \min(c-x_1-x_3, c-x_2)$ $x_5 < \min(c-x_1, c-x_2)$	$y_1 = x_1$ $y_2 = x_2$ $y_3 = \frac{c - y_1}{c} x_3$ $y_4 = \min(\frac{c-y_1-y_3}{c}, \frac{c-y_2}{c}) x_4$ $y_5 = \min(\frac{c-y_1}{c}, \frac{c-y_2}{c}) x_5$
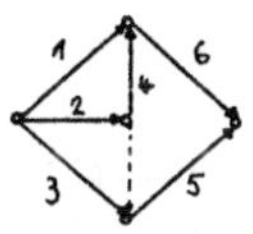	$x_1 < c$ $x_2 < c$ $x_3 < c$ $x_4 < c - x_2$ $x_5 < \min(c-x_2, c-x_3)$ $x_6 < \min(c-x_1, c-x_2-x_4)$	$y_1 = x_1$ $y_2 = x_2$ $y_3 = x_3$ $y_4 = \frac{c-y_2}{c} x_4$ $y_5 = \min(\frac{c-y_2}{c}, \frac{c-y_3}{c}) x_5$ $y_6 = \min(\frac{c-y_1}{c}, \frac{c-y_2-y_4}{c}) x_6$
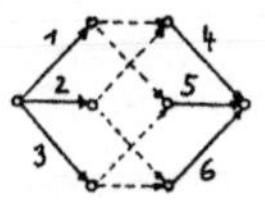	$x_1 < c$ $x_2 < c$ $x_3 < c$ $x_4 < \min(c-x_1, c-x_2)$ $x_5 < \min(c-x_1, c-x_3)$ $x_6 < \min(c-x_2, c-x_3)$	$y_1 = x_1$ $y_2 = x_2$ $y_3 = x_3$ $y_4 = \min(\frac{c-y_1}{c}, \frac{c-y_2}{c}) x_4$ $y_5 = \min(\frac{c-y_1}{c}, \frac{c-y_3}{c}) x_5$ $y_6 = \min(\frac{c-y_2}{c}, \frac{c-y_3}{c}) x_6$

Literatur:

[1] Bauer, H.: Wahrscheinlichkeitstheorie und Grundzüge der Maßtheorie, 2.Aufl. De Gruyter, Berlin 1974

[2] Clark, C.R.: The Greatest of a Finite Set of Random Variables, Operations Research 9, 1961

[3] Golenko, D.I.: Statistische Methoden der Netzplantechnik, B.G. Teubner, Stuttgart 1972

[4] Hinderer, K.: Grundbegriffe der Wahrscheinlichkeitstheorie, Springer-verlag, Berlin 1972

[5] Jurecka, W. - Seeling, R. : Netzwerkplanung im Baubetrieb, Teil III Bauverlag Wiesbaden, 1974

[6] Kaerkes, R. : Ergebnisse der Theorie der Netzpläne mit stochastisch verteilten Vorgangsdauern, Proceedings in O.R. 3/physica-Verlag, Würzburg 1975

[7] Martin, J.J. : Distribution of the time through a directed, acyclic Network, Operations Research 13, 1965

[8] Möhring, R. : Graphentheoretische Repräsentation von Ordnungen, Proceedings in O.R. 3/Physica-Verlag, Würzburg 1973

[9] Neumann, K. : Die Problematik der Verwendung der PERT-Methode in der Netzplantechnik, Operations Research Verfahren VII, Verlag Anton Hain, Meisenheim 1970

[10] Radermacher, F.J. : Invarianzaussagen für stochastische Netzpläne, O.R. Verfahren, Bd. XXII (1976)

[11] Seeling,R. - Riedel, H.-M. : Bibliographie der Netzplantechnik, Veröffentlichung im Lehrgebiet Planungsverfahren im Baubetrieb der RWTH Aachen

[12] van Slyke, R.M. : Monte-Carlo-Methods and the PERT Problem, Operations Research 11, 1963

[13] Spelde, H.G. : Ein Beitrag zur Kardinalzahlbestimmung der Isomorphieklassen endlicher Ordnungen und Primordnungen, Schriften zur Informatik und angewandten Mathematik, RWTH Aachen, Heft 13

[14] Spivak, M. : Calculus on Manifolds, W.A. Benjamin, Inc, New York 1965

[15] Witting, H. : Mathematische Statistik, B.G. Teubner, Stuttgart, 1969

Invarianzaussagen für stochastische Netzpläne

F.J. Radermacher, Aachen

Under rather weak conditions, the possibilities of reducing stochastic (project-) networks are completely characterized. It turns out, that these are exactly those for reducing partially ordered sets by a certain class of homomorphisms. For this class a theorem of Jordan-Hölder-type is known, that can thus be applied to stochastic networks and leads to some results on invariance.

Wird veröffentlicht in den O.R. Verfahren, Bd. XXII (1976)

Ein Algorithmus zur automatisierten Darstellung von Vorgangspfeilnetzplänen

R.Möhring und **W. Schumacher**, Aachen

Nearly all recently published papers about automatical network construction by computer and plotter deal with activity-edge-networks. We discuss several ways to construct activity-arc-networks, which differ with regard to the arrangement of dummy jobs, and give a survey of already known methods. As main result, we derive an algorithm for the automatical plotting of small activity-arc-networks. Because of the reduction theorems for ordered sets it can also be applied to large reducible networks.

Wird veröffentlicht in den O.R. Verfahren, Bd. XXII (1976)

Bestimmung der Verteilung der Zeitdauer von Projekten mit stochastischen Vorgangsdauern

E. Höpfinger und U. Steinhardt, Karlsruhe

Es werden Netzpläne zugrunde gelegt, deren Vorgangsdauern unabhängige Zufallsgrößen sind und deren Knoten deterministische Ausgänge besitzen. Die Knoten können in zwei Typen eingeteilt werden. Die Knoten des einen Types werden realisiert, sobald alle einmündenden Vorgänge beendet sind, die des anderen Types, sobald einer der einmündenden Vorgänge beendet ist.

Es werden zwei Methoden angegeben, welche die gemeinsame Verteilung der Realisationszeiten der Senken exakt bestimmen.

Das erste Verfahren legt im ersten Schritt die Senken $v \in T$ als einen Unternetz-U^1 fest. Die Realisationszeiten der Senken hängen in trivialer Weise von den Aktivierungszeiten der Quellen dieses Unternetzplanes ab. Der i-te Verfahrensschritt geht aus von einem Unternetzplan U^{i-1}, bei dem die gemeinsame Verteilungsfunktion $(t_v)_{v \in T} \to P(Y_v \leq t_v\ (v \in T) |\ Y_v = t'_v\ \ (v \in S^{i-1}))$ der Aktivierungszeiten $Y_v(v \in T)$ der Senken gegeben ist als eine bedingte Verteilungsfunktion, die von den Aktivierungszeiten Y_v der Quellen $v \in S^{i-1}$ des Unternetzplans abhängt. Es wird ein Knoten $v^i \in S^{i-1}$ mit allen Nachfolgeaktivitäten in U^{i-1} ausgewählt. Die Menge $V(v^i)$ der unmittelbaren Vorgängerknoten sowie die zwischen v^i und $V(v^i)$ liegenden Pfeile werden hinzugefügt und ergeben somit einen größerren Unternetzplan U^i mit der Menge S^i von Quellen. Die Verteilungsfunktion der Senken ist dann gegeben durch

$$P(Y_v \leqq t_v\ (v\epsilon T) \mid Y_v = t_v'\ (v\epsilon S^i))$$

$$= \int_{-\infty<\tau<\infty} P(Y_v \leqq t_v\ (v\epsilon T) \mid Y_v = t_v'\ (v\epsilon S^{i-1} \setminus \{v^i\}),\ Y_{v^i} = \tau) \times$$

$$\times\ P(\tau \leqq Y_{v^i} \leqq \tau + d\tau \mid Y_v = t_v'\ (v\epsilon V(v^i))$$

Das Verfahren bricht ab, falls S^i die Menge der Quellen des Netzplanes ist.

Ausgehend von den Quellen $v\epsilon S$ des Netzplanes legt das zweite Verfahren in jedem Schritt einen neuen, erweiterten Netzplan fest. Nach dem (i-1) ten Schritt liegt ein Unternetzplan U^{i-1} vor, bei dem die gemeinsame Verteilungsfunktion $(t_v)_{v\epsilon T^{i-1}} \to P(Y_v \leqq t_v\ (v\epsilon T^{i-1}) \mid Y_v \leqq t_v'\ (v\epsilon S))$ der Aktivierungszeiten Y_v der Senken $v\epsilon T^{i-1}$ gegeben ist. Zu diesem Unternetzplan wird ein neuer Knoten v^i , dessen Vorgängerknoten in U^{i-1} liegen, hinzugenommen sowie alle in ihn einmündende Pfeile.Die Verteilungsfunktion der Senken $v\epsilon T^i$ des neuen Netzplanes U^i ist gegeben durch

$$P(Y_v \leqq t_v\ (v\epsilon T^i) \mid Y_v = t_v'\ (v\epsilon S))$$

$$= \underset{\substack{-\infty<\tau_v\leqq t_v(v\epsilon T^{i-1} \setminus V(v^i)) \\ -\infty<\tau_v<\infty\ (v\epsilon V(v^i))}}{\int\ldots\int} P(Y_{v^i} \leqq t_{v^i} \mid Y_v = \tau_v\ (v\epsilon T^{i-1}))\times$$

$$\times\ P(\tau_v \leqq Y_v \leqq \tau_v + d\tau_v(v\epsilon T^{i-1}) \mid Y_v = t_v'\ (v\epsilon S))$$

Das Verfahren bricht ab, wenn $T^i = T$ ist.

Eine ausführliche Beschreibung wird in den Proceedings der Tagung über Optimierung und Operationsforschung vom 27.7. - 2.8.1975 in Oberwolfach (Leitung Prof. Dr. K. Ritter, Prof. Dr. W. Oettli), Springer-Verlag, erscheinen.

Projektplanung und–überwachung mit dem Dialogverarbeitungssystem SINET (System für interaktive Netzplantechnik)

R. Müller-Ettrich, München

Die Netzplantechnik hat sich in den letzten zehn Jahren vom einfachen Rechenverfahren zum unentbehrlichen Werkzeug des Projektmanagements entwickelt. Dieser Fortschritt beruht einerseits auf der ständigen Weiterentwicklung des Verfahrens im Sinne einer Anpassung an die Erfordernisse der Praxis und andererseits auf der gleichzeitigen Verbesserung der technischen Möglichkeiten der Datenverarbeitung.

Die verschiedenen Entwicklungsstufen von Netzplantechnikverfahren und Datenverarbeitung spiegeln sich in der jeweils höheren Leistungsfähigkeit der bei der Firma Siemens entwickelten Netzplantechnik-Programme SINETIK 2002, SINETIK 3003, SINETIK 4004 und SINET wider.

Hauptziel der Entwicklung von SINET war, die zur Netzplanerstellung und -verarbeitung aufzuwendende Zeit zu verkürzen und die Anpassung des Verfahrens an die individuellen Bedürfnisse des Benutzers zu erleichtern.

SINET läuft in einem Teilnehmerbetriebssystem (BS2000), das den Dialog mit dem Programm von verschiedenen Standorten aus und während der gesamten Betriebszeit des Rechners ermöglicht. Dieses Betriebssystem mit mehreren unabhängigen Benutzern gleichzeitig gewährleistet sowohl die Wirtschaftlichkeit des Rechenzentrumsbetriebs als auch die kostengünstige Anwendung der Netzplantechnik.

Die Möglichkeit des Dialogbetriebs während der gesamten Betriebszeit des Rechners bietet entscheidende Vorteile:

- Der Planer kann SINET an seinem Arbeitsplatz, am Montageort oder während einer Besprechung beim Kunden benutzen.
- Er kann jederzeit auf die Daten zugreifen, sie auflisten, ändern und neu berechnen.
- Formale und logische Eingabefehler können sofort korrigiert, Auswirkungen von Änderungen festgestellt und mögliche Gegenmaßnahmen bei einem Terminverzug geprüft werden.

Diese Vorteile der Dialogverarbeitung bewirken eine wesentlich kürzere Zeitdauer für Erstellung und Wartung der Netzpläne als bei der Stapelverarbeitung in einem Benutzerservicerechenzentrum, in dem der Netzplantechniker in der Regel nicht zu den Bevorzugten gehört.

SINET ermöglicht aber auch Stapelverarbeitung, die in bestimmten Anwendungsfällen ebenfalls ihre Vorteile hat:

- Die Ureingabe von größeren Datenmengen wird am schnellsten mit den Geräten im Rechenzentrum oder mit einer Stapelstation durchgeführt.
- Unverändert wiederholbare Abläufe können gespeichert und vom Endgerät aus als Stapelprozeß gestartet werden. Dadurch bleiben Endgeräte für echte Dialogabläufe frei.

SINET basiert auf einer Weiterentwicklung der Metra-Potential-Methode. Es können z. B. vier verschiedene Anordnungsbeziehungsarten mit positiven bzw. minimalen und/oder negativen bzw. maximalen Zeitabständen definiert und unterschiedliche Arbeitszeitkalender bei verschiedenen Vorgängen verwendet werden. Dieses erweiterte MPM-Verfahren ermöglicht, den Projektablauf hinreichend genau darzustellen.

SINET hat eine Datenorganisation, die den direkten Zugriff zu jedem Datenfeld erlaubt und dem Benutzer hinsichtlich Art und Umfang der beschreibenden Informationen keine Beschränkungen auferlegt. Er kann daher auch Merkmale, Kennziffern, usw. speichern, die für das Berichtswesen von Interesse sind.

Für SINET wurde eine Anweisungssprache mit einheitlicher Syntax und der Fähigkeit, Bedingungen für die Ausführung von Anweisungen zu formulieren, entwickelt.

Ein Beispiel: "Drucke alle Vorgänge der Abteilung XY mit einem frühesten Anfangstermin größer 31.09.75 aus".

Die Anweisungssprache ist für den Benutzer das "Handwerkszeug" zum Ausführen der planungsspezifischen Funktionen wie Berechnen der Termine, Einplanen, Wegesuchen, usw. und Ändern der Daten am Arbeitsplatz. Mit ihr kann er auch Form und Inhalt von Listen, Diagrammen und automatisch gezeichneten Netzplänen entsprechend seinen Wünschen und organisatorischen Bedürfnissen festlegen.

Häufig auszuführende Gruppen von Anweisungen oder komplizierte Anweisungen können als Prozeduren abgespeichert und auf einfache Weise aufgerufen bzw. beim Aufruf noch modifiziert werden.

Der Einsatz von SINET seit Anfang 1974 hat die Richtigkeit der Konzeption voll bestätigt. Zur Zeit wenden ca. 30 Planungsstellen SINET an. Von ihnen werden ca. 300 Großprojekte mit über 250.000 Vorgängen überwacht. Anwender, die vorher mit SINETIK 4004, einem Programmsystem für die Anwendung der NPT im Stapelbetrieb, gearbeitet haben, konnten mit SINET sowohl die Qualität als auch die Quantität der Planung erheblich steigern.

Ein Ansatz zur integrierten Projektsteuerung (Integrierte Termin-, Bereitstellungs- und Finanzplanung industrieller Projekte)

W. Matthes, Berlin

Trotz zahlreicher Anwendungserfolge der netzplangestützten Modelle zur Projektablaufplanung fordern die realen Interdependenzen und Bedingungen, nicht zuletzt Liquiditätsbedingungen, der Produktions- und Zahlungsprozesse einer marktwirtschaftlichen Unternehmung eine Erweiterung dieser Modelle vor allem produktions-, finanz- und investitionspolitische Bedingungen und Alternativen zu Modellen integrierter Produktions- und Finanzplanung industrieller Projekte. Die komplexen Projektplanungen wären in die Erfolgsplanung der Unternhemung zu integrieren.

Unter diesen Aspekten versucht das nachstehend grob skizzierte Planungsmodell (abgekürzt: MISCFIP = model of integrated scheduling, capacity planning, and financing of projects), die Projektablaufplanung zunächst in kurz-, höchstens mittelfristiger Sicht um eine projektorientierte Finanzplanung sowie auch Bereitstellungsplanungen für Personal, Betriebsmittel und Material (Rohstoffe und Vorprodukte) zu erweitern und den gesamten Planungskomplex in die pagatorische Erfolgsrechnung der Unternehmung einzufügen.

Das Modell berücksichtigt folgende Planungssituation:

- Aufgrund abgeschlossener Lieferverträge sind für einen gegebenen Planungszeitraum beliebig verzweigte industrielle Produktionsprozesse bei Einzelfertigung (Projekte) mit ihren einzelnen Produktionsstufen (Aktionen) und diese konjunktiv verknüpfenden zeitlichen Beziehungen gegeben. Jedes Projekt ist als deterministisches MPM-Netz definiert.
- Bis auf ihre Anfangs- und Endtermine sind alle Projektaktionen vollständig determiniert; insbesondere liegen ihre Dauern und Bedarfe an Arbeitskräften, Betriebsmitteln und Materialien verschiedener Kategorien einwertig fest.
- Pro Aktion und Projekt sind zugehörige bare und kreditäre Einzelausgaben (z.B. für Sondermaterial, Fremdbaugruppen und -teile, spezielle Dienstleistungen) sowie Einnahmen (Erlöse) zusammen mit ihren zeitlichen Beziehungen zu den Aktionsterminen und zu anderen Zahlungsterminen entsprechend den abgeschlossenen Beschaffungs-, Absatz- und Dienstleistungsverträgen oder Vorplanungen definiert.
- Das ursprüngliche Produktionsnetz jedes Projektes wird unter Berücksichtigung der aktions- und projektbezogenen Zahlungen und ihrer Zeitbeziehungen zu einem integrierten Produktions- und Zahlungsnetz nach MPM erweitert.

Für die Projekte sind folgende Planungsvariable zu determinieren:

- Anfangs- und Endtermine der Aktionen und Projekte
- Termine der aktions- und projektbezogenen Zahlungen
- Bestände, Auf- und Abbau von Personal-, Betriebsmittel- und Materialkapazitäten der verschiedenen benötigten Kategorien in den einzelnen Planperioden
- Kreditaufnahmen und -vergaben (Finanzinvestitionen) verschiedener Kategorien und Laufzeitarten und entsprechende Tilgungen in den einzelnen Planperioden
- Einsatz und Rückzahlung von Eigenmitteln aus bzw. in einen Reservefonds der Unternehmung

Die Variablen werden durch folgende Bedingungstypen beschränkt:

- relative und absolute Terminunter- und obergrenzen für Produktions- und Zahlungsprozesse der Projekte
- Deckung der Personal-, Betriebsmittel- und Materialbedarfe der Aktionen durch entsprechende Kapazitätsbestände der Planperioden
- Ober- und Untergrenzen für Personal-, Betriebsmittel- und Materialbestände, -auf- und -abbau
- Raum- und Transportkapazitätsbeschränkungen
- Tilgungsbedingungen für Kredite, Rückzahlungs- bzw. Reservierungsbedingungen für Eigenmittel
- Kredit- und Eigenmittellimits
- Liquiditätsbedingung für jede Planperiode, Kassensicherheitsbestände
- Terminvariable = Binärvariable, Personal- und Betriebsmittelvariable ganzzahlig, Material- und Finanzvariable kontinuierlich.

In der Hauptbedingung werden die direkten und indirekten Erfolgswirkungen der Planungsvariablen erfaßt, u.a. direkte Aufwendungen und Erträge der Projekte (inkl. Lieferprämien und Konventionalstrafen), der Betriebsmittel und Materialien, Löhne, Kreditaufwendungen und -erträge. Hierbei werden Teilziele (wie Leer- und Wartekosten) und ihre Konflikte implizit mit erfaßt, jedoch in einer erfolgsorientierten und informatorisch begründbaren Form.

Das Problem wird als gemischt-ganzzahliges lineares Programmierungsmodell formuliert. Ohne Dekomposition können derzeit nur kleine, stark verdichtete Projektbeispiele mit Hilfe kommerziell verfügbarer Branch- and Bound-Algorithmen gerechnet werden (CPA-Zeit auf CDC 6500 mit APEX II für ein Projekt mit 10 Aktionen, 13 Zahlungsprozessen, insgesamt 330 Variablen, 350 Restiktionen und 400 Bounds: 26 Min für eine gute, in weiteren Läufen nur unwesentlich verbesserte Gesamtlösung). Für Probleme realistischerer Größenordnung lassen sich mit tragbarem Rechenaufwand modulare Modellsysteme anwenden, die zumindest total zulässige Lösungen mit begrenzter Verbesserung erreichen. Bei parametrischer Variation der Personal- und Betriebsmittelkapazitäten lassen sich suboptimale Ablauf-, Material- und Finanzplanungen unter Anwendung der dualen Dekomposition und spezieller problemorientierter ILP-Algorithmen erreichen und damit Gesamtlösungen schrittweise verbessern.

Das Modell dient als Kern zur Entwicklung eines modularen Projektsteuerungssystems mit zugehörigen Informations-, Kontroll- und Optimierungssystemen. Der Einbau einer Projektprogrammplanung in das Modell ist ohne weiteres möglich. Mit dieser Erweiterung bietet der Ansatz außer einer intensivierten Strukturierung komplexer Projektplanungsprobleme auch eine Basis für realitätsnähere Simulations- und Prognosemodelle projektorientierter Unternehmungsprozesse.

Literatur

1) W. Matthes: An Extension of Multi-Project Scheduling to Capacity Planning and Financing. Arbeitspapier Nr. 4/1975 des Instituts für Unternehmungsführung der Freien Universität Berlin.

2) W. Matthes: Zur Weiterentwicklung der Projektsteuerung zur integrierten Projektprogrammplanung (MISCFIPP). Arbeitspapier des Instituts für Unternehmungsführung der Freien Universität Berlin (im Druck).

3) A.A.B. Pritzker, L.J. Watters, P.M. Wolfe: Multiproject Scheduling with Limited Resources: A Zero-One Programming Approach. Management Science 16 (1969), S. 93-108.

Simulation

SPORT – ein Simulationsmodell der Portefeuilleplanung

R. Schmidt, Kiel

1. Einleitung

Die Bereitschaft zur Anwendung mathematischer Modelle der Portefeuilleplanung ist in der Praxis weiterhin gering: daran wird auch ein ausführlicher Bericht von Rodewald [9] über den erfolgreichen Test des Markowitz-Modells [7] in der Version von Sharpe [12] wenig ändern. Das Modell scheint im Hinblick auf Informationsbeschaffung, Prämissen und Planungskosten nicht benutzeradäquat zu sein:

1. Spekulanten finden sich nicht damit ab, daß Kursprognosen weitgehend mit Hilfe ökonometrischer Methoden erstellt werden.
2. Private und institutionelle Anleger können ihre Risikopräferenzen in der von Markowitz verlangten Form schwer artikulieren.
3. Großanleger stoßen sich an der Prämisse, daß das Modell keinen Einfluß des Anlegers auf die Kursbildung an der Börse vorsieht.
4. Insbesondere kleine und mittlere Anleger wissen angesichts der Planungskosten nicht, wann und wie oft das Modell durchgerechnet werden soll.

Im Bereich der betrieblichen Investitionsplanung wird die Simulation seit der Arbeit von Hertz [4] erfolgreich eingesetzt. Es liegt daher nahe, das in der Modellgestaltung flexiblere Simulationsverfahren auch bei der Portefeuilleplanung anzuwenden. Schon Markowitz [7, S. 200 f.] hat auf die Möglichkeit der Simulation als Alternative zur Optimierung verwiesen; Ziskind und Boldin [14] simulieren Wertpapierportefeuilles über die Zeit, ohne jedoch ein Entscheidungsmodell zu konzipieren. Der Verfasser [11] hat den Einsatz der Simulation vorgeschlagen, um wesentliche, aus der obigen Kritik folgende Anforderungen an ein Entscheidungsmodell der Portefeuilleplanung erfüllen zu können. Über den Aufbau des Simulationsmodells und ausgewählte Ergebnisse soll hier berichtet werden.

2. Der Aufbau des Simulationsmodells

Dem in FORTRAN programmierten Simulationsmodell der Portefeuilleplanung (SPORT) liegt die Konzeption zugrunde, sowohl Portefeuilleentscheidungen in der Praxis zu ermöglichen als auch einen wissenschaftlichen Vergleich verschiedener Modell- und Datenstrukturen durchführen zu können. So wird das umfangreiche Analysemodell durch Betätigen bestimmter Schalter in eine "schnelle Version" für praktische Entscheidungsfälle reduziert. Das Programm ist modular aufgebaut, so daß Abwandlungen und Erweiterungen leicht vorgenommen werden können.

2.1. Portefeuilletheoretische Grundlagen

Portefeuilletheoretischer Ausgangspunkt ist das Indexmodell von Sharpe [12], um die Dateneingabe in Grenzen zu halten. Außerdem ist dadurch eine Vergleichsmöglichkeit mit den Ergebnissen des Optimierungsprogramms "Optimale Wertpapiermischungen" der IBM gegeben. Der Zufallskurs K_m des m-ten Wertpapiers ist:

$$(1) \qquad K_m = A_m + B_m \cdot INDEX + C_m \qquad (m = 1, \ldots, M)$$

In (1) sind A_m bzw. B_m absolutes Glied bzw. Regressionskoeffizient einer Regressionsgleichung, C_m ist eine Zufallsvariable mit dem Erwartungswert Null und der Varianz Q_m. Die Standardabweichung von K_m sei S_m. Für die Zufallsrealisation der Indexgröße INDEX gilt:

$$(2) \qquad INDEX = A_{INDEX} + C_{INDEX}$$

In (2) ist A_{INDEX} der Erwartungswert der Indexgröße, C_{INDEX} ist eine Zufallsvariable mit dem Erwartungswert Null und der Standardabweichung S_{INDEX}.

Bezeichnet man den Erwartungswert von K_m mit $\bar{K}_m$ und den Korrelationskoeffizienten zwischen K_m und INDEX mit r_m, dann ist aus der Regressionsanalyse bekannt, daß

$$(3) \qquad B_m = r_m \cdot S_m \,/\, S_{INDEX} \quad \text{und} \quad (4) \qquad A_m = \bar{K}_m - B_m \cdot A_{INDEX}.$$

Setzt man (3) und (4) in (1) ein, dann wird die Abhängigkeit der normalverteilten Zufallsvariablen K_m von der normalverteilten Zufallsvariablen INDEX durch (5) beschrieben:

$$(5) \qquad K_m = \bar{K}_m + \frac{r_m \cdot S_m}{S_{INDEX}} \cdot (INDEX - A_{INDEX}) + C_m$$

Die Annahme von Normalverteilungen bewirkt für das Simulationsmodell, daß Parameter der Verteilungen der Summen von Zufallsvariablen direkt berechnet und nicht selbst - wie noch in [11, Abb. 4] - simuliert werden müssen. Dadurch erreicht man eine erhebliche Reduktion der Rechenzeit. Das Simulationsmodell ist allerdings so konzipiert, daß die Annahme der Normalverteilung nicht zwingend ist.

2.2. Eingabe oder Generierung von Wertpapier-Datenkonstellationen

Die doppelte Zwecksetzung des Modells läßt eine Eingabe spezifischer Datenkonstellationen (im praktischen Fall) oder eine Generierung typischer Datenkonstellationen (wissenschaftliche Analyse) geraten erscheinen. Unabhängig davon werden - ähnlich wie in [10] - ökonometrische oder subjektive Schätzungen folgender Größen für jedes Wertpapier benötigt:

> Ist-Kurs K_{mo}; Unter- und Obergrenze des Kurses eines jeden Wertpapiers (z.B. $\bar{K}_m \pm 3\ S_m$) und Korrelationskoeffizient r_m zwischen dem m-ten Wertpapierkurs und dem Index.

Angaben über den Index brauchen explizit <u>nicht</u> gemacht zu werden, weil die zur Auswahl stehenden Alternativen als Grundgesamtheit angesehen werden, aus der sich die Indexparameter A_{INDEX} und S_{INDEX} ergeben. Als Erwartungswert des Index wird ein ungewogenes Mittel aus Meßzahlen - vgl. [1, S. 58] - berechnet:

$$(6) \qquad A_{INDEX} = \frac{100}{M} \cdot \sum_{m=1}^{M} \frac{\bar{K}_m}{K_{mo}}$$

Zur Berechnung der Standardabweichung des Index greift man auf eine von Cohen und Pogue [2, S. 190] wiedergegebene Beziehung zurück, die man leicht umformt:

$$(7) \qquad Q_m = S_m^2 - B_m^2 \cdot S_{INDEX}^2 = S_m^2 \cdot (1 - r_m^2)$$

Für die Varianz des Indexportefeuilles gilt:

$$(8) \qquad S_{INDEX}^2 = \frac{10000}{M^2} \cdot \left[\sum_{m=1}^{M} \frac{Q_m}{K_{mo}^2} + \left(\sum_{m=1}^{M} \frac{B_m}{K_{mo}} \right)^2 \cdot S_{INDEX}^2 \right]$$

Löst man (8) nach S_{INDEX}^2 auf, so erhält man die implizit unterstellte Varianz des Index.

Für die wissenschaftliche Analyse werden Datenkonstellationen wie folgt typisiert:

1. Die Erwartungswerte der prozentualen Wertpapierrenditen sind in einem frei zu wählenden Intervall gleichverteilt. In Tabelle 1 z.B. liegen diese Erwartungswerte für die 20 Wertpapiere zwischen - 50 % und + 50 %.
2. Der Variationskoeffizient für alle Wertpapierrenditen kann frei gewählt werden und bestimmt somit bei gegebenem $\bar{K}_m$ den Wert von S_m. In Tabelle 1 wurde einheitlich für alle Wertpapiere ein Variationskoeffizient von 0,2 unterstellt.
3. Die Korrelationskoeffizienten r_m liegen jeweils für die erste und letzte Hälfte der Grundgesamtheit gleichverteilt in einem frei wählbaren Intervall, wobei die Extremwerte von r_m jeweils außen zu finden sind und die Werte in Richtung des Medians der Grundgesamtheit weniger stark schwanken. In Tabelle 1 werden die zwischen - 0,10 und + 0,90 gleichverteilten Werte von r_m also alternierend zugeordnet.

Die unter 1. bis 3. genannten Prinzipien dienen der Reproduzierbarkeit und besseren Beschreibung von Datenkonstellationen.

Tabelle 1 : Beispiel einer erzeugten Datenkonstellation

Nr.	K_{mo}	$\bar{K}_m-3S_m$	$\bar{K}_m$	$\bar{K}_m+3S_m$	r_m	A_m	B_m	S_m	Q_m
1	100.00	20.00	50.00	80.00	-0.10	61.18	-0.11	10.00	99.00
2	100.00	22.11	55.26	88.42	0.90	-55.91	1.11	11.05	23.21
3	100.00	24.21	60.53	96.84	0.01	59.02	0.02	12.11	146.52
4	100.00	26.32	65.79	105.26	0.79	-50.22	1.16	13.16	65.38
5	100.00	28.42	71.05	113.68	0.12	51.64	0.19	14.21	198.92
6	100.00	30.53	76.32	122.11	0.68	-39.30	1.16	15.26	125.94
7	100.00	32.63	81.58	130.53	0.23	39.03	0.43	16.32	251.71
8	100.00	34.74	86.84	138.95	0.57	-23.16	1.10	17.37	204.80
9	100.00	36.84	92.11	147.37	0.34	21.19	0.71	18.42	299.08
10	100.00	38.95	97.37	155.79	0.46	-1.78	0.99	19.47	300.52
11	100.00	41.05	102.63	164.21	0.46	-1.88	1.05	20.53	333.89
12	100.00	43.16	107.89	172.63	0.34	24.82	0.83	21.58	410.41
13	100.00	45.26	113.16	181.05	0.57	-30.17	1.43	22.63	347.72
14	100.00	47.37	118.42	189.47	0.23	56.66	0.62	23.68	530.40
15	100.00	49.47	123.68	197.89	0.68	-63.70	1.87	24.74	330.81
16	100.00	51.58	128.95	206.32	0.12	93.72	0.35	25.79	655.16
17	100.00	53.68	134.21	214.74	0.79	-102.45	2.37	26.84	272.10
18	100.00	55.79	139.47	223.16	0.01	136.01	0.03	27.89	778.02
19	100.00	57.89	144.74	231.58	0.90	-146.43	2.91	28.95	159.21
20	100.00	60.00	150.00	240.00	-0.10	183.53	-0.34	30.00	891.00
Index		73.16	100.00	126.84					

2.3. Beschreibung der Elemente des Modells

Aufgrund des modularen Modellaufbaus läßt sich eine Fülle von Modellvarianten erzeugen; einzelne Fragenkomplexe sollen deshalb im folgenden getrennt dargestellt werden. Der Modellaufbau kann dabei im Dialog- oder im Batch-Modus vorgenommen werden.

1. Im Hinblick auf die Zielsetzung ist im Modell vorgesehen:

   a) die Maximierung von $\mu-k\cdot\sigma^2$ (Markowitz-Modell);

   b) die Maximierung von μ unter der Nebenbedingung, daß die Wahrscheinlichkeit einer Mindestrendite größer als α ist (Chance-Constrained-Modell - vgl. [10]);

   c) keine spezielle Zielsetzung, sondern Ausgabe der Kurve effizienter Portefeuilles nach dem μ-σ-Prinzip (mit Bildausgabe).

   Sofern die Varianten a) oder b) gewählt werden, können gleichzeitig mehrere Zielfunktionen des entsprechenden Typs mit verschiedenen Parametern optimiert werden.

2. Die oben beschriebenen typischen Datenkonstellationen können einzeln oder zusammen analysiert werden.

3. Die vorzugebende Grundgesamtheit - bis zu 500 Wertpapiere - kann vorsortiert werden; im Modell ist ein von Sharpe [13, S. 135] angegebenes Kriterium realisiert. Die Anzahl der nach einer Vor-Auswahl endgültig zu betrachtenden Wertpapiere ist variabel.

4. Das Modell geht davon aus, daß die Zahl verschiedener Wertpapiere im Portefeuille nach unten (N=1) und nach oben (N=100) beschränkt ist. Dabei bildet die Vergabe gleicher Anteile 1/N den Regelfall (vgl. dazu [3], [5], [6]. Allerdings können auch variable Anteile mit Unter- und Obergrenzen verlangt werden, die Schrittweite der Variation liegt dann bei einem Anteil von 1 %. Wenn kein festes N vorgegeben ist, können die Portefeuilles für N_{min} bis N_{max} für jedes N allein oder für alle zugelassenen Werte von N zusammen simuliert werden.

5. Die Simulation erfolgt, indem aus den nach einer eventuellen Vor-Auswahl verbleibenden Wertpapieren Zufallskombinationen gezogen werden. Der Umfang der Simulation, d.h. die Zahl der Zufallsportefeuilles, kann vorgegeben werden, wobei Zwischenergebnisse für bis zu 20 verschiedene Größen des Simulationsumfangs angefordert werden können. Die Simulation kann auch in Abhängigkeit von dem Zielfunktionsfortschritt der X besten Portefeuilles beendet werden, wobei $1 \leq X \leq 10$.
6. Zur Kontrolle der Simulationsergebnisse ist die vollständige Enumeration der Kombinationen möglich. Dieser Programmteil ist allerdings auf maximal zehn verschiedene Wertpapiere im Portefeuille beschränkt, man vergleiche zur Rechtfertigung nur das Ansteigen der Binomialkoeffizienten in [8].
7. Für jedes einzelne Wertpapier können Transaktionskostensätze angegeben werden. Dadurch können nicht nur Erstinvestitionen, sondern auch Umschichtungen analysiert werden: Wird ein Wertpapier abgestoßen, so fallen Umschichtungskosten an; verbleibt dagegen ein Wertpapier im Portefeuille, so treten keine Kaufspesen auf.
8. Einflüsse des Anlegers auf die Kursbildung bei Käufen (bzw. Verkäufen) werden dadurch berücksichtigt, daß für jedes Wertpapier ein Normalumsatz (in Stück) anzugeben ist, für den der Kurs K_{mo} gilt. Wird der Normalumsatz überschritten, erhöht sich der Grenz-Kaufkurs linear um einen bestimmten Betrag je Stück. Die für einen vorhandenen Geldbetrag zu kaufende Stückzahl wird dann über das Integral berechnet.

3. Ausgewählte Ergebnisse des Modells

Hier kann nur über einige ausgewählte Ergebnisse berichtet werden, wobei alle Berechnungen auf der PDP-10 des Rechenzentrums der Universität Kiel durchgeführt wurden.

3.1. Zur Leistungsfähigkeit einer Zufallsauswahl

Auf die Leistungsfähigkeit der Zufallsauswahl haben folgende Faktoren einen Einfluß:

1. die Größe der Grundgesamtheit, aus der Zufallsportefeuilles gezogen werden;
2. die Zahl verschiedener Wertpapiere im Portefeuille (N);
3. die Bedingung variabler oder nur gleicher Portefeuilleanteile von Wertpapieren;
4. die Zahl der Perioden, für die geplant wird;
5. die Komplexität der Datenkonstellation;
6. die Computerkosten.

Für die in Tabelle 1 beschriebene Datenkonstellation zeigt Abbildung 1 den Vergleich der Ergebnisse vollständiger Enumeration (431.889 Portefeuilles) mit den Ergebnissen von jeweils 100 Zufallsportefeuilles für N = 2, 3, ..., 9 aus 20 Wertpapieren, wobei gleiche Anteile (1/N) unterstellt wurden.

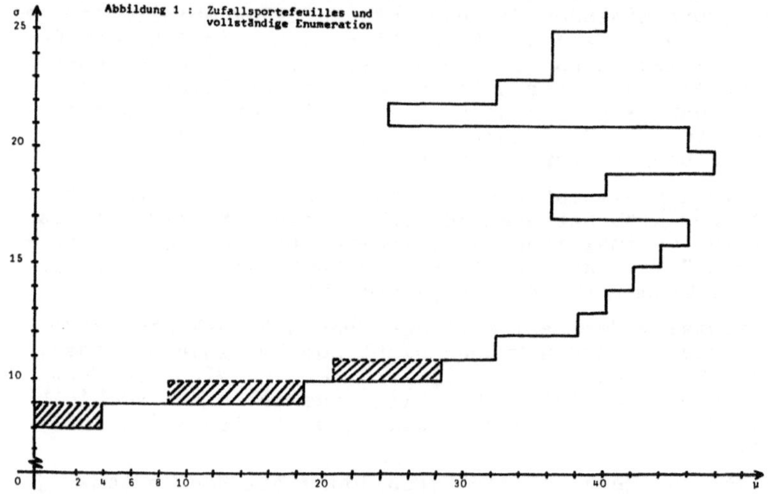

Der Abbildung 1 entnimmt man, daß nur für den schraffierten Be-

Der Abbildung 1 entnimmt man, daß nur für den schraffierten Bereich keine Zufallsportefeuilles generiert wurden; die Unstetigkeiten erklären sich dabei (wie auch in Abbildung 2) aus einer Klassenbildung bei μ und σ. Daraus folgt, daß risiko- und renditeträchtige Portefeuilles besser durch Zufallsauswahl ermittelt werden als Portefeuilles mit niedrigerem Erwartungswert. Die Begründung dafür ergibt sich aus Abbildung 2, die zeigt, in welchen Bereichen Zufallsportefeuilles für verschiedene Anteile 1/N liegen. Bei einem geringen Wert von N existieren erheblich weniger Portefeuilles als bei größeren Werten (bis zur Hälfte der Grundgesamtheit), deshalb sind auch die Ergebnisse der Zufallsauswahl besser.

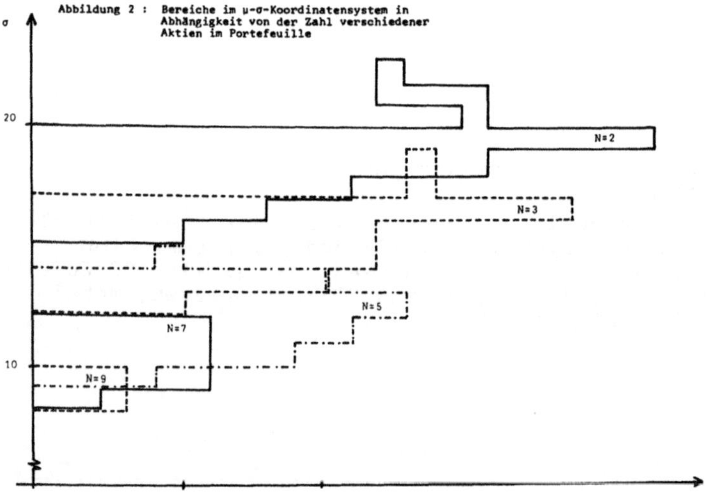

Abbildung 3 zeigt, daß in Abhängigkeit von der Höhe der Computerkosten eine optimale Zahl von Zufallsportefeuilles existiert. Den Ausgangspunkt bildet der Wert der Zielfunktion bei vollständiger Enumeration, so daß die Opportunitätskosten bei Zufallsauswahl von null Portefeuilles in Abbildung 2 bei einem Wert von 29,5 liegen. Zieht man nun immer mehr Zufallsportefeuilles, so sinken die Opportunitätskosten (durchgezogene Kurve), die Kosten der Simulation jedoch steigen linear an (Strichpunkt-Kurve, halblogarithmischer Maßstab). Durch Addition beider Kurven ergibt sich die Gesamtkostenkurve, die in dem Beispiel der Abbildung 3 ein Minimum bei 500 Zufallsportefeuilles aufweist.

Abbildung 3 : Zur Bestimmung der optimalen Zahl von Zufallsportefeuilles

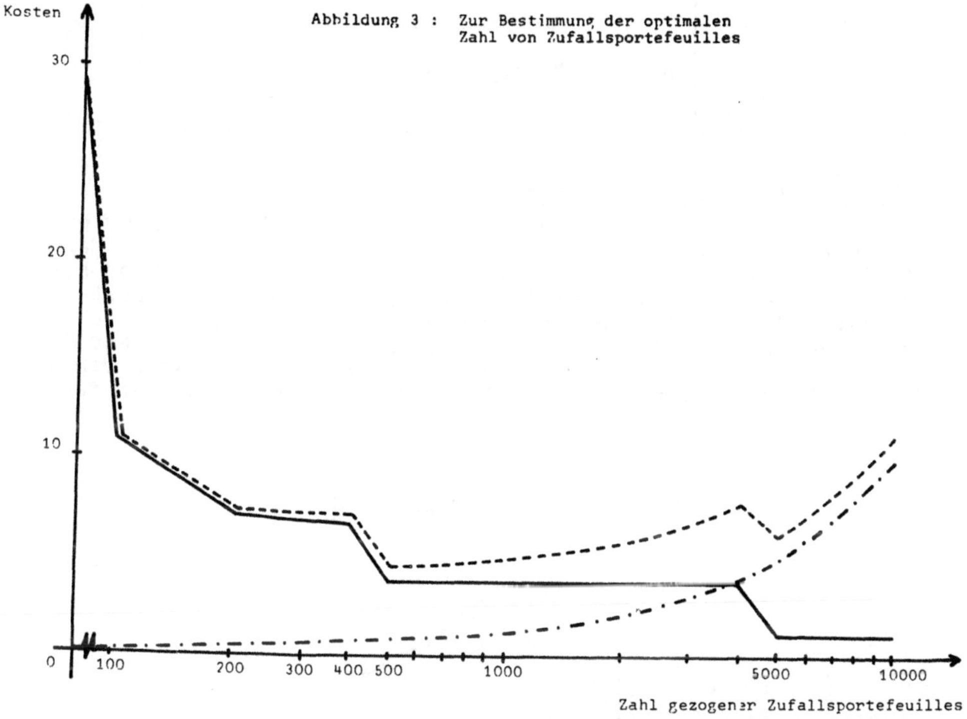

Insbesondere bei großen Wertpapier-Grundgesamtheiten oder bei Risikoscheu des Anlegers führt die reine Zufallsauswahl zu nicht tragbaren Opportunitäts- <u>und</u> Simulationskosten. Dann erscheint eine Vor-Auswahl geboten, deren Effekte der Tabelle 2 zu entnehmen sind. Dort werden aus Grundgesamtheiten von 200 bzw. 500 Aktien Vor-Auswahlen von jeweils 20, 50 und 100 Aktien (nach dem Erwartungswert) vorgenommen - das entspricht $\lambda=0$ bei dem Auswahlkriterium von Sharpe [13, S. 135]. Aus den 20, 50 bzw. 100 Aktien werden dann jeweils zehn Aktien zufällig kombiniert. Man erkennt, daß die Vor-Auswahl besser als die Erhöhung des Simulationsumfangs wirkt.

Tabelle 2: Zum Einfluß einer Vor-Auswahl auf den Wert der Zielfunktion (Wert der Zielfunktion $\mu - 0{,}05\,\sigma^2$ in Prozent)

Vor-Auswahl aus der Grundgesamtheit	Zahl der gezogenen Zufallsportefeuilles						
	100	1000	5000	10.000	15.000	20.000	25.000
	Grundgesamtheit 200 Aktien						
20 Aktien	41,5	41,5	42,5	42,5	42,5	42,5	42,5
50 Aktien	36,3	40,3	40,3	40,3	40,3	40,3	40,3
100 Aktien	30,5	31,7	32,9	32,9	34,0	34,0	34,0
	Grundgesamtheit 500 Aktien						
20 Aktien	44,1	44,1	44,5	44,5	44,5	44,5	44,5
50 Aktien	41,9	43,6	43,6	43,6	43,6	43,6	43,6
100 Aktien	38,4	40,2	40,6	40,6	40,6	40,6	41,0

3.2. Der Fall des Großanlegers

Von besonderem Interesse und bisher nicht empirisch nachgewiesen sind die Auswirkungen, die ein Großanleger aufgrund seines Markteinflusses bei der Portefeuillezusammenstellung zu beachten hat. In Abbildung 4 wird dargestellt, wie sich die erwartete Portefeuillerendite in Abhängigkeit von dem Kapitaleinsatz und der Zahl verschiedener Aktien im Portefeuille entwickelt (Datenkonstellation der Tabelle 1). Für jede Aktie wird ein Normalumsatz von 1000 Stück unterstellt, bei darüber liegenden Kaufmengen steigt der Kurs der zusätzlich erworbenen Aktien um 0,01 DM je Stück.

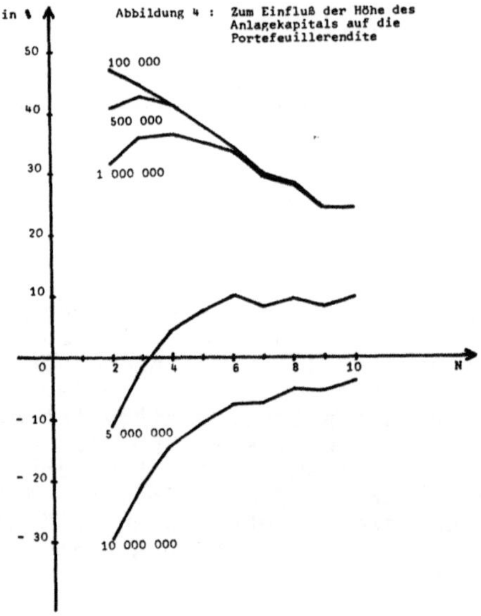

Abbildung 4 : Zum Einfluß der Höhe des Anlagekapitals auf die Portefeuillerendite

Aus Abbildung 4 folgt:

1. Je nach Höhe des Anlagekapitals bringt eine unterschiedliche Zahl von Aktien (z.B. N=2 bei 100.000,-- DM, N=10 bei 10.000.000,-- DM) die besten Werte der Zielfunktion.
2. Ab einem bestimmten Anlagekapital muß die Zahl der verschiedenen Aktien erheblich erhöht werden, damit überhaupt eine positive Rendite erwartet werden kann.

Diese Ergebnisse scheinen zu implizieren, daß größere Investmentfonds auf lange Sicht hohe Renditen nicht erwirtschaften können; es stellt sich die Frage nach der optimalen Größe eines Investmentfonds. Vielleicht bieten die Ergebnisse zugleich auch eine Erklärung für die Annahme der Risikoscheu von Großanlegern.

4. Schluß

Portefeuilleplanung mit Hilfe der Simulation kann unter bestimmten Voraussetzungen befriedigende Ergebnisse bieten, unter Berücksichtigung der Planungskosten - 150 bis 300 Portefeuilles können je CPU-Sekunde auf einer PDP-10 gezogen werden - kann eine solche Form der Planung der Optimierung sogar überlegen sein. Dies wird insbesondere den kleinen und mittleren Anleger interessieren. Da die Marktbeeinflussung in Optimierungsmodellen zur Zeit wohl theoretisch nicht aber praktisch berücksichtigt werden kann, sind auch Großanleger auf die Simulation angewiesen.

Literatur:

1. Bleymüller, J., Theorie und Technik der Aktienkursindizes, Wiesbaden 1966.
2. Cohen, K.J., und J.A. Pogue, An Empirical Evaluation of Alternative Portfolio-Selection Models, in: JB 40 (1967), S. 166-193.
3. Evans, J.L., und S.A. Archer, Diversification and the Reduction of Dispersion: An Empirical Analysis, in: JF 23 (1968), S. 761-769.
4. Hertz, D.B., Risk Analysis in Capital Investment, in: HBR 42 (1964), S. 94 ff.
5. Jacob, N.L., A Limited Diversification Portfolio Selection Model for the Small Investor, in: JF 29 (1974), S. 847-856.
6. Johnson, K.H., und D.S. Shannon, A Note on Diversification and the Reduction of Dispersion, in: Journal of Financial Economics 1 (1974), S. 365-372.
7. Markowitz, H.M., Portfolio Selection, New York 1959.
8. Miller, J.C.P., (Hrsg.), Table of Binomial Coefficients, Cambridge 1964.
9. Rodewald, B., Die Portfolio Selection Theorie als Entscheidungshilfe für die Wertpapierdepotplanung, Bern und Frankfurt/Main 1974.
10. Schmidt, R., Optimale Wertpapiermischungen mit Hilfe des Chance-Constrained Programming, in: Proceedings in Operations Research 4 (1974), S. 51-71.
11. Schmidt, R., Mehrperiodige Portefeuilleplanung, Vortrag gehalten anläßlich der Pfingsttagung des Verbandes der Hochschullehrer für Betriebswirtschaft e.V. in Bonn am 23.5.1975, Manuskripte aus dem Seminar für Betriebswirtschaftslehre der Universität Kiel, Nr. 24 (1975), vervielfältigt.
12. Sharpe, W.F., A Simplified Model for Portfolio Analysis, in: MS 9 (1962/63), S. 277-293.
13. Sharpe, W.F., Portfolio Theory and Capital Markets, New York et al. 1970.
14. Ziskind, R., und R. Boldin, A Computer Simulation Model for Investment Portfolio Management, in: Financial Management 2 (1973), No. 3, S. 23-33.

Operational Gaming mit Hilfe interaktiver Simulation

U.Märki, Zürich und J. Kohlas, Freiburg

1. Der Begriff der interaktiven Simulation

Der Begriff der "interaktiven Simulation" wird für folgende Arten von Systemen verwendet:

- Interaktive Entwicklung von Simulationsprogrammen.
- Interaktiver Aufruf von Simulationsprogrammen mit der Möglichkeit, sich die Ergebnisse darzustellen und den Lauf mit variierenden Parameterwerten zu wiederholen.
- Interaktive Eingriffsmöglichkeit während des Ablaufs einer Simulation durch Darstellung von Zwischenergebnissen, Aenderung von Parameterwerten und anschliessendes Weiterlaufen der Simulation.
- Interaktive Systemsteuerung während des Ablaufs durch die Eingabe von Entscheidungen und Befehlen (2,4).

Der Begriff interaktive Simulation wird im folgenden in diesem letzten Sinne benützt. Es sind dabei noch zwei verschiedene Fälle zu unterscheiden. Die interaktive Simulation kann so gestaltet werden, dass sie bei jeder fälligen Entscheidung anhält und wartet, bis die Entscheidung gefällt ist. Damit wird der Entscheidende von der Pflicht, unter Zeitdruck zu entscheiden, befreit. Speziell bei Trainingssystemen kann es aber wichtig sein, die Entscheidungsbildung unter Zeitdruck zu üben und insbesondere auch die echte zeitliche Ueberwachung und Koordinierung der Abläufe in die Schulung einzubeziehen. In solchen Fällen muss die Simulation in Echtzeit ablaufen. Es ist dann möglich, dass Entscheidungen zu spät oder gar nicht gefällt werden. Das kann wie in der Wirklichkeit gewisse Konsequenzen für den weiteren Ablauf der Simulation haben; auf jeden Fall muss die Echtzeit-Simulation so aufgebaut werden, dass sie auch beim Ausbleiben von fälligen Entscheidungen weiter laufen kann.

2. Die Simulation als Uebungshilfe in einem konkreten Fall

Im folgenden wird ein interaktives Simulationssystem beschrieben, das als Uebungs-Hilfsmittel für die Flieger-Einsatz-Zentrale der schweizerischen Flugwaffe entwickelt wurde*). Die Einsatz-Zentrale hat die Aufgabe, den Einsatz von Fliegerverbänden nach taktischen Gesichtspunkten zu planen und zu koordinieren. Es ist dies ein komplizierter, dynamischer Planungsprozess, der mit vielen Ungewissheiten behaftet ist und der eine ausgefeilte Organisation und grosse Erfahrung voraussetzt.

*) Das System entstand im Rahmen eines Auftrags der Gruppe für Rüstungsdienste, Dienst für Systemanalyse, Bern.

Die Einsatz-Zentrale ist jeweils zusammen mit Flieger-Staffeln im Einsatz. Dies dient der kontinuierlichen Schulung der gesamten Planungsorganisation am "lebenden Objekt". Es besteht aber ein Bedürfnis nach weiteren Schulungs- und Trainingsgelegenheiten, die auch dann zur Verfügung stehen, wenn keine Staffeln im Einsatz sind und die es darüber hinaus gestatten, hypothetische Problem-Situationen durchzuspielen, die mit den Staffeln aus organisatorischen Gründen nicht ohne weiteres geschaffen werden können.

Ein derartiges Instrument besteht schon seit langem in Simulationsübungen ohne Computer (1). Bei solchen Uebungen übernimmt es die Uebungsleitung als Schiedsrichter, die Tätigkeit der Einsatz-Zentrale auszuwerten, zu beurteilen und zu steuern. Die Uebungsleitung steht sozusagen an Stelle der realen Umwelt, mit ihren Flugplätzen, den Staffeln, dem Wetter, etc. Sie hat zu berücksichtigen, dass diese Umwelt durch die Befehle der Einsatz-Zentrale gestaltet wird und dass die Umwelt ihrerseits die Einsatz-Zentrale durch Rückmeldungen beeinflusst.

Der menschliche Ueberblick allein aber kann das Gewebe der logischen und kausalen Zusammenhänge, die dabei entstehen, nur in einem beschränkten Mass berücksichtigen. Es liegt daher der Gedanke nahe, die Umwelt der Einsatz-Zentrale durch eine Computer-Simulation darzustellen und realistisch nachzubilden. Damit soll das menschliche Element in der Uebungsleitung keineswegs verdrängt werden. Es soll nur der Uebungsleitung ermöglicht werden, die Auswirkungen der Tätigkeit der Einsatz-Zentrale auf die Umwelt vollständiger zu erfassen und in ihren logischen, kausalen und zeitlichen Zusammenhängen korrekt zu berücksichtigen. Dies soll derart geschehen, dass der Uebungsleitung die Kontrolle über die Uebung nicht aus der Hand genommen wird, sondern dass ihr im Gegenteil eine grössere Flexibilität in der Uebungsgestaltung ermöglicht wird. Eine solche Uebungsanlage bildet ein Beispiel eines operationellen Spiels oder des "Operational Gaming" (3). Operationelle Spiele werden im militärischen Bereich schon seit langem eingesetzt; sie haben aber bekanntlich auch Eingang in industrielle, volkswirtschaftliche, politische und soziologische Bereiche gefunden. Die Entwicklungen im Computer-Sektor bieten heute neue Möglichkeiten für Computer-gestützte operationelle Spiele, auf die das nachstehend beschriebene System hinweisen möchte.

3. System-Konfiguration

Die Umwelt-Simulation der Einsatz-Zentrale muss in dem Sinne interaktiv sein, dass sie Befehle der Einsatz-Zentrale entgegennehmen und berücksichtigen kann. Die Simulation muss die planerischen Vorstellungen der Einsatz-Zentrale im Rahmen der logischen, physikalischen und organisatorischen Zusammenhänge realisieren und wiedergeben. Andererseits muss die Simulation ereignisbedingt oder auf Verlangen der Einsatz-Zentrale Informationen, Meldungen und Auskünfte über den Umwelt-Zustand der Einsatz-Zentrale übermitteln, die darauf in Rückkopplung ihre Planung aufbaut. Es ist konzeptmässig eine Trennung des Gesamtsystems in die Subsysteme "Einsatz-Zentrale" und "Umwelt", dargestellt durch die Simulation, vorzunehmen (siehe Fig. 1).

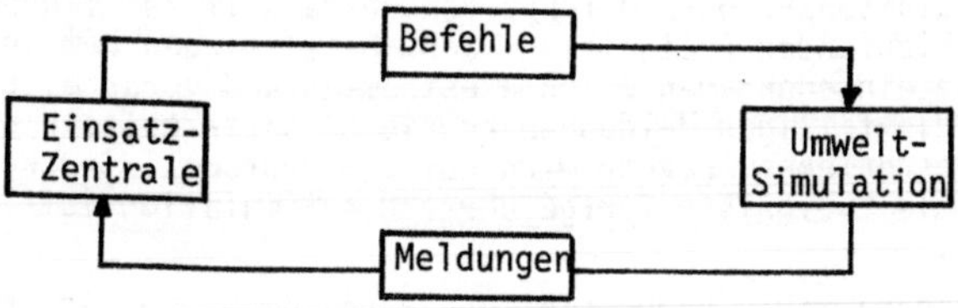

Fig. 1

Eine wesentliche Aufgabe der Einsatz-Zentrale besteht in der Einhaltung gewisser Planungsfristen und der zeitlichen Ueberwachung und Steuerung der Abläufe. Aus diesem Grunde ist das System als Echtzeit-Simulation aufgebaut. Das System ist auf einer IBM 370/155 unter TSO (Time Sharing Option) implementiert. Die Programme sind in PL/I geschrieben. Die Systemkonfiguration, die das oben beschriebene Grundprinzip realisiert, ist in Fig. 2 in leicht vereinfachter Form dargestellt.

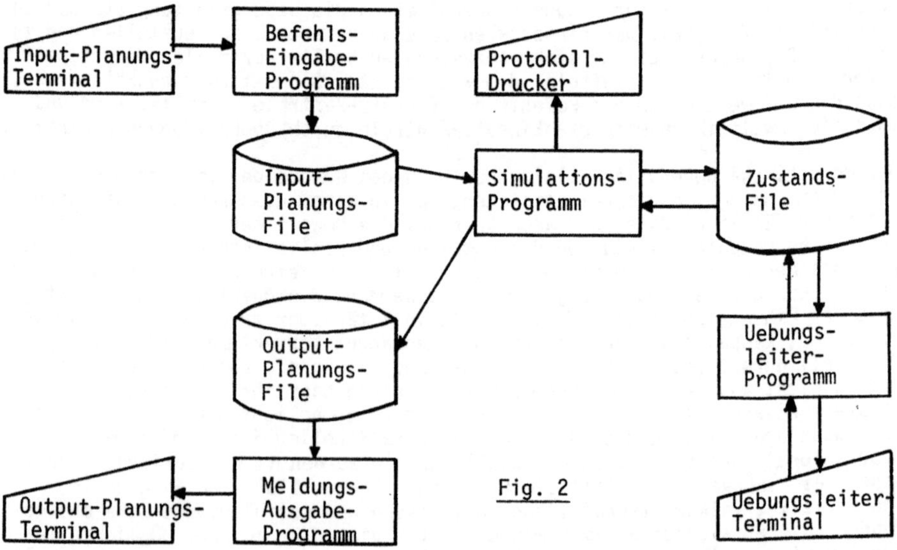

Fig. 2

Das System setzt sich aus vier Programmen zusammen, die je einem Terminal zugeordnet und über die Datenbank verbunden sind. Die Programme haben die folgenden Funktionen:

1. Befehls-Eingabe-Programm: Dieses Programm übernimmt die Befehle, die die Einsatz-Zentrale als Input für die Simulation erlässt. Die Befehle werden auf dem Input-Planungs-Terminal eingegeben und vom Programm auf den Input-Planungs-File überschrieben.

2. Meldungs-Ausgabe-Programm: Das Programm entnimmt die Meldungen der Simulation an die Einsatz-Zentrale dem Output-Planungs-File und schreibt sie zu Handen der Einsatz-Zentrale auf dem Output-Planungs-Terminal aus.

3. Simulations-Programm: Es simuliert den dynamischen Ablauf der Umwelt-Ereignisse. Der Zustand der simulierten Umwelt ist auf dem Zustands-File festgehalten. Das Simulations-Programm führt den Zustand im zeitlichen Ablauf entsprechend den ablaufenden Ereignissen nach. Dabei werden dem Input-Planungs-File laufend die eingegangenen Befehle entnommen und verarbeitet. Ebenso werden laufend die fälligen Meldungen an die Einsatz-Zentrale auf den Output-Planungs-File geschrieben. Ferner wird auf dem Protokoll-Drucker laufend das Protokoll über die Ereignisse fortgeführt. Die Simulation ist in Abschnitt 4. näher erläutert.

4. Uebungsleiter-Programm: Die Uebungsleitung kann vom Uebungsleiter-Terminal aus

mit Hilfe dieses Programms selektiv den Zustand der Simulation abfragen und den Simulationsablauf beeinflussen. Dies wird in Abschnitt 5. genauer beschrieben.

Die Form des Informationsflusses entspricht weitgehend den geltenden Regelungen für den Verkehr der Einsatz-Zentrale mit ihrer Umwelt.

4. Das Simulations-Modell

Die Simulation läuft dynamisch in einer Folge von diskreten Ereignissen ab. Entsprechend ist das Simulations-Programm nach einer "Next-Event"-Logik aufgebaut (vgl. 5). Das Modell enthält gewisse Ereignis-Typen, die je durch ein Programm-Modul, eine Prozedur, definiert sind. Die wichtigsten Ereignis-Typen sind:

- Ausgabe einer Einsatz-Anforderung an die Einsatz-Zentrale;
- Start eines Verbandes zu einem Einsatz;
- Landung eines Verbandes von einem Einsatz;
- Bereitstellung eines Flugzeuges nach der Wartung.

Zu jeder Zeit im Simulations-Ablauf sind in einer Ereignis-Liste auf dem Zustands-File die Ereignisse notiert, die für bestimmte Zeitpunkte in der Zukunft fällig werden. Das Simulations-Programm kontrolliert mit einer eingebauten Uhr den Ablauf der Echtzeit und führt das zeitnächste fällige Ereignis aus, wenn die Uhrzeit an die vorgesehene Zeit für dieses Ereignis angelangt ist. Das heisst, dass die Prozedur des Ereignis-Typs des betreffenden Ereignisses aufgerufen wird. Nach der Abarbeitung des Ereignisses wird es in der Ereignis-Liste gestrichen.

Jede Ereignis-Typ-Prozedur kann folgende Aufgaben ausführen:

1. Buchhalterische Veränderungen des Simulations-Zustandes.
2. Auswürfeln von Zufallsereignissen mit Zufallszahlen.
3. Erzeugen von neuen, zukünftigen Ereignissen, die in die Ereignis-Liste einzusetzen sind.
4. Schreiben von Meldungen an die Einsatz-Zentrale, sowie Fortführung des Protokolls.

Zwischen den einzelnen Ereignissen bestehen kausale Beziehungen, indem ein Ereignis weitere, neue Ereignisse nach sich ziehen kann. Diese Beziehungen sind in stark vereinfachter Form in Fig. 3 dargestellt. Sie legen zu einem wesentlichen Teil das Simulations-Modell fest. Die vorgesehenen Einsatz-Anforderungen werden zu den vorgesehenen Zeiten vom Simulations-Programm abgerufen und mit den notwendigen Angaben der Einsatz-Zentrale übermittelt. Das bringt in der Einsatz-Zentrale einen Planungsprozess ins Rollen, der in die Ausgabe von Befehlen mündet, die u.a. insbesondere die Startzeit eines Verbandes für den betreffenden Einsatz festlegen. Damit wird ein entsprechendes Ereignis vorgesehen. Startet ein Verband zur vorgesehenen Zeit, sofern die vorgesehenen Flugzeuge zu der Zeit auch wirklich verfügbar sind, so legt die Einsatz-Dauer den Zeitpunkt der Rücklandung fest. Das Start-Ereignis zieht ein zukünftiges Landungs-Ereignis nach sich. Landen die Flugzeuge vom Einsatz, so werden sie gewartet. Ein Wartungsmodell bestimmt für jedes Flugzeug des gelandeten Verbandes den Zeitpunkt, zu dem es wieder verfügbar sein wird, und es werden entsprechende Ereignisse vorgesehen. Das System wird dadurch belebt, dass nicht immer alles diesem vorgezeichneten Weg folgt. Befehle können widerrufen und geändert werden, Befehle können undurchführbar sein und manchmal bleiben fällige Befehle irrtümlich aus. All dies führt zu mannigfaltigen Interaktionen zwischen Einsatz-Zentrale und Simulation, die erst das Fleisch um den Knochen ausmachen.

Fig. 3

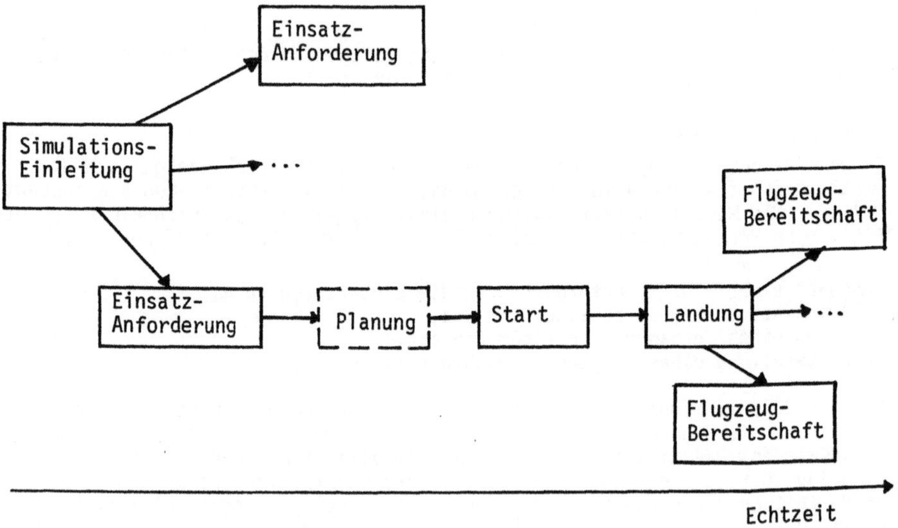

5. Die Uebungsleitung

Wie im Abschnitt 2. bereits dargelegt, liegt der Hauptzweck des vorliegenden Modells darin, die Uebungsleitung bei der Durchführung einer Uebung zu verstärken, ja ihr gewisse Uebungen überhaupt zu ermöglichen. Diese Unterstützung gliedert sich zeitlich in drei Abschnitte:

- Vorbereitung der Uebung
- Durchführung der Uebung
- Auswertung der Uebung.

Ein wichtiger Aspekt in diesem Zusammenhang ist natürlich die Information der Uebungsleitung über den Stand der Uebung. Das Uebungsleiter-Programm erlaubt es der Uebungsleitung, in Konversation (6) mit dem System selektiv den Zustand abzufragen. Dabei kann der Uebungsleitung Information zugänglich gemacht werden, die die Einsatz-Zentrale realistischerweise nie haben kann, z.B. Auskünfte über zukünftige Ereignisse. Als Beispiele seien die folgenden Abfragen herausgegriffen:

- Was für Ereignisse sind bis zur Zeit x oder bis zum Uebungsabschluss im aktuellen Zeitpunkt noch in der Ereignis-Liste vorgesehen?
- Was ist der aktuelle Zustand eines bestimmten Einsatzes, in welcher Phase des Ablaufs befindet er sich?
- Was sind die aktuellen Bilanzen der Flugzeug-Verfügbarkeiten gesamthaft oder auf einzelnen Flugplätzen?
- etc.

Neben passiven Abfragen sind manchmal auch aktive Eingriffe notwendig oder wünschbar. Es sind drei Arten zu unterscheiden, nämlich

1. Parameter-Aenderungen,
2. Ereignis-Manipulation,
3. Ereignis-Ablauf-Manipulation.

Wie die Abfragen, so lassen sich auch die Eingriffe zu jedem beliebigen Zeitpunkt der Simulation in Konversation mit dem System vornehmen.

Parameter-Aenderungen während der Uebung erlauben insbesondere, Modifikationen im Uebungsszenario einzuführen; es kann z.B. die Wetterlage geändert werden. Interessanter ist wohl die Ereignis-Manipulation. Damit ist gemeint, dass gewisse vorgesehene Ereignisse einzeln oder en bloc gestrichen, verschoben oder neu erzeugt werden. Das ist logisch natürlich nicht unbeschränkt statthaft; so wäre es logisch unsinnig, einen Start für einen Verband einzuführen, ohne dass ein entsprechender Befehl von der Einsatz-Zentrale eingegangen ist, oder eine Landung für einen Verband zu streichen, der bereits in der Luft ist. Dagegen können z.B. Einsatz-Anforderungen in dieser Weise gesteuert werden, für die Uebungsleitung einer der wichtigsten Eingriffe. Ereignis-Ablauf-Manipulation bedeutet, dass die Ergebnisse einzelner Ereignisse beeinflusst werden. Die Uebungsleitung kann damit punktweise in die Simulation eingreifen und z.B. bei einem bestimmten Einsatz gewisse Verluste erzwingen. Die bisherige Erfahrung lässt allerdings diese Art der Eingriffe als weniger wichtig erscheinen.

Mittels dieser Eingriffe kann die Uebungsleitung die Uebung jederzeit unter Kontrolle halten und sie dem Uebungsziel dienstbar machen. Bei Uebungen, bei denen die Planungsmechanismen sorgfältig eingeübt werden sollen, kann die Leitung dafür sorgen, dass keine Ueberlastungen entstehen, die zu schnellerer Arbeit zwingen würden. Bei Uebungen mit dem Ziel, die Planung unter Druck zu fördern, kann die notwendige Belastung jederzeit den Erfordernissen gemäss dosiert werden.

Literaturverzeichnis

(1) A.J. Beauchamp: Controlled Operational Simulation in the Design, Evaluation and Evolutionary Implementation of Command and Control Systems. In: F.Hanssmann (Herausg.): Operational Research in the Design of Electronic Data Processing Systems. Engl. Univers. Press Ltd., London 1973

(2) R.L. Ferguson and C.H. Jones: A Computer Aided Decision System. Management Science, 15,10 (1969)

(3) M.A. Geisler, A.S. Ginsberg: Man-Machine Simulation Experience. Proc. IBM Scientific Computing Symp. Simulation Models and Gaming. IBM Form 320-1940: 225-242(1966)

(4) G.E. Hamilton: Real-Time Decision Simulator. In: K.W. Gohring et al. (Herausg.): Fifth Annual Simulation Symposium, Progress in Simulation, Vol. 2. Gordon and Breach, Science Publ., New York 1972

(5) J. Kohlas: Monte Carlo Simulation im Operations Research. Springer-Verlag Berlin, Heidelberg 1972

(6) U.Märki: Das Konversationssystem I/OPAC. Technischer Bericht der Firma MOR Studiengruppe für Operations Research, Zürich 1974

Die Simulation eines großen Luftfracht-Terminals

H. Richter, H. Wehrmann und **H. Kork**, Frankfurt

1. Problembeschreibung

Die Deutsche Lufthansa plant z. Zt. ein neues Luftfrachterminal auf dem Rhein-Main-Flughafen Frankfurt. Das Terminal wird umfassen:

- Einen Abfertigungskomplex für Frachter (je 3 Be- und Entladefinger, 1 Hochregallager, Transportwege);
- Ein Pufferlager für die in Passagiermaschinen beförderte Beifracht;
- 3 Arbeitsbereiche für das Aufbauen und Abbrechen der Paletten, sowie 1 Hochregallager für Leerpaletten;
- Einen Abfertigungskomplex für die einzelnen Frachtsendungen, mit eigenen Arbeitsbereichen, Pufferlägern und Transportwegen (sog. Stückgutsystem).

Fig. 1 zeigt die Gesamtkonfiguration.

Die O. R. Gruppe der Lufthansa wurde gebeten, ein EDV-Modell dieser Anlagen bereitzustellen, mit dem folgende Zwecke verfolgt werden sollten:

- Sichergehen, daß ein nach Grobentwurf und Ausschreibungsspezifikationen gebautes System auch wirklich die erwartete Leistung bringt;
- Prüfen von Änderungen aufgrund von Engpässen aus der ersten Simulation;
- Prüfen von Abweichungen der Anbieter von Spezifikationen oder vom Konzept.

Aus Zeitgründen wurden die als unkritisch angesehenen Subsysteme nicht in die Simulation einbezogen (in Fig. 1 nur gestrichelt angedeutet).

Während das Palettensystem in GPSS/36o programmiert wurde, welches für die Vielfalt des Systems am geeignetsten erschien, haben wir für das parallel dazu entwickelte Stückgutmodell wegen dessen repetitiver Struktur GASP-II angewandt, ein Paket von FORTRAN-Routinen, die allerdings erheblich ergänzt werden mußten.

2. Simulation des Palettensystems (GPSS)

Abgesehen von einem extrem vereinfachten Gesamtmodell (ca. 2oo GPSS-Blocks) zur groben Engpaßanalyse wurde der Gesamtkomplex aus Gründen der gezielteren Analyse und der EDV-Kapazität aufgeteilt in je ein Modell für

A) Frachterentladefinger und Drehscheibe (ca. 45o Blocks)

B) Frachterbelade-Drehscheibe mit ihren Zuführungen (ca. 4oo Blocks)

C) Hochregallager, Schnelltransportfahrzeug, Verteilerring nebst Anschlußquellen und -senken (ca. 16oo Blocks)

Dabei mußten zahlreiche Annahmen, Vereinfachungen und Strategien festgelegt werden, u. a.

- Die generierten Paletten sowie die Abrufe zwecks Abbruch oder Flugzeugbeladung wurden zu insgesamt 5 Wellen am Tag mit gleichverteilten Zwischenereigniszeiten zusammengefaßt.
- Im Lager wurden die anzufahrenden Orte als gleichverteilt angenommen. Auslagerungen hatten Vorrang vor Einlagerungen (außer bei verstopften Eingangspuffern).
- Bestimmte Programmvereinfachungen führten zu unnötigen Fahrten, dies aber nur bei niedrigem Auftragsvolumen (Leerfahrten), so daß die Belastungsgrenze nicht verfälscht wurde.
- Der Verteilerring wurde nicht im Detail nachgebildet, sondern durch seine analytisch approximierten Eigenschaften (Wartezeit vor dem Einschleusen und Durchlaufzeit bis zum Ausschleusen, in Abhängigkeit vom Besetztheitsgrad) repräsentiert.

Die Simulationsläufe wurden auf verschiedene Weisen durchgeführt, die die jeweils günstigste Darstellung der Ergebnisse ermöglichten (Beispiele in Fig. 2):

Fig. 2a: Belastung mit einer Welle, Zwischenankunftszeit gleichverteilt (Grobmodell);
Fig. 2b: Belastung mit den Wellen eines ganzen Tages, Zwischenankunftszeit je Welle gleichverteilt (Modelle A, C);
Fig. 2c: Belastung mit mehreren stationären Strömen, Zwischenankunftszeit exponentiell verteilt, und Registrierung des jeweils resultierenden stationären Zustands (Modelle B, C).

3. Simulation des Stückgutsystems (GASP/FORTRAN)

Die Bauelemente des gesamten Systems (Quellen und Senken, Knotenpunkte der Transportwege, Regalförderzeuge im Lager) wurden über eine Struktur- und Eigenschaftstabelle miteinander verknüpft, wodurch sich Vorgaben und Detaillierungsgrad ohne großen Aufwand variieren ließen (z. B. Einführung hypothetischer entkoppelnder Stauräume). Auch hier wurden zahlreiche Annahmen, Vereinfachungen und Strategien festgelegt und z. T. alternativ miteinander verglichen (z. B. Adressierungssystem im Lager).

Von den GASP-Routinen konnte im wesentlichen nur die Verwaltung der Ereignisschlange und der sonstigen Warteschlangen übernommen werden; die logischen Programm-Module zur Abarbeitung der Ereignisse im Modell, sämtliche Tabellen sowie die E/A-Routinen mußten selbst erstellt werden (ca. 9o % Eigenprogrammierung; insgesamt ca. 6ooo FORTRAN-Statements).

Die Simulationsläufe wurden mit stationären Belastungsströmen (Zwischenankunftszeit gleichverteilt) durchgeführt; registriert wurde die instationäre Reaktion der Subsysteme (Fig. 2 d).

4. Aufwand und Nutzen

Bisher wurden für Paletten- und Stückgutsimulationen je ca. 1o Mannmonate aufgewendet sowie ca. 3 bzw. 25 Std. CPU-Zeit (IBM /37o-158).

Während der Nutzen zuerst nur in ersparter manueller Arbeit beziffert wurde, maß man den vielseitigen Erkenntnissen, die aus den Simulationen gewonnen wurden, dann den Wert der ersparten Baukosten zur Schaffung der fehlenden Kapazität zu, welcher den Aufwand um ein Vielfaches übersteigt.

Insbesondere wurden Engpässe in den Hochregallägern erkannt (1oo %ige Auslastung der Fahrzeuge) und beseitigt, so im Palettensystem durch Flußverlagerung und im Stückgutsystem durch chaotische Einlagerung anstelle fest zugeordneter Adressen und durch Veränderung des Layout.

Des weiteren wurden eine "Sparversion" des Palettensystems in Anpassung an reduzierte Wachstumserwartungen bzgl. des Luftfrachtaufkommens sowie ein abweichendes technisches Konzept eines Anbieters im Be-/Entlade-System erfolgreich simuliert.

Zusammenfassend kann festgestellt werden, daß alle drei eingangs genannten Ziele voll erreicht worden sind.

A Belade- und Entlade-Finger } 2 Ebenen übereinander
B Drehscheiben } 2 Ebenen übereinander
C Fahrstuhl
D Schnelltransport-Fahrzeug
E Hochregallager für Paletten (3 Gassen)
F Verteilerring
G Beifrachtlager
H Leerpalettenlager
I Paletten-Aufbau und -Abbau (3 Bereiche)
J Hochregallager für Stückgut-Boxen (5 Gassen)
K Kleinsendungen
L Leerboxläger
M Box-Belade- und Entlade-Stationen

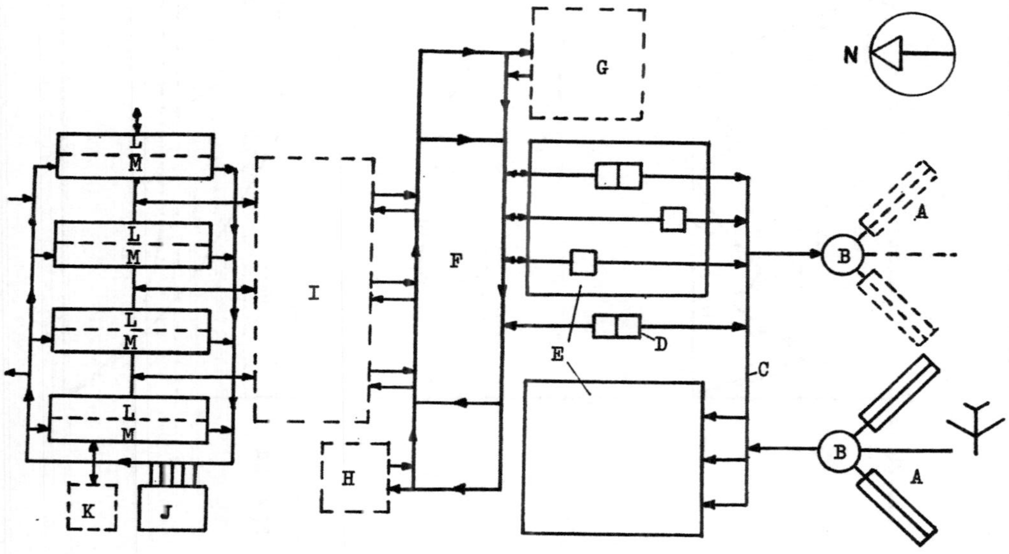

Fig. 1

Fig. 2a

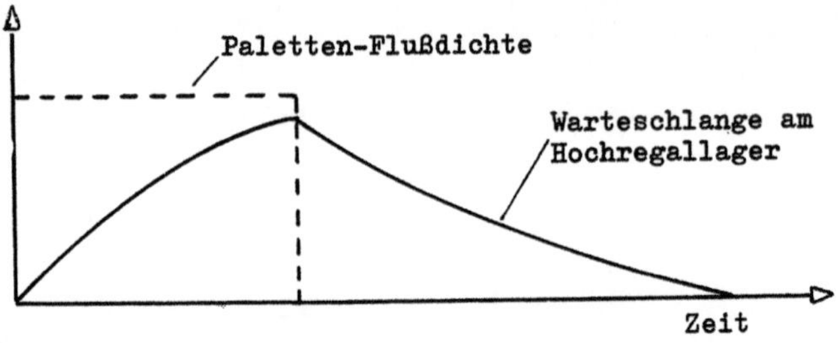

Fig. 2b

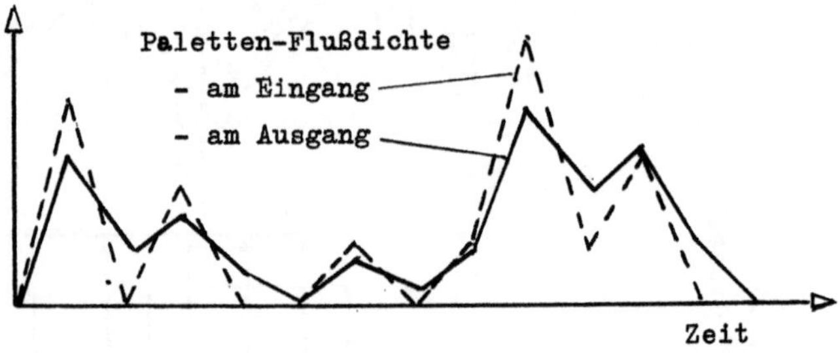

Fig. 2c

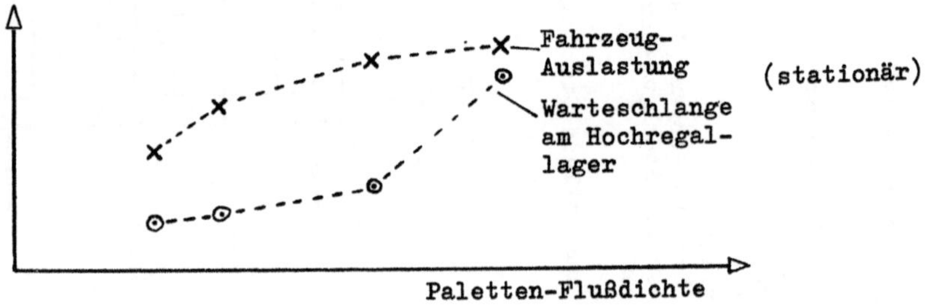

Fig. 2d

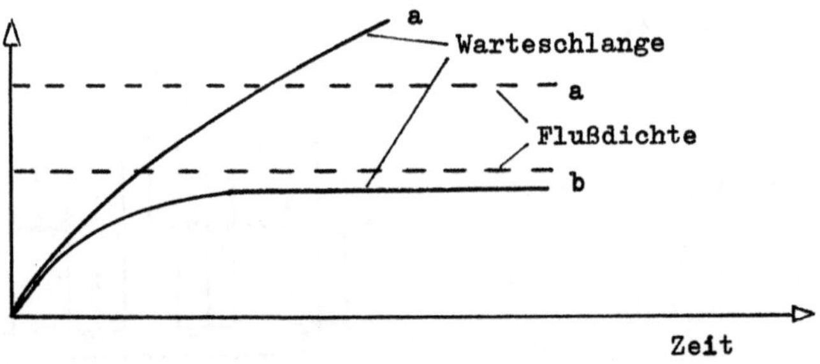

Entwicklung einer Entscheidungsstrategie mittels ausgewählter Planungsverfahren an einem gesamtbetrieblichen Simulationsmodell

G. Heinrich, Berlin

In den letzten Jahren wurde eine Vielzahl von Methoden zur Entscheidungsfindung für Einzelprobleme entwickelt und angewandt. Dabei können, bedingt durch den arbeitsteiligen Aufbau von Betrieben, die Auswirkungen von Entscheidungen über Einzelfragestellungen auf den gesamten Leistungserstellungsprozeß nicht berücksichtigt werden. In diesem Vortrag soll über die Entwicklung einer Entscheidungsstrategie für mehrere Teilbereiche eines Unternehmens berichtet werden. Die Entscheidungen werden an einer konkreten Ausgangssituation eines gesamtbetrieblichen Simulationsmodells durchgeführt. Dabei können alle Vorteile genutzt werden, die das Arbeiten mit Modellen im Gegensatz zur Realität bietet.

Die Umsetzbarkeit von durch die Simulation gewonnenen Ergebnissen sind durch die Genauigkeit der Realitätsnachbildung und durch die Entscheidungsmöglichkeiten im Rahmen des Modells bestimmt. Deshalb ist bei der Modellbildung eine Unterteilung in Beschreibungs- und Entscheidungsmodell sinnvoll.
Das Beschreibungsmodell für die Abbildung der industriellen Stückgutproduktion muß die drei Elementarfaktoren menschliche Arbeitsleistung, Betriebsmittel und Werkstoffe abbilden können. Das Modell wird wegen der Vielzahl zu berücksichtigender Einflußgrößen äußerst komplex. Deswegen besteht es aus mehreren Teilsystemen formal mathematischer Modelle. Dabei wird berücksichtigt, daß der Fertigungsablauf stochastische Komponenten aufweist. Das Produktprogramm des Unternehmens umfaßt vier Produkte mit unterschiedlich vielen Eigenfertigungsteilen. Die Fertigung besteht aus Montagestraßen, Baugruppenmontagen, Transferstraßen und Maschinengruppen. Für die Fertigung, die Prüfung, den Transport und das Lager werden Arbeitspersonen mit unterschiedlichen Qualifikationsanforderungen benötigt. Das Unternehmen konkuriert

mit fünf anderen auf einem Absatz-, Beschaffungs- und Personalmarkt. Die Ausgangssituation des Unternehmens in der Fertigung und auf den Märkten ist genau definiert.
Die Komplexität des Abbildungsgegenstandes Industriebetrieb erfordert ein Entscheidungsmodell mit freier Strategie für das Simulationsmodell. Das bedeutet, daß die bekannten Entscheidungsregeln nicht zur vollen Ausnutzung der Experimentiermöglichkeit ausreichen, sondern daß alle denkbaren Strategien mit Hilfe von Einzelentscheidungen durchführbar sind.
Die Vorbedingung für jeden Entscheidungsfindungprozeß ist die Definition eines Zieles. Für den Modellbetrieb wird als Ziel die langfristige Sicherstellung eines zufriedenstellenden Unternehmensgewinnes festgelegt. Da bei dem verwendeten Simulationsmodell die größte Abbildungsgenauigkeit im Fertigungsbereich liegt, werden vor allem Aktivitäten zur optimalen Organisation der Fertigung geplant. Aus der Ausgangssituation werden zwei Absatzmarktstrategien entwickelt, aus denen mit Hilfe eines Entscheidungsbaumes, in den die Deckungsbeiträge der Endprodukte einfließen, die günstigste Lösung ausgewählt wird. Zu ihrer Durchsetzung wird die Stellung des Unternehmens auf dem Absatzmarkt überprüft. Die Ergebnisse einer Prognoserechnung und Bedarfsauflösung lassen Engpässe in der Fertigung erkennen und sind Grundlage für die Personal- und Kapazitätsplanung. Langfristig sollten die Fertigungsstückzahlen in optimalen Losen hergestellt werden. Deshalb wird die Beeinflussung der Fertigung in optimalen Losen auf die Lieferbereitschaft und Liquidität des Unternehmens untersucht.
Die angesprochenen Planungsverfahren geben an dem Unternehmensziel orientierte Entscheidungs- und Auswahlkriterien vor, die in konkrete Entscheidungsdaten umgesetzt werden. Das Ergebnis des aufgrund derselben durchgeführten Simulationslaufes zeigt eine eindeutig verbesserte Markt und Auslastungssituation des Betriebes.

Fröhner, K.-D. u.a.: Ein fertigungsortientieres Planspiel zur Ausbildung, Forschung und Entscheidungsvorbereitung im Aufgabenbereich der Produktionssteuerung, TZ 66 (1972) H 6, S. 229 - 242.

Simulation mit GASP

K. Weber, Gießen

GASP (General Activity Simulation Program) ist ein allgemein verfügbares Programmpaket zur Simulation komplexer Systeme. Die Ursprungsversion stammt aus dem Jahre 1963 und wurde für die United States Steel Corporation entwickelt; praktische Bedeutung kommt GASP II (1969) zur Simulation diskreter Systeme und GASP IV (1974) zur Simulation diskreter, kontinuierlicher oder gemischter Systeme zu.

GASP II und GASP IV wurden von der Professur für Betriebswirtschaftslehre V der Justus Liebig-Universität Gießen für Rechenanlagen vom Typ CD 3300 adaptiert, wobei im Gegensatz zur amerikanischen Originalversion für GASP II mit Basis- oder Startprogramm zur Festlegung der Ein- und Ausgabekanäle und einer Subroutine OJCT zur Initialisierung der Non-GASP-Variablen gearbeitet wird.

Diese - und bei GASP IV durch die begrenzte Maschinenkapazität (CD 3300) bedingten - Programmänderungen ließen sich bei GASP insofern gut realisieren, als GASP ein auf FORTRAN basierendes Programmpaket ist.

Im Gegensatz zu anderen Simulationssprachen - insbesondere GPSS - werden bei GASP auch vom Benutzer gute Programmierkenntnisse verlangt; andererseits hat der Benutzer in besonders ausgeprägtem Maße die Möglichkeit, GASP-gestützte Simulationen in optimaler Weise auf seine spezifischen Bedürfnisse auszurichten.

Die FORTRAN-Nähe von GASP machte es - insbesondere in den USA - möglich, anspruchsvoll strukturierte Modelle GASP-gestützt experimentell auszuwerten. GASP IV bietet auch die Möglichkeit zur Simulation von Systems Dynamics Modellen, da auf sehr leistungsfähige Subroutinen zurückgegriffen werden kann. Andererseits bildete GASP II die Basis zur Entwicklung von GERT und GERTS, wozu ebenfalls leistungsfähige Programmpakete verfügbar sind.

Auf Grund der bisherigen Erfahrungen zeigt sich, daß GASP II mit

Vorteil im Rahmen der Grundausbildung in Operations Research eingesetzt und GASP IV vor allem zur Bearbeitung komplexer Simulationsprojekte verwendet wird.

Literatur:

Pritsker, A. Alan B. and Kiviat, Philip J. Simulation with GASP II. A FORTRAN Based Simulation Language. Englewood Cliffs 1969.

Pritsker, A. Alan B. The GASP IV Simulation Language. New York 1974.

Simulation eines Maschinen-Wartungssystems mit GPSS

K.L. Johnson, Stuttgart

Mechanische Teile werden in einer Werkstatt gefräst. Jede Fräsmaschine verarbeitet nur einen Erzeugnistyp, so daß alle Probleme der Losgrößenoptimierung und Reihenfolgeplanung entfallen. Es besteht jedoch ein Problem der Kapazitätsplanung, indem das Werkstück- und Werkzeugwechsel an den Maschinen sowie Prüfen der fertigen Erzeugnisse, Reinigen der Maschinen usw. Handoperationen sind. Es ist dann festzustellen, wieviele Operatoren für das Bedienen einer gegebenen Maschinenzahl erforderlich sind.

Früher wurden zur Beantwortung dieser Frage Balkendiagramme der Maschinenbelegung mit der Hand gezeichnet und als Ausgangspunkt für eine empirische Schätzung der Operatorenauslastung verwendet. Ein GPSS-Programm simuliert jetzt die Maschinenbelegung und Operatorenauslastung und druckt mittels einer FORTRAN-Subroutine die Ergebnisse als Balkendiagramme aus. Die FORTRAN-Subroutine berechnet und druckt auch durchschnittliche Maschinenbelegung und Operatorenauslastung für jede simulierte Stunde sowie kumuliert aus.

Das Programm läuft in 2 Varianten, mit Zeitauflösung 6 Sek. bzw. 30 Sek. Das Balkendiagramm für eine Schicht umfaßt 43 bzw. 9 Druckseiten, und seine Berechnung erfordert ca. 80 bzw. ca. 30 Sekunden CPU-Zeit auf einer IBM 370-165 Anlage.

Das Bild zeigt die erste Seite eines Balkendiagramms mit Zeitauflösung 1 Druckspalte = 30 Sek. Am Schichtanfang führt jeder Operator Operation 3 „Schürze anziehen" und Operation 4 „Maschine einschalten" aus. Die Maschinen werden alle der Reihe nach eingeschaltet, und jede fängt sofort mit Operation 2 „Fräsen" an. Nach Bedarf führen die Operatoren die Operationen 1 „Werkstück wechseln," 5 „Teil prüfen" oder 6 „Werkzeug wechseln" an den Maschinen aus. Auf Operation 6 folgen Operationen 5 und 8 „Werkstücke abzählen". Zu zufälligen Zeitpunkten führen die Operatoren Operation 9 „Persönliche Verteilzeit" aus. Ein O in einem Maschine- oder Operatoren-Balken bedeutet „Warten". Die wartenden Maschinen und

produktiv beschäftigten Operatoren werden aufgezählt; in der Maschinenaufzählung bedeutet ein Stern „10 oder mehr".
Das Programm enthält getrennte Abschnitte für Maschinen und Operatoren. Maschinen, die nicht sofort bedient werden können, warten in einer Warteschlange, die jedoch nicht nach FIFO geordnet ist. Dies ist weil die Operation „Werkzeugwechsel" wegen ihrer langen Dauer höchstens an einer bestimmten Maximalzahl von Maschinen durchgeführt werden darf. Eine beim Freiwerden eines Operators aus der Warteschlange geholte Maschine muß daher doch zurück in die Warteschlange, wenn sie Fräserwechsel braucht und die maximal zulässige Anzahl von Fräserwechseln schon läuft, jedoch darf die Maschine nicht dadurch ihre Priorität in der Warteschlange verlieren. Die Warteschlange wird daher nach laufenden Nummern geordnet.
Aus den Ergebnissen von Simulationsläufen mit verschieden vielen Operatoren läßt sich der Grenznutzen eines Operators feststellen und mit seinen Lohnkosten vergleichen. Eine weitere Programmvariante simuliert Maschinen mit Magazinen für Teile mit besonders kurzer Verarbeitungszeit.
Vorteile der Simulation gegenüber der manuellen Erstellung von Balkendiagrammen sind: größere Fehlerfreiheit, schnelleres Erarbeiten von Balkendiagrammen für verschiedene Systemkonfigurationen, Zwang zum genaueren Durchdenken und Festhalten logischer Varianten des Arbeitsablaufs, leichtere Ausarbeitung beliebiger quantitativer Maßstäbe des Systemverhaltens und Unabhängigkeit von besonders eingeschultem Personal.

```
BALKENDIAGRAMM DER MASCHINEN
  6.00
     I         I         I         I         I         I         I         I         I         I         I         I    SEITE  1
 1   0442222222222220055522222222222255522222222222221222222222222122222222222212222222222222122222222222220012222222222222122222
 2   0442222222222220655522222222222212222222222222122222222222212722222222222122222222222221222222222222212222222222222122222222
 3   0442222222222220000555222222222221222222222222212222222222222122222222222221222222222222122222222222220122222222222221222222
 4   0442222222222220000555222222222221222222222222712222222222221222222222222212222222222222122222222222221222222222222221222222
 5   0442222222222255522222222222221222222222222212222222222222122222222222222122222222222220122222222222200122222222222212222
     I         I         I         I         I         I         I         I         I         I         I         I
 6   0442222222222255522222222222212222222222222122222222222221222222222222222122222222222201222222222222001222222222222201222
 7   0004422222222220000005552222222222122222222222221222222222222212222222222221222222222220122222222222201222222222222122222222
 8   0004422222222220000000555222222222212222222222221222222222222212222222222221222222222222122222222222266666666666666622222222
 9   0004422222222220000000555222222222212222222222221222222222222212222222222220555222222222222012222222222220122222222222212222
10   0004422222222222000000555222222222212222222222221222222222222212222222222221222222222222122222222222255522222222222221222222222
     I         I         I         I         I         I         I         I         I         I         I         I
11   000442222222222201000555222222222212222222222221222222222222122222222226666666666666666222222222255522222222220555222222222222212
12   000442222222222200000555222222222221222222222222122222222222212222222222127222222222212222222222200122222222222001222222222122222
13   0000044222222225552222222220001222222212222222122222221222222212222222212222222212222222255522222222122222220001222222221222222
14   0000044222222222222000000555222222222222122222222222221222222222222122222222222122222222222012222222222200122222222222122222
15   0000044222222220000055522222222122222222122222222012222222221222222222122222222012222222201222222221222222221222222222205552
     I         I         I         I         I         I         I         I         I         I         I         I
16   0000044222222220000055522222222122222222122222222012222222221222222221222222220122222222201222222220122222222122222221222
17   0000044222222220000000555222222221222222226666666666666666222222222555222222222255522222222201222222221222222221222222220122
18   0000044222222255522222220000122222212222222555222222012222221222222122222212222220122222201222222122222200012222221222222255
19   0000000442222255522222220001122222112222220112222221122222112222221122222201122222112222211222220112222201122222112222
20   0000000442222220000000055522222212222221222222122222212222221222222122222212222221222222001222222012222221222222122222221
     I         I         I         I         I         I         I         I         I         I         I         I
21   0000000442222255522222000122222122222122222122222122222122222122222122222122222012222212222200122222012222201222
22   0000000442222200555222220001222220122222012222221222221222221222222200555222220012222212222200012222221222226666
23   0000000442222200055522222000122222012222201222222122222122222122222122222205552222201222221222220012222212222221222221
24   000000044222220005552222200012222255522222122222122222122222122222122222012222201222221222220055522222122222012222
25   0000000044222222222200005555222222222112222222222211222222222221122222222225552222222222001122222222200011222222222222112
     I         I         I         I         I         I         I         I         I         I         I         I
26   000000000442220005552220001222122221222212222122221222212222012221222212221222201222666666666666666622200055522255522201222
WARTENDE MASCHINEN
     I         I         I         I         I         I         I         I         I         I         I         I
     *****98220000004*****78*639410000021000003000000000300000000100000000000001002430000002357300000002365974201100000033000

BALKENDIAGRAMM DER OPERATOREN
     I         I         I         I         I         I         I         I         I         I         I         I
 1   3444444444440055555555555555511115550011111111111111111111111111111116666666666666665558999999999991111155511111111111111111
 2   3444444444440005555555555555500111111111166666666666666665558111155511111155511555055511111555000555115555551111111115551
 3   3444444444000005555555555555111111115551111111111111111111111111111111111111111111111111111111116666666666666666555589999
 4   3444444444000005555555555555111111111111115551111111111111111111111111111111111111555555111111111119999999999991111111111
 5   3444444444000005555555555555111111111111111111111111111111111111111199999999991111155511666666666666665558111111111111111155
     I         I         I         I         I         I         I         I         I         I         I         I
 6   3444444440000055555555555511111111111111111111111111111111111111111111111111111111111111111111111111115551111116666
PRODUKTIV BESCHAEFTIGTE OPERATOREN
     I         I         I         I         I         I         I         I         I         I         I         I
     66666666622001666666666666665566665556666666666666666666666666666666666666666666666666666656666666666665556666666666666666666666

DURCHSCHN. MASCHINENAUSNUTZUNG   AUF DIESER SEITE 89.58 PROZENT, KUMULIERT 89.58 PROZENT
DURCHSCHN. OPERATORENAUSLASTUNG  AUF DIESER SEITE 95.42 PROZENT, KUMULIERT 95.42 PROZENT
```

Bild 1

Automatisches Planen und Auswerten von Simulationsexperimenten mit einer Unternehmungs-Simulationssprache

F. Rosenkranz und **R. Bürgisser**, Basel

Summary

Components of a new Corporate Simulation System and Language (COMOS II) are described which allow the automatic generation of experimental designs and their data analysis for deterministic as well as stochastic simulation models. The principle of a deterministic exploration, full factorial, fractional factorial, and central composite designs are briefly discussed together with their application to corporate financial, production, and manpower planning models.

1. Einleitung

Unternehmungs-Simulationsmodelle (Corporate Models=CM), die aus einer grossen Zahl von dynamischen Strukturgleichungen bestehen, können ein ähnlich komplexes Verhalten aufweisen wie das reale, beschriebene System. Dies kann insbesondere dann der Fall sein, wenn die Modellstruktur eine grosse Zahl von Gleichungen aufweist und Nichtlinearitäten, stochastische Störterme sowie logische Variablen berücksichtigt werden sollen (Bonini Paradoxon). Die quantitative Abschätzung des Einflusses von Wert und Aenderungen der in einem Simulationsmodell kontrollierbaren Faktoren auf eine oder mehrere Output-Variablen, möglicherweise auch ihre Optimierung, stellt bei der Modellbenutzung ein Problem dar, das - falls ungelöst - zu hohen Rechenkosten und Fehlinterpretationen der Ergebnisse führen kann.

Insbesondere Hunter und Naylor [5] sowie am eingehendsten Kleijnen [6] haben in dieser Situation geplante Simulations-Experimente auf der Grundlage der in den letzten 25 Jahren hauptsächlich von Box et al. [2-4] entwickelten Techniken zur Planung und Auswertung von Experimenten gefordert. Bonini [1] hat Versuchspläne mit unvollständigen Faktorkombinationen (fractional factorial) zur Analyse seines Modells einer fiktiven Unternehmung eingesetzt. Die u.W. erste bekannt gewordene praktische Anwendung geplanter Simulations-Experimente in der Unternehmens-Modellierung ist der Einsatz eines sogenannten Random Balance Designs zur Untersuchung eines umfangreichen finanziellen Unternehmungsmodelles (Rosenkranz [7], S. 309-310).

2. Versuchsplanung und Auswertung mit einem "Corporate Simulation and Planning System"

Statistische Methoden der Versuchsplanung und Auswertung wurden insbesondere für stochastische Systeme entwickelt, lassen sich aber auch bei Experimenten mit deterministischen Systemen einsetzen - was offensichtlich bei einer grossen Zahl von intuitiv spezifizierten Simulationsmodellen (z.B. Industrial Dynamics Modelle) übersehen wurde. Geplante Simulationsexperimente werden bei Anwendung dieser Methoden so ausgeführt, dass die Parameter eines das ursprüngliche Simulationsmodell approximierenden M e t a m o d e l l e s mit einem Verfahren der statistischen Datenanalyse geschätzt werden können. Meist kommen die Varianzanalyse (qualitative und quantitative Faktoren) oder die Regressionsanalyse (quantitative Faktoren) zum Einsatz. Die Versuchsschemata für die Faktoren sind so angelegt, dass möglichst wenig Experimente ausgeführt werden müssen, die Berechnungen einfach gehalten werden (z.B. orthogonale Matrizen der Faktorwerte) und Spezifikations- und Verifikationstests zur Beurteilung der Anpassung des Metamodells an das Simulationsmodell ausgeführt werden können. Für ein angenommenes Metamodell muss die Zahl der Experimente mindestens gleich der Zahl der angenommenen Effekte sein. Falls mit den üblichen ökonometrischen Methoden Spezifikations- und Verifikationstests ausgeführt werden sollen, sind zusätzliche Experimente zur Schätzung der Varianz des stochastischen Störterms des Metamodells notwendig. Bei sogenannten Filter Experimenten, mit denen beurteilt wird, ob ein bestimmter Faktor einen wesentlichen Beitrag zur Erklärung der Varianz der endogenen Variablen liefert, darf die Zahl der Faktoren die Zahl der Experimente jedoch z.T. wesentlich übersteigen (vgl. Kleijnen [6] und Lit.angaben). In der Regel wird mit Metamodellen gearbeitet, die linear in den Parametern oder Effekten sind. Diese Vereinfachung ist meist gerechtfertigt, da das Modell als Taylor-Entwicklung eines nichtlinearen Modells aufgefasst werden kann. Zudem steht eine grosse Zahl von Transformationen zur Verfügung, mit denen das Metamodell auf ein in den Parametern lineares Regressionsmodell zurückgeführt werden kann. Auch die endogene Variable lässt sich in der Regel so transformieren, dass sie die Voraussetzungen der Varianz- und Regressionsanalyse erfüllt.

Damit die statistischen und rechnerischen Voraussetzungen zur Analyse geplanter Simulationsexperimente erfüllt sind, müssen auf dem Rechner neben dem Modell auch Module zur Verfügung stehen, die erstens eine Spezifikation des Metamodelles und die Transformation der Variablen gestatten, zweitens die Faktorwerte nach vom Benutzer angegebenen Versuchsplänen auswählen, drittens die statistische Auswertung und Verifizierung des Metamodelles erlauben und schliesslich, viertens, eine numerische und grafische Darstellung der Ergebnisse möglich machen.

Das für die CIBA-GEIGY AG entwickelte Simulationssystem und die Programmiersprache COMOS II (Corporate Modelling System) enthält Software, die eine deterministische Approximation (Wilde [9]), Random Balance Experimente [8,6], Experimente mit vollständigen und unvollständigen Faktorkombinationen (Box, Hunter [4]) sowie mit zentral rotierbaren Versuchsplänen (Box, Hunter [3]) gestatten (Rosenkranz [7]).

3. Anwendungen

Bisher wurden mit drei der bei CIBA-GEIGY konstruierten Unternehmungsmodelle geplante Simulationsexperimente durchgeführt. Mit einem finanziellen Simulationsmodell sowie einem weltweiten Warenversorgungsmodell wurden Random Balance Experimente ausgeführt und die Metamodelle für den Benutzer in Höhenliniendiagrammen dargestellt [7]. Mit einem mit dem finanziellen Simulationsmodell verbundenen Ausbildungs- und Personalplanungsmodell wurden Experimente mit zentral rotierbaren Versuchsplänen zweiter Ordnung durchgeführt.

4. Literaturhinweise

[1] Bonini, Ch.P. — "Simulation of Information and Decision Systems in the Firm", Prentice Hall, Englewood Cliffs, N.J., 1963

[2] Box, G.EP. und R.B. Wilson — "On the Experimental Attainment of Optimum Conditions", Journ. Royal Stat.Soc. B XIII, 1, 1951, S. 2-45

[3] - , - und J.S. Hunter — "Multi-Factor Experimental Designs for Exploring Response Surfaces", Annals of Math.Statistics XXVIII, 1957, S. 195-241

[4] - , - und - , - — "The 2^{k-p} Fractional Factorial Designs I and II" Technometrics III, August 1961, S. 311-351, S. 449-458

[5] Hunter, J.S. und Th.H. Naylor — "Experimental Designs for Computer Simulation Experiments", Manag.Science 16,7,1970, S. 422-434

[6] Kleijnen, J.P.C. — "Statistical Techniques in Simulation" Part II, Marcel Dekker Inc., New York 1975

[7] Rosenkranz, F. — "An Introduction to Corporate Modelling", Habilitationsschrift, Basel 1974

[8] Satterthwaite, F.E. — "Random Balance Experimentation", Technometrics 1, 2, May 1959, S. 111-137

[9] Wilde, D.J. — "Optimum Seeking Methods", Prentice Hall, Englewood Cliffs, N.J., 1964, S. 73-79

Betriebswirtschaftliche Anwendungen

Operations Research im Bankwesen (Übersichtsvortrag)

E. Kilgus, Zürich

1. Einleitung)
2. Zum Begriff "Bankwesen" (mit Beilagen Nr. 1-3)))
3. Zum Begriff des Operations Research)

Auf die Darstellung dieser einleitenden Abschnitte wird verzichtet.

4. Anwendungsmöglichkeiten des Operations Research

4.1. Problem der Bilanzoptimierung

Der wohl interessanteste und auch ehrgeizigste Versuch, OR-Methoden im Bankbetrieb anzuwenden, dürfte darin bestehen, die Bankbilanz zu optimieren. Bei diesen im Amerikanischen unter dem Begriff "Asset and Liability-Management" oder "Dynamic Balance Sheet Management" bekannt gewordenen Modellen geht es um die Festlegung der bestmöglichen Struktur der Bankbilanz und damit auch um die Bestimmung der Höhe der einzelnen Bankgeschäfte, soweit sie sich in der Bilanz als Bestandesrechnung niederschlagen. Grob vereinfachend ausgedrückt lässt sich somit sagen, dass die aktiven und passiven Kreditgeschäfte Gegenstand der Untersuchungen bilden, wobei deren Zusammensetzung im Hinblick auf ein bestimmtes einzelnes Ziel bzw. ein Zielsystem zu analysieren und später auch zu prognostizieren ist. Wenn man sich vergegenwärtigt, dass auch die sog. reinen Dienstleistungsgeschäfte oder indifferenten Geschäfte, die an sich keine Schuld- oder Forderungsverhältnisse begründen, Geldströme - Zu- oder Abflüsse - auslösen, die sich in Aktivbeständen, zum Beispiel in der Form von Kasse, Postguthaben, Bankguthaben usw. niederschlagen, so spricht einiges für die Behauptung, mit Bilanzoptimierungsmodellen lasse sich der grösste Teil des Bankgeschäftes analytisch erfassen.

Wird der Versuch unternommen, ein Bilanzmodell zu entwickeln, so sind zunächst die für die Bank bedeutsamen Umweltfaktoren zu analysieren und in einer späteren Phase zu prognostizieren. Empirische Untersuchungen zeigen dabei , dass Umweltfaktoren ganz unterschiedliche Wirkungskraft haben können, so zum Beispiel für die Bankbranche als Wirtschaftszweig, nicht aber unbedingt für einen einzelnen zu untersuchenden Bankbetrieb wirksam zu sein brauchen. Beilage Nr. 4 will diesen Zusammenhang zum Ausdruck bringen. Die Aktivität der OR-Spezialisten geht jedenfalls dahin, zu versuchen, mittels ökonometrischer Modelle die künftige Entwicklung makroökonomischer Grössen wie Bruttosozialprodukt, Sparvolumen, Zahl der Erwerbstätigen usw. zu erfassen, um dann daraus bankspezifische Grössen wie Zahl der Bankkunden, durchschnittliche Höhe der Spareinlagen, Umschlagshäufigkeit auf Einlagen und Ausleihungen usw. zunächst für das gesamte nationale Bankwesen, dann auch für die einzelne Bank ableiten zu können.

Bei der Schaffung des Optimierungsmodelles sind eine Reihe weiterer Probleme zu beachten. So sind einmal die Anforderungen an die Liquidität und Sicherheit zu definieren, meist in der Form von Nebenbedingungen, welche die einschlägigen Gesetzesvorschriften betreffend Mindestreserven, Deckungsverhältnisse und Finanzierungsverhältnisse enthalten. Auch bestehende sog. bankpolitische Grundsätze im Finanzierungs- und Investitionsbereich sind als Restriktionen zu beachten.

Dem Problem der optimalen Bilanzstrukturierung wird nach meinen Beobachtungen unterschiedlich begegnet. Vor allem in älteren Darstellungen findet sich der Versuch, von einer feststehenden absoluten Grösse der Passiven als Ganzes und einer bestimmten Passivenstrukturierung auszugehen und - darauf basierend - die optimale Gestaltung des Aktivgeschäftes abzuleiten. Diesem Ansatz liegt die Vorstellung zugrunde, die Geschäftsleitung der Bank habe nur geringen Einfluss auf die Mittelbeschaffung, die man demzufolge als gegebene Grösse annehmen dürfe. Wirtschaftliche Bankführung bedeute daher im wesentlichen, die Kreditvergabe optimal zu gestalten. In neuerer Zeit jedoch setzt sich die Auffassung durch, eine optimale Bilanzstrukturierung könne nur durch eine simultane Behandlung der Aktiven- und Passivenstruktur erreicht werden, und es ist wohl auch richtig, dass sowohl Herkunft als auch Verwendung der Mittel gleichzeitig und beide als Variable betrachtet werden. Auch die Wechselwirkungen zwischen Passiven- und Aktivenstruktur sind zu beachten, da Bankkunden heute mehr und mehr sämtliche Bankgeschäfte beim gleichen Institut tätigen. Ein Zuwachs oder Verlust von Aktivkunden hat deshalb meist auch seine Auswirkungen auf das Passivgeschäft.

Bei einer Optimierung der Bilanzstruktur sind die langfristigen Entscheidungen der Bankleitung zu berücksichtigen. So wirken sich Zinssatzänderungen nicht nur in der laufenden Periode, sondern auch in zukünftigen Zeitabschnitten aus. Dasselbe gilt für Veränderungen der wirtschaftlichen und gesetzlichen Umweltbedingungen. Eine dynamische Betrachtung der Geschäftspolitik drängt sich deshalb auf. Eine Optimierung hat daher nach Möglichkeit auf einem mehrperiodigen Modell zu basieren.

Beilage Nr. 5 zeigt Ihnen eine stark vereinfachte Bankbilanz, wie sie etwa für Modellstudien verwendet wird. Die hier dargestellten Bilanzgruppen werden dabei der Einfachheit halber als homogen betrachtet. In Wirklichkeit sind sie es keineswegs, unterscheiden sich doch beispielsweise die Kredite nach Ertrag, Risiko und Fälligkeit. Die Entwicklung ist so erfolgt, dass man versucht, dem Problem der Diversifikation innerhalb der einzelnen Bilanzgruppen mittels entsprechender Teilmodelle zu begegnen. Am bekanntesten sind wohl die Optimierungsmodelle im Bereiche der Wertschriftenportefeuilles, die darauf abzielen, aufzuzeigen, welche Titel unter Annahme bestimmter Zielvorstellungen gehalten werden sollen.

Zusammenfassend lässt sich folgendes festhalten: In der Praxis wurden zur Lösung der Bilanzoptimierung zwei Ansätze entwickelt:

- das Problem wird behandelt als Allokationsaufgabe und
- das Problem wird behandelt mittels mathematischer Programmierung.

Bei der ersten Methode wird davon ausgegangen, dass die Mittelverwendung in Art und Fälligkeit direkt von den Mittelquellen der Passivseite abhängt. Ein solches Modell der Bilanzschichtenbildung lehnt sich demnach an alte "klassische" Bankregeln an.

Wird das Problem mittels linearer Programmierung angegangen, kann die Zielgrösse, beispielsweise der Gewinn der Bank, über mehrere Perioden hinweg maximiert werden. Der wesentlichste Vorteil aber liegt, wie erwähnt, darin, dass Aktiven, Verbindlichkeiten und Kapitalstruktur simultan behandelt werden können. Schwierigkeiten bereiten umgekehrt die Prognosen für die wichtigsten Bankgrössen, so die Schätzung der Höhe der Einlagen, des Zinssatzes, der Inflationsrate, des zukünftigen Marktwertes von Wertpapieren, der dubios werdenden Kreditnehmer usw. Dem Problem kann dadurch begegnet werden, dass den verschiedenen Prognosevarianten Wahrscheinlichkeitswerte zugeordnet werden und dann mittels stochastischer Optimierung ein bestmögliches Ertrags-Risiko-Verhältnis abgeleitet wird.

4.2. Problem der Liquiditätsoptimierung

Lassen Sie mich damit einem zweiten Problem zuwenden, das in engem Zusammenhang steht zur Frage der Bilanzoptimierung, dem Problem der Liquiditätsoptimierung.
Bankpolitische Entscheidungen werden üblicherweise unter dem Gesichtspunkt der Liquidität, Sicherheit und Rentabilität getroffen. Die jederzeitige Zahlungsfähigkeit der Bank ist dabei an erster Stelle sicherzustellen. Dies wiederum bedingt die konsequente Steuerung des Geldflusses, der Einnahmen also und der Ausgaben der Bank. Die Liquidität ist demzufolge systematisch zu planen.

In die Planung einzubeziehen ist zunächst der Geschäftsbereich der Bank, also wiederum die Aktiv- und Passivgeschäfte, dann auch die Dienstleistungsgeschäfte. Die Bilanzpositionen müssen dabei nach der Art und Dauer, mit der sie liquide Mittel binden bzw. zur Rückzahlung erfordern, getrennt ausgewiesen werden. Die Rückzahlungsmodalitäten bestimmen die Unterschiede in der Art der Mittelbindung, je nachdem, ob es sich um fest terminierte Kredite, Tilgungsdarlehen oder Sichtdepositen handelt. Mittels statistischer Gruppenbildung sind die Unterschiede in der Dauer der Mittelbindung zu erfassen. Auch hier ist zu beachten, dass mit zunehmender Anzahl der statistischen Gruppen innerhalb einer gewählten Zeitspanne der Planungsperiode die Liquiditätssteuerung zwar genauer, zugleich aber auch der Umfang der Variablen im Optimierungsmodell zunimmt.

Jeder Bilanzposition muss im weitern ein einheitlich definierter Zinsertrags- bzw. Zinsaufwandsfaktor zugeordnet werden, denn die Zahlungsmittelnutzung ist zugleich bestimmendes Element für die Erfolgsplanung der Bank. Das bedeutet, dass die Zinsfaktoren im Iterationsprozess die optimale Bilanzentwicklung hinsichtlich Volumen und Struktur bestimmen und die Zinserträge und -aufwendungen an den Zinsterminen ihrerseits in den Prozess der Optimierung eingehen. Und auch hier sind im weitern die Bilanzpositionen so zu gliedern, dass alle Anforderungen aus allen Nebenzielen und Restriktionen erfüllt werden können, wie sie sich aus der Erhaltung der Zahlungsbereitschaft, dem Mindestreserveerfordernis und den Bedingungen für die Inanspruchnahme von Rediskont- bzw. Lombardkrediten ergeben. Schliesslich müssen die finanziellen Transaktionen im Geschäftsbereich der Bank danach unterschieden werden, ob sie innerhalb der Planungsperiode hinsichtlich Volumen und Zeitpunkt durch die Geschäftsleitung überhaupt beeinflussbar sind oder nicht.

In einem Modellansatz zur Liquiditätssteuerung ist aber auch der von mir früher schon definierte technisch-organisatorische Bereich zu berücksichtigen, d.h. zum Beispiel die Ausgaben für den weiteren Ausbau des Niederlassungsnetzes, die Ausgaben für den Personaleinsatz, den Einsatz von Rechenanlagen und für weitere Produktionsfaktoren.

Schliesslich sind im Sinne von Korrektionsfaktoren jene Aufwendungen und Erträge, die nicht Ausgaben- bzw. Einnahmencharakter haben, aus der Erfolgsrechnung zu eliminieren; ich denke etwa an die Dotierung von Rücklagen aus dem Jahresüberschuss, an die Bildung von Rückstellungen und die gesamten Abschreibungen.

Diejenigen Zuhörer, die mit der Geld- und Kapitalflussrechnung der modernen Betriebswirtschaftslehre etwas vertraut sind, werden aufgrund meiner Darlegungen sofort erkennen, dass es im wesentlichen auch hier darum geht, einen Liquiditätsfonds zu definieren und die Stromgrössen, welche diesen Fonds mit Geldmitteln versorgen bzw. ihn entleeren. Die zweite Darstellung von Beilage Nr. 5 will diese Ueberlegung zum Ausdruck bringen. Im Gegensatz zu Lösungsansätzen in der Industrie besteht bei der Bank eine besondere Schwierigkeit nun allerdings darin, dass die Kassahaltung selbst ebenfalls zu optimieren ist, da ja die Bank niemals für alle denkbaren und unwahrscheinlichen Eventualitäten mit Barreserven ausgestattet sein muss. Vielmehr können in dringenden Fällen andere Aktiven flüssig gemacht werden oder die Bank kann sich im Bankensystem kurzfristig verschulden.

4.3. Problem der Portefeuille-Optimierung

Stark Fuss gefasst haben die Methoden des Operations Research auf dem Gebiete der Portefeuille-Optimierung. Hier geht es um die Auswahl der geeignetsten Wertpapierkombinationen (Aktien, Obligationen) für bankeigene Zwecke und für Depots von Kunden. Eines der grundlegenden Modelle hiezu wurde bereits in den fünfziger Jahren von Markowitz aufgebaut und heute bestehen mehrere Varianten hiezu, die unter dem Namen "Portefeuille-Optimierungsmodelle vom Markowitz-Typ" als quadratische parametrische Planungsrechnungen in die Literatur eingegangen sind. Bemerkenswert ist insbesondere die Variante nach W.F. Sharpe geworden, der für die Modell-Lösung eine vereinfachte Datengewinnung über Indices vorgeschlagen hat.

Das Wertpapier-Portefeuille gilt als effizient, wenn es von keiner andern Wertpapier-Kombination bei gleichem Sicherheitsgrad hinsichtlich des geschätzten Ertrages übertroffen werden kann, oder umgekehrt, wenn es bei gleichem Ertrag den bestmöglichen Sicherheitsgrad aufweist. Für eine solche Portefeuille-Optimierung sind also Informationen über zu erwartende Erträge der verschiedenen Titel, über Risikoerwartungen sowie über die Ziele des Anlegers erforderlich. Zudem müssen zur Reduzierung des Risikos die gegenseitigen Abhängigkeiten der verschiedenen Titel bekannt sein, d.h. es muss die Korrelation der verschiedenen Kursschwankungen über eine bestimmte Zeitperiode hinweg untersucht werden. Wie erwähnt, sind in diesem Zusammenhang auch Index-Modelle entwickelt worden, einfache Arten, aufgebaut als Ein-Index-Modell, und anspruchsvollere sog. Multi-Index-Modelle, teils basierend auf der expliziten Eingabe der Korrelation zwischen den Indices, teils aufgebaut auf der Basis einer Index-Hierarchie.

Zur simultanen Verarbeitung all dieser Informationen drängen sich wiederum Portefeuille-Optimierungsmodelle auf, die auf dem Prinzip der linearen Planungsrechnung, d.h. der mathematischen Programmierung beruhen. Als Beispiel für ein LP-Modell finden Sie eine Darstellung in Beilage Nr. 6 Ihrer Unterlagen. Es ist einer Arbeit von Fuchs entnommen, die 1972 publiziert wurde. Mit Hilfe solcher LP-Modelle können Portefeuilles auf optimale Weise diversifiziert werden, doch muss auch hier erwähnt werden, dass das Sammeln der Kurse verschiedener Titel recht personal- und maschinenintensiv ausfällt. In den USA werden deshalb seit längerer Zeit die jeweiligen Kurse und Daten der wichtigsten Papiere durch spezialisierte Firmen aufgenommen und direkt auf computergerechten Informationsträgern den Interessenten geliefert. In der Schweiz wurde hiefür von den Grossbanken die Firma Telekurs AG gegründet, die bis heute allerdings nur die entsprechenden Kursdaten liefert.

Praktische Erfahrungen mit Portefeuille-Modellen in den USA zeigen, dass eine relativ grosse Uebereinstimmung zwischen den von Anlageberatern und den vom Computer empfohlenen Portefeuilles besteht. Der Wert von OR-Methoden für die Portefeuille-Optimierung liegt damit vielleicht nicht einmal unbedingt in der Schaffung besserer Anlagemöglichkeiten, als vielmehr in der Einsparung von Arbeitskräften für seriöse Wertpapieranalysen im Dienste der späteren Kundenberatung. OR-Modelle sind denn auch in der Schweiz auf diesem Sektor mehrfach eingesetzt worden.

4.4. Problem der Kreditrisikobeurteilung

Aehnlich den Portefeuille-Modellen sind auch jene Modelle, welche im Hinblick auf die optimale Auswahl von Krediten verschiedenster Art eingesetzt werden. Diese Kredite unterscheiden sich nach Risiko, Ertrag und Laufzeit, bei Konsumkrediten auch in bezug auf Ratenzahlungen und Amortisation ganz allgemein.

Praktisch erprobt sind OR-Methoden im besondern für Kreditwürdigkeitsprüfungen bei potentiellen kommerziellen und privaten Kreditnehmern sowie für die Kreditüberwachung. So hat beispielsweise Cohen in den 60er Jahren ein Simulationsmodell für das bisherige Vorgehen bei Kreditwürdigkeitsprüfungen erstellt, um eine grosse Zahl von Testbeispielen durchrechnen zu können. Daraus wurden allgemeine Regeln für das Vorgehen bei Kreditprüfungen abgeleitet. Auch Weibel hat geeignete Kriterien für die Kreditwürdigkeitsprüfung entwikkelt, sowohl für Unternehmerkredite wie für Konsumkredite.

4.5. Problem der Standortwahl für Bankfilialen

Bei der Schaffung neuer Filialen müssen von den Planungsabteilungen der Banken eine Vielzahl von Daten gesammelt und ausgewertet werden. Kosten und Nutzen der Investition sind entsprechend abzuschätzen. Mittels Simulationsmodellen lassen sich dabei die möglichen Marktpotentiale und damit auch die zu erwartenden Geschäftsvolumen mit den geplanten Erträgen für verschiedene Standorte errechnen, wobei in der Regel die Bevölkerungs- und Wirtschaftsstruktur einer Region, die makroökonomischen Entwicklungstrends, das Kundenverhalten und die Aktivität der Konkurrenz einbezogen werden. Auch hier können die Erwartungswerte mit Wahrscheinlichkeitsziffern versehen werden, um dem Problem der unsicheren Erwartungen Rechnung zu tragen.

4.6. Problem der Bestimmung optimaler Marketing-Strategien

Immer wieder diskutiert wird in Bankkreisen die Frage, ob und inwieweit Methoden des Operations Research dazu geeignet sind, das Auffinden eines optimalen Marketing-Mix zu erleichtern. Die Fragestellung ist also die Folgende: Wie müssen die einzelnen Marketing-Instrumente wie Preis- und Konditionsgestaltung, Werbung, Dienstleistungsgestaltung, Sortimentsbreite und -tiefe, Vertriebs- und Absatzwege aufeinander abgestimmt werden, damit im Hinblick auf die Möglichkeiten und Ziele der Bank ein optimaler Wirkungsgrad erreicht wird? An sich handelt es sich hier um ein Problem, das sich in andern Wirtschaftszweigen in ähnlicher Weise auch stellt. Und wie an andern Orten scheint die Problemstellung bis heute zu komplex zu sein, um mittels Operations Research zum Ziele zu gelangen.

Wie immer in solchen oder ähnlichen Fällen versucht man Optimierungen in einzelnen Teilbereichen, in der Annahme und Hoffnung zugleich, dass die Teiloptima letztlich auch dem Unternehmen als Ganzes dienen müssen.

4.7. Problem der Steuerung und Ueberwachung von Tätigkeiten im Betriebsbereich

Im technisch-organisatorischen Bereich der Bank bestehen vielfältige Möglichkeiten für den Einsatz von OR-Methoden. Verschiedene Arbeitsgänge lassen sich beispielsweise mittels Netzplänen darstellen. Die Netzplantechnik dient dabei "der Planung und Ueberwachung verschiedener, miteinander zu koordinierender Teilvorgänge". Unter Zuhilfenahme der EDV können dabei Zeit, Kosten sowie Ressourcen aller Art für bestimmte Vorgänge optimiert werden. Gerade im Bankbetrieb kann der Faktor Zeit bei der Leistungserstellung eine grosse Rolle spielen, da hier ausgeprägte Monats-, Wochen- und Tagesspitzen auftreten. "Durch die Netzplantechnik können die Spitzen erkannt und die Engpässe genau lokalisiert werden. Dadurch wird es möglich,

- den Einsatz von Spezialistengruppen, Hilfskräften und Teilzeitbeschäftigten
- oder eine kurzfristige Umdisponierung des Belegflusses

rechtzeitig zu planen."

Daneben hat die Netzplantechnik für die Finanzplanung grosse Bedeutung erlangt, sowohl für die Finanzplanung der eigenen Bank als auch im Hinblick auf die Kundenberatung durch spezialisierte Finanzierungs- und Consultantsabteilungen der Bank.

4.8. Problem der Optimierung des Bankschalterdienstes

Die Optimierung des Bankschalterdienstes mittels der Warteschlangentheorie ist schon mehrfach auch in Nicht-Bankenbereichen erprobt worden und gilt allgemein als klassisches Anwendungsgebiet des Operations Research. Das Problem liegt darin, die Zahl der Bankschalter aufgrund von Kosten-Nutzen-Ueberlegungen optimal zu dimensionieren bzw. mit Personal auszurüsten. Die Kosten eines zusätzlichen Schalters sind mit den Umsatzgewinnen bei einer besseren Kundenbedienung bzw. mit den Umsatzverlusten bei der Einsparung eines weiteren Schalters zu vergleichen. Dabei sind durchschnittliche Schlangenlänge, durchschnittliche Wartezeit und die Belegungs- und Wartezeiten der Schalterbeamten in Rechnung zu stellen.

Es sei auch erwähnt, dass neben der Optimierung des Bankschalterdienstes mittels der Warteschlangentheorie auch weitere Aufgaben im Bankbetrieb gelöst werden können, so zum Beispiel die optimale Verarbeitung von Buchungsunterlagen, welche auf ihre maschinelle Verbuchung warten usw.

4.9. Problem bei Transporten

Wie in andern Wirtschaftszweigen entstehen auch bei der Bank Probleme der optimalen Transportplanung, und auch hier können OR-Methoden für die Lösung zugezogen werden. Banken, welche beispielsweise Vertreter im Aussendienst einsetzen, können mittels OR-Methoden optimale Kundenbesuche organisieren (travelling salesmen). Daneben lassen sich auch optimale Transportwege und Transportzeiten für die Besuche von Niederlassungen und Filialen errechnen, etwa im Zusammenhang mit Inspektionsreisen oder mit der Einholung von Buchungsunterlagen, Wertschriften oder Geld und Edelmetallen. Auch innerbetriebliche Transportfragen lassen sich mit Hilfe von OR-Methoden angehen.

Mit diesem Katalog sind die theoretisch möglichen Anwendungsgebiete für OR-Methoden noch keineswegs erschöpft. Die Forschung auf diesem Gebiete wird zweifellos dazu führen, dass in naher Zukunft weitere Anwendungsbereiche im Bankwesen erschlossen werden. Es zeigt sich beispielsweise bereits, dass im Emissionsgeschäft OR-Methoden für die Bestimmung von Zinssatz und Preis bei der Ausgabe von Obligationen erfolgreich angewendet werden können. Studien über Risikoprämien und Fälligkeitstermine können zu Verbesserungen in der Leistungsfähigkeit der Banken bei der Bewerbung um Emissionsübernahmen und bei der Plazierung eigener Mittel führen.

Auch im Devisengeschäft zeichnen sich weitere Applikationsmöglichkeiten ab.

5. Die Voraussetzungen für OR-Applikationen im Bankbetrieb

Lassen Sie mich abschliessend einige zusammenfassende Bemerkungen zur besondern Eignung des Bankbetriebs für OR-Applikationen anbringen:

Im allgemeinen sind sechs Grundvoraussetzungen zu erfüllen, damit OR-Methoden im Bankbetrieb sinnvoll eingesetzt werden können:

5.1. Eine gründliche Systemanalyse

Modellkonstruktionen sind nur möglich, wenn vorgängig das System "Bank" einer gründlichen Analyse unterworfen wird. Das ist deshalb oft schwieriger als beispielsweise im Industriebetrieb, weil Teilprobleme oft kaum vom Gesamtkomplex "Bank" loszulösen sind. Es muss an dieser Stelle auch betont werden, dass das Rechnungswesen der Banken, gerade auch in der Schweiz, oft nicht in der Lage ist, die vom OR-Spezialisten benötigten Daten für eine Systemanalyse bereitzustellen, da mancherorts Kostenrechnungen, Kalkulationssysteme und Budgets fehlen.

5.2. Klare Zielsetzungen

Eine zweite Voraussetzung wären klare Zielsetzungen der Bankleitung. Gerade wegen der vielfältigen Aufgabenbereiche einer Bank und der komplexen volkswirtschaftlichen Verknüpfungen der Bank mit dem übrigen Bankensystem, der Zentralbank und sämtlicher anderer Wirtschaftszweige im In- und Ausland fehlen solche Zielsysteme oft und zwar für kurze wie für mittlere und langfristige Planperioden.

5.3. Die Anwendung der EDV

Der Einsatz von Computern im Bankbetrieb ist heute eine Selbstverständlichkeit. Das vordringlichste Problem, dem die Banken während der letzten Jahre gegenüberstanden, war jedoch die Bewältigung der stark angewachsenen Massenarbeiten. Die EDV-Anlagen werden daher in erster Linie für kommerzielle und nicht für wissenschaftliche Probleme eingesetzt und programmiert.

5.4. Personelle Qualifikation und Teamarbeit

Man muss sich im klaren sein darüber, dass die Methodik und die Denkweise des OR-Spezialisten dem herkömmlichen Bankbeamten völlig fremd ist, dem Kader der Banken genau so. Da zudem die oberste Geschäftsleitung nicht gewohnt ist, mit Hilfe moderner mathematischer Methoden zu planen, zu entscheiden, zu organisieren und zu kontrollieren, ist die Isolation der OR-Spezialisten im Bankbetrieb tatsächlich nicht zu übersehen. Die Lösung in der Zukunft wird wohl darin liegen, dass im Rahmen von Projekt-Organisationen die OR-Spezialisten in ein Arbeitsteam eingegliedert werden.

5.5. Alternative Entscheidungsmöglichkeiten

Der Einsatz von OR-Methoden hat nur dann einen Sinn, wenn bei der Bearbeitung eines Problems ein genügend grosser Entscheidungsspielraum vorhanden ist. Das ist im Bankbetrieb oft nicht möglich, weil in hohem Masse externe und interne Restriktionen verschiedenster Art den Entscheidungsspielraum einengen; man denke nur an Vorschriften der Gesetze und Verordnungen, Weisungen der Zentralbank, Vorschriften bei der Zinssatzfestlegung, der Reservehaltung, der Werbepolitik, an Konvenien, Platzkartelle und ähnliches.

5.6. Wirtschaftlichkeit der Methoden

Genau so, wie ein Rechnungswesen, zum Beispiel eine Kostenrechnung, die Bank etwas kostet, sind auch die OR-Methoden nicht gratis. Ihr Einsatz ist nur dann gerechtfertigt, wenn der Nutzen höher eingeschätzt wird als die verursachten Kosten.

Trotz dieser kritischen Bemerkungen zeigen meine Ausführungen, dass das Operations Research im Bankwesen bereits einen Platz im Bankbetrieb erlangt hat, und ich meine, dass die Zukunft in noch stärkerem Masse für diese Verfahren arbeitet.

Beilage Nr. 4

Zusammenhang von Bankbranchenprognose und betrieblicher Umweltprognose

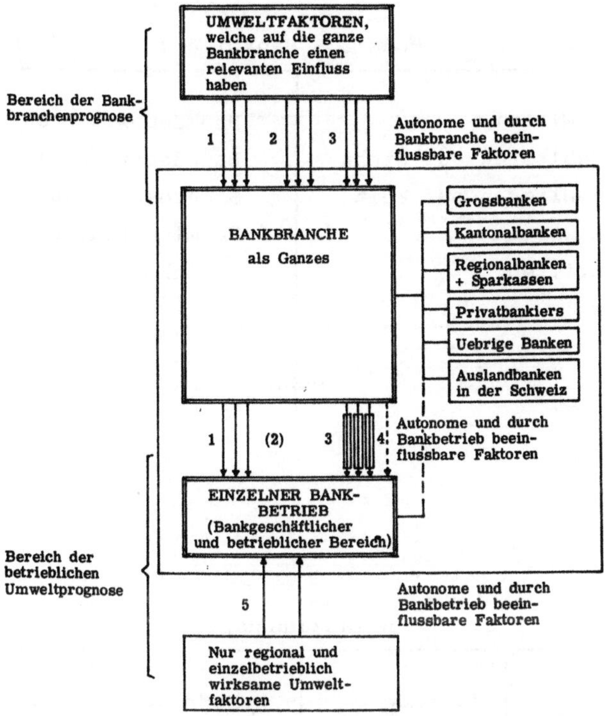

1 Umweltfaktoren, welche für die Bankbranche und den einzelnen Betrieb gleichermassen wirksam sind

2 Umweltfaktoren, welche für die Bankbranche wirksam, für den einzelnen Betrieb aber nicht relevant sind

3 Umweltfaktoren, welche für die Bankbranche und den einzelnen Betrieb in veränderter Intensität wirksam sind

4 Bankbrancheninterne Faktoren, die auf den einzelnen Betrieb wirksam sind

5 Für den einzelnen Betrieb wirksame regionale und "einzelbetriebliche" Faktoren

Quelle: Kilgus, Ernst: Prospektivstudie über das schweizerische Bankgewerbe, Band I: Problemstellung - Allgemeine Grundlagen - Ergebnisse, Zürich 1974, Seite 44

Beilage Nr. 5

Aktiven	Modell - Bankbilanz Passiven
Liquide Mittel	Bankdepositen auf Sicht
Bankendebitoren auf Sicht	Bankdepositen auf Zeit
Bankendebitoren auf Zeit	Sichtdepositen
Kredite	Terminguthaben
Wertschriften	Eigenkapital
Anlagen	

Aktiven Bilanzauszug Passiven

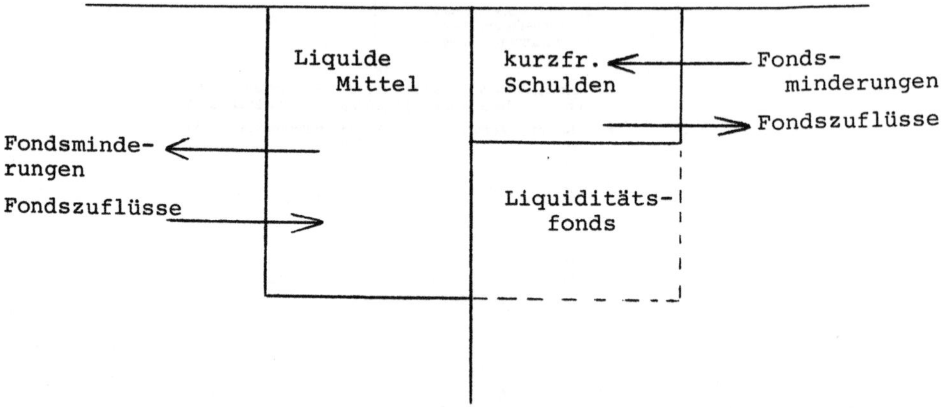

Beilage Nr. 6

Quelle: Fuchs, K.D.: Einsatz und Struktur von computerunterstützten Wertpapier-Informationsverarbeitungs-Systemen; in: Oestr.Bank-Archiv, Jg.20, Wien 1972

Ausgangsdaten:

	x_1	x_2	x_3	x_4	x_5
Gesamtrendite (Dividende und Kursgewinne) (E_i)	0,08	0,09	0,18	0,25	0,12
Dividendenrendite in % (D_i)	0,07	0,05	0,02	0,02	0,04
Price-Earnings-Ratio (P_i)	14,20	15,00	18,00	15,00	19,00
Kurs-Variabilität (V_i)	0,40	1,00	1,40	1,80	1,20
Qualitätsgrad (Q_i) : (Verschlüsselungsgrad: A+ = 1,0;...;C- = 3,0)	1,00	1,00	1,33	1,66	1,00

Das LP-Modell lautet:

Maximiere: $$\sum_1^5 x_i E_i$$

unter Einhaltung folgender Nebenbedingungen:

$$x_1 \geq 0{,}10 \quad \text{(a)}$$

$$x_i \leq 0{,}333 \quad \text{(b)}$$

$$x_2 + x_4 \leq 0{,}50 \quad \text{(c)}$$

$$\sum_1^5 x_i D_i = 0{,}035 \quad \text{(d)}$$

$$\sum_1^5 x_i P_i \leq 18 \quad \text{(e)}$$

$$\sum_1^5 x_i V_i \leq 1{,}4 \quad \text{(f)}$$

$$\sum_1^5 x_i Q_i \leq 1{,}3 \quad \text{(g)}$$

$$\sum_1^5 x_i = 1 \quad \text{(h)}$$

$$x_i \geq 0 \quad \text{(i)}$$

Die Modellösung lautet: Portefeuilleanteil

x_1 = 21,8%
x_2 = 0
x_3 = 24,3%
x_4 = 33,3%
x_5 = 20,6%

100.0% (= 300000 DM)

Gesamtrendite = 16,9%

LITERATURVERZEICHNIS

Bauer, H.P.: Möglichkeiten einer Applikation von OR-Verfahren im Bankbetrieb, in: Bankwirtschaftliche Forschungen, Bd 25, Bern 1975

Böcker/Dichtl/Penzkofer: Netzplantechnik und Jahresabschlussprüfung, Frankfurt a.M. 1970

Bonner & Moore Association Inc.: Survey of Operations Research in Banking, Houston, Texas

Büschgen, Hans: Wissenschaftliche Unternehmensführung und Operations Research im Bankbetrieb, in: Bank-Betrieb, Nr. 6 und 10, 1969, Nr. 2 und 11, 1970

Büschgen, Hans: Bankbetriebslehre, Wiesbaden 1972

Cohen/Hammer: Analytical Methods in Banking, Homewood, Illinois, 1966

Deppe, Hans-Dieter: Bankbetriebliches Wachstum, Funktionalzusammenhänge und OR in Kreditinstituten, Stuttgart 1969

Fuchs, K.D.: Einsatz und Struktur von computerunterstützten Wertpapier-Informationsverarbeitungs-Systemen; in: Oestr.Bank-Archiv, Jg.20, Wien 1972

Kern, W.: Operations Research, 2. Auflage, Stuttgart 1966

Kilgus, Ernst: Prospektivstudie über das schweizerische Bankgewerbe, Band I; Zürich 1974

Künzi/Zehnder: Operations Research und Computer-Einsatz in der öffentlichen Verwaltung, in: Schriftenreihe des Institut für betriebswirtschaftliche Forschung, Bd. 3, Bern und Stuttgart 1971

Lindenmann, H.: Grundlagen der Kosten- und Erlösrechnung im Bankbetrieb; Band 27 der Schriftenreihe "Bankwirtschaftliche Forschungen", Bern und Stuttgart 1975

Markowitz, H.: Portfolio Selection, Journal of Finance, Vol. 7, März 1952, abgedruckt u.a. in: Cohen/Hammer

Popp, W.: OR im Dienst der Betriebswirtschaftslehre, in: Die Unternehmung, Nr. 1, 1968

Porter, R.C.: A Model of Bank Portfolio Selection, Yale Economic Essays, Vol. 1, No 2, Herbst 1961

Ritzmann, Franz/ Kramer, Georg: Operations Research im Bankwesen, in: Betriebswirtschaftliche Probleme, Betriebswirtschaftliche Beilage der Neuen Zürcher Zeitung, V. Ausgabe 1971

Sunderland, Neil V.: Bank Planning Models, in: Bankwirtschaftliche Forschungen, Bd 23, Bern 1974

Weibel, Peter F.: Die Aussagefähigkeit von Kriterien zur Bonitätsbeurteilung im Kreditgeschäft der Banken; Band 21 der "Bankwirtschaftlichen Forschungen", Bern und Stuttgart 1973

Wirth, William: Quantitative Wertschriftenanalyse und Portefeuilleoptimierung; in: Die Unternehmung, Jg. 24, Bern 1970

Zimmermann, Hans-Jürgen: Einführung in die Grundlagen des Operations Research, München 1971

Operations-Research-Anwendungen im Marketing (Übersichtsvortrag)

P. Hammann, Bochum

I.

Überblickt man die ungewöhnlich reiche Literatur zu dem im Thema angesprochenen Problemkreis, so mag es scheinen, daß die Gelegenheit eines Übersichtsvortrags Anlaß für einen Sermon zum Erntedankfest böte, wie dies zudem der Kalender nahelegt. Als bekannte Tatsache darf wohl gelten, daß auch die Wissenschaften nicht frei von Saisonschwankungen bzw. Konjunkturzyklen sind. Ich bedauere daher, mögliche Erwartungen zum Inhalt meines Referats enttäuschen zu müssen. Es wird - aus gutem Grund - eher einer Fastenpredigt (allerdings nicht einer Gardinenpredigt) gleichen müssen. Antizyklisches Verhalten zum wissenschaftlichen Trend tut meines Erachtens not, wie noch zu zeigen sein wird, nicht euphorische Schönfärberei und selbstzufriedene Beflissenheit.
Um zu erkennen, warum die Zahl der wirklich einschlägigen (nicht der peripheren) Beiträge so gering ist, bedarf es einer Rückbesinnung auf das, was "Marketing" sein soll und welche Ziele man damit verfolgt und auf welche Weise "Operations Research" nach meiner Auffassung hierzu Beiträge zu leisten vermag.

II.

Operations Research ist letzlich "Politikwissenschaft". Leider hält eine andere wissenschaftliche Distiplin diese Bezeichnung zur umfassenden Charakterisierung ihrer Existenz für geeignet, obwohl sie mehr an einer Beschreibung staatspolitischer Institutionen und ihrer Interaktionen interessiert ist und dies auch mit unbestrittenem Erfolg leistet. Ihre Aktivität kann jedoch nur ein Ausschnitt aus einem weitgefächerten Bündel von wissenschaftlichen Tätigkeiten sein, die sich auf "Politik" im allgemeinen konzentriert. Unter "Politik" möchte ich die Entwicklung (Definition), Abwägung (Vergleich), Auswahl (Entscheidung) und Durchsetzung (Implementierung) von Handlungs- oder Entscheidungsalternativen verstehen. Dies geschieht unter Ausschöpfung des durch unternehmungsinterne wie -externe Restriktionen markierten Handlungs- oder Entscheidungsspielraumes. Operations Research sieht nach herrschendem Verständnis seinen Schwerpunkt in der wissenschaftlichen Fundierung des Alternativenvergleichs, der weitestgehend auf quantitativer Grundlage erfolgen soll. Dies erfordert die Lösung von vier Hauptaufgaben:

1. Strukturierung des Entscheidungsproblems des politischen Objekts (Definition von Problem, Bewertungs- (Entscheidungs-)kriterien, Entscheidungsalternativen und der nicht kontrollierbaren, möglicherweise jedoch beeinflußbaren Einflußgrößen bzw. Entscheidungsparameter)
2. Konstruktion von Modellen der Entscheidungssituation
3. Ermittlung von Art und Stärke des Zusammenhangs zwischen Entscheidungsalternativen (Entscheidungsvariablen) und Zielvariablen, wobei letztere spezifiziert, jedoch nicht unbedingt in eine Rangordnung gebracht werden müssen. Dies impliziert letztlich ein "Durchspielen" des Bewertungsvorgangs
4. Numerische Auswertung des Modells

Die zweite und dritte Aufgabe erfordern die Berücksichtigung der allgegenwärtigen Interdependenz- und Unsicherheitsprobleme. Nicht zuletzt diese Spezialitäten haben zu der Forderung geführt, Operations Research müsse eine Systemwissenschaft sein, ihre Praxis nötige zum "Denken in Zusammenhängen von jeweils übergeordneten Standpunkten" aus.
Nimmt man "Operations Research" in seiner wörtlichen Bedeutung, so konstituiert sich darin eine angewandte Wissenschaft, die sich gelegentlich - der Vielfalt ihrer wissenschaftlich-empirischen Probleme wegen - der Erkenntnisse anderer Wissenschaften (u.a. der Mathematik) bedient (bzw. bedienen sollte). Die integrative (auch interdisziplinäre) Eigenart dieser Wissenschaft bringt es mit sich, daß sich ihr Realprobleme als Untersuchungsgegenstand anbieten. Es ist daher etwas verwunderlich, wenn ihre Veröffentlichungsorgane primär Lösungen zu Idealproblemen vorstellen, in denen die dritte Hauptaufgabe von oben - die der Hypothesenprüfung über Art und Stärke von Zusammenhängen - nicht elegant umgangen, sondern schlicht ignoriert wird. Das Paradoxon einer angewandten Wissenschaft ohne ausreichenden empirischen Bezug liegt vor. Der Versuch einer Verteidigung dieses "Schwebezustands" in Richtung auf die Notwendigkeit auch theoretischer Forschung würde einigermaßen hilflos wirken, wenn sie nicht die Notwendigkeit der Demonstration bestimmter Methoden und Modelle an einfachen theoretischen Beispielen (Idealmodellen) zu didaktischen Zwecken meinen sollte.

III.

Ehe der Stand wissenschaftlicher Entscheidungsanalyse im Marketing erörtert werden kann, ist in gebotener Kürze auf die Eigenart dessen einzugehen, was Marketing über das hinaushebt, dessen konventionelle Bezeichnung in der Betriebswirtschaftslehre "Absatzpolitik" lautete. Folgt man KOTLERs Definition[1], so umfaßt Marketing "diejenige Menge menschlicher Aktivitäten, die auf die Förderung und Vollziehung von Tauschakten gerichtet sind". In dieser sehr umfassenden Begriffserläuterung ist vielleicht nicht auf Anhieb der konzeptuelle Gegensatz zur traditionellen absatzpolitischen Philosophie erkennbar. Das Kernstück des sogen. "New Concept of Marketing" bildet die Ausrichtung aller unternehmerischen Absatzpolitik auf die differenzierten Bedürfnisse der Konsumenten. Im einzelnen bedeutet dies insbesondere:

- Marktsegmentierung (d.h. Zerlegung des Gesamtmarktes in homogene Teilmärkte)
- Absatz bzw. Verkauf von "Problemlösungen" anstelle von Produkten
- Entwicklung "vertikaler" Absatzstrategien (in die auch Händler, Weiterverarbeiter etc. miteinbezogen werden) zur Erreichung der Letztverwender oder Verbraucher

Diese Umorientierung gegenüber der früher gepflegten Absatzpolitik einer Bedienung gegebener, wenn auch letztlich stochastischer Nachfrage bewirkt primär eine Konzentration auf die Informationsbeschaffung über (künftige) Verhaltensweisen, Wünsche und Bedürfnisse der Nachfrager. Die Aufgabe solcher Informationsbeschaffung (im Wege der Erhebung) fällt in den Bereich der absatzwirtschaftlichen Teildisziplin Marktforschung, die damit endlich ihren wichtigsten Forschungsgegenstand zugesprochen erhält. Dies befreit sie zugleich vom Odium, lediglich eine bessere absatzwirtschaftliche Buchhalterfunktion erfüllen zu können.[2]
Es genügt aus Marketingsicht somit nicht mehr, stochastische Nachfrage

1) KOTLER (1972), S. 12
2) Nicht zu Unrecht trägt ein amerikanisches Standardwerk (GREEN/TULL) zur Marktforschung den Titel "Research for Marketing Decisions" (Forschung für Marketingentscheidungen)

anzunehmen, sondern ihren (vielleicht nur scheinbar) irregulären, ja irrationalen Verläufen ist auf den Grund zu gehen. Ein Ähnliches gilt für die Verhaltensweisen von Konkurrenten, Absatzmittlern und Absatzhelfern, denen wohl nur aus didaktischer Notwendigkeit heraus und um einer gewissen Geschlossenheit der Lehre willen lediglich prima facie gültige, phänotypische Verhaltensmuster attestiert werden dürfen. Ihrer Erforschung beginnt man sich offenbar bereits zu widmen. Die sozialwissenschaftliche Seite des Marketing wird forciert.
Es hat den Anschein, als wüchse auf diesem Wege den bisher nur teilweise erfolgreichen Anwendungen von Operations Research im Marketing die empirische Basis zu, derer sie so dringend bedarf.

IV.

Um das bisher Erreichte würdigen, Fehler und Mängel deutlich hervorheben zu können, ist es erforderlich, in gedrängter Form eine Übersicht über den Stand der Forschung zu geben. Dabei empfiehlt es sich, zunächst den traditionellen absatzpolitischen Problemen des Instrumentaleinsatzes und der Sortimentspolitik nachzugehen. Sie bilden nach wie vor den Kern dessen, was man "Marketing" nennt. Hinsichtlich der Instrumentalvariablen will ich mich, der Einfachheit halber, an den Katalog von GUTENBERG halten, der vier absatzpolitische Instrumente vorsieht: Preis, Werbung, Produktgestaltung und Absatzmethoden. Dieser Katalog ist keineswegs unanfechtbar. Zweckmäßigkeit und Vollständigkeit (auch aller anderen Kataloge) lassen sich durchaus bestreiten.

1. Auf dem Gebiet der Preispolitik sind vergleichsweise die geringsten Fortschritte erzielt worden. Dies mag einesteils mit der Tatsache zusammenhängen, daß der Preis als absatz- und wettbewerbspolitisches Instrument gegenüber anderen etwas an Bedeutung verloren hat, da die Reaktionsmöglichkeiten der Konkurrenz ausgeprägter, weniger differenzierbar und rascher wirksam sind. Zum anderen mag die Stagnation der Analyse von Preisentscheidungen auf den Irrglauben zurückzuführen sein, mit der stetigen Weiterentwicklung der klassischen Preistheorie seien die Probleme weitgehend gelöst. Die zum Teil scharfe Kritik an den überlieferten preistheoretischen Konzepten darf als ebenso wohlbekannt wie wohlbegründet gelten[1]. Sie richtet sich primär gegen die Annahmen phänotypisch postulierbarer Verhaltensweisen von Marktteilnehmern, vollkommener Information auf seiten aller Entscheidungsträger, beliebiger Teilbarkeit der Güter, unendlicher Reaktionsgeschwindigkeit, friktionsloser Anpassung, vollkommener Substitutionalität der Güter und Ordinalität des Nutzens. Die Beiträge des Operations Research zur Lösung preispolitischer Probleme sind zahlenmäßig gering, m.E. jedoch gewichtig. Die sehr vielfältigen Erweiterungen der klassischen Preistheorie durch Anwendung spieltheoretischer Ansätze können hier jedoch deshalb außer Betracht bleiben, da die Annahmen der Simultanität und Unabhängigkeit der Entscheidungen konkurrierender Anbieter und die Vernachlässigung der Käuferreaktionen bisher ohne Opferung eindeutiger Lösungen nicht aufgegeben werden konnten. Lediglich vier, auch empirisch gestützte Konzepte führen über den engen Rahmen preistheoretischer Analyse hinaus:
- der Bayes-Ansatz von GREEN[2]
- das Flußdiagramm-Modell von HOWARD/MORGENROTH[3]
- der stochastische Ansatz von SENGUPTA[4]
- das Submissionspreismodell von EDELMAN[5]

Das Entscheidungsmodell von GREEN nutzt lediglich die Möglichkeiten der Bayes'schen A-priori-Analyse. Erweiterungen im Hinblick auf Anwendungen der A-posteriori-Analyse bzw. der Prae-posteriori-Analyse wären aber

1) Siehe z.B. KADE (1962), D.SCHNEIDER (1966), KØHLER (1968), BIDLINGMAIER (1973), S.319 ff., HAMMANN/ERICHSON/SCHEEL (1975), S. 529 ff.
2) GREEN (1964), S. 296ff.; siehe auch BUZZELL (1964), S. 112ff.
3) HOWARD/MORGENROTH (1968) bzw. MORGENROTH (1964)
4) SENGUPTA (1967), insbesondere S.17 bzw. S.26ff.
5) EDELMAN (1965), S. 53ff.

durchaus denkbar und möglich. Im Entscheidungsbaum werden nicht nur die bewerteten Konsequenzen einzelner Handlungsalternativen explizit niedergelegt, sondern auch die zumindest mit Wahrscheinlichkeiten bewertbaren ungewissen Verhaltensalternativen von Konkurrenten und Nachfragern. Vor- und Nachteil zugleich verbinden sich mit den darin notwendigen subjektiven Schätzungen. Da auf einzelne diskrete Preisalternativen abgestellt wird, entfällt die Beschaffung einer aggregierten Nachfragefunktion. Allerdings werden somit die Verhaltensweisen der Marktteilnehmer nicht erklärt.
Im Flußdiagramm-Modell von HOWARD/MORGENROTH ist primär ein Hilfsmittel zur logischen Beschreibung von Prozeßabläufen bei Preisverhandlungen zu erblicken. Der Vorteil des Verfahrens liegt m.E. weniger in der Möglichkeit der subsequenten Konstruktion mathematischer Entscheidungsmodelle als in der Chance zur Nachvollziehung bzw. Nachzeichnung unternehmerischer Problemvorstellungen, wie sie etwa von LITTLE im Zusammenhang mit der Entwicklung seines "Decision Calculus" ausgebeutet wird.[1] Darüber hinaus kann das Reaktionsverhalten der Marktteilnehmer eine erheblich anschaulichere Beschreibung erfahren als dies sonst geschieht. Sowohl das Entscheidungsbaum- als auch das Flußdiagramm-Modell sind einer Überprüfung hinsichtlich ihrer Annahmen in der Empirie leicht zugänglich.
In seiner umfänglichen Studie hat SENGUPTA versucht, die traditionelle Preistheorie dadurch weiterzuentwickeln, daß die sich als Ergebnis einer bestimmten Preisforderung des Anbieters dann ergebende Absatzmenge als Zufallsvariable aufgefaßt wird. Die Oligopoltheorie liefert für die Preisentscheidung des Anbieters lediglich einen Rahmen mit drei wesentlichen Dimensionen: der Marktorganisation, der Informations- und Kommunikationsstruktur im Markt und der subjektiven Erfahrung des Entscheidungsträgers über die Handlungsalternativen und die ihnen immanente Ungewißheit über die jeweiligen Konsequenzen. SENGUPTAs Ansatz berücksichtigt zwar sowohl die preispolitischen Verhaltensweisen der Konkurrenten als auch das Wahlverhalten der Nachfrager, jedoch wird beides nicht explizit erklärt.
Die Stochastizität der Nachfrage unter ähnlichen Voraussetzungen gilt auch für EDELMANs Submissionspreismodell. Diesem liegt das Spezialproblem des optimalen Angebotspreises bei öffentlichen Ausschreibungen (Competitive Bidding) zugrunde, wobei bekanntlich derjenige Anbieter den Zuschlag erhält, dessen Preisforderung sich als niedrigste von allen abgegebenen herausstellt. Der aus dem ausgeschriebenen Los bzw. Objekt bei Zuschlag zu ziehende Gewinn (unter der Voraussetzung der Kostendeckung) ist eine Zufallsgröße, die von der Zuschlagswahrscheinlichkeit bestimmt wird. Diese Wahrscheinlichkeit kann man aus historischen Aufzeichnungen gleichartiger Fälle zu ermitteln versuchen. Scheidet dieser Weg aus (insbesondere bei vermuteter Verhaltensänderung der Konkurrenz), so bleibt die Möglichkeit subjektiver Schätzung, die EDELMAN auch vorsieht.
Alle vier erwähnten Ansätze erfüllen nicht restlos die Anforderungen, die aus der Sicht des Marketing an sie zu stellen wären. Es wird vielmehr von isolierten Gütern ausgegangen, ein Nachfrage- bzw. Angebotsverbund wird nicht berücksichtigt (was im Falle des Competitive Bidding immerhin vertreten werden könnte). Der Ansatz von SENGUPTA kann nicht für die Preispolitik von Markt- bzw. Betriebsneuheiten herangezogen werden, da er wesentlich auf historischem Datenmaterial basiert. Eine Validierung des Postulats binomialverteilter Nachfrage müßte sonst ausscheiden. Gilt zwar für die Preispolitik die Vermutung verteilter Wirkung nicht in gleichem Maße wie für die Werbung oder den persönlichen Verkauf, so ist doch zu bedauern, daß solchen Strategieüberlegungen in allen Ansätzen kein Raum gegeben wird. Auf die sehr unterschiedlichen preispolitischen Aktivitäten in den verschiedenen Phasen des Lebens eines Produktes wird gleichfalls nicht eingegangen. Das Rabattproblem spielt demgegenüber nur eine relativ untergeordnete Rolle.

---

1) LITTLE (1970), S.B-466ff.

2. Dem Bereich der Werbung ist bis in die jüngste Zeit eine breite literarische Behandlung zuteil geworden, die sich jedoch fast ausschließlich auf die optimale Bestimmung und Allokation von Werbebudgets beschränkt. Die daneben gleichfalls bedeutsamen Fragen des Einsatzzeitpunkts, der Dauer von Werbekampagnen, von Werbeform und Werbeinhalt, der Bestimmung von Werbeträgern und Werbemitteln blieben bisher außer realistischem Betracht. Einige nationalökonomische Ansätze[1]), welche preistheoretische Konzepte umfunktionieren, vermögen aus den bereits an anderer Stelle erwähnten Gründen nicht zu befriedigen. Die Beschränkung auf die Werbeausgaben als wesentlichem Charakteristikum für das absatzpolitische Instrument Werbung bedeutet, obwohl sie als Vereinfachung gemeint ist, im Grunde eine Unterschlagung der eigentlichen Wirkungsfaktoren. Der Verweis auf die Notwendigkeit der "geeigneten" Bestimmung von Form und Inhalt der Werbebotschaften im Anschluß an die Budgetfestsetzung verkennt letztlich den hier unübersehbaren Zwang zu simultaner bzw. ausgleichender Planung.
Für alle Werbeformen gilt als empirisch gesicherte Grundhypothese, daß mit steigender Werbeintensität der Werbeertrag (wie immer er auch definiert sein mag) nur mit exponentiell fallenden Zuwachsraten steigt. Dies wird in der neueren Literatur weitgehend berücksichtigt.[2]) Ähnliches gilt auch für die empirische Tatsache einer über einen längeren Zeitraum entweder diskret[3]) oder stetig[4]) verteilten Wirkungsverzögerung der Werbemaßnahmen. Im Falle unendlich verteilter diskreter Lags der Werbewirkung hat der KOYCKsche Ansatz[5]) Verwendung gefunden. Er lautet in der komprimierten Form wie folgt:

$$(1) \quad A_t = a(1-q) + bW_t + qA_{t-1} + e_t - qe_{t-1} \qquad \text{(alle t)}$$

wobei A die Absatzmenge, t der Zeitindex, W die Werbeausgaben, a und b Regressionsparameter, e die Störgröße und q die Erhaltungsrate der Werbewirkung bedeuten. LAMBIN hat diesen Ansatz für eine Reihe ökonometrischer Untersuchungen der Werbewirkung herangezogen und getestet.[6]) Naturgemäß ergeben sich gravierende Probleme durch Autokorrelation der Residuen und Multikollinearität der Variablen, die nicht immer ausgeschaltet werden können.
Zu den bemerkenswertesten Ansätzen der Werbebudgetoptimierung aus Marketingsicht gehören folgende drei:
- das dynamische Modell von VIDALE/WOLFE[7])
- der " adaptive" Ansatz von LITTLE[8])
- das "Decision-Calculus-Modell" von LITTLE[9])

VIDALE/WOLFE hatten in ihrem Beitrag erstmals den Versuch unternommen, die dynamischen Aspekte des Werbeproblems zu berücksichtigen. Auf der Basis empirischer Untersuchungen wurde das Werbewirkungsmodell als eine lineare Differentialgleichung erster Ordnung konzipiert, in welcher stetige Wirkungsverzögerung unterstellt wird. Sie hat die Form:

$$(2) \quad dU(t)/dt = r(M-U(t)M^{-1}W(t) - vU(t)$$

wobei U(t) der Umsatz einer Periode t, M die Sättigungsgrenze des Umsatzes, W(t) die Werbeausgaben, r der Werbewirkungskoeffizient und v die Abnahmerate des Umsatzes pro Periode bezeichnet. Für eine intendierte Wachstumsrate des Umsatzes von $dU(t)/dt = s \geq 0$ ergeben sich die notwendigen Werbeausgaben wie folgt:

$$(3) \quad W(t) = (s + vU(t))M/(M - U(t))r$$

Von den in diesem Ansatz kritischen Werten r, M und v konnten r und v

1) Siehe z.B. FRANKE (1970) oder SEITZ (1971)
2) Siehe z.B. die Ansätze von LITTLE (1966) bzw. (1970), VIDALE/WOLFE (1957), RAO (1970) oder SASIENI (1971) zur Werbebudgetoptimierung
3) Siehe hierzu die Beiträge von LITTLE (1969) oder SIMON (1965)
4) Siehe z.B. die Ansätze von VIDALE/WOLFE (1957) oder RAO (1970)
5) KOYCK (1954), S.19ff. Siehe auch HAMMANN/ERICHSON/SCHEEL (1975), S.137ff. bzw. S. 452ff. Natürlich gibt es weitere Anwendungen außerhalb der Werbung.
6) LAMBIN (1969), S. 86ff.
7) VIDALE/WOLFE (1957)
8) LITTLE (1966)
9) LITTLE (1[illegible]

durch Marktexperimente ermittelt und M aus Erfahrung geschätzt werden. Gerade den experimentellen Maßnahmen zur Parameterquantifizierung kommt aus Marketingsicht besondere Bedeutung zu. Allerdings berücksichtigen VIDALE/WOLFE etwaige Konkurrenzaktivitäten und die Möglichkeit der sogen. Duplizierung (d.h. der Mehrfachberührung der Werbegemeinten durch verschiedene Medien) nicht.
Der Ansatz von VIDALE/WOLFE hat in jüngerer Zeit durch SASIENI[1] eine Verallgemeinerung u.a. mit der Absicht erfahren, die Zweckmäßigkeit von zyklischen gegenüber nichtzyklischen Werbepolitiken zu prüfen. Er kann zeigen, daß unter den von ihm berücksichtigten Voraussetzungen zyklische Politiken den Vorzug vor nichtzyklischen verdienen, obwohl auch sie nicht (jedoch in guter Annäherung) gewinnoptimal sein werden.
Das "adaptive" Modell von LITTLE[2] vernachlässigt demgegenüber den dynamischen Aspekt der Werbewirkung, betont jedoch den sequentiellen Charakter des Entscheidungsproblems. Von Periode zu Periode wächst der Erfahrungsstand des Entscheidungsträgers, was LITTLE durch eine Aufdatierung der Parameter der Werbewirkungsfunktion berücksichtigt. In jedem Zeitpunkt sei diese von folgender Form:

$$(4) \quad u = a + bw - cw^2$$

wobei u die Umsatzrate und w die Werberate (hier pro Haushalt und Periode definiert) sowie a, b und c Lageparameter der Funktion sind. Die Aufdatierung beschränkt sich auf den Parameter b (a und c werden als konstant angenommen, wofür einige empirische Belege in LITTLEs Fall existieren). Dieser Parameter wird als von a unabhängige Zufallsvariable $\hat{b}(t)$ aufgefaßt und wie folgt erklärt:

$$(5) \quad \hat{b}(t) = k\hat{b}(t-1) + (1-k)b^o + \hat{e}_b(t)$$

wobei b^o der langfristige Durchschnittswert von b(t), k ein konstanter Parameter ($0 \leq k \leq 1$) und $\hat{e}_b(t)$ eine stochastische Restvariable mit $N(0;\sigma_b^2)$ ist. LITTLE setzt voraus, daß b^o, k und σ_b^2 ebenso wie die Art des Prozesses, der b(t) erzeugt, bekannt sind. Gerade letztere Forderung wird sich in der Praxis kaum erfüllen lassen. Die Messung von b nimmt LITTLE im Wege eines Marktexperiments vor - auch dies ein aus Marketingsicht positiv zu beurteilender Aspekt seines Ansatzes. Die Aufdatierung von b zu b'(t+1) erfolgt mit Hilfe exponentieller Glättung. Damit wird dann die aus dem Gewinnmodell durch Differentiation erhältliche optimale Werberate wiederum fortgeschrieben. Die teilweise rechnerisch aufwendigen und verwickelten methodischen Details müssen an dieser Stelle übergangen werden. LITTLEs Ansatz verdient in erster Linie wegen des Versuchs Beachtung, auf relativ einfache Weise die Erfahrungs- und Informationsfortschreibung des Entscheidungsträgers berücksichtigen zu wollen. Allerdings eignet er sich nicht zur Werbebudgetoptimierung für neue Produkte, da zur Fortschreibung die Existenz historischen Datenmaterials vorausgesetzt wird. Konkurrenzaspekte und Wirkungsverzögerungen bleiben unberücksichtigt. Auch hier überwiegt letztlich der Demonstrationscharakter des Modells.
Der zweite Ansatz LITTLEs[3] weist demgegenüber den Vorteil der Implementierung auf. Er hat jedoch primär weniger wegen seiner Bedeutung für die Werbebudgetierung Aufsehen erregt, sondern wegen des am Beispiel des Werbebudgets gezeigten Grundkonzepts des "Decision Calculus"[4]. In ihm spiegelt sich eine der Forderung nach Modellverständlichkeit und Modelltransparenz entsprechende "Benutzerorientierung", die grundsätzlich von einer in ständiger Abstimmung mit dem Entscheidungsträger vorgenommenen Modellierung des Entscheidungsproblems ausgeht und auf theoretisch denk- oder wünschbare

1) SASIENI (1971), insbesondere S.70ff.
2) LITTLE (1966). LITTLE hat sein Modell "adaptiv" genannt, da bestimmte Parameter der Wirkungsfunktion adaptiert werden. Es handelt sich jedoch nicht um ein Modell eines stochastischen adaptiven Kontrollprozesses im BELLMANschen Sinne. Siehe hierzu BELLMAN (1961)
3) LITTLE (1970)
4) Siehe die ausführliche Diskussion dazu u.a. bei KRAUTTER (1973), S.63ff. MONTGOMERY (1974), S.716ff., MEFFERT (1974), S.16ff, derselbe (1975), S.54ff.

Strukturelemente verzichtet, wenn deren Sinn und Zweck vom Verwender des Modells nicht nachvollzogen werden können. Allerdings modelliert auch hier der Analytiker - überspitzt formuliert - seine Vorstellungen von der Problemvorstellung des Entscheidungsträgers. Dieser also modelliert bzw. beschreibt nach wie vor nicht etwa selbst, sondern er tut dies bestenfalls unter Anleitung des Analytikers. Da Modellanalysen generell an der Tatsache zu scheitern scheinen, daß sie zuviel Transparenz herzustellen drohen, muß dem Konzept des "Decision Calculus" schon deshalb - und gerade aus der Sicht des Marketing - besonderer Rang zugemessen werden. Wohl allein auf diese Weise kann vorerst der "trennende Graben" zwischen wissenschaftlicher Analyse und praktischer Kunstfertigkeit überbrückt werden. Die Grundsätze für die Modellierung (Einfachheit, Benutzungssicherheit, Leichtigkeit der Kontrolle, Adaptierbarkeit, Vollständigkeit und Leichtigkeit der Kommunikation) sind indessen bekannt genug, so daß sich eine Diskussion erübrigt. Bezüglich des von LITTLE gewählten Anwendungsfalls ADBUDG verdient insbesondere die Berücksichtigung von diskreten Lags der Werbewirkung erwähnt zu werden. LITTLE erfaßt in seinem Modell auch Einflüsse auf den Absatz, die nicht auf die Werbung zurückgehen. Dies geschieht in einem Index, mit welchem er den erreichbaren Marktanteil der Unternehmung gewichtet. Inwieweit gerade dieses Vorgehen praktischen Ansprüchen genügt, läßt sich nicht abschließend beurteilen. Konkurrenzaspekte fehlen auch hier.[1])
Das Problem der Allokation von Werbebudgets hat in der Literatur eine breite Behandlung erfahren. Es erübrigt sich, die Einzelbeiträge ausführlich zu besprechen, da hier strukturell ein Standardfall der Kapitalbewirtschaftung gegeben ist, dessen Eigenart als bekannt gelten darf. Hervorhebung verdienen jedoch unter Marketingaspekten die Ansätze von LEE/BURKART[2]) (bezüglich der Berücksichtigung des sogen. Duplizierungsproblems) und von LITTLE/LODISH[3]) (im Hinblick auf die Einbeziehung von Wirkungsverzögerungen und der Duplizierung). Die Schwierigkeit der Messung von Mehrfachberührungen eines Werbegemeinten durch verschiedene Werbemedien ist primär emprisch bedingt. Das kombinatorische Problem, von LEE/BURKART erstmals für ein Luftfahrtunternehmen untersucht, ließe sich mathematisch durchaus erschöpfend beschreiben. Darauf kann hier nicht eingegangen werden. Die Untersuchungen von LITTLE/LODISH im Rahmen der MEDIAC-Studie befassen sich am Beispiel der Mediaplanung mit einer Differenzierung und Auffächerung der Werbewirkungsfunktion in ihre ökonomischen, sozio- und demographischen Komponenten, wobei von ausgewählten Marktsegmenten ausgegangen wird. Konkurrenz- und Interaktionseffekte fehlen.

3. Der Bereich der Absatzmethoden (im Sinne GUTENBERGs) erweist sich als ein noch wenig strukturiertes, heterogenes Aktivitätsfeld, aus welchem lediglich folgende Schwerpunkte eine intensivere Behandlung erfahren haben:

a) Vertriebsentscheidungen (wobei Fragen der physischen Distribution und der Logistik ausgeklammert bleiben)
b) Personaleinsatzentscheidungen

Der erste Bereich umfaßt Entscheidungen über Struktur und Dimension von Vertriebsbezirken, Vertriebskanälen und ganzen Vertriebssystemen. Im Rahmen der Personalentscheidungen stehen Probleme des Einsatzes von Werksvertretern, der Dimensionierung von Vertreterstäben und der Besuchshäufigkeit im Vordergrund.
Das Problem der Auswahl bereits strukturierter und abgegrenzter Verteilungsbezirke hat KOTLER[4]) unter Verwendung von Methoden der Investititonsrechnung analysiert, während die Dimensionierungsaufgabe bis jetzt nur erfolgreich für Vertreterbezirke (von HESS/SAMUELS unter Übertragung eines Modells zur Diemensionierung von Wahlkreisen[5]) gelöst wurde. Dieser Ansatz trägt weniger dem Marketinggedanken der Schaffung von möglichst homogenen Teilmärkten im Rahmen der Marktsegmentierung Rechnung als den plausiblen Erfordernissen der Gleichbelastung bzw. "Ertragsgleichheit" für die Vertreter oder Reisenden eines Unternehmens. Eine Differenzierung nach

1) Sie wurden in der klassischen, hier nicht behandelten Studie von WEINBERG (1956) erstmals berücksichtigt. Siehe auch LODISH (1971) zur Mediaplanung.
2) LEE/BURKART (1960), S. 113ff.
3) LITTLE/LODISH (1966) bzw. dieselben (1969)
4) KOTLER (1971), S. 304ff.
5) HESS/SAMUELS (1971), S.P-41ff.

produktbezogenen Märkten ist nicht vorgesehen. Die Bezirksdefinition bezieht sich auf das Gesamtsortiment der Unternehmung. Der Frage der Optimierung der Struktur eines Vertriebskanals haben sich MONTGOMERY/URBAN[1]) unter besonderer Berücksichtigung der sequentiellen Marketingerfolgsbeiträge der einzelnen Vertriebskanalstufen (z.B. regionale Vertriebsorganisationen, Einzel- oder Großhändler) angenommen. Eine empirische Validierung dieses Modells fehlt jedoch bis jetzt. Ähnliches gilt für den Versuch von KOTLER[2]), das Auswahlproblem (speziell die Alternative: Direktvertrieb oder Vertrieb über Handelsvertreter) mit Hilfe der Bayes'schen Entscheidungstheorie zu lösen, wobei zur Gewinnung von A-posteriori-Wahrscheinlichkeitsverteilungen des Absatzes Marktexperimente stattfinden müßten. Eine zu einem einfachen deterministischen Optimierungsansatz führende empirische Studie hat BUZZELL[3]) zur Bestimmung und Verteilung eines Werksvertreterstabes für verschiedene gleichzeitig genutzte, unabhängige Vertriebskanäle geboten unter Verwendung von Sensitivitätsanalysen. Ähnlich empirisch begründet erscheint eine Arbeit von BROWN/HULSWIT/KETTELLE[4]), in welcher erstmals das unterschiedliche Reaktionsverhalten gegenüber Vertreterbesuchen von gewonnenen und potentiellen Kunden untersucht wird. Dabei stellen die Autoren jedoch leider auf eine "durchschnittliche" Verhaltensweise nach dem Sättigungsprinzip dieser beiden Konsumentengruppen ab. Die Wirkung von Konkurrenzanstrengungen läßt sich in diesem Konzept lediglich an sinkenden Konversions- bzw. Adhäsionswahrscheinlichkeiten der einzelnen Konsumenten vermuten. Eine Weiterentwicklung dieses frühen stochastischen Ansatzes brachte ebenfalls KOTLER[5]), wobei allerdings zugunsten der Berücksichtigung von Wirkungsverzögerungen lediglich ein deterministisches, nicht validiertes Gewinnmodell in Anlehnung an BUZZELL[6]) formuliert wurde. Den stochastischen Ansatz findet man theoretisch fortgeführt und erweitert in einem Besuchszahlmodell von LODISH/MONTGOMERY/WEBSTER[7]), in welchem die Kaufwilligkeit und die individuellen Bestellmengen der "alten" und "neuen" Kunden stochastische Variablen sind und dynamische Wirkungen insbesondere in der Konversionsneigung potentieller Kunden sich niederschlagen. LODISH[8]) hat einige Jahre später auch ein deterministisches Decision-Calculus-Modell "CALLPLAN" für die Besuchsoptimierung entwickelt, wobei er von einer zweckmäßigen Marktsegmentierung mit eindeutiger Kundenzuordnung ausgeht. Der Ansatz berücksichtigt jedoch keine Wirkungsverzögerungen, da die Besuchszahl pro Kunde für eine bestimmte Periode gesucht wird. Die Wirkungsverkettungen können sich bestenfalls in den subjektiv von Periode zu Periode aufzudatierenden Besuchrestriktionen niederschlagen. Der Gesamterfolg der Besuchsaktivitäten ergibt sich durch Aggregation der individuellen Besuchserfolge bei den einzelnen Kunden.

Das Problem der Zeitallokation von Werksvertretern auf Produkte eines Sortiments (am Beispiel der Ärztebesucher in der pharmazeutischen Industrie) haben MONTGOMERY/SILK/ZARAGOZA[9]) aufgegriffen. Ihr empirisch erprobter Lösungsvorschlag verzichtet auf eine Modellierung der Wirkungsinterdependenzen und -verzögerungen, wie sie sich in anderen Sortimenten durchaus ergeben könnten, ebenso wie der Einflüsse anderer absatzpolitischer Instrumente als der Besuchstätigkeit und der Konkurrenzaktivität. Da der Arzt nicht Konsument, sondern gewissermaßen "Absatzmittler" ohne ökonomisches Risiko ist, bleiben Produktpreis und Werbung für ihn ohne größere Bedeutung. Produktpolitische Maßnahmen (auch der Konkurrenz) bilden jedoch die Voraussetzung für die hier besonders intensive persönliche Beratung angesichts einer hohen Erklärungsbedürftigkeit der Produkte. Interessant ist,

1) MONTGOMERY/URBAN (1969), S.220ff., aber auch S.213ff.
2) KOTLER (1971), S.298ff.
3) BUZZELL (1964), S.316ff.
4) BROWN/HULSWIT/KETTELLE (1956), S.296ff.
5) KOTLER (1971), S. 396ff.
6) Siehe BUZZELL (1964), a.a.O., S.316ff.
7) LODISH/MONTGOMERY/WEBSTER (1968)
8) LODISH (1971), S.P-25ff.
9) MONTGOMERY/SILK/ZARAGOZA (1971), S.P-3ff.

daß lediglich vier diskrete Politiken mit unterschiedlichem relativem Effektivitätsgrad untersucht werden. Das Betreuungsniveau eines Produkts hängt bei MONTGOMERY/SILK/ZARAGOZA deterministisch nicht nur vom Effektivitätsgrad ab, sondern auch vom Betreuungsniveau der Vorperiode, das jedoch nur zu einem Teil aufgrund der Vergessenswirkung durchschlagen kann. Eine dynamische Wirkungsfunktion bildet dies entsprechend ab. So erfreulich es sein mag, daß unter Marketinggesichtspunkten wenigstens einige Modelle wichtige Teilaspekte aufgegriffen und einer Lösung zugeführt haben, so nachdrücklich ist jedoch das Fehlen von Analysen etwa zu folgenden Problemkreisen zu monieren:
- Systemvergleich zentralisierten versus dezentralisierten Vertriebs
- Eigen- versus Fremdvertrieb
- Händlerselektion (inklusive des Problems der Vertriebsbindungen)
- Personalauswahl im Vertrieb

jeweils unter dem Aspekt der Nachfrageschöpfung bzw. -beeinflussung.

4. Das Gebiet der Produktgestaltung, besser der Produktpolitik, steht gegenüber den bisher behandelten Einsatzformen absatzpolitischer Kontrollvariablen eigentlich erst ganz am Anfang analytischer Durchdringung. Es hat den Anschein, als wüchse hier jedoch im Wege der Durchführung von Marktpositionierungsanalysen mit Hilfe multivariater Methoden (Multidimensionale Skalierung, Faktor-, Cluster- und Diskriminanzanalyse) ein Instrument zu, das sowohl bei der an Verwenderbedürfnissen orientierten Produktsuche bzw. -konzipierung als auch bei der Kontrolle des Einführungserfolges die bisher fehlende Planungsgrundlage schaffen könnte.[1)] Da die Erprobung der multivariaten Methoden in der Marktforschung noch keineswegs als abgeschlossen gelten kann, soll auf eine Darstellung in diesem Rahmen verzichtet werden. Die Beiträge des Operations Research zur Suche, Entwicklung und Einführung von neuen Produkten erstrecken sich hingegen lediglich auf die Anwendung bekannter Optimierungstechniken auf einige ausgewählte Teilprobleme. Zu nennen sind etwa als wichtigste Beispiele:

a) Scoring-Modelle zur Bewertung und Auswahl von Produktideen[2)]

b) Investitionsrechnungen und Cash-Flow-Modelle zur Auswahl von entwickelten Produkten (als Problem des Capital Budgeting) bei deterministischer Umwelt[3)]

c) Risikoanalyse von neuen Produkten[4)]

d) Anwendungen der Netzplantechnik bei Entwicklung und Einführung[5)] neuer Produkte

e) Methoden der sequentiellen Informationsbewertung bei Markttests[6)] von neuen Produkten (unter Anwendung der Prae-posteriori-Bayes-Analyse im Rahmen eines stochastischen dynamischen Optimierungsansatzes)

Einige kurze Bemerkungen dazu sind erforderlich. Scoring- oder Punktbewertungsansätze können nur als Notbehelf gelten, wenn keine andere Quantifizierungsmöglichkeit sich anbietet. Zumindest wäre die Durchführung von Regressionsanalysen ex post zweckmäßig, um die Bewertungen auf ihre Konsistenz und Signifikanz zu prüfen. Bezüglich der Anwendung investitionstheoretischer Konzepte ergeben sich hier primär die Schwierigkeiten der Zurechenbarkeit der Zahlungsströme zu Produkten und Perioden, von den Problemen der Bestimmung geeigneter Diskontierungszinsfüße und der Unabhängigkeit der Zahlungsreihen ganz zu schweigen. Der Versuch, das Unsicherheitsdilemma durch eine Risikoanalyse einzugrenzen, könnte als überzeugend gelungen angesehen werden, bestünden nicht die Einwendungen gegen das regelmäßig zugrunde liegende Cash-Flow-Modell fort. Allerdings hat HANSSMANN dieses für die Durchführung von

1) Siehe hierzu insbesondere GREEN/TULL (1974), S.527-654 oder auch z.B. DICHTL (1974), S.74ff. bzw. TROMMSDORFF (1975), insbesondere S.48ff.
2) Siehe z.B. MOTTLEY/NEWTON (1959), S.740ff.; HERTZ/CARLSON (1963), S.170ff.; BEATTIE/READER (1971), S.58ff.; SABEL (1970), S.65ff.
3) Siehe z.B. HANSSMANN (1968), S.80ff.; KOTLER (1968), S.288ff.;KOTLER (1971), S.177ff.; HAMMANN/ERICHSON/SCHEEL (1975), S.594ff.
4) Siehe dazu HERTZ (1964) sowie HANSSMANN (1968), S.214ff. bzw. den Simulationsansatz von PESSEMIER (1966)
5) Siehe z.B. BATTERSBY (1965) S.319ff.
6) Siehe das DEMON-Modell von CHARNES/COOPER/DeVOE/LEARNER (1966) bzw. (1968) sowie den weiterführenden Sortimentsansatz SPRINTER von URBAN(1967), (1968).

Risikoanalysen neuer Produkte dahingehend verändert, daß als Determinanten nicht die Zahlungsreihen, sondern von der Unternehmung kontrollierbare Variablen des Produktlebenszyklus (wie Einführungszeitpunkt, Sättigungszeitpunkt, Instrumentaleinsatz[1]) u.s.w.) neben nicht kontrollierbaren (wohl beeinflußbaren) Parametern wie dem Marktpotential und seiner Wachstumsrate erscheinen. Damit ist das Zurechnungsproblem zumindest erheblich abgeschwächt. Theoretisch sehr aufschlußreich, wiewohl empirisch bis jetzt nicht ausreichend validiert, sind die Methoden der sequentiellen Informationsbewertung. Hier geht es um die Frage, ob ein Markttest (allgemein: ein Informationsbeschaffungsakt) angesichts der aus ihm zu ziehenden Information durchgeführt werden soll oder nicht. Die umfangreichen subjektiven Ex-ante-Schätzungen der Wahrscheinlichkeitsverteilungen von Experimentergebnissen stellen Analytiker wie Entscheidungsträger gerade bei sequentieller Verkettung der Markttests vor kaum lösbare Probleme. Die erleichternde Annahme sogen. reproduzierender A-priori- und A-posteriori-Verteilungen (wie z.B. die Normalverteilung) läßt sich in der Praxis wohl kaum halten. Die in diesem Zusammenhang entwickelten Modelle DEMON[2]) und SPRINTER[3]) stehen und fallen mit der Gewinnung einer signifikanten Nachfragefunktion. Bei DEMON wird die Nachfrage nach einem Gut in Abhängigkeit vom interdependenten absatzpolitischen Instrumentarium der Unternehmung modelliert, bei SPRINTER darüber hinaus noch im Hinblick auf den unternehmungsinternen wie -externen Nachfrageverbund. Beide Modelle enthalten Zufallsbeschränkungen (sogen. "chance constraints") bezüglich der Einhaltung von bestimmten Auszahlungsperioden und Mindestgewinnen (bzw. Mindestverzinsungen). Aus Marketingsicht ist bei SPRINTER positiv zu werten, daß die gesamten Sortimentserfolge mit und ohne das einzuführende neue Produkt verglichen werden, also eine "Systembetrachtung" erfolgt.

5. Es entspricht traditioneller betriebswirtschaftlicher Anschauung, absatzwirtschaftliche Instrumente aus didaktischen Gründen isoliert zu betrachten und darzustellen. Wir sind - die Not zur Tugend deklarierend - diesem Prinzip gefolgt, obwohl aus Marketingsicht eine gesamtheitliche Behandlung unerläßlich wäre. Die Beiträge von Operations Research zur Lösung des Marketing-Mix-Problems bestärken diese Tendenz leider bis jetzt kaum. Die von der konventionellen Preistheorie ausgehenden Ansätze[4]) leiden wiederum unter deren vereinfachenden Annahmen. Als kennzeichnend für die dem "old concept of Marketing" verhaftete Betrachtungsweise mag die deterministische Theorie von GUTENBERG stehen[5]), der die optimale Kombination des absatzpolitischen Instrumentariums durch die Minimalkostenkombination (bei gegebener Absatzmenge) realisiert sieht, wobei die entscheidende Unternehmung neben Ausgaben für Werbung, Distribution und Produktgestaltung auch solche für den Preis tätigen muß. Den Konkurrenzaspekt versuchte KOTLER[6]) anhand einer etwas veränderten Marktanteildefinition in seine Analyse einzubeziehen.
URBAN ist ihm darin im SPRINTER-Modell für neue Produkte gefolgt.[7]) Dieser Ansatz kann auch für eingeführte Produkte adaptiert werden[8]); seine Validierung dürfte auf diesem Wege sogar leichter zu erreichen sein.
Relativ einfache und recht umfassende, jedoch implementierte Marketing-Mix-Modelle vom Decision-Calculus-Typ haben MASSY[9]) (MARKETPLAN) und LITTLE[10]) (BRANDAID) entwickelt. Bei MASSY wird das Problem des Marketing Mix auf ein solches der Kapitalbewirtschaftung reduziert, wobei jedoch in die Wirkungsfunktion des absatzpolitischen Instrumentariums im jeweiligen Marktsegment Gewichtungsfaktoren zur Präzisierung der Bedeutung einzelner Instrumente eingebaut sind. Der Ansatz eignet sich auch für die Durchführung von Risiko-

1) Siehe hierzu auch KOTLER (1968) S.291ff.
2) Siehe CHARNES/COOPER/DeVOE/LEARNER (1968), S. 682ff.
3) URBAN (1968), a.a.O., S.490ff.
4) Siehe z.B. KRELLE (1962), S. 629ff.; MONTGOMERY/URBAN (1969), S.166ff.; DORFMAN/STEINER (1961), S.203ff.; KOTLER (1964), S.43ff.
5) Siehe dazu GUTENBERG (1973), S.53ff.
6) KOTLER (1964), S.43ff.
7) URBAN (1968), a.a.O., S.495ff.
8) HAMMANN (1971), S.76ff. bzw. HAMMANN/ERICHSON/SCHEEL (1975), S.698ff.
9) Siehe hierzu die Beschreibung bei KRAUTTER (1973), S.165ff.
10) LITTLE (1972) bzw. (1973)

analysen, wenn man Wahrscheinlichkeitsverteilungen für die Modellparameter spezifizieren kann. Das BRANDAID-Modell von LITTLE (für den On-Line-Betrieb entwickelt) erscheint demgegenüber beträchtlich erweitert. Das Modulprinzip macht es darüber hinaus sehr flexibel. Je nach Lage des praktischen Entscheidungsproblems kann das Modell strukturell im "Baukastenverfahren" gebildet werden. Für die dynamischen und verzögerten Wirkungen der einzelnen absatzpolitischen Instrumente, für die Wettbewerbsauswirkungen und den Einfluß der Absatzmittler sind Partialmodelle formuliert, die in einem Gesamtgewinnmodell multiplikativ miteinander verknüpft sind. LITTLE greift dabei u.a. auf seine eigenen Arbeiten zur Werbebudgetoptimierung[1]) und auf KOTLERs Marktanteilkonzept[2]) zurück. Er unterstellt eine abgeschlossene Marktsegmentierung sowie post-optimale, sukzessive Feinplanung im Instrumentalbereich. Das Unsicherheitsproblem wird durch Sensitivitätsanalysen näher eingegrenzt, welche sich gerade im On-Line-Betrieb für den Entscheidungsträger besonders anschaulich und überzeugend durchführen lassen. Erfreulich ist die Beachtung des vertikalen Marketing-Mix-Konzepts durch Modellierung des Wirkungsbeitrags im Händlerbereich. Insgesamt läßt sich feststellen, daß LITTLEs BRANDAID-Modell unter Marketinggesichtspunkten am ehesten den Anforderungen an eine sowohl theoretisch wie empirisch überzeugende Analyse gerecht zu werden vermag.

V.

Die Übersicht der OR-Anwendungen im Marketing wäre nicht ganz vollständig ohne einen Hinweis auf die recht zahlreichen Prognosemodelle des individuellen Käuferverhaltens, in denen versucht wird, dieses als Ergebnis eines stochastischen Prozesses darzustellen.[3]) Da es sich in der Praxis als äußerst schwierig erwiesen hat zu ermitteln, welche Einflußgrößen das Kaufverhalten (speziell von Konsumenten) determinieren, blieb als Ausweg die Annahme eines bestimmten Wahrscheinlichkeitsgesetzes zur Charakterisierung des stochastischen Prozesses, welches die im jeweiligen Modell nicht explizit einbezogenen, jedoch relevanten Einflußgrößen ersetzen soll. Zwei Modellgruppen lassen sich primär hervorheben[4]):

- Markenwahlmodelle (Brand Choice Models)
- Kaufzeitpunktmodelle (Purchase Incidence Models)

Im Rahmen der Markenwahlmodelle sind vor allem zwei Arten zu erwähnen: Markoff-Modelle[5]) und Lernmodelle[6]). Bei ersteren hängt die Markenwahl zu einem Zeitpunkt t von derjenigen zum Zeitpunkt t-1 ab (Markoff-Modelle 1. Ordnung). Kernpunkt bilden die sogen. Übergangswahrscheinlichkeiten, die in der Regel subjektiv zu schätzen sind. Bei den Lernmodellen ist die Markenwahl zum Zeitpunkt t durch die gesamte Kaufhistorie mitbestimmt. Die Wahrscheinlichkeiten des Kaufs bzw. Nichtkaufs einer bestimmten Marke im Zeitpunkt t sind lineare Funktionen der jeweils die Historie spiegelnden Kaufwahrscheinlichkeit in der Vorperiode. Die empirische Relevanz dieser Ansätze hat sich als recht gering erwiesen, obwohl stimulierende Effekte auf den wissenschaftlichen Fortschritt nicht bestritten werden sollen. Insbesondere folgende Annahmen erwiesen sich als realitätsfremd[7]):

- Homogenität der Konsumentenschaft und ihrer Verhaltensweisen
- Stabilität der Marktstruktur
- Stationarität der Übergangswahrscheinlichkeiten
- Vernachlässigung saisonaler Effekte
- Vernachlässigung von Vergessenswirkungen in Lernmodellen

1) Siehe LITTLE (1970) bzw. LITTLE/LODISH (1966)
2) Siehe KOTLER (1964)
3) Siehe dazu die übersichten bei MASSY/MONTGOMERY/MORRISON (1970), EHRENBERG (1972), MONTGOMERY (1970), SHETH (1974), TOPRITZHOFER (1974), MEFFERT (1971), KRAUTTER (1973), S.39ff.
4) Wir verzichten hier auf eine Darstellung der elementaren Zero-Order-Modelle mit über die Zeit konstanten Kaufwahrscheinlichkeiten
5) Siehe hierzu HERNITER/MAGEE (1961), MAFFEI (1961), HARARY/LIPSTEIN (1962) MASSY/MONTGOMERY/MORRISON (1970), S.94ff.
6) Siehe hierzu KUEHN (1958)
7) Siehe die Kritik dazu insbesondere von EHRENBERG (1965), S. 347ff.

Die Gruppe der Kaufzeitpunktmodelle bezieht sich auf die Fragen, wann bzw. wie oft ein Konsument eine Marke bzw. ein Produkt kauft. Hierunter fallen insbesondere folgende empirisch fundierte Ansätze:
- Poisson-Exponential-Modelle[1])
- Logistische Modelle[2])
- Lernmodelle[3])

In den Poisson-Exponential-Modellen wird unterstellt, daß der die Kaufereignisse in privaten Haushalten erzeugende Prozeß ein Poisson-Prozeß sei. Die Zeit zwischen zwei Kaufakten ergibt sich dabei als exponentialverteilt.
Die logistischen Modelle enthalten als Hypothese für die kumulierten Käufe im Planungszeitraum die logistische Funktion. Der Adoptionsprozeß für ein Produkt bis zu einem Zeitpunkt t wird durch einen nichtstationären Markoff-Prozeß charakterisiert.
Die Lernmodelle lassen sich letztlich auf dieselbe Grundstruktur wie im Falle der Markenwahl zurückführen. Eine Diskussion kann daher unterbleiben. Alle Ansätze sind durch zum Teil dieselben einschneidenden Annahmen in ihrer Gültigkeit limitiert wie die Markenwahlmodelle. Einen Teil dieser Einschränkungen (z.B. die Heterogenitäts- und Saisonalitätsannahmen) hat MASSY in seinem empirisch getesteten Modell STEAM[4]) wettzumachen vermocht, welches auf die Prognose der Marktdurchdringung mit Hilfe von Testmarktdaten abstellt. Dabei wird ein Purchase-Incidence-Ansatz auf der Basis eines nicht-homogenen Poisson-Prozesses für die Kauffolge eines privaten Haushalts formuliert. Der Umfang des Ansatzes verbietet eine ausführliche Darstellung an dieser Stelle. Allen Prognosemodellen des Käuferverhaltens (und daran anschließend: des Kaufvolumens) ist gemeinsam, daß sie (noch) nicht an den eigentlich auslösenden Faktoren des Verhaltens anzusetzen vermögen. Lediglich das Erscheinungsbild des Kaufakts, der Kaufmenge, der Wahl bestimmter Marken u.s.w. erscheint registrierbar. Die Versuche, etwa von HOWARD/SHETH[5]), das Käuferverhalten einer genaueren Beschreibung zu unterziehen, welche die Basis für die Formulierung realitätsnäherer quantitativer Modelle sein könnte, haben bisher nur zu sehr geringen Fortschritten geführt.[6]) Erfreulichere Ergebnisse hat demgegenüber der bekannte Mikrosimulationsansatz von AMSTUTZ[7]) zu erzielen vermocht, in welchem gleichfalls versucht wurde, unter Berücksichtigung verhaltenswissenschaftlicher Theorien Beschreibungen bzw. Erklärungen des Konsumentenverhaltens zu geben. Die Kaufwahrscheinlichkeiten der einzelnen Konsumenten werden dabei in Abhängigkeit von sozio-, demo- und psychographischen sowie ökonomischen Einflußfaktoren simuliert. Die resultierenden Kaufmengen lassen sich dann über die Gesamtheit der Käufer aggregieren.
Da aus Marketingsicht Verhaltensprognosen von Marktteilnehmern und Absatzmittlern an Bedeutung erheblich gewonnen haben, wird man die Weiterentwicklung mikroanalytischer Modelle des Konsumentenverhaltens aufmerksam beobachten müssen.

VI.

Das veränderte Marketing-Konzept hat neben den bereits geschilderten traditionellen Entscheidungsproblemen eine Vielzahl "neuer" bzw. zusätzlicher Aufgaben aufgeworfen, deren Analyse bislang weitgehend noch aussteht. Die wichtigsten dürften folgende sein:
1. Entscheidungen über die Entwicklung von Substitutionsgütern
2. Marktsegmentierungsentscheidungen
3. Serviceentscheidungen
4. Entscheidungen über die Berücksichtigung außerbetrieblicher Restriktionen

1) Siehe hierzu z.B. das Negativ-Binomial-Modell von EHRENBERG (1959) oder das Gemischt-Exponential-Modell von FOURT/WOODLOCK (1960)
2) Siehe dazu YANCE (1955)
3) Siehe insbesondere HAINES (1963) bzw. (1964)
4) Siehe die Darstellung bei MASSY/MONTGOMERY/MORRISON (1970), S.325ff. bzw. KRAUTTER (1973), S.47ff.
5) Siehe HOWARD/SHETH (1969)
6) Vgl. die Validierungsversuche von FARLEY/RING (1970), S.427ff., zum HOWARD/SHETH-Modell
7) Siehe AMSTUTZ (1967), ferner KLENGER/KRAUTTER (1972) oder LAVINGTON (1970)

Die Frage der optimalen Marktsegmentierung griff mit analytischen Methoden erstmals KRAUTTER[1]) auf. Die Möglichkeit dazu bietet die Anwendung nichtmetrischer multidimensionaler Skalierungsmethoden auf Rangdaten der Markenbzw. Produktpräferenz von Testpersonen und Clusterung individueller Idealmarkenpunkte, sofern die Dimensionen der Produkt-Präferenz-Räume der Versuchspersonen identisch sind. In einer ähnlichen Richtung könnten auch Ansätze zu einer Entwicklung von Substitutionsgütern unternommen werden, wenn man bedenkt, daß die Substitutionalität von Produkten bzw. Marken nicht ein ausschließlich an objektiven (z.B. technischen) Maßstäben eindeutig meßbares, sondern letztlich ein nur durch die subjektiven Einschätzungen von Konsumenten bzw. Verwendern begründbares Faktum darstellt. Die Notwendigkeit einer Analyse von Serviceentscheidungen ergibt sich aus der Tatsache, daß sich die Marketingstrategien nicht nur auf die der Erreichung des Betriebszwecks in erster Linie dienenden Primärleistungen, sondern auch auf eine Vielzahl sogen.Sekundärleistungen erstrecken, deren Gestaltung eine reiche Palette absatzpolitischer Aktivitäten eröffnet, obwohl sie selbst nicht Gegenstand der Absatzpolitik sind[2]). Hierzu rechnen u.a. Finanzierungsleistungen, Gewährleistungen, Reparaturleistungen, Transportleistungen, Lagerhaltung u.s.w. Ihre Wirkungen auf die Nachfrage nach der jeweiligen Primärleistung werden in aller Regel vermutet; ihr Ausmaß ist jedoch nicht bekannt und der Disposition somit nicht zugänglich. Die Verankerung der absatzwirtschaftlichen Funktion der Unternehmung durch das sogen. "New Concept of Marketing" im ökonomischen und sozialen Gefüge ihrer Umwelt schließlich hat die Notwendigkeit der Berücksichtigung einer Vielzahl außerbetrieblicher Restriktionen im unternehmerischen Entscheidungsprozeß noch deutlicher gemacht als dies bisher der Fall war . Im Rahmen des jeweiligen Entscheidungsmodells kann der Entscheidungsträger jedoch den Nachweis führen über Zu- bzw. Unzumutbarkeit der durch Beachtung der einzelnen Restriktionen für die Unternehmungen entstehenden Belastungen. Die Empfindlichkeit der Modellösung gegenüber Restriktionszufügungen oder -weglassungen läßt sich besonders leicht bei der Entscheidungsfindung auf der Grundlage computer-gestützter Marketing-Informationssysteme überprüfen. In dieser Richtung wird sich mit einiger Wahrscheinlichkeit auch die Evolution der Decision-Calculus-Ansätze vollziehen.[3])

Die bisherige Entwicklung von Operations Research im Marketing hat erkennen lassen, daß seine Vertreter nach wie vor zwischen der Scylla realitätsnaher Grobmodelle und der Charybdis realitätsferner Fein- bzw. Partialmodelle den selbstbewußten Kurs empirisch fundierter Analyse nur selten zu steuern vermochten. Der Analytiker scheint sich in der Situation von Lewis Carolls "Alice" zu befinden, die aus dem Kaninchenbau nicht mehr herausfindet. Zunächst ist Alice zu groß, um durch die winzige Türe kriechen zu können, die sie mit einem goldenen Schlüssel öffnet. Alice findet und trinkt einen Zaubertrank, der sie auf eine angemessene Körpergröße schrumpfen läßt, hat aber dann den Schlüssel auf einem Tisch vergessen, den sie nun nicht mehr erreichen kann. In ihrer Not ißt sie einen Zauberkuchen, worauf sie so sehr wächst, bis sie mit dem Kopf an die Decke stößt. Zwar hält sie nun den goldenen Schlüssel wieder in Händen, aber sie kann den Raum erst recht nicht mehr verlassen. In ihrer ausweglosen Lage beginnt Alice zu weinen, bis sie schließlich im See ihrer Tränen zu ertrinken droht. Am Ende kann sie sich aber ans Ufer retten. Solch unüberlegten und hektischen Hin-und-Hers bedürfte es in unserem Falle gewiß nicht, existieren doch etliche erfolgversprechende und bedenkenswerte Alternativen:

- Durchführung von Ex-post-Analysen
- Durchführung von Parallel-Analysen

(beide zur Demonstration der Leistungsfähigkeit von Operations Research im Hinblick auf das Lösen von praktischen Entscheidungsproblemen)

- Weiterentwicklung des Decision-Calculus-Konzepts

(im Hinblick auf Verständlichkeit, Transparenz und Akzeptabilität von

1) Vgl. KRAUTTER(1975)
2) Siehe hierzu u.a. HAMMANN (1974)
3) Vgl. insbesondere LITTLE (1973)

Entscheidungs- und Prognosemodellen)
- Abkehr von der reinen Methodenorientierung
(zur Vermeidung des Mißverständnisses, man suche "praktische" Probleme für hochentwickelte Methoden).
Daneben wird man sich allerdings etwas in Geduld üben müssen, bis der doch spürbare Rückstand an Erkenntnis über die Phänomene der Absatz- und Beschaffungsmärkte (auch davon handelt Marketing) in der Betriebswirtschaftslehre aufgeholt ist. Der Einbruch sozialwissenschaftlicher Forschungsergebnisse in das Marketing hat zumindest bewirkt, daß die Existenz einer großen Zahl ungelöster Probleme (speziell im Hinblick auf die Verhaltensweisen der Marktteilnehmer) zur Kenntnis genommen werden mußte, auch wenn sich dadurch die wirtschaftswissenschaftliche Forschung um einige Jahre zurückgeworfen sieht und Hilfe nottut. Der Spezialist des Operations Research sollte sich in dieser Situation nicht ausschließen, sondern vielmehr sein empirisches Erkenntnisinteresse gerade im Marketing unter Beweis stellen. Der Trick des Igels beim Wettlauf mit dem Hasen, den mancher von uns anwenden zu können glaubt, verfängt nicht mehr. Der Igel wird laufen müssen.

LITERATURVERZEICHNIS:

AMSTUTZ, A.: Computer Simulation of Competitive Market Response,Cambridge/Mass. 1967. - BATTERSBY, A.: Network Analysis, London 1965. - BEATTIE, C.J.; READER, R.D.: Quantitative Management in R & D, London 1971. - BELLMAN, R.: Adaptive Control Processes: A Guided Tour, Princeton, New Jersey, 1961. - BILDINGMAIER, J.: Marketing, Band I, Reinbek bei Hamburg 1973. - BROWN, A.A.; HULSWITT,F.T.; KETTELE, J.D.: A Study of Sales Operations, in: Operations Research, 1956, S. 296 ff. - BUZZELL, R.D.: Mathematical Models and Marketing Management, Boston 1964. - CHARNES, A.; COOPER, W.W.; DeVOE, R.; LEARNER, D.B.: "DEMON - Decision Mapping via Optimum Go-No-Networks - A Model for Marketing New Products", in: Management Science 12, Nr. 11, 1966, S. 865-887. - CHARNES, A.; COOPER, W.W.; DeVOE, R.; LEARNER, D.B.: "DEMON - Mark II - Extremal Equations Solution and Approximations", in: Management Science 14, Nr. 11, 1968, S. 682-691. - DICHTL, E.: Multivariatenanalyse im Dienste der Verhaltensforschung, in: HANSEN, H.R. (Hrsg.), Computergestützte Marketing-Planung, München 1974, S. 74 ff. - DORFMAN, R.; STEINER, P.O.: "Optimal Advertising and Optimal Quality", in: The American Economic Review 44, 1954, S. 826-836, and in: BASS, F.M. et al (eds.), Mathematical Models and Methods in Marketing, Homewood/Ill. 1961, S. 203-219. - EDELMAN, F.: Art and Science of Competitive Bidding, in: Harvard Business Review, Vol. 43 (Juli/August 1965), S. 53 ff, wieder abgedruckt in: MONTGOMERY, D. B.; URBAN, G.L. (eds.), Application of Management Science in Marketing, Englewood Cliffs, N.J. 1970. - EHRENBERG, A.S.C.: "The Pattern of Consumer Purchases", in: Applied Statistics, Vol. VIII, S.26-41, (1959). - EHRENBERG, A.S.C.: "An Appraisal of Markov Brand-Switching Models", in: Journal of Marketing Research, Vol. 2, S. 347-362, (1965). - EHRENBERG, A.S.C.: Repeat Buying - Theory and Applications, Amsterdam 1972. - FARLEY, J.U.; RING, L.W.: "An Empirical Test of the Howard-Sheth Model of Buyer Behavior", in: Journal of Marketing Research, Vol 7, S. 427-438, (1970). - FOURT, L.A.; WOODLOCK, J.W.: "Early Prediction of Market Success for New Grocery Products", in: Journal of Marketing, Vol. 25 (October 1960), S.31-38.- FRANKE, I.: Werbung und Konzentration, Ein Beitrag zur Theorie der Werbung, Berlin 1970. - GREEN, P.E.: Bayesian Theory in Advertising, in: DAY, R.L. (ed.), Marketing Models, Scranton/Pa. 1964, S. 280 ff. - GREEN, P.E.; TULL, D.S.: Research for Marketing Decision, Englewood Cliffs 1974. - GUTENBERG, E.: Grundlagen der Betriebswirtschaftslehre, 2. Band, 14. Auflage, Berlin - Heidelberg - New York 1973. - HAINES, G.H., Jr.: A Study of Innovation on Non-Durable Goods, unpublished Ph.D. Thesis at the Graduate School of Industrial Administration, Carnegie Institute of Technology, zitiert nach: MASSY, W.F.; MONTGOMERY, D.B.; MORRISON, D.G., Stochastic Models of Buying Behavior, Cambridge/Mass., and London/England 1970. - HAINES, G.H., Jr.:

"A Theory of Market Behavior After Innovation", in: Management Science 10, Nr. 4, 1964, S. 634-658. - HAMMANN, P.: "Quantitativ-analytische Ansätze zu einer Kombination des absatzpolitischen Instrumentariums", in:Der Markt, Nr. 39, 1971, S. 71-78. - HAMMANN, P.: Modelle zur Preispolitik, in: HANSEN, H.R. (Hrsg.), Computergestützte Marketing-Planung, München 1974, S. 198 ff. - HAMMANN, P.; ERICHSON, B.; SCHEEL, W.-D.: Entscheidungsanalyse im Marketing, Berlin 1975. - HANSSMANN, F.: Operations Research Techniques for Capital Investment, New York 1968. - HARRY, F.; LIPSTEIN, B.: "The Dynamics of Brand Loyality: A Markov Approach", in: Operations Research 10, Nr. 1, 1962, S.19-40. - HERNITER, J.D.; MAGEE, J.: "Customer Behavior as a Markov Process", in: Operations Research 9, 1961, S. 105-122. - HERTZ, D.B.: "Risk Analysis in Capital Investment", in: Harvard Business Review 42, Nr. 2, 1964, S.95 - 106. - HERTZ, D.B.; CARLSON, P.G.: "Selection, Evaluation and Control of Research and Development", in: DEAN, B.V. (ed.), Operations Research in Research and Development, New. York 1963, S.170-188. - HESS, S.W.; SAMUELS, S.A.: "Experiences with a Sales Districting Model: Criteria and Implementations", in: Management Science 18, Nr. 4, Part II, 1971, S. P-41 - P-54. - HOWARD, J.A.: Information Processing Model of Executive Decision, in: Management Science 14, 1968, S. 416 ff, wieder abgedruckt in: MONTGOMERY, D.B., URBAN, G.L. (eds.), Applications of Management Science in Marketing, Englewood Cliffs, N.J. 1970, sowie in deutscher Übersetzung in: KROEBER-RIEL, W. (Hrsg.), Marketingtheorie, Köln 1972. - HOWARD, J.A.; SHETH, J.N.: The Theory of Buyer Behavior, New York 1969. - KADE, G.: Die Grundannahmen der Preistheorie, Berlin-Frankfurt/Main 1962. - KLENGER, F.; KRAUTTER, J.: Simulation des Käuferverhaltens, Teil I, Werbewirkung und Käuferverhalten, Wiesbaden 1972. - KÖHLER, R.: Das Problem "richtiger" preispolitischer Entscheidungen bei unvollkommener Voraussicht, in: Zeitschrift für betriebswirtschaftliche Forschung 20, 1968, S. 249 ff. - KOTLER, P.: "Computer Simulation of New Product Decisions", in: BASS, F., KING, W., PESSEMIER, E.A. (eds.), Application of the Sciences in Marketing Management, New York - London - Sydney 1968, S. 283-332. - KOTLER, P.: Marketing Decision Making - A Model Building Approach, New York - Chicago - San Francisco 1971. - KOTLER, P.: Marketing Management, 2nd Edition, Englewood Cliffs, N.J. 1972. - KOYCK, L.M.: Distributed Lags and Investment Analysis, Amsterdam 1954. - KRAUTTER, J.: Marketing Entscheidungsmodelle, Wiesbaden 1973. - KRAUTTER, J.: Zum Problem der optimalen Marktsegmentierung, in: Zeitschrift für Betriebswirtschaft, 45. Jhg., 1975, S. 109-128. - KRELLE, W.: Preistheorie, Tübingen 1962. - KUEHN, A.A.: "An Analysis of the Dynamics of Consumer Behavior and its Implications for Marketing Management", (1958) unpublished Ph.D. dissertation, Graduate School of Industrial Administration, Carnegie Institute of Technology, zitiert nach: MASSY, W.F., MONTGOMERY, D.B., MORRISON, D.G., Stochastic Models of Buying Behavior, Cambridge/Mass., and London/England 1970. - KUEHN, A.A.: "Consumer Brand Choice - A Learning Process?", in: Journal of Advertising Research, Vol. II, December 1962, S. 10-17. - LAMBIN, J.J.: "Measuring the Profitability of Advertising: An Empirical Study", in: Journal of Industrial Engineering 17, Nr. 2, 1969, S. 86-103. - LAVINGTON, M.R.: A Practical Microsimulation Model for Consumer Marketing, in: Operations Research Quarterly, Vol 21 (1970), S. 25 ff. - LEE, A.M.; BURKART, A.J.: "Some Optimization Problems in Advertising Media", in: Operations Research Quarterly, Vol. 11 (1960), S. 113-122. - LITTLE, J.D.C.: "A Multivariate Adaptive Control Model", Working Paper 211-66, Massachusetts Institute of Technology, Cambridge/Mass. 1966. - LITTLE, J.D.C.: "Models and Managers: The Concept of a Decision Calculus", Working Paper 403-69, Alfred P. Sloan School of Management, Massachusetts Institute of Technology, Cambridge/Mass. 1969, und Management Science 16, Nr. 8, 1970, S. B-466 - B-488. - LITTLE, J.D.C.: "A Model of Adaptive Control of Promotional Spending", in: MONTGOMERY, D.B., URBAN, G.L. (eds.), Applications of Management Science in Marketing, Englewood Cliffs, N.J. 1970, S. 117-143 sowie Operations Research 14, Nr. 3, 1966, S. 1075-1097. - LITTLE, J.D.C.: BRANDAID - An On-Line Marketing-Mix Model, Working-Paper 586-72, Alfred P.

Sloan School of Management, Massachusetts Institute of Technology, Cambridge/Mass. 1972. - LITTLE, J.D.C.: BRANDAID II, Working Paper, Alfred P. Sloan School of Management, Massachusetts Institute of Technology, Cambridge/Mass.1973. - LITTLE, J.D.C.;LODISH,L.M.:"A Media Selection Model and its Optimization by Dynamic Programming", in: Industrial Management Review, Vol.8, Nr. 1, 1966, S. 15-24. - LITTLE? J.D.C.; LODISH, L.M.: "A Media Planning Calculus", in: Operations Research 17, Nr. 1, 1969, S. 1-35 sowie in: MONTGOMERY, D.B., URBAN, G.L. (eds.), Application of Management Science in Marketing, Englewood Cliffs, N.J. 1970, S.152-187. - LODISH, L.M.: "Considering Competition in Media Planning", in: Management Science 17, Nr. 6, 1971, S. B-293 - B-306. - LODISH, L.M.: "CALLPLAN: An Interactive Salesman's Call Planning System", in: Management Science 18, Nr. 4, Part II, 1971, S. P-25 - P-40. - LODISH, L.M.; MONTGOMERY, D.B.; WEBSTER, Jr., F.E.: "A Dynamic Sales Call Policy Model", Working Paper 329-68, Massachusetts Institute of Technology, Cambridge/Mass. 1968. - MAFFEI, R.B.: "Advertising Effectiveness, Brand Switching and Market Dynamics", in: The Journal of Industrial Economics, Vol. 9, Nr. 2, 1961, S.119-131. - MASSY, W.F.; MONTGOMERY, D.B.; MORRISON, D.G.: Stochastic Models of Buying Behavior, Cambridge/Mass. 1970. - MEFFERT, H.; Modelle des Käuferverhaltens und ihr Aussagewert für das Marketing, in; Zeitschrift für die gesamten Staatswissenschaften, 1971, S. 326 ff. - MEFFERT, H.: Computergestützte Marketing-Informationssysteme und Marketing Modelle, in; HANSEN, H.R. (Hrsg.), Computergestützte Marketing-Planung, München 1974, S.11 ff. - MEFFERT, H.: Computergestützte Marketing-Informationssysteme Konzeptionen, Modellanwendungen, Entwicklungsstrategien, Wiesbaden 1975. - MONTGOMERY, D.B.: Stochastic Consumer Models: Some Comparative Results, in: MONTOMERY, D.B., URBAN, G.L. (eds.), Applications of Management Science in Marketing, Englewood Cliffs, N.J. 1970. - MONTGOMERY, D.B.: Perspektiven der Entwicklung von computergestützten Marketing-Informationssystemen und Marketing-Modellen in den 70er Jahren, in: HANSEN, Z.R. (Hrsg.), Computergestützte Marketing-Planung, München 1974, S. 705 ff. - MONTGOMERY, D.B.; SILK, A.J.; ZARAGOZA, C.E.: "A Multiple-Product Sales Force Allocation Modell", in: Management Science 18, Nr. 4, Part II, 1971, S. P-3 - P-24. - MONTGOMERY, D.B.; URBAN, G.L.: Management Science in Marketing, Englewood Cliffs, N.J. 1969. - MORGENROTH, W.M.: A Method for Understanding Price Determinants, in: Journal of Marketing Research, Vol. 1 (August 1964), S. 17 ff. - MOTTLEY, C.M.; NEWTON, R.D.: "The Selection of Products for Industrial Research", in: Operations Research 7, Nr. 6, 1959, S. 740 ff. - PESSEMIER, E.A.: New Product Decisions, New York - San Francisco - Toronto - London 1966. - RAO, A.G.: Quantitative Theories in Advertising, New York - London - Sydney - Toronto 1970. - SABEL, H.: "Entscheidungsmodelle zur Auswahl von Produktideen", in: v. KORTZFLEISCH, G. (Hrsg.), 'Betriebswirtschaftslehre in der zweiten industriellen Evolution', Festschrift für Th. BESTE, Berlin 1970, S. 55-79. - SASIENI, M.W.: Optimal Advertising Expenditure, in: MONTGOMERY, D.B. (ed.), Marketing Management Models, Sonderausgabe von Management Science, Vol. 18, Nr. 4, Part II, December 1971, S. P-90 ff. - SCHNEIDER, D.: Die Preis-Absatz-Funktion und das Dilemma der Preistheorie, in: Zeitschrift für die gesamte Staatswissenschaft 122, 1966, S. 587 ff. - SEITZ, T.: Zur ökonomischen Theorie der Werbung, Tübingen 1971. - SENGUPTA, S.S.: Operations Research in Sellers' Competition. Publications in Operations Research, Vol. 12, New York 1967. - SETH, J.N. (ed.): Models of Buer Behavior, Conceptual, Quantitative, and Empirical, New York - Evanston - San Francisco - London 1974. - SIMON, J.L.: " A Simple Model of Determining Advertising Appropriations", in: Journal of Marketing Research 2, Nr. 3, 1965, S. 285-292. - TOPRITZHOFER, E.: Absatzwirtschaftliche Modelle des Kaufentscheidungsprozesses - unter besonderer Berücksichtigung des Markenwahlaspektes, Wien 1974. - TROMMSDORFF, V.: Die Messung von Produktimages für das Marketing - Grundlagen und Operationali-

sierung, Köln - Berlin - Bonn - München 1975. - URBAN, G.L.: SPRINTER: A Tool for New Product Decision Makers, in: The Industrial Management Review, 1967, S. 50 ff. - URBAN, G.L.: A New Product Analysis and Decision Model, in: Management Science, 1968, S. B-490 ff. - VIDALE, M.L.; WOLFE, H.B.: "An Operations Research Study of Sales Response to Advertising", in: Operations Research 5, Nr. 3, 1957, S. 370-381. - WEINBERG, R.S.: Multiple Factor Break Even Analysis, in : Operations Research, 1956, S. 154 ff. - YANCE, J.: "Investment Behavior in the Railroad Industry", (1955) unpublished Ph.D. Thesis, Department of Economics, Havard University,zitiert nach MASSY,W.F., MONTGOMERY, D. B., MORRISON, D.G., Stochastic Models of Buying Behavior, Cambridge/Mass., and London/England 1970.
Nachtrag: KOTLER, P.: Marketing-Mix Decisions for New Products, in: Journal of Marketing Research, Februar 1964.

Modelle zur Analyse der Ertragssteuerwirkungen auf verschiedene Klassen von Investitions- und Finanzierungsprojekten

S. Trautmann, Karlsruhe

1. Einführung

Überlegungen zur Änderung der Ertragssteuerbelastung von Unternehmen sollten immer die gesamtwirtschaftlichen Auswirkungen der eventuell geänderten optimalen Kapitalallokation der Investoren mit einbeziehen. So könnte eine Erhöhung der Ertragssteuersätze zu einer, möglicherweise den technischen Fortschritt hemmenden, Diskriminierung von kapitalintensiven (hoch mechanisierten) Sachinvestitionen führen.

Die Untersuchung des Einflusses der Ertragsbesteuerung auf die Vorteilhaftigkeit verschiedener Klassen von Sachinvestitionen bzw. Finanzaktivitäten hat in der Literatur zu den verschiedensten Ergebnissen geführt. Ursache dafür sind einerseits die auf verschiedenartigen Modellvoraussetzungen basierenden Partialmodelle, denen eine isolierte Bewertung der Projekte zugrunde liegt und andererseits die Analyse von Totalmodellen unter der Annahme konstanter Lösungswerte der Bewertungsvektoren (Dualvariablen) bei variierender Ertragssteuerbelastung.

Im folgenden werden zwei gemischtganzzahlige Modelle vorgestellt, deren Analyse und Vergleich die Ableitung von Bedingungen für eine ertragssteuerliche Diskriminierung bzw. Bevorzugung bestimmter Klassen von Sachinvestitionen und Finanzaktivitäten gestattet. Dabei beschränkt sich die Untersuchung auf Klassen kapitalintensiver, arbeitsintensiver, langlebiger und kurzlebiger Sachinvestitionen bzw. auf Beteiligungs- und Fremdfinanzierung.

2. Beschreibung der Modelle

Das betrachtete Unternehmen sei eine Kapitalgesellschaft (Aktiengesellschaft). Mit der Zielsetzung Marktwertmaximierung und unter besonderer Berücksichtigung der Ertragsbesteuerung läßt sich das Investitions- und Finanzplanungsproblem folgendermaßen charakterisieren 1):

$$c^{1T}x^4 + c^{2T}x^5 + c^{2T}x^6 \longrightarrow \text{MAXIMUM}$$

$$\begin{array}{llr}
u^1: & Ax^1+B_1x^2+B_2x^3 - Ix^4 + k_3Ix^5 + Ix^6 + k_2Ix^7 & \leq b^1 \\
u^2: & Gx^1+B_3x^2+B_4x^3 - Ix^7+B_5x^8 & = b^2 \\
u^3: & Ix^1 & \leq b^3 \\
u^4: & Ix^3-vD_2x^4+vk_3D_2x^5+vD_2x^6-vk_5D_2x^7 & \leq b^4 \\
u^5: & Ix^5 -(1-k_4)Ix^7 & \leq 0 \\
u^6: & k_3D_2x^5 +D_1x^6 -k_5D_2x^7 & \leq b^6 \\
u^7: & Ix^7 -mIx^9 & \leq 0 \\
u^8: & Ix^8+mIx^9 & \leq m
\end{array} \tag{1}$$

$$x^1, \ldots, x^8 \geq 0 \text{ , } x^9 \text{ binär}$$

Hierbei bedeuten die Entscheidungsvariablen:

x_t^1 Häufigkeit der Durchführung der t-ten Sachinvestition (t=1(1)n)

x_t^2 (x_t^3) Finanzinvestition (Kreditaufnahme) in der Periode t (t=0(1)T-1)

x_t^4 Finanzmittelzufluß aufgrund einer Beteiligungsfinanzierung in Periode t (t=0(1)T)

x_t^5 (x_t^6) Umfang der Dividende aus laufendem Gewinn (aufgelösten Rücklagen) in der Periode t (t=0(1)T)

x_t^7 (x_t^8) Körperschaftssteuerlicher Gewinn-(Verlust)Ausweis in der Periode t (t=0(1)T)

x_t^9 Bivalente Hilfsvariable (t=0(1)T)

---

1) In den hier vorliegenden Betrachtungen wurde die ertragsabhängige Gewerbeertragssteuer nicht mit berücksichtigt. Für eine Erweiterung des Modells siehe [4]

Den Nebenbedingungen entsprechen die vorangestellten Dualvariablen:

u_t^1 Liquiditätsrestriktion der Periode t (t=0(1)T)

u_t^2 Bestimmungsgleichung für den (körperschaftssteuerpflichtigen) Erfolg in der Periode t (t=0(1)T)

u_t^3 Begrenzung der Durchführungsintensität des t-ten Projektes (t=1(1)n)

u_t^4 Begrenzung des Verschuldungsspielraums in der Periode t (t=0(1)T)

u_t^5 Begrenzung der Dividendenausschüttung aus laufendem Gewinn in der Periode t (t=0(1)T)

u_t^6 Begrenzung der Dividendenausschüttung aus freien Rücklagen in der Periode t (t=0(1)T)

u_t^7, u_t^8 Hilfsbedingungen zur Gewährleistung der Ausschließlichkeit von x_t^7 und x_t^8 in der Periode t (t=0(1)T)

Entscheidungsunabhängige Komponenten des Begrenzungsvektors sind:

b_t^1 Entscheidungsunabhängige Einzahlungsüberschüsse in der Periode t (t=0(1)T)

b_t^2 Körperschaftssteuerlich abzugsfähige Betriebsausgaben in der Periode t (t=0(1)T)

b_t^3 Durchführungsbegrenzung des Projekts t (t=1(1)n)

b_t^4 Entscheidungsunabhängiges Verschuldungspotential in der Periode t (t=0(1)T)

b_0^6 Entscheidungsunabhängiger Anfangsbestand an freien Rücklagen

Die Ausgabenüberschüsse bzw. Erfolgsbeiträge der Sachinvestitionen bei einmaliger Durchführung werden durch die (T+1)xn-Matrix A bzw. durch die(T+1)xn-Matrix G dargestellt. Die (T+1)x(T+1)-Bidiagonalmatrizen B_1 und B_2 stellen die Ausgabenüberschüsse der einperiodigen Finanzanlagen bzw. Finanzaufnahmen bei einmaliger Durchführung dar, deren Erfolgswirksamkeit in den entsprechenden(T+1)x(T+1)-Matrizen B_3 bzw. B_4 Berücksichtigung findet. Die Bidiagonalmatrix B_5 ermöglicht die Berücksichtigung eines eventuellen Verlustvortrages bei der Ermittlung des zu versteuernden Periodenerfolgs.I stellt die (T+1)x(T+1)-Einheitsmatrix dar. Zur Bestimmung des Verschuldungspotentials (d. h. das v-fache des augenblicklichen Eigenkapitals) bzw. der aktienrechtlich höchst zulässigen Dividendenausschüttungen aus Rücklagen in der Periode t sind die kumulierten Aktivitätsniveaus

$\sum_{t'=0}^{t} x_{t'}^4$, $\sum_{t'=0}^{t} x_{t'}^5$, $\sum_{t'=0}^{t} x_{t'}^6$ und $\sum_{t'=0}^{t} x_{t'}^7$ bzw. $\sum_{t'=0}^{t} x_{t'}^5$, $\sum_{t'=0}^{t-1} x_{t'}^6$ und $\sum_{t'=0}^{t} x_{t'}^7$

erforderlich. In (1) wird dies durch die Dreiecksmatrizen

$$D_1 = (d_{ij}^1)_{T+1,\ T+1} = \begin{cases} 0, & i < j \\ 1, & i \geq j \end{cases} \quad \text{bzw.} \quad D_2 = (d_{ij}^2)_{T+1,\ T+1} = \begin{cases} 0, & i \leq j \\ 1, & i > j \end{cases}$$

mitberücksichtigt.

Die ertragssteuerspezifischen Koeffizienten k_ν (ν=1(1)6) haben folgende Bedeutung:

k_1 Körperschaftssteuersatz für ausgeschüttete Gewinne

k_2 Körperschaftssteuersatz für einbehaltene Gewinne

k_3 Liquiditätsabfluß pro Geldeinheit ausgeschüttete Dividende aus dem laufenden Gewinn $k_3 := (1+k_1-k_2)$

k_4 Effektiver Körperschaftssteuersatz bei Vollausschüttung des laufenden Gewinns $k_4 := \frac{k_1}{1+k_1-k_2}$

k_5 $k_5 = 1-k_2$

k_6 Einkommensteuersatz der Anteilseigner

Die Konstante m muß der Bedingung $m > \max_t \left\{\bar{x}_{t'}^7, \bar{x}_t^8\right\}$ genügen, wobei die $\bar{x}_{t'}^7, \bar{x}_t^8$ die optimalen Lösungswerte von $x_{t'}^7, x_t^8$ bezeichnen.

Beide im folgenden zu vergleichenden Modelle besitzen die Struktur von (1), unterscheiden sich aber im Hinblick auf die Belastung mit Körperschafts- und Einkommensteuer:

MOS: In diesem Modell wird keine Besteuerung des Ertrages bzw. des Einkommens berücksichtigt: $k_1=k_2=k_6=0$. Die Kapitaleinlagen (bzw. in t=T die Liquidationsausschüttung) x^4 und die Dividendenausschüttungen x^5 bzw. x^6 werden gleichermaßen bewertet: $c^1=c^2$, $c^1, c^2 \in \mathbb{R}^{T+1}$.

MMS: Dem Modell werden die Körperschaftssteuersätze $k_1=\bar{k}_1$ und $k_2=\bar{k}_2$ und der Einkommensteuersatz $k_6=\bar{k}_6$ zugrunde gelegt. Dabei gilt folgender Zusammenhang zwischen den Zielfunktionskoeffizienten

$$c_t^2 = \frac{1}{\prod_{t'=0}^{t} (1+r_t^e(1-k_6))} (1-k_6) = c_t^1 (1-k_6) \qquad (t=0(1)T)$$

d. h. es wird der später diskutierte Spezialfall der Verminderung des Marktzinsfußes r_t^e um den (marginalen) Einkommensteuersatz k_6 unterstellt. Durch den Faktor $(1-k_6)$ werden die auf den Dividendenstrom entfallenden Einkommensteuerzahlungen berücksichtigt.

3. Die betrachteten Klassen der Sachinvestitionen bzw. Finanzierungsarten

Mit MOS und MMS werden die Ertragssteuerwirkungen auf jene Klassen von Sachinvestitionen überprüft, die sich hinsichtlich Kapitalintensität und Lebensdauer (Nutzungsdauer) unterscheiden.

Ein kapitalintensives Investitionsprojekt 1 läßt sich einem arbeitsintensiven Projekt 2 gegenüber folgendermaßen charakterisieren:

(M1) Die Anschaffungskosten von Projekt 1 sind höher als die des Projekts 2 bei gleicher Lebensdauer: $a_{t'1} > a_{t'2}$

(M2) Demgegenüber sind bei gleichen zurechenbaren Erlösen, die variablen Kosten von Projekt 1 geringer als bei Projekt 2 und damit:
$-a_{t1} > -a_{t2} \quad \forall\, t\ (t=t'+1(1)T)$

Dementsprechend unterscheidet sich ein langlebiges Projekt 3 von einem kurzlebigen Projekt 4 hinsichtlich folgender Merkmale:

(M3) Die Anschaffungsausgaben des langlebigen Projekts 3 übersteigen die von Projekt 4: $a_{t'3} > a_{t'4}$

(M4) Die optimale Nutzungsdauer von Projekt 3 möge im Zeitpunkt T enden, die von Projekt 4 im Zeitpunkt $T'(T' < T)$

Hinsichtlich der Finanzierungsarten wird nur zwischen Beteiligungs- und Fremdfinanzierung unterschieden.

Eine Diskriminierung bzw. Bevorzugung der oben bezeichneten Klassen von Sachinvestitionen und Finanzierungsarten wird für den Fall abgeleitet, daß sie im Modell MOS denselben Zielfunktionsbeitrag leisten, jedoch im Modell MMS unterschiedlich hoch bewertet werden.

4. Projektbewertung bei vollkommenem Kapitalmarkt

Maßstab der Investitionsprojektbewertung sind die mit den Liquiditätsrestriktionen und Ertragsgleichungen von (1) assoziierten optimalen Lösungsvektoren $\bar{u}^1$ und $\bar{u}^2$. Nach den Dualitätsaussagen gemischtganzzahliger Optimierungsmodelle, wie sie von BALAS [1] bewiesen wurden, besitzt das zu (1) duale Programm

$$\max_{x^9} \; \min_{u} \quad ub - v^9 x^9$$

(2) $$uM - v = c$$

$$u,\ x^9 \geq 0,\ x^9 \text{ binär},\ u^2,\ v^9 \text{ unbeschränkt}$$

wobei $M := (M_1, M_2)$

M_1 Koeffizientenmatrix der kontinuierlichen Variablen von (1)

M_2 Koeffizientenmatrix der ganzzahligen Variablen von (1)

die optimale Lösung $c\bar{x}=\bar{u}b-\bar{v}^9\bar{x}^9$. Somit können die Vektoren $\bar{u}^1, .., \bar{u}^6$ entsprechend dem rein-kontinuierlichen Modell als (Schatten-)Preisvektoren angesehen werden, falls eine infinitesimale Änderung im Begrenzungsvektor nicht zu einer Änderung des Vektorprodukts $\bar{v}^9\bar{x}^9$ führt, d. h. Gewinne durch Verluste ersetzt werden und umgekehrt. Dabei existiert kein komplementärer Schlupf, für die den dualen Nebenbedingungen entsprechenden ganzzahligen Primalvariablen:

(3) $(\bar{x}^1, .., \bar{x}^8)\ (\bar{u}M_1-c_1) = 0$

(4) $\bar{u}(b-M\bar{x}) = 0$

Unter den Voraussetzungen

V1: Vollkommener Kapitalmarkt. Der Finanzanlagezinsfuß r_t^A entspricht dem Zinsfuß für Fremdkapital r_t^B und der Rendite der alternativen Anlagemöglichkeiten der Aktionäre r_t^e: $r_t^v := r_t^A = r_t^B = r_t^e$

V2: Im optimalen Programm sei es in keiner Periode vorteilhaft, den laufenden Gewinn bzw. die Rücklagen vollständig auszuschütten $\bar{u}^5 = 0$ bzw. $\bar{u}^6 = 0$

V3: Im optimalen Programm sei es in keiner Periode vorteilhaft, das Verschuldungspotential auszuschöpfen: $\bar{u}^4 = 0$

V4: Im optimalen Programm ist in jeder Periode der zu versteuernde Unternehmenserfolg positiv: $\bar{x}^7 > 0$

gelten die, unter Anwendung des Satzes vom komplementären Schlupf (3) aus dem dualen Programm (2) abgeleiteten Beziehungen

(5) $\bar{u}_t^2 = \bar{u}_t^1 \cdot k_2$ (t=0(1)T)

(6) $\bar{u}_t^1 = \bar{u}_{t+1}^1\ (1+r_t^v) - \bar{u}_{t+1}^2\ r_t^v$ (t=0(1)T)

Damit nimmt der endogen ermittelte Kalkulationszinsfuß der Periode t $\bar{r}_t$ den Wert des um die Ertragssteuerbelastung k_2 verminderten Zinsertrags (-aufwands) der Periode t an

(7) $\bar{r}_t = \frac{\bar{u}^1_t}{\bar{u}^1_{t+1}} - 1 = r^v_t\,(1-k_2)$ (t=0(1)T-1)

Nach den komplementären Schlupfbeziehungen ist der Projektwert $\bar{u}^3_i$ des i-ten Sachinvestitionsprojektes für das Modell (1) definiert durch

(8) $\bar{u}^3_i = -\sum_{t=1}^{T} \bar{u}^1_t a_{ti} - \sum_{t=1}^{T} \bar{u}^2_t g_{ti} = -\bar{u}^1 a^i - \bar{u}^2 g^i$

Wird die optimale duale Lösung von MOS und $\bar{\bar{u}}$ bezeichnet, so gilt entsprechend zu Beziehung (8)

(9) $\bar{\bar{u}}^3_i = -\bar{\bar{u}}^1 a^i - \bar{\bar{u}}^2 g^i$

Unter den Voraussetzungen V2, V3, V4 reduziert sich (9) wegen (5) zu

(10) $\bar{\bar{u}}^3_i = -\bar{\bar{u}}^1 a^i$

Sei nun das kapitalintensive Projekt a^1 mit dem arbeitsintensiven Projekt a^2 gleichwertig

(11) $\bar{\bar{u}}^1 a^1 = \bar{\bar{u}}^1 a^2$

bzw. das langlebige Projekt a^3 mit dem kurzlebigen Projekt a^4

(12) $\bar{\bar{u}}^1 a^3 = \bar{\bar{u}}^1 a^4$

Dann läßt sich mit $\bar{r} = \bar{\bar{r}}\,(1-k_2)$ ($\bar{r}$ bzw. $\bar{\bar{r}}$ stellt den Vektor der endogenen Kalkulationszinsfüße in MMS bzw. MOS dar) im Modell mit Berücksichtigung der Ertragsbesteuerung MMS eine Diskriminierung des arbeitsintensiven Projekts a^2

(13) $\bar{u}^3_1 = -\bar{u}^1 a^1 - \bar{u}^2 g^1 > \bar{u}^3_2 = -\bar{u}^1 a^2 - \bar{u}^2 g^2$

bzw. eine Diskriminierung des kurzlebigen Projekts a^4

(14) $\bar{u}^3_3 = -\bar{u}^1 a^3 - \bar{u}^2 g^3 > \bar{u}^3_4 = -\bar{u}^1 a^4 - \bar{u}^2 g^4$

nachweisen (vgl. die Ergebnisse im Partialmodell von SCHNEIDER [3]).

Jedoch kann schon mit dem Wegfall der Voraussetzung V4 die Gültigkeit der Beziehungen (13) und (14) nicht mehr garantiert werden. Für einen Verlustausweis $\bar{x}^8_t > 0$ ($\bar{x}^7_t = 0$) in der Periode t folgt nämlich unter Anwendung des Satzes vom komplementären Schlupf

(15) $\bar{u}^2_t = \bar{u}^2_{t+1}$

Damit gilt mit (5) und (6)

(16) $\bar{r}_{t-1} = r^v_{t-1}\left(1 - \frac{\bar{u}^2_{t+1}}{\bar{u}^1_t}\right) > r^v_{t-1}\,(1-k_2)$

d. h. die Renditen der Finanzaktivitäten werden nicht um den effektiven Ertragssteuersatz wie in(7) geschmälert, sondern um einen geringeren Betrag, da Auswirkungen auf die Steuerzahlungen erst zu einem späteren Zeitpunkt eintreten. Die aufgrund dieser Steuerverschiebung zwischenzeitlich erzielbaren (entgehenden) Erträge erhöhen die Renditen (Kosten) der Finanzaktivitäten.

Aufgrund der körperschaftssteuerlichen bzw. einkommensteuerlichen Diskriminierung der Beteiligungsfinanzierung [1)] ist es in aller Regel, entgegen Voraussetzung V3, vorteilhaft, im Programm mit Berücksichtigung der Ertragsbesteuerung den (vom exogen vorgegebenen Verschuldungsgrad v abhängigen) Verschuldungsspielraum voll auszuschöpfen: $\bar{u}^4 > 0$. Dann gilt nach der komplementären Schlupfbeziehung (3)

$$(17) \qquad \bar{u}_t^4 = \frac{(c_t^1 - c_{t+1}^1) - (\bar{u}_t^1 - \bar{u}_{t+1}^1)}{v} \qquad (t=0(1)T-1)$$

Damit erhöht sich im Falle einer Kreditaufnahme ($\bar{x}_t^3 > 0$) wegen

$$(18) \qquad -\bar{u}_t^1 + \bar{u}_{t+1}^1 (1+r_t^v) - \bar{u}_{t+1}^2 r_t^v + \bar{u}_t^4 = 0$$

der endogene Kalkulationszinsfuß auf

$$(19) \qquad \bar{r}_t = \frac{\bar{u}_t^1}{\bar{u}_{t+1}^1} - 1 = r_t^v (1-k_2) + \frac{\bar{u}_t^4}{\bar{u}_{t+1}^1} + \frac{r_t^v}{\bar{u}_{t+1}^1} \Big(\sum_{t'=t+1}^{T} \bar{u}_{t'}^4 v k_5 \Big)$$

5. Projektbewertung bei unvollkommenem Kapitalmarkt

Durch den Liquiditätsentzug der Ertragsbesteuerung verursachte "qualitative" Unterschiede der Finanzaktivitäten in der optimalen Basis von MOS und MMS hatten unter der Voraussetzung eines vollkommenen Kapitalmarktes keinen Einfluß auf die Beziehung $\bar{r}_t = \bar{\bar{r}}_t (1-k_2)$ $(t=0(1)T-1)$. Wird nun bei unvollkommenem Kapitalmarkt eine in MOS durchgeführte Finanzinvestition in Höhe von $\bar{x}_t^2$ im Programm MMS wegen der anfallenden Steuerzahlungen durch eine Kreditaufnahme $\bar{x}_t^3$ ersetzt, dann gilt wegen $r^A < r^B$

$$(20) \qquad \bar{r}_t > \bar{\bar{r}}_t (1-k_2)$$

Eine Verschiebung der Finanzaktivitäten kann gleichermaßen durch die bereits erwähnte ertragssteuerliche Diskriminierung der Beteiligungsfinanzierung hervorgerufen werden.

Sei es aufgrund niedriger Renditevorstellungen der Anteilseigner in MOS vorteilhaft, ausschließlich mit Beteiligungskapital zu finanzieren ($r_t^B > r_t^e \; \forall t \in \{0,1,..,T-1\}$)

---

1) Fremdkapitalzinsen sind, im Gegensatz zu den Dividenden, körperschaftssteuerlich abzugsfähige Betriebsausgaben.

so gilt bei einer Durchführung einer Kapitalerhöhung in der Periode t ($\bar{\bar{x}}_t^4 > 0$) gemäß Beziehung (3)

$$(21) \qquad \bar{\bar{u}}_t^1 + \sum_{t'=t}^{T} \bar{\bar{u}}_{t'}^4 v = c_t^1$$

Entgehende Gewinne aus der möglichen optimalen Anlage der Kapitaleinlage auf dem freien Markt zum Zinsfuß von r_t^e (t=0(1)T-1) werden in den Opportunitätskosten c_t^1 berücksichtigt. Da in der betrachteten Entscheidungssituation die Verschuldungsnebenbedingungen im Planungszeitraum nicht restriktiv wirken ($\bar{\bar{u}}_t^4 = 0$, (t=0(1)T)) gilt für den endogenen Kalkulationszinsfuß der Periode t

$$(22) \qquad \bar{\bar{r}}_t = \frac{\bar{\bar{u}}_t^1}{\bar{\bar{u}}_{t+1}^1} - 1 = \left(\frac{c_t^1}{\bar{\bar{u}}_{t+1}^1} - 1\right)$$

Dagegen erfolgt mit (3) im Optimum von MMS in der Periode t eine Kreditaufnahme ($\bar{x}_t^3 > 0$), falls die Gleichung

$$(23) \qquad -\bar{u}_t^1 + \bar{u}_{t+1}^1 (1+r_t^B) - \bar{u}_{t+1}^2 r_t^B + \bar{u}_t^4 = 0$$

erfüllt ist. Sei ferner ein körperschaftssteuerlicher Gewinn in der Periode t + 1 ($\bar{x}_{t+1}^7 > 0$) im optimalen Programm ausgewiesen, so erhalten wir gemäß Beziehung (3)

$$(24) \qquad \bar{u}_{t+1}^1 k_2 - \bar{u}_{t+1}^2 - \sum_{t'=t+1}^{T} \bar{u}_{t'}^4 v k_5 - \bar{u}_{t+1}^5 (1-k_4) - \sum_{t'=t+1}^{T} \bar{u}_{t'}^6 k_5 + \bar{u}_{t+1}^7 = 0$$

Durch Vernachlässigung von $\bar{u}_{t+1}^7$ ergibt sich aus (23) und (24)

$$(25) \qquad \bar{u}_t^1 = \bar{u}_{t+1}^1 (1+r_t^B (1-k_2)) + r_t^B \left(\sum_{t'=t+1}^{T} \bar{u}_{t'}^4 v k_5 + \bar{u}_{t+1}^5 (1-k_4) + \sum_{t'=t+1}^{T} \bar{u}_{t'}^6 k_5\right) + \bar{u}_t^4$$

Die Division von (25) mit $\bar{u}_{t+1}^1$ und anschließender Subtraktion von 1 führt zum Kalkulationszinsfuß der Periode t

$$(26) \qquad \bar{r}_t = r_t^B (1-k_2) + \frac{r_t^B}{\bar{u}_{t+1}^1} \left(\sum_{t'=t+1}^{T} \bar{u}_{t'}^4 v k_5 + \bar{u}_{t+1}^5 (1-k_4) + \sum_{t'=t+1}^{T} \bar{u}_{t'}^6 k_5\right) + \frac{\bar{u}_t^4}{\bar{u}_{t+1}^1}$$

Dieser vermindert sich für den Fall eines vorteilhaften Gewinneinbehalts bis zum Planungshorizont ($\bar{u}_{t'}^5 = 0$, $\bar{u}_{t'}^6 = 0$, (t'=t(1)T)) auf den Wert

$$(27) \qquad \bar{r}_t = r_t^B (1-k_2) + \frac{r_t^B}{\bar{u}_{t+1}^1} \sum_{t'=t+1}^{T} \bar{u}_{t'}^4 v k_5 + \frac{\bar{u}_t^4}{\bar{u}_{t+1}^1}$$

Numerische Überprüfungen der Ertragssteuerwirkungen in der oben betrachteten Entscheidungssituation führten jeweils zu einer Diskriminierung der kapitalintensiven bzw. langlebigen Sachinvestitionen in MMS:

$$(28) \qquad \bar{u}_1^3 = - \bar{u}^1 a^1 - \bar{u}^2 g^1 \quad < \quad \bar{u}_2^3 = - \bar{u}^1 a^2 - \bar{u}^2 g^2 \qquad \text{bzw.}$$

$$(29) \qquad \bar{u}_3^3 = -\bar{u}^1 a^3 - \bar{u}^2 g^3 \quad < \quad \bar{u}_4^3 = -\bar{u}^1 a^4 - \bar{u}^2 g^4$$

Im Widerspruch zur obigen Annahme $r_t^B > r_t^e$ (t=1(1)T) ist es jedoch in aller Regel auch im Fall ohne Berücksichtigung der Ertragsbesteuerung (MOS) vorteilhaft mit Fremdkapital zu finanzieren. Mit (3) gilt dann wegen $\bar{\bar{x}}_t^3 > 0$ die Beziehung

$$(30) \qquad \bar{\bar{r}}_t = r_t^B + \frac{r_t^B}{\bar{\bar{u}}_{t+1}^1} \left(\sum_{t'=t+1}^{T} \bar{\bar{u}}_{t'}^4 v + \bar{\bar{u}}_{t+1}^5 + \sum_{t'=t+1}^{T} \bar{\bar{u}}_{t'}^6 \right) + \frac{\bar{\bar{u}}_t^4}{\bar{\bar{u}}_{t+1}^1}$$

Ein Vergleich der hergeleiteten Beziehungen (30) und (26) zeigt, daß zumindest in einigen Perioden t des Planungszeitraumes unter diesen Annahmen die Gleichung $\bar{r}_t = \bar{\bar{r}}_t(1-k_2)$ annähernd erfüllt ist. Damit verstärkt sich die Tendenz einer ertragssteuerlichen Bevorzugung von kapitalintensiven und langlebigen Sachinvestitionen.

Allgemeingültige Aussagen über eine ertragssteuerliche Bevorzugung bzw. Benachteiligung bestimmter Klassen von Investitions- und Finanzierungsprojekten können jedoch nur unter zusätzlichen Annahmen über eine spezielle Entscheidungssituation angegeben werden.

Literatur:

[1] BALAS,E.: "Duality in Discrete Programming", Technical Report No. 67-5, Stanford University, Dezember 1967

[2] HAEGERT,L.: "Der Einfluss der Steuern auf das optimale Investitions- und Finanzierungsprogramm",Wiesbaden 1971

[3] SCHNEIDER,D.: "Korrekturen zum Einfluss der Besteuerung auf die Investitionen", in ZfbF, 21. Jg.(1969), S. 297-325.

[4] TRAUTMANN,S.: "Untersuchung des Einflusses der Ertragsbesteuerung auf das optimale Investitions- und Finanzierungsprogramm", Diplomarbeit Universität Karlsruhe, 1974

Erfahrungen mit der Anwendung eines Systems für Plankosten- und Planungsrechnung mittels Matrizen

R. Wartmann, Bochum

1. Einleitung

Zur Unterstützung des Entscheidungsprozesses in Industrieunternehmen mit mehrstufiger Serienfertigung von zahlreichen Produkten gewinnen alternative Planung und laufende Kontrolle unter Einsatz von Computern ständig an Bedeutung. Hierzu ist ein sowohl methodisch als auch in der Datenbehandlung einheitliches und flexibles Rechensystem erforderlich, wenn Divergenzen in den Ergebnissen und Mehrfacharbeit bei Datenerstellung und -pflege vermieden werden sollen.

Bei der Hoesch Hüttenwerke AG ist ein solches System entwickelt worden, das auf der Basis von linearen Betriebsmodellen mit Hilfe des Matrizenkalküls die Möglichkeit alternativer Kalkulations- und Ermittlungs- sowie periodischer Kontrollrechnungen bietet. Es ist unabhängig von einer bestimmten Kostenrechnungsmethode (Normalkostenrechnung, flexible Plankostenrechnung, Direct Costing usw.). Der Aufbau des Systems ist so angelegt, daß Optimierungsrechnungen angeschlossen werden können.

2. Grundlagen

Grundlage sind die inner- und zwischenbetrieblichen technologischen Beziehungen:

Für jeden Betrieb werden die Abhängigkeiten zwischen Erzeugung, Werkstoffeinsatz, Verarbeitungszeiten, Verarbeitungskosten usw. in linearen Verbrauchsfunktionen abgebildet (Betriebsmodell).

Weitere lineare Gleichungen stellen die Leistungsbeziehungen zwischen den Betrieben (Verflechtung) dar. Diese Verknüpfungen beschränken sich auf das Zusammenfassen wenig umfangreicher Modelle von Hilfs- und Nebenbetrieben zu Betriebsbereichen. Große Betriebsmodelle der Hauptproduktionsbetriebe werden wegen ihrer der Aufgabenstellung entsprechenden Ausführlichkeit nicht modellmäßig integriert, sondern lediglich datenmäßig miteinander verbunden.

Darstellungsform der aus linearen Beziehungen aufgebauten Betriebsmodelle ist die Matrizenschreibweise, zugehöriges Instrumentarium für Rechenoperationen der Matrizenkalkül; denn damit lassen sich umfangreiche und vielfältige Rechenabläufe in globaler Form knapp und übersichtlich festlegen.

3. Mengenrechnung und Kalkulation

Die Rechenschritte für Mengen- und Kostenermittlungsrechnungen und für Plan/Ist-Vergleiche einerseits und für Plan-Kalkulationsrechnungen andererseits sollen am Beispiel eines einfach strukturierten Hilfsbetriebes erläutert werden. Dessen Verbrauchsstandards seien in einer Matrix RVA, die Planpreise der Kostengüter im Vektor P, die periodenbezogenen Vorgabemengen an zu erstellenden Leistungen (Ausstoß) im Vektor A zusammengefaßt. Die Standards in Matrix RVA sind bei Mengenrechnungen "von rechts" mit den Vorgabemengen A, bei Kalkulationsrechnungen "von links" mit den Planpreisen P zu multiplizieren (Abbildungen 1 und 2). Für diese Verknüpfungen müssen die Daten passend zueinander geordnet sein. Der Vektor P und die Zeilen der Matrix RVA sind nach Kostenarten gegliedert (Begriffe und Reihenfolge durch die Kostenarten-Komponentenliste festgelegt), der Vektor A und die Spalten der Matrix RVA nach Leistungsarten (Leistungsarten-Komponentenliste). In ebenfalls entsprechender Gliederung ergeben sich die Planverbräuche der Kostengüter (Vektor V) und die Kostensätze der Leistungen (Vektor C). Faßt man beide Schemata (das primale und das duale) zusammen und verzichtet man auf die Darstellung der Zeilen- und Spalteneinteilung, d. h. auf die einzelnen Komponenten, so entsteht die einfachste Form einer Strukturmatrix (Abbildung 3):

Die vorkommenden Tabellen, nämlich die (Struktur-) Matrix, die Vektoren und die Komponentenlisten sind dokumentiert; die Rechengänge erfolgen in der an den Einzelschemata dargestellten Weise; die Zahlentabellen gehen in die Rechenoperationen ein; die Tabellen mit den Komponentennamen (Texte, Schlüsselnummern) werden als Komponentenlisten für die Dateneingabe und -ausgabe benötigt.

4. Strukturmatrizen

Bei einem Produktionsbetrieb ergeben sich grundsätzlich die gleichen, wenn auch erweiterte Schemata. Sind z. B. die Verarbeitungskosten vom Werkstoffeinsatz und von den Verarbeitungszeiten, Einsatz und Zeiten wiederum von der Erzeugung abhängig, so ergibt sich die in Abbildung 4a gezeigte Strukturmatrix einschließlich der zugehörigen Komponentenlisten. Nach Ergänzung um die auftretenden Vektoren (Preise, Mengen, Kostensätze) sind die durchzuführenden Rechenschritte wiederum unmittelbar abzulesen. Beispielsweise folgen bei der Ermittlungsrechnung zunächst aus der Erzeugung die Werkstoffmengen und Verarbeitungszeiten; liegen diese vor, werden mit ihnen als Einflußgrößen die Kostengüterverbräuche ermittelt.

Will man die Abhängigkeiten ohne Zwischenrechnung unmittelbar von der Erzeugung darstellen, können aus den o r i g i n ä r e n Standards der Strukturmatrix mit Hilfe von Matrizenoperationen a b g e l e i t e t e Standards gebildet werden - im hier betrachteten Fall die Kostengüterverbräuche pro Erzeugniseinheit. Man erhält damit die konzentrierte Strukturmatrix (Abbildung 4b).

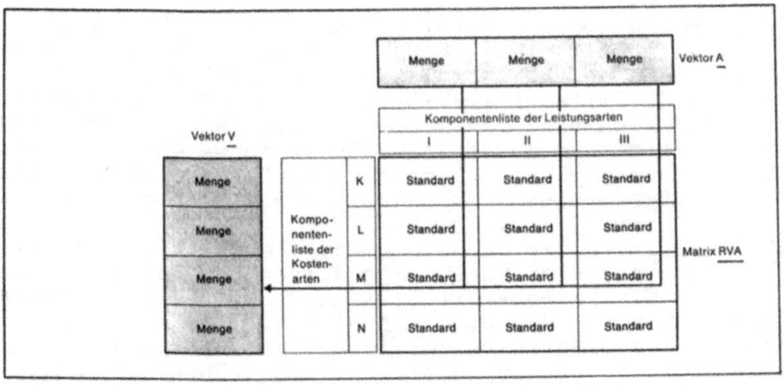

Abbildung 1: Schematische Rechenschritte bei Mengenrechnung. Bei Mengenrechnungen folgen die periodenbezogenen Richtverbräuche der Kostengüter aus der Matrizengleichung $\underline{V}=\underline{RVA}\cdot\underline{A}$ ($\underline{V}$ und $\underline{A}$ sind Spaltenvektoren)

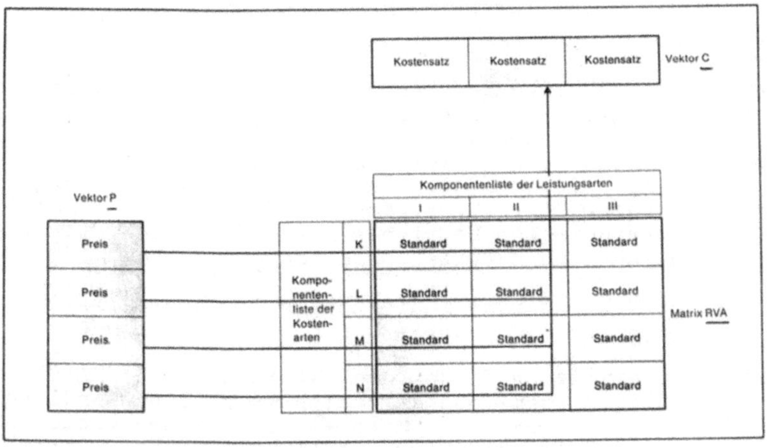

Abbildung 2: Schematische Rechenschritte bei Kalkulationsrechnung. Bei Kalkulationsrechnungen folgen die stückbezogenen Kostensätze der Leistungen aus der Matrizengleichung $\underline{C}=\underline{P}\cdot\underline{RVA}$ ($\underline{C}$ und $\underline{P}$ sind Zeilenvektoren)

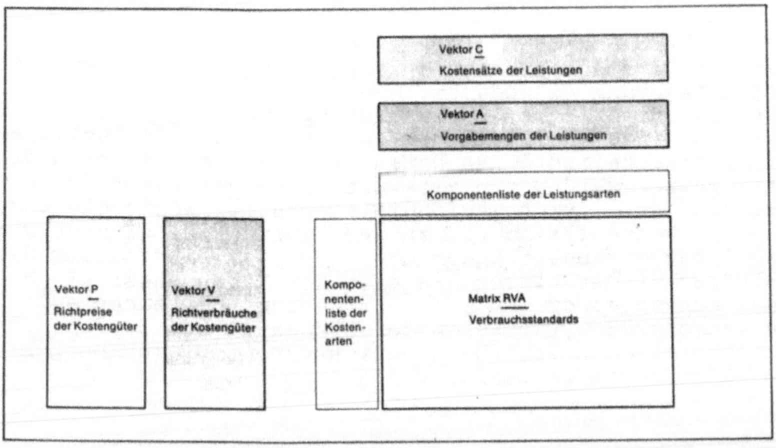

Abbildung 3: Grundschema einer Strukturmatrix: Dualität von Mengen- und Kalkulationsrechnung, das heißt gemeinsame Darstellung der Rechenschritte aus *Abbildungen 1 und 2*

Das dargestellte Grundschema einer Strukturmatrix für Produktionsbetriebe (Betriebsmodell) läßt sich im Prinzip in allen Produktionsstufen realisieren. Bei komplizierteren Abhängigkeiten, beispielsweise wenn die Erzeugnisse für die Werkstoff- und für die Zeitbedarfsrechnung unterschiedlich gruppiert (aggregiert) sind, ist die Strukturmatrix um zusätzliche Summations- und Selektionsmatrizen (Boolesche Matrizen) zu erweitern. Mehrere Produktionsstufen eines Betriebes sind leicht aneinanderzuschalten.

Strukturmatrizen bilden die Grundlage für die Verständigung zwischen den beteiligten Abteilungen. Sie dienen den Fachabteilungen als Unterlage für die Datenbereitstellung und sind gleichzeitig Programmieranweisung für die Systemabteilung. Da sich die Betriebsstrukturen - zumindest bei gleichartigen Betrieben (z. B. Stahlwerke) - nicht wesentlich unterscheiden, können die Strukturmatrizen und damit die Rechenvorgänge weitgehend standardisiert werden.

5. Programmsystem

Die durchzuführenden Rechnungen bestehen aus Matrizenoperationen, die aus der Strukturmatrix des betreffenden Betriebes abgelesen werden und unabhängig sind sowohl von der speziellen Gestaltung der linearen Funktionen (d. h. der Komponentenlisten) als auch von den eingegebenen materiellen Daten (z. B. Standards). Allein die Änderung der Formalstruktur (z. B. das Einführen einer neuen Produktionsstätte innerhalb des Betriebes) erfordert eine Umprogrammierung, und dann nur von Matrizenoperationen.

Für jeden Betrieb gibt es eine individuelle Strukturmatrix und *individuelle Matrizenprogramme*.

Für die Matrizenoperationen findet die Matrizensprache MATSYS der IBM Verwendung, die in Form von Makrobefehlen alle notwendigen numerischen und organisatorischen Matrizenoperationen bietet und zugleich die je nach Matrixstruktur günstigsten Rechenalgorithmen und Speicherungsformen in Verbindung mit automatischer Speicherverwaltung auswählt.

Unabhängig von MATSYS werden die von den Fachabteilungen eingegebenen Daten, nämlich Komponenten und Zahlenwerte der Funktionen (Kostenartengliederung, Standards, Summierungsvorschriften usw.) einer maschinellen logischen Fehlerprüfung unterzogen. Ist-Daten fügt die EDV aus anderen Dateien zu. Korrektur bzw. Aktualisierung der im System befindlichen Daten erfolgen über einen Änderungsdienst. Weiter werden die externen Namen der Daten (z. B. Kostenartenschlüssel) durch Laufindizes ersetzt, womit die Dateien in Matrizen umgewandelt sind (Namen und Laufindizes sind über die Komponentenlisten einander zugeordnet). Bei der Darstellung der Rechenergebnisse werden wieder die externen Namen angefügt. Hierbei baut das Auswerteprogramm auf Anforderung Zeitreihen auf für kumulierte Jahresgrößen, Revision der Standards und Sonderauswertungen. Die monatlichen Verarbeitungskostenkontrollrechnungen münden in eine hierarchische Berichterstattung.

Diese zusätzlichen Funktionen (Prüfen, Sortieren, Ändern, Indizieren, Auswerten usw.) erledigen Service-Programme, die als Rahmenprogramme vor und hinter den MATSYS-Rechenprogrammen stehen. Dieses Paket a l l g e m e i n e r S e r v i c e - P r o g r a m m e dient sämtlichen Betrieben gleichermaßen.

Wird das geschilderte Programmsystem für Routinerechnungen eingesetzt, so sind die Jobfolgen organisatorisch festgelegt und die zugehörigen Jobs fest installiert; damit sind die Fachabteilungen selbst in der Lage, ihre Programme abzurufen. Bei Alternativrechnungen werden über den normalen Änderungsdienst aus den Routinedateien entsprechende temporäre Dateien erstellt. Die Durchführung liegt bei der Systemabteilung.

6. Einsatz des Programmsystems

a) Für ca. 530 Hilfs- und Nebenbetriebe der Bereiche Stahlgießerei, Werkstätten, Energiebetriebe, Verkehrsbetriebe und den überbetrieblichen Bereich ist das geschilderte System seit 1971 routinemäßig monatlich im Einsatz. Es liefert Plan-Verarbeitungsmengen und -kosten und in Gegenüberstellung mit den zugehörigen Ist-Größen Verbrauchs-, Preis- und Beschäftigungsabweichungen.

b) Zur Standardfindung bzw. -aktualisierung über Zeitreihen wird das Programmsystem für sämtliche Kostenstellen der Hoesch Hüttenwerke routinemäßig eingesetzt.

c) Die Kalkulation der Leistungen der Hilfsbetriebe unter Berücksichtigung ihrer Verflechtung führt auf ein Gleichungssystem bzw. eine Matrixinversion. Die Lösung liefert eine Jobfolge aus einem MATSYS-Kalkulationsprogramm in Verbindung mit zwei Vorprogrammen. Die Rechnung erfolgt zu Proportional- und zu Vollkosten; in einer dritten Rechnung werden auch Lenkpreise berücksichtigt. Schließlich wird eine Aufgliederung der Vollkostensätze nach primären Kostenarten ausgewiesen.

d) Der gleisgebundene Verkehr ist in ca. 1000 Verkehrsbeziehungen gegliedert, die durch den beanspruchten Gleisbereich und die transportierte Gutart definiert sind. Die Transportkosten werden sowohl durch den Einsatz von Loks, Wagen und Rangierern als auch durch die Belastung der Gleisanlagen bestimmt.

   Zur monatlichen Kontrolle der Ist-Transportkosten werden seit Ende 1971 - wie bei einem Betriebsmodell - über ein Funktionensystem mit etwa 25000 Richtkoeffizienten aus den Ist-Mengen der Verkehrsbeziehungen die Planmengen und -kosten für Lokstunden, Rangiererstunden, Anzahl Wagentage und Belastung der Gleisbereiche ermittelt.

   Über dasselbe Modell erfolgt die jährliche Bestimmung der Planmengen an Lokstunden usw. und der Planverrechnungssätze. Diese sind gegliedert nach Kosten für Lok-, Wagen-, Rangiereinsatz sowie Gleisbereichsbelastung.

e) Für den Hochofenbereich werden die Plan-Beschaffungsmengen der Rohstoffe (Erze, Zuschläge, Koks) in kostengünstiger Mischung unter alternativen Bedingungen errechnet und die Roheisenkosten in ihrer Primärstruktur bestimmt. Die Werkstoffmatrizen der Hochöfen und Sinteranlagen folgen hierbei aus den Ergebnissen vorgeschalteter optimierender Erzverteilungsrechnungen.

f) Für fünf technologisch unterschiedliche Stahlwerke (Blasstahlwerk, Siemens-Martin-Stahlwerke, Elektrostahlwerk) ist die Mengen- und Kalkulationsrechnung (z. B. Ausweis der Primärstruktur der Stückkosten) im routinemäßigen Einsatz. Da die formale Betriebsstruktur der Stahlwerke weitgehend übereinstimmt, sind die Strukturmatrizen und damit die Programme genormt, ohne daß verfahrensspezifische Verhältnisse bei den unterschiedlichen Stahlwerkstypen deshalb unberücksichtigt bleiben.

g) Ursprünglich für nur einen Teil der Walzwerke eingesetzte Betriebsmodelle werden zur Zeit durch ein Modell abgelöst, das alle im Verbund wirkenden Profilwalzwerke umfaßt. Dabei stehen Mengenermittlungs- und Kalkulationsrechnungen im Vordergrund.

7. Nutzen und Aufwand

Aufgrund der Strukturmatrix-Methodik bei der Problemanalyse, der modularen Form der Service-Programme und der einfachen Matrizensprache MATSYS kann ein neuer Anwendungsbereich oder ein neues Betriebsmodell in wenigen Mannwochen von der Systemabteilung anwendungsreif implementiert werden. Nicht berücksichtigt ist hierbei die Datenbeschaffung seitens der zuständigen Fachabteilung. Die Rechenzeiten sind wegen der optimal vorprogrammierten Moduln ebenfalls gering. Damit ergibt sich eine Überlegenheit gegenüber konventioneller Problemanalyse und Programmierung.

Um diesen Vorteil zu erreichen, bedurfte es zum einen der Sammlung von Erfahrungen in enger Zusammenarbeit mit den Fachabteilungen und dem Rechenzentrum während der Konzeptionsphase der Service-Programme und bei der organisatorischen Abwicklung der Jobs. Zum anderen waren Schwierigkeiten wegen der ungewohnten Methodik zu überwinden, Kontaktleute in den Fachabteilungen zu schulen und ausführliche Benutzer- und Programmdokumentationen zu erstellen.

Von der Beschlußfassung, das gedanklich konzipierte System einzuführen, bis zur Realisierung der ersten Anwendung, wurden etwa 1 1/2 Jahre (2 Systemanalytiker, 1 Programmierer) benötigt.

8. Ausblick

Der methodische Ausbau wird in Richtung Abfragesystem über Datenstationen erfolgen. Weiter ergeben sich Vorteile, wenn die nur wenige Produktionsstufen enthaltenden Betriebsmodelle maschinell durch Überbrückung ihrer unterschiedlichen Erzeugungs- und Einsatzgliederung datenmäßig verknüpft werden, da dann sowohl für Kalkulations- als auch für Ermittlungsrechnungen eine schrittweise Durchrechnung vielstufiger Produktionsgänge möglich wird. Schließlich wird angestrebt, aus den detaillierten Betriebsmodellen globale Verbrauchsfunktionen für die Unternehmensplanung abzuleiten, für die zunächst ein eigenständiges Unternehmensmodell existiert; dies kann maschinell durch gezielte Aggregierung über entsprechend gesteuerte MATSYS-Programme erfolgen.

Es ist zu erwarten, daß weitere Anwendungsmöglichkeiten im Absatzbereich bei Erlösanalyse und in der Weiterverarbeitung bei Stücklistenauflösung und Vorkalkulation bezüglich Einzelfertigung erschlossen werden.

9. Literatur

Laßmann, G., Die Kosten- und Erlösrechnung als Instrument der Planung und Kontrolle in Industriebetrieben, Düsseldorf, Stahleisen 1968

Steinecke, V., R. Wartmann, Erfahrungen beim Aufbau und Einsatz eines Richtkosten- und Planungsmodells für ein SM-Stahlwerk, Hoesch-Berichte aus Forschung und Entwicklung unserer Werke 8 (1973), Nr. 2, S. 59/68

Wartmann, R., V. Steinecke, G. Sehner, System für Plankosten- und Planungsrechnung mit Matrizen, herausgegeben von IBM Deutschland (GAP Grundlagen für Anwendungsprogrammierung), Stuttgart 1975
1. Management-Information, IBM-Form GE 12-1343-0
2. Anwendungsbeschreibung, IBM-Form GE 12-1344-0
3. Leitfaden für Programmierung und Installation, IBM-Form GE 12-1345-0

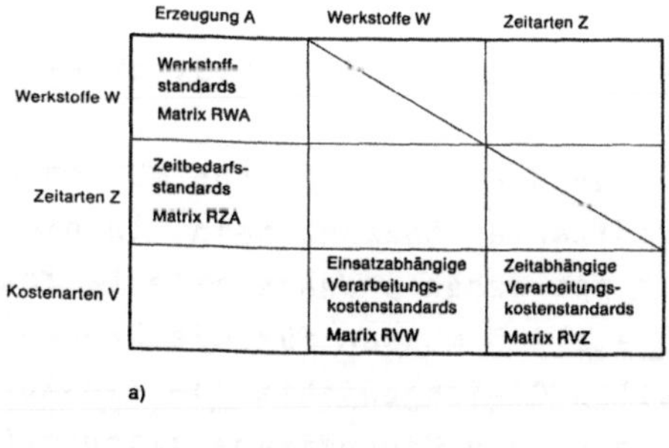

Abbildung 4a: Strukturmatrix mit originären Standards. Der Schrägstrich bedeutet anschaulich eine Übertragung (Spiegelung) der am linken Rand eingetragen gedachten Zahlenwerte (z. B. für Werkstoffmengen) an den oberen Rand und umgekehrt (z. B. für Werkstoffverarbeitungskostensätze); im Formalismus der Matrizenrechnung das Negative einer Einheitsmatrix

Abbildung 4b: Konzentrierte Strukturmatrix mit abgeleiteten Standards. Die abgeleiteten Matrizen einer konzentrierten Strukturmatrix folgen aus einfachen, aus der originären Strukturmatrix ablesbaren Rechenanweisungen, hier: $RVA = RVW \cdot RWA + RVZ \cdot RZA$

Kurzfristige Finanzplanung bei ungewissen Einnahmen und Ausgaben

W. Bühler und H. Gehring, Aachen

Kurzfassung:

Aufgabe der kurzfristigen Finanzplanung ist es, auf der Basis prognostizierter zukünftiger Einnahmen und Ausgaben eine optimale Finanzierung von Zahlungsdefiziten und eine optimale Anlage von Zahlungsüberschüssen vorzunehmen. Zur Lösung dieser Aufgabe sind eine Reihe linearer Optimierungsmodelle entwickelt worden und teilweise im praktischen Einsatz. Die Restriktionen der meisten dieser Modelle zerfallen in drei Gruppen:

1. Nebenbedingungen, durch die institutionelle Beschränkungen bei der Kreditaufnahme und Mittelanlage charakterisiert werden (z.B. langfristig vereinbarte Kreditlinien).
2. Nebenbedingungen, durch die Kreditaufnahme- bzw. Mittelanlagebeschränkungen in Abhängigkeit bestimmter Ausgabe- und Einnahmearten beschrieben werden (z.B. können Schuldwechsel nur für einen Teil der Eingangsrechnungen ausgestellt werden).
3. Nebenbedingungen, die der Sicherung der Liquidität dienen.

Zur Formulierung der Restriktionen der ersten Gruppe müssen die Kreditlinien für die einzelnen Kreditarten bekannt sein. In die Restriktionen der zweiten und dritten Gruppe gehen prognostizierte zukünftige Einnahmen und Ausgaben ein. Zusätzlich müssen für die Nebenbedingungen zur Sicherung des finanziellen Gleichgewichts die Zinskosten und Zinserlöse einzelner Finanzierungs- und Finanzinvestitionsmaßnahmen ermittelt werden.

Gegenstand des Referats ist die Entwicklung eines mehrperiodigen, linearen Modells zur kurzfristigen Finanzplanung, das auf folgenden Informationsvoraussetzungen basiert:

1. Alle in das Modell eingehenden Daten wie Kreditlinien, Anlagelimits und Zinssätze können für den Planungszeitraum mit "hinreichender" Genauigkeit geschätzt werden. Dagegen sind die zukünftigen Einnahmen und Ausgaben nur unvollkommen bekannt.
2. Hinsichtlich der zukünftigen Einnahmen und Ausgaben wird unterstellt, daß über deren Höhe gewisse Vorstellungen existieren, diese aber nicht in Form von Wahrscheinlichkeitsverteilungen präzisiert werden können. Vielmehr, so wird vorausgesetzt, gestatten diese Vorstellungen nur qualitative Wahrscheinlichkeitsaussagen der Form
   "die Differenz aus Einnahmen und Ausgaben einer bestimmten Teilperiode des Planungszeitraums liegt wahrscheinlicher in einem Intervall I_1 als in einem Intervall I_2".

Die Entwicklung des Modells gliedert sich in vier Schritte:

<u>Im ersten Schritt</u> erfolgt die Formalisierung des Informationsstandes wie er in 2. beschrieben wurde. Hierzu wird eine Menge P aller mit einem gegebenen Informationsstand verträglichen Wahrscheinlichkeitsverteilungen p eingeführt. Die Ecken der Menge P lassen sich eineindeutig charakterisieren; ein Ergebnis, das im vierten Schritt benötigt wird.
<u>Der zweite Schritt</u> dient der Transformation eines linearen, kurzfristigen Finanzplanungsmodells bei <u>bekannter</u> Wahrscheinlichkeitsverteilung $p \varepsilon P$ der zufälligen Einnahmen und Ausgaben in ein Chance-Constrained Modell.
<u>Im dritten Schritt</u> wird berücksichtigt, daß die Wahrscheinlichkeitsverteilungen der zukünftigen Einnahmen und Ausgaben nicht genau bekannt sind. Dieser Sachverhalt erzwingt eine neue Interpretation eines Chance-Constrained Modells bei unvollkommen bekannten Wahrscheinlichkeitsverteilungen der zufälligen Daten. Um den besonderen Anforderungen gerecht zu werden, die an die Sicherung des finanziellen Gleichgewichts zu stellen sind, wird die folgende spieltheoretische, pessi-

mistische Interpretation gewählt:
"In jeder Periode t des Planungszeitraums ist bzgl. der 'schlechtest' möglichen Wahrscheinlichkeitsverteilung $\overline{p} \varepsilon P$ das finanzielle Gleichgewicht mit einer vorgegebenen Mindestwahrscheinlichkeit α_t zu erfüllen."
Zur Ermittlung einer 'schlechtesten' Wahrscheinlichkeitsverteilung ist für jede Teilperiode ein nichtlineares Optimierungsproblem zu lösen.
Im vierten Schritt wird nachgewiesen, daß diese nichtlinearen Optimierungsprobleme auf lineare zurückgeführt werden können, die sich mit Hilfe der im ersten Schritt erzielten Ergebnisse sehr einfach "von Hand" lösen lassen.

Abschließend wird die gesamte Vorgehensweise, zunächst für feste Sicherheitswahrscheinlichkeiten α_t, an einem Beispiel mittlerer Grössenordnung (226 Variable, 137 Restriktionen, Planungszeitraum 1 Jahr unterteilt in 36 Dekaden) demonstriert. Dieses Beispiel wurde einer Veröffentlichung entnommen, in der ein im Versandhaus Quelle eingesetztes Modell zur optimalen Liquiditätsdisposition beschrieben wird 2 . Daran schließt sich die Ermittlung der Abhängigkeit des optimalen Zielfunktionswertes von den Sicherheitswahrscheinlichkeiten α_t an. Diese Fragestellung führt auf ein nichtlineares parametrisches Optimierungsproblem, das vollständig gelöst wird.

Ausgewählte Literatur

1 Robichek, A.A., Teichrow, D. und Jones, J., "Optimal Short Term Financing Decisions", Man Science, Vol.12, 1965/66, S. 1-36

2 Späth, H., Gutgesell, W. und Grün, G., "Ein lineares Programm für die kurzfristige optimale Liquiditätsdisposition in einem Großunternehmen, Zeitschr. f. Oper.Research, Bd.16, 1972, S. B191 - B206.

3 Pogue, G.A. und Bussard, "A Linear Programming Model for Short Term Financial Planning under Uncertainty", Sloan Management Review, Bd.13, 1972, S. 69 - 58.

4 Kistner, K.P., "Taktische und strategische Modelle der Kassenhaltung", erscheint in Z.f.B. 1975.

Zur Bestimmung der Kapitalstruktur in Unternehmungen

E.-D. Wolf, Karlsruhe

Ansätze zur Bestimmung der optimalen Kapitalstruktur in Unternehmungen wurden bisher u.a. in den Modellen von Gordon (1959), Miller-Modigliani (1961), Lintner (1963), Krouse (1973) und Elton-Gruber (1975) gezeigt.

Es wird nachfolgend ein Modell mit den Entscheidungsfeldern Möglichkeit der Aufnahme von Fremdkapital, entscheidungsrelevante Steuern (gespaltener Körperschaftssteuersatz), güterwirtschaftliche Seite (z. B. Investitionsvolumen), Möglichkeit der Dividendenzahlung und Gewinneinbehalt, Transaktionskosten bei der Aufnahme/Abgabe von Fremd/Eigenmitteln, Finanzierungsbedingungen des Kapitalmarktes, der Banken und der (wirtschaftlichen) Umwelt und variables Wachstum formuliert.

t	Zeitindex
EK_t	Eigenkapital
FK_t	Fremdkapital
Y_t	Gewinn vor Steuern und FK-Zinsen
e_t	Neuaufnahme Eigenkapital
f_t	Neuaufnahme Fremdkapital
g_t	Gewinneinbehalt nach Steuern
d_t	Dividendenzahlung nach Steuern
s_g	Steuersatz für g_t
s_d	Steuersatz für s_d
I_t	Investitionsvolumen
v_t	Neuinvestitionen
i	FK-Zinssatz
r	Rendite der Investitionen
k	Diskontierungsfaktor der Anteilseigner bzw. des Marktes
c_1	Transaktionskosten EK
c_2	Transaktionskosten FK
m	Abschreibungssatz auf Investitionen
D_t	Abschreibungen
E_t	Einnahmenüberschüsse aus Investitionen

Aus Gründen der Anpassung, Erweiterung und numerischen Behandlung wird die Form der Dynamischen Programmierung gewählt.

Zielfunktion: Die Zielsetzung sei die Maximierung des Reichtums der Aktionäre.

Der Gewinn der Unternehmung (nach FK-Zinsen, vor Steuern) ist:

2.2.1. $Y_t = I_t \cdot r - FK_t \cdot i$

r und i seien konstant.

Die Aufteilung des Gewinns auf Gewinneinbehalt, Dividende und Steuern:

2.2.2. $Y_t = \frac{g_t}{1-s_g} + \frac{d_t}{1-s_d}$

daraus folgt für die Dividendenzahlung an die Aktionäre:

2.2.3. $d_t = (1-s_d) \left[I_t \cdot r - FK_t \cdot i - \frac{g_t}{1-s_g} \right]$

Die Zielfunktion lautet dann:

2.2.4. $Z_t\ (EK_{t-1}, FK_{t-1}, I_{t-1}) = \max\limits_{e_t, f_t, g_t} \quad (d_t - e_t) + (1-k)\ Z_{t+1}\ (EK_t, FK_t, I_t)$

Z_t (...) ist die Summe der Erträge von der t-ten Periode an, wenn am Ende der t-1 Periode das System im Zustand (EK_{t-1}, FK_{t-1}, I_{t-1}) sich befindet. Die verbleibenden Entscheidungen werden dabei optimal getroffen.

Beziehungen: Es gelten die folgenden rekursiven Beziehungen:

2.3.1. $EK_t = EK_{t-1} + g_t + (1-c_1) \cdot e_t$

2.3.2. $FK_t = FK_{t-1} + (1-c_2) \cdot f_t$

2.3.3. $I_t = I_{t-1} + v_t$

Restriktionen: Die Kapitalbeschränkungen werden im wesentlichen vom Kapitalmarkt, den Banken und den Daten der Unternehmung (Ertragserwartungen, Risiko, etc.) vorgegeben. Die Aufnahme von Fremdkapital ist häufig an die Einhaltung von Finanzierungsregeln gebunden. Aus der Vielzahl werden zwei dargestellt:

2.4.1. Kapitalstrukturregel (Verschuldungsgrad b_1)

$$b_1 \cdot EK_t \geq FK_t$$

2.4.2. Cash-Flow-Regel

$$b_2 \left(\frac{d_t}{1-s_d} + \frac{g_t}{1-s_g} + m \cdot I_t + i \cdot FK_t\right) \geq FK_t$$

umgeformt:

2.4.3. $\frac{b_2}{1-i \cdot b_2} \left(\frac{d_t}{1-s_d} + \frac{g_t}{1-s_g} + m \cdot I_t\right) \geq FK_t$

Es soll weiter angenommen werden, daß der Entscheidungsbereich über die Höhe der

Aufnahme von Eigen/Fremdkapital und über die Höhe der Dividendenausschüttung/ Gewinneinbehalt in einem linearen Ungleichungssystem erfaßt werden kann:

2.4. . $a_{11} \cdot e_t + a_{12} \cdot f_t + a_{13} \cdot g_t \leq EK_t$

2.4.5. $a_{21} \cdot e_t + a_{22} \cdot f_t + a_{23} \cdot g_t \leq FK_t$

Das Wachstum des Investitionsvolumens sei ferner beschränkt:

2.4.6. $b_2 \cdot v_t \leq I_t$ oder

2.4.7. $a_{31} \cdot e_t + a_{32} \cdot f_t + a_{33} \cdot g_t \leq I_t$

Alle Restriktionen sind u. a. Ausdruck der Bewertung des unternehmensspezifischen Risikos. Die Koeffizienten a_{ij} sind in einer empirischen Untersuchung über das Verhalten der Kapitalgeber zu bestimmen.

Literatur:

1 Beranek, W.: The Cost of Capital, Capital Budgeting and the Maximization of Shareholder Wealth, JFQA 3/75, S. 1 - 20

2 Elton, E.J., Gruber, M.J., Lieber, Z.: Valuation, Optimum Investment and Financing for the Firm, Subject to Regulation, JoF 5/75, S. 401 - 425

3 Krouse, C.G., Lee, W.Y.: Optimal Equity Financing of the Corporation, JFQA 4/73, S. 539 - 563

4 Krouse, C. G.: Optimal Financing and Capital Structure Programs for the Firm, JoF 3/73, S. 1057 - 1071

5 Inselbog, I.: Financing Decisions and the Theory of the Firm, JFQA 12/73, S. 763 - 776

6 Vickers, D.: The Cost of Capital and the Structure of the Firm, JoF 1/70, S. 35 - 46

JoF : Journal of Finance

JFQA : Journal of Financial and Quantitative Analysis

Optimale Preispolitik im Produktlebenszyklus

K. Spremann, Karlsruhe

I. PROBLEMSTELLUNG

Produktinnovation [5] und Marktsegmentierung bewirken zeitlich befristet monopolartige Märkte [6], so daß Hersteller ihre Abgabepreise autonom setzen können. Das Konzept des Produktlebenszyklus legt eine zeitliche Differenzierung der Preise nahe. So wird eine dynamische Analyse der möglichen autonomen Preispolitik im Rahmen quantitativer Marketingmodelle sinnvoll; ökonometrische Tests aufgrund von Marktbeobachtungen [3], [8] liefern relevantes Datenmaterial. Charakteristisch für die Absatzentwicklung sind Sättigungseffekte und für die Kostenentwicklung deren Veringerung durch 'learning by doing'.

II. MODELL

Für den Absatz haltbarer Konsumgüter während deren Produktlebenszyklus konnten dynamische Nachfragerelationen nachgewiesen werden, die es ermöglichen, Skimming- bzw. Penetrationpolitik als Lösung eines Kontrollproblems zu erhalten [11]. Dazu wird eine dynamische Version [11] der Formel von Amoroso-Robinson [1] hergeleitet, die von einzelnen Unternehmenszielen (wie Gewinnmaximierung auf einem festen Zeitintervall, für freien Zeithorizont oder dem Ziel der schnellstmöglichen Amortisation der Fixkosten) unabhängig ist. Die darin auftauchende Dualvariable erfährt ihre ökonomische Interpretation als Grenzveränderung am Kapitalwert.

III. BEISPIEL

Ein Beispiel auf Grundlage des Adoption-Diffusionsmodells [2] mit praxisrelevanten Modellparametern wurde über die numerische Lösung eines Randwertproblems bei gewöhnlichen Differentialgleichungen ausgewertet: eine Glättung der Preispolitik wird deutlich, die Sensitivitätsanalyse sowie die geringe Anzahl von Modellparametern weisen auf die Praxisrelevanz im Sinne des 'decision-calculus' [7] hin. Zur rechnerischen Lösung (über die Auswertung der Bellmanschen Funktionalgleichung) eines ähnlichen konkreten Beispiels sei auch auf die kürzlich erschienene Arbeit [10] hingewiesen; weitere grundlegende Publikationen auf diesem Gebiet sind [4], [9], [12], [13].

1. L.AMOROSO: La curva statica di offerta. Giornale degli Economisti e Rivista di Statistica LXX (1930) 1-26.
2. F.M.BASS: A New Product Growth Model for Consumer Durables. Management Science 15 (1969) 5, 215-227.
3. K.BROCKHOFF: A Test for the Product Life Cycle. Econometrica 35 (1967) 3-4, 472-484.
4. R.DORFMAN and P.O.STEINER: Optimal Advertising and Optimal Quality. American Economic Review 44(1954)826-836.
5. J.M.FINGER: A New View of the Product Cycle Theory. Weltwirtschaftliches Archiv 111 (1975) 1,79-99.
6. R.R.LANZILLOTTI: Pricing Objectives In Large Companies. American Economic Review 48 (1958) 5,921-940.
7. J.D.C.LITTLE: Models and Managers: The Concept of a Decision Calculus. Management Science 16 (1970) 8, B-466 - B-485.
8. H.MEFFERT: Interpretation und Aussagewert des Produktlebenszyklus-Konzeptes; in P.HAMMAN et al. (eds.): Neuere Ansätze der Marketingtheorie, Duncker-Humblot Berlin, 1974.
9. M.NERLOVE and K.J.ARROW: Optimal Advertising Policy under dynamic Conditions. Economica (May 1962) 129-142.
10. B.ROBINSON and C.LAKHANI: Dynamic Price Models for New-Product Planning. Manamgement Science 21(1975)10, 113-1122.
11. K.SPREMANN: Optimale Preispolitik bei dynamischen deterministischen Absatzmodellen. Zeitschrift für Nationalökonomie 35 (1975) 1-2, 63-76.
12. R.G.THOMPSON, M.D.GEORGE, P.L.BROWN and M.S.PROCTOR: Optimal Production, Investment, and Output Price Controls for a Monopoly Firm of the Evan's Type. Econometrica 29 (1971) 119-129.
13. R.G.THOMPSON and M.S.PROCTOR: Optimal Production, Investment, Advertising and Price Controls for the Dynamic Monopoly Firm. Management Science 16 (1969) 3, 211-220.

Eine Verallgemeinerung des Werbemodells von Nerlove-Arrow

M. Köhler, Zürich

Die folgenden Annahmen liegen dem zu behandelnden Modell zugrunde:

i) Der Kundschaftsbestand ("stock of goodwill") einer Firma zum Zeitpunkt t, x(t), fasst die Auswirkung der gegenwärtigen und vergangenen Werbeanstrengungen auf die Nachfrage nach dem von der Firma produzierten Gut zusammen. Der Kundschaftsbestand nimmt mit der Zeit ab, entsprechend der Rate $\beta(t)$. Bezeichnet u(t) die laufenden Werbeanstrengungen, so gilt

$$\frac{d}{dt}x(t) = -\beta(t)x(t)+u(t).$$

ii) Die Verkaufsrate q(t) ist eine Funktion des Kundschaftsbestandes x(t), des Preises $\ddot{p}(t)$ und weiterer Variablen z(t), die nicht von der Firma kontrolliert werden, wie Verbrauchereinkommen, Konkurrenz u.s.w.:

$$q(t) = \bar{q}(x(t),p(t),z(t)) \;.$$

iii) Die totalen Produktionskosten c(t) sind eine Funktion des Verkaufs:

$$c(t) = \bar{c}(q(t)) \;.$$

iv) Die Kosten der Werbeanstrengungen u(t) sind durch g(u(t)) gegeben.

v) Der Zinssatz α ist von der Zeit abhängig:

$$\alpha = \alpha(t) \;.$$

Bezeichnet $r(x(t),p(t),z(t)):=p(t)q(t)-c(t)-g(u(t))$ die Nettoeinnahmen durch Werbeanstrengungen zum Zeitpunkt t, so lässt sich folgendes Werbemodell aufstellen:

Die Firma ist bestrebt, Preis-und Werbepolitiken p(t) und u(t) derart auszuwählen, dass unter den Nebenbedingungen

$$\frac{d}{dt}x(t) = -\beta(t)x(t)+u(t) \quad \text{fast alle } t\in[0,\infty), \tag{1.1}$$

$$x(0) = x_0 , \quad (1.2)$$

$$u(t) \geqq 0, \ t\in[0,\infty), \quad (1.3)$$

$$0 \leqq g(u(t)) \leqq a(t) \ , \ t\in[0,\infty), \quad (1.4)$$

$$p(t) \geqq 0 \quad t\in[0,\infty) \quad (1.5)$$

der gegenwärtige Wert aller Nettoeinkommen durch Werbeaufwand

$$\int_0^\infty e^{-\bar{\alpha}(t)t}(r(x(t),p(t),z(t))-g(u(t)))dt$$

maximal wird.

Hierbei stellt (1.4) eine Budgetrestriktion für die Werbekosten dar, $\bar{\alpha}(t)$ bezeichnet den durchschnittlichen Zinssatz bis zum Zeitpunkt t, d.h.

$$\bar{\alpha}(t) := \frac{1}{t}\int_0^t \alpha(\tau)d\tau ,$$

und x_0 ist der gegebene Anfangsbestand an Kundschaft.

Die Verallgemeinerung gegenüber dem Nerlove-Arrow Modell besteht darin, dass α und β von der Zeit abhängig sind, dass für g nicht nur die identische Abbildung untersucht wird und dass eine Budgetrestriktion vorliegt. Optimale Werbepolitiken werden mit Hilfe des Maximumprinzips bestimmt oder mit Hilfe der Variationsrechnung angegeben.

Produktion und Lagerhaltung

Produktionsablaufplanung, Probleme, Modelle, Methoden (Übersichtsvortrag)

B. Fleischmann, Hamburg

Summary. This paper gives a survey of short-term production scheduling problems, models, and methods. First the characteristics of the various problems are pointed out. Models and methods for multi-product lot size scheduling are classified and discussed, including stationary and dynamic, single and multi-stage models. Job scheduling models and methods, for which an excellent new book of BAKER [1] is available, are not considered. A final section deals with some aspects of application.

1. Problemstellungen

1.1. Aufgaben der Produktionsablaufplanung

Unter Produktionsablaufplanung verstehen wir eine kurzfristige Planung, die den Einsatz vorhandener Produktionsanlagen und Arbeitskräfte zur Erfüllung vorgeschriebener Produktionsanforderungen im genauen zeitlichen Ablauf festlegt und dabei die Minimierung der beeinflußbaren Kosten anstrebt. Die Daten für diese Ablaufplanung sind in der Regel das Ergebnis zeitlich oder räumlich umfassenderer Planungen, die z.B. langfristig die Art und Anzahl der Produktionsanlagen, mittelfristig das Produktionsprogramm, den Absatz, den zeitlichen Kapazitätsausgleich, das verfügbare Personal, die Finanzierung, die Aufteilung der Produktion auf mehrere Betriebe und die Distribution der Fertigware festlegen bzw. schätzen. Das Ergebnis der Ablaufplanung ist seinerseits Datum für die Rohwarenplanung und die Produktionssteuerung und -kontrolle, die den Ablaufplan vollzieht und auf Soll-Ist-Abweichungen reagiert.

Zwar ist vom theoretischen Standpunkt aus eine simultane gewinnmaximierende Planung mehrerer oder aller der genannten Bereiche der isolierten Ablaufplanung vorzuziehen - zahlreiche Vorschläge dazu sind in der Literatur zu finden -, aber dies ist aus zwei Gründen unrealistisch: Erstens sind die Absatzdaten meist zu unsicher, als daß der genaue Produktionsablauf in einer längerfristigen Planung erfaßt werden könnte; zweitens ist das Problem der Ablaufplanung allein oft schon so kompliziert, daß sich das Kostenminimum nur grob annähern läßt. Wir beschränken uns im folgenden auf die reine Ablaufplanung mit determinierten Daten.

Die in der Ablaufplanung erfaßten Produktionsanlagen können sowohl einzelne Maschinen als auch komplexe Aggregate oder Produktionslinien sein, deren interner Ablauf, z.B. Takt und Einteilung eines Fließbandes, aber längerfristig festgelegt ist. Insofern ist die Unterscheidung dieser Fälle hier nicht wesentlich. Wir sprechen im folgenden einfach von Maschinen.

1.2. Aufträge und Produktsorten

Von grundlegender Bedeutung für die Ablaufplanung ist die Art der vorgegebenen Produktionsanforderungen: Es können entweder unteilbare Aufträge mit Terminen für die späteste Fertigstellung oder zeitabhängiger Bedarf an verschiedenen Produktsorten vorliegen. Im zweiten Fall hat die Ablaufplanung sowohl die Aufteilung des Bedarfs auf Produktionslose als auch deren zeitliche Einplanung auf den Maschinen vorzunehmen. Diese Aufgabe ist als "simultane Losgrößen- und Reihenfolgeplanung" oder "Lot-Size Scheduling" bekannt.

Wir werden zur Unterscheidung kurz von Auftragsplanung bzw. Sortenplanung sprechen. Der erste Fall kommt überwiegend bei auftragsorientierter Einzelfertigung, der zweite bei marktorientierter Sorten- oder Serienfertigung vor, jedoch sind Ausnahmen möglich.

1.3. Übersicht über die Problemstellungen

Daten des Ablaufplanungsproblems sind in jedem Falle der Planungszeitraum, die vorhandenen Maschinen, die Aufträge mit ihren Bearbeitungszeiten pro Maschine und Terminen bzw. die Sorten mit ihren Produktionsraten pro Maschine und ihrem Bedarf. Hat ein Auftrag oder eine Sorte mehrere Maschinen nacheinander zu durchlaufen, so spricht man von mehrstufiger Fertigung. Auf jeder Stufe können eine oder mehrere parallele Maschinen zur Verfügung stehen. Die vorgeschriebene Folge von Maschinen oder Maschinengruppen heißt Produktionsweg des Auftrags oder der Sorte. Die Bearbeitung eines Auftrags auf einer bestimmten Stufe heißt Operation.

Variable sind im Fall der Auftragsplanung die Reihenfolge der Aufträge auf jeder Maschine, im Fall der Sortenplanung die Sortenwechselzeitpunkte auf jeder Maschine und die jeweils zu fertigende Sorte.

Die Problemstellungen unterscheiden sich in den Restriktionen und Zielsetzungen. Im einzelnen kommen vor:

Restriktionen:

- beschränkte Produktionskapazität (höchstens ein Auftrag oder eine Sorte zugleich auf einer Maschine)
- beschränkte Personalkapazität, eventuell unterteilt in Normal- und Überstunden
- Einhalten von Rüstzeiten bei Auftrags- bzw. Sortenwechsel
- Einhalten der Termine bei Auftragsplanung
- untere und obere Grenzen für den Bestand an Fertig- und Zwischenprodukten bei Sortenplanung. (Nichtnegative Untergrenzen bewirken ständige Bedarfsdeckung, negative Bestände entsprechen verspäteter Lieferung).
- sonstige Restriktionen, die aus den Besonderheiten der jeweiligen Produktionsform folgen.

Zielsetzungen:

Bei Auftragsplanung die Minimierung von

- Leerzeiten der Maschinen
- Wartezeiten der Aufträge
- Terminüberschreitungen
- Gesamtkosten (evtl. eine Funktion der vorigen Zielgrößen).

Bei Sortenplanung die Minimierung folgender Kosten:
- Lagerhaltungskosten (einschließlich Kapitalbindungskosten) für Fertig- und Zwischenprodukte; sie hängen linear vom Zeitintegral der Bestände ab
- Rüstkosten für jeden Sortenwechsel
- variable Produktionskosten (nur relevant, falls unterschiedliche Kostensätze auf parallelen Maschinen gelten)
- Löhne, insbesondere Überstunden
- Fehlmengenkosten (für negative Bestände).

Die wichtigsten Merkmale eines Ablaufplanungsproblems sind:
- die Anzahl der Stufen, der Maschinen pro Stufe, der Aufträge bzw. Sorten
- bei Sortenplanung die Art des Bedarfs: konstant oder zeitlich schwankend
- die Art der Rüstkosten und -zeiten: sie können von der Reihenfolge der Aufträge bzw. Sorten vor und nach dem Wechsel oder aber nur vom Auftrag bzw. der Sorte nach dem Wechsel abhängen oder konstant sein
- die Art der Restriktionen
- die Art der Zielfunktion;

bei mehrstufigen Problemen ferner
- die Produktionswege: sie können für alle Aufträge oder Sorten gleich sein ("Flow-Shop"-Problem der Auftragsplanung), wobei das "Überholen" zwischen Aufträgen bzw. Losen erlaubt oder verboten sein kann, oder vom Auftrag oder der Sorte abhängen ("Job-Shop"-Problem der Auftragsplanung);
- bei Auftragsplanung die Unabhängigkeit oder Abhängigkeit zwischen den Operationen verschiedener Aufträge. Im zweiten Fall liegt ein Projektplanungsproblem vor, das auch als verallgemeinertes Netzplan-Problem aufgefaßt werden kann;
- bei Sortenplanung die durch Montage- oder Mischungsvorgänge definierte "Vorgänger-Nachfolger"-Relation zwischen den Sorten: spezielle Formen sind die serielle Struktur, Arboreszenz-Struktur (höchstens ein Vorgänger pro Sorte) und "Montage-Systeme" ("assembly line", höchstens ein Nachfolger pro Sorte).

1.4. Mögliche Vereinfachungen

Oft können komplexe Produktionsstrukturen der Praxis für die Ablaufplanung zerlegt oder vereinfacht werden. Wie weit dies zulässig ist, muß im Einzelfall geprüft werden. Insbesondere kommen folgende Vereinfachungen in Frage:

1. Mehrere Stufen können nacheinander einzeln geplant werden, beginnend mit der Engpaß-Stufe.
2. Mehrere parallele Maschinen können einzeln betrachtet werden, wenn zuvor eine eindeutige Zuordnung der Aufträge bzw. Sorten auf die Maschinen vorgenommen wird. Voraussetzung dafür ist, daß für diese Maschinen keine gemeinsame Personal-Restriktion besteht.
3. Reihenfolgeabhängige Rüstkosten und -zeiten können zu auftrags- bzw. sortenabhängigen vereinfacht werden, indem eine Grund-Reihenfolge aller Aufträge bzw. Sorten (z.B. von höherwertigen zu minderwertigen Sorten) unterstellt wird.

Aufgrund der ersten beiden Vereinfachungen haben auch Modelle für nur eine Stufe und eine Maschine, zumindest für die Sortenplanung, durchaus praktische Bedeutung.

2. Modelle und Verfahren

2.1. Übersicht

Zur Auftragsplanung sind seit über 20 Jahren bis in die jüngste Zeit eine Fülle von Arbeiten erschienen. Einen ausgezeichneten Überblick über Modelle und Methoden sowie reichhaltige Literaturangaben gibt ein neueres Buch von BAKER [1]. Wir wollen daher auf dieses Gebiet nicht weiter eingehen.

Zur Sortenplanung gibt es vergleichsweise weniger Literatur. Wir beschränken uns auf den Fall, daß Rüstkosten oder -zeiten vorliegen - anderenfalls führen einfache lineare Ansätze zum Ziel - und daß Fehlmengen, wie in fast allen Anwendungen, ausgeschlossen sind.

Nur die stationären Modelle (Abschnitt 2.2) erfassen ohne Einschränkung das ursprüngliche Problem, das ja reelle Variable (Losgrößen), diskrete Variable (Reihenfolgen) und quadratisch von den Losgrößen abhängige Kosten enthält.

Die Modelle für schwankenden Bedarf teilen den Planungszeitraum in Perioden ein und unterstellen, daß sich die Bestände innerhalb einer Periode linear verändern. Dann hängen die Lagerhaltungskosten linear von den in jeweils einer Periode produzierten Mengen ab. Die meisten Modelle schränken die Losgröße auf diskrete Werte ein. Dies kann auf zwei verschiedene Weisen geschehen:

1. Sortenwechsel sind nur am Periodenende zugelassen. Dies führt zu rein diskreten Modellen (Abschnitt 2.3).
2. Losgrößen decken immer den Bedarf (einer oder mehrerer) ganzer Perioden. Gesucht ist dann die "Auflagestrategie" jeder Sorte (Abschnitt 2.4).

Die erste Art der Diskretisierung setzt voraus, daß die Lose länger als eine Periode sind, was viele kleine Perioden und wenige Sorten erfordert. Im zweiten Fall müssen die Lose kürzer als eine Periode sein und eine Sorte darf höchstens einmal pro Periode aufgelegt werden, was bei großer Sortenanzahl und wenigen Perioden zutrifft. Beide Modelltypen ergänzen sich somit in der Anwendbarkeit.

Neben diesen Modellen mit diskreten Losgrößen gibt es noch linearisierte Modelle [29] und - vor allem für die vielstufige Fertigung - heuristische Modelle [25, 26, 27, 31] (Abschnitt 2.5.).

Die Sortenplanung läßt sich auch als Problem der optimalen Steuerung auffassen. Entsprechende Modelle können im Fall einer Sorte, einer Maschine und intensitätsmäßiger Anpassung angewandt werden [35]. Bei mehreren Sorten führt jedoch die numerische Lösung auf ähnliche diskrete Optimierungsaufgaben wie die diskreten Modelle und bietet keine Vorteile.

Ein Modell für die Planung des Personaleinsatzes beschreibt die Arbeit [36]. Es berücksichtigt jedoch keinerlei Maschinen-Kapazitäten, also auch keine Rüstkosten oder -zeiten, und ist nur für eine längerfristige Kapazitätsplanung geeignet.

2.2. Stationäre Modelle

In den stationären Modellen wird unterstellt, daß alle Daten zeitlich konstant sind. Dabei bedeutet vor allem die Annahme einer konstanten Bedarfsrate eine starke Einschränkung der Anwendbarkeit.

Als Lösung eines stationären Modells ergibt sich ein Ablaufplan, der aus ständig sich wiederholenden Zyklen aufgebaut ist (vgl. [8]). Der Planungszeitraum kann dabei beliebig groß gewählt werden.

Für den Fall einer Maschine und sortenabhängiger Rüstkosten gibt es einfach zu berechnende Näherungslösungen [2, 4, 1o], die auf folgender Idee beruhen:

Für Sorte i sei b_i die Bedarfsrate, p_i die Produktionsrate. Gesucht ist die Zykluslänge z und die Anzahl n_i von Losen der Sorte i innerhalb eines Zyklus. Bei gleicher Länge aller Lose einer Sorte sind dann die Losgrößen

$$L_i = \frac{b_i\, z}{n_i} .$$

Für feste n_i sind die Kosten quadratisch in z, so daß sich das optimale z leicht bestimmen läßt. Die n_i können nun iterativ, etwa ausgehend von $n_i = 1$ für alle i, verbessert werden, wofür verschiedene Verfahren vorgeschlagen werden, u. a. die dynamische Optimierung [2]. Sind auch Rüstzeiten r_i gegeben, so ist zusätzlich die Nebenbedingung

$$\sum_i \left(\frac{n_i\, r_i}{z} + \frac{b_i}{p_i} \right) \leqq 1$$

zu beachten.

Die Bestimmung der Reihenfolge der Lose innerhalb des Zyklus, auf die manche Autoren große Mühe verwenden, ist hier von geringer Bedeutung, da stationäre Modelle nur längerfristig zur Berechnung grober Richtwerte für die Losgrößen anwendbar sind, während die Reihenfolge vom Planer kurzfristig zu entscheiden ist.

Für mehrstufige serielle Fertigungsstruktur verallgemeinert MÜLLER-MERBACH [5] das beschriebene Vorgehen, jedoch eingeschränkt auf identische Auflagehäufigkeiten ($n_i = 1$) für alle Sorten und alle Stufen. Für mehrstufige Montage-Systeme kann man zeigen, daß die optimalen Losgrößen der Halbfertigsorten ganzzahlige Vielfache der optimalen Losgröße der jeweiligen Nachfolger-Sorte sind; die Losgrößen können näherungsweise berechnet werden [3, 9]. Leider gilt dies nur für den Fall genau einer Sorte pro Stufe und ist damit kaum anwendbar.

PRESSMAR [6] gibt ein allgemeines Modell für mehrere Stufen, mehrere Maschinen pro Stufe und mehrere Sorten pro Maschine an, das auch alle Arten von Restriktionen erlaubt und die Losgrößen als reelle Variable enthält. Er schlägt vor, die quadratisch davon abhängigen Lagerhaltungskosten iterativ linear zu approximieren. Das Modell führt dann auf eine gemischt-ganzzahlige lineare Optimierungsaufgabe, die für nicht zu große Anzahl möglicher Sorten/Maschinen-Kombinationen mit bekannten Methoden lösbar ist. Es ist auch für einen endlichen Planungszeitraum unter Beachtung eines Anfangszustandes anwendbar.

2.3. Diskrete Modelle

Für s Sorten, m Maschinen und n Perioden beschreiben die binären Variablen y_{ijt} ($i = 1,.., s$; $j = 1,.., m$; $t = 1,.., n$) einen Ablaufplan, indem $y_{ijt} = 1$ die Zuordnung der Sorte i zu Maschine j in Periode t bedeutet. Die Kapazitätsrestriktion nimmt dann die triviale Form

$$\sum_i y_{ijt} \leq 1 \quad \text{(für alle j, t)}$$

an. Theoretisch lassen sich so alle Problemstellungen, auch mehrstufige, als lineare binäre Optimierungsaufgaben schreiben [11, 12, 16, 18]. Dies sind auch die einzigen Modelle, die reihenfolgeabhängige Rüstkosten exakt erfassen. Leider gibt es aber nur für die einfachsten Fälle brauchbare Lösungsverfahren. In Frage kommen:

Verfahren der binären linearen Optimierung: Da die Anzahl der Variablen mn(s+1) bei konstanten Rüstkosten und 2mns bei reihenfolgeabhängigen Rüstkosten beträgt, sind die bekannten Verfahren selbst für praktische Anwendungen bescheidener Größe nicht anwendbar.

Dynamische Optimierung: Entscheidungsstufen sind die Perioden, Entscheidungen die y_{ijt}, die Zustände werden beschrieben durch den Bestand jeder Sorte und den Rüstzustand jeder Maschine. Die Dimension des Zustandsraums beträgt m+s, so daß auch hier der Rechenaufwand und der Speicherplatzbedarf nicht mehr vertretbar sind.

Spezielle Branch-and-Bound-Verfahren [14, 15]: Sie sind effektiver als die Verfahren der binären Optimierung, da sie die spezielle Problemstruktur ausnutzen. Insbesondere lassen sich aus den Bestandsrestriktionen einfache und scharfe " Verwerf-Regeln" ableiten:

Hat bei einstufiger Fertigung Sorte i den Anfangsbestand a_i, den Bedarf b_{it} in Periode t und die Produktionsrate p_i auf allen Maschinen, so ist die Mindestanzahl von Zuordnungen für Sorte i bis Periode t

$$d_{it} = \max \left\{ \left\langle \frac{1}{p_i} \left(\sum_{u \leq t} b_{iu} - a_i \right) \right\rangle , 0 \right\} , \quad ^{1)}$$

so daß für jede Sortengruppe $I \subset \{1,..,s\}$ und jede Periode t gelten muß:

$$\sum_{i \in I} \sum_{j} \sum_{u \leq t} y_{iju} \geq \max_{0 \leq k \leq n-t} \left\{ \sum_{i \in I} d_{i,t+k} - mk \right\} . \quad (1)$$

Am meisten Erfolg versprechen Kombinationen von Branch-and-Bound-Verfahren und der dynamischen Optimierung: Einerseits kann man den Branch-and-Bound-"Suchbaum" durch das viel kleinere Zustands-Netzwerk der dynamischen Optimierung ersetzen [15], andererseits schränkt z.B. NEUVIANS [17] bei der dynamischen Optimierung den Zustandsraum durch eine Reihe von Verwerfregeln, u.a. von der Form (1) mit $I = \{i\}$, drastisch ein. Diese Verfahren sind besonders gut anwendbar, wenn nur Rüstkosten, aber keine Rüstzeiten vorliegen. Die Erfassung von Rüstzeiten bringt erheblichen Mehraufwand, da sich dann die Anzahl der möglichen Werte, die die Bestände annehmen können, und damit der Zustandsraum, stark vergrößert.

Netzwerkfluß-Methoden: Die Arbeit [13] zeigt eine Transformation des diskreten Modells in das Problem, einen kostenminimalen Fluß in einem Netzwerk unter Beachtung oberer und unterer Schranken in den Pfeilen zu bestimmen. Dazu gibt es mehrere effiziente Lösungsmethoden. Das Netzwerk hat, unabhängig von der Anzahl Maschinen, $n(s+1) + 2$ Knoten und $n(2s+1)$ Pfeile. Leider werden dabei keine Rüstkosten erfaßt. Sie würden in dem Flußproblem zusätzliche Fixkosten ergeben, was zur Lösung wieder Branch-and-Bound-Verfahren erforderlich macht.

2.4. Modelle mit Auflage-Strategien

Das ursprüngliche Modell stammt von MANNE [23], der auch zeigt, daß die erwähnte Diskretisierung der Losgrößen keine Einschränkung bedeutet, sofern keine beschränkte Kapazität (Maschinen oder Personal) vorliegt. Dazu wurden mehrere Erweiterungen und verbesserte Lösungsverfahren entwickelt [19,20,21,22,24]. Die Modelle sind für den einstufigen Fall und alle Arten von Kosten und Restriktionen anwendbar, insbesondere können mehrere Arten von Resourcen, z.B. verfügbare Maschinen und Personal, erfaßt werden. Die Rüstkosten und -zeiten sind sortenabhängig. Es wird vorausgesetzt, daß die Anzahl der Sorten s groß gegenüber der Anzahl der Perioden n (bzw. gegenüber r n bei r Resourcen) ist. Wir beschreiben die Grundzüge der Modelle zur Vereinfachung für

---

[1]) $\langle \cdots \rangle$ bezeichne die Aufrundung auf die nächstgrößere ganze Zahl.

eine Resource:

Eine <u>Strategie</u> für Sorte i ist ein binärer Vektor

$$\sigma_i = (\sigma_{i1}, .., \sigma_{in}) \text{ mit den Komponenten}$$

$$\sigma_{it} = \begin{cases} 1, & \text{falls Sorte i in Periode t aufgelegt wird} \\ 0, & \text{sonst.} \end{cases}$$

Zu jeder der 2^n möglichen Strategien σ_i^j $(j = 1,..,2^n)$ gehören die Produktionsmengen

$$x_{it}^j = \begin{cases} 0, & \text{für } \sigma_{it}^j = 0 \\ \sum_{u=t}^{t'-1} b_{iu} & \text{für } \sigma_{it}^j = \sigma_{it'}^j = 1; \ \sigma_{iu}^j = 0 \ (t < u < t'), \end{cases}$$

der Kapazitätsverbrauch

$$k_{it}^j = K_i \sigma_{it}^j + K_i' x_{it}^j$$

und die Kosten

$$c_i^j = \sum_t (C_i \sigma_{it}^j + C_i' x_{it}^j)$$

mit Konstanten K_i, C_i (Rüstzeiten und -kosten), K_i', C_i'. Zulässige Strategien sind solche, deren Produktionsmengen die Bestandsrestriktionen und ggf. andere pro einzelne Sorte geltende Restriktionen erfüllen.

Mit "Gewichten" ϑ_i^j für jede zulässige Strategie σ_i^j als Variable bildet man das lineare Programm

$$\sum_{i,j} c_i^j \vartheta_i^j = \min! \tag{2}$$

$$\sum_{i,j} k_{it}^j \vartheta_i^j \leqq V_t \quad (t = 1,..,n) \tag{3}$$

$$\sum_j \vartheta_i^j = 1 , \quad 0 \leqq \vartheta_i^j \leqq 1 \quad \text{für alle } i,j , \tag{4}$$

wobei V_t die in Periode t verfügbare Kapazität ist und j jeweils über die Indizes aller zulässigen Strategien läuft.

Ist für eine Sorte i $\vartheta_i^j = 1$ für genau ein j, so bedeutet dies die Auswahl der "reinen" Strategie ϑ_i^j. Für höchstens n Sorten können in der optimalen Lösung "gemischte" Strategien $(0 < \vartheta_i^j < 1$

für mehrere j) auftreten, die aber wegen der Voraussetzung $s \gg n$ nicht ins Gewicht fallen. Für diese Sorten kann man eine der betreffenden Strategien auswählen oder die Produktionsmengen mit den entsprechenden ϑ_i^j gewichten, wobei aber die Zulässigkeit der Lösung zu überprüfen ist.

Das lineare Programm (2), (3), (4) muß wegen der großen Anzahl von Variablen durch DANTZIG/WOLFE-Dekomposition zerlegt werden: (3) bildet das übergeordnete Problem, (4) für festes i die Teilprobleme; diese können als unbeschränkte Losgrößenprobleme für eine Sorte aufgefaßt und mit dem WAGNER/WITHIN-Algorithmus gelöst werden. Es braucht nur ein kleiner Teil aller Koeffizienten c_i^j, k_i^j berechnet zu werden.

KLEINDORFER und NEWSON [21,24] geben heuristische Verfahren an, die direkt optimale reine Strategien aufsuchen und für beliebiges Verhältnis s/n gelten. Da aber die Anwendbarkeit des ganzen Modells $s \gg n$ verlangt, erscheint dies von geringerer Bedeutung.

2.5. Mehrstufige Modelle

Für die Sortenplanung bei mehrstufiger Fertigung gibt es kaum realistische lösbare Optimierungsmodelle. Für den stationären Fall haben wir schon Modelle erwähnt (s. 2.2). Von den zuvor beschriebenen Modellen für zeitabhängigen Bedarf lassen sich die diskreten Modelle zwar mehrstufig formulieren, sind dann aber nicht lösbar, die Strategie-Modelle sind nicht anwendbar.

Eine Reihe von aufeinander aufbauenden Arbeiten [28, 30, 32, 33, 34] beschreibt Modelle für verschiedene mehrstufige Fertigungsstrukturen, die auf Netzwerkfluß-Probleme führen. Der Fluß in einem Pfeil stellt dabei entweder Produktionsmengen oder Bestand auf einer bestimmten Stufe in einer bestimmten Periode dar. Die Kosten können beliebige konkave Funktionen der Produktionsmengen und Bestände sein, insbesondere also Rüstkosten enthalten. Alle Modelle setzen aber voraus, daß genau eine Sorte pro Stufe vorkommt und keine Kapazitätsbeschränkungen bestehen. Anderenfalls wäre das Flußproblem wegen der Fixkosten mit bekannten Algorithmen nicht zu lösen. Die Modelle sind somit höchstens für reine Lagerhaltungssysteme anwendbar.

KORNBLUTH und LEPAGE [29] formulieren eine separable Optimierungsaufgabe für mehrstufige Fertigung mit mehreren Maschinen pro Stufe und mehreren Sorten pro Maschine, die die Rüstzeiten näherungsweise erfaßt. Die Näherung ist brauchbar, sofern sich die Rüstzeiten der einzelnen Sorten nicht zu stark unterscheiden und nicht mehr als ein Sortenwechsel pro Periode vorkommt. Für jede Kombination von Maschine, Sorte und Periode wird ein Paar von Variablen benötigt, die durch eine logische Bedingung verknüpft sind. In das Modell können alle Arten von Restriktionen einbezogen werden. Statt des in [29] betrachteten Zielkriteriums, maximaler Durchsatz im Planungszeitraum, ließen sich auch Rüst- und Lagerhaltungskosten erfassen.

Die bisher erwähnten Modelle vernachlässigen eine wichtige Eigenart der mehrstufigen Sorten-Fertigung: Sie unterstellen, daß der Mindestabstand der Startzeiten eines Loses auf aufeinanderfolgenden Stufen konstant ist, indem sie für die in einer Periode auf einer Stufe gefertigte Menge die Weiterverarbeitung auf der nächsten Stufe entweder ab der gleichen oder ab der folgenden Periode zulassen. Der Mindestabstand hängt aber von der Losgröße ab, und zwar in unterschiedlicher Weise je nach Produktionsrate und Art des Fertigungsprozesses (kontinuierliche oder Chargen-Fertigung) der betreffenden Stufen. Die Berücksichtigung dieses Zusammenhangs führt allerdings zu sehr komplexen Modellen, für die nur noch heuristische Planungsverfahren in Frage kommen [26, 27, 31], vor allem mit Prioritätsregeln arbeitende "Dispatch-Verfahren", wie sie für die Auftragsplanung üblich sind (vgl. [1], S.188 f).

2.6. Numerische Erfahrung

Aus den wenigen Beispielen in der Literatur und unserer eigenen Erfahrung ergeben sich etwa folgende Größenordnungen für den Umfang lösbarer Probleme:

Stationäre Losgrößenmodelle werden für eine Maschine und 3o Sorten eingesetzt. Die exakten Modelle sind nur für relativ kleine Probleme brauchbar: die diskreten Modelle für eine Maschine, bis zu 1o Sorten, 12o Perioden; das Modell von PRESSMAR [6, 7] für bis zu etwa 1o möglichen Sorten/Maschinen-Kombinationen.

Größere gelöste Probleme werden angegeben für den Ansatz der separablen Optimierung [29] (2 Stufen, 9 Maschinen, 25 Sorten, 8 Perioden) und die Strategie-Modelle (5oo Sorten, 6 Perioden) [2o]. Beide erfassen aber die Rüstzeiten und -kosten nur angenähert.
Die heuristischen Verfahren wurden für Probleme mit 75 Maschinen und 54 Sorten [31] bzw. mit einem Netzwerk aus 2oo Maschinen und Lägern und 1oo Sorten angewandt [27].

3. Anwendungsaspekte

Über die laufende Anwendung von Modellen der Sortenplanung ist in der Literatur kaum etwas zu finden. Tatsächlich scheint es auch nur wenige solcher Anwendungen zu geben. Selbst in OR-freundlichen Unternehmen, die in anderen Bereichen wie Lagerdisposition, Rohwareneinsatz, Distribution EDV-Optimierungs-Systeme regelmäßig einsetzen, zeigt sich bei der Produktionsablaufplanung eine deutliche Lücke; dafür ist hier der Anteil gescheiterter Systeme am höchsten. Mögliche Gründe und Konsequenzen daraus sind:

1. Die Ergebnisse eines Ablaufplanungs-Systems müssen unmittelbar realisierbar sein, ohne viele manuelle Prüfungen und Modifizierungen zu verlangen. Dies erfordert eine hohe Genauigkeit in der Erfassung der oft komplizierten Restriktionen des Produktionsprozesses. Demgegenüber ist die Genauigkeit in der Beschreibung und Optimierung der Zielfunktion von sekundärer Bedeutung. Im Gegensatz dazu zieht man es in der Theorie meist vor, das Problem solange zu vereinfachen, bis man es exakt optimieren kann.

2. Die erwähnten Lösungsverfahren sind zum großen Teil aufwendig zu programmieren, Standard-Software ist nicht anwendbar; zudem sind für die meisten praktischen Fälle Erweiterungen der Verfahren zu entwickeln. Dazu ist in der Praxis entweder keine Zeit da, oder man scheut das Risiko der Implementation eines Verfahrens, über dessen Leistungsfähigkeit wenig bekannt ist. Hier liegt eine

dankbare Aufgabe für die Zusammenarbeit zwischen Praxis und Universitäten.

3. Der Nutzen eines Ablaufplanungssystems wird im voraus oft nicht genügend untersucht: Die Möglichkeiten der Einsparung von Planungspersonal sind gering, da die eigentliche Ablaufplanung meist nur von ein oder zwei Personen durchgeführt wird. Kostensenkungen durch bessere Planungsergebnisse sind in den einfachen Fällen oft unbedeutend. Bekannt ist z.B. die geringe Sensitivität der Kosten in stationären Losgrößenmodellen bzgl. der Zykluslänge: Eine Abweichung von der optimalen Zykluslänge um den Faktor α bewirkt einen Kostenanstieg um den Faktor $(\alpha^2 + 1)/2\alpha$, das sind nur 2 % für $\alpha = 1.2$, 8 % für $\alpha = 1.5$ und 25 % für $\alpha = 2$ oder $\alpha = 0.5$. Die Einsparungsmöglichkeiten wachsen mit zunehmender Komplexität der Produktionsstruktur. Gerade für komplizierte Fälle fehlen aber praktikable Verfahren.

4. EDV-Systeme zur Ablaufplanung werden häufig wegen mangelnder Flexibilität abgelehnt. Bei der Konzeption eines Systems ist hinsichtlich des Eingabe-Aufwands und der Rechenzeit die erforderliche Anwendungsfrequenz zu beachten, die von der Häufigkeit unerwarteter Datenänderungen abhängt. Außerdem sollte das System nicht nur einen " optimalen " Plan, sondern auch Alternativen liefern und Toleranzen für mögliche Abweichungen zeigen.

Literatur

Auftragsplanung

[1] BAKER, K.R., Introduction to sequencing and scheduling. New York-Sydney-London-Toronto 1974

Stationäre Modelle

[2] BOMBERGER, E.E., A dynamic programming approach to a lot size scheduling problem. Man.Sci. 12 (1966), S. 778-784.

[3] CROWSTON, W.B., WAGNER,M., WILLIAMS,J.F., Economic lot size determination in multi-stage assembly systems. Man.Sci. 19 (1973), S. 517 - 527.

[4] MADIGAN,J.G., Scheduling a multi-product single machine system for an infinite planning period. Man.Sci. 14 (1968), S. 713 - 719.

[5] MÜLLER-MERBACH,H., Fertigungssteuerung mit optimalen Losgrößen. VDI-Berichte Nr. 101 (1966), S. 59 - 67.

[6] PRESSMAR,D.B., Evolutorische und stationäre Modelle mit variablen Zeitintervallen zur simultanen Produktions- und Ablaufplanung. In: Proceedings in OR 3, Würzburg-Wien 1974, S. 462 - 471.

[7] ———, Einsatzmöglichkeiten der elektronischen Datenverarbeitung für die simultane Produktionsplanung. In: Informationssysteme im Produktionsbereich. Erscheint im Oldenbourg-Verlag.

[8] ———, Stationäre Planung und Losgrößenanalyse. ZfB 44 (1974), S. 729 - 748.

[9] SCHWARZ,L.B., SCHRAGE,L., Optimal and system myopic policies for multi-echelon production/inventory assembly systems. Man.Sci. 21 (1975), S. 1285 - 1294.

[10] STACH,M., Optimale Lagerhaltungspolitiken in Mehrprodukt-Lagerhaltungssystemen. Dissertation Aachen 1971.

Diskrete Modelle

[11] ADAM,D., Produktionsplanung bei Sortenfertigung. Wiesbaden 1969.

[12] DINKELBACH,W., Zum Problem der Produktionsplanung in Ein- und Mehrproduktunternehmen. Würzburg 1964.

[13] DORSEY,R.C., HODGSON,T.J., RATLIFF,H.D., A network approach to a multi-facility, multi-product production scheduling problem without backordering. Man.Sci. 21 (1975),S.813-822.

[14] FLEISCHMANN,B., Dynamische Produktionsplanung bei deterministisch schwankendem Bedarf. Exakte Lösung eines Spezialfalls. In: Proceedings in OR 2, Würzburg-Wien 1973, S. 425 - 434.

[15] ———, Eine Kombination des Branch-and-Bound-Prinzips und der dynamischen Optimierung an einem Beispiel aus der Produktionsplanung (Abstract). In: International Series in Numerical Mathematics 23, Basel-Stuttgart 1974.

[16] HAEHLING VON LANZENAUER,C., A production scheduling model by bivalent linear programming. Man.Sci. 17 (1970),S.105-111.

[17] NEUVIANS,G., Dynamische Bestands- und Produktionsplanung bei einstufiger Fertigung. Berlin-New York 1971.

[18] RAUHUT,B., Optimale Planung eines speziellen Fertigungsprogramms. In: Proceedings in OR 2, Würzburg-Wien 1973, S. 435 - 445.

"Strategie"-Modelle und heuristische Modelle für eine Stufe

[19] DZIELINSKI,B.P., GOMORY,R.E., Optimal programming of lot sizes, inventory and labor allocations. Man.Sci. 11 (1965), S. 874 - 890.

[20] GORENSTEIN,S., Planning tire production. Man.Sci. 17 (1970), S. B 72 - 82.

[21] KLEINDORFER,R., NEWSON,E.F.P., A lower bounding structure for lot size scheduling problems. Op.Res. 23 (1975), S. S. 299 - 311.

[22] LASDON,L.S., TERJUNG,R.C., An efficient algorithm for multi-item scheduling. Op.Res. 19 (1971), S. 946 - 969.

[23] MANNE,A.S., Programming of economic lot sizes. Man.Sci. 4 (1958), S. 115 - 135.

[24] NEWSON,E.F.P., Multi-item lot size scheduling by heuristics. Part I + II. Man.Sci. 21 (1975), S. 1186 - 1203.

[25] SCHMIDT,W.P., Ein Näherungsverfahren zur Bestimmumg optimaler Fertigungslose unter Berücksichtigung von Kapazitäts- und Terminrestriktionen. APF 11 (1970), S. 214 - 237.

Mehrstufige Modelle

[26] FLEISCHMANN,B., Mehrstufige Sorten-Fertigung in Produktionsnetzwerken. Habilitationsschrift, Karlsruhe 1975.

[27] ———, SAUR,H.-D., Ein allgemeines Simulationsmodell für die mehrstufige kontinuierliche Fertigung. In: Proceedings in OR 3, Würzburg-Wien 1974, S. 420 - 429.

[28] KALYMON,B.A., A decomposition algorithm for arborescence inventory systems. Op.Res. 20 (1972), S. 860 - 874.

[29] KORNBLUTH,J.S.H., LEPAGE,D.E., The scheduling of continuous flow production: a separable programming approach. Op. Res.Quat. 23 (1972), S. 531 - 548.

[30] LOVE,S.F., A facilities in series inventory model with nested schedules. Man.Sci. 18 (1972), S. 327 - 338.

[31] NEW,C.C., Matching batch sizes to machine shop capabilities: an example in production scheduling. Op.Res.Quat. 23 (1972), S. 561 - 572.

[32] VEINOTT,A.F.jr.,Minimum concave-cost solution of Leontief substitution models of multi-facility inventory systems. Op.Res. 17 (1969), S. 262 - 291.

[33] ZANGWILL,W.I., A deterministic multi-product multi-facility production and inventory model. Op.Res. 14 (1966), S. 486 - 507.

[34] ———, A backlogging model and a multi-echelon model of a dynamic economic lot size production system - a network approach. Man.Sci. 15 (1969), S. 506 - 517.

Kontroll-Problem

[35] TAPIERO,C.S., Production scheduling with significant changeover costs. ZOR 17 (1973), S. 33 - 44.

Personal-Glättung

[36] YUAN,J.S.C., HOREN,J.H., WAGNER,H.M., Optimal multi-product production scheduling and employment smoothing with deterministic demands. Man.Sci. 21 (1975), S. 1250 - 1262.

Methoden zur langfristigen Produktionsplanung

D. Heß-Kinzer, München

Einführung

Netzplantechnik und lineare Optimierung sind wesentliche Instrumente der langfristigen Produktionsplanung geworden. Nicht alle Problemstellungen der langfristigen Termin-, Mengen- und Kapazitätsplanung lassen sich jedoch mit diesen Methoden lösen. Oft stehen dem entgegen:

. der Umfang des Planungsproblemes (Zahl der Aufträge, Planungsalternativen, Restriktionen usw.)
. Schwierigkeiten bei der Datenermittlung
. eine Problemstruktur, welche der Modellstruktur nicht entspricht (nicht-lineare Zielfunktion, ganzzahlige Produktionsmengen usw.)

In solchen Fällen lassen sich teilweise Methoden verwenden, welche ein Enderzeugnis in Form einer Belastungsmatrix darstellen und die Gesamtheit der Aufträge bzw. Produktionslose nach heuristischen Prinzipien einplanen. Gegen Schluß des Beitrages wird besonders auf diese Methodenklasse eingegangen.

Netzplan, Belastungsmatrix und Belastungsvektor zur Darstellung von Erzeugnissen

Die Darstellung eines Erzeugnisses bzw. eines Auftrages in Form eines Netzplanes ist geläufig: Die zur Herstellung erforderlichen Arbeitsvorgänge werden zu einem Netzwerk verknüpft, das besonders den zeitlichen Ablauf des Produktionsprozesses sichtbar macht. Hierbei lassen sich sowohl die einzelnen Vorgangszeiten wie auch die Überlappungs-, Verzögerungs- und Pufferzeiten zwischen benachbarten Vorgängen detailliert wiedergeben.

Der Informationsgehalt reduziert sich, wenn man von der Unterscheidung einzelner Vorgänge absieht und stattdessen den Herstellungsprozess eines Erzeugnisses durch eine Matrix darstellt. Die Belastungsmatrix $\mathbf{B}_e$ eines Erzeugnisses e differenziert die verursachten Belastungswerte b nach den relativen Zeitperioden $\hat{t}$ und nach den Produktionskapazitäten $\hat{k}$, auf die sie entfallen. Meist weisen solche Matrizen in der Nähe ihrer Diagonalen eine besonders starke Besetzung auf. Um reine Verwaltungstätigkeiten zu berücksichtigen, kann man gegebenenfalls entsprechende Vor- und Nachlaufzeiten an die Matrix anlagern.

Die einfachste Erzeugnisdarstellung ist ein Vektor von Belastungswerten, die zeitlich nicht weiter differenziert sind. Er entsteht aus der entsprechenden Belastungsmatrix durch Summieren der Werte einer Kapazitätszeile. Belastungsvektoren $\mathbf{b}_e$ je Erzeugnis verwendet man bevorzugt bei Anwendung der linearen Optimierung, sie werden dort mit $\mathbf{a}_j$ bezeichnet. Dies ist jedoch nicht zwingend erforderlich, denn jede Belastungsmatrix kann man auch derart in einen Vektor $\mathbf{a}_j$ übertragen, daß die zeitliche Differenzierung erhalten bleibt. Der Vektor besitzt dann ebensoviele Elemente wie die Matrix.

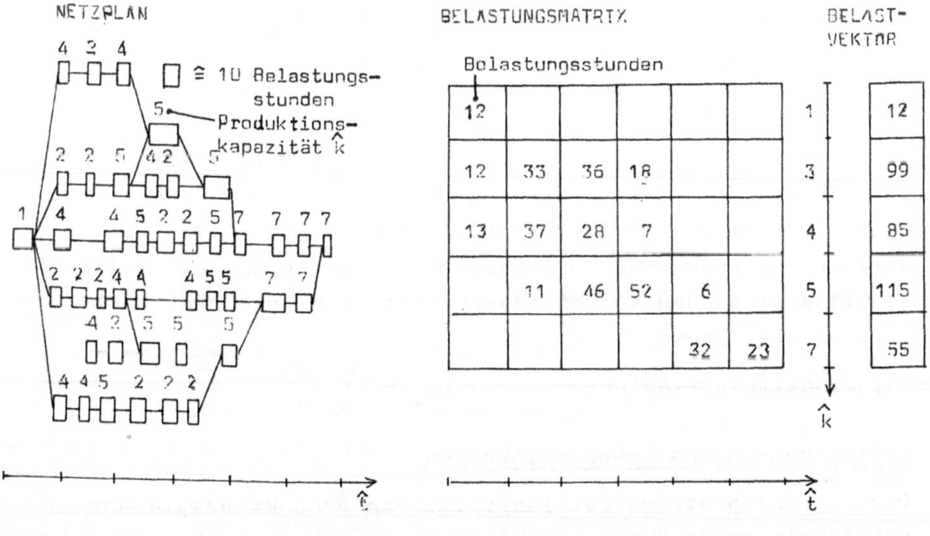

Bild 1: Drei Darstellungen der Produktionsdaten eines Erzeunisses

Welche der alternativen Darstellungen eines "Erzeugnisplanes" die zweckmäßigste ist, richtet sich nach dem bei der Planung erforderlichen Feinheitsgrad und nach der zeitlichen und belastungsmäßigen Struktur der Erzeugnisse selbst.

Weitere Planungsdaten

Zur Einplanung der Aufträge bzw. eines Produktionsprogrammes in die vorhandenen Produktionskapazitäten benötigt man außer den Erzeugnisdaten zusätzlich:

- die verfügbaren Produktionskapazitäten p_{kt}
  wobei Kapazitätseinheit $k = 1,2, \ldots ,K$
  und Zeitperiode $t = 1,2, \ldots ,T$
- die Auftragsmengen und -termine $m_{et'}$
  wobei Erzeugnistyp $e = 1,2, \ldots ,E$
  und Wunschendtermin $t' = 1,2, \ldots ,T$

Die Belastung der Produktionskapazitäten ergibt sich wie folgt: Jeder Auftrag a mit der Menge $m_{et'}$ verursacht durch jedes einzelne Element $b_{\hat{k}\hat{t}}$ der zugehörigen Belastungsmatrix $\mathbf{B}_e$ einen Belastungsbeitrag:

(1) mit dem Wert $l^*_{kt} = b_{\hat{k}\hat{t}} \cdot m_{et'}$

(2) auf der Kapazitätseinheit $k = \hat{k}$

(3) in der Zeitperiode $t = t' - \hat{T} + \hat{t}$

Wie Gleichung (3) zeigt, ergibt sich der absolute Termin für die Einlastung jedes Matrixelementes aus der Beziehung: Wunschendtermin - Erzeugnisdurchlaufzeit + relative Terminperiode des Elementes. Die gesamte Belastung an der Stelle kt resultiert aus den verschiedenen Aufträgen, die hierzu einen Beitrag erbringen:

(4) Kapazitätsbelastung $l_{kt} = \sum_a l^*_{kt}$

Zielsetzungen und Nebenbedingungen

Die Planungsprobleme der langfristigen Produktionsplanung konzentrieren sich zum großen Teil auf die möglichst günstige

Auslastung der verfügbaren Produktionskapazitäten. Im Einzelnen lassen sich die in Tabelle 1 angegebenen Ziele und Nebenbedingungen formulieren.

Planungsprobleme	Zielsetzung	Nebenbedingungen
1. Kapazitätsauslastung	geringe Abweichungen zwischen Belastung und verfügbarer Kapazität p $z_1 = \text{Min} \sum_k \sum_t \lvert l_{kt} - p_{kt} \rvert$	Einhaltung einer Toleranzgrenze s bei Überlastungen, n_1: $(l_{kt} - p_{kt}) / p_{kt} \leq s_k$ mit $s_k = 0 \ldots 0{,}2$
2. Auftragstermine (Einzelfertigung)	geringe Abweichungen von den Kundenwunschterminen $t^{\bullet}$ $z_2 = \text{Min} \sum_a \lvert t'_a - t^{\bullet}_a \rvert$	Einhaltung eines Terminspielraumes, n_2: $t^{\bullet}_a - \Delta t_{1a} \leq t'_a \leq t^{\bullet}_a + \Delta t_{2a}$
3. Produktionsmengen (Serien- und Massenfertigung)	geringe Abweichungen von den Wunschmengen m des Vertriebes $z_3 = \text{Min} \sum_{et^{\bullet}} \lvert m'_{et^{\bullet}} - m_{et^{\bullet}} \rvert$	Einhaltung eines Mengenspielraumes, n_3: $m_{et^{\bullet}} - \Delta m_{et^{\bullet}_1} \leq m'_{et^{\bullet}} \leq m_{et^{\bullet}} + \Delta m_{et^{\bullet}_2}$
4. Verkaufserfolg	hoher Umsatz bzw. Gewinn $z_4 = \text{Max} \sum_{et'} c_e \, m'_{et'}$	Erreichen einer Erfolgsuntergrenze, n_4: $\sum_{et'} c_e \, m'_{et'} = z_{4\,min}$

Tabelle 1: Ziele und Nebenbedingungen bei der langfristigen Produktionsplanung

Bei der Lösung schwieriger Optimierungprobleme macht man des öfteren auch von einer in gewissem Rahmen möglichen Austauschbarkeit zwischen Zielsetzungen, Nebenbedingungen und Lösungsmethodik Gebrauch. Zum Beispiel kann man die Verletzung von Nebenbedingungen zulassen, sie aber mit Strafkosten in der Zielfunktion belegen; oder man kann dem Vorrang bestimmter Planungsziele gegenüber anderen dadurch Rechnung tragen, daß der Lösungsraum bevorzugt nach entsprechenden Möglichkeiten abgesucht wird.

Die Netzplantechnik arbeitet vor allem mit den Modellkomponenten n_1, z_1 und z_2. Als Entscheidungsvariable dienen die Termine der einzelnen Produktionsvorgänge und notfalls auch der Auftragsendtermin. Eine exakte Optimierung der Planungsziele unterbleibt.

Modelle der linearen Optimierung benutzen die Modellkomponenten n_1, n_3 und z_4. Als Entscheidungsvariable werden die Produktionsmengen benutzt.

Bei den bisher entwickelten Modellen zur Planung mittels Belastungsmatrizen (auch "Grobprofile" oder "Erzeugnisprofile" genannt vgl. Literaturverzeichnis) lassen sich zwei Grundtypen unterscheiden:

a) die für die Einzelfertigung geeigneten Modelle zur Auftragseinplanung mit den Komponenten n_1, n_2, z_1 und z_2
b) die für die Serienfertigung geeigneten Modelle zur Produktionsprogrammplanung mit den Komponenten n_1, n_3, z_1, z_3 und z_4.

Näherungsmethoden zur Einplanung von Belastungsprofilen

In der industriellen Produktionsplanung sind oft sehr viele Aufträge bzw. Produktionslose gemeinsam einzuplanen, einige hundert oder mehr als tausend Planungsmengen und -termine für Enderzeugnisse sind keine Seltenheit. Da gleichzeitig ganzzahlige Entscheidungsvariable und oft nicht lineare Funktionen auftreten, ist meist eine Anwendung von Näherungsmethoden erforderlich. Als geeignet haben sich solche Methoden erwiesen, die eine Entscheidungsvariable nach der anderen prüfen und jeweils solange ändern als sich damit die Zulässigkeit und/oder der Zielfunktionswert der Lösung verbessern lässt. Derartige Methoden können wie folgt charakterisiert werden:

1. Es sind Suchmethoden, weil keine Ableitung der Zielfunktion erforderlich ist.
2. Der Suchprozess ist sequentiell organisiert, da jeweils ausgehend von dem bisherigen Lösungspunkt x_i

ein benachbarter Punkt x_{i+1} gesucht wird, der in Bezug auf Zielfunktion und/oder die Verletzung Δn der Nebenbedingungen günstiger liegt, also $z(x_{i+1}) > z(x_i)$ bzw. $\Delta n(x_{i+1}) < \Delta n(x_i)$.

3. Der Suchprozess ist in seinen Teilabschnitten univariant, da jeweils nur eine Produktionsmenge oder ein Produktionstermin geändert wird. Die Veränderung der Variablen erfolgt dabei in wohldefinierten Suchschritten.

Im folgenden sollen die beiden verschiedenen Grundtypen von Planungsmodellen näher beschrieben werden.

Grundmodell zur Auftragseinplanung:

0. Die Ausgangssituation ist gegeben durch alle bisher schon eingeplanten Aufträge.
1. Sortiere die neu einzuplanenden Aufträge nach ihrer Priorität.
2. Plane Auftrag für Auftrag terminlich derart ein, daß der Auftragsendtermin innerhalb der vorgegebenen Grenzen liegt (n_2) und keine der benötigten Produktionskapazitäten unzulässig hoch belastet wird (n_1). Suche dabei den vorhandenen Terminspielraum derart ab, daß einem vorgegebenen Planungsziel Rechnung getragen wird, z.B.: a) möglichst früher Einplanungstermin b) möglichste Nähe zum Kundenwunschtermin t^* c) möglichst später Einplanungstermin usw. (Bild 2).

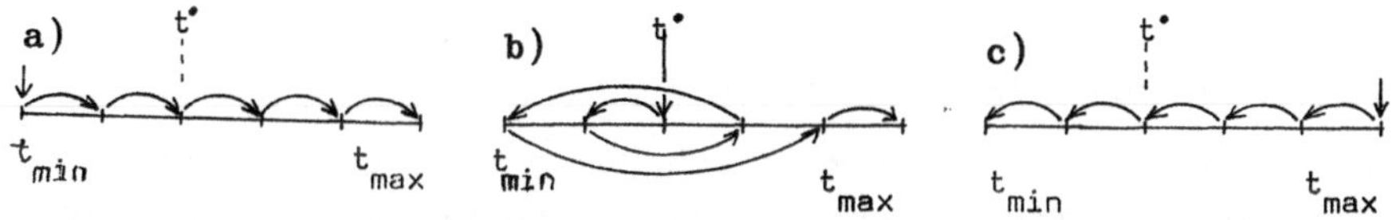

Bild 2: Suchprozess für einen geeigneten Einplanungstermin

Die Suche nach einem Endtermin endet, sobald die Kapazitätsnebenbedingung (n_1) befriedigt ist. In Bild 3 ist graphisch dargestellt, wie dabei die gesamte Belastungsmatrix terminlich verlagert wird.

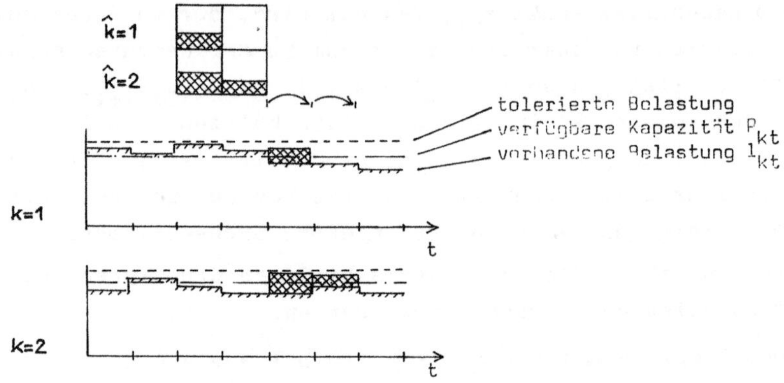

Bild 3: Beispiel für die Einplanung einer Belastungsmatrix

Grundmodell zur P r o d u k t i o n s p r o g r a m m - p l a n u g:

0. Erzeuge die Ausgangssituation durch die Einlastung des Produktionsprogrammes, das den Wunschvorstellungen des Vertriebes entspricht.
1. Sortiere die Gesamtheit der Produktionslose nach einer geeigneten Reihenfolge.
2. Versuche bei jedem einzelnen Produktionslos den vorhandenen Mengenspielraum (n_3) schrittweise auszunutzen, um vorhandene Über- und Unterlastungen der Produktionskapazitäten abzubauen (z_1) und beseitige bzw. vermeide unzulässig hohe Belastungen (n_1).

Ein Vorzug der hier skizzierten Modelle liegt vor allem in dem relativ geringen erforderlichen Rechenaufwand. Dieser entwickelt sich etwa linear zur Zahl der Aufträge bzw. Produktionslose, zur durchschnittlichen Größe ihres Termin- bzw. Mengenspielraumes und zur durchschnittlichen Größe der Belastungsmatrizen. Bei Simulationen mit FORTRAN-Programmen wurden für Belastungsmatrizen mit etwa 50 von Null verschiedenen Elementen wurde zur Prüfung von 15 Terminalternativen eines Auftrages ca. 1 CPU-Sekunde benötigt und zur endgütigen Bestimmung einer Produktionsmenge ca. 0,1 CPU-Sekunde.

Vergleich von Netzplantechnik, Näherungsverfahren mit Belastungsmatrizen und linearer Optimierung

Tabelle 2 gibt eine knappe Zusammenfassung der Anwendungsmöglichkeiten der verschiednen Techniken. In Spalte 1 wird dabei nur die klassische Netzplantechnik berücksichtigt und nicht auf die Netzterminierungsverfahren zur mittel- und kurzfristigen Fertigungssteuerung eingegangen. Tabelle 2:

	NETZPLANTECHNIK	NÄHERUNGSVERFAHREN MIT BELASTUNGSMATRIZEN	LINEARE OPTIMIERUNG
Hauptanwendungsgebiet	Durchführung einzelner Großprojekte	Einzel- und Serienfertigung komplexer Produkte	Massenfertigung einfacher Produkte
Planungsgegenstand			
Produktionstermine	ja	ja	nein
Produktionsmenge	nein	ja	ja
Kapazitätsbelastung	ja	ja	ja
Kosten/Nutzen	ja	nein	ja
gemeinsam planbare Aufträge bzw. Lose	1 - 10	unbegrenzt	einige tausend
abgleichbare Produktionskapazitäten	≤ 10	einige hundert	einige hundert
Terminalternativen bei der Planung	diskontinuierlich	diskontinuierlich	keine
Mengenalternativen bei der Planung	keine	diskontinuierlich	kontinuierlich (keine Ganzzahligkeit gewährleistet)
Aufwand zur Datenerstellung	groß	groß	groß
Aufwand zur Datenspeicherung	groß	mittel	gering
Verfügbarkeit von Standardsoftware	ja	nein	ja
Eignung für Dialogeinsatz	ja	ja	ja
besondere Vorteile	detaillierte Terminstruktur der Aufträge	geringer Rechenaufwand	exakte Optimierung einer linearen Zielfunktion
besondere Nachteile	geringe Zahl der abgleichb.Produktionskapazitäten	unter Umständen sehr schwierige Datengewinnung	grundsätzlich unganzzahlige Produktionsmengen

Schrifttum:

[1] Arlt, J.: Dynamische Produktionsplanung (Dissertation) Aachen 1971.

[2] Heß-Kinzer, D.: Grundlagen der Grobtermin- und Kapazitätsplanung, in: Industrial Engineering 3 (1973) H. 6, S. 371 - 381.

[3] Heß-Kinzer, D.: Produktionsplanung mit Belastungsmatrizen, in: Angewandte Informatik 16 (1974) H. 10, S. 444 - 450.

[4] Heß-Kinzer, D.: Produktionsprogrammplanung bei Serienfertigung - ein Optimierungsproblem, in: Fortschrittliche Betriebsführung und Industrial Engineering 24 (1975) H. 1, S. 33 - 37.

[5] Heß-Kinzer, D., Doering, K.: Grobtermin- und Kapazitätsplanung bei Einzel-, Serien- und Massenfertigung, in: Industrial Engineering 4 (1974) H. 1, S. 19 - 30.

[6] IBM (Hrsg.): COPICS - Kapitel 4: Produktionsplanung für Enderzeugnisse, IBM-Form E12-1232-0, 1973.

[7] Kinzer, D., Zimmermann, H.-J.: Ein Verfahren zur Grobterminplanung bei Einzelfertigung, in: Industrial Engineering 2 (1972) H. 3, S. 127 - 136.

Die Komplexität von Scheduling Problemen

P. Brucker, Regensburg

Abstract: We survey recent results on the theory of scheduling and on the complexity of machine scheduling problems. After a classification of machine scheduling problems the concept of NP-completeness is established. The borderline between NP-complete problems and problems for which polynomial-bounded algorithms exist is discussed.

1. Einleitung

Zahlreiche Probleme der Fertigungsablaufplanung sowie der Projektplanung bei begrenzten Ressourcen lassen sich als Scheduling-Probleme formulieren. In den letzten drei Jahrzehnten wurden erhebliche Anstrengungen unternommen, für solche Probleme Verfahren zur Bestimmung exakter Lösungen zu finden. Die meisten entwickelten Algorithmen haben die Eigenschaft, daß ihr Rechenaufwand exponentiell mit der Größe des Problems wächst. Allgemeine Probleme mittlerer Größenordnung können daher aufgrund des hohen Zeit- und Rechenaufwands nicht mehr gelöst werden. Andererseits wurden für einfache Spezialfälle effiziente Algorithmen entwickelt. Es stellen sich daher folgende Fragen:

(1) Gibt es Scheduling-Probleme, die so komplex sind, daß keine effizienten Algorithmen zur Lösung der Probleme existieren?

(2) Wenn das der Fall ist, wo liegt die Grenze zwischen effizient und nicht effizient lösbaren Scheduling-Problemen.

Die erste Frage konnte bisher noch nicht beantwortet werden. Es gibt jedoch eine große Klasse von Problemen mit der Eigenschaft, daß entweder alle Probleme der Klasse effizient oder alle mit einem exponentiell wachsenden Rechenaufwand lösbar sind. Man nennt die Probleme dieser Klasse NP-vollständig. Es wird vermutet, daß kein NP-vollständiges Problem effizient lösbar ist. In der vorliegenden Arbeit wird ein Überblick über den augenblicklichen Stand der Scheduling-Theorie gegeben. Zugleich werden die Probleme, für die effiziente Algorithmen existieren, den NP-vollständigen Problemen gegenübergestellt. Auf diese Weise erhält man eine gute Übersicht darüber, wo die Grenze zwischen exakt lösbaren und wahrscheinlich nicht exakt lösbaren Scheduling Problemen liegt.

2. Scheduling-Modelle

Grundlegend für die Definition des allgemeinen Scheduling-Problems ist der Projektbegriff. Durch ein Projekt wird die Struktur des Scheduling-Problems festgelegt.

Definition 1: Es Sei (X,Γ) ein endlicher gerichteter Graph ohne Zyklen und $C = (C_1,\dots,C_r) \in \mathbb{Z}_+^r$ [1]. Außerdem seien $t : X \to \mathbb{Z}_p$ [2] und $c : X \to \mathbb{Z}_+^r$ Abbildungen, wobei $c(i) \leq c$ für alle $i \in X$. Dann heißt (X,Γ,t,c,C) Projekt.

X ist die Menge aller Tätigkeiten des Projekts. In der Regel numerieren wir diese Tätigkeiten von 1 bis n (d.h. X hat die Form $\{1,\dots,n\}$). Der Graph (X,Γ) beschreibt die Nachfolgebeziehungen zwischen den Tätigkeiten. Es gilt $j \in \Gamma(i)$ genau dann, wenn Tätigkeit j erst nach Beendigung der Tätigkeit i begonnen werden kann. $t(i)$ sei die Dauer der Tätigkeit i. Während der Durchführung hat i einen konstanten Bedarf an $c_k(i)$ $(k = 1,\dots,r)$ Mengeneinheiten (ME) des k-ten Betriebsmittels, von dem in jeder Periode C_k ME zur Verfügung stehen. Die Bedingung

$$c(i) = (c_1(i),\dots,c_r(i)) \leq C = (C_1,\dots,C_r)$$

sichert, daß eine Tätigkeit überhaupt durchgeführt werden kann. Speziell im Bereich der Fertigungsablaufplanung sind folgende Strukturen von Interesse.

(a) Bearbeitung von n voneinander unabhängigen Tätigkeiten auf m identischen Maschinen

---

1) $\mathbb{Z}_+$ ist die Menge aller nichtnegativen ganzen Zahlen.

2) $\mathbb{Z}_p$ ist die Menge aller positiven ganzen Zahlen.

$r = 1$, $c_1 = m$, $c_1(i) = 1$ für $i = 1,\ldots,n$.

(b) Bereitstellungstermine

In (a) wird vorausgesetzt, daß alle Tätigkeiten zum Zeitpunkt $t = 0$ zur Verfügung stehen. Hat man jedoch Bereitstellungstermine $a(i) > 0$, vor denen die Tätigkeiten i nicht eingeplant werden können, so hat man die Struktur unter (a) in folgender Weise zu modifizieren.

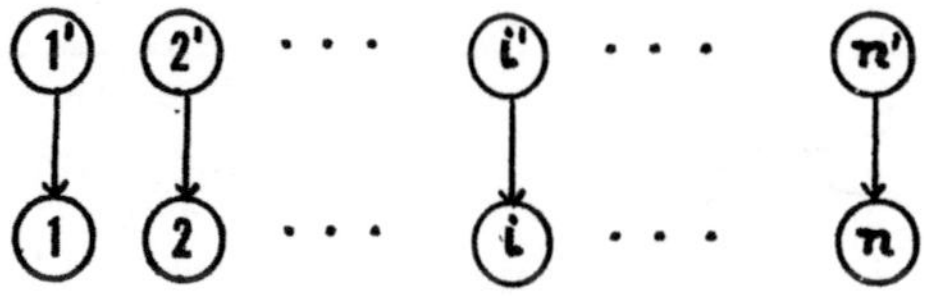

$t(i') = a(i)$ für $i = 1,\ldots,n$

Analog lassen sich auch andere Strukturen modifizieren, falls Bereitstellungstermine $a(i) > 0$ beachtet werden müssen.

(c) Flow-Shop-Strukturen

Sollen n Tätigkeiten auf m Maschinen bearbeitet werden, wobei alle Tätigkeiten alle Maschinen in der gleichen Reihenfolge durchlaufen, so erhält man die Struktur

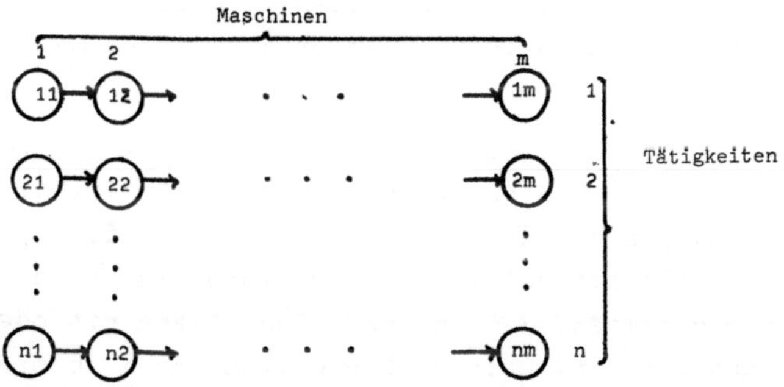

Hierbei ist i,j der Teil von Tätigkeit i, der an Maschine j bearbeitet wird. Jede Maschine entspricht einer Betriebsmittelart, die nur in einer Einheit vorhanden ist (d.h. wir haben $r = m$ und

$C_1 = C_2 = \ldots = C_r = 1$). Der Bedarf c(i,j) der Tätigkeit i,j ist durch den j-ten Einheitsvektor gegeben.

(d) Montagestrukturen

Es werden eine Reihe von Einzelteilen gefertigt oder bereitgestellt, die man zu Zwischenprodukten montiert. Zwischenprodukte lassen sich zu weiteren Zwischenprodukten und schließlich zu einem Endprodukt zusammensetzen. Der Ablauf der einzelnen Montagen läßt sich dann durch den in Abbildung 1 dargestellten Baum beschreiben.

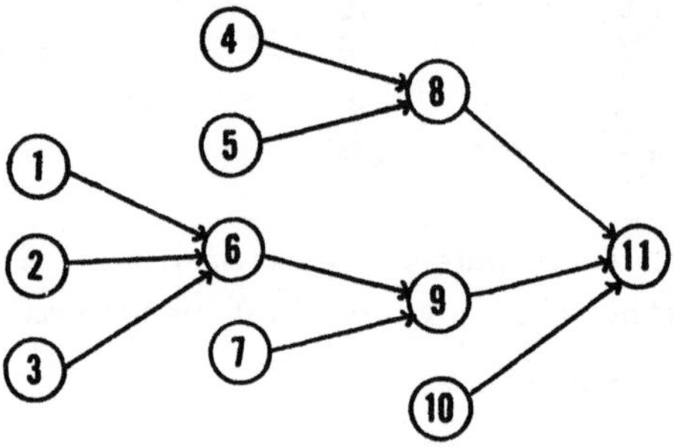

Abbildung 1

Sortier- und Demontagevorgänge besitzen eine Struktur, die man aus der in Abbildung 1 dargestellten erhält, indem man die Richtungen aller Pfeile umkehrt.

Ein Projektplan bestimmt, wann die einzelnen Tätigkeiten durchzuführen sind. Hierbei sind nur solche Pläne zulässig, die die Nachfolgebeziehungen berücksichtigen und gewährleisten, daß der Bedarf aller Betriebsmittel in jeder Periode die vorhandenen Mittel nicht überschreitet. Man unterscheidet Pläne mit oder ohne Unterbrechungen der Tätigkeiten. Wir wollen uns in dieser Arbeit auf Pläne ohne Unterbrechungen der Tätigkeiten beschränken. Solche Pläne sind durch die Angabe des Beginns x(i) einer jeden Tätigkeit i vollständig bestimmt.

Definition 2: Es sei (X,Γ,t,c,C) ein Projekt mit n Tätigkeiten.
(a) Eine Abbildung $x : X \to \mathbb{Z}_+$ heißt Projektplan.

(b) Ein *Projektplan* x heißt *zulässig*, falls

(1) $x(i) + t(i) \leq x(j)$ für alle $i,j \in X$ mit $j \in \Gamma(i)$

(2) $\sum_{x(i) \leq t < x(i)+t(i)} c(i) \leq c$ für $t = 0,1,2,\ldots$.

Die *Menge aller zulässigen Projektpläne* bezeichnen wir mit Z.

Ein zulässiger Projektplan ist intuitiv umso besser, je früher mit der Durchführung der einzelnen Tätigkeiten begonnen wird. Diese Überlegung führt zur

Definition 3: Gegeben sei ein Projekt mit n Tätigkeiten.

(a) Eine monoton steigende Abbildung $f : \mathbb{Z}^n \to \mathbb{R}$ heißt *Zielfunktion*.

(b) Ein zulässiger Plan $x^* = (x^*(1),\ldots,x^*(n))$ heißt *optimal* bzgl. f, wenn

$$f(x^*(1),\ldots,x^*(n)) = \min \{f(x(1),\ldots,x(n)) \mid (x(1),\ldots,x(n)) \in Z\}.$$

Im folgenden werden die wichtigsten der in der Praxis auftretenden Zielfunktionen angeführt. Hierbei bezeichnen wir den Fertigstellungszeitpunkt $x(i) + t(i)$ der Tätigkeit i mit $y(i)$. Außerdem wird bei den letzten drei Zielfunktionen vorausgesetzt, daß Termine $d(i)$ für die Fertigstellung der Tätigkeiten i gesetzt sind.

(a) Projektdauer oder Gesamtdurchflußzeit

$$f(x(1),\ldots,x(n)) = \max_{i=1}^{n} (c(i) + t(i)) = \max_{i=1}^{n} y(i)$$

(b) Gewichtete Summe der Durchflußzeiten

$f(x(1),\ldots,x(n)) = \sum_{i=1}^{n} \alpha_i y(i)$. Gilt speziell $\alpha_i = \frac{1}{n}$ für $i = 1,\ldots,n$ so spricht man von *mittlerer Durchflußzeit*.

(c) Maximale Verspätung

$f(x(1),\ldots,x(n)) = \max_{i=1}^{n} L(i)$. Hierbei bezeichne $L(i)$ die "Verspätung" $x(i) + t(i) - d(i)$. Man beachte, daß $L(i)$ negativ sein kann. In diesem Fall handelt es sich um eine "Verfrühung".

Will man nur Terminüberschreitungen berücksichtigen, so sind die unter (d) und (e) aufgeführten Zielfunktionen von Interesse.

(d) Gewichtete Summe der Terminüberschreitungen

$f(x(1),\dots,x(n)) = \sum_{i=1}^{n} \alpha_i T(i)$. Hierbei ist $T(i) = \max\{0, x(i) + t(i) - d(i)\}$ die Terminüberschreitung der Tätigkeit i.

(e) Gewichtete Anzahl der Terminüberschreitungen

$f(x(1),\dots,x(n)) = \sum_{i=1}^{n} \alpha_i U(i)$. Hierbei setzt man

$$U(i) = \begin{cases} 1 & \text{falls } x(i) + t(i) > d(i) \\ 0 & \text{sonst.} \end{cases}$$

Im Falle $\alpha_i = 1$ für $i = 1,\dots,n$ erhält man die Anzahl der Terminüberschreitungen.

Das allgemeine Scheduling-Problem läßt sich wie folgt formulieren: Gegeben seien ein Projekt (X,Γ,t,c,C) und eine zugehörige Zielfunktion f. Bestimme einen bzgl. f optimalen Plan x^*.

In dieser Arbeit sollen spezielle Scheduling-Probleme untersucht werden. Wir bezeichnen mit $\alpha|\beta|\gamma|\delta|\varepsilon$ ein spezielles Scheduling-Problem. Hierbei bezeichnen
α die Anzahl der Tätigkeiten, β die Anzahl der Maschinen[1], γ die graphentheoretische Struktur, δ Einschränkungen bzgl. der Größen t(i), ε die Zielfunktion.

Die Werte, die γ annehmen kann und ihre Bedeutung sind in der folgenden Tabelle aufgeführt.

γ	Bedeutung
ϕ	unabhängige Tätigkeiten
B	Baumstruktur
F	Flow-Shop-Struktur
$a(i) \neq 0$	Bereitstellungstermine $a(i) > 0$

1) Wir beschränken uns hier auf Probleme mit r = 1 oder auf Flow-Shop-Probleme.

Man beachte, daß $a(i) \neq 0$ in Verbindung mit den übrigen Werten auftreten kann. Werden die Größen α, β, γ oder δ durch einen Punkt ersetzt, so unterliegen die entsprechenden Größen keinen Einschränkungen.

Beispiele:

(a) $\cdot|1|B|\cdot|\ \Sigma\alpha_i y(i)$ bezeichnet das Problem, eine beliebige Anzahl von Tätigkeiten mit Baumstruktur auf einer Maschine so einzuplanen, daß eine gewichtete Summe der Durchflußzeiten minimiert wird.

(b) $\cdot|2|\cdot|t(i) = 1|$ max $y(i)$ bezeichnet das Problem, eine beliebige Anzahl von Tätigkeiten der Dauer 1 mit beliebigen Nachfolgebeziehungen auf 2 Maschinen so zu planen, daß die Gesamtdurchflußdauer minimal wird.

(c) $2|\cdot|F|\cdot|\ \Sigma\alpha_i T(i)$ bezeichnet das Flow-Shop-Problem mit zwei Tätigkeiten, beliebiger Anzahl von Maschinen und der Zielfunktion $\Sigma\alpha_i T(i)$.

3. Effizient lösbare Scheduling-Probleme

Ein Algorithmus heißt polynomial beschränkt, wenn der Rechenaufwand höchstens polynomial mit dem Umfang des Inputs wächst. In der Tabelle 1 sind die wichtigsten Scheduling-Probleme, für die polynomial beschränkte Algorithmen entwickelt wurden, aufgeführt. Der Rechenaufwand wächst hierbei in der Regel quadratisch oder kubisch mit der Anzahl der Tätigkeiten bzw. Maschinen. Neben Literaturhinweisen enthält Tabelle 1 außerdem eine Kurzbeschreibung der Algorithmen. So löst man das $\cdot|1|a(i) \neq 0|\cdot|$ max $y(i)$-Problem, indem man unter allen Tätigkeiten ohne Vorgänger diejenige mit dem kleinsten $a(i)$-Wert als erste einplant und das so reduzierte Projekt betrachtet. Nach dem gleichen Verfahren hat man dann die nächste Tätigkeit zu bestimmen, usw..

$\bullet\|1\|a(i)\neq 0\|\bullet\|\max y(i)$	-	i mit kleinstem a(i) zuerst
$\bullet\|1\|\bullet\|\bullet\|\max L(i)$	Lawler 1973	i mit größtem d(i) zuletzt
$\bullet\|1\|a(i)\neq 0\|t(i)=1\|\max L(i)$	Horn 1974	i mit kleinstem d(i) zuerst
$\bullet\|1\|\phi\|\bullet\|\Sigma U(i)$	Moore 1968	Betrachte nach wachsenden d(i) geordnete Liste. i sei die erste Tätigkeit mit Terminüberschreitung. Betrachte alle Tätigkeiten j bis i und setze j mit größtem t(j) an das Ende
$\bullet\|1\|\phi,a(i)\neq 0\|t(i)=1\|\Sigma\alpha_i U(i)$	Lawler 1975	2-dimensionales Zuordnungsproblem
$\bullet\|1\|\phi,a(i)\neq 0\|t(i)=1\|\Sigma\alpha_i T(i)$	Lawler 1964	
$\bullet\|1\|B\|\bullet\|\Sigma\alpha_i y(i)$	Horn 1972	Ordne Knoten Ränge zu. i mit kleinstem Rang zuerst.
$\bullet\|2\|F\|\bullet\|\max y(i)$	Johnson 1954	i mit kürzester Teiltätigkeit t(i,j) zuerst, falls j=1 und zuletzt, falls j=2
$\bullet\|2\|\bullet\|t(i)=1\|\max y(i)$	Coffman& Graham 1972	Ordne Knoten Ränge zu. i mit größtem Rang zuerst
$2\|\bullet\|F\|\bullet\|\max y(i)$	Swarc 1960, Ackers& Friedman	Problem des kürzesten Weges
$\bullet\|\bullet\|B\|t(i)=1\|\max y(i)$	Hu 1961	i mit größter Entfernung zur Wurzel zuerst

Tabelle 1

4. NP-vollständige Scheduling-Probleme[1]

Die nachfolgenden Probleme sind Fragen mit der Eigenschaft, daß man sie mit entweder mit "ja" oder "nein" beantworten kann.

Rucksackproblem: Gegeben seien ganze Zahlen $c_1,\ldots,c_n,b$. Gibt es eine Teilmenge $I \subseteq \{1,\ldots,n\}$ mit $\sum_{i\in I} c_i = b$?

1) Vgl. Aho, Hopcroft und Ullman.

Partitionsproblem: Gegeben seien ganze Zahlen $c_1,\ldots,c_n$, Gibt es eine Teilmenge $I \subseteq \{1,\ldots,n\}$ mit $\sum_{i\in I} c_i = \sum_{i\notin I} c_i$?

Satisfizierbarkeitsproblem: Lassen sich den Variablen eines Boolschen Ausdrucks, der in konjunktiver Normalform gegeben ist, Werte 0 oder 1 so zuordnen, daß der Ausdruck den Wert 1 annimmt?

Auch das Scheduling-Problem läßt sich in entsprechender Form angeben:

Scheduling-Problem: Gegeben sei eine ganze Zahl k. Gibt es einen zulässigen Plan x mit $f(x) \leq k$?

Wir betrachten in diesem Abschnitt ausschließlich Probleme dieser Form.

Mit $\mathcal{P}$ (bzw. $\mathcal{NP}$) bezeichnet man die Klasse aller Probleme, die mit einer deterministischen (bzw. nichtdeterministischen) Turing-Maschine in einer Anzahl von Rechenschritten, die durch ein Polynom in der Länge des Inputs beschränkt ist, lösbar sind. Grundlegend für die Theorie der NP-vollständigen Probleme sind folgende Definitionen.

Definition 4: Ein Problem P' heißt reduzierbar auf ein Problem P (in Zeichen: P' α P), wenn sich P' mit Hilfe eines Algorithmus A' lösen läßt, der 1. als Subroutine einen Algorithmus A aufruft, der P löst, 2. polynomial beschränkt ist, wenn man den Rechenaufwand zur Durchführung der Subroutinen nicht berücksichtigt.

Definition 5: Ein Problem P heißt NP-vollständig, wenn $P \in \mathcal{NP}$ und P' α P für alle $P' \in \mathcal{NP}$ gilt.

Es läßt sich nun zeigen, daß, wenn für ein NP-vollständiges Problem ein polynomial beschränkter Algorithmus existiert, dies auch für alle NP-vollständigen Probleme zutrifft. Da die Klasse aller NP-vollständigen Probleme sehr groß ist und Probleme wie das binäre Optimierungsproblem, das Travelling-Salesman Problem und das Färbbarkeitsproblem für Graphen enthält, vermutet man, daß kein NP-vollständiges Problem effizient lösbar ist.

Was nun Scheduling-Probleme anbelangt, so konnten die in Abb. 2 angeführten Reduktionen durchgeführt werden. Jedes in Abb. 2 aufgeführte Problem ist reduzierbar auf jedes darunter stehende. Gleichzeitig sind Literaturhinweise für die einzelnen Reduktionen aufgeführt. Da das Satisfizierbarkeitsproblem NP-vollständig ist[1] und alle Scheduling-Probleme zu $\mathcal{NP}$ gehören, sind alle in Abb. 2 aufgeführten Scheduling-Probleme NP-vollständig.

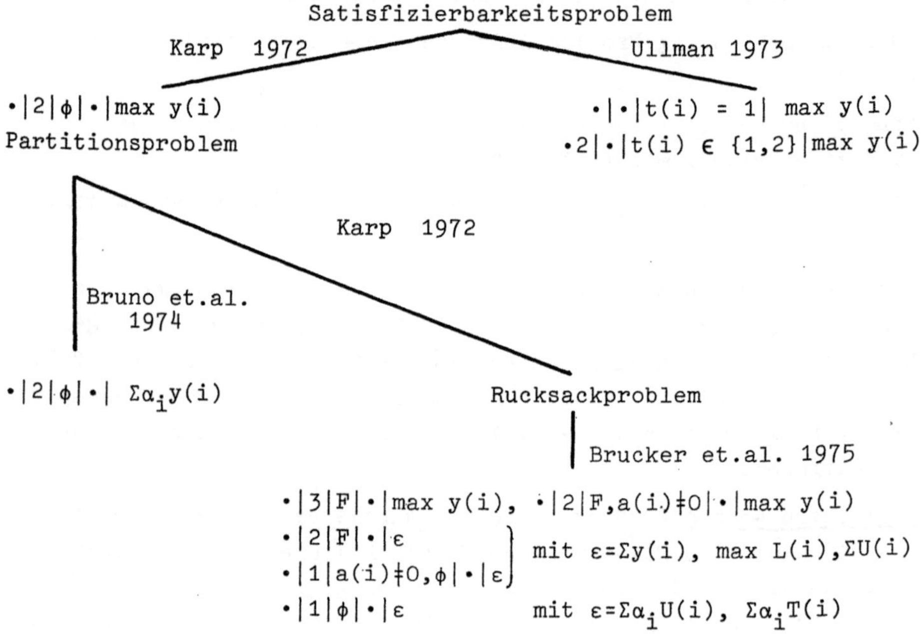

Abbildung 2

5. Zusammenfassung

In Tabelle 2 sind die effizient lösbaren Scheduling-Probleme den NP-vollständigen (und somit wahrscheinlich nicht effizient lösbaren) Scheduling-Problemen gegenübergestellt.

Die Arbeit zeigt, daß die meisten in der Praxis auftretenden Scheduling-Probleme NP-vollständig sind. Will man diese Probleme lösen, so sollte man auf den Anspruch, eine exakte Lösung zu finden, verzichten und versuchen, gute Näherungslösungen zu bestimmen. Hierfür bieten sich an: (1) Simulationsverfahren, (2) Branch &

1) Vgl. Cook 1971.

<table>
<tr><th>polynomial beschränkte</th><th>NP-vollständige</th></tr>
<tr><th colspan="2">Scheduling-Probleme</th></tr>
<tr><td>$\cdot|1|a(i)\neq 0|\cdot|\max y(i)$</td><td>$\cdot|1|a(i)\neq 0,\phi|\cdot|\Sigma y(i)$</td></tr>
<tr><td>$\cdot|1|\cdot|\cdot|\max L(i)$
$\cdot|1|a(i)\neq 0|t(i)=1|\max L(i)$</td><td>$\cdot|1|a(i)\neq 0,\phi|\cdot|\max L(i)$</td></tr>
<tr><td>$\cdot|1|\phi|\cdot|\Sigma U(i)$
$\cdot|1|a(i)\neq 0,\phi|t(i)=1|\Sigma\alpha_i U(i)$</td><td>$\cdot|1|\phi|\cdot|\Sigma\alpha_i U(i)$</td></tr>
<tr><td>$\cdot|1|a(i)\neq 0,\phi|t(i)=1|\Sigma\alpha_i T(i)$</td><td>$\cdot|1|\phi|\cdot|\Sigma\alpha_i T(i)$</td></tr>
<tr><td>$\cdot|1|B|\cdot|\Sigma\alpha_i y(i)$</td><td></td></tr>
<tr><td>$\cdot|2|F|\cdot|\max y(i)$</td><td>$\cdot|2|F|\cdot|\max L(i)$
$\cdot|2|F|\cdot|\Sigma y(i)$
$\cdot|2|F|\cdot|\Sigma U(i)$
$\cdot|2|F,a(i)\neq 0|\cdot|\max y(i)$
$\cdot|3|F|\cdot|\max y(i)$</td></tr>
<tr><td>$\cdot|2|\cdot|t(i)=1|\max y(i)$</td><td>$\cdot|2|\phi|\cdot|\max y(i)$
$\cdot|2|\phi|\cdot|\Sigma\alpha_i y(i)$
$\cdot|2|\cdot|t(i)\in\{1,2\}|\max y(i)$</td></tr>
<tr><td>$\cdot|\cdot|B|t(i)=1|\max y(i)$
$2|\cdot|F|\cdot|\max y(i)$</td><td>$\cdot|\cdot|\cdot|t(i)=1|\max y(i)$</td></tr>
</table>

Tabelle 2

Bound-Verfahren, (3) heuristische Verfahren. Ziel der weiteren Forschung sollte es sein, neben den Näherungsverfahren Aussagen über die Güte dieser Verfahren herzuleiten und möglicherweise bestehende Näherungsverfahren zu verbessern.

LITERATUR

1. A.V. Aho, J.E. Hopcroft, J.D. Ullman, The Design and Analysis of Computer Algorithms, Addison Wesley, Reading, Mass., 1974.
2. P. Brucker, J.K. Lenstra, A.H.G. Rinnooy Kan, Complexity of Machine Scheduling Problems, Report BW 43, Mathematisch Centrum Amsterdam, 1975.
3. J. Bruno, E.G. Coffman Jr., R. Sehti, Scheduling Independent Tasks to Reduce Mean Finishing Time, Comm. ACM 17 (1974) 382-287.
4. E.G. Coffman, R.L. Graham, Optimal Scheduling for Two-Processor Systems, Acta Informat. 1 (1972) 200-213.
5. S.A. Cook, The Complexity of Theorem-Proving Procedures, pp. 151-158 in Proc. 3rd Annual ACM Symposium on Theory of Computing, May 1971.
6. W.W. Hardgrave, G.L. Nemhauser, A Geometric Method and a Graphical Algorithm for a Sequencing Problem, Operations Res. 11 (1963) 889-900.
7. W.A. Horn, Single-Machine Job Sequencing with Treelike Precedence Ordering and Linear Delay Penalties, SIAM J. Appl. Math. 23 (1972) 189-202.
8. W.A. Horn, Minimizing Average Flow Time with Parallel Machines, Operations Res. 21 (1973) 846-847.
9. W.A. Horn, Some Simple Scheduling Algorithms, Naval Res. Logist. Quart. 21 (1974) 177-185.
10. T.C. Hu, Parallel Sequencing and Assembly Line Problems Operations Res. 9 (1961) 841-848.
11. J.R. Jackson, An Extension of Johnson's Results on Job Lot Scheduling, Naval Res. Logist. Quart. 3 (1956) 202-203.
12. S.M. Johnson, Optimal Two- and Three-Stage Production Schedules with Setup Time Included, Naval Res. Logist. Quart. 1 (1954) 61-68.
13. R.M. Karp, Reducibility among Combinatorial Problems, pp. 85-103 in R.E. Miller, J.W. Thatcher (eds.), Complexity of Computer Computations, Plenum Press, New York, 1972.
14. E.L. Lawler, On Scheduling Problems with Deferral Cost, Management Sci. 11 (1964) 280-288.
15. E.L. Lawler, Optimal Sequencing of a Single Machine Subject to Precedence Constraints, Management Sci. 19 (1973) 544-546.
16. E.L. Lawler, Combinatorial Optimization: Networks and Matroids, Holt, Rinehart, and Winston, New York, to appear.
17. J.M. Moore, An n Job, One Machine Sequencing Algorithm for Minimizing the Number of Late Jobs, Management Sci. 15 (1968) 102-109.
18. W. Szwarc, Solution of the Akers-Friedman Scheduling Problem, Operations Res. 8 (1960) 782-788.
19. J.D. Ullman, Polynomial Complete Scheduling Problems, pp. 96-100 in Proc. 4th Symposium on Operating Systems Principles, October 1973.

Lineare Entscheidungsregeln in Produktionslagerhaltungsmethoden mit Fixkosten

K. Inderfurth, Berlin

Summary

For production-inventory models with proportional production costs it is known that the best linear decision rule is a satisfactory approximation of the optimal AHM-policy. It is shown that this result still remains valid for models with production set up costs if the optimal linear policy is evaluated in conjunction with an optimal decision cycle.

1. Problemstellung

Stochastische dynamische Entscheidungsprobleme spielen im Produktions- und Lagerhaltungsbereich eine wichtige Rolle. Die Lösung solcher Probleme ist grundsätzlich mit Hilfe des stochastischen Dynamischen Programmierens (DP) möglich, wie es ARROW, HARRIS und MARSHAK [1] für Lagerhaltungsmodelle gezeigt haben. Dieses AHM-Verfahren bietet aber wegen seines aufwendigen Optimierungsansatzes für komplizierte Modelle (z. B. Lagerhaltung mit korrelierter Nachfrage) kaum noch Lösungsmöglichkeiten.
Eine grundsätzliche Vereinfachung des Lösungsverfahrens ist für sog. linear-quadratische Modelle möglich, d.h. für Modelle mit linearer Zustandstransformationsbeziehung und quadratischer Zielfunktion. THEIL [7] konnte nachweisen, daß unter solchen Bedingungen das stochastische in ein deterministisches dynamisches Entscheidungsproblem umgewandelt werden kann, indem die Zufallsvariablen durch ihre Prognosen (bedingte Erwartungswerte) ersetzt werden. Die Optimierung im linear-quadratischen Fall führt immer auf lineare Entscheidungsregeln,d.h. auf Politiken, bei denen die Entscheidungsvariablen lineare Funktionen der Zustandsvariablen sind.

Für die im Produktions- und Lagerhaltungsbereich gewöhnlich auftretenden nichtquadratischen Kostenverläufe ist die Trennung von Prognose und Optimierung jedoch nicht mehr erlaubt. Für diese linear-nichtquadratischen Entscheidungsprobleme wurde von SCHNEEWEISS [6] ein Lösungsverfahren vorgeschlagen, das auf der Anwendung linearer Entscheidungsregeln beruht (LNQ-Verfahren). Dieses Verfahren bietet zwar einen wesentlich einfacheren Lösungsalgorithmus als das AHM-Verfahren, ist aber wegen seiner Beschränkung auf lineare Politiken nur suboptimal.
Für ein Produktions-Lagerhaltungs-Modell mit nur proportionalen Produktionskosten ist bereits gezeigt worden (siehe [3]), daß die LNQ-Politik keine wesentlich höheren Kosten verursacht als die optimale AHM-Politik. Im folgenden soll untersucht werden, ob das LNQ-Verfahren auch dann noch ein gutes Näherungsverfahren darstellt, wenn die Produktion mit Fixkosten verbunden ist. Insbesondere soll auf das Problem des optimalen Entscheidungszyklus bei linearen Entscheidungsregeln eingegangen werden.

2. Ein Produktions-Lagerhaltungs-Problem und seine optimale Lösung

Grundlage der Untersuchungen ist ein stochastisches dynamisches Produktions-Lagerhaltungs-Modell mit unendlich vielen Planungsperioden. Zu Beginn jeder Periode kann nach Feststellung des Lagerbestandes eine Produktionsentscheidung getroffen werden.
Die Variablen sind:

x_k ... Lagerbestand zu Beginn der Periode k (Zustandsvariable)
u_k ... Produktionsentscheidung in Periode k (Entscheidungsvar.)
r_k ... stochastische Nachfrage in Periode k (Störvariable)

Alle Größen sind eindimensional reell. $\{u_k\}$ und $\{r_k\}$ können als Abweichungen von bestimmten Mittelwerten betrachtet werden. Sie lassen sich auch als Transaktions- und Saldenprozesse in einem Kassenhaltungsmodell interpretieren.
Die Nachfragewerte $\{r_k\}$ bilden eine stationäre Folge normalverteilter, unabhängiger Zufallsgrößen mit

(1) $E\{r_k\} = 0 \quad \text{und} \quad Var\{r_k\} = \sigma^2 \qquad \forall k = 1,2,\ldots$.

Es wird angenommen, daß keine Lieferfrist auftritt, und daß nicht befriedigte Nachfrage vorgemerkt wird. Damit ergibt sich folgende (lineare) Lagerbilanzgleichung:

(2) $$x_{k+1} = x_k + u_k - r_k$$

In jeder Periode entstehen Produktionskosten K(.) und Lagerhaltungskosten L(.). Diese Kosten sind proportional, wobei die Produktion zusätzlich mit Fixkosten verbunden ist:

(3) $$K(u) = \begin{cases} P + p \cdot u & \text{für } u>0 \\ 0 & u=0 \\ Q-q \cdot u & u<0 \end{cases} \quad \text{mit } p,q,P,Q \geq 0$$

(4) $$L(x) = \begin{cases} h \cdot x & \text{für } x \geq 0 \\ -v \cdot x & x<0 \end{cases} \quad \text{mit } h,v>0$$

Die Lagerhaltungskosten beziehen sich auf den Lagerbestand am Ende der Periode. Als Kostenkriterium dient der Erwartungswert der Durchschnittskosten pro Periode bei unendlichem Planungshorizont:

(5) $$C = \lim_{N \to \infty} E\{\frac{1}{N} \sum_{k=1}^{N} [K(u_k) + L(x_{k+1})]\}$$

Zur Steuerung der Produktion werden nur stationäre Politiken zugelassen. Wegen der vorliegenden Kostenstruktur und der Unabhängigkeit der Nachfrage reicht es aus, jeden Produktionsentscheid nur vom zuletzt beobachteten Lagerbestand abhängen zu lassen. Damit gilt für die Entscheidungsfunktion:

(6) $$u_k = U(x_k)$$

Die optimale Politik ist diejenige Entscheidungsregel (6), die das Kostenkriterium (5) minimiert. Dieses Optimierungsproblem läßt sich als Markovscher Entscheidungsprozeß formulieren und numerisch mit Hilfe des stochastischen DP lösen. Dazu müssen die Modellgrößen diskretisiert werden, so daß man einen endlichen Zustands- und Entscheidungsraum erhält. Die Ergebnisse numerischer Berechnungen deuten darauf hin, daß für die vorliegende Kosten- und Nachfragestruktur eine der (s,S)-Politik aus der Lagerhaltung entsprechende (t,T,Z,z)-Politik optimal ist[1]:

$$(7) \qquad u_k = U^*(x_k) = \begin{cases} T-x_k & \text{für} \quad x_k<t \\ 0 & \quad t\leq x_k\leq z \\ Z-x_k & \quad x_k>z \end{cases}$$

$$\text{mit} \quad t\leq T\leq Z\leq z$$

Diese Politik schreibt vor, in jeder Periode den Lagerbestand bis zur Menge T aufzustocken, wenn er zu Beginn der Periode unter t liegt, bzw. ihn auf Z abzubauen, wenn er über z liegt. Wenn das Lager sich im "kritischen Bereich" zwischen t und z befindet, dann soll in dieser Periode nichts produziert werden.

Die Parameter dieser Politik hängen von allen Kostenparametern und der Nachfragestreuung ab:

$$(8) \qquad s = s(h,v,p,q,P,Q,\sigma) \qquad \text{mit } s \in \{t,T,Z,z\}$$

Treten keine Fixkosten auf (P=Q=0), so fallen die beiden unteren und oberen Parameter zusammen: T = t und Z = z. Mit größer werdenden Fixkosten entfernen sich diese Parameter voneinander, d.h. das Ausmaß der Produktion nimmt zu. Gleichzeitig dehnt sich der "kritische Bereich" [t,z] aus, so daß auf höhere Fixkosten mit einer Verringerung der Anzahl und einer Erhöhung des Umfangs der Produktionsentscheidungen reagiert wird (wie im normalen Lagerhaltungsfall).

3. Lineare Entscheidungsregeln bei festem Entscheidungszyklus

Bei der Anwendung linearer Entscheidungsregeln ist die Entscheidungsfunktion U(x) aus (6) auf lineare Beziehungen beschränkt:

1) Daß die optimale Politik tatsächlich eine solche einfache Struktur hat, läßt sich für das Modell mit Fixkosten nicht nachweisen (vgl. [4]).

$$(9) \qquad u_k = U_1(x_k) = \kappa \cdot (x_k - \mu) \qquad \forall k = 1,2,...$$

$$\text{mit } -1 \leq \kappa < 0$$

Bei dieser Politik wird in jeder Periode ein fester Anteil κ der Abweichung des Lagers von einem Sicherheitsbestand μ durch einen entsprechenden Produktionsentscheid kompensiert.

Das LNQ-Verfahren besteht nun darin, diejenige lineare Politik (9) zu bestimmen, die das Kostenkriterium (5) minimiert. Anders als beim AHM-Verfahren ist die Struktur der Politik vorgegeben; es können lediglich die Parameter κ und μ optimal bestimmt werden.

Aus der Normalverteilung der Nachfrage und aus der Linearität von Entscheidungsfunktion (9) und Bilanzgleichung (2) folgt, daß Lager und Produktion in allen Perioden normalverteilte Zufallsgrößen sind. Weiterhin existieren für diese Größen stationäre Grenzverteilungen, die wiederum Normalverteilungen sind, und sich somit durch Mittelwert und Varianz vollständig beschreiben lassen. Diese Mittelwerte und Varianzen sind ihrerseits Funktionen der Parameter κ und μ der linearen Politik. Das Kostenkriterium (5) entspricht den Periodenkosten im stationären Fall und ist somit über die Grenzverteilungen von den Parametern κ und μ abhängig:

$$(10) \qquad C = C_1(\kappa, \mu)$$

Die Minimierung dieser Funktion bezüglich κ und μ führt dann auf die optimalen Parameter κ^* und μ^*. Diese Parameter lassen sich analytisch als Funktionen der variablen Kostenparameter und der Nachfragestreuung darstellen (vgl. [5]):

$$(11) \qquad \kappa^* = \kappa_1(h,v,p,q) \quad \text{und} \quad \mu^* = \mu_1(h,v,p,q,\sigma)$$

Anders als die Parameter der AHM-Politik aus (8) hängen die Parameter dieser LNQ-Politik nicht von den Fixkosten P und Q ab, weil es bei Anwendung linearer Entscheidungsregeln wie in (9) keinen "kritischen Bereich" der Null-Produktion gibt. Die Fixkosten treten also in jeder Periode auf und sind somit nicht entscheidungs-

relevant.
Diese Inflexibilität der LNQ-Politik gegenüber Fixkosten beeinträchtigt die lineare Approximation der optimalen Politik. Während die proportionalen Kostenparameter keinen entscheidenden Einfluß auf die Güte der linearen Politik haben, spielen die Fixkosten hier eine dominierende Rolle. Dies zeigt der folgende Kostenvergleich, bei dem die relative Kostendifferenz $(C_1^*-C^*)/C^*$[1] (in %) für verschiedene Relationen von Kostenparametern, wie sie in Kassenhaltungsmodellen mit täglicher Disposition vorkommen können (vgl. [2]), tabelliert sind.

Kostendifferenz (in %) für v=h:

P=Q \ p=q	0	h	10·h
0,1·h·σ	3	9	14
h·σ	51	52	37
10·h·σ	412	387	258
100·h·σ	2243	2195	1836

Kostendifferenz (in%) für v=3·h

P=Q \ p=q	0	h	10·h
0,1·h·σ	1	6	14
h·σ	31	34	32
10·h·σ	286	274	200
100·h·σ	1637	1608	1387

Nur für niedrige Fixkosten ($P,Q \leq 0,1 \cdot h \cdot \sigma$) liefert hier die lineare Politik eine gute Approximation. Für $P=Q=h \cdot \sigma$ können schon Kostenabweichungen von 50% auftreten. Sind die Fixkosten wesentlich höher, dann führt die LNQ-Politik zu völlig unbefriedigenden Ergebnissen. Dies liegt daran, daß bei linearer Politik der Form (9) in jeder Periode eine (von Null verschiedene) Produktionsentscheidung getroffen wird, während die AHM-Politik sich wegen des "kritischen Bereichs" $[t,z]$ durch einen längeren mittleren Produktionszyklus auf die Fixkosten einstellen kann. Es liegt somit nahe, die LNQ-Politik durch Variierung der Länge des Entscheidungszyklus flexibler zu gestalten.

1) C_1^*... Kosten bei Anwendung der LNQ-Politik aus (9)
C^*... Kosten bei Anwendung der AHM-Politik aus (7)

4. Lineare Entscheidungsregeln bei variablem Entscheidungszyklus

Wenn man davon abgeht, in jeder Zeitperiode eine Produktionsentscheidung zu treffen und dafür n Perioden zu einem Entscheidungszyklus zusammenfaßt, in dem in der 1. Periode die Produktionssteuerung vorgenommen wird, während in den restlichen n-1 Perioden nicht in den Lagerprozeß eingegriffen wird, so läßt sich auch die lineare Politik durch die Wahl der Länge eines solchen Entscheidungszyklus an die Höhe der Fixkosten anpassen.Die lineare Entscheidungsregel enthält hier außer κ und μ als zusätzlichen Parameter noch die Anzahl n der Zeitperioden, die zu einem Zyklus gehören sollen:

$$(12) \quad u_k = U_z(x_k,k) = \begin{cases} \kappa\cdot(x_k-\mu) & \text{für} \quad k \in \{1,1+n,1+2\cdot n,\ldots\} \\ 0 & \text{sonst} \end{cases}$$

Für n=1 erhält man gerade die einfache lineare Politik aus (9). Die Anwendung dieser Politik für beliebiges n führt auf einen stationären Entscheidungszyklus, so daß stationäre Grenzverteilungen (und zwar Normalverteilungen) für die Produktion und die Lagerbestände in den einzelnen Perioden des Zyklus existieren. Die Optimierung läßt sich somit wie beim einfachen LNQ-Verfahren durchführen, wobei zu berücksichtigen ist, daß die Durchschnittskosten auch von der Zykluslänge abhängen:

$$(13) \qquad C = C_z(\kappa,\mu,n)$$

Durch Differentiation nach κ und μ bei festem n erhält man zwei Bestimmungsgleichungen, aus denen sich die optimalen Parameter als Funktionen der Kosten- und Nachfragegrößen und der vorgegebenen Zykluslänge (für n>1 allerdings nur noch numerisch) ermitteln lassen:

$$(14) \qquad \kappa^* = \kappa_z(h,v,p,q,n) \qquad \text{und} \qquad \mu^* = \mu_z(h,v,p,q,\sigma,n)$$

Die optimale Zykluslänge n^* ergibt sich, indem man n solange variiert, bis die Kosten in (13) ihr Minimum annehmen. Die Größe von n^* hängt daher wesentlich von der Höhe der Fixkosten ab.
Wenn man auf diese Weise die LNQ-Politik bestimmt, so zeigt sich tatsächlich, daß deren Kosten nicht mehr entscheidend von denen der AHM-Politik abweichen. Die folgende Tabelle zeigt die entsprechende Kostenabweichung $(C_z^*-C^*)/C^*$ (in%) für die Kostenstruktur (v=h), die für n=1 die stärksten Abweichungen verursachte. In der nebenstehenden Tabelle ist die optimale Länge der Entscheidungszyklen angegeben; in Klammern steht zum Vergleich (gerundet) die mittlere Zyklusdauer bei (t,T,Z,z)-Politik.

Kostendifferenz (in%) für v=h:

P=Q \ p=q	0	h	10·h
0,1·h·σ	3	9	12
h·σ	21	17	14
10·h·σ	32	28	19
100·h·σ	34	34	28

Optimale Zykluslänge für v=h:

P=Q \ p=q	0	h	10·h
0,1·h·σ	1(2)	1(3)	3(8)
h·σ	3(4)	4(6)	8(13)
10·h·σ	12(16)	13(19)	20(31)
100·h·σ	52(72)	54(73)	63(88)

Die Kosten der LNQ-Politik bei optimalem Entscheidungszyklus übersteigen also selbst bei extrem hohen Fixkosten die Kosten der AHM-Politik um kaum mehr als 30%. Die Zykluslänge steigt mit zunehmenden Fixkosten an und liegt jeweils unter der Länge des durchschnittlichen Entscheidungszeitraums bei (t,T,Z,z)-Politik. Dies liegt daran, daß die LNQ-Politik durch ihr starres Schema (während n-1 Perioden im Zyklus darf keine Produktionsentscheidung getroffen werden!) höheren Nachfrageschwankungen während eines Zyklus ausgesetzt ist, und sich somit nicht so lange Entscheidungszyklen erlauben kann wie die in jeder Periode reaktionsbereite AHM-Politik.
Die gesamten Untersuchungen zeigen, daß die optimale lineare Entscheidungsregel nicht nur bei proportionalen Kosten eine

brauchbare Approximation der gesamtoptimalen AHM-Politik ist, sondern daß sie auch bei Fixkosten von beliebiger Höhe eine durchaus diskutable Näherungspolitik darstellt, wenn man vom starren periodenweisen Entscheidungsverfahren abgeht und statt dessen einen optimalen Entscheidungszyklus bestimmt.

Literatur:

[1] ARROW, K.J., T. HARRIS and T. MARSHAK: "Optimal Inventory Policy", Econometrica, Vol. 19, (1951), pp. 250 - 272.

[2] EPPEN, G.D. and E.F. FAMA: "Solutions for Cash Balance and Simple Dynamic Portfolio Problems", Journal of Business, Vol. 41, (1968), pp. 94-112.

[3] INDERFURTH, K: "Zur Güte von Produktionsglättungsmodellen mit linearen Entscheidungsregeln", Proceedings in Operations Research, Würzburg 1974.

[4] NEAVE, E.H.: "The Stochastic Cash Balance Problem with Fixed Costs for Increases and Decreases", Management Science, Vol. 16, (1970), pp. 472-490.

[5] SCHNEEWEISS, Ch.: "Optimal Production Smoothing and Safety Inventory", Management Science, Vol. 20, (1974), pp. 1120-1130.

[6] SCHNEEWEISS, Ch.: "Dynamic Certainty Equivalents in Production Smoothing Theory", International Journal of System Sciences, Vol. 6, (1975), pp. 353-365.

[7] THEIL, H.: "A Note on Certainty Equivalents in Dynamic Planning", Econometrica, Vol. 25, (1957), pp. 346-349.

Forderungen an universell verwendbare Modularprogramme zur Steuerung der Fertigung

K. Fröhner, Berlin

Modularprogramme sind vorgefertigte Programme oder Programmpakete. Sie sind so aufgebaut, daß sie allgemein anwendbar sind für bestimmte Arbeiten und Verfahren, die in ähnlicher oder vergleichbarer Weise z. B. im Rahmen des betrieblichen Leistungserstellungsprozesses in verschiedenen Industriebetrieben auftreten. Häufig werden miteinander zusammenhängende Arbeiten und Tätigkeiten eines ganzen Betriebsbereiches durch mehrere aufeinander abgestimmte Programme abgebildet. Der Anspruch der Hersteller solche Programme, Tätigkeiten und Verfahren möglichst allgemein und umfassend darzustellen, ist nur bedingt richtig. Das ist in der komplizierten Struktur der industriellen Fertigung begründet. So gelang es bisher auch nicht ein für die Steuerung der Einzel-, Klein- und Großserienfertigung gleichermaßen geeignetes Programmpaket zu erstellen. Beim Einsatz solcher Programme muß man jedoch nicht nur beachten wie gut die betriebliche Realität (Produktstruktur, Fertigungsstruktur) nachgebildet werden kann, sondern auch mit Hilfe welcher Planungsverfahren das Auftragsvolumen mit den verfügbaren Kapazitäten in Einklang gebracht wird. Das sollte unter Berücksichtigung der Unternehmenszielsetzung geschehen. Es wird gezeigt, daß die mit Hilfe der in den Modularprogrammen eingesetzten Planungsverfahren angestrebten Ziele mit einem einheitlichen Unternehmensziel nicht verträglich sind. Dazu werden die Planungsverfahren im Bereich des Materialwesens sowie jene für die Durchlaufterminierung, die Kapazitätseinlastung, den Kapazitätsabgleich und die Reihenfolgebestimmung untersucht. Dabei stellt man fest, daß auch ein sich änderndes Unternehmensziel mit Hilfe der Programme nicht realisiert werden kann. Diese Anforderung ist aber an universell verwenbare Modularprogramme genauso zu stellen wie die Forderung nach allgemein gültiger Abbildung der Produkt- und Fertigungsstrukturen. Nur die Realisierung änderbarer Ziele im Rahmen der Grob-, Mittelfrist- und Feinplanung sowie der Einsteuerung, der Arbeitsverteilung und der Fortschrittüberwachung erlaubt es, die planerischen und steuernden Maßnahmen im Rahmen der Fertigungssteuerung den wechselnden Unternehmenszielen anzupassen. Angestrebt wird eine einheitliche Ausrichtung des Handelns nach dem Unternehmensziel. Bei dem arbeitsteiligen Aufgabenvollzug im Rahmen der Fertigungssteuerung ist dazu eine Zielhierarchie geeignet, die die Aufgabenteilung berücksichtigt und für die jeweilige Aufgabe ein angepaßtes Ziel verlangt. Es wird eine flexible Zielhierarchie aufgestellt und aus dieser die Anforderungen an die Planungsverfahren, die differenzierte Ziele berücksichtigen, abgeleitet.

Berücksichtigt werden soll bei den Überlegungen zur Realisierung von Planungsverfahren der allgemeine Kenntnisstand bei der Losgrößenbestimmung, bei der Kapazitätseinplanung sowie dem Kapazitätsabgleich und der Reihenfolgebestimmung. Die Forschungsergebnisse auf diesen verschiedenen Teilgebieten sind unter einer differenzierten Zielerreichung neu zu betrachten und zu ordnen.

Hauschildt, J.: Zielhierarchie in innovativen Entscheidungsprozessen
in "Unternehmensplanung"
Betriebswirtschaftlicher Verlag Dr. Th. Gabler
Wiesbaden 1975

Kinser, D.: Fertigungssteuerung mit Modularprogrammen
Beuth-Vertrieb, Berlin-Köln-Frankfurt/M. 1972

Anwendung mathematischer Methoden bei der Auslegung von Fertigungslinien

R. von Stetten, Stuttgart

Bei der Auslegung von Fertigungslinien müssen die Planungsziele - kostengünstige Produktion, Gewährleistung der geforderten Produktionsstückzahlen, geringe Kapitalbindung - zugrundegelegt werden. Daneben engen eine Reihe von Randbedingungen die Entscheidungsfreiheit des Planers ein.

Die Probleme, die zu lösen sind, können diskreter Natur sein, wie z. B. die Entscheidung, ob zum Ausgleich unterschiedlicher Taktzeiten zwei oder drei Parallelstationen anzuordnen sind. Daneben müssen kontinuierlich veränderbare Größen wie z. B. die Kapazitäten der zwischen den Stationen angeordneten Störungspuffer optimiert werden.

Es ist im allgemeinen nicht möglich, bei derart komplexen Problemen einfach differenzierbare Gleichungen zu ermitteln, die dann zu optimalen Verhältnissen führen. Vielmehr müssen für unterschiedliche Zustände des zu planenden Objektes Zielwerte errechnet werden, aus deren Tendenzen sich optimale Verhältnisse ableiten lassen. Die bekannten Simulationstechniken eignen sich dazu nur bedingt, da wegen der großen Zahl der zu ermittelnden Zielwerte und dem sehr hohen Rechenzeitbedarf pro Simulationslauf solche Planungssysteme rasch an Bedeutung verlieren.

Interessant sind für diese Probleme Verfahren, die auf der Theorie der Warteschlangen bzw. Markov-Prozessen aufbauen. Mit ihrer Hilfe lassen sich die Zielwerte mit minimalem Rechenaufwand ermitteln.

Während bei den Simulationstechniken alle Randbedingungen einer zu planenden Fertigungslinie mit mehr oder weniger großem Programmieraufwand berücksichtigt werden können, lassen sich durch die eben genannten mathematischen Verfahren nur sehr einfache Modelle darstellen. Es liegt daher nahe, beide Möglichkeiten kombiniert einzusetzen, so daß der dazu notwendige Aufwand im Falle der Anwendung klein bleibt und trotzdem die Anforderungen der Praxis erfüllt werden können.

Anhand eines Praxisbeispieles soll gezeigt werden, wie sich beide Techniken bei der Planung von Fertigungslinien ergänzen, um schrittweise an optimale und praxisgerechte Ergebnisse zu gelangen.

Schrifttum:

Warnecke, H.J. und R. v. Stetten: Auslegung von Störpuffern in automatischen Fertigungslinien, 24th General Assembly of the CIRP, 1974, Tokyo and Kyoto

Ein Produktionsplanungsmodell für die Düngemittelfabrikation in mehreren Werken

H.-G. Maennig, Gelsenkirchen

Die Produktionsplanung im Düngemittelbereich der VEBA-CHEMIE AG muß sieben Produktionsstätten berücksichtigen. Der erste Schritt zu einer optimalen Produktionsplanung mit Hilfe systematischer mathematischer Optimierverfahren sollte durch die Erstellung eines einperiodischen LP-Modells getan werden, das alle wesentlichen Beziehungen und Verknüpfungen innerhalb des Bereiches gleichzeitig berücksichtigen kann. Darüberhinaus wurde mit Verfolgung dieses Zieles die Möglichkeit zur Benutzung einer einheitlichen Datenbasis innerhalb der Firma gesehen. Die Erfahrung zeigte jedoch, daß die Existenz des mathematischen Kerns eines solchen Optimierungsprogrammes noch nicht zu einer breiten Kritik an den zugrundeliegenden Daten bzw. ihres Ermittlungsverfahrens führt, ja selbst deutlich fehlerhafte Daten werden kaum erkannt. Dies änderte sich erst,als im Rahmen der Erarbeitung eines Nachfolgeprogramms, das die Ergebnisse in übersichtlicher Form zusammenstellt, auch eine auf den Optimalergebnissen aufbauende Kostenanalyse des Geschehens eingearbeitet wurde. Von da ab setzt ein Vereinheitlichungsprozeß bei der Ermittlung der zugrundeliegenden Datenbasis ein und wurde es möglich, Fehler auf ihre Ursache in der Datenbasis hin schnell zu verfolgen und gelegentlich überhaupt erst zu erkennen.

Voraussetzung für eine verursachungsgerechte Zuordnung der Kosten und die Bestimmung der Produktionsorte und -mengen für Zwischen- und Endprodukte ist eine genaue Erfassung der Beziehungen und Verknüpfungen in einem solchen System und diese müssen sorgfältig dokumentiert werden. Das geschieht mit einer übersichtlichen Tabellierung der Daten und der zeichnerischen Darstellung der Verknüpfungen der zum Teil über die Daten miteinander verbundenen Ströme.

Die Art der verwendeten zeichnerischen Dokumentation und der Ergebnisaufbereitung, wie sie für jeden Düngemittelbetrieb in Frage kommen kann, läßt sich in drei Zeichnungen allgemein darstellen. Eine auf den Düngemittelbereich der VEBA-CHEMIE AG spezialisierte Zeichnung steht dort allen mit Planungsfragen Befaßten zur Verfügung.
Aufgrund einer in den Zeichnungen weitgehend geübten Systematik in der Bezeichnungsweise wird es möglich, die Übersicht in der zeichnerischen Darstellung dadurch zu bewahren, daß lediglich das erste und letzte Glied einer Bezeichnungskette zum Ausdruck gebracht wird. Über die zugehörigen Daten gibt dann letztlich die bereits erwähnte übersichtliche Datensammlung Auskunft.

Die Ermittlung der proportionalen Herstellkosten aller Vor- und Endprodukte erfolgt nach dem Muster der folgenden Tabelle.
In der Spalte DM/Einhl erscheint entweder der Preis eines Rohstoffes oder die zuvor ermittelten proportionalen Herstellkosten des Zwischenproduktes, die gegebenenfalls um den Transportkostenanteil berichtigt sein müssen. Die proportionalen Herstellkosten der Zwischenprodukte einiger - nicht aller - Werke werden gemittelt, sofern eine der Folgeanlagen das Vorprodukt aus mehreren Werken beziehen kann. Damit werden Bewertungsungerechtigkeiten vermieden. Eventuell anfallende Transportkosten werden erst nach der Mittelung zugefügt, so daß ein Standortnachteil in den

proportionalen Herstellkosten der Folgeprodukte zum Ausdruck kommt.

Produkt Menge	Kostenarten	Menge	Einhl	Preis/ prop. Kosten DM/E1	Spezif. Einsatz E1/E2	Prop. Kosten DM/E2
	Einsatzstoff 1	xxxxx	xxx	xxx.xx	xxx.xx	xxx.xx
	Einsatzstoff 2					
	....					
	Proportionale Verarbeitungskosten					xxx.xx
xxxxxx	Proportionale Herstellkosten					xxx.xx

Für einige Endprodukte und gegebenenfalls das vorgeschaltete Zwischenprodukt Ammonnitrat-Lauge empfiehlt sich häufig eine Aufgliederung der proportionalen Herstellkosten nach der Herkunft der Vorprodukte. Eine solche detaillierte Aufgliederung der proportionalen Herstellkosten sollte natürlich auf das allernotwendigste Maß beschränkt bleiben, weil sie sonst einen Ergebnisausdruck sehr umfangreich werden läßt. Derartige Detaillierungen lassen sich aber nicht ganz vermeiden, wenn die optimalen Planungsergebnisse sofort verstanden werden sollen und nicht durch umfangreiche Folgerechnungen von Hand erst wieder interpretiert werden müssen. Sie erleichtern insbesondere Dispositionen zu nicht allzusehr vom Optimalergebnis abweichende Planfestsetzungen, ohne daß gleich ein neuer Rechenlauf durchgeführt werden muß.

Im vorliegenden Fall kam das LP-Programmpaket MPSX der IBM zur Anwendung und als Reportsprache MPSRG. Zur Matrixgenerierung fand ein PL/1-Programm Verwendung. Das eigentliche LP-Problem umfaßt 1.400 Zeilen und 2.000 Spalten, die Besetzungsdichte der Matrix liegt bei 0,12%. Von der ersten Analyse bis zur endgültigen Inbetriebnahme des gesamten Programms vergingen 2 Jahre. Der Aufwand betrug 4 Mann-Jahre. Etwa 1,7 Mann-Jahre müssen für die Systemanalyse angesetzt werden. Darunter fallen: Das Sammeln der Informationen und Daten, deren Dokumentierung, die Erstellung des LP-Gerüstes, die Gestaltung des Eingabeschemas für die Matrixgenerierung und des 55-seitigen Ergebnisausdrucks mit der Festlegung der erst im Reportprogramm zu etablierenden Verknüpfungen, sowie sämtliche begleitende Vergleichsrechnungen. Zirka 1,8 Mann-Jahre sind für die Programmierung des Reports und 0,5 Mann-Jahre für die Programmierung des Matrixgenerators anzusetzen. Die Programmierung des umfangreichen Reports mittels MPSRG führt zu einem Mißverhältnis, das jedoch durch die Einsatzmöglichkeit von in der Programmierung Unerfahrenen ausgeglichen wird. Die Rechenzeit auf einer IBM 370/145 beläuft sich beim Neuaufsetzen und bei Vorgabe einer alten Lösung auf ca. 4 min CPU-Zeit, der Ausdruck eines Reports verlangt nochmal 1 min. Die anschließende Revision der Datenbasis und Ermittlung einer neuen Lösung benötigt nurmehr ca. 1,25 weitere Minuten.

Das Optimierpotential liegt nach bisher möglichen Schätzungen bei ca. 4 Mio DM/a, das in der Praxis sicherlich nicht voll realisierbar sein wird. Die nicht minder wichtigen Nebeneffekte des Programmpaketes in Zahlen zu fassen, ist natürlich kaum möglich - die einheitliche Datenbasis innerhalb der Firma, die Vereinheitlichung der Ermittlungsverfahren zur Datengewinnung und das Verständnis des Systems sind auch in Rechnung zu setzen.

LP in der Praxis: Kostenoptimale Roheisenproduktion

R. Staudinger, Luxembourg

Vorgestellt wird ein LP-Modell, welches von der Direktion des ARBED-Stahlkonzerns (LUXEMBURG) seit über drei Jahren zur mittelfristigen Planung gebraucht wird. Das Modell beschreibt den Materialfluss einer Stahlindustrie von den Erzgruben bis zu den Hochöfen (inklusiv). Das Schwergewicht des Vortrags liegt weder auf der mathematischen Seite noch auf der ADV-Seite (beide hinreichend bekannt) sondern auf der praktisch-organisatorischen Seite. Behandelt werden folgende Aspekte :

- Hintergrund und Formulierung des Problems
- Inhalt des Modells (kurzer Umriss)
- Organisatorische Aspekte
- ADV-Aspekte.

1. Hintergrund und Formulierung des Problems

Gegeben sind bestimmte Soll-Quantitäten von Roheisen je Werk, welche kostenoptimal produziert werden sollen. Unbekannt sind die zu fördernden und zu kaufenden Erzmengen, die Verteilung der Erze auf die verschiedenen Werke sowie die Verarbeitung der Erze innerhalb der Werke (die Alternative innerhalb eines Werkes ist sintern oder Direkteinsatz in den Hochöfen). Unbekannt ist ebenfalls das optimale Verschicken von Zwischenmaterial von Werk zu Werk (Feinerz, Groberz, Sinter).

Die Errechnung dieses Produktionsprogrammes ermöglicht die Bestimmung des Kokseinsatzes sowie der Kostenstruktur des Roheisens.

Das Auflösungsvermögen des Modells sollte genügend für eine mittelfristige Planung sein (3 Monate - 2 Jahre).

2. Inhalt des Modells

Die grobe Struktur des Modells unfasst die Erzgruben (und Erzmarkt) sowie eine variable Zahl von Hüttenwerken. Ein Hüttenwerk besteht im Modell aus Sieb- und Brechanlagen, Sinteranlagen und einem Hochofen. Berücksichtigt sind ebenfalls chemisch-physikale Gleichgewichte und Kostenstrukturen.

3. Organisatorische Aspekte

3. a) Bearbeitende Abteilungen

Ein errechnetes Modell geht von der ADV-Abteilung via eine funktionale

Abteilung zur Direktion. Ein wichtiges Zwischenglied in der Kette ist die funktionale Abteilung (z. B. Corporate Planning). Einerseits übersetzt sie die Anfragen der Direktion in modellgerechte Sprache (Analyse und Quantifizierung), andererseits übersetzt sie die Rechenergebnisse des ADV in die Sprache der Direktion (Synthese und Interpretation). Das Kenntnisprofil eines solchen Zwischengliedes sollte nach absteigender Wichtigkeit folgende Gebiete umfassen : Interna (d. h. Branchen- und konzerninternes Wissen), Mathematik, ADV-Kenntnisse .

3. b) Unterlagen

Zu den wichtigsten gebrauchten Unterlagen gehören :

- ein Formular, welches der funktionalen Abteilung hilft die Anfragen der Direktion in eine Modellanfrage zu übersetzen
- eigens programmierte Zusammenfassungen der Rechenergebnisse, welche die Interpretations- und Synthesearbeit erleichtern
- eine komplette Beschreibung des Modells samt Diagrammen und technischen Daten zur Vermeidung von Missverständnissen bei allen Benutzern

3. c) Beantwortbare Fragen

Da das Modell eine komplette Simulation des Materialflusses ist, können sehr verschiedenartige Fragen beantwortet werden, z. B. :

- Produktions- und Einsatzplanung
- Bewertung der eigenen Erze
- Bewertung eines neuen (evtl. zu kaufenden) Erzes
- Vergrösserung/Verkleinerung von Anlagen : What if ?
- Andere Fahrweisen der Anlagen : What if ? Kosten ? (Basizität, Hämatiteisen usw.)
- Voraussichtliche Kosten eines Möllers.

4. ADV-Aspekte

- Das Modell ist seit über drei Jahren in intensivem Gebrauch; über 600 Auswertungen wurden gemacht.
- Das Modell ist ein normales (kontinuierliches) LP-Modell, typische Grössenordnung etwa 600 x 600. Eine normale Durchlaufzeit auf dem Burroughs B 6700 beträgt etwa 10 Minuten CPU.
- Mathematische Probleme :
  Die Verschickung von Sintermaterial ergibt in Wirklichkeit quadratische Gleichungen : mit etwas Erfahrung lassen sich jedoch konstante Prozentsätze gebrauchen.
- Mögliche Erweiterungen :
  - Erfassung der Fixkosten mit Hilfe von ganzzahligen Variabeln.
  - Erfassung von Mengenrabatten mit Hilfe von separablen Variabeln.
- Software :
  Die letzte Version ist mit Hilfe des Burroughs-Software GAMMA/TEMPO geschrieben worden (Matrizengenerator + Reportwriter).

RAPPORT SYNTHETIQUE-SOLUTION NUMERO 1. 2. 1

PROVENANCE		DISPON.	DUDELANGE	DIFFERDANGE	ESCH-BELVAL	TERRE-ROUGE	BARBOURG	TOTAL
BILANS DES CONCASSAGES/CRIBLAGES.								
MINETTES LUXEMBOURGEOISES.								
RUMELANGE C.O.	CALCAREUX	90,000		42,828	20,773	610		64,211
DIFFERDANGE FOND	SILICEUX	95,000		95,000				95,000
		185,000		137,828	20,773	610		159,211
MINETTES FRANCAISES.								
MONT ROUGE	CALCAREUX	217,000		12,642	204,358			217,000
FERDINAND	CALCAREUX	208,000			208,000			208,000
MONT ROUGE	SILICEUX TV	143,000			143,000			143,000
ERROUVILLE	SILICEUX TV			10,182			117,270	127,452
KRAEMER	CALCAREUX	67,000			67,000			67,000
				22,824	622,358		117,270	762,452
MINETTES ACHETEES.								
MAIRY	CALCAREUX	76,000		76,000				76,000
DROITAUMONT	CALCAREUX	40,000	4,166	35,834				40,000
		116,000	4,166	111,834				116,000
BILANS DES AGGLOMERATIONS.								
FINES EX MINETTES.								
FINES RECUES A DL/DIFFERD.				177,486				177,486
FINES RECUES A DL/BELVAL			1,166		643,131	195	106,684	751,177
			1,166	177,486	643,131	195	106,684	928,663
FINES RICHES ET AJOUTES AGGLOM.								
KIRUNA	TV	10,418			6,251			6,251
ALEGRIA	FI			12,612	40,894			53,506
KIRUNA	FI	16,666			16,666			16,666
GRAENGESBERG	FI	6,250			6,250			6,250
COTO WAGNER	FI	16,000			15,000			15,000
SCORIES THOMAS					1,045			1,045
DECHETS AGGLOM.				1,000	15,110			16,110
				13,612	101,215			114,827
PRODUCTION D'AGGLOMERES.								
AGGLOM EXPEDIE DE DL/DIFFERD.				149,404				149,404
AGGLOM EXPEDIE DE DL/BELVAL			120,746	81,620	251,015	194,399		647,780
			120,746	231,024	251,015	194,399		797,184

AUSZUG AUS EINEM SYNTHESE-REPORT

Linear-quadratische Produktions-Lagerhaltungsmodelle mit instationärer stochastischer Nachfrage

D. Reetz, Berlin

Gegenstand der Untersuchung ist ein T-stufiges Produktions-Lagerhaltungsmodell mit folgender Struktur: Es sei

x_t der Lagerbestand im Zeitpunkt t, $0 \leq t \leq T$, und

u_t die Produktionsentscheidung im Zeitpunkt t, $0 \leqslant t < T-1$.

Mit $\{F_t\}_{0 \leq t \leq T-1}$ bezeichnen wir eine Folge von unabhängigen instationären Nachfrageverteilungen mit endlichen ersten und zweiten Momenten μ_t, $\mu_t^{(2)}$, und realisierten Nachfragen r_t. Lagerbestand, Produktion und Nachfrage sind durch eine allgemeine lineare Transformationsgleichung

$$(1) \qquad x_t = b_1 x_{t-1} + b_2 u_{t-1} + r_{t-1} \qquad (1 \leq t \leq T)$$

verknüpft. Produktions- und Lagerkosten sind allgemein quadratisch

$$(2) \qquad a(x_t u_t) = a_1 x_t^2 + a_2 a_t^2 + a_3 x_t u_t + a_4 x_t + a_5 u_t + a_6 \qquad (0 \leq t \leq T-1)$$

und werden auf die Gegenwart durch einen Diskontierungsfaktor $\alpha > 0$ bezogen. Ferner liegt eine quadratische Endbewertung (3) vor:

$$(3) \qquad Q^{(o)}(x_T) = A^{(o)} x_T^2 + B^{(o)} x_T + C^{(o)}$$

Als Kostenkriterium dient der Erwartungswert der summierten diskontierten Perioden- und Endkosten.

Falls $\{\mu_t, \mu_t^{(2)}\}$ existieren, die Bedingung

$$(4) \qquad (a_1 b_2^2 + a_2 b_1^2 - a_3 b_1 b_2)\, |2a_2 b_1 - a_3 b_2|\, \alpha + (-4a_2^2 b_1^2 + 4a_2 a_3 b_1 b_2 - a_3^2 b_2^2)\, \alpha^{1/2} + a_2 |2a_2 b_1 - a_3 b_2| \geq 0$$

erfüllt ist, $A^{(o)}$ in einem gewissen Intervall liegt, so läßt sich die Existenz dynamischer Sicherheitsäquivalente für Prozesse mit beliebigem T nachweisen. Gilt ferner die Ungleichung

$$(5) \qquad |c| < \min \{1, \limsup_{t\to\infty} |\mu_t|^{1/t}\},$$

wobei c eine Funktion von $(a_1, a_2, a_3, \alpha, b_1, b_2)$ ist, so erweist sich die optimale initiale Entscheidungsfunktion stabil bezüglich $T\to\infty$.

Transport und Standortmodelle

Die Leerwagenverteilung mit EDV

H. Herren und H. Illi, Bern

1. Einleitung

Auf dem Netz der Schweizerischen Bundesbahnen werden täglich ca 10 000 Güterwagen beladen. Diese Wagen, die rechtzeitig am richtigen Ort sein müssen, werden vom Güterwagenverteildienst den Bestellern zugewiesen. Es gibt dafür rund je 1000 mögliche Bedarfs- bzw Bestandesbahnhöfe. Das gesamte Normalspurnetz mit der Vielzahl der verwendeten Güterwagentypen ergeben aber eine derart unüberblickbare Situation, dass das Netz für den Verteildienst in fünf autonome Bezirke aufgeteilt werden musste.

Vor dem täglichen Zuweisen der Leerwagen von den Bestandes- zu den Bedarfsbahnhöfen, gleichen die fünf Bezirke in einem Konferenzgespräch von ca dreissig Minuten Dauer, die grössten Ueberschüsse und Fehlbestände untereinander aus. Dieser Grobausgleich ist nötig, weil es typische Wagenmangel- und ebensolche Wagenüberschussgebiete gibt. Dieser Trend zu unpaarigen Verkehrsströmen wird sich in Zukunft, parallel zum Wechsel von den allgemein verwendbaren Wagentypen zu Spezialwagen, noch akzentuieren. Nach dem Konferenzgespräch führen die Verteiler, je für ihren Bezirk, die Feinverteilung durch. Wegen des Zeitdruckes unter dem sie arbeiten (die Verteilaufträge müssen möglichst rasch an die Bahnhöfe ausgegeben werden), ist es nicht möglich, auf einmal getroffene Entscheide zurückzukommen, auch wenn offensichtlich ist, dass es bessere Lösungen gibt. Dem Verteiler bleibt nicht viel anderes übrig, als unter den gegebenen Umständen die Bestände mehr oder weniger sequentiell den Bedarfen zuzuteilen.

Dieses Verteilsystem gilt dennoch als eines der besten in Europa. Trotzdem haben die SBB sich entschlossen, es weiter zu verbessern, da es noch eine Reihe weiterer, entscheidender Nachteile aufweist, die unter Umständen recht grosse Auswirkungen auf die Ausnützung des zur Verfügung stehenden Parkes von rund 30 000 Wagen und auf die Kosten einer Verteilung haben können. Die wichtigsten Mängel sind:

- Die Aufteilung des Netzes in fünf Bezirke hat zur Folge, dass nach dem Konferenzgespräch jeder Bezirk isoliert für sich die Leerwagen in seinem Gebiet verteilt, ohne zu wissen was in seiner nächsten Nachbarschaft passiert. Die Bezirksgrenzen werden zu Mauern, die eine kostengünstigere Lösung verhindern. Zuteilungen über die Bezirksgrenzen sind, mit Ausnahme der erwähnten Grobausgleiche, nicht möglich, deshalb wird die Zahl der möglichen Bedarfsdeckungen kleiner. Das Resultat ist natürlich eine schlechtere Ausnützung des Wagenparkes.
- In der manuellen Organisation muss unter einem beträchtlichen Zeitdruck verteilt werden. Damit die Verteiler ihre Aufträge rechtzeitig erteilen können, sind sie gezwungen, praktisch sequentiell vorzugehen: Ein Wagenbestand wird

dem nächstbesten Bedarf zugeordnet; es ist gar nicht möglich, verschiedene Lösungen gegeneinander abzuwägen. Der Zeitdruck bewirkt hie und da auch fehlerhaftes Arbeiten.

- Da es den Wagenverteilern nicht möglich ist, Lösungsvarianten zu untersuchen, können sie auch die denkbaren Substitutionsmöglichkeiten*) pro Wagentyp nicht "durchspielen". Dadurch wird wiederum eine optimale Ausnützung des vorhandenen Wagenparks verhindert.

  *) Unter Substitution wird die Stellung eines andern Wagentyps als des verlangten verstanden, zB eines grösseren oder mit Spezialeinrichtungen versehenen, wie Schiebedach oder Schiebewand. Substitution ist immer nur in einer Richtung möglich: der "bessere" Wagen kann den "schlechteren" ersetzen, aber nicht umgekehrt.

- Eine wichtige Rolle spielt die rechtzeitige Zurverfügungstellung der bestellten Wagen: Der Kunde muss sich darauf verlassen können, dass der Wagen zur gewünschten Zeit am Verladeort steht, damit sein Personal und seine Lastwagen rationell eingesetzt und zum voraus disponiert werden können. Das Verteilpersonal kann aber nicht den gesamten Güterzugfahrplan im Kopf haben, und um Unterlagen zu konsultieren, dazu fehlt die Zeit. Deshalb wird mit Erfahrungswerten gearbeitet. Daraus können verspätete Bedarfsdeckungen resultieren, was dann die Bahnhöfe dazu verleiten kann, die Wagen auf einen früheren Zeitpunkt als nötig zu bestellen. Wenn Güterwagen einen halben oder einen ganzen Tag unbenützt herumstehen, verlängert sich die Wagenumlaufdauer, was die Zahl der für ein bestimmtes Transportvolumen benötigten Wagen erhöht.

- Eine der kostspieligsten Tätigkeiten im Eisenbahnbetrieb ist die Rangierung von Wagen. Man sucht deshalb, diese Arbeiten wenn möglich zu beschränken. Bei der Leerwagenverteilung zB ist es billiger, eine etwas längere Leerlaufdistanz in Kauf zu nehmen, wenn dadurch der Rangieraufwand vermindert werden kann. Bei der manuellen Verteilung ist der Verteiler jedoch nicht in der Lage, den Rangieraufwand zu berücksichtigen, dh die Zahl der nötigen Zwischenrangierungen zu minimieren. Es ist zwar im voraus bekannt, ob für eine bestimmte Relation Zwischenrangierungen entstehen oder nicht, doch können Alternativen weder gesucht noch bewertet werden.

- Ebenso ist es nicht durchführbar, während einer manuellen Verteilung die Lösung mit dem geringsten Wagenkilometeraufwand zu suchen.

- Es ist schwierig, die rechtzeitige Ausführung der erteilten Aufträge zu kontrollieren. Das gilt in noch grösserem Masse für die Ueberprüfung, ob die Bahnhöfe wirklich alle freien Bestände verfügbar melden, ob sie sich selber Wagen zuweisen oder sogar Reserven bilden und damit die Wagen dem allgemeinen Gebrauch entziehen.

- Ein manuelles Verteilsystem ist nicht in die im Aufbau begriffene, zentrale Lenkung des Güterverkehrs integrierbar.

Aus der Reihe der aufgezählten Nachteile stechen vor allem die drei folgenden hervor:

- die Aufteilung in fünf Bezirke
- die Nichtberücksichtigung von Rangieraufwand und Fahrplan

- die Arbeit unter Zeitdruck

Allein diese drei Mängel können den Wagenumlauf so nachteilig beeinflussen, dass die Kosten für den Wagenpark erheblich tangiert werden. Die SBB haben in ihren Güterwagenpark gegenwärtig rund 600 Millionen Franken investiert und der Wiederbeschaffungswert beträgt das Doppelte dieser Summe. Beispielsweise würde eine Verkürzung der Wagenumlaufdauer um einen Fünftel eine Einsparung von 800 Güterwagen bedeuten. Ein Güterwagen kostet, je nach Ausführung, 30 000 bis 50 000 Franken. Gewisse Spezialwagen können noch wesentlich teurer sein.

Ziele eines neuen Verteilsystems

Nachstehend folgt die Aufzählung der Ziele, welche durch die Einführung eines neuen Verteilsystems erreicht werden sollen. Die Reihenfolge bedeutet keine Wertangabe, da eine Gewichtung kaum möglich ist: Jeder Punkt kann, je nach Wagenlage, entscheidend oder weniger wichtig für das Endergebnis einer wirtschaftlichen Verteilung sein. ZB ist bei Wagenmangel primär die Befriedigung möglichst vieler Bedarfe für ein gutes Resultat entscheidend, auch unter Inkaufnahme von zusätzlichem Aufwand. Im Gegensatz dazu, steht bei ausgeglichener Wagenlage oder bei Wagenüberschuss die Minimierung des Aufwandes (Kilometer, Rangierungen) und die Benützung ausländischer Wagen, ohne dass Mietforderungen entstehen, im Vordergrund.
Für ihr neues Verteilsystem haben sich die SBB folgende Ziele gesteckt:

- Minimierung der Leerwagenkilometer
- Minimierung der Zwischenrangierungen (die Durchlaufzeit eines Wagens durch einen Rangierbahnhof beträgt im Mittel etwa sechs Stunden)
- Entlasten stark beanspruchter Knoten
- Maximierung der Bedarfsdeckung
- Steuerung von einer zentralen Stelle aus
- Zeitgerechte Zuweisung der Leerwagen
- Frühzeitige Ausgabe der Verteilaufträge

Indirekt enthalten ist in diesen Forderungen, dass

- die Bezirksgrenzen nicht mehr länger tragbar sind
- der Fahrplan exakt berücksichtigt werden muss
- die nötigen Zwischenrangierungen, Distanzen und Leitungswege für jede Relation bekannt sein müssen.

Aus der Formulierung dieser Ziele geht auch gleich hervor, dass eine manuelle Methode dafür nicht mehr genügt. Die gestellten Bedingungen können nur mit Hilfe eines mathematischen Modells erfüllt werden. Die Vielzahl der möglichen Lösungen verlangt die Durchführung komplizierter Berechnungen auf einer elektronischen Datenverarbeitungsanlage.

3. Die Lösungskonzeption

Die Lösungskonzeption sieht vor, dass die Bahnhöfe ihre Bestände und Bedarfe an leeren Güterwagen über Terminals und Datenübertragungsnetz an den Computer melden. Nach den üblichen Plausibilitäts-, Vollständigkeits- und Formkontrollen, erstellt der Rechner für die zentrale Leitstelle die sog Wagenlage, eine Synthese der Bestände und Bedarfe, sortiert nach bestimmten Gesichtspunkten. Damit erhält die zentrale Leitstelle ein genaues Situationsbild, welches ihr erlaubt, ihre Verteilpolitik zu formulieren. Damit die Verteilung nach dieser uU täglich neu formulierten Strategie durchgeführt wird, erhält die zentrale Leitstelle folgende Eingriffsmöglichkeiten:

- die Schaffung neuer Bedarfe (zB in Sammelbahnhöfen)
- die Kürzung von Bedarfen (bei Mangellagen)
- die Eingabe von Beständen
- das Sperren gewisser Strecken
- die Entlastung von Rangierknoten
- die Eingabe von Prioritäten
- die Eingabe der Anweisungen für den Wagenausgleich im europäischen Wagenpool (EUROP-Wagenpark), mit höchster Priorität
- das Verbot oder die Einschränkung der Benützung ausländischer Wagen etc

Die Verteilpolitik mit den dafür geschaffenen Eingriffsmöglichkeiten bildet das Instrument mit welchem die zentrale Leitstelle das System "Leerwagenverteilung" nach Bedarf steuert und bildet die Schnittstelle Mensch/Maschine. Dieser wichtige Teil ist der Schlüssel zur Flexibilität des neuen Verfahrens.

Nach dem Schritt "Verteilpolitik" werden in einer weiteren Verarbeitungsstufe gewisse Wagen in der Vorverteilung ganz bestimmten Bedarfsorten zugewiesen. Dabei handelt es sich um Wagen, die nicht wie die übrigen nach rein wirtschaftlichen Gesichtspunkten zugewiesen werden können, sondern für welche es gilt übergeordnete Vorschriften zu beachten.

Der dritte Verarbeitungsschritt ist die Allgemeine Verteilung in der Grossteile der Bestände und Bedarfe behandelt wird.

4. Zur mathematischen Lösung

4.1 Uebersicht

In der Vorverteilung stellten sich keine grösseren Probleme. Bei den ausländischen RIV-Wagen kam die Stepping Stone Methode, bei den Lademitteln und Transportgeräten das von Ford und Fulkerson angegebene Markierverfahren zur Lösung des Hitchcockproblems zum Zug.

Demgegenüber bereitete die Allgemeine Verteilung, in der - unter Berücksichtigung des Fahrplans - die grosse Masse der Schweizer Wagen verteilt wird, einiges Kopfzerbrechen. Für Netzwerkflussoptimierungsprobleme dieser Art ist der Out-of-Kilter-Algorhithmus das bekannteste Lösungsverfahren. Allerdings hätte er in seiner Standardform den vorgegebenen Speicherplatz und Rechenzeitrahmen weit überschritten. Im folgenden werden einzelne Sparmassnahmen für Zeit und Speicher beschrieben.

4.2 Die einzelnen Massnahmen

4.2.1 Aufteilung

Es zeigte sich, dass von den verschiedenen Möglichkeiten das Netzwerk in kleinere zu zerlegen, die Aufteilung in Wagentypengruppen ("Ebenen") das Optimum am wenigsten schädigt, da dabei nur einige selten gebrauchte Substitutionsmöglichkeiten zerschnitten werden. So konnte das Netzwerkflussproblem in zwölf kleinere aufgespalten werden, in denen maximal vier Typen gemeinsam behandelt werden. In diesem kleineren Netzwerk (ca 100'000 Bogen) soll exakt optimiert werden. Zur Verfügung stehende Rechenzeit 1 Stunde : 12 = 5 Minuten pro Ebene.

4.2.2 Prinzip des starren Netzwerks

Beim Rechnen grosser Netzwerkflussprobleme auf einem Computer zeigt es sich oft, dass die Generierung des Netzwerks einen grossen Teil der Rechenzeit beansprucht. Da die LWV täglich innerhalb einer Stunde gerechnet werden soll, musste diese Tatsache gebührend beachtet werden; dies erreichte man durch das Einführen eines starren Netzwerks: Nur ein Teil der dem Netzwerk zugrunde liegenden Daten, nämlich die Wagenlage (Bestände und Bedarfe) ändert täglich. Alles andere, wie Fahrplan, Substitutionsmöglichkeiten etc. sind Stammdaten, die nur gelegentlich (zB bei einem Fahrplanwechsel oder bei einer Einführung neuer Wagentypen) ändern.

Das Prinzip des starren Netzwerks bedeutet nun, dass die Generierung des Netzwerks im wesentlichen aus der täglichen Verarbeitung herausgenommen wird. Damit erspart man einerseits die Generierungszeit, andererseits wird es möglich, die Eigenheiten des Netzwerks im Optimierungsprogramm zu berücksichtigen (so etwa die immer gleichen Stationsnetzwerke). Ein Nachteil des starren Netzwerks, die Nichtberücksichtigung der täglichen Wagenlage bei der Generierung, die zur Folge hat, dass evtl grosse Teile des Netzwerks für die Optimierung nur Ballast sind, wird durch die Knotensperre behoben (siehe 4.2.4).

4.2.3 Reduktion des Fahrplannetzwerks

Die Menge aller Netzwerke, die dasselbe Leerwagenproblem darstellen, ist recht gross. Von diesen Netzwerken muss eines ausgewählt werden, das den gegebenen Erfordernissen bzw Rechenzeit und Speicher möglichst gut entspricht.

Die besten Chancen, das Netzwerk zu verkleinern, bot der Fahrplanteil, der die Zugverbindungen zwischen den Stationen definiert. Greifen wir eine der Massnahmen heraus:

Führt ein Ausgleich mit Leerfahrten über mehrere Zugknoten, so muss er sog. Zug-Zug-Bogen (ZZB) benützen. Deren Kostenkoeffizient ist aus Verschiebungs- und Rangierkosten zusammengesetzt.

Auf grossen Rangierbahnhöfen gibt es sehr viele Uebergangsmöglichkeiten von einem Zug auf den anderen (Beispiel: über 1400 allein in Zürich). Da jeder Uebergangsmöglichkeit ein ZZB entspricht, ist man versucht, diese horrende Anzahl Bogen irgendwie zu reduzieren. Die Reduktion geschieht durch die Einführung von Rangierknoten bei Netzwerkgenerierung.

Beispiel:

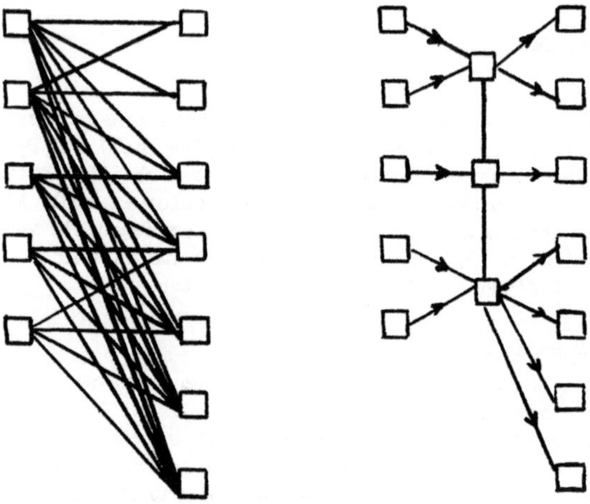

Der ursprüngliche Graph links mit zwölf Knoten und 27 Bogen wird ersetzt durch den Graphen rechts mit 15 Knoten und nur 14 Bogen.

4.2.4 Knotensperre

Die Arbeit mit einem weitgehend starren Netzwerk (siehe 4.2.2) hat den unübersehbaren Nachteil, dass den Besonderheiten der täglich ändernden Wagenlage vom Netzwerk her nicht Rechnung getragen wird. So ist es zB möglich, dass an einem bestimmten Tag der Zug X den Wagentyp Y nirgendwo zuführen kann, da keine der von ihm zu bedienenden Stationen entsprechende Bedarfe hat. Das kann zur Folge haben, dass vom Knoten A (Zug X/Wagentyp) aus mehrmals ganze Teile des Netzwerks markiert werden, obschon dies nie zu einem Durchbruch führen kann. Es ist klar, dass diese zeitraubenden unnötigen Rechenschritte ausgeschaltet werden sollten. Die radikale Lösung, die Entfernung aller für die betr. Wagenlage unnötigen Knoten, hiesse den Teufel mit Beelzebub austreiben: Eine tägliche Netzwerkgenerierung wäre erforderlich, und zudem würde die fixe Topologie der Stationen zerstört.

Eine bessere Lösung ist die Knotensperre: Vor der Optimierung wird jeder Knoten daraufhin untersucht, ob man von ihm aus einen nicht verschwindenden Bedarf erreichen kann. Ist dies unmöglich, so wird der Knoten gesperrt. Ebenso wird jeder Knoten gesperrt, der nicht von einem von Null verschiedenen Bedarf aus erreicht werden kann. Nicht gesperrt bleiben somit nur jene Knoten k, für welche die beiden folgenden Bedingungen erfüllt sind:

a) Es existiert ein Pfad

$$(x_1=k,x_2),\ (x_2,x_3),\ldots,(x_{n-1},x_n=t)$$

von k nach t mit $c(x_{n-1},t) \neq 0$.

b) Es existiert ein Pfad

t ist Endknoten aller Bedarfsbogen

s ist Anfangsknoten aller Bestandesbogen

$$(y_1=s,y_2),(y_2,y_3),\ldots,(y_{m-1},y_m=k)$$

von s nach k mit $c(s,y_2) \neq 0$.

Der ursprüngliche Optimierungsalgorhithmus wird durch den Einbau der Knotensperre zwar um einiges schneller, aber auch etwas komplizierter. Zu den drei Zuständen "unmarkiert", "markiert, nicht ausgewertet" und "markiert, ausgewertet", in denen sich ein Knoten befinden kann, kommt nun noch der Zustand "gesperrt". Gesperrte Knoten sowie Bogen von oder nach solchen Knoten werden beim Markieren und bei einer Potentialerhöhung nicht beachtet. Ferner muss beim Löschen der Marke darauf geachtet werden, dass die gesperrten Knoten auch gesperrt bleiben.

4.2.5 Weitere Massnahmen

Es folgt eine Aufzählung weiterer Veränderungen des Algorhithmus.

Diese sind teilweise ebenso bedeutsam wie die oben geschilderten, können aber hier nicht ausführlich beschrieben werden:

- Markierungsverfahren: Eine Aenderung im Markierverfahren benützt die Tatsache, dass ein Teil des Netzwerks nach einem Durchbruch oder einer Barrikade wieder gleich markiert wird.
- Prioritäten: Eine spezielle Behandlung erfahren die Bogen mit konvexen Kostenkurven.
- "Spannung" statt Potential: Gespeichert wird nicht pro Knoten des Potential, sondern pro Bogen die kritische Grösse $a(x,y)=P(y)-P(x)+a(x,y)$, als "Potentialdifferenz plus Kosten". Das braucht mehr Speicher, spart aber noch mehr Rechenzeit.
- Flussmaximum nicht speichern: Diese Grösse braucht nicht während der Markierung gespeichert zu werden. Bei knappem Speicher genügt es, sie auf dem gefundenen Durchbruchspfad zu eruieren.
- Vorzeitiger Abbruch: Der Algorhithmus erlaubt einen vorzeitigen Abbruch der Rechnung, zB wenn eine bestimmte Kostenschwelle erreicht ist. Mit einem vorher gerechneten Maximalflussproblem kann die Güte dieser Zwischenlösung beurteilt werden.
- Ausnützung spezieller Eigenheiten des LWV-Netzwerk: Eine Reihe weiterer Massnahmen nützen die Singularitäten des LWV-Netzwerks aus. So erlaubt die Einteilung in Bogenarten eine gezielte (vereinfachte) Behandlung gewisser Netzwerkteile.

4.3 Effekt der Massnahmen

Das obige Massnahmenpaket erlaubt es, die Speicherrestriktion (512k Bytes) einzuhalten und die Rechenzeit von ca 100 Std auf eine halbe Stunde zu reduzieren.

Allokationsprobleme bei öffentlichen Dienstleistungsbetrieben: Ergebnisse einer Fallstudie für den "Technischen Überwachungsverein Bayern e.V."

M. Heinhold, München

1. Problemstellung

Dem Technischen Überwachungsverein (TÜV) obliegt die Aufgabe, an nahezu allen Kraftfahrzeugen in konstanten Zeitabständen technische Verkehrssicherheitsüberprüfungen durchzuführen. Zu diesem Zweck besitzt er zahlreiche Prüfstellen, die sich über das ganze Land verstreut in den meisten größeren Städten befinden. Im Zuge der mit anwachsenden Kfz-Zahlen notwendig gewordenen Erweiterungs- und Neubauten von Prüfstellen kristallisierte sich als zentrales Problem heraus, daß die Inanspruchnahme der Prüfstellen durch die Kfz-Besitzer im voraus nicht bestimmt werden konnte. Dem TÜV ist keine gesetzliche Handhabe gegeben, den Strom der zu prüfenden Kfz den einzelnen Prüfstellen zuzuweisen. Die Auswahl einer bestimmten TÜV-Prüfstelle steht vielmehr dem TÜV-Kunden völlig frei.

Das Hauptinteresse dieser Studie bestand darin, zu untersuchen, nach welchen Regeln sich die Verteilung der Kfz vollzieht. Es wurde vermutet, daß sie zu einem instabilen System führt, das auf kleine Änderungen an bestimmten Punkten bei den Umweltdaten (etwa Ausbau einzelner Prüfstellen, Zunahme der Kfz-Zulassungen, Bau neuer Verkehrswege usw.) empfindlich reagiert und zu globalen Umschichtungen im System führt. Ziel war, für beliebige Konstellationen von Umweltdaten die Verteilung der Kfz in einem Modell realistisch nachvollziehen bzw. vorhersagen zu können.

2. Das Modell

Ehe ein Modell angegeben werden kann, das die Verteilung der Kfz auf die Prüfstellen kausal erklärt, ist es nötig, sich über das Spektrum der Faktoren Klarheit zu verschaffen, die den einzelnen Kfz-Besitzer bei der Wahl seiner Prüfstelle beeinflussen. Umfangreiche empirische Voruntersuchungen an nahezu allen TÜV-Stellen in Oberbayern ergaben, daß die für die TÜV-Prüfung aufzuwendende Zeit die bei weitem überwiegende Einflußgröße darstellt. Das folgende Modell basiert demzufolge auf der Hypothese, daß der einzelne TÜV-Prüfling diejenige Prüfstelle auswählt, die ihm ein Minimum an Anfahr-, Warte-, Bedienungs- und Rückfahrzeit gewährleistet.

Betrachten wir unser Modell als Netzwerkproblem - die für diesen Fall wohl beste Modellkonzeption, weil hier die individuellen Gegebenheiten der einzelnen Orte (z.B. Zahl der zugelassenen Kfz, Kapazitäten der Prüfstellen) sowie der Verbindungen (z.B. Ausbau des Verkehrsnetzes, unterschiedliche Durchschnittsgeschwindigkeiten) detailliert berücksichtigt werden können, so gilt für das Verhalten des einzelnen Kfz-Besitzers bei der Prüfstellenwahl als individuelle Zielfunktion:

(1) $\min_j (f_{ij}+h_j)$ wobei $i=1...M$ Quellen (Wohnorte der Kfz-Besitzer),
$j=1...N$ Senken (Standorte der Prüfstellen),
f_{ij} = konstante An- und Rückfahrtzeit,
h_j = Aufenthaltszeit an der Prüfstelle j.

Selbstverständlich ist h_j keine konstante Größe sondern hängt ab von der Zahl der je Zeiteinheit in j ankommenden Kfz und der Kapazität der Prüfstellen.

Sei x_{ij} Kfz-Strom von i nach j je Zeiteinheit,
m_j Kapazität einer sog. Prüfgasse (Anzahl Kfz je Zeiteinheit),
s_j Anzahl der Prüfgassen an Prüfstelle j.

Unter diesen Voraussetzungen stabilisiert sich im Netzwerk eine gleichgewichtige Verteilung gemäß:

(2) $$x_{ij}\begin{Bmatrix}>\\=\end{Bmatrix}0 \text{ je nachdem ob } f_{ij}+h_j\left(\sum_{i=1}^{M}x_{ij},m_j,s_j\right)\begin{Bmatrix}=\\ \geqslant\end{Bmatrix}u_i .$$

In Worten: Die Kfz werden, wenn (1) als individuelle Zielfunktion zugrunde liegt, sich so auf die Prüfstellen verteilen, daß der durchschnittliche Gesamtzeitaufwand je Fahrzeug auf allen benutzten Verbindungen, die von i aus zu erreichen sind ($x_{ij}>0$), gleich dem minimalen Grenzwert u_i ist. Wäre dies nicht so, dann würden gemäß (1) solange Fahrzeuge zu den noch günstigeren Prüfstellen j fahren, bis diese nicht mehr günstiger sind. Hiermit ist die Identität der obigen globalen Verteilungsbedingung (2) mit der individuellen Bedingung (1) erwiesen.
selbstverständlich gelten noch:

(3) $x_{ij} \geqslant 0, \qquad u_i \geqslant 0$ für alle i und j.

Um der Tatsache gerecht zu werden, daß alle während eines betrachteten Zeitraumes an der Quelle i fällig werdenden Prüfungen F_i auch tatsächlich abgenommen werden, muß zusätzlich die folgende Nebenbedingung (4) gelten:

(4) $F_i - \sum_j x_{ij} = 0$ für alle i.

Kapazitätsrestriktionen an den TÜV-Stellen brauchen nicht eigens berücksichtigt zu werden, da wegen $\lim h_j(\sum_i x_{ij}) = \infty$ für $\sum_i x_{ij} \longrightarrow m_j \cdot s_j$,

- dies ist bei der im Folgenden vorgeschlagenen Verwendung der Formeln der Warteschlangentheorie der Fall - die Verteilungsbedingungen (2) von selbst für die Einhaltung der Kapazitätsgrenzen sorgen.
Damit ist das eingangs beschriebene Problem vollständig in einem Modell abgebildet.
Zur Klärung der Frage, mit welchem Verfahren das Modell gelöst werden kann, ist noch ein kurzer Blick auf die Aufenthaltszeiten h_j an den Prüfstellen nötig, die bisher nur symbolisch als Funktion h_j von $\sum_i x_{ij}$, m_j und s_j angegeben wurden. Es handelt sich hier um ein typisches Warteschlangenproblem mit praktisch unbegrenztem Warteraum bei mehreren parallelen Bedienungskanälen. Hierbei ist

s_j = Anzahl der parallelen Bedienungskanäle,

m_j = mittlere Bedienungsrate,

$\sum_i x_{ij}$ = mittlere Ankunftsrate.

Als Verteilungsfunktionen konnten die Poissoneigenschaft der Ankünfte sowie die Exponentialverteilung für die Bedienungszeiten durch Messungen an den TÜV-Stationen empirisch nachgewiesen werden. Da es in dem dieser Studie zugrundeliegenden Gebiet TÜV-Stationen mit bis zu 6 parallelen Bedienungskanälen gibt, ist unser Modell in hohem Maße nichtlinear, wie aus den entsprechenden Formeln in den einschlägigen Lehrbüchern zur Warteschlangentheorie ersichtlich wird.

3. Über die Lösung

3.1. Theoretische Überlegungen

Das Problem, welche Lösungsverfahren für das obige Modell verwendet werden können, wird zunächst von der Tatsache beeinflußt, daß sich die Bedingungen (2), (3) und (4) als notwendige und hinreichende Kuhn-Tucker-Bedingungen des folgenden konvexen Minimierungsproblems darstellen lassen:

$$(5)\quad \min_{x_{ij},u_i} L = \sum_i \sum_j f_{ij}\cdot x_{ij} + \sum_j \int_0^{\sum_i x_{ij}} h_j(z)dz + \sum_i u_i(F_i - \sum_j x_{ij}),$$

wobei die Nebenbedingungen (4) mit den aus (2) schon bekannten Lagrangschen Multiplikatoren u_i an die eigentliche Zielfunktion angefügt sind.
Die Kuhn-Tucker-Bedingungen für dieses Minimierungsproblem lauten:

$$(6)\quad \frac{\partial L}{\partial x_{ij}} = f_{ij} + h_j(\sum_i x_{ij}, m_j, s_j) - u_i \geqslant 0,$$

$$(7)\quad x_{ij}\cdot\frac{\partial L}{\partial x_{ij}} = x_{ij}(\, f_{ij} + h_j(\sum_i x_{ij}, m_j, s_j) - u_i) = 0,$$

$$(8)\quad \frac{\partial L}{\partial u_i} = F_i - \sum_j x_{ij} = 0,$$

sowie $x_{ij} \geqslant 0$.

Bedingung (6) und (7) lassen sich, wie man leicht sieht, zusammenfassen zu:

(2) $f_{ij} + h_j(\sum_i x_{ij}, m_j, s_j) \begin{Bmatrix} = \\ \geqslant \end{Bmatrix} u_i$ je nachdem ob $x_{ij} \begin{Bmatrix} > \\ = \end{Bmatrix} 0$.

Da sowohl f_{ij} als auch h_j positive Größen sind, folgt aus (7) letztlich noch: $u_i \geqslant 0$.

Die einzige Erkenntnis aus obiger Umformung ist, daß wegen der Konvexität der Zielfunktion L(x,u) unser Modell eine eindeutige Lösung hat. Die Existenz einer zulässigen Lösung hängt selbstverständlich noch davon ab, ob die Bedingungen $F_i - \sum_j x_{ij} = 0$ und

$$m_j \cdot s_j - \sum_i x_{ij} \geqslant 0$$

eine zulässige Lösung ($x_{ij} \geqslant 0$) haben, was aber, wie die Praxis zeigt, der Fall ist.

3.2. Praktische Schwierigkeiten

Die Rückführung unseres speziellen Kfz-Allokationsmodelles auf ein allgemeines konvexes Minimierungsproblem bringt jedoch keine praktischen Fortschritte in der Frage des Lösungsverfahrens. Der Anwendbarkeit exakter Lösungsalgorithmen für nichtlineare Optimierungsprobleme steht die große Anzahl M•N von Variablen entgegen. Aus diesem Grunde ist es nötig, ein Verfahren zu konstruieren, das die Spezifika unseres Modells gezielt ausnutzt. Der Grundgedanke des entwickelten iterativen Näherungsalgorithmus besteht darin, daß, ausgehend von einer zulässigen Anfangslösung, in jeder Iteration jeweils die Quelle i gesucht wird, für die die Differenz zwischen bester und schlechtester Zeit u_{ij} am größten ist. Durch Umverteilen der Flüsse auf diesen Verbindungen wird die Zeitdifferenz verkürzt und eine Annäherung an das Gleichgewicht gemäß (2) erreicht. Grob skizziert lauten die Schritte des Verfahrens:

1.Schritt: Man bestimme eine zulässige Anfangslösung.

2.Schritt: Man berechne für alle i und j die benötigten Zeiten:

$$u_{ij} = f_{ij} + h_j(\sum_j x_{ij}, m_j, s_j).$$

3.Schritt: Man bestimme für jede Quelle i die Prüfstelle mit kürzestem und längstem Zeitaufwand:

$$jmin = \operatorname{Min}_j u_{ij}$$

$$jmax = \operatorname{Max}_j (u_{ij} \mid x_{ij} > 0) \text{ für alle i,}$$

sowie die Abweichung $D_i = u_{i,jmax} - u_{i,jmin}$.

4.Schritt: Man bestimme die Quelle imax mit größter Abweichung:

$$imax = \underset{i}{Max}\ D_i \ .$$

5.Schritt: Man vermindere den Fluß auf der Verbindung imax,jmax und erhöhe ihn auf der Verbindung imax,jmin um jeweils Δx, wobei gelten muß:

$$\Delta x \leq x_{imax,jmax} \quad \text{und}$$

$$\Delta x \leq m_{jmin} \cdot s_{jmin} - \sum_i x_{i,jmin} \ .$$

Zurück zu Schritt 2.

Abbruchkriterium: Wenn $D_{imax} < \varepsilon$, dann ist die Lösung im Rahmen der gewünschten Genauigkeit ε erreicht.

Da die Konvergenzgeschwindigkeit des Verfahrens wesentlich von der Größe des Austauschschrittes Δx abhängt, und bei konstantem Δx relativ früh Oszillation auftritt, wurde die Größe von Δx von der Anzahl t der bereits durchlaufenen Iterationen abhängig gemacht.
Mit $\Delta x = Min(x_{imax,jmax};\ m_{jmin} \cdot s_{jmin} - \sum_i x_{i,jmin})/(2{,}01 \cdot t)$
lieferte der obige Algorithmus für das TÜV-Problem mit M=25 und N=10 (also 250 Variablen x_{ij}) sehr gute Näherungslösungen von der Genauigkeit $D_{imax} = 0{,}008$ Stunden, die in der 174.Iteration erreicht wurden.
Ökonomisch interpretiert ist D_{imax} die Zeit, die im schlechtesten aller Fälle (imax) eingespart würde, wenn das letzte Kfz statt die schlechteste Prüfstelle (jmax) die beste Prüfstelle jmin aufsuchen würde. Eine Zeitersparnis von $8 \cdot 10^{-3}$ Stunden = 28 Sekunden spielt bei den Entscheidungen in unserem Problem mit Sicherheit keine Rolle.
Kurz einige Anmerkungen zur Rechenzeit: Für das vorliegende Problem mit M=25 und N=10 benötigte eine Telefunken TR 440 pro Iteration 0,09 sec.
In einem anderen Zusammenhang lieferte das Verfahren auf demselben Rechner für ein Problem in der Größenordnung M=100 und N=100 brauchbare Lösungen nach ca. 10 Minuten Rechenzeit. Selbstverständlich können diese Angaben nicht losgelöst vom jeweiligen konkreten Problem gesehen werden. Beispielsweise nimmt die Zahl der nötigen Iterationen zu, je geringer der Unterschied zwischen Gesamtkapazität $\sum_j m_j s_j$ und gesamtem Fluß $\sum_i F_i$ ist.

Der Modelltest anhand von Vergangenheitswerten zeigte relativ gute Übereinstimmung der berechneten $\sum_i x_{ij}$ mit der Zahl der tatsächlichen Kfz-Prüfungen an den einzelnen Prüfstellen. Leider konnte eine genauere Überprüfung nicht durchgeführt werden, da die vom TÜV gespeicherten Daten neben einer Menge von für unser Problem nicht interessanter Einzelheiten lediglich die Zahl der Prüfungen je Prüfstelle und Jahr enthalten, nicht jedoch die Herkunft der geprüften Kfz, sodaß keine Auskunft darüber gewonnen werden konnte, ob die im Modell berechneten x_{ij} mit dem tatsäch -

lichen Fluß auf ij übereinstimmen.
Es wäre nun ein seitenfüllendes Unternehmen, wollte man in diesem Vortrag auf die Schwierigkeiten eingehen, die bei der Erfassung der für die Modellrechnung benötigten Inputdaten entstehen. Der Zeitaufwand für die Datenbeschaffung überwog bei weitem den bei der Erstellung des Modells und Programmierung des Lösungsalgorithmus.
Da es sich meist um wissenschaftlich triviale Probleme handelt, soll in diesem Rahmen nicht näher darauf eingegangen werden.

Sensitivitätsanalyse mehrstufiger Standortprobleme

W. Stahl, Hamburg

In der neueren, quantitativ orientierten, standorttheoretischen Literatur wurde eine Vielzahl von Modellen und Verfahren zur Bestimmung optimaler Standorte entwickelt. Gemeinsam ist fast allen Modellen, daß von einer gegebenen und bekannten Datenstruktur ausgegangen wird; in den meisten Fällen wird außerdem von Durchschnittswerten ausgegangen, die während des gesamten Planungszeitraumes Gültigkeit haben.

Da aber die Daten - vor allem die Kosten und die Erlöse - nur ungenau bekannt sind, ist es von Interesse, zu wissen, wie stark die tatsächlichen Werte von den geschätzten Werten abweichen dürfen, ohne daß sich die optimale Lösung ändert. Dies ist die Aufgabe einer Sensitivitätsanalyse.

Das hier betrachtete Standortproblem - das als Repräsentant einer ganzen Gruppe von Standortproblemen aufgefasst werden kann - ist durch folgende Annahmen gekennzeichnet

A_1 : Ein Unternehmen stellt in p Betrieben ein Produkt her. Die Ausbringung im Betrieb h muß zwischen ap_h und bp_h Mengeneinheiten (ME) liegen, die (geschätzten) Produktionsstückkosten betragen cp_h Geldeinheiten pro Mengeneinheit (GE/ME)

A_2 : Es sollen k Kunden beliefert werden, die zwischen ak_j und bk_j ME zum (geschätzten) Preis e_j abnehmen

A_3 : Die Belieferung soll über neu zu errichtende Auslieferungslager erfolgen. Für diese Lager gibt es l potentielle Standorte; am Standort L_i können höchstens bl_i Mengeneinheiten umgeschlagen werden, die (geschätzten) variablen Stückkosten betragen cl_i GE/ME. Wird am Standort L_i ein Lager errichtet, so entstehen (geschätzte) fixe Kosten in Höhe von $f_i \geq 0$ GE

A_4 : Die Stücktransportkosten von den Betrieben zu den Lagern (c_{hi})

sowie von den Lagern zu den Kunden ($\tilde{c}_{ij}$) sind bekannt und konstant. Die Transportkapazitäten sind unbeschränkt

A_5 : Gesucht ist diejenige Standortkombination, die den Gewinn maximiert bzw. die Differenz aus Kosten und Erlösen minimiert

Zur Bestimmung einer optimalen Lösung kann ein von Domschke (1975) entwickeltes branch-and-bound-Verfahren (b&b-Verfahren) verwendet werden. Im Laufe des Verfahrens wird für die potentiellen Lagerstandorte L_i sukzessiv festgelegt, ob ein Lager zu errichten ist oder nicht, d.h. es wird ein Baum der in Figur 1 gezeigten Form konstruiert

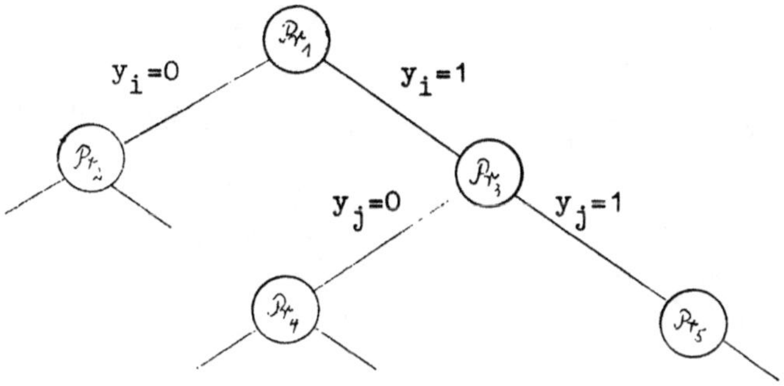

Figur 1

Die linearisierten Teilprobleme (LTP) werden mit Hilfe graphentheoretischer Methoden gelöst. Hierbei ist die Bestimmung einer optimalen Lösung des LTP's Pr_ν gleichbedeutend mit der Bestimmung eines kostenminimalen Flusses in dem in Figur 2 gezeigten Netzwerk. Da bei Kapazitätendigraphen üblicherweise nur Pfeilen Bewertungen und Kapazitäten zugeordent werden, wird jeder potentielle Lagerstandort L_i durch zwei Knoten - nämlich L_i und einen künstlichen potentiellen Lagerstandort L_i' - repräsentiert. Für die Bewertung des Pfeiles (L_i, L_i') gilt

$$c_i := \begin{cases} cl_i & \text{für } L_i \in L_\nu^1 \\ cl_i + f_i/bl_i & \text{für } L_i \in L_\nu^2 \\ \infty & \text{für } L_i \in L_\nu^0 \end{cases}$$

wobei

L^1_ν = Menge aller potentiellen Lagerstandorte, für die entschieden ist, daß ein Lager errichtet wird, d.h. $y_i=1$

L^0_ν = Menge aller potentiellen Lagerstandorte, für die entschieden ist, daß kein Lager errichtet wird, d.h. $y_i=0$

L^2_ν = Menge aller "freien" Lagerstandorte; für $L_i \in L^2_\nu$ ist noch keine Entscheidung getroffen, d.h. $y_i \in [0,1]$

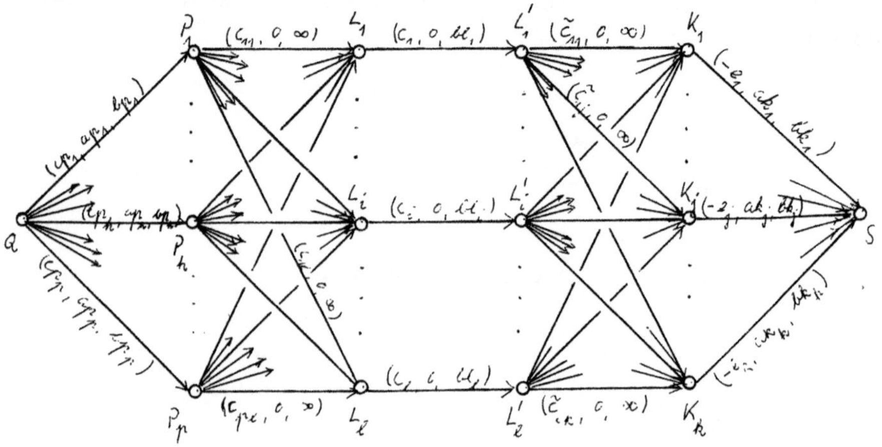

Figur 2

Wird nun angenommen, daß die Werte der Produktionsstückkosten, der Lagerhaltungskosten und der Absatzpreise von den geschätzten Werten abweichen (können), so ist für die Sensitivitätsanalyse der LTP'e - die Voraussetzung für die Sensitivitätsanalyse des Standortproblemes ist - wesentlich, daß der optimalen Lösung eines LTP's ein Inkrementgraph entspricht, in dem keine negativen Zyklen vorhanden sind. Werden die Abweichungen von den geschätzten Werten der Produktionsstückkosten, der Lagerhaltungskosten sowie der Absatzpreise mit

$$\underline{d} = (d^1_1, d^1_2, \ldots, d^1_p, d^2_1, d^2_2, \ldots, d^2_l, d^3_1, d^3_2, \ldots, d^3_k)$$

bezeichnet, so bleibt die für $\underline{d}=0$ optimale Lösung erhalten, wenn durch die Änderungen in dem zur optimalen Lösung von Pr_ν gehörigen Inkrementgraphen kein negativer Zyklus entsteht. Da sich die Abweichungen gegenseitig substituieren können, hat es wenig Sinn, alle Vektoren $\underline{d}$ zu bestimmen, für die dies zutrifft (vgl. Breu (1972)). Interessanter ist die Bestimmung eines "eigentlichen kritischen Bereiches" (EKB_ν), der dadurch gekennzeichnet ist, daß für jede Komponente von $\underline{d}$ Ober- und Untergrenzen angegeben werden, bis zu denen sich die betreffenden d-Werte unabhängig von den anderen Komponenten des Vektors $\underline{d}$ verändern dürfen, ohne daß sich die optimale Lösung des betrachteten LTP's ändert. Nehmen wir zunächst an, nur die Lagerhaltungskosten seien unsicher, so kann ein eigentlicher kritischer Bereich für das LTP Pr_ν durch den folgenden Algorithmus bestimmt werden

Schritt 1 : Setze $d_{iu}^{2\nu} := -\infty$ und $d_{io}^{2} := \infty$ für i =1(1)l. Lege Gewichtungsfaktoren $\alpha_i^\nu \geqslant 0$ für i=1(1)l fest; für die Gewichtungsfaktoren muß gelten

$$\sum_{i=1}^{l} \alpha_i^\nu = 1$$

Schritt 2 : Suche – im zur optimalen Lösung von Pr_ν gehörigen Inkrementgraphen – für alle i mit $L_i \notin L_\nu^o$ und positiver Umschlagsmenge $\tilde{X}_i^\nu$ den kürzesten Weg w_1^i von L_i nach L_i', der (L_i, L_i') nicht enthält. Setze

$$d_{io}^{2\nu} := \alpha_i^\nu (c(w_1^i) - c_i)$$

Schritt 3 : Suche für alle i mit $L_i \notin L_\nu^o$, für die $\tilde{X}_i^\nu < bl_i$, den kürzesten Weg w_2^i von L_i' nach L_i, der (L_i', L_i) nicht enthält. Setze

$$d_{iu}^{2\nu} := -\alpha_i^\nu (c(w_2^i) + c_i)$$

Man kann zeigen, daß das l-dimensionale Intervall

$$\left[d_{iu}^{2\nu}, d_{io}^{2\nu}\right] \qquad i = 1(1)l$$

einen eigentlichen kritischen Bereich darstellt. Bei Unsicherheit der Produktionsstückkosten bzw. der Absatzpreise wird entsprechend vorgegangen, wodurch sich eigentliche kritische Bereiche auch für diese Fälle ergeben. Sind sowohl die Produktionsstückkosten als auch die Lagerhaltungskosten unsicher, so werden nach der Bestimmung eigentlicher kritischer Bereiche für die Fälle unsicherer Produktions- bzw. Lagerhaltungskosten die Pfeilbewertungen im Inkrementgraphen in folgender Weise geändert

$$\bar{c}(Q,P_h) := \bar{c}(Q,P_h) + d_{hu}^{1\vee}$$
$$\bar{c}(P_h,Q) := \bar{c}(P_h,Q) - d_{ho}^{1\vee}$$
$$\bar{c}(L_i,L_i') := \bar{c}(L_i,L_i') + d_{iu}^{2\vee}$$
$$\bar{c}(L_i',L_i) := \bar{c}(L_i',L_i) - d_{io}^{2\vee}$$

Damit können - neben den negativen Kurzzyklen (Q,P_h,Q) bzw. (L_i,L_i',L_i) - im Inkrementgraphen negative Zyklen entstanden sein; ein derartiger negativer Zyklus muß (mindestens) einen Pfeil aus dem Produktionsbereich und einen Pfeil aus dem Lagerbereich enthalten; um diese negativen Zyklen zu eliminieren, müssen die Ober- bzw. Untergrenzen der in ihnen enthaltenen Pfeile (betragsmäßig) verkleinert werden. Eine Bestimmung der negativen Zyklen ist dadurch möglich, daß für alle h - für welche der Pfeil (Q,P_h) bzw. (P_h,Q) im Inkrementgraphen enthalten ist - der kürzeste Weg von P_h nach Q bzw. von Q nach P_h gesucht wird, wobei das verwendete Wegesuchverfahren so zu modifizieren ist, daß die negativen Kurzzyklen ausgeschlossen sind. Falls einer dieser Wege zusammen mit (Q,P_h) bzw. (P_h,Q) einen negativen Zyklus $\mathfrak{z}$ bildet, sind die Ober- bzw. Untergrenzen der in $\mathfrak{z}$ enthaltenen Pfeile so zu ändern, daß für die geänderten Werte gilt $c(\mathfrak{z}) \geqslant 0$. Sind auf diese Weise alle negativen Zyklen - mit Ausnahme der negativen Kurzzyklen - aus dem Inkrementgraphen eliminiert worden, so bestimmen die aktuellen Werte der Ober- bzw. Untergrenzen $d_{ho}^{1\vee}$, $d_{hu}^{1\vee}$, $d_{io}^{2\vee}$, $d_{iu}^{2\vee}$ einen eigentlichen kritischen Bereich für den Fall unsicherer Produktionsstückkosten und unsicherer Lagerhaltungskosten. In entsprechender Weise ist es möglich, einen eigentlichen kritischen Bereich für den Fall unsicherer Produktionsstückkosten, unsicherer Lagerhaltungskosten und unsicherer Absatzpreise zu bestimmen.

Die Sensitivitätsanalyse des Standortproblemes baut auf den bei der Untersuchung der LTP'e erzielten Ergebnisse auf, wobei allerdings die bei Errichtung eines Lagers entstehenden fixen Kosten explizit berücksichtigt werden müssen. Sei eine optimale Lösung des LTP's Pr_* optimale Lösung des Standortproblemes. Dann bleibt diese Lösung (für ein $\underline{d}$) erhalten, falls es kein LTP aus der Front des b&b-Verfahrens gibt, dessen optimale Lösungsfunktion einen besseren Zielfunktionswert liefert, als die optimale Lösungsfunktion von Pr_*. Für die optimale Lösungsfunktion eines LTP's gilt

$$z_\nu^{opt}(\underline{d}) = \min_{\underline{x} \in M_\nu} z_\nu(\underline{x}, \underline{d})$$

wobei M_ν die Menge aller zulässigen Lösungen von Pr_ν ist. Gilt $\underline{d} \in \bigcap_\nu EKB_\nu$, so ist die optimale Lösung der LTP'e gleich der für $\underline{d} = 0$ optimalen Lösung; da die eigentlichen kritischen Bereiche EKB_ν bei der Untersuchung der LTP'e für alle LTP'e aus der Front des b&b-Verfahrens bestimmt werden, läßt sich hiermit ein eigentlicher kritischer Bereich für das Standortproblem bestimmen.

LITERATUR

Breu, R. : Die Sensitivitätsanalyse der Standortfaktoren beim Standortproblem mit Kapazitäts- und Konfigurationsrestriktionen, Dissertation Nr. 4812 der ETH , Zürich 1972

Domschke, W. : Verfahren zur Bestimmung optimaler Betriebs- und Lagerstandorte, in: Bahke, E. (Hrsg.) : Materialflußsysteme, Bd. II : Materialflußmodelle, Kapitel 5, Krausskopf Verlag, Mainz 1975

Zur Standortbestimmung von Krankenwagensystemen

C. Stierlin, Zürich

Kurzfassung

Wir betrachten das Problem der Optimalen Zusammensetzung der Mittel eines Krankenwagensystems, wenn ein gewisses minimales Serviceniveau als Einschränkung auf Standort und Anzahl der Bedienungsstationen wirkt. Unter einer optimalen Zusammensetzung der Mittel eines solchen Systems werden wir eine Zusammensetzung verstehen, die die gesamten Kosten des Systems minimiert unter Einhaltung der Serviceniveaueinschränkungen. Wir werden das Serviceniveau durch eine Wahrscheinlichkeit $\alpha(t)$ charakterisieren, für die wir kurz α schreiben, dass ein Patient mehr als eine gewisse Zeit t warten muss, bis er von einem krankenwagen abgeholt wird.

Nun ist die Tatsache, dass die Wahrscheinlichkeit der Bedienung gewisser Nachfrageknoten von einem gewissen Krankenwagenstandort aus (und somit auch die Wahrscheinlichkeit der Zurücklegung einer gewissen Distanz t um einen Patienten zu bedienen) von der Anzahl Fahrzeuge und von deren Standort im System abhängig ist, ein Hindernis, das uns daran hindert das Problem in lösbarer Form zu formulieren.

Wir zeigen aber, dass durch die Unterteilung des Systems in Subelementen und die Approximation des Verhaltens dieser Subelemente anhand eines M/G/n-Modelles, die Ergebnisse der Erlang-Formel

$$B(n,a) = \frac{a^n/n!}{\sum\limits_{k=0}^{n} (a^k/k!)}$$

dazu verwendet werden können um das Problem als ein effizient lösbares "generalized set covering problem" zu formulieren, nämlich

$$\min \sum_j (c_j)(x_j)$$

$$\sum_{j \in Q_i} x_j \geq f(s_i) \qquad \forall\ i$$

$$x_j \in \{0,1\} \qquad \forall\ j$$

wobei

c_j = Fixkosten, die mit der Errichtung einer Garage am jten Standort verbunden sind

x_j = 1 (0) heisst, dass eine (keine) Bedienungsstation am jten Standort errichtet ist

Q_i = $\{x_j : d_{ij} \leq s_i\}$

$f(s_i)$ = Anzahl Krankenwagen, die notwendig ist, um zu gewährleisten, dass die Bedienungszeit mit Wahrscheinlichkeit α s_i nicht übersteigt

d_{ij} = Distanz zwischen dem iten Nachfragoknoten und der jten Bedienungsstation.

Un modèle pour l'utilisation dans l'agriculture des boues produites par les stations d'épuration

Ph. Beck, J.C. Rochat und **D. de Werra**, Lausanne

RESUME: On sait que les résidus des stations d'épuration se présentent sous la forme de boues qui sont en général incinérées. Divers traitements ont toutefois été mis au point pour produire à partir des boues divers types d'engrais susceptibles d'être utilisés pour l'agriculture.

Cependant les différentes formes de boues ainsi produites ne peuvent pas être épandues indifféremment sur toutes les cultures. Il se pose donc un problème d'affectation sur lequel vient se greffer une foule de contraintes de nature écologique, économique et psychologique.

Parmi celles-ci il faut mentionner les variations de la demande de boue au cours des mois et les problèmes de stockage qui en résultent. Par ailleurs l'usage des boues d'épuration comme engrais n'est pas encore très répandu, de sorte qu'il s'agit avant d'appliquer un tel modèle de convaincre un certain nombre de communes ou de paysans des avantages de l'utilisation de boues d'épuration.

Si, en négligeant certaines contraintes, on peut ramener le problème de l'affectation des boues à un problème de transport simple, on constate en revanche que la prise en considération des divers facteurs écologiques et psychologiques conduit à un modèle de programmation en nombres entiers, proche de certains problèmes de localisation optimale.

Grâce à l'existence de données numériques abondantes relatives à la région lémanique, le modèle put être appliqué à un cas concret.

Mehrdimensionale Transportprobleme vom Planar-Typ

W. Junginger, Stuttgart

Von dem bekannten Transportproblem (TP2) der linearen Optimierung gelangt man zu mehrdimensionalen Transportproblemen, wenn man die dort zweifach indizierten Problemvariablen durch mehrfach indizierte Variablen ersetzt. Ein n-dimensionales Transportproblem vom Planar-Typ (TPn, 1) ist dann das folgende Problem:

ermittle $x_{i_1 \ldots i_n} \geq 0$

unter

$$\sum_{i_1} x_{i_1 \ldots i_n} = b_{o i_2 \ldots i_n}$$

$$\sum_{i_2} x_{i_1 \ldots i_n} = b_{i_1 o i_3 \ldots i_n}$$

$$\ldots$$

$$\sum_{i_n} x_{i_1 \ldots i_n} = b_{i_1 \ldots i_{n-1} o}$$

mit

$$\min z = \sum_{i_1} \ldots \sum_{i_n} c_{i_1 \ldots i_n} x_{i_1 \ldots i_n} .$$

Dieses Problem kann man ähnlich wie das TP2 lösen, jedoch lassen sich die einzelnen Schritte nicht mehr so einfach durchführen.

Zunächst benötigt man eine erste zulässige Basislösung, die aber nicht mehr unmittelbar - etwa durch Verallgemeinerung der Nordwesteckenregel - gefunden werden kann. Vielmehr ist hier gewöhnlich ein geeignetes Hilfsproblem zu lösen. Ausgehend von einer zulässigen Basislösung geht man dann durch Austauschschritte zu besseren zulässigen Basislösungen weiter, bis man die optimale Lösung gefunden hat. Die Beurteilung der Optimalität geschieht dabei mit Hilfe von n-1-fach indizierten Schattenpreisen.

Diese Schattenpreise sowie die für einen Austauschschritt erforderlichen Koeffizienten sind jeweils Lösungen von Gleichungssystemen, die mit der Basismatrix gebildet werden. Beim TP2 besitzen diese Gleichungssysteme stets Dreiecksgestalt, weshalb dort ihre Lösung verhältnismäßig einfach anhand des Transportschemas möglich ist. Beim TPn, 1 brauchen diese Gleichungssysteme aber nicht mehr dreieckig zu sein. Sie lassen sich jedoch durch geeignete Reduktionen stets auf die Lösung mehrerer derartiger Gleichungssysteme zurückführen, die ihrerseits dreieckig sind. Die Lösung solcher dreieckiger Gleichungssysteme kann dann beim TPn, 1 durch Einführung eines zum Transportschema geeignet definierten Graphen bequem erfolgen.

Ein Planungsmodell zur Abfertigung von Passagieren beim Abflug von einem Flughafen

K. Hese und H.-J. Lenz, Berlin

Zu den Dienstleistungen, welche ein Passagier von seiner Fluggesellschaft erwartet, gehört u.a. auch die reibungslose Abfertigung beim Abflug. In dem hier vorliegenden praktischen Fall (vgl. [1]) umfaßt die Abfertigung an den entsprechenden Schaltern die Kontrolle des Flugscheines, die Gepäckwägung, die Gepäcketikettierung und die Aushändigung der Bordkarte.

Das Planungsproblem besteht darin, bei stark zeitabhängigen Ankunfts- und zeitlich konstanten Bedienungsraten einerseits so wenig Schalter wie möglich zu öffnen und Personal einzusetzen, um das fest vorgegebene Personalkostenbudget und arbeitsrechtliche Bedingungen einzuhalten, andererseits insbesondere in den Stoßzeiten die ankommenden Passagiere nicht "über Gebühr" warten zu lassen, vgl. [4] .

Dieses Planungsproblem wird in mehreren Schritten gelöst:

1. Die empirisch ermittelten Ankunftsraten werden mit Hilfe der Korrelations- und Spektralanalyse auf ihre statistischen Eigenschaften hin untersucht. Es stellt sich heraus, daß die Ankunftsraten wesentlich nur vom Rhythmus der Stoßzeiten abhängen, nicht aber von Kalendertagen u.ä.. χ^2-Anpassungstests liefern das weitere Ergebnis, daß der Ankunftsprozeß durch einen tageszeitabhängigen, die Abfertigungsraten durch einen zeit- und personalunabhängigen Poissonprozeß modelliert werden können. Die mittleren Ankunftsraten werden in festen Intervallen linear approximiert.
2. Im Rahmen eines GPSS-FORTRAN-Simulationsprogrammes (vgl.[2]) wird mit Hilfe einer speziellen Response-Surface-Methode mit der mittleren Wartezeit (MW) als abhängiger Variablen

(response) die optimale, tageszeitabhängige Schalterzahl NT_i (i=1(1)p) bestimmt:

$$\min_{NT_i} \quad MW\,(NT_1,\, NT_2,\, \ldots\, NT_p)$$

3. Rein kombinatorisch wird das Personal den jeweils geöffneten Schaltern so zugeordnet, daß die üblichen Schichtzeiten und Pausenvorschriften eingehalten werden und die Personalkosten möglichst gering gehalten werden. Wegen der simplen Problemstruktur braucht auf ein ganzzahliges LP nicht zurückgegriffen werden (vgl. [3]).

Literatur

[1] Gounarakis, N.C.: Untersuchung der Anwendbarkeit der Theorie der Wartelinien auf spezielle Probleme des Flugverkehrs (Passagierabfertigung im Flughafen Kloten) Industrielle Organisation, 1958, S. 1-16

[2] Korngiebel, M. Naeve, P. : GPSS-1130 Ein FORTRAN Programmsystem, Diskussionsarbeit Nr. 2/1975 des Instituts für Quantitative Ökonomik und Statistik der Freien Universität Berlin.

[3] Joksch, H.C. : Lineares Programmieren, Tübingen, 1962, S. 37-39

[4] Hese, K. Lenz, H.-J. : Ein Planungsmodell zur Abfertigung von Passagieren beim Abflug von einem Flughafen, Diskussionsarbeit Nr. 5/1975 des Instituts für Quantitative Ökonomik und Statistik der Freien Universität Berlin.

Automatisierte Zuordnung von Distanzen

D. Renaud, H. Burri und H.U. Raetz, Berlin

Einleitung :
Die Grundlage der Distanzberechnungen bildet ein Strassennetz der Schweiz, welches mit ungefähr 6000 Bogen und 3000 Knotenpunkten alle wichtigen Strassenverbindungen repräsentiert. Der hier entwickelte Algorithmus errechnet daraus in einem einmaligen Programmdurchlauf eine Matrix der Distanzen zwischen den 3000 Knotenpunkten. Als Optimierungsgrösse ist jedem Bogen eine Zeitlänge (Weglänge/Geschwindigkeitsfaktor) zugeordnet. Eine Ortschaftsdatei mit 5000 Ortschaften und den zugehörigen Anschlussknoten und -distanzen zum Strassennetz wird von einem Zuordnungsprogramm zusammen mit der Distanzmatrix dazu benutzt die gesuchte Distanz zwischen zwei Ortschaften X und Y zu bestimmen.

Der Algorithmus :
Das Netz ist gegeben durch :

$K = \{ i \mid i = 1, 2, ,,,, n$ Knotenpunkte $\}$ Menge der Knotenpunkte

$B = \{ \beta \mid$ Bogen zw. 2 Nachbarpunkten $j,k \}$ Menge der Bogen

$\phi : B \longrightarrow \mathbb{R}^2$ ($\mathbb{R}$ Menge der reellen Zahlen)

$\beta \longrightarrow (o_\beta, z_\beta)$: o_β Optimierungsgrösse (Weglänge/Geschwindigkeitsfaktor)

z_β Zielgrösse (Distanz in km)

Df : für bel. $i,k \in K$ heisst $W_{ik} \subset B$ ein Weg von i nach k wenn die Supposition der $\beta \in W_{ik}, \beta_1\ \beta_2 \ldots \beta_m$, eine zusammenhängende Verbindung von i nach k bilden.

Für das Netz muss folgende Bedingung gelten :

$\forall\ i,k \in K \quad \exists \quad W_{ik}$: Weg von i nach k

Die Elemente d_{ik} der Distanzmatrix werden folgendermassen bestimmt :

Sei $I = \{ W_{ik} \mid$ Weg von i nach k$\}$ Menge der Wege von i nach k

$\hat{W}_{ik} = \min\limits_{\forall W_{ik} \in I} \left(\sum\limits_{\beta \in W_{ik}} o_\beta \right)$ (Weg-Zeit Optimierung)

es gilt dann die Zuordnungsvorschrift

$$f : K \times K \longrightarrow \mathbb{R}_+ \qquad (i,k) \longrightarrow d_{ik} \qquad \text{so dass} \quad f(i,k) = \sum_{\beta \in \hat{W}_{ik}} z_\beta$$

Der Algorithmus bestimmt jeweils ausgehend von einem Wurzelknoten i einen Distanz-Baum zu allen anderen Knoten ($d_{i1}, d_{i2} \ldots, d_{in}$) welcher gerade der i-ten Matrix-Zeile entspricht.

Die Matrix $D = (d_{ik})_{i,k \in K}$ ist symmetrisch mit einer Diagonalen $d_{ii} = 0, \forall i \in K$. Zur Weiterverwendung braucht also nur die Hälfte unter der Diagonalen abgespeichert zu werden.

Die Distanzzuordnung
Sei $O = \{(A,a_i) \mid$ Ortschaft A mit Anschlussdistanz a_i zum Knotenpunkt $i \in K\}$ die Ortschaftsdatei. Die Distanz zwischen 2 Ortschaften X,Y mit (X,a_j),

$(y,a_k) \in O$ ist dann gegeben durch ;

$$d\,(X,Y) = a_j + a_k + d_{jk}$$

Anwendungsbeispiel

Im Rahmen der Gütertransportstatistik 1974 wurde für die Erfassung der Strassentransporte eine Stichprobenerhebung durchgeführt. Dabei musste bei insgesamt über einer Million Sendungen die Distanz vom Einladeort zum Ausladeort bestimmt werden. Diese Aufgabe wurde mit dem beschriebenen Distanzzuordungsprogramm gelöst.

Die Daten aus der Stichprobenerhebung ermöglichten eine statistische Ueberprüfung des Algorithmus.

Von jeder Erhebungseinheit (Lastwagen) waren bekannt :

X_t : die gefahrene Distanz nach dem km-Zähler am Tag t t = 1, ..., 5 die Anzahl Erhebungstage

d_{it}: die vom Algorithmus der Sendung von A_i nach B_i zugeordnete Distanz am Tag t

i = 1, ..., die Anzahl Sendungen am Tag t

$Y_t = \sum_{i=1}^{n} d_{it}$ die zugeordnete Distanz am Tag t

$Z_t = X_t - Y_t$ die Differenz der beiden Messwerte.

Die Häufigkeitsverteilung von X_t und Y_t entsprechen sich recht gut.

Modus, Median, Durchschnitt und mittlere quadratische Abweichung von X_t und Y_t stimmen gut überein. Dies insbesondere bei der Betrachtung von Distanzklassen. Die einfache lineare Regression stützt die Hypothese $X_t = Y_t$. Der Korrelationskoeffizient zwischen X_t und Y_t ist fast 1.

Die Differenzen Z_t zeigen eine zum Nullpunkt annähernd symmetrische, in der Umgebung von Null stark überhöhte Häufigkeitsverteilung. Allerdings mit einer beträchtlichen Streuung. Diese lässt sich aber weitgehend auf Fehler der Erhebungsdaten zurückführen.

In der Umgebung von Null (z.B. im Intervall $\pm$ 30 km) ist Z_t annähernd normal verteilt.

Die angewendete Distanzzuordnung liefert also brauchbare Werte. Die gestellte Aufgabe wird durch den Algorithmus zufriedenstellend gelöst. Das Verfahren kann somit für weitere Probleme wieder angewendet werden.

Für nähere Angaben steht das ERZ BV jederzeit gerne zur Verfügung.

Öffentliche Dienste und Regionalplanung

Operations Research im öffentlichen Dienst (Übersichtsvortrag)

F. Weinberg, Zürich

Die klassischen Voraussetzungen für erfolgreiches Operations Research

Operations Research darf seit vielen Jahren als analytisch-quantitatives Werkzeug der Vorbereitung von Entscheidungen unter gegensätzlichen Anforderungen gelten. Es führt dem Unternehmer die komplexen Zusammenhänge und wechselseitigen Auswirkungen seiner Dispositionen im Masse der dabei erfassten Gesichtspunkte und innerhalb des für ihn gültigen mikroökonomischen Rahmens objektiv vor Augen. Die uns vertraute klassische Form des Operations Research entspricht dabei gewissen Voraussetzungen in bezug auf den mikroökonomischen Rahmen, die für ihre Bewährung wesentlich sind. Sie lauten:

- die Unternehmung ist in eine weite Umwelt gebettet, die durch unternehmerische Entscheide in ihrem Wesen nicht verändert, sondern höchstens in ihrem Verhalten gegenüber der Unternehmung umgestimmt werden kann: Veränderungen der Umwelt vollziehen sich aus anderen Ursachen heraus;

- die Unternehmung vermag indessen auch das Verhalten der Umwelt sich gegenüber nicht zu erzwingen, sondern nur über Mechanismen, wie beispielsweise in der freien Wirtschaft Angebot und Nachfrage, zu beeinflussen;

- den Aktionsmöglichkeiten der Unternehmung sind Grenzen gesetzt, die im allgemeinen keine Verschiebung zulassen: es handelt sich einerseits um feste gesetzliche und um feste moralische Schranken, andererseits um Limitierungen durch die Knappheit der Mittel;

- von der Richtigkeit der gewählten Aktionen hängt über eine sehr kurze Toleranzstrecke das Fortbestehen der Unternehmung ab.

Eine solche Unternehmung ist eigentlich eher ein "Betrieb", auf alle Fälle aber ein Gebilde, das als relativ "klein" anzusehen ist. Viele privatwirtschaftliche Unternehmungen sind in diese Kategorie einzureihen. Daneben gibt es freilich auch ganz grosse privatwirtschaftliche Unternehmungen, die nicht mehr alle genannten Voraussetzungen erfüllen: dann begegnet man bei der Anwendung von Operations Research bereits gewissen zusätzlichen Schwierigkeiten, wie sie in akzentuierter Weise für den Fall des öffentlichen Dienstes auftreten. Immerhin gelingt eine Aufgliederung in eine Anzahl enger gefasster Teilprobleme meist auf sehr natürliche Weise, so dass die Voraussetzungen wieder erfüllt werden können.

Die bei Nennung von Operations Research gedanklich sogleich assoziierte Suche nach "bester" Verhaltensweise wird als Folge der eben genannten Gegebenheiten notwendig und sinnvoll. Das, was als "Bestes" gelten darf, kann aber verständlicherweise auch nicht über den Rahmen hinausgehen, der der Unternehmung gezogen ist, weshalb das "Beste" nicht die weite Umwelt, sondern die eng umgrenzte Unternehmung betreffen muss, - eine Tatsache, die durch die Restriktionen sowohl hervorgerufen als auch in ihrer Auswirkung sogleich gemildert wird, dennoch aber politische Bedeutung besitzt.

Die Voraussetzung der relativen Kleinheit der Unternehmung kommt nun einer prompten Willensdurchsetzung zustatten: solcherart ist die Umschreibung einer konzisen Zielfunktion zweckmässig, die unter Einhaltung von im allgemeinen verbindlichen Restriktionen optimiert werden soll. Es entsteht das, was wir als mathematisches Modell kennen.

Der Fortfall klassischer Voraussetzungen

Sobald indessen der Staat als Unternehmer auftritt, werden die Dinge oft viel komplizierter, was hier in das Operations Research betreffender wissenschaftlicher Hinsicht und ohne Hintergedanken gemeint ist. Unter dem Begriff "Staat" ist im folgenden nicht ein bestimmtes Land anvisiert; auch ist nicht eine bestimmte Regierungsform, z.B. Demokratie, Diktatur, etc. ins Auge gefasst. Vielmehr wird der Staat als makroökonomischer Unternehmer von weitreichender Machtfülle und enormem Einflussbereich verstanden. Die Durchführung ebenso wie die Nichtdurchführung einer Aktion zeitigt daher in vielen Fällen Auswirkungen, die weit über das Mass dessen hinausgehen, was von der Aktion einer nichtstaatlichen Unternehmung im allgemeinen erwartet werden kann. Im Gegensatz zu den weiter oben getroffenen Voraussetzungen gilt hier:

- die Umwelt ist im allgemeinen nicht mehr so viel weiter gefasst als staatliche Eingriffe reichen können und wird durch sie häufig beeinflusst, was einen Rückkoppelungseffekt verursacht;

- der Staat als Unternehmer verfügt oft über ein Monopol (Post, Bahnen, ...), wenngleich in manchen Fällen private Konkurrenz zugelassen wird (z.B. Schulen); dadurch wird der Umwelt aber ihr Verhalten weitgehend aufgezwungen, was wiederum Rückkoppelungseffekte erzeugt;

- den Aktionsmöglichkeiten der staatlichen Unternehmung sind gewiss auch Limiten auferlegt, die sich jedoch wenigstens teilweise bis zu einem gewissen Grade als flexibel erweisen: so kann der Staat - wenn auch durchaus nicht leichtfertig - finanzielle Engpässe oft durch Steuern beheben, indem er die Einnahmen mehr oder weniger seinen Ausgaben angleicht, wohingegen der private Unternehmer die Ausgaben gemäss seinen Einnahmen budgetiert.

  Hier sei betont, dass die Nennung dieser Tatsache und die spätere Aufzählung weiterer Erscheinungen nicht grundsätzlich als Kritik aufgefasst werden sollen: Spitäler, Sozialversicherungen etc. müssen geschaffen und unterhalten werden und ihr Fortbestehen ist nicht von der Ergiebigkeit des vergangenen Fiskaljahres abhängig zu machen. Kritik kann erst bei der

Bestimmung des Masses einsetzen, das hier aber nicht zur Diskussion steht.

Der Staat als Unternehmer braucht auch die Konkurrenz weniger zu fürchten, da er - je nach Regierungsform - eigene Gesetze schaffen kann, um sie sich vom Leibe zu halten. Auch diese Feststellung soll, wie schon angekündigt, nicht grundsätzlich als Kritik gewertet werden: es kommt immer darauf an, wer die Gesetze macht und wie sie lauten.

Interessanterweise ist der Staat als Unternehmer an starre Restriktionen gebunden, wo man sie zunächst am wenigsten vermuten würde: aus politischen Gründen kann grosszügige Flexibilität mitunter kleinlichem Gebaren weichen müssen (Nichtverschiebbarkeit von Krediten aufs nächste Jahr; Nichtübertragbarkeit von Sachkrediten; Personalplanung; etc.). Hier öffnet sich ein fruchtbares Feld für persönliche Initiativen und Aufklärungsarbeit;

- die Richtigkeit der getroffenen Entscheidungen ist für das Fortbestehen der staatlichen Unternehmung kein strenges Erfordernis mehr: im Extremfalle macht der Staat als Unternehmer nicht Konkurs, sondern man wechselt die Regierung.

Unter solchen Bedingungen ist die Suche nach einer "besten" Verhaltensweise des Staates als Unternehmer bei zahlreichen Problemstellungen schon recht schwierig. Hinzu kommt, dass der Staat der wohl am stärksten diversifizierende Unternehmer ist, der die Kosten für die verschiedensten sich selber erbrachten Dienste (Transporte, Informationsübermittlung, Schulungen, etc.) weitgehend intern, also pro forma, verrechnen kann. Da der Staat als Unternehmer zu einem Teile also schon das beinhaltet, was man bei der nichtstaatlichen Unternehmung als Umwelt bezeichnet hat, muss das "Beste" in erheblichem , adäquatem Masse auch Bezug haben auf diese Umwelt: ein Faktum wiederum von eminenter politischer Bedeutung.

Der Staat als Unternehmer begegnet wegen seiner riesigen Dimensionen u. a. zweifachen Schwierigkeiten: die Entscheidungen werden im allgemeinen verzettelt getroffen, d. h. ein Globalentscheid, der mehr ist als die blosse Festlegung einer Marschrichtung, kann praktisch kaum gefällt werden, und die Willensdurchsetzung stösst auf grössenbedingte Hindernisse.

Kommen bei einer Aufgabenstellung all diese Gegebenheiten vollumfänglich zum Zuge, so gelingen Bildung und Speisung eines mathematischen Modells nicht mehr ohne weiteres: die Wahl einer Zielfunktion fällt schwer, bei deren Optimierung stets auch noch die Verbindlichkeit der jeweils aktiven Restriktionen zu prüfen ist. Freilich gibt es für die öffentliche Hand auch viele Probleme kleinerer Statur, die den üblichen Modellbildungen des Operations Research unmittelbar zugänglich sind.

Der Staat als Unternehmer und als Kunde zugleich

Die vorher erwähnten Komplikationen werden indessen noch besser verständlich, wenn man überlegt, dass der Staat Doppelnatur aufweist: er ist Unternehmer und Kunde zugleich. Als monopolistischer Unternehmer braucht er sich beispielsweise prima vista nicht gross Sorgen über die Auswirkung von Verknappungen an von ihm angebotenen Dienstleistungen zu machen: sind zu wenig Sitzplätze im Eisenbahnzug, so können die Fahrgäste nicht viel dagegen tun. Sie werden wenigstens in der näheren Zukunft weiterhin die Bahn benützen. Aber da sie ihrerseits Teil des Staates sind, leidet der Staat als Kunde selber an der Verknappung der Sitzplätze: er muss also doch sehr wohl darauf bedacht sein, Verknappungen an von ihm angebotenen Dienstleistungen zu vermeiden.

Den durch seine Monopolstellung in vielen Fällen geschaffenen Möglichkeiten des Staates als Unternehmer stehen also ebenso entsprechende Pflichten gegenüber, die in seinem sozialen Verhalten, in seinen regionalen Rücksichtnahmen, in seiner politischen Balance Ausdruck finden. So muss der Staat etwa auch dort Dienstleistungen erbringen, wo sie nicht rentabel sind, beispielsweise durch verbilligte Tarife für finanziell schwache Bevölkerungsgruppen, durch Betrieb von Verkehrsmitteln in verkehrsarmen Gegenden, durch Errichtung von Bauwerken nach politischem Aufteilungsschlüssel.

In welchem Masse nun hat der Staat hier für Ausgewogenheit zu sorgen? Ist es schon für den kleinen, nichtstaatlichen Unternehmer schwierig, seine Kosten wirklich zu kennen, eine Erscheinung, der man im Operations Research leider selten genug die erforderliche Aufmerksamkeit schenkt! - so erwächst dem Staate als Unternehmer daraus ein wohl unlösbares Problem. Was kostet den Staat - volkswirtschaftlich - eine halbe Stunde verlängerte Bahnfahrt? was eine Stauung auf einer Autobahn? Was kostet ihn die Errichtung einer Schule, eines Schwimmbades, eines Kraftwerkes, was kostet ihn deren Nicht-Errichtung?

So gesehen wird die für den nichtstaatlichen Unternehmer sinnvolle - und ihm angekreidete - Gewinnmaximierung für den Staat als Unternehmer zu einem Widerspruch: bei jedem Gewinn ist er selber Verlierer. Soll er deshalb den Verlust maximieren? Leider ist er dann wohl erst recht Verlierer, da die Verlustmaximierung jede aufbauende Ordnung auflöst.

Ist der Staat als Unternehmer also ein grundsätzlicher Verlierer? Gewiss nicht. Vielmehr besitzt das Gewinn/Verlustkriterium, das im Operations Research eine so wichtige, von gewissen seiner Gegner missverstandene oder missgedeutete Rolle spielt, für die ganzheitlichen Aufgaben des Staates keine direkte Gültigkeit mehr. Es lässt sich durch gewisse Kunstgriffe zwar bis zu einem gewissen Grade rehabilitieren, im allgemeinen für methodologische Zwecke und im allgemeinen auf Kosten der ganzheitlichen Betrachtungsweise. Der eigentliche Gradmesser für die Erfolgsrechnung: die Zufriedenheit des Volkes ist einer quantitativ-mathematischen Erfassung praktisch kaum zugänglich, obwohl es natürlich an entsprechenden theoretischen Ansätzen nicht fehlt (ökonometrische Nutzenfunktionen).

Einer der Kunstgriffe, das Gewinn/Verlustkriterium wieder zu einem Antriebsprinzip zu erheben, besteht in künstlicher Verengung des Horizonts: man ersetzt ein Globalproblem durch mehrere Partialprobleme, wo Gewinnmaximierung unter festen Nebenbedingungen, also klassisches Operations Research, jeweils wieder vernünftig ist. Bei der nachträglichen Zusammensetzung gehen zwar Feinheiten verloren, ein Ueberblick über das Systemverhalten in seiner Gesamtheit ist aber geschaffen.

Dieses Vorgehen findet, wie schon gesagt, zuweilen auch Anwendung beim Studium grösserer nichtstaatlicher Systeme, meist mit dem Ziele, ein anfänglich uferlos scheinendes Projekt zunächst überschaubar zu machen und hernach etappenweise zu verwirklichen. Nach diesem Prinzip wurden von unseren Studenten und von Institutsangehörigen bereits verschiedene Operations Research-Anwendungen im öffentlichen Dienst realisiert. Ueber einige davon soll alsbald kurz berichtet werden.

Immerhin muss man sich fragen, ob diese Notlösung wirklich die einzige Möglichkeit der Bewältigung von Problemen globalen Ausmasses darstellt. Es ist wohl anzunehmen, dass systemtheoretische Modelle, die eher der Aufdeckung mehrdimensionaler rationaler Verhaltensregeln als der Suche nach einer einzigen optimalen Haltung gewidmet sind, hier vermehrt und mit grösserem Erfolg zum Zuge kommen werden: die Restriktionen werden dabei in ihrer eigentlichen Limitierungsrolle geschwächt, dafür aber als Zielfunktionsersatz im Sinne einer feasibility-Auflage herangezogen werden. Terminologisch ist man durch die Namen "systems theory, systems analysis, systems engineering", etc. ja schon auf diese Entwicklung vorbereitet, wobei man sich im Klaren sein muss, dass hier dennoch lediglich eine problemdimensionsbedingte, nicht aber substantielle Verlagerung stattfindet, eine blosse Akzentverschiebung, so dass die Bezeichnung Operations Research meiner Meinung nach immer noch - oder, wie wir später noch näher erörtern wollen: erst recht - am Platz ist.

Beispiele für Operations Research im öffentlichen Dienst

Hier nun eine Auswahl von durchgeführten Operations Research-Studien für die öffentliche Verwaltung: es handelt sich durchwegs um Probleme, die entweder von Natur aus schon mit den klassischen Methoden des Operations Research gelöst werden konnten oder willentlich als Partialprobleme für sich behandelt werden sollten.

1) Das Autobus-Liniennetz einer Stadt soll neu festgelegt werden. Dem Wunsche guter Ausnützung des Wagenparks stehen die Anforderungen gleichmässiger Fahrplandichte über den ganzen Tagesablauf und angemessener Versorgung auch verkehrsärmerer Gegenden gegenüber. Das Postulat speditiver Verbindung der Hauptverkehrszentren kollidiert mit jenem, einzelne Strassenzüge durch die Zirkulation öffentlicher Verkehrsmittel nicht zu überlasten. Die an sich erstrebenswerte Beschränkung von Umsteigenotwendigkeiten steht im Widerspruch zur Eindämmung der Anzahl verschiedener Linien.

   Zielfunktion: Minimierung der Anzahl Umsteiger unter Verhinderung von Umwegen a) durch Restriktion, b) durch Gewichtung.

   Stadt Aarau, Semesterarbeit 1974/75.

2) Die Anzahl von Sanitätsposten und deren Standorte in einer Stadt sind hinsichtlich ihrer Zweckmässigkeit zu überprüfen. Aus ökonomischen Gründen können nicht überall Sanitätsposten errichtet werden. Da nun die Notfall-Häufungspunkte sehr ungleichmässig über die Stadt verteilt sind, führt eine ihnen entsprechende Standortfestlegung zwar gesamthaft gesehen zum

tiefsten Durchschnitt aller Wartezeiten an den Unfallsorten; lokal betrachtet kann die Wartezeit jedoch eine kritische Grenze übersteigen, so dass eine andere Standortfestlegung trotz höherem Durchschnitt aller Wartezeiten sich als zweckmässiger erweist.

Zielfunktion: Minimierung der maximalen durchschnittlichen Wartezeit.

Stadt Zürich, Semesterarbeit 1973/74.

3) Der Standort von Schulen in einer Region ist zu bestimmen.

Dieses Problem der Regionalschulen wurde vom Kanton Aargau aufgeworfen. Statt dass die Lehrer zur gleichen Zeit mehrere verschiedene kleine Klassen betreuen, d. h. die Schüler vorwiegend dem Selbststudium überlassen, da sie jeweils ja nur einen Teil von ihnen mündlich unterrichten können, soll durch Zusammenzug der Schulen eine genügende Vergrösserung der Klassen erreicht werden, damit bei gleichbleibender Lehrerzahl stets die Gesamtheit aller in einem Schulzimmer befindlichen Schüler denselben Unterrichtsstoff vorgesetzt bekommt.

Gegensätzliche Anforderungen: möglichst kurze individuelle Schulwege - möglichst starke Zusammenfassung der Schüler in einem Zentrum.

Zielfunktion: Minimierung der Fahrzeiten der Schüler.

4) Die flüssigen Mittel eines Kantons sind möglichst knapp, aber unter Aufrechterhaltung jederzeitiger Zahlungsbereitschaft zu bewirtschaften.

Für kurzfristige Anlagen wird meist Festgeld oder sogar call-Geld gewählt. Uebersteigt während der (ohnehin sehr kurzen) Anlagefrist der Geldbedarf die liquiden Mittel, so muss ein Kredit beansprucht werden, was natürlich den Ertrag relativ stark schmälert.

Ziel der Liquiditätsplanung ist, zu bestimmen, wieviel Geld zu einem bestimmten Zeitpunkt für wie lange angelegt werden soll.

Gegensätzliche Anforderungen: niedrige Kassenbestände - hohe Liquidität.

Voraussetzung für gute Liquiditätsplanung bilden zuverlässige Angaben über den zukünftigen Zahlungsverkehr. Bei der aargauischen Staatskasse wurde deshalb eine Analyse des Zahlungsverkehrs durchgeführt mit dem Ziel, ein Modell für die Vorhersage des Kassenbestandes zu entwickeln. Die Standardabweichung liess sich dabei auf ca. 65 % ihres ursprünglichen Betrages reduzieren (Diplomarbeit 1974).

Zielfunktion: Maximale Einsparungen.

5) Die Patienten in einem Spital sollen nicht unnötigerweise lang warten: nebst persönlichen Unannehmlichkeiten erwachsen daraus wirtschaftliche Nachteile, die gemildert werden sollen, ohne dass der Personalbedarf im Spital sich darob vergrössern darf.

Gegensätzliche Anforderungen: wenig Personal - kleine Wartezeiten. (Semesterarbeit 1974/75 am Kantonsspital Zürich; erbrachte nur Anregungen, da vor Beginn der Studie ohnehin ein verbessertes System eingeführt worden ist.)

Zielfunktion: Keine, sondern quantitative Aussage betr. das Verhältnis: Wartezeiten Aerzte/Wartezeiten Patienten.

6) Standort von Kläranlagen und Konfiguration des Abwassernetzes sind so zu bestimmen, dass die jährlichen Betriebskosten unter Berücksichtigung der Amortisationen in einer ganzen Region minimiert werden.

Gegensätzliche Anforderungen: wenig Kläranlagen - kurze Leitungen. (Diplomarbeit 1973/74 in der Region Meerenschwanden-Aristau, AG. Es sollten 18 Weiler ans Netz geschlossen werden. Ca. 1200 Varianten konnten berechnet werden. Die Resultate ergaben eine gute Uebereinstimmung mit den Wünschen der Praktiker, die aber erst nachträglich die insgeheim bevorzugte Variante offen nannten, nachdem die Rechnung ihre Zweckmässigkeit vor Augen führte.)

Zielfunktion: Wurde bereits genannt.

7) Die Reihenfolge des Baus von Abwasserreinigungsanlagen bei gegebenem jährlichen finanziellen Budget ist zu planen, so dass die daran beteiligten Gemeinden so rasch wie möglich so grossen Nutzen wie möglich erzielen: die beste Lösung liegt nicht immer auf der Hand. Denn es kann sich als vorteilhaft erweisen, in eine Richtung zu bauen, die zunächst nicht besonders, später aber sehr ergiebig ist, statt schon von Beginn an eine höhere Ergiebigkeit anzustreben, die dann auf längere Sicht keiner baldigen Steigerung mehr fähig ist.

Gegensätzliche Anforderung: grosser Nutzen - niedrige Kosten. (Diplomarbeit 1974/75: Abwasserleitungsnetz und Kläranlage Bellinzona und Umgebung (16 Gemeinden); die Untersuchung deckte eine 120 %-ige Verbesserung gegenüber dem Bauprogramm auf.)

Zielfunktion: Maximierung der während der Bauzeit anfallenden Klärwassermenge.

8) Die Strassenreinigung (evtl. Schneeräumung) in einer Stadt ist so zu organisieren, dass die Dienstfahrzeuge möglichst wenig Leerfahrten zu vollführen haben, die Verkehrsregelungen einhalten und einen auf den Verunreinigungsanfall abgestimmten, geographisch jedoch höchst uneinheitlichen Turnus beobachten.

Gegensätzliche Anforderungen: wenig Leerfahrten - geographische und sonstige Gegebenheiten. (Div. Arb. am Inst. f. Op. Res. der ETHZ.)

Zielfunktion: Minimierung der pro Einsatz anfallenden Räumungskosten.

Weitere Beispiele:

9) - Personaleinsatzplanung am Kinderspital Aarau:

Besser ausgeglichene Belastung des Personals dank weiterreichender Informationsberücksichtigung mit Hilfe einer "rollenden" Computer-Planung. Diplomarbeit 1975, wird fortgesetzt.

Zielfunktion: Keine, sondern qualitative Aussage betr. Belastungsausgleich für das Personal.

10) - Innerbetriebliches Transportsystem Kantonsspital Baden:

Durchführbarkeitsstudie mit Hilfe einer Computersimulation vor der baulichen Realisation, Diplomarbeit 1975.

Zielfunktion: Keine, sondern reine feasibility study.

11) - Zugseinsatzplanung für die Wynental-Suhrentalbahn (WSB):

(Diplomarbeit 1973/74: Einsparung eines Zuges bei gegebenem Fahrplan.)

Zielfunktion: Minimierung der Menge Rollmaterial.

12) - Energiebewirtschaftung einer Kraftwerkgruppe:

Nachdiplomstudienarbeit 1974/75.

Zielfunktion: Maximierung des jährlichen Verkaufserlöses aus der Energieproduktion.

Weitere Aufgaben sind vorgesehen:

13) - Inselspital Bern, Kinderklinik: IST/SOLL-Studie; daraus sollen sich Einzelaufgaben ergeben (Semesterarbeiten, Diplomarbeiten).

14) - Phasenabstimmung bei Taktfahrplan von Trams und Trolleybussen der VBZ (Zürich): vorgesehene Semesterarbeit.

Zielfunktion: Minimierung der Reisezeiten (inkl. Wartezeiten).

Neuer Auftrieb für Operations Research

Diese und zahlreiche andere Probleme der öffentlichen Hand unterscheiden sich in ihrer mathematischen Formulierung offenbar nicht von den üblichen Operations Research-Aufgaben. Dennoch waren schon hier und trotz der Problemreduktion auf ein jeweils kleines Aktionsfeld die Wahl der Zielfunktion und die Festlegung der Restriktionen nicht immer selbstverständlich: man denke an die Autobuslinien, an die Patientenabfertigung, an die Personalplanung, etc. Das ist ein Indiz dafür, dass das Operations Research im Sektor der öffentlichen Verwaltung gewissermassen eine zweite Jugend erlebt: es wird wieder dringend notwendig, sich mit dem betrieblichen Problem an sich sehr eingehend auseinanderzusetzen. Der in den letzten Jahren beobachtbaren Entwicklung, dass das praktische Problem die Fachleute immer weniger interessiert - man ist rasch mit stereotypen Antworten auf betriebliche Fragen zur Stelle: Transportaufgabe, Standortproblem, Travelling Salesman-Problem, Maximalflussaufgabe, etc. - und dass die Operations Research-Fachleute sich immer mehr am Schreibtsich oder im Locherraum mit der Theorie herumschlagen, die sie freilich als sehr praktische Praxis bezeichnen, wird hier plötzlich gewisser Einhalt geboten: das Operations Research hat damit die grosse Chance, sich auf dem Gebiete der öffentlichen Verwaltung für eine Weile den Fängen der Mathematiker zu entziehen und das zu sein, was es seiner ursprünglichen Bestimmung nach sein sollte: eine problemorientierte, wissenschaftliche, interdisziplinäre Vorgehensweise unter Einschluss von Methoden der angewandten Mathematik.

Damit soll natürlich die für das Operations Research wichtige Rolle der Mathematiker nicht herabgewürdigt werden. Dennoch drängt sich ein Ueberdenken der Notwendigkeit uneingeschränkter mathematischer Strenge und vor allem Präzision auf einem Gebiete auf, wo Restriktionen und Zielfunktion sich doch als recht vage erweisen. Freilich sind Strenge und Präzision für Sensitivitätsuntersuchungen erforderlich. Aber man sollte vermehrt auch den Sinn für die Verhältnismässigkeit zu Worte kommen lassen, was Praxisorientiertheit zur Vorbedingung macht.

Wir erleben heute, dass im Operations Research auf der ganzen Welt die gleichen Probleme behandelt werden: z. B. ganzzahlige Programmierung, stochastische Programmierung, Pivottheorie, etc. etc. Das ist ein untrügliches Zeichen dafür, dass diese Wissenschaft sich immer mehr und schon überwiegend der Theorie zugewendet hat. Tatsächlich findet eine beunruhigende Entfremdung zwischen dem Operations Research-Fachmann und seinem Gegenpart auf der betrieblich-praktischen Seite statt. Die drohende Kluft wird erst wieder überbrückt werden, wenn von unserem Ufer aus das andere für genügend attraktiv angesehen wird, damit wir die Brücke schlagen.

Diese Attraktivität ist im öffentlichen Sektor zweifellos gegeben. Die Aufgaben sind genügend schwierig, genügend neuartig und genügend verantwortungsvoll, um gute Köpfe zu benötigen und anzuziehen.

Wir sind aber auch der Ueberzeugung, dass wir mit unserer Wissenschaft einen wichtigen Beitrag zur Bewältigung vieler aktueller Probleme leisten können. Die heutige Zeit bietet dank dem technischen Fortschritt zwar bessere Möglichkeiten für die Realisierung grosser Projekte, sie bringt aber auch eine Verengung unseres Aktionsbereiches mit sich, bedingt durch das Wachstum von Wirtschaft und Infrastruktur, durch die Beschränkung der Ressourcen, speziell aber auch durch die bereits erreichte Höhe unseres Lebensstandards, durch Grösse, Tragweite und wechselseitige Abhängigkeit von Projekten. Damit geht eine entsprechende Erhöhung der Anforderungen an den Staat einher. Mit steigendem Fortschritt steigen auch Zahl und Gewicht der Restriktionen. Deshalb glauben wir, dass die Anwendung von Denkhilfen - Operations Research ist ja im Grund genommen nichts anderes -, die auf das Sich-Zurechtfinden in Restriktionssystemen ausgerichtet sind, ein immer dringenderes Gebot für die Ergreifung von Massnahmen wird, und zwar gerade dort, wo die Massnahmen am weitesten reichen, am meisten Menschen treffen und die grössten Auswirkungen zeitigen: im Sektor der öffentlichen Verwaltung.

Simulation und Optimierung komplexer Wasserversorgungssysteme

L. Kayalar, München

Übersicht

Im folgenden ist ein mathematisches Modell dargestellt, mit dessen Hilfe das Verhalten eines komplexen Wassereinzugsgebietes bei Eingriffen zur Befriedigung und Optimierung verschiedener Anforderungen der Wasserwirtschaft und des Umweltschutzes auf Rechenanlagen simuliert werden kann.
Es erlaubt die Simulation des Abflußsystemverhaltens über einen typischen Jahreszyklus sowie über mehrere Jahre hinweg. Ferner ist es möglich, die natürlichen Abflußprozesse sowie deren Beeinflussung durch künstliche Steuerungsmaßnahmen abzubilden und zu optimieren, wobei die Zielsetzungen der Steuerungs- und Optimierungsmaßnahmen sehr unterschiedlich sein können: z.B. Trinkwasserversorgung, Entscheidungen über den Bau neuer Talsperren, Niedrigwasseraufbesserung, Hochwasserschutz, Energieerzeugung, Erfüllung ekologischer Randbedingungen usw. Belange des Umweltschutzes können entweder als Randbedingungen oder/ aber als besondere Fragen für eigene Untersuchungen berücksichtigt werden.
Das Modell enthält als Hauptverfahren den "Out-of-Kilter Algorithmus" [1,2], eine spezielle Methode des Linear-Programming.

1 Einleitung

Dieses Simulationsmodell ist als Hilfsmittel des Wasserwirtschaftsplaners gedacht, da die Komplexität eines Gewässersystems zusammen mit den vielen Einrichtungen zur Umleitung und Steuerung der natürlichen Abflüsse eine Ermittlung und Bewertung der Folgen zukünftiger Entwicklungsalternativen mit Hilfe einfacher Verfahren nicht zuläßt. Daher muß ein mathematisches Modell eingesetzt werden, mit dem das Verhalten eines Gewässersystems bei Eingriffen, die zur Befriedigung verschiedener wasserwirtschaftlicher Anforderungen notwendig erscheinen, auf Rechenanlagen simuliert werden kann.

Das mathematische Modell ist in der Lage, die natürlichen Abflußprozesse sowie deren Beeinflussung durch künstliche Steuerungsmaßnahmen abzubilden und erlaubt die Simulation des Systemverhaltens über längere Jahresreihen hinweg.
Die Zielsetzungen der Steuerungsmaßnahmen können sehr unterschiedlich sein. Das Modell ist daher so flexibel implementiert, daß unterschiedliche Kombinationen von Steuerungsmaßnahmen durchgespielt werden können. Dabei wird sichergestellt, daß eine bestimmte Anforderung innerhalb vorgegebener Zuverlässigkeitsgrenzen erfüllt wird.
In diesem Modell sind die Wasserströme innerhalb kurzer Zeitintervalle als stationär angesehen. Ein Teil der dynamischen Aspekte des hydrologischen Systems wird simuliert, z.B. der Jahreszyklus; hochgradig instationäre Phänomene können jedoch mit diesem Modell nicht hin-

reichend genau dagestellt werden.

2 Anwendung

Das Modell ist zweifach anwendbar: Einmal zur Simulation des monatlichen Wasserdurchsatzes durch ein System von Speichern, Flüssen und Kanälen unter möglichst vollständiger Deckung einer Reihe von Wasserentnahmeanforderungen mit vorgegebener Dringlichkeitsordnung. Falls eine Unterdeckung des Entnahmebedarfs eintritt, wird die Fehlmenge auf die Entnahmeknoten niedrigster Dringlichkeit verteilt. Zum anderen findet das Modell Anwendung zur Bestimmung der größtmöglichen Entnahmemenge an einem Speicher unter Einhaltung einer vorgegebenen Grenze für die größte zulässige Unterdeckung des Entnahmebedarfs. In einem interativen Prozeß wird der Entnahmebedarf an das verfügbare Wasserangebot angepaßt bis sich das Gleichgewicht einstellt.

Das Modell bietet dem Anwender Anpassungsfähigkeit bei der Auswahl der Betriebsregeln für vorhandene oder geplante Speicher. Die Betriebsregeln werden als derjenige Anteil der Speicherkapazität beschrieben, der als Füllmenge am Ende jeder Zeiteinheit im Speicher vorhanden sein soll. Zusätzlich wird jedem Speicher eine Dringlichkeit zugeordnet, mit deren Hilfe zwischen der Verwendung von verfügbarem Wasser zur Deckung des Entnahmebedarfs einerseits und der Einhaltung der gewünschten Füllgrade andererseits entschieden wird.

3 Netzwerk

Das physikalische Abflußsystem wird in die Form eines durchströmten Netzwerks mit Knoten, Speichern und Verbindungselementen überführt. Die physikalischen Elemente des realen Systems (z.B. Kanäle, Flußabschnitte) werden nach der Transformation als Verbindungselemente zweier Knoten dargestellt.

Ein Knoten stellt eine Verbindung und /oder eine Verzweigung dar. Er entspricht einem Speicher oder einer Fluß- bzw. Kanaleinmündung im physikalischen System. Entnahmestellen können nur an Knoten oder Speichern vorgesehen werden. Ebenso können Zuflüsse in das System nur an Knotenpunkten erfolgen. Der Wasserdurchsatz durch das System von Knoten zu Knoten erfolgt über die Verbindungselemente.
Typische Verbindungselemente sind Flüsse, Kanäle oder geschlossene Leitungen mit bestimmter Strömungsrichtung und vorgegebener maximaler und minimaler Durchflußmenge. Das Netzwerk ist eine mathematische Darstellung des physikalischen Systems.

Um das Netzwerk ununterbrochen forlaufend zu machen - eine notwendige Bedingung für die Anwendung des Out-of-Kilter Algorithmus - werden vom Programm bestimmte zusätzliche Knoten und Kanten dem System zugefügt. Wie aus Bild 1 ersichtlich, ergeben sich insgesamt sieben Knoten-Typen mit dazugehörigen Kanten. Die Anzahl der Kanten können mit Hilfe der folgenden Gleichung errechnet werden:

$$N_K = N_V+3N_S+N_E+N_Ü+4 \qquad (1)$$

wobei N_K : Anzahl der Kanten

N_V : Anzahl der Verbindungselemente im physikalischen System

N_S : Anzahl der Speicher

N_E : Anzahl der Entnahmeknoten

$N_Ü$: Anzahl der Überlaufknoten

4 : Anzahl der Gleichgewichtskanten

sind.

Der Begriff "Überlauf" ist hier definiert als diejenige Wassermenge, die nicht mehr gespeichert oder weitergeleitet werden kann und deshalb am Überlaufknoten aus dem System austritt.

4 Dringlichkeiten

Jeder Kante des Netzwerks sind die Kosten einer Volumeneinheit des durchströmenden Wassers zugeordnet.

Diese Kostenkoeffizienten werden zur Berechnung der Minimum-Kosten-Lösung des Netzwerksproblems verwendet. Sie werden durch Umwandlung von Dringlichkeitszahlen in Kosten pro durchgesetzter Volumeneinheit Wasser ermittelt.

Das Problem kann durch folgende Gleichungen formuliert werden:

$$\sum_i Q_{ij} - \sum_i Q_{ji} = 0; \quad j = 1, \ldots, N \qquad (2)$$

$$L_{ij} \leq Q_{ij} \leq U_{ij} \qquad ; \text{ für alle } ij \qquad (3)$$

$$Z = \sum_{ij} Q_{ij}\, C_{ij} \qquad (4)$$

wobei Q_{ij}: Durchflußmenge vom Knoten i zu Knoten j pro Zeiteinheit Δt

C_{ij}: Kosten pro durchgesetzter Volumeneinheit von Knoten i zu Knoten j

L_{ij}: Untere Grenze der Durchflußmenge im Verbindungselement ij

U_{ij}: Obere Grenze der Durchflußmenge im Verbindungselement ij

sind.

Durch die Gleichung (2) sind die Kontinuitätsbedingungen erfüllt. Die Gleichung (3) beschreibt die oberen und unteren Grenzen der Strömung in Verbindungselementen. Unter Einhaltung der Gleichungen (2) und (3) muß eine Lösung für die Gleichung (4) gefunden werden, welche ein Minimum darstellt (Minimum-Kosten-Lösung).

5 Beispielsberechnung

Das physikalische Abflußsystem, wie Bild 2 zeigt, besteht aus Fluß-A bis unterhalb Stadt-S und seinen Nebenflüssen aus Seen, Kanälen und Stollen.

Die Knoten wurden in der Regel dort ins Abflußsystem gesetzt, wo Pe-

gelmeßstellen den Durchfluß messen. An einem Pegel ist jeweils die Zunahme der Durchflußmenge gegenüber dem Durchfluß durch den vorhergehenden flußaufwärts gelegenen Pegel bestimmbar und damit auch der Abfluß aus dem Zwischeneinzugsgebiet.
Das Bild 3 zeigt das entsprechende Netzwerk. Knoten 12 wurde ins Netzwerk eingefügt, um den Gesamtdurchfluß durch Stadt-S am Verbindungselement 15 ablesen zu können, statt die Durchflüsse durch Verbindungselemente 13 und 14 jeweils addieren zu müssen.

Am Knoten 12 tritt das Wasser aus dem Netzwerk aus. Knoten 12 ist zu diesem Zweck als Entnahmeknoten mit sehr großem Entnahmebedarf bei sehr niedriger Dringlichkeit definiert.

Die Simulation des Abflußsystems soll in der Weise erfolgen, daß folgende Ziele erreicht werden:

Der Durchfluß durch Verbindungselement 15 soll einen Mindestwert nicht unterschreiten. In den Speichern des Systems soll freier Stauraum zum Auffangen von Hochwässern verfügbar sein. An bestimmten Knoten des Netzwerks sollen Entnahmen zur Trinkwasserversorgung erfolgen. In verschiedenen Verbindungselementen sind Wasserturbinen vorhanden. Unter Berücksichtigung aller anderen Bedingungen soll die größtmögliche Menge elektrischer Energie erzeugt werden. Der Knoten 1 ist der der größtmöglichen Entnahmemengeknoten. Die Entnahmeanforderung hat die Dringlichkeit 1. Gewünschter Füllgrad des Speichers SP-1 ist 100%.

Bild 4 zeigt einen Vergleich zwischen historischen und simulierten Speicherinhalten für SP-1, falls im System nur ein Speicher vorhanden wäre. Simulierter Lauf zeigt mehr regelmäßiges Verhalten, da der Speicher optimal gefahren wird. Aus ekologischen Gründen nicht erwünschte große Spiegelschwankungen sind jedoch nicht zu vermeiden. Dagegen zeigt Bild 5 deutlich, daß trotz einer jährlichen Wasserentnahme aus SP-1 von 50 hm^3 die Spiegelschwankungen auf ein Minimum reduziert werden können, falls man das System mit drei statt mit zwei Speicher optimal fährt.

Ein Vergleich zwischen den historischen und simulierten Durchflußmengen im Verbindungselement 14 ist aus Bild 6 ersichtlich. In vergangenen Jahren ist die Minimum-Durchflußmenge von $20m^3/s$ in diesem Flußabschnitt in bestimmten Monaten unterschritten worden. Falls das System optimal reguliert wird, kann diese Anforderung weitgehend eingehalten werden.

[1] Durbin, E.P. and D.M.Kroenke: The Out-of-Kilter Algorithm: A Primer; RM-5472-R, Rand Corporation, Santa Monica, California, December 1967.

[2] Fulkerson, D.R.: An Out-of-Kilter Method for Minimum Cost Flow Problem; J.Soc.I.A.M., Vol.9, No.1, March 1961.

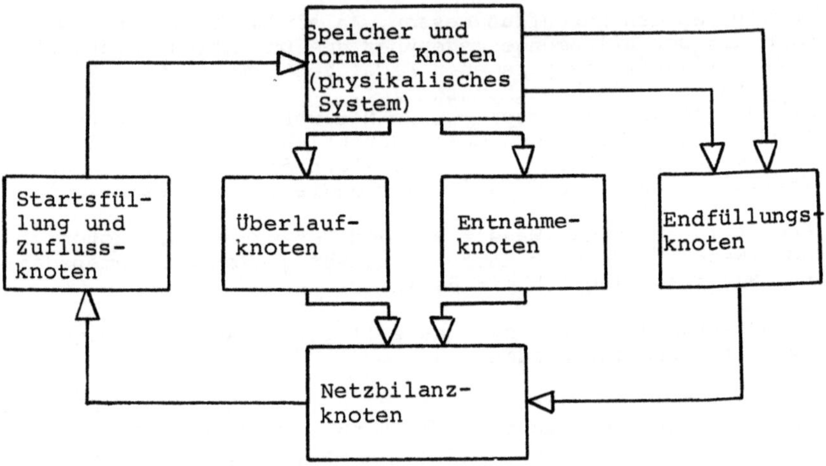

Bild 1: Knoten-Kanten-Netzwerk

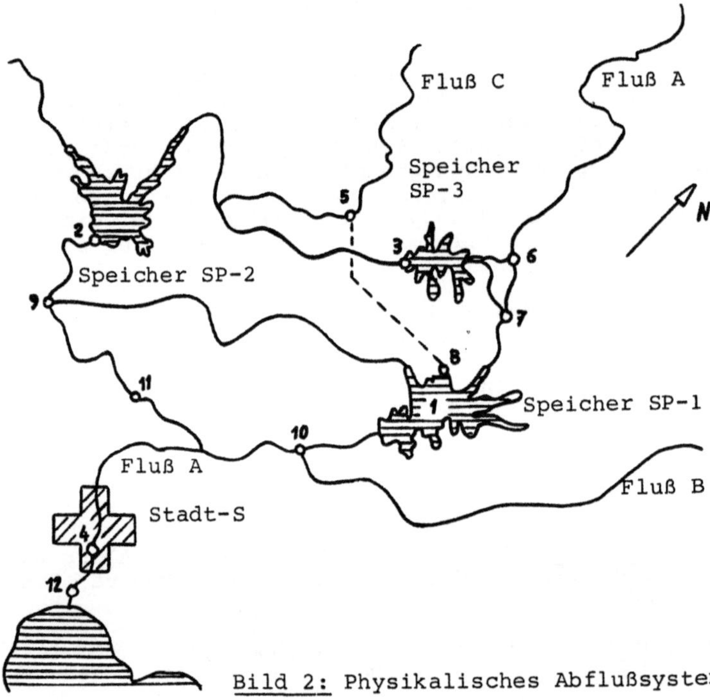

Bild 2: Physikalisches Abflußsystem

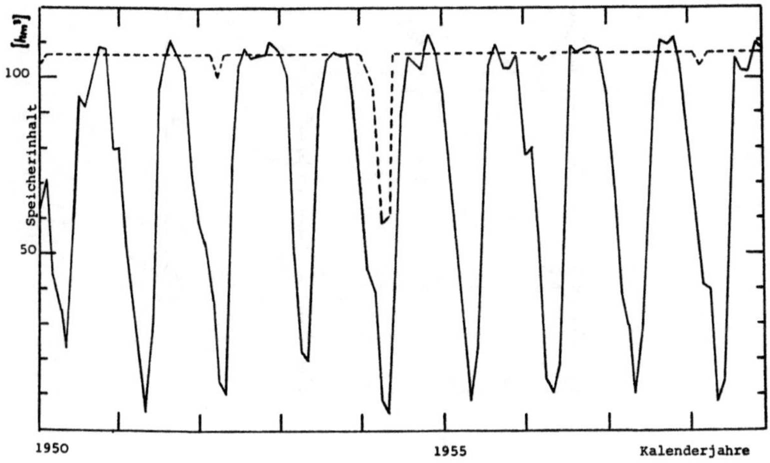

------: simuliert
———: historisch

Bild 5: Vergleich zwischen den historischen und simulierten Speicherinhalten für SP-1

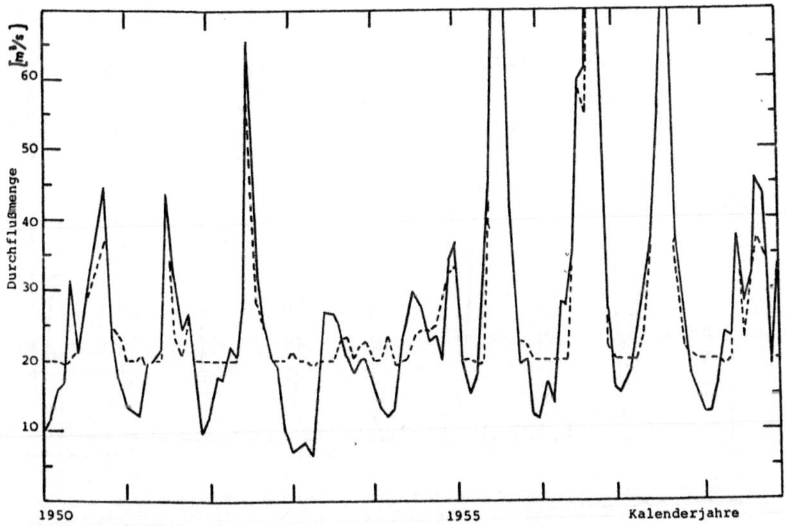

-----: simuliert
———: historisch

Bild 6: Vergleich zwischen historischen und simulierten Durchflußmengen in Link 14

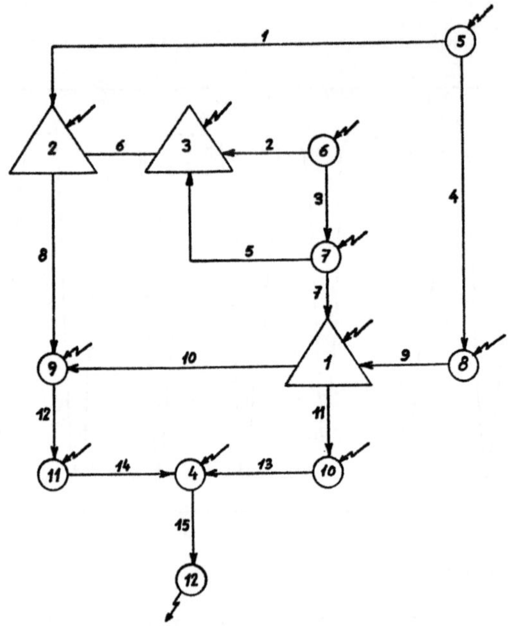

Bild 3: Knoten-Link-Diagramm des Abflußsystems

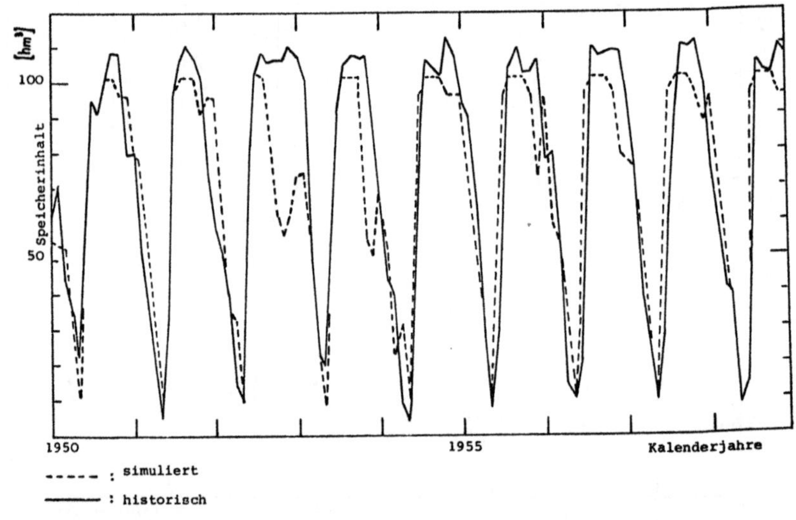

Bild 4: Vergleich zwischen historischen und simulierten Speicherinhalten für SP-1

Integrierte regionale Entwicklungsplanung in Ländern der Dritten Welt

L. von Dobschütz, Essen

Das wachsende Interesse an der Anwendung von Optimierungsverfahren in Entwicklungsländern läßt sich dadurch erklären, daß zunehmend junge, in modernen Planungstechniken ausgebildete Ingenieure und Ökonomen Entscheidungsbefugnisse in ihren Heimatländern erhalten und nachprüfen wollen, was mit diesen Methoden erreicht und verbessert werden kann.

Das Hauptproblem der Entwicklungsländer besteht darin, die von der Menge und Qualität her knappen natürlichen Ressourcen Wasser und Boden unter Einsatz von Kapital und Arbeit optimal zu nutzen. Deshalb kommen in integrierten Entwicklungsprojekten vornehmlich lineare Allokationsmodelle zur Anwendung.

Ziel und Ergebnis solcher Modelluntersuchungen ist ein optimaler Produktionsplan, der den gesamten Nettoertrag der Region maximiert. Hierfür werden berücksichtigt: Trocken- und Regenzeiten; Pflanz- und Erntezeiten; Fruchtfolgebedingungen; verschiedene Bodenqualitäten; Kulturen; Arbeitskräftepotential (auch Saison- und Wanderarbeiter); periodischer Wasserbedarf; Kosten für Bodenbearbeitung, Wasser und Arbeitskräfte; Marktbedingungen u.a.m.

Ist regional festgelegt, welche Ressourcen welcher Nutzung zugeführt werden, so sind diese noch recht globalen Ergebnisse Grundlage für die Berechnung optimaler Betriebsgrößen und individueller Produktionsprogramme. Betriebsgröße und Betriebstypen wiederum sind Ausgangspunkt für die Planung von geeigneten Besiedlungsmaßnahmen.

Wird nicht nur für den Eigenverbrauch produziert, so lohnt es sich, Lagerungs-, Verarbeitungs und Vermarktungssysteme auf ihren optimalen Ablauf und effiziente Organisation hin zu prüfen. Immer häufiger werden Untersuchungen nicht nur über die Wirksamkeit von bestehenden Marktsystemen gefordert, sondern auch über die zu erwartenden Warenströme und Preisbildungen zukünftiger Märkte, wenn der Anbau neuer Früchte geplant wird. In diesem Zusammenhang dienen die Optimierungsmodelle insbesondere auch als Instrumente zur Entscheidungsfindung über Größe und Standort von Investitionen in neue Facilitäten wie verarbeitende Industrien, Lager und Märkte.

Maximiert oder minimiert werden zumeist der gesamte Netto-Nutzen oder die Gesamtkosten des Warenflusses durch ein Marktsystem. Einmal lassen sich die Warenströme durch die verschiedenen Ebenen des Handels vom Erzeuger über die aufnehmende Hand bis zum Verbraucher simulieren, oder alternativ die Warenströme zwischen geographischen Regionen, wenn das Marktgeschehen überregional untersucht werden soll (räumliche Preisgleichgewichtsmodelle). Lassen sich statt fixer

Angebots- und Nachfragemengen preisabhängige Angebots- und Nachfragefunktionen bestimmen, so ist die Anwendung nichtlinearer, insbesondere quadratischer Optimierungsverfahren angebracht.

Wurde durch ein Allokationsmodell festgelegt, welche Wassermengen für die Bewässerung wo und wann benötigt und eingesetzt werden sollen, so sind geeignete optimale Speicher- und Bewässerungssysteme zu entwerfen. Die zentrale Aufgabe der Speicherwirtschaft besteht darin, die Abgabe bestimmter Wassermengen aus einem Speicher zu bestimmten Zeitpunkten mit Sicherheit zu ermöglichen. Ein Speicher funktioniert als Ausgleichsbehälter zwischen zufälligen, unregelmäßigen Zuflüssen und Abflüssen, die bestimmt werden durch den Wasserbedarf der Bewässerungssysteme. Bei der Optimierung von Speichersystemen ist deshalb neben der Frage nach einer optimalen Speichergröße das Problem der optimalen Speicherbewirtschaftung zu lösen. Die ungünstige Ganglinie der Zuflüsse muß möglichst in eine für den vorgesehenen Zweck günstige Abgabenganglinie umgewandelt werden. Außer Simulationsmodellen, die wegen des stochastischen Charakters besonders geeignet sind, finden lineare und dynamische Optimierungsverfahren in der Speicheroptimierung Verwendung.

Für die Dimensionierung verästelter Druckrohrnetze, wie sie insbesondere in Beregnungsprojekten Verwendung finden, haben sich lineare Optimierungsverfahren mit Erfolg einsetzen lassen, obwohl die Modellrestriktionen zunächst nichtlinearen Ungleichungscharakter haben.

Wo bewässert wird, aber nicht nur dort, muß in geeigneter Weise drainiert und für eine ausreichende Entsalzung gesorgt werden, so daß damit auch die Planung eines entsprechenden Entwässerungssystems notwendig wird. Die Optimierung von Drännetzen zielt im wesentlichen auf die Bestimmung des Abstandes zweier paralleler Dränstrecken, wobei die hydrodynamischen Bodeneigenschaften, Stärke, Dauer und Häufigkeit von Bewässerung und Niederschlag sowie die Ernteerträge Berücksichtigung finden. Die Dimension der Kanäle wird durch die Abflußbeiwerte bestimmt, wobei die Neigung und damit die Fließgeschwindigkeit möglichst klein gehalten werden soll.

Alle bisher beschriebenen Maßnahmen und Projekte sind sowohl aus technischen als auch aus finanziellen Gründen nur im Ablauf mehrerer Jahre durchführbar. Auf der anderen Seite ist der Bedarf, zum Beispiel nach landwirtschaftlicher Produktion, zunächst auch nicht so ausgeprägt, wenn auf lange Sicht geplant wird. Deshalb ist die zeitliche Reihenfolge der Ausführung einzelner Teilprojekte festzulegen und die Erschließung, Bereitstellung und Nutzung der Ressourcen im Zeitablauf zu bestimmen.

Das Aufstellen eines Ausbauplanes, d.h. die Verkettung geeigneter durch den Zeitpunkt der Inbetriebnahme gekennzeichneten Einzelprojekte zu einer Projektfolge unter Berücksichtigung von Bedarfs- oder anderen Nebenbedingungen ist ein typisches kombinatorisches Optimierungsproblem. Als Lösungsverfahren eignet sich besonders die dynamische Optimierung oder das "Branch-and-Bound"-Verfahren, wobei der zeitliche Aspekt durch die Verwendung diskontierter Kosten Berücksichtigung findet.

Allgemeiner Ansatz für ein Planungsmodell zur Entwicklung, Beurteilung und Auswahl von Planungsalternativen für die Raumordnung und den Umweltschutz, dargestellt am Beispiel der Abfallbeseitigung

H. Läpple, Darmstadt

1. Ziel und Aufgaben des Modells

Ziel des Modells ist es, die öffentlichen Planungsträger bei der Planung der Raumordnung und der Abfallbeseitigung zu unterstützen. Dabei sollen von dem Modell folgende Aufgaben übernommen werden: 1) Prognostizierung der räumlichen Entwicklung und des Abfallanfalls sowie 2) Ermittlung kostengünstiger Standorte, Kapazitäten und Technologien für die Abfallbeseitigungsanlagen.

1.1 Restriktionen bei der Lösung der Aufgaben

Bei der Lösung der Aufgaben sind folgende Restriktionen zu beachten: 1) es liegt eine Mehrfachzielsetzung mit konkurrierenden Einzelzielen vor, 2) am Planungsprozeß sind mehrere Entscheidungsträger verschiedener Fachbereiche und unterschiedlicher Kompetenz beteiligt, 3) die einschlägigen Gesetze und Verordnungen für die Raumordnung und den Umweltschutz müssen beachtet werden, 4) die technologischen, ökonomischen und ökologischen Prozesse sind im Bereich der Raumordnung und des Umweltschutzes schwer quantifizierbar, 5) zur Erreichung der Ziele für die Raumordnung und die Abfallbeseitigung existieren eine Vielzahl von Handlungsalternativen, die ihrerseits mehrere Konsequenzen hervorrufen, 6) ein Teil der Daten ist fehler- und risikobehaftet.
Aus diesen Restriktionen folgt, daß die Ziele, die Handlungsalternativen und deren Konsequenzen nicht eindeutig einander zugeordnet werden können.

1.2 Strukturierung des Aufgabenzusammenhangs des Modells

Der gesamte Planungsprozeß ist zu komplex, als daß ein Gesamtmodell zur simultanen Lösung der Aufgaben konzipiert werden könnte. Aus diesem Grund werden Modelle entwickelt, die eine sequentielle Bearbeitung der Aufgaben ermöglichen. Es werden ein Raumordnungsmodell und ein Abfallmodell erstellt. Das Raumordnungsmodell dient zur Prognostizierung der räumlichen Entwicklung und des Abfallanfalls. Das Abfallmodell wird zur Bestimmung kostengünstiger Standorte, Kapazitäten und Technologien für die Abfallbeseitigungsanlagen genutzt. Das Raumordnungsmodell wird in die Submodelle Industrie, Bevölkerung, Arbeitsmarkt und Infrastruktur, das Abfallmodell in die Submodelle Abfallanfall, Abfalltransport und Abfallbeseitigung gegliedert.
An dem Submodell Industrie des Raumordnungsmodells soll im folgenden der Aufbau der Modelle beispielhaft erläutert werden.

2. Submodell Industrie

Die Aufgabe dieses Modells ist es, die industrielle Entwicklung und die aus den Produktionsprozessen resultierenden industriellen Müllmengen zu prognostizieren.

2.1 Darstellung der Modellhierarchie

Das Modell besteht aus einem System hierarchisch gegliederter Teilmodelle. Die Hierarchie ist zweifach strukturiert. Die Grobstruktur ergibt sich aus der Organisationsstruktur der Verwaltungseinheiten (Gemeinde, Kreis, Regierungsbezirk, Land). Die Feinstruktur entsteht durch Gliederung jeder Verwaltungseinheit nach bestimmten Kriterien (Produktionsstruktur, Input-Output-Beziehungen, Branche, Absatzradius, Umsatz, Müllart).

Land

Reg.-bezirk

Kreis

Gemeinde

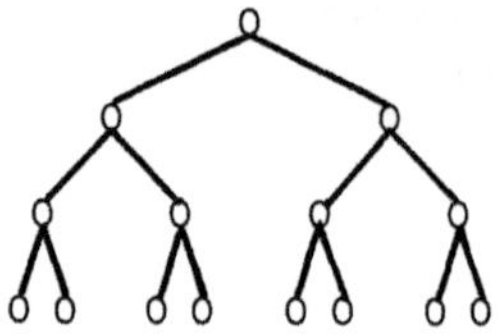

Grobstruktur der Hierarchie

Müllart

Umsatz

Absatzradius

Branche

Input-Output
Beziehung

Produktionsstruktur

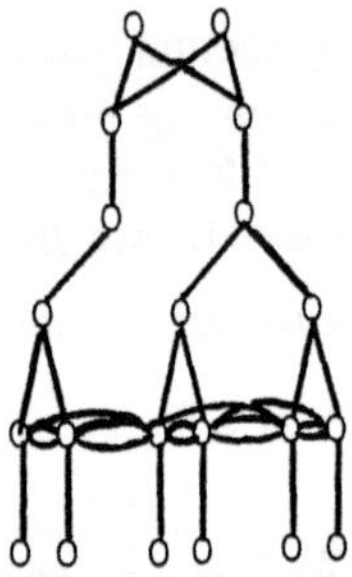

Beispielhafte Feinstruktur der Hierarchie

Der Detaillierungsgrad der Teilmodelle nimmt innerhalb der Hierarchie "von unten nach oben" ab, d.h. ein Teilmodell auf der untersten Ebene der Verwaltungseinheit "Gemeinde" repräsentiert die Produktionsstruktur eines einzelnen Unternehmens, ein Teilmodell auf der untersten Ebene der Verwaltungseinheit "Kreis" die Produktionsstruktur aller Unternehmen in den entsprechenden Gemeinden. Das System wird in Form eines Netzwerk-Modells dargestellt, wobei der Aufbau der Teilmodelle dem der sog. Gozinto-Graphen gleicht.

2.2 Organisation der Datenbeschaffung, Datenaufbereitung und der Ermittlung von Konsequenzen der Handlungsalternativen

Der Datenfluß erfolgt sequentiell innerhalb der Hierarchie "von unten nach oben". Die Daten werden auf der Ebene der Hierarchie beschafft und aufbereitet, auf der sie anfallen. Die Datenbeschaffung auf einer Ebene erfolgt durch die Risiko-Analyse und die Simulation, die Datenaufbereitung für die übergeordnete Ebene durch Aggregation.

Die Ermittlung der Konsequenzen von Handlungsalternativen läuft "von oben nach unten", d.h. die Auswirkungen einer Maßnahme auf der untergeordneten Ebene werden durch Simulation ermittelt.

3. Der Einsatz des Planungsmodells

Der Planungsprozeß findet in Form eines Dialoges zwischen den Planungsträgern und dem Modell statt. Die Planungsträger entwickeln zur Erreichung ihrer Ziele einen Maßnahmenkatalog, der dem Modell eingegeben wird. Das Modell ermittelt schrittweise die Konsequenzen dieser Maßnahmen und teilt sie dem Planungsträger mit, der seine Ziele bzw. Maßnahmen im Dialog mit dem Modell so lange korrigieren kann, bis ein Zustand erreicht ist, der seinen Vorstellungen entspricht. Dieser Vorgang wird im folgenden beispielhaft an der industriellen Entwicklung in einer Gemeinde gezeigt: Die Handlungsalternative des Planungsträgers ist eine 10%ige Verringerung der industriellen Müllmenge. Die Konsequenzen werden nun sequentiell, der Hierarchie des Submodells Industrie folgend, ermittelt: 1) Umsatzreduzierung von 3 Mill., 2) davon sind 3 Unternehmen mit überregionalem Absatzradius und 4 Unternehmen mit regionalem Absatz betroffen; 3) diese Unternehmen gehören den Branchen Stahl/Eisen und Chemie an, 4) aufgrund der Input-Output-Beziehungen werden zusätzlich Unternehmen der Papierindustrie betroffen, 5) die geplante Verringerung der Müllmenge läßt sich bei den Unternehmen der Stahl/Eisen-Industrie nur durch eine Verringerung der Produktionskapazität oder unter Beibehaltung des Umsatzes nur durch eine Veränderung der Produktionstechnologie erreichen.

Über die Lösung eines Entscheidungsmodells zur regionalen Abwasserentsorgung unter Ungewißheit

D. Geuting und K. Hellwig, Karlsruhe

Der Einsatz mathematischer Entscheidungsmodelle bei der Planung regionaler Systeme zur Abwasserentsorgung hat sich im Rahmen einer deterministischen Betrachtungsweise bereits vielfach bewährt [1]. Ein bislang noch unbewältigtes Problem stellt die Einbeziehung probabilistischer Daten dar. In der vorliegenden Untersuchung werden hierzu Lösungsansätze entwickelt.

Bei systemtheoretischer Beschreibung [2] eines regionalen Abwasserentsorgungssystems unterscheidet man

I. Systemziel
II. Systemelemente
III. Systemstruktur.

Als Systemziel wird meistens die Minimierung der gesamten Bau-, Betriebs- und Unterhaltungskosten angeführt.

Die Systemelemente sind Standorte und Trassen. Dabei sind die Inputs Abwassermengen ($\underline{x}^{11}$), Klärwerke ($\underline{u}^1$, $\underline{x}_2$) und Abwasserkanäle ($\underline{u}^2$), die Outputs Abwassermengen ($\underline{x}^{11}$) und Klärwerkswassermengen ($\underline{x}^{12}$).

Die Systemstruktur wird mittels Verknüpfungen der Systemelemente über ihre Inputs und Outputs dargestellt.

Im deterministischen Fall läßt sich ein regionales Abwasserentsorgungssystem etwa durch die folgende mathematische Optimierungsaufgabe optimal planen:

$$
\begin{array}{rcll}
c'\underline{x}_2 + f'\underline{u} & \rightarrow & \text{MIN} & \\
S\underline{x}_1 & = & \underline{Q} & \text{Knotenpunktbed.} \\
A_1\underline{x}_1 + A_2\underline{x}_2 + B_1\underline{u} & \geq & 0 & \text{Kapazitätsbed.} \\
-\underline{x}_1 + B_2\underline{u} & \geq & 0 & \text{Zuordnungsbed.} \\
\underline{x}_1 & \geq & 0 & \\
\underline{x}_2 & \geq & 0 & \\
\underline{u} & & \text{binär} &
\end{array}
$$

---

1) Projekstudien am Institut für Siedlungswasserwirtschaft, Universität Karlsruhe, Prof. Hahn, Dr. Ahrens, Dr. Orth

2) Klaus, G., Wörterbuch der Kybernetik, Berlin 1969, Dietz Verlag

Hierbei kennzeichnet $\underline{Q}$ den Vektor des Abwasseranfalls, $\underline{x}_1 = (\underline{x}^{11}, \underline{x}^{12})$, $\underline{u} = (\underline{u}^1, \underline{u}^2)$.

Für den stochastischen Fall werden zwei Ansätze diskutiert. Einmal wird der Fall betrachtet, daß die Kosten einer möglichen Kapazitätsverletzung unbekannt sind. Zum anderen wird der Fall untersucht, daß diese Kosten bekannt sind und linear von der jeweiligen Kapazitätsverletzung abhängen.

Der Fall unbekannter Kosten für Kapazitätsüberschreitungen führt auf eine Chance-constrained-Formulierung der folgenden Struktur:

$$
\begin{array}{llll}
c'\underline{x}_2 + f'\underline{u} & \rightarrow & \text{MIN} & \\
S\,\underline{x}_1 & = & \underline{Q} & \underline{Q}\ \text{Zufallsvariable} \\
P(A_1\underline{x}_1 + A_2\underline{x}_2 + B_1\underline{u} & \geqq & 0) = 1 - \alpha & \\
-\underline{x}_1 + B_2\underline{u} & \geqq & 0 & \\
\underline{x}_1 & \geqq & 0 & \\
\underline{x}_2 & \geqq & 0 & \\
\underline{u} & & \text{binär} &
\end{array}
$$

Das deterministische Äquivalent bei diskreten Zufallsvariablen mit bekannter, mehrdimensionaler Wahrscheinlichkeitsverteilung lautet:

$$
\begin{array}{llll}
c'\underline{x}_2 + f'\underline{u} & \rightarrow & \text{MIN} & \\
S\underline{x}_1^r & = & \underline{Q}^r & \forall\, r \\
A_1\underline{x}_1^r + A_2\underline{x}_2 + B_1\underline{u} + M\underline{w}^r & \geqq & 0 & \forall\, r \\
-\underline{x}_1^r + B_2\underline{u} & \geqq & 0 & \forall\, r \\
\sum_r p^r w^r & \leqq & \alpha & \\
\underline{x}_1^r & \geqq & 0 & \forall\, r \\
\underline{x}_2 & \geqq & 0 & \\
\underline{u} & & \text{binär} & \\
\underline{w}^r & & \text{binär} & \forall\, r \\
M & \gg & 0 &
\end{array}
$$

Hierbei ist $\underline{Q}^r$ eine Realisation von $\underline{Q}$ sowie p^r die zugehörige Wahrscheinlichkeit ($r = 1\ (1)\ R$).

Sind die Kosten für eine mögliche Kapazitätsüberschreitung a priori bekannt und linear von der Höhe der Kapazitätsüberschreitung abhängig, so läßt sich eine optimale Entscheidung aus einer zweistufigen stochastischen Optimierungsaufgabe folgender Struktur ableiten:

$$\begin{array}{lll}
\underline{k}'\sum_r p^r \underline{x}^r + \underline{c}'\underline{x}_2 + \underline{f}'\underline{u} & \rightarrow \mathrm{MIN} & \\
S_1\underline{x}^r & = \underline{Q}^r & \forall\, r \\
G\,\underline{x}^r + H\,\underline{x}_2 + L\,\underline{u} & \geqq 0 & \forall\, r \\
\underline{x}^r,\quad \underline{x} & \geqq 0 & \forall\, r \\
\underline{u}\ \text{binär} & &
\end{array}$$

Hat man nur ein beschränktes Vorwissen über die Wahrscheinlichkeitsverteilung der diskreten Zufallsvariablen, so ergibt sich im Rahmen der Zweistufen-Formulierung eine ähnlich strukturierte Optimierungsaufgabe, mittels der eine Entscheidung abgeleitet werden kann, bei der die erwarteten Gesamtkosten in keinem Fall überschritten werden können:

$$\begin{array}{lll}
\underline{c}'\underline{x}_2 + \underline{f}'\underline{u} + \underline{e}'\underline{d} + w & \rightarrow \mathrm{MIN} & \\
S_1\underline{x}^r & = \underline{Q}^r & \forall\, r \\
G\,\underline{x}^r + H\,\underline{x}_2 + L\,\underline{u} & \geqq 0 & \forall\, r \\
-\underline{k}'\underline{x}^r + \underline{Q}^{r\prime}\underline{d} + w & \geqq 0 & \forall\, r \\
\underline{x}^r,\quad \underline{x}_2 & \geqq 0 & \forall\, r \\
\underline{u} & \text{binär} &
\end{array}$$

Volkswirtschaftliche Anwendungen

Optimale Vermögensanlage über mehrere Perioden: Gleichgewicht bei Unsicherheit hinsichtlich des Geldwertes

B. Merkli und H. Müller, Zürich

1. Beschreibung eines Teilnehmers

Der Teilnehmer plant die Anlage seines Vermögens über T Perioden (t=1,..,T). Er kann sein Vermögen in m+1 Güter (h=0,..,m) anlegen. Das Gut h=0 wird als Geld, die Güter h=1,..,m werden als Spekulationsgüter bezeichnet.

In der Periode t (t=1,..,T) tritt der Zustand $s^t=(\pi^t,\alpha^t,a^t)\in S^t$ auf.

$$S^1=\{(1,y_1,\ldots,y_m)\,|\,y_h\geqq 0\}\times(-1,\infty)\times A \quad ^{1)}$$
$$S^t=\{y\in \mathbb{R}^{m+1}\,|\,y\geq 0\}\times(-1,\infty)\times A,\quad t=2,\ldots,T \qquad (1)$$

Dabei bezeichnet

π^t das Preissystem, α^t den Geldzinssatz in der Periode t ($\alpha^t>-1$)

$a^t\in A$ [2] eine externe Grösse wie z.B. das Konsumgüterpreissystem oder "states of nature" (vgl. [2], [3]).

In der ersten Periode (t=1) kennt der Teilnehmer den Zustand s^1. Die Zustände $s^2,\ldots,s^T$ werden als Zufallsgrössen betrachtet, wobei die Uebergangswahrscheinlichkeiten (siehe [8] p.69) von $(s^1,\ldots,s^t)$ in den Zustand s^{t+1} durch $F^t(s^1,\ldots,s^t;B^{t+1})$ gegeben sind ($B^{t+1}\in\mathcal{S}^{t+1}$, t=1,...,T-1).

---

* Diese Arbeit ist in gewisser Hinsicht eine Erweiterung von [6]. Wir möchten Herrn Prof. Hinderer dafür danken, dass er uns auf die Möglichkeit einer Verallgemeinerung aufmerksam machte.

1) Für $a,b\in\mathbb{R}^\ell$ gilt:
$$a\geqq b\Longleftrightarrow a_k\geq b_k,\quad k=1,\ldots,\ell$$
$$a\geq b\Longleftrightarrow a\geqq b \text{ aber } a\neq b$$
$$a>b\Longleftrightarrow a_k>b_k,\quad k=1,\ldots,\ell$$

2) A wird als metrischer, separabler Raum vorausgestzt. S^t ist mit der Borel-σ-Algebra $\mathcal{S}^t$ versehen.

Wegen (1) gilt:

$\pi_0^1=1$ (Der Geldpreis in der Periode t=1 ist gleich 1) (2)

Zudem verlangt man:

$\pi_0^t=(1+\alpha^{t-1})\pi_0^{t-1}$, t=2,...,T (3)

(In der Periode t wird der Zins $\alpha^{t-1}\pi_0^{t-1}$ pro Geldeinheit ausbezahlt)

Die Anfangsausstattung des Teilnehmers besteht aus dem Portefeuille r (r≥0). In den Perioden t (t=1,...,T-1) erwirbt er sich neue Portefeuilles ρ^t.

Definition

Bei gegebenem s^1 heisst

$z_{s^1}:=(\rho_{s^1}^1,\dots,\rho_{s^1}^t(s^2,\dots,s^t),\dots,\rho_{s^1}^{T-1}(s^2,\dots,s^{T-1}))$

zulässiger Investitionsplan, falls gilt:

1) $\rho_{s^1}^t(s^2,\dots s^t)\geq 0$, t=1,...,T-1 (4)

2) $\pi^1*\rho_{s^1}^1\leq\pi^1*r$ [3] (5)

$\pi^t*\rho_{s^1}^t(s^2,\dots,s^t)\leq\pi^t*\rho_{s^1}^{t-1}(s^2,\dots,s^{t-1})$, t=2,..,T-1

3) $\rho_{s^1}^t(s^2,\dots,s^t)$ ist in $(s^2,\dots,s^t)$ messbar. (6)

(4) schliesst Leerverkäufe aus. Unter (5) werden die Budgetrestriktionen aufgeführt. Die Menge der zulässigen Investitionspläne beim Zustand s^1 wird mit Z_{s^1} bezeichnet.

Aus dem Plan $z_{s^1}\in Z_{s^1}$ resultiert in der Periode T das Vermögen $\pi^T*\rho_{s^1}^{T-1}(s^2,\dots,s^{T-1})$. Dieses Vermögen und die externe Grösse $a^T\in A$ werden mit einer Neumannschen Nutzenfunktion w bewertet.

$w:\mathbb{R}_0^+\times A\longrightarrow\mathbb{R}_0^+$ [4] (w stetig und beschränkt)

$(x,a^T)\rightsquigarrow w(x,a^T)$

Durch

$G(s^1;B):=\int_{B^2}F^1(s^1;ds^2)\cdots\int_{B^T}F^{T-1}(s^1,\dots,s^{T-1};ds^T)$ (7)

$\forall B\in\{B^2\times\dots\times B^T\mid B^t\in\mathcal{S}^t,\ t=2,\dots,T\}$

ist ein Wahrscheinlichkeitsmass auf $(S^2\times\dots\times S^t;\mathcal{S}^2\otimes\dots\otimes\mathcal{S}^T)$ bestimmt (siehe [8] Proposition V-1-1 oder [5] Appendix 3).

---

3) $a*b:=\sum_{k=1}^{\ell}a_kb_k$, $\forall a,b\in\mathbb{R}^{\ell}$

4) $\mathbb{R}_0^+:=[0,\infty)$, $\mathbb{R}^+:=(0,\infty)$

Somit ist

$$W(z_{s^1}) := \int w\left[\pi^{T*}\rho_{s^1}^{T-1}(s^2,\dots,s^{T-1}); a^T\right] G(s^1; ds^2,\dots,ds^T)$$

der Bernoulli-Index des Planes z_{s^1}.

<u>Definition</u>

Der Plan $\bar{z}_{s^1} \in Z_{s^1}$ ist optimal, falls $W(\bar{z}_{s^1}) \geq W(z_{s^1})\ \forall\ z_{s^1} \in Z_{s^1}$.

$\bar{Z}_{s^1}$ ist die Menge der optimalen Pläne in Z_{s^1}.

2. Ein Beispiel

Das folgende Beispiel dient zur Illustration des Modells und zeigt, dass eine Planung über mehrere Perioden zu wesentlich anderen Ergebnissen führen kann als eine Planung über nur zwei Perioden.

Es gelte: $T=3,\ m=1,\ A=\{a,\tilde{a}\},\ r=(14,2),\ \alpha^1=0,\ a^1=a,\ \pi^1=(1,10)$

$$w(x,a)=1-e^{-0.0004x}$$

$$w(x,\tilde{a})=1-e^{-0.001x}$$

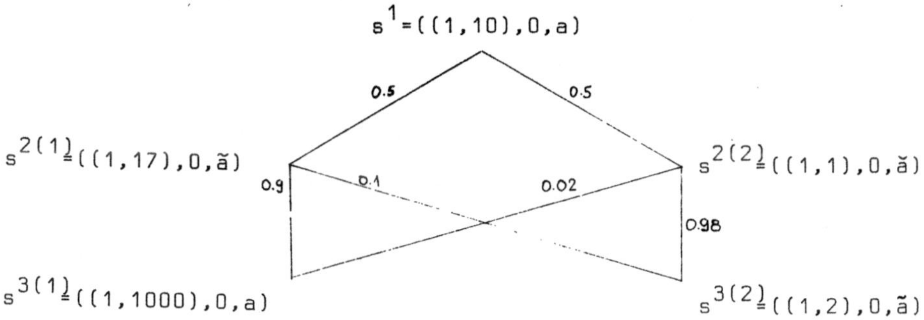

Die Uebergangswahrscheinlichkeiten sind:

$F^1(s^1; s^{2(1)}) = F^1(s^1; s^{2(2)}) = 0.5$

$F^2(s^1, s^{2(1)}; s^{3(1)}) = 0.9 \qquad F^2(s^1, s^{2(1)}; s^{3(2)}) = 0.1$

$F^2(s^1, s^{2(2)}; s^{3(1)}) = 0.02 \qquad F^2(s^1, s^{2(2)}; s^{3(2)}) = 0.98$

Der Plan $z_{s^1} \in Z_{s^1}$ sei gegeben durch

$\rho_{s^1}^1 = (34,0),\ \rho_{s^1}^2(s^{2(1)}) = (0,2),\ \rho_{s^1}^2(s^{2(2)}) = (0,34),$

der Plan $z'_{s^1} \in Z_{s^1}$ sei gegeben durch

$\rho_{s^1}'^1 = (0,3.4),\ \rho_{s^1}'^2(s^{2(1)}) = (0,3.4),\ \rho_{s^1}'^2(s^{2(2)}) = (0,3.4)$

In der zweiten Periode tritt nur die externe Grösse $\tilde{a}$ auf, und das Vermögen beim Plan z_{s^1} ist

$\pi^{2(1)} * \rho^1_{s^1} = \pi^{2(2)} * \rho^1_{s^1} = 34$

währenddem der Erwartungswert des Vermögens beim Plan z'_{s^1}

$F^1(s^1;s^{2(1)})\pi^{2(1)} * \rho'^1_{s^1} + F^1(s^1;s^{2(2)})\pi^{2(2)} * \rho'^1_{s^1} = 30.6$

beträgt.

Die Bewertung in der Periode 3 ergibt aber

$0.290213922 = W(z_{s^1}) < W(z'_{s^1}) = 0.345595586$

Es lässt sich zeigen $z'_{s^1} \in \bar{Z}_{s^1}$, d.h. z'_{s^1} ist optimal.

3. Marktgleichgewicht

Nun werden n Teilnehmer $(i=1,.,n)$ betrachtet. $a^1 \in A$ und $\alpha^1 > -1$ sind fest gegeben. Setzt man $\pi^1 = p$, wobei $p \in \Omega := \{(1,y_1,...,y_m) | y_h \geq 0,\ h=1,...m\}$, so gilt $s^1 = (p, \alpha^1, a^1)$.

Durch

$\varepsilon = (F^{1,1},...,F^{T_1-1,1},...,F^{1,n},...,F^{T_n-1,n}, r^1,...,r^n, w^1,...,w^n, \alpha^1, A, a^1)$

ist eine Tauschökonomie gegeben.

($F^{t,i}$ ist die Uebergangswahrscheinlichkeit von $(s^1,...s^t)$ nach s^{t+1} des Teilnehmers i, T_i sein Planungshorizont, r^i die Anfangsausstattung und w^i die Neumannsche Nutzenfunktion. α^1 ist der Geldzinssatz in der Periode 1, A die Menge der externen Grössen und a^1 die externe Grösse in der Periode 1)

Die Nachfragekorrespondenz [5)] in der Periode 1 ist gegeben durch

$$\xi(p) := \{\sum_{i=1}^{n} \rho^{1i}_{s^1} \mid (\rho^{1,i}_{s^1},...,\rho^{T_i-1,i}_{s^1}(s^2,...,s^{T_i-1})) \in \bar{Z}^i_{s^1}\} \quad , \ p \in \Omega$$

($\bar{Z}^i_{s^1}$ ist die Menge der optimalen, zulässigen Pläne des Teilnehmers i)

Daraus ergibt sich der Nachfrageüberhang

$$\zeta(p) := \xi(p) - \sum_{i=1}^{n} r^i \quad , \quad p \in \Omega$$

Definition

$p^* \in \Omega$ ist ein Gleichgewichtspreissystem von ε, falls $0 \in \zeta(p^*)$

---

5) Kein Teilnehmer versucht,das Preissystem p zu beeinflussen.

4. Hinreichende Bedingungen für die Existenz eines Gleichgewichts

Die folgenden Annahmen garantieren die Existenz eines Gleichgewichts.

Ⓐ $w^i : \mathbb{R}_0^+ \times A \longrightarrow \mathbb{R}_0^+, \quad w^i(x,a) = \tilde{w}^i\left(\frac{x}{f^i(a)}\right)$

wobei $\tilde{w}^i : \mathbb{R}_0^+ \longrightarrow \mathbb{R}_0^+$ stetig, konkav, strikt monoton wachsend und beschränkt ist.

$f^i : A \longrightarrow \mathbb{R}^+$ stetig mit $0 < f^i(a) \leq M^i \quad \forall a \in A$ für ein $M^i \in \mathbb{R}^+$

Ⓑ Die Uebergangswahrscheinlichkeiten $F^{t,i}(s^1,\ldots s^t;.)$ sind in $(s^1,\ldots,s^t)$ stetig. 6)

Ⓒ $\pi^t > 0$ f.s. bezüglich $F^{t-1,i}, \quad t=2,\ldots,T_i-1, \quad i=1,\ldots,m$

Ⓓ $\sum_{i=1}^{n} r_h^i = 1, \quad h=0,\ldots,m \quad$ (Normierung)

Ⓔ Es existieren $c \in \mathbb{R}^+$, $\beta_t^i > -1$ $(t=1,\ldots,T_i-1)$, so dass gilt:

1) $\alpha^t \geq \beta_t^i$ f.s. $\quad t=1,\ldots,T_i-1$

2) Falls ein $\tilde{h} \in \{1,\ldots,m\}$ und ein Plan $z_{s^1}^i = (\rho_{s^1}^{1,i},\ldots,\rho_{s^1}^{T_i-1,i}(s^2,\ldots,s^{T_i-1})) \in Z_{s^1}^i$ existieren mit

I) $p_{\tilde{h}} > c$

II) $\rho_{s^1 \tilde{h}}^{1,i} \geq \frac{1}{m}\sum_{h=1}^{m} \rho_{s^1 h}^{1,i} > 0$

so gilt:

III) $$\int \frac{1}{f^i(a^{T_i})}\left[\pi^{T_i} * \rho_{s^1}^{T_i-1,i}(s^2,\ldots,s^{T_i-1})\right] G^i(s^1;ds^2,\ldots,ds^{T_i}) <$$

$$\frac{1}{M^i} p^* r^i \prod_{t=1}^{T_i-1} (1+\beta_t^i)$$

Interpretationen

ad Ⓐ: Falls $a^{T_i} \in A$ die externe Grösse in der Periode T_1 ist, so ist $f^i(a^{T_i})$ der Entwertungsfaktor des Vermögens.

---

6) Ein Wahrscheinlichkeitsmass $H(a;.)$ ist stetig im Parameter a, falls $a_n \xrightarrow[n \to \infty]{} a \Longrightarrow H(a_n;.) \xrightarrow[\text{schwach}]{} H(a;.)$

Beispiel: Sei a das Konsumgüterpreissystem. $f^i(a)$ ist dann der Konsumentenpreisindex.

(Normalerweise hängt der Entwertungsfaktor vom Vermögen ab. Deshalb ist Ⓐ nicht sehr realistisch. Um diesen Mangel zu beheben, wurde in [7] mit allgemeineren Voraussetzungen gearbeitet.)

ad Ⓔ: 1) β_t^i $(t=1,\ldots,T_i-1)$ sind untere Schranken für die Geldzinssätze.

2)I) Der Preis des Spekulationsgutes $\tilde{h}$ ist extrem hoch.

II) Das Spekulationsgut $\tilde{h}$ hat einen wesentlichen Anteil am Investitionsplan $z_{s^1}^i$.

III) $\pi^{T_i} * \rho_{s^1}^{T_i-1}(s^2,\ldots,s^{T_i-1})$ ist das Vermögen in der Periode T_i, falls der Plan $z_{s^1}^i$ durchgeführt wird. $f^i(a^{T_i})$ ist der Entwertungsfaktor. $p^* r^i \prod_{t=1}^{T_i-1}(1+\beta_t^i)$ ist das Vermögen in der Periode T_i, falls sich der Teilnehmer i in allen Perioden für die reine Geldanlage entscheidet und der Geldzins die untere Schranke β_t^i erreicht. M^i ist eine obere Schranke für den Entwertungsfaktor.

Ⓔ garantiert, dass unter den Voraussetzungen 2)I) und 2)II) und falls $\tilde{W}$ konkav ist (keine Risikopräferenz), die reine Geldanlage dem Plan $z_{s^1}^i$ vorgezogen wird. Ⓔ verlangt also vom Teilnehmer ein gewisses Vertrauen ins Geld.

Satz

Unter den Voraussetzungen Ⓐ - Ⓔ besitzt die Tauschökonomie ε ein Gleichgewichtspreissystem $p^* > 0$.

(Beweis des Satzes siehe [7])

5. Beispiele zur Existenz und Nichtexistenz von Gleichgewichten

Die grosse Bedeutung der Preiserwartungen für die Existenz oder Nichtexistenz eines Gleichgewichtes ist bekannt ([4],[6],[9]). Die folgenden Beispiele weisen aber auch auf die wichtige Rolle der Bewertungsfunktionen für die Existenz eines Gleichgewichts hin.

$T=2,\ m=1,\ n=2,\ \alpha^1=0,\ r^1=(10,0),\ r^2=(0,1),\ a^1=\bar{a}$

Dann gilt: $s^1=((1,p^1),0,\bar{a}),\quad s^2=((1,\pi_1^2),\alpha^2,a^2)$

Erstes System von Preiserwartungen

$F^{1,1}$ erfülle $\frac{\pi_1^2}{f^1(a^2)}=p_1$ f.s.; $\frac{1}{f^1(a^2)}$ gleichverteilt in $[\frac{1}{2},2]$

$F^{1,2}$ erfülle $\frac{\pi_1^2}{f^2(a^2)}=1$ f.s.; $\frac{1}{f^2(a^2)}$ gleichverteilt in

$$\begin{cases}[\frac{1}{2p_1},\frac{2}{p_1}], & \text{falls } p_1>\frac{1}{2}\\ [1,4], & \text{falls } 0\le p_1\le\frac{1}{2}\end{cases}$$

Zweites System von Preiserwartungen

$\bar{F}^{1,1}$ erfülle $\frac{1}{f^1(a^2)}=1$ f.s.; π_1^2 gleichverteilt in $[\frac{p_1}{2},2p_1]$

$$\bar{F}^{1,2} \text{ erfülle } \frac{1}{f^2(a^2)}=\begin{cases}\frac{1}{p_1} \text{ f.s. falls } p_1>\frac{1}{2}\\ 2 \text{ f.s. falls } 0\le p_1\le\frac{1}{2}\end{cases}$$

$$\pi_1^2 \text{ gleichverteilt in } \begin{cases}[\frac{p_1}{2},2p_1], & \text{falls } p_1>\frac{1}{2}\\ [\frac{1}{4},1], & \text{falls } 0\le p_1\le\frac{1}{2}\end{cases}$$

Erstes System von Bewertungsfunktionen

$$\tilde{w}^1(x)=\begin{cases}x, & 0\le x\le 10\\ 10.1-\frac{1}{x}, & x>10\end{cases}$$

$$\tilde{w}^2(x)=\begin{cases}x, & 0\le x\le 1\\ 1.05-\frac{0.05}{x}, & x>1\end{cases}$$

Zweites System von Bewertungsfunktionen

$$\tilde{\bar{w}}^1(x)=\begin{cases}x, & 0\le x\le 100\\ 101-\frac{100}{x}, & x>100\end{cases}$$

$$\tilde{\bar{w}}^2(x)=\begin{cases}x, & 0\le x\le 50\\ 52-\frac{100}{x}, & x>50\end{cases}$$

Bemerkungen

Beim ersten System von Preiserwartungen ist der Entwertungsfaktor $f(a^2)$ proportional zum Preis π_1^2 des Spekulationsgutes. Deshalb wird das Spekulationsgut zur "sicheren" und das Geld zur "unsicheren Anlage".

Beim zweiten System von Preiserwartungen herrscht keine Unsicherheit bezüglich des Entwertungsfaktors. Geld ist also eine "sichere" Anlage. Dafür ist der zu erwartende Ertrag des Spekulationsgutes höher.

$\tilde{w}^1(x)$ hat bei x=10 und $\tilde{w}^2(x)$ bei x=1 einen Knick. In den entsprechenden Punkten ist die Risikoaversion extrem hoch.

Betrachtet man die Preiserwartungen und die Anfangsausstattungen, so sieht man, dass $\bar{\tilde{w}}^1(x)$ und $\bar{\tilde{w}}^2(x)$ in den entscheidenden Bereichen linear sind. Deshalb könnten $\bar{\tilde{\tilde{w}}}^1(x)$ und $\bar{\tilde{\tilde{w}}}^2(x)$ durch lineare Funktionen ersetzt werden. [7] Lineare Bewertungsfunktionen beschreiben ein risikoneutrales Verhalten.

In [7] wird gezeigt:

1) $\varepsilon^{I}=(F^{1,1},F^{1,2},r^1,r^2,\tilde{w}^1,\tilde{w}^2,0,A,\bar{a})$ besitzt kein Gleichgewicht. Das Geld wird nicht akzeptiert, weil es zu wenig Sicherheit bietet.

2) $\varepsilon^{II}=(F^{1,1},F^{1,2},r^1,r^2,\bar{\tilde{w}}^1,\bar{\tilde{w}}^2,0,A,\bar{a})$ besitzt ein Gleichgewicht

3) $\varepsilon^{III}=(\bar{F}^{1,1},\bar{F}^{1,2},r^1,r^2,\bar{\tilde{\tilde{w}}}^1,\bar{\tilde{\tilde{w}}}^2,0,A,\bar{a})$ besitzt kein Gleichgewicht. Wegen der grösseren Rendite des Spekulationsgutes und der Risikoneutralität wird das Geld nicht akzeptiert.

4) $\varepsilon^{IV}=(\bar{\bar{F}}^{1,1},\bar{\bar{F}}^{1,2},r^1,r^2,\tilde{\tilde{w}}^1,\tilde{\tilde{w}}^2,0,A,\bar{a})$ besitzt ein Gleichgewicht.

---

7) Es wurde auf lineare Funktionen verzichtet, weil eine Neumannsche Nutzenfunktion beschränkt sein sollte ([1]).

Literaturverzeichnis

[1] Arrow K.J.: The Role of Securities in the Optimal Allocation of Risk-bearing. Review of Economic Studies, 1964, pp.91-96.

[2] Arrow K.J.: Aspects in the Theory of Risk Bearing. Helsinki, 1965.

[3] Debreu G.: Theory of Value, New York, 1959.

[4] Grandmont J-M.: On Short-Run Equilibrium in a Monetary Economy, in Allocation under Uncertainty: Equilibrium and Optimality, (Drèze J.H. ed) London, 1974, pp.213-228.

[5] Hinderer K.: Foundations of Non-stationary Dynamic Programming with Discrete Time Parameter. Berlin-Heidelberg-NewYork, 1970.

[6] Müller H.: Ein Portfolio Modell: Marktgleichgewicht bei subjektiven Preiserwartungen. Mitteilungen der Vereinigung schweizerischer Versicherungsmathematiker, Band 74, Heft 1.

[7] Müller H.: Optimal Investment over Several Periods: Equilibrium with Uncertainty of the Value of Money. (unpublished) 1975.

[8] Neveu J.: Bases mathématiques du calcul des probabilités. Paris, 1964.

[9] Sondermann D.: Temporary Competitive Equilibrium under Uncertainty, in Allocation under Uncertainty: Equilibrium and Optimality (Drèze J.H. ed), London, 1974, pp.229-253.

Eindeutige Gleichgewichte in multisektoralen Wachstumsmodellen

C. Ballarini und P. Kischka, Karlsruhe

Abstract

In this paper we deal with growth models of v. Neumann type, especially the modification proposed by Kemeny, Morgenstern, Thompson in 1956. In general, the equilibrium prices and intensities in these models will be not unique.
It can be shown that by infinitesimal change of the technology describing the model you can get a KMT-model with the same equilibrium growth factor α as before and unique intensities and prices. Moreover the distance between the unique intensities (prices) and the previous set of intensities (prices) can be made arbitrarily small by choosing suitable technology matrices A' and B'.

Einleitung

Um der Differenziertheit des realen wirtschaftlichen Geschehens gerecht zu werden, ist es erforderlich, disaggregierte ökonomische Modelle zu verwenden. Ein entscheidender Beitrag für die Untersuchung derartiger Modelle wurde von John von Neumann mit seiner 1937 erschienenen Arbeit "Über ein ökonomisches Gleichungssystem und eine Verallgemeinerung des Brouwerschen Fixpunktsatzes" geleistet, die jedoch erst 1946 nach ihrer Veröffentlichung in englischer Sprache eine weitergehende Beachtung auf Seiten der Ökonomen fand. 1956 stellten Kemeny, Morgenstern und Thompson ein auf dem v. Neumannschen Ansatz aufbauendes Modell vor, das sich von diesem vor allem durch die Hinzunahme eines weiteren Axioms - strikte Positivität des Outputs - unterscheidet.

Im folgenden wird dieses Modell (KMT-Modell) zugrundegelegt. In diesem Modell werden n Güter in m Prozessen hergestellt; die Technologie wird durch eine Inputmatrix A und eine Outputmatrix B (A,B nichtnegative mxn Matrizen) beschrieben. Ein Gleichgewicht ist ein Quadrupel (x,y,α,β) mit einem Intensitätenvektor $x \in \mathbb{R}^n_+$, der die Auslastung der Prozesse beschreibt, einem Preisvektor $y \in \mathbb{R}^n_+$, einem Wachstumsfaktor $\alpha \in \mathbb{R}_+$ und einem Zinsfaktor $\beta \in \mathbb{R}_+$, das den folgenden Bedingungen genügt:

$x(B-\alpha A)$	≥ 0	(Verfügbarkeitsbedingung)
$x(B-\alpha A)y$	$= 0$	(freie Güter haben den Preis 0)
$(B-\alpha A)y$	≤ 0	(Profitlosigkeit)
$x(B-\alpha A)y$	$= 0$	(Rentabilitätsbedingung)
xBy	> 0	(Positivität des Outputs)

Verschiedene Autoren, u.a. Kemeny, Moeschlin konnten unter bestimmten Annahmen über die Technologie die Existenz eines derartigen Gleichgewichts nachweisen. Dabei ergibt sich unmittelbar, daß gleichgewichtiger Wachstums- und Zinsfaktor übereinstimmen.

Im KMT-Modell sind im allgemeinen mehrere gleichgewichtige Wachstumsfaktoren möglich. Die zu einem solchen Wachstumsfaktor gehörigen Preis- und Intensitätensysteme sind im allgemeinen nicht eindeutig bestimmt.
Wir zeigen, daß durch infinitesimale Änderung der die Technologie beschreibenden Input- bzw. Output Matrizen die Eindeutigkeit der Preise und Intensitäten bei gleichbleibendem Wachstumsfaktor erreicht werden kann. Der Betrachtung liegt eine spieltheoretische Formulierung des KMT-Modells zugrunde; demzufolge sind **auch** die benutzten Beweismethoden spieltheoretischer Natur.

Definition 1:

Seien A,B nichtnegative mxn Matrizen mit $v(B) > 0$, $v(-A) < 0$.[1)]
Das Tupel (A,B) heißt KMT-Technologie.

---

1) v(M) sei der Spielwert des Standardmatrixspiels M.

Bemerkung:

$v(B) > 0$ ist äquivalent zu der Forderung, daß jedes Gut produzierbar sei. $v(-A) < 0$ ist äquivalent zur Forderung, daß jeder Prozeß einen positiven Input erfordert.

Vereinbarungen:

Sei (A,B) KMT-Technologie und sei $\alpha \in \mathbb{R}_+$. Dann sei $M_\alpha := B - \alpha A$. (M_α ist i.a. nicht mehr nichtnegativ). Sei N eine mxn Matrix und $c \in \mathbb{R}$. N + c sei die Matrix mit den Elementen

$$n_{ij} + c \qquad \text{für alle } i,j.$$

Lemma 1:

Sei (A,B) KMT-Technologie. Dann existiert ein $\bar{\alpha} > 0$ mit $v(M_{\bar{\alpha}}) = 0$.

Beweis:

Der Beweis beruht auf der Monotonie und der Stetigkeit der Spielwertsfunktion; vgl. etwa |3|

Definition 2:

Sei (A,B) KMT-Technologie, $\alpha \in \mathbb{R}$. Sei

$$S = \{x \in R_+^m \mid \sum_{i=1}^m x_i = 1\}, \quad Z = \{y \in R_+^n \mid \sum_{j=1}^n y_j = 1\}.$$

Die Menge der Optimalstrategien des Spieles M_α ist definiert als:

$$X^o(M_\alpha) = \{\bar{x} \in S \mid \bigwedge_{y \in Z} \bar{x} M_\alpha y \geqq v(M_\alpha)\}$$
$$Y^o(M_\alpha) = \{\bar{y} \in Z \mid \bigwedge_{x \in S} x M_\alpha \bar{y} \leqq v(M_\alpha)\}$$

Lemma 2:

Sei $c \in \mathbb{R}$. Dann gilt

$$X^o(M_\alpha + c) = X^o(M_\alpha)$$
$$Y^o(M_\alpha + c) = Y^o(M_\alpha)$$
$$v(M_\alpha + c) = v(M_\alpha) + c$$

Der Beweis ergibt sich unmittelbar aus Definition 2 und der Definition des Spielwerts.

Definition 3:

Ein Tupel $(\bar{x},\bar{y},\bar{\alpha}) \in S \times Z \times \mathbb{R}_+$ heißt Gleichgewicht zur KMT-Technologie (A,B) wenn gilt:

i) $v(M_{\bar{\alpha}}) = 0$

ii) $\bar{x} \in X^o(M_{\bar{\alpha}})$, $\bar{y} \in Y^o(M_{\bar{\alpha}})$

iii) $\bar{x} B \bar{y} > 0$

$\bar{x}$ heißt gleichgewichtiges Intensitätssystem
$\bar{y}$ heißt " Preissystem
$\bar{\alpha}$ heißt gleichgewichtiger Wachstumsfaktor

Bemerkung:

Def. 3 ist äquivalent zu den von Kemeny, Morgenstern und Thompson geforderten Axiomen (vgl. Einleitung).

Satz 1:

Seien A,B mxn Matrizen und sei (A,B) KMT-Technologie. Dann gilt:

a) Zu (A,B) existiert ein Gleichgewicht.
b) Es existieren höchstens min (m,n) verschiedene gleichgewichtige Wachstumsfaktoren $\bar{\alpha}$.
c) die Mengen der gleichgewichtigen Intensitäten- und Preissysteme zu jedem gleichgewichtigen $\bar{\alpha}$ sind konvex.

Beweis:

Vgl. (|4|,|5|).

Wir werden nun zeigen, daß es möglich ist durch infinitesimale Änderungen der Technologie die Eindeutigkeit der Intensitäten und Preise zu erreichen.

Lemma 3:

Sei L eine mxn Matrix und sei $K = (k_{ij})_{\substack{1 \leq i \leq m \\ 1 \leq j \leq n}} = ((1+i)^j)_{\substack{1 \leq i \leq m \\ 1 \leq j \leq n}}$

Dann existiert ein $\varepsilon_0 > 0$ derart, daß für $\varepsilon < \varepsilon_0$ gilt:
Das Spiel $L + \varepsilon K$ besitzt eindeutige Optimalstrategien.

Beweis:

Die Existenz eines derartigen ε_0 wird in |1| bewiesen, die spezielle Wahl von K geht auf |2| zurück.

Satz 2:

Sei (A,B) KMT-Technologie mit gleichgewichtigem Wachstumsfaktor $\bar{\alpha}$ und seien U(A), U(B) beliebige Umgebungen von A,B. Dann existiert eine KMT-Technologie $(A',B') \in U(A)xU(B)$ derart, daß $\bar{\alpha}$ gleichgewichtiger Wachstumsfaktor ist und die zugehörigen gleichgewichtigen Preis- und Intensitätensysteme eindeutig sind.

Beweis:

Wegen der Stetigkeit der Spielwertfunktion und $v(-A) < 0, v(B) > 0$ können $U(A)$, $U(B)$ o.B.d.A. so gewählt werden, daß gilt:

(*) $(C,D) \in U(A) \times U(B) \Longrightarrow v(-C) < 0,\ v(D) > 0.$

Aus Lemma 3 folgt die Existenz eines $\varepsilon_1 > 0$ derart, daß gilt: Für $\varepsilon \leq \varepsilon_1$ hat das Spiel $M_\alpha + \varepsilon K$ eindeutige Optimalstrategien. Wir wählen $\varepsilon_2 > 0$ mit: $B + \varepsilon_2 K \in U(B)$. Wegen $v(M_{\bar{\alpha}}) = 0$ und der Stetigkeit der Spielwertfunktion kann ein $\varepsilon_3 > 0$ so gewählt werden, daß für $\varepsilon \leq \varepsilon_3$ gilt:

$$A + \frac{1}{\bar{\alpha}} v\,(M_{\bar{\alpha}} + \varepsilon K) \in U(A).$$

Sei $\varepsilon_0 := \min\,(\varepsilon_1, \varepsilon_2, \varepsilon_3)$

$$B' := B + \varepsilon_0 K$$

$$A' := A + \frac{1}{\bar{\alpha}} v\,(M_{\bar{\alpha}} + \varepsilon_0 K)$$

Wir zeigen, daß (A',B') KMT-Technologie mit gleichgewichtigem Wachstumsfaktor $\bar{\alpha}$ und eindeutig bestimmten Preis- und Intensitätensystemen ist:

a) $A' \in U(A)$, $B' \in U(B)$

denn: $\varepsilon_0 < \varepsilon_2 \Longrightarrow B' \in U(B)$

Wegen der Monotonie der Spielwertfunktion und $\varepsilon_0 \leq \varepsilon_3$ gilt:

$$0 \leq v(M_{\bar{\alpha}} + \varepsilon_0 K) \leq v(M_{\bar{\alpha}} + \varepsilon_3 K)$$

und daher $A' \in U(A)$.

b) $v(-A') < 0,\ v(B') > 0$

Dies folgt aus (*) und a).

c) $v(B' - \bar{\alpha}A') = 0$

denn: $v(B' - \bar{\alpha}A) = v(B + \varepsilon_0 K - \bar{\alpha}A - v(B - \bar{\alpha}A + \varepsilon_0 K))$
$= 0$ (s. Lemma 2)

d) Die Preis- und Intensitätensysteme in (A',B') sind eindeutig bestimmt. $\varepsilon_0 \leq \varepsilon_1 \Longrightarrow$ die Optimalstrategien von $B' - \bar{\alpha}A = B + \varepsilon_0 K - \bar{\alpha}A$ sind eindeutig.

Aus Lemma 2 folgt, daß auch $B - \bar{\alpha}A + \varepsilon_0 K - v(B - \bar{\alpha}A + \varepsilon_0 K) = B' - \bar{\alpha}A'$ eindeutige Optimalstrategien besitzt.

e) Seien $\bar{x},\bar{y}$ die eindeutig bestimmten Preis- und Intensitätensysteme. Wegen $B' = B + \varepsilon_0 K$ und $K > 0$ gilt:

$$\bar{x}B'\bar{y} > 0.$$

Aus a) bis e) folgt, daß $(\bar{x},\bar{y},\bar{\alpha})$ KMT-Gleichgewicht ist zur Technologie (A',B').

Das folgende Lemma gibt uns die Möglichkeit, Aussagen über den Abstand der eindeutigen Intensitäten (Preise) zu den ursprünglichen Gleichgewichtsmengen zu machen.

Lemma 4:

Sei L ein mxn Standardmatrixspiel. Zu jedem $\varepsilon > 0$ existiert ein $\delta > 0$ derart, daß für alle mxn Matrizen L' mit $||L'-L|| < \delta$ gilt:

$$\min_{\substack{x \in X^0(L) \\ x' \in X^0(L')}} ||x' - x|| < \varepsilon$$

$$\min_{\substack{y \in Y^0(L) \\ y' \in Y^0(L')}} ||y' - y|| < \varepsilon$$

Beweis: s. |1|

Korollar 1:

Sei (A,B) KMT-Technologie mit gleichgewichtigem Wachstumsfaktor $\bar{\alpha}$ und zugehöriger gleichgewichtiger Intensitätenmenge (Preismenge) I(P). Zu $\varepsilon > 0$ existiert eine KMT-Technologie (A',B') mit:

a) $||A' - A|| < \varepsilon$, $||B'-B|| < \varepsilon$

b) $\bar{\alpha}$ ist gleichgewichtiger Wachstumsfaktor zu (A',B')

c) Die Mengen der gleichgewichtigen Intensitäten und Preise zur Technologie (A',B') sind einpunktig. Sie seien mit x' bzw. y' bezeichnet.

d) Es existieren gleichgewichtige Intensitäten (Preise) $x \in I$ bzw. $y \in P$ zur Technologie (A,B) derart, daß $||x-x'|| < \varepsilon$ $||y - y'|| < \varepsilon$

Beweis:

a) - c) sind in Satz 2 gezeigt.

d) Zu ε existiert nach Lemma 4 ein $\delta > 0$ mit

$||S - M_{\bar{\alpha}}|| < \delta \Longrightarrow || X^o(S) - X^o(M_{\bar{\alpha}})|| < \varepsilon$
o.B.d.A. können wir für die gemäß den Abschnitten a) - c) gewählten Umgebungen U(A), U(B) annehmen:

$\bar{A} \in U(A), \bar{B} \in U(B) \Longrightarrow ||(\bar{B} - \bar{\alpha}\bar{A}) - M_{\bar{\alpha}}|| < \delta$

Nach Satz 2 existieren A',B' in U(A), U(B) derart, daß $M'_{\bar{\alpha}} := B' - \bar{\alpha}A'$ eindeutige Optimalstrategien, die KMT-Technologie (A',B'), also eindeutige Preis- und Intensitätensysteme besitzt. Sei $X^o(M'_{\bar{\alpha}}) = \{x'\}$. Aus Lemma 4 folgt die Existenz eines $x^o \in X^o(M_{\bar{\alpha}})$ mit $||x^o - x'|| < \varepsilon$. Es existieren wegen des Existenzsatzes $x^1 \in X^o(M_{\bar{\alpha}})$, $y^1 \in Y^o(M_{\bar{\alpha}})$ mit $x^1By^1 > 0$; o.B.d.A. sei $x^1_i(By^1)_i > 0$. Für $\lambda \in [0,1]$ sei $x(\lambda) := x^1 + (1 - \lambda)x^o$. Wegen der Konvexität von $X^o(M_{\bar{\alpha}})$ gilt: $x(\lambda) \in X^o(M_{\bar{\alpha}})$ für $\lambda \in [0,1]$. Für hinreichend kleine $\lambda > 0$ gilt $||x(\lambda)-x'|| < \varepsilon$ und $x(\lambda)By^1 > 0$, da die i-te Koordinate von $x(\lambda)$ positiv ist.
Der Beweis für die Preise ist entsprechend zu führen.

Literatur

1 BOHNENBLUST, H.F., KARLIN, S., SHAPLEY, L.S.: Solutions of discrete two-person games in: Contributions to the theory of games, VO/1. Princeton University Press 1950, S. 51-72.

2 DRESHER, M: Strategische Spiele, Verlag Industrielle Organisation Zürich, 1961.

3 FÖRSTNER, K.: Wirtschaftliches Wachstum bei vollständiger Konkurrenz und linearer Technologie in: Methods of Operations Research Bd. IV, Meisenheim am Glan, 1967.

4 KEMENY, J.G., MORGENSTERN, O., THOMPSON, G.L.: A generalization of the v. Neumann model of an expanding economy in: Econometrica 24, 1956, S. 115-135.

5 MOESCHLIN, O.: Zur Theorie v. Neumannscher Wachstumsmodelle Lecture Notes in Economics and Mathematical Systems, Springer Berlin-Heidelberg-New York, 1974.

Zwei Fixpunktsätze und Anwendungen in der Preistheorie

H. Funke, Karlsruhe

Es wird ein Modell eines Marktes mit $n \geq 2$ Händlern und vielen preisnehmenden Kunden behandelt. Jeder Händler H_ν $(\nu\varepsilon N:=\{1,\dots,n\})$ bietet eine Teilmenge I_ν von insgesamt k Artikeln an, die umkehrbar eindeutig den natürlichen Zahlen $1,\dots,k$ zugeordnet seien. Jeder Händler betreibt Preisstrategie, seine Strategienmenge lautet:

$$\textstyle\sum_\nu := \{(p_\sigma^\nu) \mid \sigma\varepsilon I_\nu;\ p_\sigma^\nu > 0\}, \qquad (\nu\varepsilon N).$$

Folgende Annahmen werden gemacht:

A1: Jeder Händler rechnet mit dem Absatz

$$x_\sigma^\nu = \frac{1}{p_\sigma^\nu}(b_\sigma^\nu + \sum_{\mu\varepsilon N} \sum_{\tau\varepsilon I_\mu} a_{\sigma\tau}^{\nu\mu} p_\tau^\mu)$$

seiner Ware $\sigma\varepsilon I_\nu$. Die konstanten Koeffizienten $a_{\sigma\tau}^{\nu\mu}$ und b_σ^ν genügen einer Reihe von ökonomisch plausiblen Bedingungen.

A2: Jeder Händler rechnet mit linearen Kosten, nämlich

$$K_\nu(x^\nu) = \sum_{\sigma\varepsilon I_\nu} c_\sigma^\nu x_\sigma^\nu + k_0^\nu, \qquad (x^\nu := (x_\sigma^\nu)_{\sigma\varepsilon I_\nu}),$$

wobei die fixen Kosten k_0^ν nichtnegativ, und die Grenzkosten c_σ^ν positiv sind.

Das Nullsetzen der ersten Ableitungen der individuellen Gewinnfunktionen der Händler sowie der gemeinsamen Gesamtgewinnfunktion aller Händler führt zu den zwei Gleichungssystemen

$$p = F^1(p) \quad \text{und} \quad p = F^2(p),$$

wobei $F^1, F^2: \mathbb{R}_{++}^m \to \mathbb{R}_{++}^m$ $(m := \sum_{\nu\varepsilon N} |I_\nu|,\ \mathbb{R}_{++}^m := \{(x_1,\dots,x_m)\varepsilon\mathbb{R}^m \mid x_\alpha > 0,\ \alpha=1,\dots,m\})$.

Die Abbildungen F^1 und F^2 haben die folgenden Eigenschaften (für $F=F^1,F^2$):

F1: F ist stetig,

F2: F ist monoton,

F3: F ist monotonkonkav, d.h. für alle $p^1,p^2 \varepsilon \mathbb{R}^m_{++}$ mit $p^1 \leqq p^2$ und für alle $\lambda,\mu \varepsilon \mathbb{R}_+$ mit $\lambda+\mu = 1$ gilt:

$$F(\lambda p^1+\mu p^2) \geqq \lambda F(p^1)+\mu F(p^2),$$

F4: $L_F := \{p \varepsilon \mathbb{R}^m_{++} \mid p \leqq F(p)\}$ ist beschränkt,

F5: Für alle $p \varepsilon \mathbb{R}^m_{++}$ gibt es ein $p^0 \varepsilon \mathbb{R}^m_{++}$ mit $p^0 \leqq p$ und $p^0 \leqq F(p^0)$,

F6: Es gibt ein $\hat{p} \varepsilon \mathbb{R}^m_{++}$ mit $F^2(t) > F^1(t)$ für alle $t \geqq \hat{p}$.

Die folgenden beiden Fixpunktsätze über beliebiges F mit F1 bis F5 bzw. F1 bis F6 ermöglichen nicht nur Aussagen über die Existenz und Eindeutigkeit von Gleichgewichtspreisvektoren im betrachteten Marktmodell, sondern gestatten es auch, Gleichgewichtspreisvektoren "bei Konkurrenz" mit solchen "bei Kartellbildung" miteinander zu vergleichen.

Fixpunktsatz 1 : Unter den Voraussetzungen F1 bis F5 gibt es genau ein $\bar{p} \varepsilon \mathbb{R}^m_{++}$ mit $\bar{p} = F(\bar{p})$.

Fixpunktsatz 2 : Unter den Voraussetzungen F1 bis F6 sowie $\bar{p} \geqq \hat{p}$, wobei $\bar{p}$ Fixpunkt von F^1, und $\tilde{p}$ Fixpunkt von F^2 ist, gilt:

$$\tilde{p} > \bar{p}.$$

Möglichkeiten zur Entwicklung von Planspielen für den gesamtwirtschaftlichen Bereich

T. Talmon, Darmstadt

Einleitung: Ein Planspiel stellt die Abbildung eines realen Systems und der darin auftretenden Entscheidungssituationen dar, in denen die Spielteilnehmer Entscheidungen treffen müssen. Grundidee ist dabei die Interaktion zwischen Spielern und simulierter Umwelt.

Planspiele zur Ausbildung im Entscheiden werden seit längerer Zeit im Bereich der Unternehmungen (einzelwirtschaftlicher Bereich) eingesetzt. Daneben werden Planspiele in den politischen Wissenschaften zur Schulung der Entscheidungsfähigkeit in Konfliktsituationen herangezogen. Es liegt daher nahe, sie auch für den Bereich einer Volkswirtschaft (gesamtwirtschaftlicher Bereich) einzusetzen. Hier sind jedoch Planspiele bisher kaum bekannt geworden. Es wird deshalb untersucht, ob Planspiele zur Ausbildung im Entscheiden im gesamtwirtschaftlichen Bereich geeignet sind, und welche Möglichkeiten zur Entwicklung solcher Planspiele bestehen.

Definitionen: Der gesamtwirtschaftliche Bereich umfaßt in aggregierter Form alle Wirtschaftseinheiten, die innerhalb eines juristisch abgegrenzten Gebietes ökonomische Aktivitäten entfalten: private Haushalte, Unternehmungen, Staat, Interessenverbände. Entscheidungen ökonomischen Inhalts, die den gesamtwirtschaftlichen Bereich als Ganzes betreffen, werden primär von der Wirtschaftseinheit Staat getroffen, z.B. Art, Höhe und Struktur von Einnahmen, Ausgaben und Zwangsabgaben, Geld- und Kapitalmarktbedingungen. Interessenverbände treffen Entscheidungen von globaler Wirkung z.B. bei der Festlegung der Effektivvergütungen für geleistete Arbeit.

Die Zielgruppe für die Ausbildung im Entscheiden im gesamtwirtschaftlichen Bereich bilden die an den angeführten Entscheidungen und ihrer Vorbereitung beteiligten Personen einschließlich derer, die nach dem Abschluß einer Ausbildung diesem Personenkreis möglicherweise angehören werden. Da bei Entscheidungen im gesamtwirtschaftlichen Bereich qualitative und soziale Faktoren eine sehr viel größere Bedeutung als im einzelwirtschaftlichen Bereich besitzen, müssen diese Aspekte in gesamtwirtschaftlichen Planspielen berücksichtigt werden. Dadurch können solche Planspiele einen Beitrag zur Überwindung der Kluft zwischen rein ökonomisch und rein politisch orientierten Planspielen leisten.

Planspiele als Ausbildungsinstrumente: Die Entwicklung eines Planspiels zur Ausbildung von Entscheidungsträgern im gesamtwirtschaftlichen Bereich ist nur sinnvoll, wenn Planspiele anderen Ausbildungsmethoden hierin zumindest ebenbürtig sind. Dies kann analytisch und empirisch überprüft werden. Die analytische Bewertung der verschiedenen Ausbildungsmethoden unter Berücksichtigung der Anforderungen des Entscheidungsprozesses und der Bedingungen für effizientes Lernen ergab, daß Planspiele anderen Methoden überlegen sein müßten. Empirische Überprüfungen des Ausbildungswertes von Planspielen sind bisher nur in geringer Zahl vorgenommen worden, die Ergebnisse der neueren Untersuchungen bestätigen die Hypothese, daß Planspiele anderen Methoden in der Ausbildung im Entscheiden zumindest ebenbürtig sind.

Morphologie gesamtwirtschaftlicher Planspiele: Diese Untersuchungen rechtfertigen die Entwicklung von Planspielen für Entscheidungsträger im gesamtwirtschaftlichen Bereich. Anhaltspunkte für die Entwicklung ergeben sich aus einem morphologischen Schema, das für die vier wichtigsten Elemente eines Planspiels (Modell, Berichtssystem, Entscheidungsträger, Entscheidungen) die bisher realisierten und die u.U. möglichen intensionalen und extensionalen Merkmale enthält.

Einen Überblick über die Ausgestaltung der seither bekannten gesamtwirtschaftlichen Planspiele bietet die Einordnung der Spielentwicklungen von Krelle (Spielversion des ökonometrischen Modells der Bundesrepublik), Tietz (Modell zur Überprüfung der Sauermannschen Anspruchsanpassungstheorie) und von de Callatay (funktionales Spiel zur Budgetkontrolle) sowie einiger rein ökonomisch orientierter Lernspiele, die wegen der strikten Anwendung der ceteris-paribus-Klausel nur bedingt gesamtwirtschaftlichen Bezug haben.

Diese Einordnung in das morphologische Schema zeigt, daß bisher keine gesamtwirtschaftlichen Spiele entwickelt wurden, die z.B. quantitative und qualitative Aspekte berücksichtigen oder Veränderungen der Modellstruktur im Spielablauf zulassen.

Konzept für ein gesamtwirtschaftliches Planspiel: Aus der vollständigen Auswertung des morphologischen Schemas ergibt sich unter Berücksichtigung der Bedingungen für eine effiziente Ausbildung im Entscheiden die Forderung nach einem Planspiel, das ein Land in einem Idealmodell mit idealisierten Realdaten abbildet. Dabei müssen die wichtigsten Sektoren und Funktionen sowie neben quantitativen auch qualitative Attribute berücksichtigt werden. Die Modellstruktur sollte in einem gewissen Umfang variierbar und die interaktive Verknüpfung mehrerer Modelle (Länder) wählbar sein. Zur effizienten Abwicklung ist eine EDV-Anlage erforderlich. Dabei muß das Berichtssystem die Wahl von Art und Umfang der Datenausgabe sowie die Erstellung von Vergangenheits- und Prognoseinformationen zulassen. Um universelle Einsatzmöglichkeiten des Planspiels zu gewährleisten, kann für die Entscheidungsvorbereitungen kein Dialogbetrieb mit der EDVA zugelassen werden. Die Entscheidungen müssen sich vielmehr auf die Analysen der Spielteilnehmer stützen, die einige ökonomische Kenntnisse besitzen sollten. Dabei stehen ihnen allerdings, im Gegensatz zu einzelwirtschaftlichen Planspielen, auch Informationen über Konkurrenten zur Verfügung. Wegen der im gesamtwirtschaftlichen Bereich fehlenden Einheitlichkeit der Willensbildung muß zusätzlich berücksichtigt werden, daß innerhalb einer Gruppe Konflikte bei den Entscheidungen auftreten, die im Planspiel verarbeitet werden müssen.

Diese Überlegungen führen zur Entwicklung eines gesamtwirtschaftlichen Planspiels, dessen Kern aus einem blockrekursiven Grundmodell mit alternativ wählbaren Submodellen besteht. Das Grundmodell stellt in seiner Struktur ein Modell einer offenen Volkswirtschaft mit staatlichen Aktivitäten dar. Es wird ergänzt durch ein Struktur-Änderungsmodell und ein Konflikt-Lösungsmodell. Die Submodelle, z.B. für die Entwicklung der Zahl der Arbeitskräfte oder der Infrastruktur, können durch die Spielleitung je nach gewünschtem Detaillierungsgrad des Spiels zur Erweiterung des Grundmodells herangezogen werden, wobei die gewählte blockrekursive Struktur des Grundmodells die Bildung von Schnittstellen zu den Submodellen erleichtert.

Wachstumsgleichgewichte in zerlegbaren Input-Output-Systemen

H. Kogelschatz, Karlsruhe

In multisektoralen Wachstumsmodellen mit linearer Technologie kommt dem Fall proportionalen Wachstums durch die Turnpike-Theoreme besondere Bedeutung zu. Das dynamische geschlossene Input-Output-Modell, das von Leontief entwickelt wurde, hat bei proportionalem Wachstum des Outputs mit einer konstanten Rate $\lambda > 0$ folgende Form

(1) $(I - A - \lambda B)x = 0, \qquad \lambda > 0,\ x \geq 0.$

Dabei bezeichnen $A = (a_{ij})$ bzw. $B = (b_{ij})$ die nxn-Matrizen der Input- bzw. Kapitalkoeffizienten. x ist ein nx1-Outputvektor. Aus ökonomischen Gründen werden A,B und x als semipositiv vorausgesetzt.

Definition:

Ist $(\hat{\lambda},\hat{x})$ eine Lösung von (1), so heißt $(\hat{\lambda},\hat{x})$ Wachstumsgleichgewicht, $\hat{\lambda}$ gleichgewichtige Wachstumsrate und $\hat{x}$ gleichgewichtiger Outputvektor.

In der Literatur wird bei dynamischen Input-Output-Modellen üblicherweise vorausgesetzt, daß die Inputmatrix A die Hawkins-Simon-Bedingung erfüllt und unzerlegbar ist. Wenn außerdem jeder Spaltenvektor von B semipositiv ist, so existiert ein eindeutig bestimmtes Wachstumsgleichgewicht, wie man mit Hilfe des Satzes von Perron zeigt.

Hier werden für den Fall zerlegbarer Inputmatrizen hinreichende Bedingungen für Existenz, Eindeutigkeit und Differenzierbarkeit von Wachstumsgleichgewichten angegeben.

Die Existenz von Wachstumsgleichgewichten im Modell (1) ist nicht sichergestellt, selbst wenn A die Hawkins-Simon-Bedingung erfüllt.

1) Kurzfassung eines Artikels, der an anderer Stelle erscheint.

Jedoch kann man die Existenz unter zusätzlichen - relativ schwachen - Bedingungen an B nachweisen:

<u>Satz 1:</u>

A erfülle die Hawkins-Simon-Bedingung. Hinreichend für die Existenz von Wachstumsgleichgewichten ist, daß B einer der folgenden Bedingungen genügt:

i) Jeder Spaltenvektor von B ist semipositiv,

ii) mindestens ein Diagonalelement von B ist positiv.

Ökonomisch haben diese Bedingungen folgende Bedeutung:

i) Jeder Sektor benötigt mindestens ein Kapitalgut.

ii) Es gibt mindestens ein Gut, das als Kapitalgut im eigenen Sektor eingesetzt wird.

Beide Bedingungen erscheinen ökonomisch realistisch.

Nachdem hinreichende Bedingungen für die Existenz angegeben wurden, stellt sich die Frage, unter welchen Voraussetzungen das Wachstumsgleichgewicht eindeutig bestimmt ist. Die Bedingungen i) bzw. ii) gewährleisten nicht die Eindeutigkeit, wie Beispiele zeigen. Jedoch gilt:

<u>Satz 2:</u>

A erfülle die Hawkins-Simon-Bedingung. Wenn (A+B) unzerlegbar ist, dann existiert genau eine gleichgewichtige Wachstumsrate $\bar{\lambda}$ und genau ein zugeordneter (normierter) strikt positiver gleichgewichtiger Outputvektor $\bar{x}$.

Da sich die Koeffizienten von A und B im Zeitablauf ändern können, interessiert die Frage, ob die Wachstumsgleichgewichte stetig von den Input- und Kapitalkoeffizienten abhängen. Dies ist i.allg. nicht der Fall. Jedoch kann mit Hilfe eines Satzes aus der Perturbationstheorie für Eigenwertprobleme gezeigt werden, daß unter den Eindeutigkeitsvoraussetzungen das Wachstumsgleichgewicht sogar differenzierbar von den Matrixkoeffizienten abhängt.

<u>Satz 3:</u> Unter den Eindeutigkeitsvoraussetzungen gilt:

a) $\bar{\lambda}$ ist eine differenzierbare, streng monoton fallende Funktion der Matrixkoeffizienten a_{ij}, b_{ij}.

b) $\bar{x}$ ist differenzierbar nach den Koeffizienten a_{ij}, b_{ij}.

Literatur:

LANCASTER, P.: Theory of Matrices. New York-London 1969.

LEONTIEF, W.: Input-Output Economics. New York 1966.

SCHUMANN, J.: Input-Output-Analyse. Berlin-Heidelberg-New York 1968.

TURNOVSKY, S.J.: Turnpike Theorems and Efficient Economic Growth. In: Burmeister, E. and A.R. Dobell: Mathematical Theories of Economic Growth. London-Toronto 1970.

Militär

Erfahrungen mit Operations Research für die Rüstung der Armee

H. Hoz, Bern

1. Einleitung

OR-Probleme der Rüstung sind vorwiegend solche der Kostenwirksamkeit. Der Vortrag sei auf 5 kritische Probleme beschränkt:

- Auswahl des Wirkungs-Kriteriums,
- Berechnungsmethode der Wirkung,
- welche Kosten werden berücksichtigt,
- unterschiedliche Lebensdauer von Systemen,
- qualitative Aspekte.

Eine häufige Fragestellung ist:

Gegeben sei ein bestimmter Aufwand (eine verlangte Wirkung).

Gesucht werde die grösste militärische Wirkung (der kleinste Aufwand).

Eine derartige Fragestellung findet man bei der Evaluation

- des besten Bewerbers bei Beschaffungen,
- der besten Konzeption bei Entwicklungen → optimales Pflichtenheft,
- des optimalen Einsatzverfahrens bei eingeführten Systemen.

Abbildung 1 erläutert die Aussage der Kostenwirksamkeit.

- $N > 0 \rightarrow A > A_{min}$: Aufwandschwelle.
- Mit wachsendem Aufwand nähert sich die Wirksamkeit N einem Endwert (z.B. keine Ziele mehr).
- Es existiert für jedes System ein Maximum für N/A, doch ist dieser Wert für sich allein kein Auswahlkriterium.
- Bei gegebenem Aufwand (Wirkung) zeigt das Diagramm das wirksamere (billigere) System.
- Die sensitiven Aufwandbereiche werden sichtbar.
- Aenderungen im Feindbild oder Taktik ändern N = N(A).

Die Kostenwirksamkeit ist nicht eine Zahl, sondern eine Funktion zahlreicher Einflussgrössen.

2. Das Wirksamkeits-Kriterium

Voraussetzung für die Kostenwirksamkeits-Untersuchung ist die mathematische Definition des Wirkungs-Kriteriums, das der militärischen Absicht, bzw. Zielsetzung gerecht wird. An dieser Grenzfläche zwischen Technik und Taktik entzünden sich erfahrungsgemäss Schwierigkeiten, deren Charakter illustriert werden soll: Abbildung 2.

Mit gegebenem Aufwand sei eine Panzer-Aufgabe zu lösen. Da auf dem Marsch vom Bereitschaftsraum zum Kampfraum das Flugzeug als der Hauptfeind auftritt, seien dem Verband Flab-Panzer beigemischt. Gesucht sei die optimale Mischung.

Die Gerade t = 0 teilt den konstanten Aufwand in Panzer und Flab-Panzer = Anfangszustand. Diese werde durch Z_0 Flugzeuge unter bestimmten Randbedingungen angegriffen. Die zur Zeit t überlebenden Panzer bilden die t-Kurven. Links des Maximums ist der Anfangsbestand an Flab-Panzern zu klein, rechts davon zu hoch. Das Maximum wandert mit zunehmender Zeit nach rechts.

Das übliche Wirkungs-Kriterium für Flab-Waffen wäre:

> Anzahl der, in einer bestimmten Zeit bei gegebenen Randbedingungen abgeschossenen Flugzeuge.

Da offensichtlich die Flugzeug-Verluste mit der Anzahl Flab-Panzer steigen, führt die konsequente Anwendung dieses Kriteriums zum "Nur-Flab-Panzer"-Verband ohne Panzer. Die Panzer-Aufgabe wird unlösbar.

Ein zweckmässiges Kriterium

> Anzahl einsatzbereiter Panzer zur Zeit t bei gegebenen Randbedingungen.

Da konstanter Aufwand vorausgesetzt wird, entspricht die Ordinate bei diesem Kriterium der Kostenwirksamkeit. Die optimale Lösung hängt aber von der Kriegszeit ab; der General muss sich Rechenschaft darüber geben, ob er zu Kriegsbeginn oder später die grösstmögliche Anzahl einsatzbereiter Panzer haben will. Ist es der Kriegsbeginn, kann der artreine Panzer-Verband die beste Lösung sein.

Kann die Kampfmoral der Panzer-Besatzungen keine brennende Panzer ertragen, so müssten die Panzer-Verluste minimalisiert werden. Allein taugt dieses Kriterium nichts, weil es wieder zum "Nur-Flab-Panzer"-Verband führt, doch als Nebenbedingung ist es zweckmässig.

- Anzahl einsatzbereiter Panzer zur Zeit t bei gegebenen Randbedingungen, wobei je Panzer-Einsatz die Verluste unter x % bleiben müssen.

Mit Absicht wurde ein krasses Beispiel vorgetragen. In der Praxis sind die Probleme nicht immer so offensichtlich. Eine frühzeitige und intensive Diskussion zwischen Offizier und Analytiker ist not-

wendig, denn der Taktiker ist sich der Konsequenzen seiner "Absicht" oft nicht bewusst, wenn diese mit mathematischer Strenge in ein Bewertung-Kriterium verwandelt wird.
Ferner sichert diese Diskussion die gleichsinnige Deutung der Kostenwirksamkeits-Ergebnisse.

3. Berechnung der Wirkung

Die "funktionelle"* Methode beschreibt den Prozess zur Erzielung einer Wirkung durch geeignete mathematische Gleichungen (Abbildung 3, Beispiel eines Teilprozesses).

Zusammen mit den Randbedingungen ergeben sich - meist stochastische - mathematische Modelle, die mit Simulation, analytischen oder kombinierten Verfahren ausgewertet werden (Abbildung 4).
Der grosse Vorteil ist die dem Verfahren inherente korrekte Gewichtung und Gütebewertung aller Teilprozesse, aber es müssen die mathematischen Beziehungen - physikalischer oder anderer Art - genügend bekannt sein.

Die immer wieder vorgeschlagene "Strukturbaum"*-Methode verzichtet auf die mathematischen Zusammenhänge und teilt das System in Bewertungselemente verschiedener Stufen auf (Abbildung 5). Jedes Element wird bezüglich Wichtigkeit im Prozess mit einem "Gewicht", bezüglich Funktionsgüte mit einer "Note" bewertet, die mit einem Mittelbildungsverfahren zur Gesamtnote kombiniert werden.

Zur quantitativen Bewertung von Waffensystemen ist der "Strukturbaum" abzulehnen, weil

- nach Abbildung 6 die Rangfolge der Alternativen vom Mittelbildungsverfahren abhängen kann,
- nach Abbildung 7 die Sensitivitätsanalysen mehr das Mittelbildungsverfahren als das System testen!

Es gibt kein Verfahren, um das "richtige" Mittelbildungsverfahren zu finden. Das Argument, dieses sei als "Spielregel" zu akzeptieren, ist unannehmbar, denn es geht ja nicht um ein Spiel, sondern man will das kostenwirksamste System unter bestmöglicher Berücksichtigung der Kriegswirklichkeit bestimmen.

* "funktionelle" Methode und "Strukturbaum"-Methode sind GRD-Bezeichnungen

4. Aufwand

Den Aufwand über der Zeit erhält man durch Aufsummieren der Beschaffungskosten und der Betriebsausgaben im Frieden (Abbildung 8). Betriebskosten im Krieg werden - im Gegensatz zu andern Ländern - nicht gerechnet, denn

- Geräte, Ersatzteile, Munition, Betriebsstoffe werden mit den Mitteln der jährlichen Friedensbudgets gekauft,
- es gilt die Friedensbudgets zu optimieren; es zählt die effektive Ausgabenbilanz (deshalb auch keine Diskontierung),
- im Krieg gelten andere ökonomische Kriterien,
- mit einer finanziellen Aktivierung von Restbeständen wird nicht gerechnet,
- eine Aufstockung erlittener Verluste mit dem gleichen Typ kommt für die Schweiz kaum vor.

Die Kosten gelten für die Bestimmung der Kostenwirksamkeit als sofort abgeschrieben.

5. Verschiedene System-Lebensdauer

Die bei einem Kriegsausbruch zur Zeit t erzielbare (potentielle) Wirkung kann sich ändern, z.B. infolge Aenderung der feindlichen Abwehr. Je länger die Zeit, über die ein System eine potentielle Wirkung erzielen kann, desto grösser ist seine Dissuasions-Wirkung. Da es gerade das Ziel unserer Landesverteidigung ist, einen Gegner von einem Angriff abzuhalten, ist die kostengewogene Dissuasionswirkung eine geeignete Definition einer umfassenden Kostenwirksamkeit.

$$KW_D = \frac{\int_0^t N(t)\,dt}{\int_0^t (\dot{A}_B + \dot{A}_U)\,dt} = \frac{N_D}{A},$$

wobei $N(t) \geqslant N_{min} \geqslant 0$, d.h. die Wirkung darf einen minimalen Wert nicht unterschreiten.

Die KW_D sagt aus: Damit ein Gegner mit einer Wirkung N(t) bei einem Angriff in der Zeitspanne 0 ÷ t rechnen muss, ist der Aufwand A zu leisten (Abbildung 9).

Diese Definition erlaubt die Berücksichtigung der Logistikkosten und den Vergleich von Systemen verschiedener Lebensdauer (Abbildung 10):

- Systeme I und II haben gleichen Beschaffungsaufwand, ähnlichen Unterhaltsaufwand.

- Der Nutzen von II sei grösser, seine Lebensdauer kleiner.
- Je nachdem ein Krieg früher oder später ausbricht ist I oder II besser.
- Zieht man auch noch ein Anschluss-System III in Betracht, dann besteht die Alternative I gegen II + III.
- Wenn $KW_{AI}(t) > KW_{AII+III}(t)$,
  und $N_{AI}(t) < N_{AII+III}(t)$, $A_I(t) < A_{II+III}(t)$,
  dann lohnt sich für System I gleich viel wie für II + III auszugeben: $A_I(t) = A_{II+III}(t)$
  und gewinnt dafür: $N_{AI}(t) > N_{AII+III}$.
  Das gilt solange N proportional A gesetzt werden kann.
  Wenn nicht, so muss für die Vergleichszeit t untersucht werden, ob $N_{AI}(t) \gtrless N_{AII+III}(t)$ für $A_I(t) = A_{II+III}$
  oder $A_I(t) \gtrless A_{II+III}(t)$ für $N_{AI}(t) = N_{AII+III}(t)$.

Beide Ergebnisse liefern für sich das Auswahlkriterium nach dem Prinzip der Kostenwirksamkeit.

6. Quantitative Aspekte

Bei einer Evaluation sind nicht alle Kriterien quantifizierbar. Trotzdem müssen sie vom Entscheidungsträger berücksichtigt werden. Ein zweckmässiges Vorgehen sei mit den Abbildungen 11 und 12 vorgestellt:
Alle quantifizierbaren Kriterien werden in der Kostenwirksamkeit zusammengefasst. Das Ergebnis führt zur quantitativen Rangliste der Bewerber.
Die nicht quantitativen Kriterien werden mit den Entscheidungsträgern auf ein Minimum reduziert. Für jedes dieser Kriterien wird eine unabhängige Rangliste der 3 bis 4 besten Bewerber erarbeitet. Alle Ranglisten werden in einer Matrix nach Abbildung 12 kombiniert und diese dem Entscheidungsträger vorgelegt. Der für den volkswirtschaftlichen Aspekt Verantwortliche sieht dann augenfällig, dass der von seinem Standpunkt aus beste Bewerber bezüglich Kostenwirksamkeit nur 17% des Bestmöglichen leistet. Ob er trotzdem bei "seinem" Bewerber bleibt ist seine ureigenste Verantwortung, die ihm der Analytiker nicht abnehmen kann, denn es gibt kein Verfahren, das einen logischen und zahlenmässigen Zusammenhang zwischen quantifizierbaren und nicht-quantifizierbaren Kriterien konstruieren kann.

FUNKTIONELLE METHODE Kostenwirksamkeit

Math. Modell, das auf den physikalischen Zusammenhängen beruht.

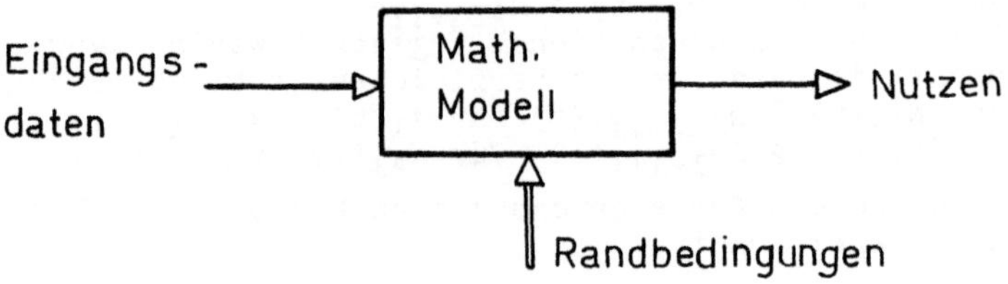

Sonderfall: Nutzen in f(Kosten) → CE

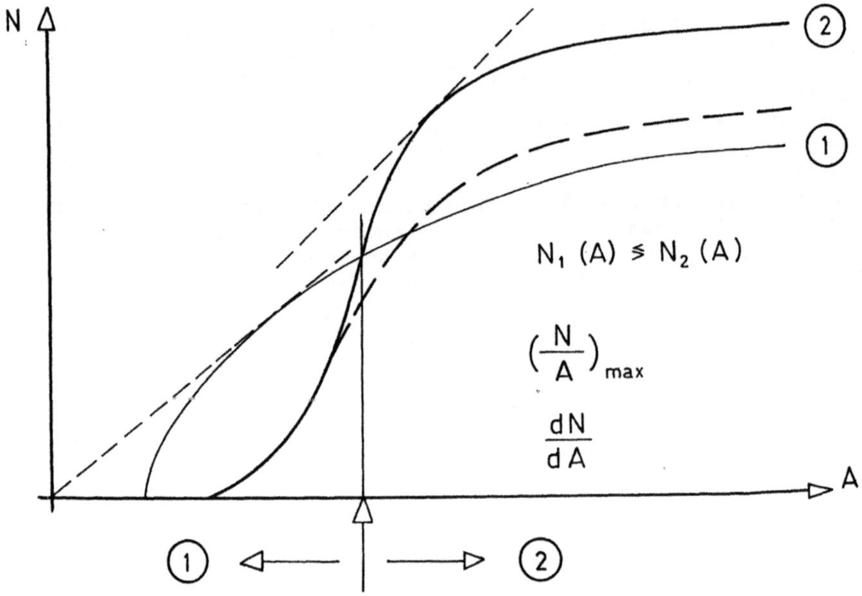

ABBILDUNG 1

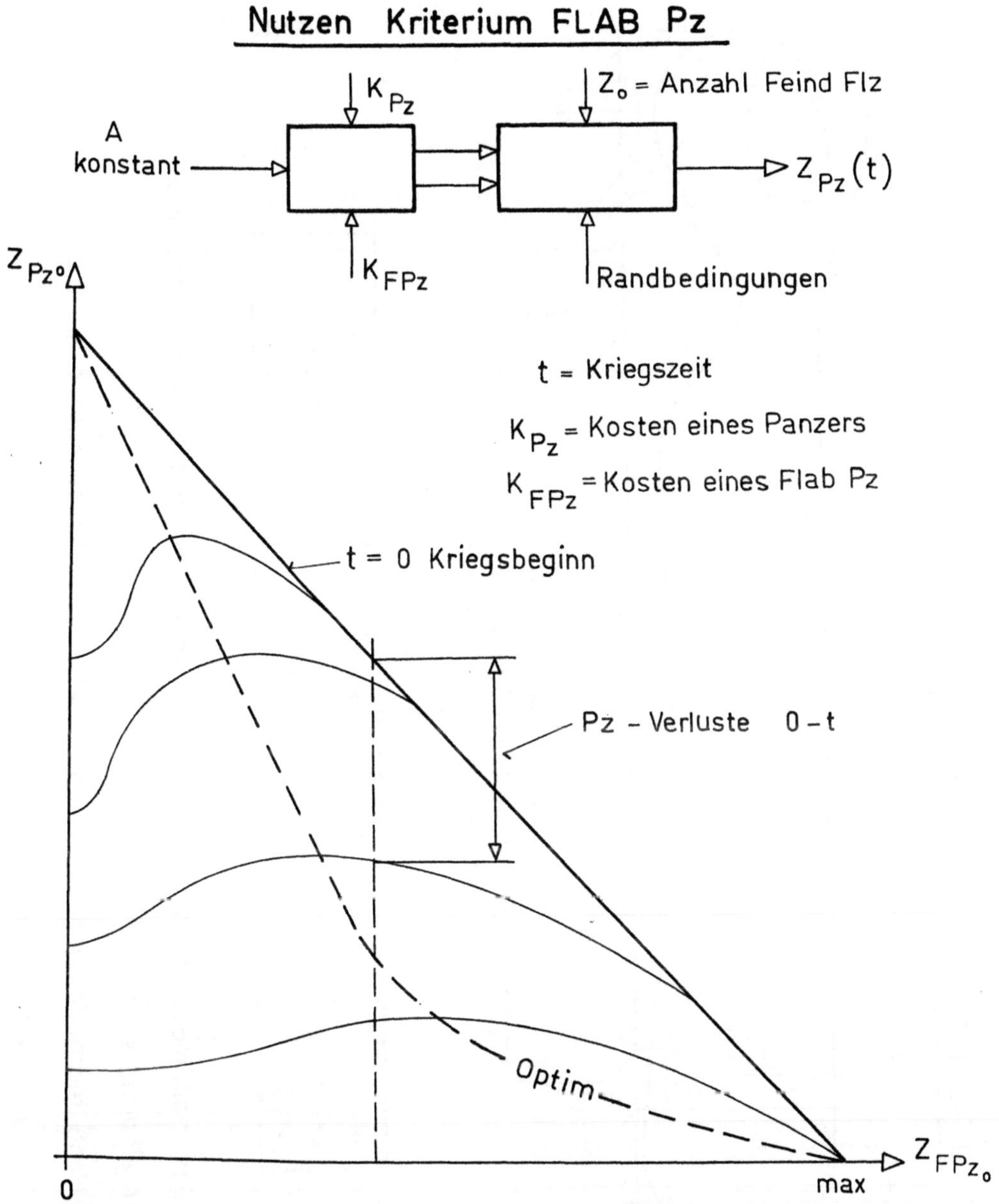
Nutzen Kriterium FLAB Pz
A
konstant
K Pz
K FPz
Z₀ = Anzahl Feind Flz
Z Pz (t)
Randbedingungen
Z Pz°
t = Kriegszeit
K Pz = Kosten eines Panzers
K FPz = Kosten eines Flab Pz
t = 0 Kriegsbeginn
Pz - Verluste 0 - t
Optim
0
max
Z FPz₀

ABBILDUNG 2

Beispiel 1. Stufe einer Systemanalyse

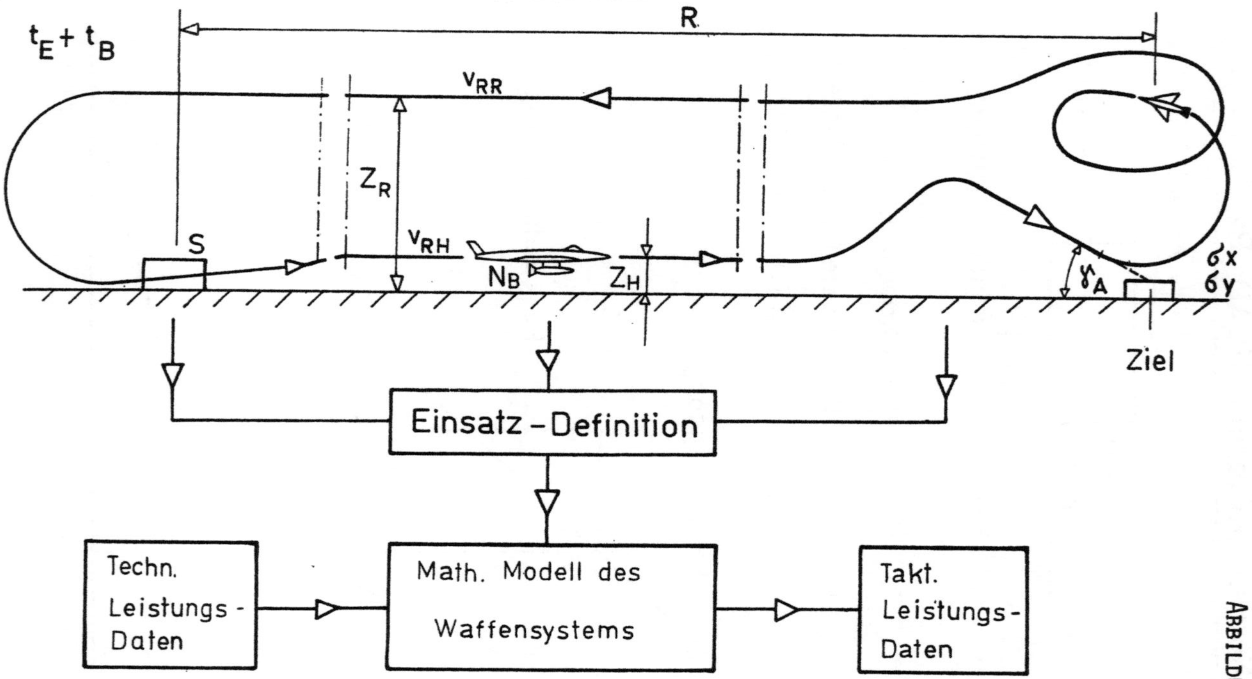

ABBILDUNG 3

Das math. Modell repräsentiert die technische Funktion des Waffensystems in Form mathematischer Gleichungen.

Wenn techn. Eingangsdaten und Einsatz - Definition gegeben, dann sind die takt. Leistungsdaten als Resultat festgelegt.

ABBILDUNG 4

Math. Modell des Kriegseinsatzes eines Waffensystems

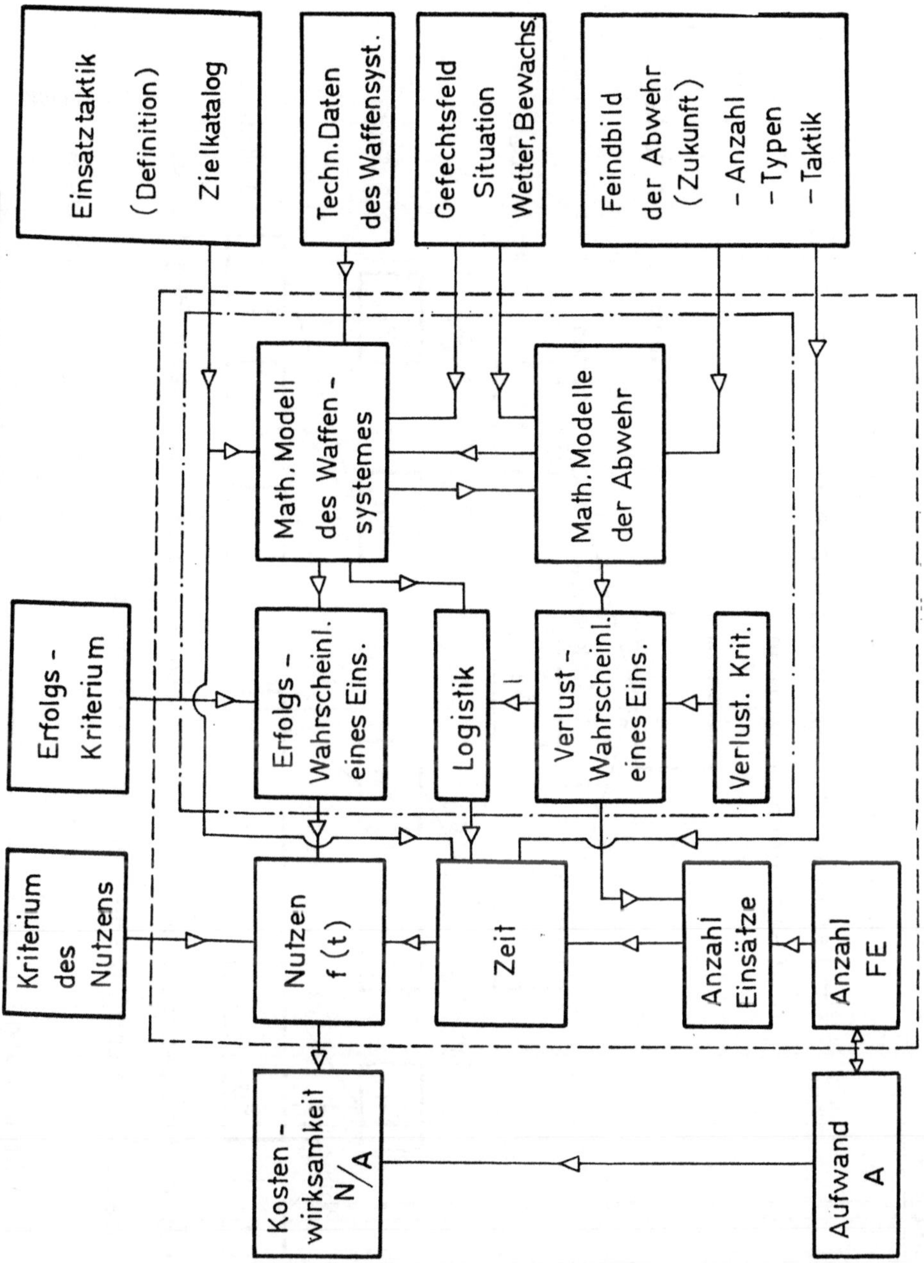

Strukturbaum

– Definition des Gütekriteriums

(Verwendungszweck, math. Formulierug)

– Vergleich bezüglich Gütekriterium

(Berechnung einer Note)

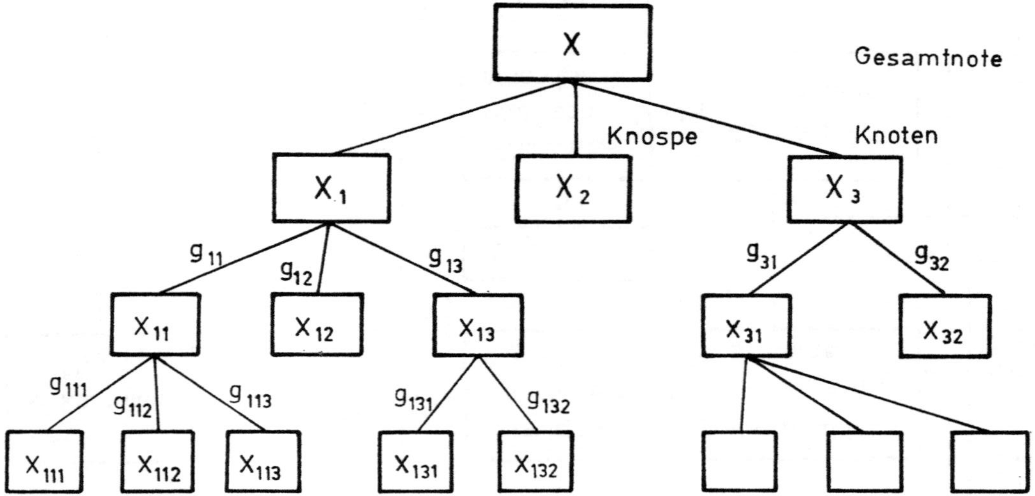

Knoten und Knospen gleicher Stufe sind sich gegenseitig ausschliessende Begriffe. Sie beschreiben den Begriff des gemeinsamen Knotens vollständig.

Mittelbildung:

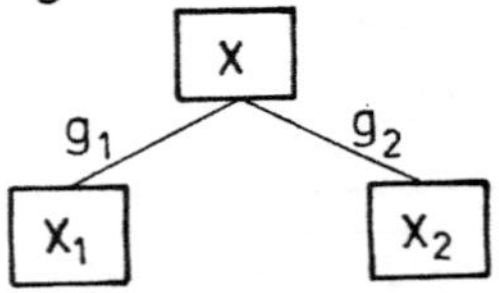

$$x = \frac{g_1\ x_1 + g_2\ x_2}{g_1 + g_2}$$ arithm. Mittel

$$x = (x_1^{g_1}\ x_2^{g_2})^{\frac{1}{g_1+g_2}}$$ geom. Mittel

ABBILDUNG 5

ABBILDUNG 6

Strukturbaum: Rangfolge und Mittelbildung

Einfaches System:

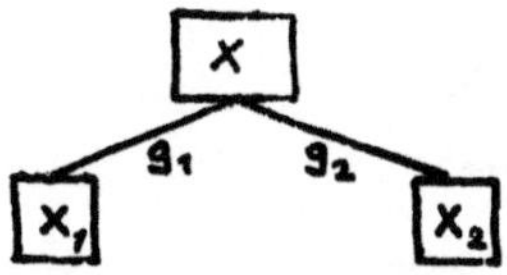

Arithmetisches Mittel: $\bar{X} = \dfrac{g_1 X_1 + g_2 X_2}{g_1 + g_2}$ (AM)

Geometrisches Mittel: $\bar{\bar{X}} = \left[X_1^{g_1} X_2^{g_2}\right]^{\frac{1}{g_1+g_2}}$ (GM)

	X_1	X_2
System A	X	X
System B	$X(1+\alpha+\varepsilon)$	$X(1-\alpha)$

$g_1 = g_2 = 1$; $\alpha > 0$, $\varepsilon > 0$

System A: AM: $\bar{X}_A = \frac{1}{2}(X+X) = X$

GM: $\bar{\bar{X}}_A = (X \cdot X)^{\frac{1}{2}} = X$

System B: AM: $\bar{X}_B = \frac{1}{2} X \left[1+\alpha+\varepsilon+1-\alpha\right] = X\left(1+\frac{\varepsilon}{2}\right)$

GM: $\bar{\bar{X}}_B = X\left[(1+\alpha+\varepsilon)(1-\alpha)\right]^{\frac{1}{2}} = X\left[1+\varepsilon(1-\alpha)-\alpha^2\right]^{\frac{1}{2}}$

I $\quad \varepsilon > \dfrac{\alpha^2}{1-\alpha} \Rightarrow \bar{\bar{X}}_B > \bar{\bar{X}}_A, \quad \bar{X}_B > \bar{X}_A$

II $\quad \varepsilon = \dfrac{\alpha^2}{1-\alpha} \Rightarrow \bar{\bar{X}}_B = \bar{\bar{X}}_A, \quad \bar{X}_B > \bar{X}_A$

III $\quad \varepsilon < \dfrac{\alpha^2}{1-\alpha} \Rightarrow \bar{\bar{X}}_B < \bar{\bar{X}}_A, \quad \bar{X}_B > \bar{X}_A$

- Im Fall III ist System B besser als A, wenn AM
  B schlechter als A, wenn GM
- Oder: Die modifizierte Auslegung B wird besser als die Originalauslegung A beurteilt, wenn AM verwendet wird, schlechter (Fall III), wenn GM verwendet wird?!

ABBILDUNG 7

Strukturbaum: Sensitivität und Mittelbildung

AM: $$\bar{x} = \frac{\sum_i g_i x_i}{\sum_i g_i}$$

Einflussgrösse: $$\frac{\partial \bar{x}}{\partial x_i} = \frac{g_i}{\sum_i g_i} \neq f(x_i)$$

GM: $$\bar{\bar{x}} = \left[\prod_i \left(x_i^{g_i}\right)\right]^{\frac{1}{\sum_i g_i}}$$

$$\frac{\partial \bar{\bar{x}}}{\partial x_i} = \frac{1}{\sum_i g_i} \left[\prod_i \left(x_i^{g_i}\right)\right]^{\frac{1}{\sum_i g_i} - 1} \left(x_1^{g_1} \cdot x_2^{g_2} \cdots x_{i-1}^{g_{i-1}} \cdot g_i\, x^{g_i - 1} \cdot x_{i+1}^{g_{i+1}} \cdots\right)$$

$$= \frac{g_i}{\sum_i g_i} \left[\prod_i \left(x_i^{g_i}\right)\right]^{\frac{1}{\sum_i g_i}} \frac{\left(x_1^{g_1} \cdot x_2^{g_2} \cdots x_i^{g_i} \cdots\right)}{x_i \left(x_1^{g_1} \cdot x_2^{g_2} \cdots x_i^{g_i} \cdots\right)}$$

$$\boxed{\frac{\partial \bar{\bar{x}}}{\partial x_i} = \frac{g_i}{\sum_i g_i} \cdot \frac{\bar{\bar{x}}}{x_i} = \frac{\partial \bar{x}}{\partial x_i} \cdot \frac{\bar{\bar{x}}}{x_i} = f(x_i)}$$

Ein vernünftiger Sensitivitäts-Test sollte nur vom System (Gewichtung, Noten) abhängen ⇒ Mittelbildungsverfahren unabhängig sein.
Tatsächlich testet man das Mittelbildungs-Verfahren statt dem System!

ABBILDUNG 8

Aufwand: $A = A_B + A_U$, $A_U = A_U(t)$

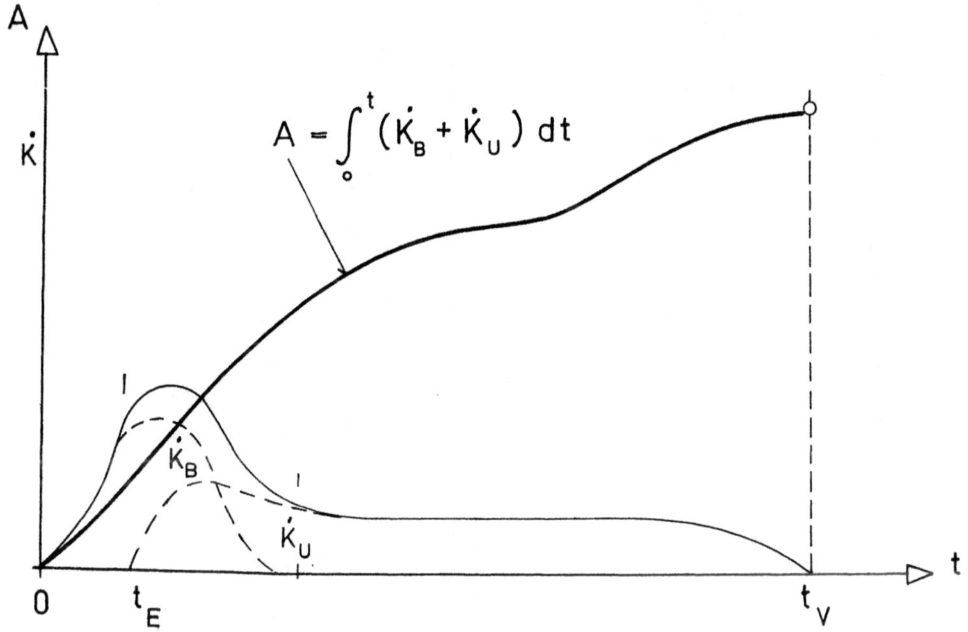

$\dot{K}_B$ = Kostenrate während Beschaffung

$\dot{K}_U$ = Kostenrate für Unterhalt (Kosten / Monat)

A = aufsummierte Gesamtkosten

ABBILDUNG 9

NUTZEN N, AUFWAND A, ABSCHRECKWERT N_A ÜBER DER ZEIT

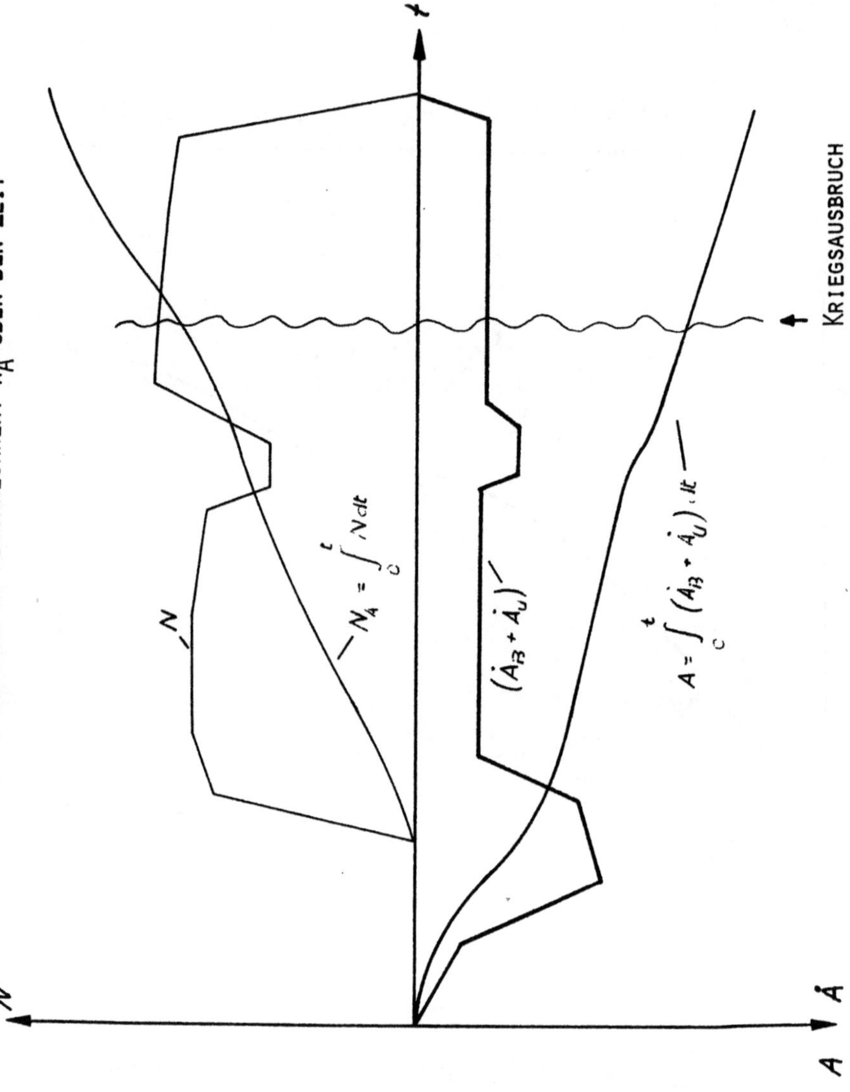

VERGLEICH VON SYSTEMEN VERSCHIEDENER LEBENSDAUER ABBILDUNG 10

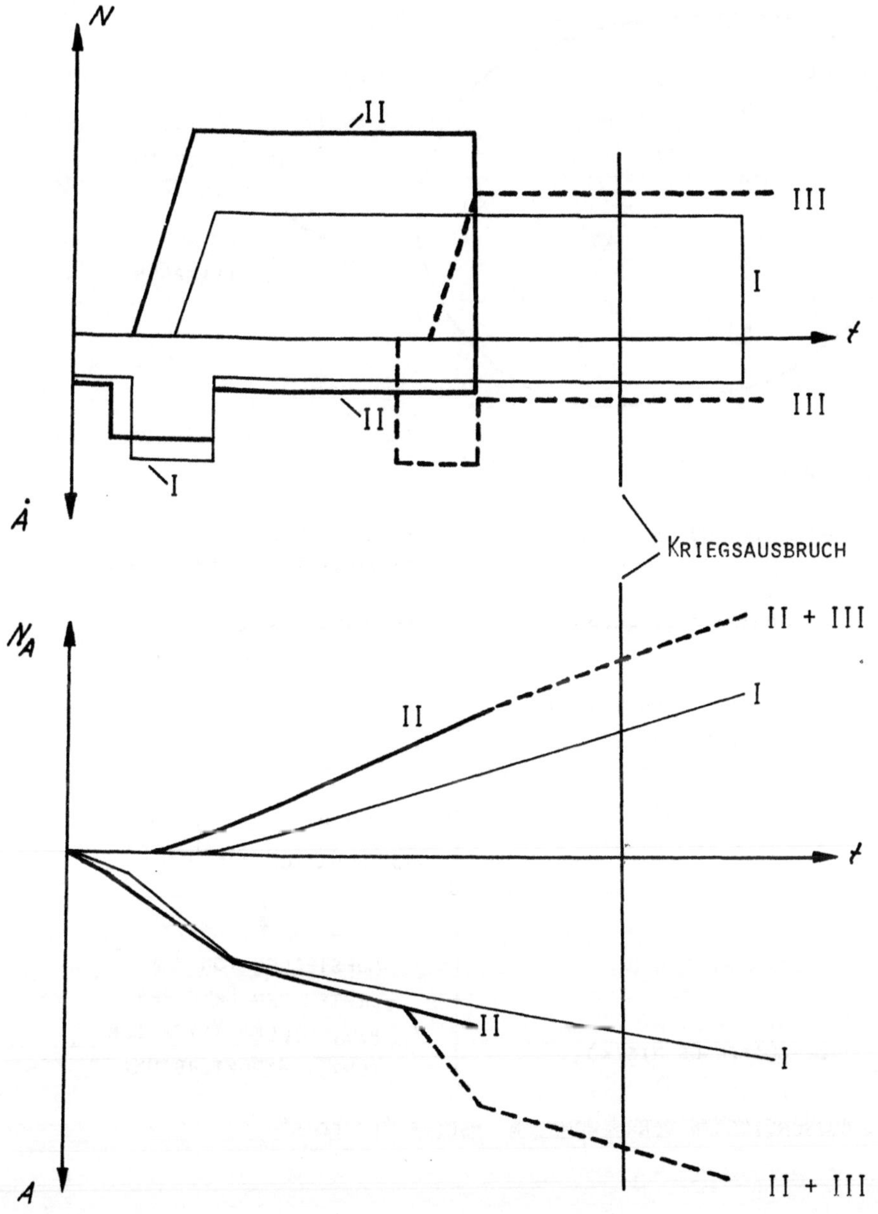

GEMISCHTE E-METHODEN

ABBILDUNG 11

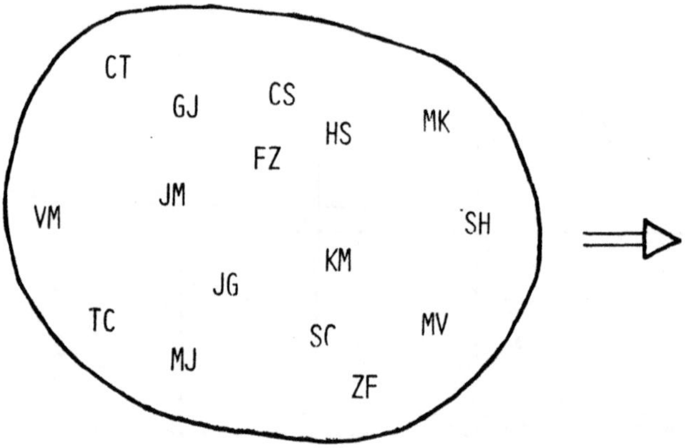

DER BESTE AUS
?
16 BEWERBERN

VORGEHEN:

1 QUANTIFIZIERBARE KRITERIEN → MATH. MODELLE
→ QUANTITATIVE RANGLISTE

2. NICHT QUANTIFIZIERBARE KRITERIEN → STRUKTURBÄUME
→ QUALITATIVE RANGLISTEN

AUFSTELLEN N Q KRITERIEN
- POLITISCHE ASPEKTE
- VOLKSWIRTSCHAFTLICHE ASPEKTE
- EINFÜHRUNGSZEIT
-
-
-
-
-
-
- BESCHAFFUNGS-RISIKO

~ MIT HILFE DER E-TRÄGER REDUKTION AUF 5 - 6

↓

AUFSTELLEN VON RANGLISTEN DER BEWERBER BEZ. DIESER KRITERIEN (EVTL. STRUKTURBAUM)

3. AUSSCHLIESSEN VON BEWERBERN INFOLGE "NO GO'S"

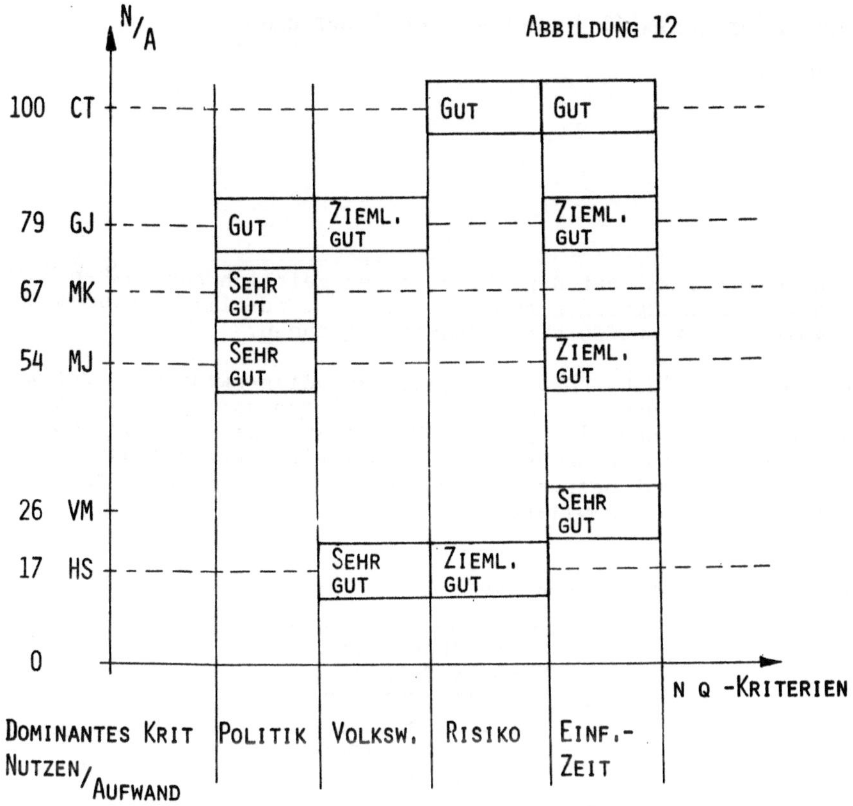

- E-TRÄGER SOLL "SEINEN" ASPEKT ANALYSIERT HABEN
- ABER ER SOLL WISSEN, WAS SEIN "HOBBY" KOSTET
- DER E-TRÄGER SELBST SOLL DIE GESAMTWERTUNG MACHEN

- BEURTEILUNGSASPEKTE REDUZIEREN!
- "POSITIV" (ODER/UND "NEGATIV") QUALIFIZIEREN

MIT DIESEN PRINZIPIEN SIND VIELE VARIANTEN MÖGLICH.
VERFAHREN ANPASSEN

Simulationsmodell für Raumschutz mit Flugzeugen

P. Müller, Bern

Das Modell simuliert den Ablauf eines zeitlich begrenzten Einsatzes von Jagdflugzeugen zum Schutze eines bestimmten Raumes gegen gegnerische Angriffe mit Erdkampfflugzeugen.

Das Modell erlaubt sowohl Vergleichsstudien zwischen verschiedenen Flugzeugtypen, als auch die Evaluation von optimalen Einsatzarten unter einer Vielzahl von Randbedingungen. Zusätzlich kann das Modell dazu verwendet werden, die Wirkungen der Radar- und Führungseinrichtungen zu untersuchen und die entsprechenden Anforderungen zu formulieren.

Genereller Simulationsablauf

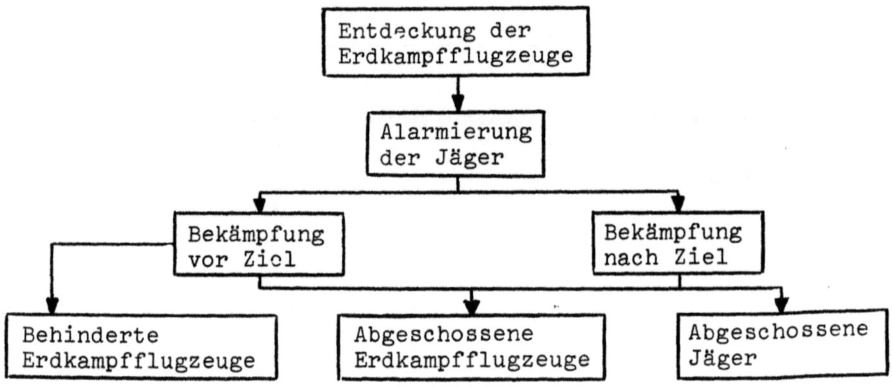

Die Entdeckung kann auf verschiedene rein visuelle Arten oder mit Radar erfolgen, sowohl vom Boden aus, wie auch aus der Luft.

Die Jäger werden über Funk oder Datalink alarmiert und gegebenenfalls geführt.

Der Ausgang einer Bekämpfung wird anhand eines selbständigen Luftkampfmodells bestimmt, welches Pilotenlogik und Flugmechanik wirklichkeitsnahe berücksichtigt.

Modellaufbau

Das Raumschutzmodell stützt sich auf verschiedene Untermodelle mit unterschiedlichem Aufbau. Aus Rechenzeitgründen wurde die Simulation nur angewendet, wenn kein analytischer Ansatz zulässig war. Jedes Untermodell liefert eine Wahrscheinlichkeitsverteilung. Mit Hilfe von Zufallszahlen wird im Hauptprogramm das jeweils eintreffende Ereignis bestimmt.

Jede Raumschutz-Simulation wird so oft mit neuen Zufallszahlen wiederholt, bis es mindestens 100 Ereignispunkte gibt, d.h. mindestens 100 Begegnungen zwischen gegnerischen Einzelflugzeugen oder Flugzeugverbänden. Die Wahl von 100 Ereignispunkten liefert statistisch gute Resultate.

Auswertungen

Durch Variation der Randbedingungen in einem weiten Spektrum kann die Wirksamkeit des Raumschutzes unter allen erdenklichen Einsatzmöglichkeiten beider Flotten untersucht werden. Von besonderem Interesse sind vor allem Untersuchungen bezüglich:

- Geometrie des Raumschutz-Dispositivs
- Einsatzzeiten
- Verbandsgrössen
- Geschwindigkeiten
- Bewaffnung
- Logistik
- Führungseinrichtungen

Simulationsmodell der visuellen Entdeckung von Flugzeugen im Verband

K.P. Strüby, Zürich

Problemstellung

Ausgehend von dem im Luftkampfsimulationsmodell AVUS [2),3)] eingebauten Sichtungsmodell für Einzelflugzeuge, soll die gegenseitige, visuelle Sichtung von sich begegnenden, ungeführten Flugzeugverbänden simuliert werden.

VIFO Konzeptübersicht (Fig.1)

VIFO ist ein in FORTRAN IV geschriebenes Modell. VIFO simuliert gemäss Problemstellung
- die zufällige Begegnung zwischen ungeführten Flugzeugverbänden,
- den Sichtungsprozess der einzelnen Piloten im Verband

und berechnet
- die Häufigkeit von visuellen Entdeckungen gegnerischer Flugzeuge unter der Voraussetzung, dass Begegnungen stattfinden.

Input VIFO
- Beobachtungsstrategie
- Cockpitbegrenzung
- Flugzeugdaten
- Formationen
- Geschwindigkeiten
- Sichtdistanz max.
- Sichtungskonstanten
- Anzahl Spiele, t_{max}, Δt
- Verbandsgrössen

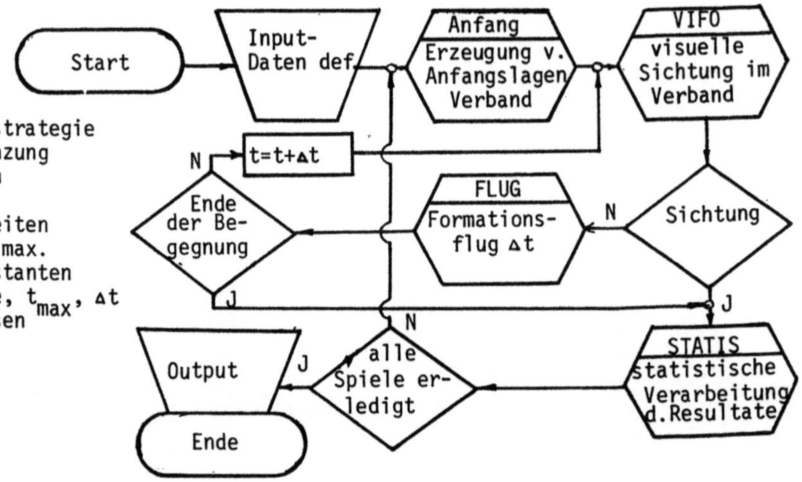

Sei $\gamma(t)$ die momentane Entdeckungswahrscheinlichkeit eines einzelnen Beobachters im Verband (RIGI-Versuche [1])

S_k eine geeignete Aufteilung des Beobachtungsbereiches S eines Verbandsmitgliedes in k = 1,2,...n Sektoren

h_{S_k} Beobachtungshäufigkeiten in S_k (Strategie)

$P_{S_k}(t)$ momentane Wahrscheinlichkeit für Beobachtung in einem Sektor S_k

Unter Berücksichtigung der h_{S_k} wird in jedem Zeitschritt Δt für jeden Beobachter ein Sektor $m \leq n$ zufällig bestimmt, so dass

$$P_{S_k}(t) = \begin{cases} 1 & \text{für } k = m \\ 0 & \text{für } k \neq m \end{cases}$$

Die momentane Entdeckungswahrscheinlichkeit eines gegnerischen Flugzeuges, das sich zur Zeit t im Beobachtungssektor k befindet, ist

$$\eta_1(t) = \sum_{k=1}^{n} \gamma(t) \cdot P_{S_k}(t) \qquad \text{(a)}$$

Analog schreibt sich die momentane Entdeckungswahrscheinlichkeit für i gegnerische Flugzeuge für einen Beobachter als

$$\eta_{tot}(t) = 1 - \prod_{\forall i} (1 - \eta_i(t)) \qquad \text{(b)}$$

mit i = max. Anzahl gegnerische Flugzeuge, die entdeckt werden können.

Mit im Intervall 0, 1 uniform verteilten Zufallszahlen ϑ wird bestimmt, ob zur Zeit t Sichtung eingetreten ist oder nicht:

$$\eta_{tot}(t) - \vartheta \begin{cases} > 0 & \text{Sichtung eingetreten} \\ < 0 & \text{keine Sichtung} \end{cases}$$

Ist zur Zeit t Sichtung eingetreten, so gibt (b) keine Auskunft über die effektiv entdeckte Anzahl gegnerischer Flugzeuge, auch nicht darüber, welche und wieviele Verbandsmitglieder entdeckt haben.
Im Zusammenhang mit der Anwendung des Modells in Luftkampfsimulationsmodellen wird bei eingetretener Sichtung für einen Piloten angenommen, dass der ganze Verband entdeckt habe und ein Angriff eingeleitet werden kann.
Hat zur Zeit t kein Pilot entdeckt, so werden im Modul FLUG für sämtliche Flugzeuge gemäss ihrer Formation im Verband und Flugrichtung, die um Δt veränderten Koordinaten bestimmt. Mit den neuen geometrischen Verhältnissen werden die Sichtverhältnisse geprüft und die momentanen Entdeckungswahrscheinlichkeiten berechnet, solange, bis eine Abbruchbedingung für eine Begegnung eintritt.

Literaturverzeichnis

1) Glanzmann, W.
Die Entdeckungswahrscheinlichkeit von Flugzeugen unter visueller Beobachtung; Diss. ETH, 1969

2) Kohlas, J.
Simulation von Luftkämpfen; Diss., Juris Verlag, Zürich, 1967

3) Dokumentationen Modelle AVUS1, Band 1a, 1b MOR, GRD 1968
AVUS2, Band I,II MOR, GRD 1971
AVUS3, VIFO MOR, GRD 1972

Visuelle Zielerkennung

H. Grimmer, Bern

Der heutige Stand eines mathematischen Modells für die visuelle Zielerkennung wird beschrieben. Das Modell berücksichtigt die Geometrie der Anordnung und Bewegung von Beobachter und Ziel, den Helligkeitskontrast zwischen Ziel und Hintergrund mit seiner Dämpfung durch die Atmosphäre, die Adaptationshelligkeit des Auges, den Raumwinkel, den das Ziel einnimmt (Zielwinkel), sowie den Winkel zwischen Sehachse und Ziel (Winkelabstand). Das Modell ist auch für die Beobachtung mit Feldstecher oder Fernrohr anwendbar. Es vermeidet willkürliche Ansätze mit Parametern, die aus Feldversuchen für die gerade interessierende Situation bestimmt werden müssen. Vielmehr baut es auf den Kenntnissen der sinnesphysiologischen und atmosphärischen Optik auf, enthält keine freien Parameter und lässt seine Gültigkeitsgrenzen klar erkennen. Der prinzipielle Aufbau des Modells geht aus dem folgenden Blockschema hervor, das sich auf die Sichtung mit blossem Auge beschränkt.

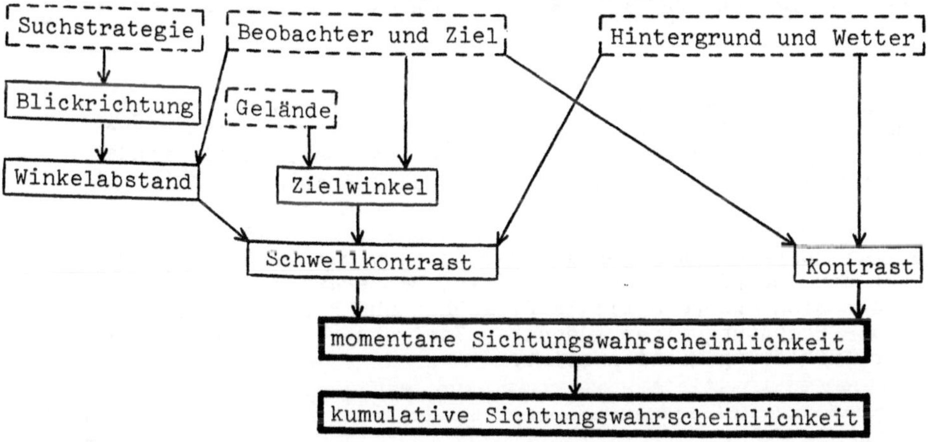

Die gestrichelten Felder bezeichnen die Inputdaten, die fettumrandeten den Output. Pro Sekunde macht das Auge etwa 3 Fixationen. Die Wahrscheinlichkeit, dass ein bisher nicht entdecktes Ziel bei der nächsten Fixation gesichtet wird, heisst momentane Sichtungswahrscheinlichkeit W. Aus den Werten von W ab Beobachtungsbeginn lässt sich die kumulative Sichtungswahrscheinlichkeit P errechnen, dass das Ziel bis zum betrachteten Zeitpunkt entdeckt worden ist. W ergibt sich im wesentlichen aus dem Verhältnis des Ziel - Hintergrund-Konstrasts am Beobachtungsort zum sogenannten Schwellkontrast, für den W = 1/2 ist. Nähere Details werden in [1] gegeben.

Es wird gezeigt, dass das Modell die Resultate schweizerischer Feldversuche zur Luftaufklärung von Bodenzielen gut wiedergibt. Das Modell erlaubt auch, den Erfolg einer Aufklärungsmission in Abhängigkeit von gewähltem Flugweg und Suchstrategie zu diskutieren. Der Pilot habe den Auftrag, Ziele auf einer Achse (Strasse, Bahnlinie, Flusslauf) aufzuklären. Er fliege mit 200 m/s genau über der Achse, die in ebenem Gelände verlaufe. Die folgenden Diagramme geben die kumulative Sichtungswahrscheinlichkeit P in Funktion der Horizontaldistanz X zwischen Ziel und dem sich ihm nähernden Flugzeug.

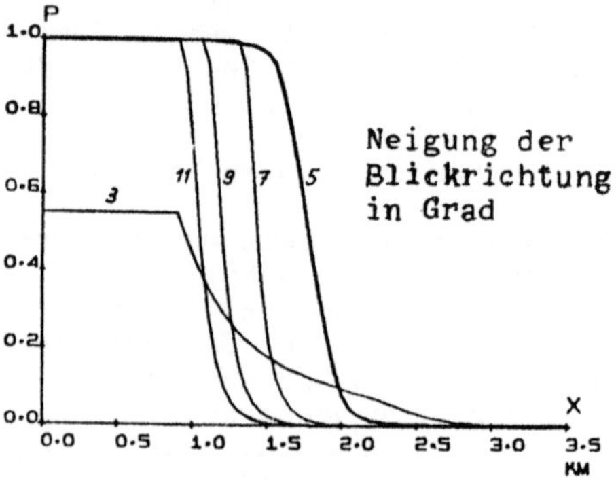

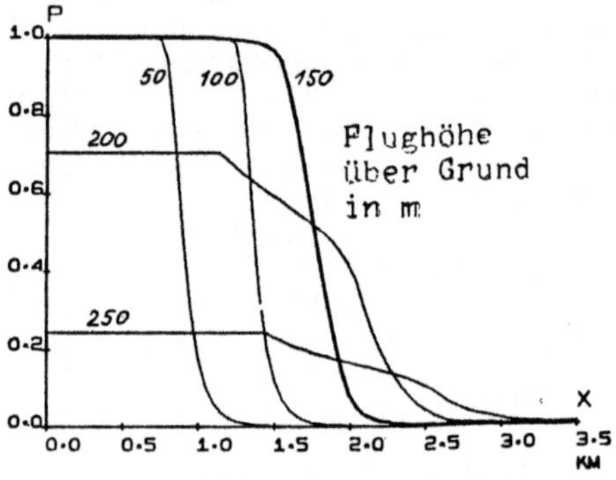

Die Annahmen über Ziel, Hintergrund und Wetter werden in [1] beschrieben. Im linken Diagramm beträgt die Flughöhe 150 m über Grund. Bei geringer Blickneigung gegen die Horizontale findet Sichtung vielleicht früh, vielleicht aber auch gar nicht statt. Im rechten Diagramm beträgt die Blickneigung 5°. Bei grosser Flughöhe erscheint das flach auf dem Boden ausgebreitete Ziel aus grosser Horizontaldistanz weniger verkürzt, verschwindet jedoch früher unter dem Cockpit. Für andere Ziel-, Hintergrund- und Wetterdaten ergäben sich andere optimale Flughöhen und Blickneigungswinkel, was die Bedeutung einer adäquaten Zielvorstellung für den Erfolg einer Aufklärungsmission zeigt.

[1] H. Grimmer, "Visuelle Zielerkennung", Ungekürzte Fassung des Vortrages (wird Interessenten auf Verlangen zugestellt).

OR und EDV

Die praktische Durchführung von OR-Studien

C. de Rham, Bern

1. Wer ist potentieller Benützer von OR-Methoden ?

In diesem Abschnitt sollen kurz die üblichen Charakteristiken von potentiellen OR-Benützer skizziert werden:

- Es handelt sich meistens um mehrere Personen mit veschiedenen Interessen und Kompetenzen
- Sie sind ein Teil einer hierarchisch strukturierten Organisation
- Sie haben wenig oder sogar keine Kenntnisse in OR
- Sie haben viele andere Probleme

Damit der OR-Fachmann sein"Produkt" überhaupt verkaufen kann, muss er den möglichen Kundenkreis und damit die alternativen Verkaufsvorgehen definieren:

- An wen soll ich mich wenden ? (Direktor der Transportbetriebe, EDV-Chef, Studienkolleg, der seit 1 Monat in der Firma ist ?)
- Was ist sein persönliches Interesse an einer Studie? (Wirtschaftlichkeit, Beweis der Unfähigkeit der eigenen Gruppe, persönlicher Erfolg ?)
- Welche Kompetenzen hat er ? (Entscheidung, Kredit, beratend ?)
- Welche Stellen müssen auch noch begrüsst werden ? (EDV-Chef ?)
- Wie wichtig ist diese Angelegenheit für ihn ? (als getrenntes Projekt, als Einzelaufgabe in einem grösseren Rahmen ?)
- Seine Kenntnisse in OR ? (Was kann und soll man ihm erklären und nicht erklären ?)

2. Mit welcher Art von Problemen ist er konfrontiert ?

Es sind immer praktische Probleme, die praktische Lösungen verlangen. Die Probleme lassen sich gut auf 3 Ebenen zuweisen:

Ebene	Strategie	Taktik	Operation
Stufe im Unternehmen	Oberstes Kader Planung	Mittleres Kader Ausführung	Angestellte Betrieb
Beispiel	neues Lager ja/nein	neues Lager Standort	neues Lager Betrieb
Zeithorizont	Jahre	Monate	Wochen
Unsicherheit der Daten	gross	mittel	klein
Komplexität der Problemstellung	gross	mittel	klein

Ausserdem haben die Probleme meistens noch folgende Charakteristiken:

- Viele Daten, d.h. Zeit- und Platzprobleme bei EDV-Anlagen
- Aufgabenstellung ist nicht immer gut definiert
- Die fertige Lösung sollte schon gestern auf den Tisch liegen

aber: Das Problem wird sowieso früher oder später eine konkrete Lösung haben !

3. Was erwartet der Benützer vom OR ?

Der Benützer will RESULTATE, um daraus SCHLUESSE zu ziehen und ENTSCHEIDUNGEN zu treffen. Dazu einige bemerkungen: Die RESULTATE sollen nicht in Funktion des Lösungsweges, sondern in Funktion der Schlüsse dargestellt werden. Hier muss beachtet werden, dass der Manager nicht in langen Zahlenreihen denkt, sondern graphisch und relativ. Diagramme (Plots) und Verhältniszahlen verdaut er am besten.

Es ist meistens sehr gut möglich, selber einige SCHLUSSE aus den Resultaten zu ziehen. Dies entlastet den Benützer von oft mühsamer Arbeit und kann die Zeit für Diskussionen und Variantenrechnungen wesentlich verringern. Sogar alternative ENTSCHEIDUNGEN sollen wenigstens als Beispiel gezeigt werden. (Sensitivitätsanalyse)

4. Welche Methoden haben sich bis heute in der Praxis am besten bewährt ?

Hier sind 3 Kriterien massgebend: TERMINE, KOSTEN und RISIKO

Die Randbedingungen für die Wahl der einen oder andern Methode können die folgenden sein:

1. Die Kenntnisse des OR-Fachmannes als Systemanalyst, damit er komplexe Zusammenhänge überblicken kann, als OR-Spezialist, damit er den Einsatzbereich der verschiedenen Methoden beurteilen kann, und als Programmierer (incl JOB-Control !)

2. Die Daten des Problems. (Menge der Daten, Genauigkeit, Wert als Funktion der Zeit, nicht quantifizierbare Daten)

3 Methoden und Algorithmen. (Anzahl Operation pro Variable, Verhalten bei Fehler oder falschen Grunddaten, Einfachheit und Uebersichtlichkeit der Methode, Eignung zur Bewältigung grosser Datenmengen, Existierende Programme)

4. Zur Verfügung stehende Mittel. (EDV-Anlage, Service, Wartezeit, Kosten der Rechenzeit, Programmiersprachen, Implementierte Standardprogramme)

Es gibt 3 Methoden, die sich trotz den Randbedingungen gemessen an den Kriterien (Termine, Kosten und Risiko) immer wieder bewähren: Die LINEARE PROGRAMMIERUNG, die SIMULATION und die HEURISTISCHEN METHODEN. Die wesentlichen Merkmale dieser Methoden seien in der nachfolgenden Tabelle kurz skizziert:

Randbedingungen	Lineare Prog.	Simulation	Heuristische M.
OR-Fachmann Anforderungen	klein, sollte den Simplex verstehen	Systemanalyse ev. Programmierung	hoch in Systemanalyse und Programmierung
Daten	ev. Probleme wegen Grösse der Matrizen	ungeeignet bei grossen Datenmengen	schnell bei grossen Datenmengen
Methoden, Algorithmen	Simplex und Erweiterungen	Ablaufstrukturen in best. Programmen gegeben	müssen selber entwickelt werden
Mittel	Standardprogramme verfügbar	GPSS,SIMULA,GASP CSMP,MIMIC	FORTRAN,PL/1

5. Wie soll der OR-Fachmann seine Studie führen ?

5.1 Arbeitsteilung mit dem Auftraggeber

Faustregel: Der OR-Fachmann soll das und nur das machen, was er besser machen kann als der Auftraggeber ! Deshalb soll er sich auf die OR Probleme konzentrieren und langwieriges Sammeln von Daten, interne Information über den Stand des Projektes und andere Aktivitäten dieser Art einer Person beim Auftraggeber überlassen. Diese Person ist seitens des Auftraggebers für den reibungslosen Ablauf der Studie verantwortlich.

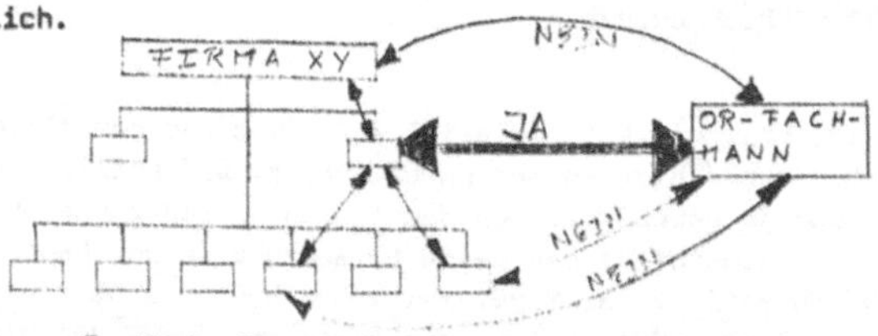

Bewährte Organisationsform für OR-Studien

Diese Lösung hat sich schon in den verschiedensten Projekten bestens bewährt und verhindert, dass der OR-Fachmann teure Zeit verliert, weil er bei Herrn A (glaubt nicht an OR) fragt ob Herr B (weiss nichts vom Projekt) Daten geben könnte, die Herr C (ist nicht mehr in der Firma) gesammelt hatte und wahrscheinlich bei Herrn D (EDV-Leiter, bis am 24. im Militärdienst) auf einem Band gespeichert sind wovon kein Katalog mehr existiert.......

5.2 Termin- und Budget-Kontrolle

Eine der wirksamsten Methoden ist sicher die folgende: Im Vertrag festlegen, dass der OR-Fachmann jeweils per Ende Monat einen kurzen Brief über den Stand der Arbeiten, die Termine und die Kosten an den Auftraggeber schreibt.

5.3 Der Vertrag mit dem Auftraggeber

Basis: Obligationenrecht Art 394-406, Ueber den Auftrag. Obwohl es für einen Auftrag keine Formvorschriften gibt, empfiehlt es sich sehr, schriftlich folgende Punkte zu regeln:

1) Umschreibung des Auftrages (Grundlagen und Daten, deren Form und Verfügbarkeit. Resultate, Umfang, Darstellung, Datenträger, usw. Angewandte Methoden. Detaillierte Beschreibung der einzelnen Arbeitsschritte.

2) Geistiges Eigentum an Grundlagen und Ergebnissen und Geheimhaltepflicht (meistens ausdrücklich zugunsten des Auftraggebers)

3) Ausführungsvorschriften (EDV-Anlage, Programmiersprache, Programmierrichtlinien)

4) Mithilfe Dritter (verboten, erlaubt mit zustimmung des Auftraggebers, frei)

5) Garantien und Haftung des Beauftragten (Erfahrung auf dem bearbeiteten Gebiet, Erfolg und Resultate sollten an die termingerechte Lieferung und die Qualität der Grunddaten gebunden werden)

6) Monatlicher Bericht über den Fortschritt der Arbeiten, die Termine und die Kosten (Ein kurzer Brief genügt !)

7) Kontaktperson beim Auftraggeber (Verantwortlich für die Verbindung zwischen OR-Fachmann und interne Stellen des Auftraggebers und für das Sammeln von Daten beim Auftraggeber)

8) Termine (Möglichst detailliert für die einzelnen Arbeitsschritte, ev. abhängig von Leistungen des Auftraggebers wie das Liefern von Daten, das zur Verfügung stellen der eigenen EDV-Anlage, usw)

9) Kosten (Berechnungsart, Ansätze, ev. Höchstbeträge, Zahlungsbedingungen,

Computerkosten, Spesen, usw)

6. Wie sieht die Zukunft für OR-Anwendungen aus ?

6.1 Der Markt für OR

Heute gibt es immer mehr Probleme, über die Datenmaterial existiert und unmöglich von Hand gelöst werden können. Man denke hier an den Umweltschutz. Oeffentliche und private Institutionen sind mehr den je gezwungen, aus den teuren und/oder knappen Mittel (sei es Arbeit, Kapital oder Rohstoffe) das beste herauszuholen und haben meistens auch das notwendige EDV-Potential. Der Markt ist schon heute recht gross, besonders in der Industrie (Lagerhaltung, Produktion, Mischprobleme, usw) und wird sich in Zukunft sicher noch auf neue Gebiete ausdehnen (z. B. Abwasser, Kehricht, Verkehr, Energie, usw)

6.2 Das Produkt OR

Es gibt viele OR Methoden und ständig kommen neue hinzu, aber es scheint, dass die Grundlagenforschung die effektive Dringlichkeit der Probleme zu wenig berücksichtigt. An den Hochschulen wird noch zu viel Gewicht auf die theoretische Lösung kleiner Aufgaben gelegt, die Manager brauchen aber praktische Ansätze für grosse Probleme. Es ist deshalb nicht verwunderlich, dass viele nicht-Mathematiker vom Problem her an das OR kommen und sehr gute Lösungen finden. Sie müssen sich nämlich umso mehr auf die Systemanalyse konzentrieren, was dazu führt, dass sie garantiert das richtige Problem anpacken. Der Mathematiker hingegen wird mit einem äusserst eleganten und neuen Algorithmus um sich schauen, ob nicht irgendwo ein Problem auf seine Lösung zugeschnitten ist. Für die Zukunft heisst das Produkt:

HOCHWERTIGE SYSTEMANALYSE VERBUNDEN MIT
EINFACHEN UND SCHNELLEN ALGORITHMEN

MIS oder Normierung eine Problemlösersprache

H.J. Jakob, Mauren

1. Dieser Vortrag soll über einige Grundgedanken berichten, die sich als Resultat eines mehrjährigen umfassenden Forschungsprojektes der MIS-Gruppe der Hochschule St. Gallen ergeben haben. Bisher sind darüber drei Bücher im Verlag Paul Haupt, Bern erschienen.

2. Der Begriff "MIS" ist zwar ein abgewetzter Hut, ein Gemeinplatz, doch die Lösung des zugrundeliegenden Problems ist für die Wirksamkeit des Managements von zentraler Bedeutung. Mit dem Begriff "MIS" hat man so grosse Erwartungen geweckt, dass die Frustration nicht ausbleiben konnte. Das Informationsangebot scheint der Informationsnachfrage nicht zu entsprechen. Wie kann man dieses Problem lösen ?

3. Komplexe Systeme können mit hierarchischer Organisation geordnet werden. Jede grössere Unternehmung hat eine Funktions- oder Aufgabenhierarchie; sie hat auch eine Management- oder Problemhierarchie. Die Produkte, die das Management bei der Erfüllung ihrer Aufgaben durch Informationsverarbeitung erstellt, sind Modelle. Je besser diese Modelle bezüglich der genannten Hierarchie geordnet sind, desto mehr kann man von einem MIS sprechen.

4. Die Modellbildung wird vor allem mit Tests gelenkt (Brauchbarkeits-, Gültigkeits-, Wirklichkeits-, Zuverlässigkeits- und Wirtschaftlichkeitstests). Diese Tests sind zentrale Elemente einer Heuristik, die dem Problemlösungs- und Entscheidungsträger hilft, seine Informationsnachfrage zu artikulieren. Diese Heuristik gilt für alle Management-Einheiten, sie hat also für die ganze Management-Hierarchie Normcharakter.

5. Das zentrale Objekt der MIS-Gestaltung besteht in einem Management-Normensystem, das alle vereinbarten generellen Regeln der Problemlösung, Entscheidung, Planung und Leitung enthält. Ihrer allgemeinen Anwendbarkeit entsprechend sind die meisten dieser Normen heuristische Regeln. Für spezielle Problemlösungen können algorithmische Regeln erarbeitet werden; diese sind als Programme mit dem Computer verarbeitbar.

6. Die heuristischen und algorithmischen Regeln sind Informationsverarbeitungs- oder Sprachregeln. Sprachregelsysteme werden durch die Linguistik behandelt. Diese wird jedoch erst als Psycho- und Soziolinguistik für die MIS-Gestaltung brauchbar, die im Zwiespalt zwischen den individualisierenden Bedürfnissen der Menschen und dem rationalen Bedarf des Systems steht. Von daher nehmen die Strategien zur MIS-Gestaltung ihren Ausgang.

OR-Modellbank in BASIC

C.W. Türschmann, Gießen

In theoretischen Betrachtungen zu dem Aufbau von Informationssystemen wird neben einer funktionellen Datenbank eine einsatzfähige Modellbank gefordert. Bisherige Untersuchungen zum Problem der Modellbank brachten weder einen geschlossenen theoretischen Ansatz, noch eine praktische Verwirklichung hervor.

Anlehnend an die systemtheoretischen Ansätze innerhalb der Betriebswirtschaftslehre bietet es sich an, diese Theorie auch auf die Problematik der Modellbank zu übertragen. In diesem Fall entsprechen sich die Theorie der Modellbank und der Theorierahmen, in den die Modellbank integriert werden soll.

Ausgangspunkt der Untersuchung stellt die Definition eines Elementarsystems einer Modellbank dar. Bei Erfüllung einer minimalen Kopplungsbedingung können die so definierten selbständigen Elementarsysteme - jetzt als Module bezeichnet - beliebig aneinander oder an ein vorhandenes Gesamtsystem gekoppelt werden. Durch die Forderung, daß diese Elementarsysteme (Module) symbolisch beschreibbar und programmierbar sind, kann daraus eine modulare Aufbautechnik für eine Modellbank abgeleitet werden. Hierzu können bereits in programmierter Form vorhandene OR-Modelle verwendet werden, wobei diese allerdings erst nach einer Reprogrammierung zur Systemintegration fähig sind. Ziel dieser Entwicklung ist der Aufbau einer erweiterungsfähigen, unabhängigen, realisierbaren, beliebig verwendbaren und in ein Informationssystem integrierbaren Modellbank.

Auf Grund dieses theoretischen Konzeptes ist in einem ersten Schritt an der Professur für Betriebswirtschaftslehre V der Justus Liebig-Universität Gießen ein auf FORTRAN basierendes Compiler-Compiler System (FOSBIC=FORTRAN Simulated BASIC Interpretive Compiler) für die lernorientierte Programmiersprache BASIC entwickelt worden. Nach der Integration zahlreicher mathematischer Methoden, insbesondere der Matrizenverarbeitung sowie einer auf Probleme der Datenorganisation abgestimmten Fileverarbeitung, werden in einem weiteren Schritt die Grundmodelle des OR an das System angegliedert. Der Zugriff auf diese Modelle erfolgt beliebig im Rahmen der Programmiersprache BASIC. Als Beispiel wird hier der Zugriff auf die CPM-Methode und die Standard SIMPLEX-Methode gezeigt.

Durch die freie Verfügbarkeit der Modell-Module lassen sich einfache Lösungsansätze für nichtlineare Optimierungsprobleme, die nur wenig von typisch linearen Methoden oder Modellen abweichen, programmieren und einer Lösung zuführen. Dies wird an einem nichtlinearen Beispiel, welches mit der Standard SIMPLEX-Methode behandelt wird, gezeigt.

Neben dem Ziel eine pragmatische Modellbank zunächst für den Bereich des OR zu erstellen, soll eine umfassende Kompatibilität durch die völlige Anlehnung der Programmodule und der Systemprogrammierung an USASI FORTRAN IV Standard, eine weitreichende Variabilität in der Handhabung der Modelle durch die Verwendung innerhalb einer allgemeinen Programmiersprache BASIC und eine hohe Benutzerfreundlichkeit durch eine klare problemorientierte Zugriffsform gewährleistet werden.

Die derzeitige Orientierung auf die Programmiersprache BASIC als Systemzugriff kann jederzeit aufgehoben werden und vom Anwender in ein von ihm definiertes System abgeändert werden. Ebenso können von ihm zusätzliche Module integriert oder vorhandene entfernt werden. Das System FOSBIC ist dabei sowohl im Batch-Processing als auch im Timesharing einsetzbar. Die derzeitige Hardwaregrenze einer CD 3300 mit nur 32 k Bytes Programmierspeicher, kann durch Ausweichen auf eine IBM 370/168 vorläufig gelöst werden, ohne daß spezielle Systemeingriffe oder Systemänderungen notwendig werden.

Autorenverzeichnis

Allgaier, R., Dr., Universität Karlsruhe, 75 Karlsruhe 1, Kaiserstr. 12
Ambrosi, K., Institut für Entscheidungstheorie und Unternehmensforschung der Universität Karlsruhe, 75 Karlsruhe 1, Kollegium am Schloß, Bau III

Bachem, A., Institut für Ökonometrie und OR, Universität Bonn, 53 Bonn, Nassestr. 2
Ballarini, C., Dipl.-Math., Institut für Entscheidungstheorie der Universität Karlsruhe, 75 Karlsruhe, Am Schloß
Bartmann, D., Dipl.-Math., Technische Universität München, Institut für angewandte Mathematik, 8 München 2, Barer Str. 23
Baur, F., Lehrstuhl für Statistik, Universität Augsburg, 89 Augsburg, Memmingerstr. 6/14
Beck, PH., Département de Mathématiques, Ecole Polytechnique fédérale de Lausanne, Av. de Cour 61, 1007 Lausanne
Box, R.M., Chargé de cours à l'université de Fribourg, Spécialiste RO Nestlé, 1814 La Tour-de-Peilz
Brucker, P., Universität Regensburg, 84 Regensburg, Postfach 397
Buehler, W., Dr., Institut für Wirtschaftswissenschaften, Lehrstuhl für Unternehmensforschung Rhein.-Westf. Technische Hochschule Aachen, 51 Aachen, Templergraben 55
Buergisser, R., Universität Basel, 4000 Basel
Burri, H., Centre de calcul électronique de l'administration fédérale, Hallwyllstr. 15, 3003 Berne

Czap, H., Dr., Lehrstuhl für Mathematische Verfahrensforschung der Universität Göttingen, 34 Göttingen, Nikolausbergerweg 9

Von Dobschuetz, L., Dipl.-Math., Agrar- und Hydrotechnik GmbH, Essen, Huyssenallee 66–68

Firchau, V., Lehrstuhl für Statistik, Universität Augsburg, 89 Augsburg, Memmingerstr. 6/14
Fleischmann, B., Dr., Deutsche Unilever, 2 Hamburg, Dammtorwall 15
Froehner, K., Dr., Institut für Arbeitswissenschaft der Technischen Universität Berlin, 1 Berlin 10, Ernst-Reuter-Platz 7
Funke, H., Institut für Wirtschaftstheorie und OR der Universität Karlsruhe, 75 Karlsruhe 1, Kaiserstr. 12

Gallus, G., Dr., Technische Hochschule Darmstadt, Fachgebiet Betriebswirtschaftslehre, 61 Darmstadt, Hochschulstr. 1
Gaul, W., Dr., Institut für angewandte Mathematik der Universität Bonn, 53 Bonn
Gehring, H., Institut für Wirtschaftswissenschaften, Rhein.-Westf. Technische Hochschule Aachen, 51 Aachen, Templergraben 55
Geuting, D., Institut für Entscheidungstheorie und Unternehmensforschung der Universität Karlsruhe, 75 Karlsruhe 1, Schloß, Bau III
Godefroid, P., Dipl.-Kfm., Institut für Unternehmensführung, Fachgebiet Wirtschaftswissenschaft, Freie Universität Berlin, Fachbereich Unternehmensforschung, 1 Berlin 33, Garystr. 21
Golling, H. J., Dipl.-Wirtsch.-Ing., Technische Hochschule Darmstadt, Fachgebiet Betriebswirtschaftslehre, 61 Darmstadt, Hochschulstr. 1
Grimmer, H., Dr., Dienst für Systemanalyse der Gruppe für Rüstungsdienste, 3000 Bern 25, Kasernenstr. 19
Groetschel, M., Institut für Ökonometrie und OR, Universität Bonn, 53 Bonn

Hacker, G., Institut für Wirtschaftstheorie und OR der Universität Karlsruhe, 75 Karlsruhe 1, Kaiserstr. 12
Hammann, P., Prof., Dr., Seminar für angewandte Wirtschaftslehre der Universität Bochum, 4630 Bochum, Postfach 2148

Hartung, J., Dr., Institut für angewandte Mathematik der Universität Bonn, Abt für Wahrscheinlichkeitstheorie und Mathematische Statistik, 53 Bonn
Hausmann, D., Dipl.-Math., c/o Institut für Ökonometrie und Operationsresearch, Universität Bonn, D-53 Bonn 1, Nassestr. 2
Heinhold, M., Prof. Dr., 8035 Gauting, Römerstr. 49
Heinrich, K., Dipl.-Ing., Institut für Arbeitswissenschaft der TU Berlin, 1 Berlin, Ernst Reuter Platz 7
Hellwig, D., Dr., Institut für Entscheidungstheorie und Unternehmensforschung der Universität Karlsruhe, 75 Karlsruhe 1, Schloß, Bau III
Herren, H., Generaldirektion Schweizerische Bundesbahnen, Mittelstr., 3012 Bern
Hese, K., FU Berlin, Fachbereich Wirtschaftswissenschaft, FB 10, WE 1, 1 Berlin 33, Garystr. 21
Hess-Kinzer, D., Gesellschaft für Systementwicklung mbH, 8 München 71, Buchauerstr. 4
Hoepfinger, E., Institut für Wirtschaftstheorie und OR der Universität Karlsruhe, 75 Karlsruhe 1, Kaiserstr. 12
Hoz, H., Dienst für Systemanalyse der Gruppe für Rüstungsdienste, Kasernenstr. 19, 3000 Bern 25

Illi, H., Fides Treuhand, Hochhaus zur Palme, 8027 Zürich
Inderfurth, K., Dipl.-Vkw., Institut für quantitative Ökonomik und Statistik, Freie Universität Berlin, Fachrichtung OR, 1 Berlin 33, Thielallee 66
Isermann, H., Dr., Universität des Saarlandes, Fachbereich Wirtschaftswissenschaft, 66 Saarbrücken

Jakob, H.J., Hilti AG, FL-9493 Mauren
Johnson, K.L., Robert Bosch GmbH, 7 Stuttgart 1, Postfach 50
Junginger, W., Dr., Universität Stuttgart, Institut für Informatik, 7 Stuttgart, Herdweg 51

Kaerkes, R., Prof. Dr., Lehrstuhl für Mathematik, Fachrichtung OR, RWTH Aachen, 51 Aachen, Templergraben 55
Kaesting, H., Dipl.-Wirtsch.-Ing., Technische Hochschule Darmstadt, Fachgebiet Betriebswirtschaftslehre, 61 Darmstadt, Hochschulstr. 1
Kayalar, L., Gesellschaft für Systementwicklung bmH, 8 München 71, Buchauerstr. 4
Kilgus, E., Prof. Dr., Institut für Bankwesen an der Universität Zürich, Rämistr. 69, 8001 Zürich
Kischka, P., Institut für Entscheidungstheorie der Universität Karlsruhe, 75 Karlsruhe, Kaiserstr. 12
Koehler, M., Dr., Institut für Operations Research der Universität Zürich, Weinbergstr. 59, 8006 Zürich
Kogelschatz, H., Dipl.-Math., Institut für Statistik und Mathematische Wirtschaftstheorie an der Universität Karlsruhe, 75 Karlsruhe, Kollegium am Schloß, Bau III
Kohlas, J., Prof. Dr., Institut für Automation und Operations Research, Route du Jura 1 1700 Fribourg,
Kork, H., Deutsche Lufthansa, FRA CE 16, 6 Frankfurt/Main

Laepple, H., Dipl.-Wirtsch.-Ing., Technische Hochschule Darmstadt, Fachgebiet Betriebswirtschaftslehre, 61 Darmstadt, Hochschulstr. 1
Lauwerth, W., Institut für Entscheidungstheorie und Unternehmensforschung der Universität Karlsruhe, 75 Karlsruhe 1, Kollegium am Schloß, Bau III
Lenz, H.-J., Dr., FU Berlin, Fachbereich Wirtschaftswissenschaft FB 10, WE 1, 1 Berlin 33, Garystr. 21
Lewandowski, R., Marketing Systems GmbH, 43 Essen, Maxstr. 10

Maennig, H.-G., Dr., Veba-Chemie AG, 466 Gelsenkirchen, Postfach 45
Maerki, U., Dipl.-Phys., MOR Studiengruppe für Operations Research, 8006 Zürich, Gemsenstr. 4
Marti, K., Dr., Institut für Operations Research der Universität Zürich, 806 Zürich, Weinbergstr. 59
Matthes, W., PD, Institut für Unternehmensforschung der FU Berlin, 1 Berlin 33, Garystr. 21
Merkli, B., Institut für Operations Research der Universität Zürich, Weinbergstr. 59, 8006 Zürich

Moehring, R., Dipl.-Math., Lehrstuhl für Mathematik, Fachrichtung OR, RWTH Aachen, 51 Aachen, Templergraben 55

Molzberger, P., Dr., Gesellschaft für Systementwicklung, 8 München 71, Buchauerstr. 4

Mueller, H., Dr., Institut für Operations Research der Universität Zürich, Weinbergstr. 59, 8006 Zürich

Mueller, P., Dienst für Systemanalyse der Gruppe für Rüstungsdienste, Kasernenstr. 19, 3000 Bern 25

Mueller-Ettrich, R., Siemens AG, Zentrale Forschung und Entwicklung, 8 München, Ortenburgstr. 10

Noltemeier, H., Prof. Dr., Lehrstuhl für Mathematische Verfahrensforschung und Datenverarbeitung, Universität Göttingen, 34 Göttingen, Nikolausbergerweg 9b

Ohse, D., Prof. Dr., Technische Hochschule Darmstadt, Fachgebiet Betriebswirtschaftslehre, 61 Darmstadt, Hochschulstr. 1

Ostermann, R., Département de Mathématiques, Ecole Polytechnique fédérale de Lausanne, Av. de Cour 61, 1007 Lausanne

Peschanel, F.D., Dr., Gesellschaft für Systementwicklung und Lehrbeauftragter der RWTH, 8 München 71, Buchauerstr. 4

Radermacher, F.J., Dr., Lehrstuhl für Mathematik, Fachrichtung OR RWTH Aachen, 51 Aachen, Templergraben 57

Raetz, H.U., Centre de calcul électronique de l'administration fédérale, Hallwylstr. 15, 3003 Bern

Reetz, D., Freie Universität Berlin, OR, 1 Berlin 33, Thielallee 66

Renaud, D., Centre de calcul électronique de l'administration fédérale, Hallwyllstr. 15, 3003 Bern

De Rham, C., Dipl.-El. Ing. ETH, Systems Consult, Thunstr. 42, 3005 Bern

Richter, H., Deutsche Lufthansa, FRA CE 16, 6 Frankfurt/Main

Rinne, H., Prof. Dr., Justus Liebig-Universität Giessen, Professur für Statistik und Ökonometrie, 63 Gießen, Licherstr. 64

Rochat, J.C., Département de mathématiques, Ecole Polytechnique fédérale de Lausanne, Av. de Cour 61, 1007 Lausanne

Rosenkranz, F., Dr., Ciba-Geigy AG, 4000 Basel

Roessler, M., Prof. Dr., Institut für Operations Research der ETH Zürich, Clausiusstr. 55, 8006 Zürich

Seeling, R., Prof., Lehrgebiet Planungsverfahren im Baubetrieb, RWTH Aachen, D-51 Aachen, Templergraben 55

Sommer, J., Lehrstuhl für Statistik, Universität Augsburg, 89 Augsburg, Memmingerstr. 14

Spelde, H.-G., Dipl.-Math., Lehrstuhl für Mathematik, Fachrichtung OR, RWTH Aachen, 51 Aachen, Templergraben 55

Spreman, K., Institut für Wirtschaftstheorie und OR der Universität Karlsruhe, 75 Karlsruhe 1, Kaiserstr. 12

Suhl, U., Dipl.-Math., Institut für Unternehmensführung, Freie Universität Berlin, 1 Berlin 33, Garystr. 21

Schader, M., Institut für Entscheidungstheorie und Unternehmensforschung der Universität Karlsruhe, 75 Karlsruhe 1, Kollegium am Schloß, Bau III

Schlaeger, W., Dipl. Kfm., Friedrich Alexander Universität Erlangen–Nürnberg, Betriebswirtschaftliches Institut, 85 Nürnberg, Königstr. 33

Schmidt, R., Prof. Dr., Institut für Betriebswirtschaftslehre, Universität Kiel, 23 Kiel, Olshausenstr. 40–60

Schumacher, W., Lehrstuhl für Mathematik, Fachrichtung OR, RWTH Aachen, 51 Aachen, Templergraben 55

Stahl, W., Hochschule für Bundeswehr, 2 Hamburg

Staudinger, R., Dipl.-math., ARBED, Luxembourg, Avenue de la Liberte

Steinhardt, U., Institut für Wirtschaftstheorie und OR der Universität Karlsruhe, 75 Karlsruhe 1, Kaiserstr. 12

Stepan, A., Dr., Institut für Unternehmensforschung, Universität Graz, Hans Sachs Gasse 3, III, 8010 Graz

V. Stetten, R., Dipl.-Ing., Institut für Produktionstechnik und Automatisierung, Universität Stuttgart, Stuttgart, Relenbergstr. 80

Stierlin, C., Institut für Operations Research der Universität Zürich, Weinbergstr. 59, 8006 Zürich

Strueby, K.P., MOR Studiengruppe für Operations Research, Gemsenstr. 4, 8006 Zürich

Talmon, T., Dipl.-Volksw., Technische Hochschule Darmstadt, Fachgebiet Betriebswirtschaftslehre, 61 Darmstadt, Hochschulstr. 1

Trautmann, S., Dipl.-Wirtsch. Ing., Universität Karlsruhe, Institut für Entscheidungstheorie, 75 Karlsruhe, Am Schloß

Trzebiner, R., Dipl.-Math., Professur BWL V, Justus-Liebig Universität Gießen, 63 Gießen, Licherstr. 74, Haus 1

Tuerschmann, C.W., Dipl.-Ing., Dipl. Oec., Professur BWL V, Justus Liebig-Universität Gießen, 63 Gießen, Licherstr. 74, Haus 1

Wartmann, R., Prof. Dr., Hoesch Hüttenwerke AG, 46 Dortmund, Rheinische Str. 173

Weber, K., Prof. Dr., Justus Liebig Universität Gießen, Professur für Betriebswirtschaftslehre, 63 Gießen, Licherstr. 74, Haus 1

Weckerle, J., Dipl.-Math., 8 München 70, Klingerstr. 14

Wehrmann, H., Deutsche Lufthansa, FRA CE 16, 6 Frankfurt/Main

Weinberg, F., Prof. Dr., Institut für Operations Research der ETH Zürich, Clausiusstr. 55, 8066 Zürich

De Werra, D., Prof. Dr., Département de Mathématiques, Ecole Polytechnique fédérale de Lausanne, Av. de Cour 61, 1007 Lausanne

Wolf, D., Institut für Wirtschaftstheorie und OR der Universität Karlsruhe, 75 Karlsruhe 1, Kaiserstr. 12

Wolf, E.-D., Dipl.-Wirtsch. Ing., Institut für Entscheidungstheorie und Unternehmensforschung, 75 Karlsruhe 1, Am Schloß

GPSR Compliance

The European Union's (EU) General Product Safety Regulation (GPSR) is a set of rules that requires consumer products to be safe and our obligations to ensure this.

If you have any concerns about our products, you can contact us on ProductSafety@springernature.com

In case Publisher is established outside the EU, the EU authorized representative is:

Springer Nature Customer Service Center GmbH
Europaplatz 3
69115 Heidelberg, Germany

Batch number: 10816188

Printed by Printforce, the Netherlands